As-G-IV-1-37

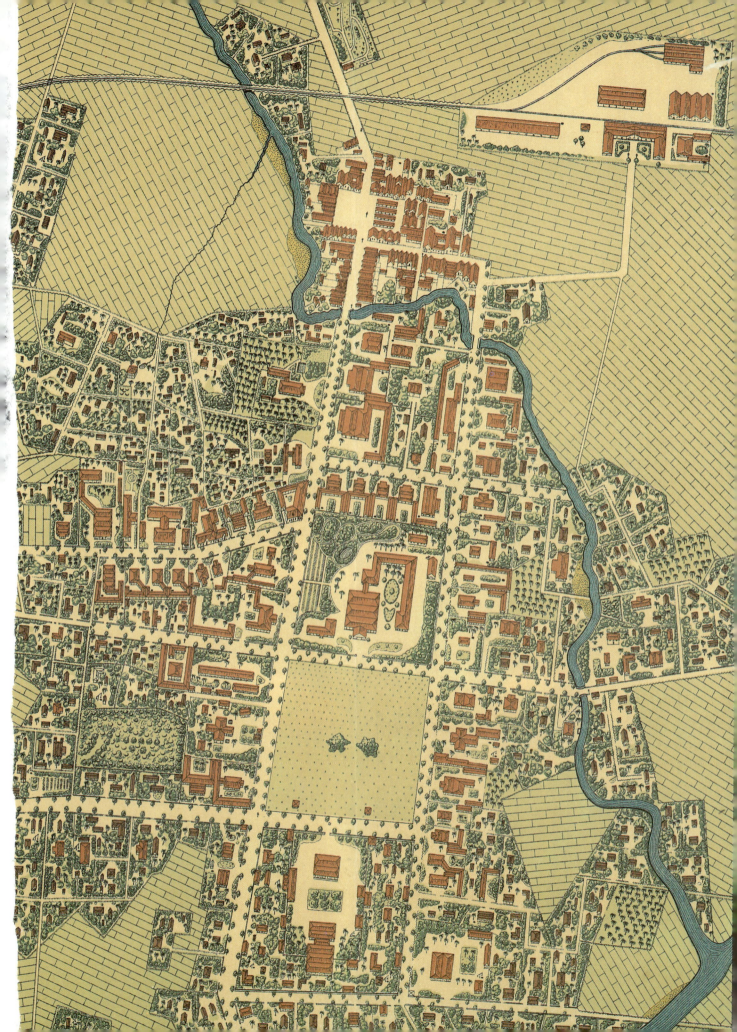

Kazemier & Tonkens naar schetsen van H. Ph. Th. Witkamp

Typenkaart van een afdeelingshoofdplaats op Java 1917/18
(Karte eines idealisierten Abteilungshauptortes auf Java 1917/18)

Schaal 1 : 5000

URBANISIERUNG DER ERDE

BAND 4

Urbanisierung der Erde Band 4

Herausgegeben von Dr. Wolf Tietze, Helmstedt

Werner Rutz

Die Städte Indonesiens

Städte und andere nicht-landwirtschaftliche Siedlungen,
ihre Entwicklung und gegenwärtige Stellung
in Verwaltung und Wirtschaft

GEBRÜDER BORNTRAEGER · BERLIN · STUTTGART · 1985

Die Städte Indonesiens

Städte und andere nicht-landwirtschaftliche Siedlungen,
ihre Entwicklung und gegenwärtige Stellung
in Verwaltung und Wirtschaft

von

Prof. Dr. Werner Rutz

Mit 13 Graphiken und 38 Tabellen im Text
sowie mit einem farbigen Vorsatzblatt und 6 Karten im Anhang

GEBRÜDER BORNTRAEGER · BERLIN · STUTTGART · 1985

Anschrift des Autors:
Prof. Dr. Werner Rutz
Ruhr-Universität Bochum
Postfach 102148
D-4630 Bochum

ISBN 3-443-37005-5

Gedruckt mit Unterstützung der Deutschen Forschungsgemeinschaft
Alle Rechte, auch das der Übersetzung, des auszugsweisen Nachdrucks, der Herstellung von Mikrofilmen und der photomechanischen Wiedergabe, vorbehalten.
© 1985 by Gebrüder Borntraeger, Berlin – Stuttgart
Satz: Walter Huber, Ludwigsburg
Druck: grafik + druck GmbH, München
Reprofotografische Arbeiten (Karten im Anhang): Nowaplan GmbH (früher KV-Büro GmbH, Bochum)
Druck der Farbkarten: Graphische Betriebe Laupenmühlen Druck GmbH & Co., Bochum
Einbandentwurf: Wolfgang Karrasch
Printed in Germany

Vorwort

Das vorliegende Buch kommt aus dem Westen, aus Europa und behandelt einen Teil des Ostens, den Malaiischen Archipel, soweit dieser heute zum Staat Indonesien gehört. Dort wie in allen anderen Teilen Asiens öffneten sich die politisch und wirtschaftlich führenden Gruppen westlichem Denken; ein Akkulturationsprozeß bisher nicht gekannten Ausmaßes ist seit Jahrzehnten im Gange. In diesen West-Ost-Strom gehört auch das vorliegende Buch als ein gemessen am kulturellen Gesamtaustausch zwischen Deutschland und Indonesien bescheidener Beitrag, der ein Stück moderner Landeskenntnis über Indonesien nach europäischen Mustern erarbeitet hat.

Dieses Muster wird aus meiner wissenschaftlichen Ausrichtung verständlich; diese knüpft an die funktionale Arbeitsrichtung älterer deutscher Wirtschaftsgeographen an sowie an die deutsche länderkundliche Schule, aus der auch schon früher wichtige Arbeiten über Indonesien von Herbert Lehmann und Karl Helbig hervorgegangen waren. Methodisch steht vorliegendes Werk einer stadtgeographischen Arbeitsrichtung nahe, wie sie von Peter Schöller und seinen Schülern vertreten wird; diese bauen ihrerseits u. a. auf Walter Christaller auf, dem ich in den sechziger Jahren selbst begegnet bin.

Das vorliegende Buch ist nach meiner Studie aus dem Jahre 1976 „Indonesien – Verkehrserschließung seiner Außeninseln" mein zweites Werk über den gleichen Erdteil. Es handelt sich wieder um eine Gesamtdarstellung des Archipels, die aber, entsprechend der größeren Zahl behandelter „Elemente", einen Umfang erzwang, der den des ersten Buches weit übertrifft. So geriet das Werk in eine Größenordnung, die für einen Einzelnen ohne Zuarbeit von Schülern alle vorgeplanten Zeitrahmen sprengte. Es mußten auch große Teile eines ursprünglichen Konzeptes, nämlich eine Einzeldarstellung der unterschiedlichen dreißig Städteregionen sowie eine theoretische Aufarbeitung der regional für Indonesien erkannten Regelhaftigkeiten weggelassen werden. Der verbleibende Umfang nahm meine Kräfte – soweit sie nicht durch Lehre beansprucht waren – von 1977 bis 1984, also sieben volle Jahre lang in Anspruch. In dieser Zeit arbeiteten mehrere Studenten fleißig mit; sie schrieben, rechneten und zeichneten. Durch besonders lange und treue Mitarbeit zeichneten sich aus: Wilhelm Wiegert aus Waltrop, Detlef Schneider aus Dortmund, Wolfgang Pohl aus Hürth, Benedikt Rey aus Sprockhövel und Heinz-Peter Gumpricht aus Telgte.

Ich wünsche, der Einsatz von Arbeit und Mitteln, die aus öffentlichen Quellen in der Bundesrepublik Deutschland zugesteuert wurden, möge sich insofern lohnen, als das Buch dazu beitragen soll, die Kenntnis über Indonesien zu mehren. Dabei bin ich mir darüber im klaren, daß nicht alle Probleme des indonesischen Städtewesens behandelt werden konnten. Es ist jedoch ein Grundgerüst entstanden, das dem Bearbeitungsmaßstab gerecht wird und von anderen ergänzt werden kann. Wenn das Buch auch in Indonesien selbst Verbreitung finden wird, dann kann es dort im besonderen Maße dazu dienen, landeskundliche Kenntnisse über das eigene Land zu erweitern. Dazu strebe ich eine englische Ausgabe des Werkes bald nach der deutschen an.

Die deutsche Ausgabe wurde von der „Gebrüder Borntraeger Verlagsbuchhandlung" in Stuttgart besorgt. Ich bin dem Verleger Herrn Dr. Erhard Nägele und dem Herausgeber der Reihe „Urbanisierung der Erde" Herrn Dr. Wolf Tietze für gute Zusammenarbeit dankbar verbunden. Für den Druck des Werkes gewährte die Deutsche Forschungsgemeinschaft eine Beihilfe; dafür gilt ihr abermalig Dank, denn auch die Forschungsreisen nach Indonesien und die Auswertungsarbeiten waren von der Deutschen Forschungsgemeinschaft zu erheblichen Anteilen finanziert worden; in Fußnote 018 wird das erläutert. Dort sind auch einige weitere Herren genannt, die die Feldarbeiten finanziell unterstützt hatten. In der Abschlußphase halfen Herr Manfred Ziemek, Jakarta, bei der Beschaffung jüngster einschlägiger indonesischer Schriften und Herr Gerhard Aust, Geltendorf, beim Korrekturlesen; beide wollten damit meine wissenschaftlich-geographische Arbeit über Indonesien unterstützen. Gleiches gilt für die Geschäftsführer von sechs Wirtschaftsunternehmen, die durch erhebliche finanzielle Zuschüsse den mehrfarbigen Kartendruck ermöglichten; sie sind auf den sechs Kartenblättern genannt. Allen erwähnten Förderern sowie auch den ungenannten Helfern danke ich herzlich.

Zuletzt gedenke ich aller Landsleute, die ihre wissenschaftliche Arbeit dem Raum des heutigen Indonesiens widmeten. Das Grabmal von Franz Wilhelm Junghuhn bei Lembang, zu dessen Wiederherrichtung durch die Bundesrepublik Deutschland im Jahre 1980 ich eine kleine Anregung geben konnte, ist dafür ein Symbol. Von Junghuhn reicht die Kette deutscher Forscher bis zu dem noch unter uns weilenden Karl Helbig, der vor zwei Jahren, schon im hohen Alter, sein großes Borneo-Werk herausgeben konnte. Nur auf den Grundlagen, die Ältere legten, konnte auch ich weiterbauen. Die jüngere Generation möge sich Einsatzbereitschaft und Gewissenhaftigkeit der Vorfahren zum Vorbild nehmen; dazu „Glück auf"!

Bochum, im Oktober 1984   WERNER RUTZ

Inhaltsverzeichnis

Vorwort V

0. **Einführung** 1
0.1. Thema – Fragestellung – Untersuchungsziele 1
0.2. Quellenlage – Datenerfassung – Schrifttum 4
0.3. Aufbau – Auswertungsgang – Methodisches Vorgehen 9

1. **Staatlich-geographischer Rahmen des Städtesystems** 17
1.1. Der Staat Indonesien 17
1.2. Fläche und Ausdehnung 20
1.3. Verwaltungsgebietsgliederung 24
1.4. Bevölkerung und Verstädterung 31
    1.4.1. Bevölkerungsverteilung 31
    1.4.2. Verstädterungsgrad 35

2. **Geschichtliche Wurzeln – genetische Stadttypen** 42
2.1. Grundzüge der historisch-genetischen Schichtung 42
2.2. Die Stadtgründungszeitalter 43
    2.2.1. Städte des hinduistischen Zeitalters 43
    2.2.2. Städte der islamischen Reiche und der frühen europäischen Herrschaft 47
    2.2.3. Das Städtesystem in der Zeit der kolonialen Aufteilung und Durchdringung 52
    2.2.4. Städtegründungen in der industriewirtschaftlichen Erschließungsphase 60
2.3. Historisch-genetische Schichtung des heutigen Städtesystems 65

3. **Der kulturelle und städtebauliche Habitus** 68
3.1. Allgemeine Züge der Stadtstruktur 68
3.2. Strukturgeprägte Stadtviertel 74
    3.2.1. Der traditionelle Stadtkern 74
    3.2.2. Das autochthone Kampung 76
    3.2.3. Die Handels- und Geschäftsviertel 78
    3.2.4. Die gehobenen Wohnbezirke 80

4. **Räumliche Verteilung – Lageeigenarten – Städteregionen** 83
4.1. Anzahl und Verteilung nach Inselgruppen 83
4.2. Lageeigenarten 86
    4.2.1. Lage zur Küste 86
    4.2.2. Höhenlage 88
4.3. Städteregionen 91
    4.3.1. Einteilungsgrundsätze 91
    4.3.2. Sumatra 91
    4.3.3. Java 93
    4.3.4. Borneo 96
    4.3.5. Ost-Indonesien 96
    4.3.6. Anhang: West-Neuguinea 97

5.	Einwohnermengen und Größenordnungen der Städte	98
5.1.	Gegenwärtige Größenordnungen und Städterangfolge	98
	5.1.1. Rang-Größen-Verteilung im Gesamtstaat	98
	5.1.2. Rang-Größen-Verteilung in regionalen Teilsystemen	106
5.2.	Wachstum der Städte-Gesamtheit	109
	5.2.1. Städtewachstum im Gesamtstaat	109
	5.2.2. Städtewachstum in regionalen Teilsystemen	114
5.3.	Wachstum einzelner Städte und deren räumliche Zuordnung	117
	5.3.1. Wachstum einzelner Städte seit 1930	117
	5.3.2. Wachstum einzelner Städte zwischen 1961 und 1971	122
	5.3.3. Wachstum einzelner Städte zwischen 1971 und 1980	124
5.4.	Wechsel in der Städterangfolge nach Einwohnern seit 1930	133
6.	Funktionen – funktionale Stadttypen	139
6.1.	Zentrale Dienste	139
	6.1.1. Staatliche Dienste (Verwaltung und Justiz)	139
	6.1.2. Halbamtliche Dienste (Bildungs- und Gesundheitswesen)	141
	6.1.3. Private Dienste (Handel, Banken, Versicherungen)	142
	6.1.4. Zentrale Dienste insgesamt	144
6.2.	Häfen und andere Transportdienstleistungen	149
	6.2.1. Seehäfen	149
	6.2.2. Landverkehrsorte	157
6.3.	Seefischerei	161
6.4.	Produzierendes Gewerbe	167
6.5.	Fremdenverkehr	184
6.6.	Zusammenfassung – funktionale Stadttypen	189
7.	Stellung in der zentralörtlichen Hierarchie	198
7.1.	Die Städterangfolge nach zentralörtlicher Ausstattung	198
7.2.	Hierarchiestufen und Zuordnungen der Städte	208
7.3.	Regionale Strukturen der zentralörtlichen Ausstattung und Hierarchiebildung	213
7.4.	Zeitlicher Wandel der zentralörtlichen Ausstattung und Hierarchiebildung	219
	7.4.1. Vergleich mit dem Zustand um 1930	219
	7.4.2. Vergleich mit dem Zustand in früheren Jahrhunderten	225
8.	Einflußbereiche und Hinterländer	230
8.1.	Größenordnungen der Einflußbereiche	230
8.2.	Einflußbereiche der Regionalmetropolen	231
8.3.	Einflußbereiche der Oberzentren	232
8.4.	Vergleich mit Aufbau- und Entwicklungsregionen	235
9.	Zusammenfassung	240
10.	Ausblick	244
Summary		245
Schrifttum		250
Grundtabelle: „Städte Indonesiens mit ihren wichtigeren Kenndaten" (Tabelle 0–1)		259
Ortsregister		277

Karten 1 bis 6 im hinteren Einbanddeckel

Verzeichnis der Tabellen

Tab. 0–1:	Städte Indonesiens mit ihren wichtigeren Kenndaten (sogenannte Grundtabelle)	259
Tab. 0–2:	Erfaßte zentrale Dienste im indonesischen Städtesystem	14/15
Tab. 1–1:	Verteilung des indonesischen Staatsgebietes im Seeraum	21
Tab. 1–2:	Zusammensetzung des indonesischen Staatsgebietes nach Inselgruppen	23
Tab. 1–3:	Bevölkerungsverteilung nach Provinzen	32
Tab. 1–4:	Bevölkerungsschwerpunkte außerhalb Javas und Balis	33
Tab. 1–5:	Zunahme des Anteils städtischer Bevölkerung zwischen 1961 und 1980	37
Tab. 1–6:	Anteil der städtischen Bevölkerung – Verstädterungsquote – nach Provinzen	38
Tab. 2–1:	Anzahl der Städtegründungen nach Zeitaltern	66
Tab. 4–1:	Anzahl der städtischen Siedlungen und ihre Verteilung nach Provinzen und Großregionen	85
Tab. 4–2:	Lageeigenarten der Städte, bezogen auf Küstenentfernung	87
Tab. 4–3:	Lageeigenarten der Städte, bezogen auf die Höhe über dem Meeresspiegel	89
Tab. 5–1:	Eigenschaften der Rang-Größen-Kurven indonesischer Städte im Gesamtstaat	105
Tab. 5–2:	Eigenschaften der Rang-Größen-Kurven indonesischer Städte nach Einwohnern in regionalen Teilsystemen	106
Tab. 5–3:	Wachstum der Städte nach verschiedenen Kategorien	112
Tab. 5–4:	Wachstum der Städte in Teilregionen	115
Tab. 5–5:	Die seit 1930 besonders schnell oder besonders langsam wachsenden Städte	118
Tab. 5–6:	Die im Jahrzehnt 1961 bis 1971 besonders schnell oder besonders langsam wachsenden Städte	122
Tab. 5–7:	Die im Jahrzehnt 1971 bis 1980 besonders schnell wachsenden städtischen Siedlungen	126
Tab. 5–8:	Die zwischen 1971 und 1980 stagnierenden oder schrumpfenden städtischen Siedlungen	131
Tab. 5–9:	Wachstumsraten der städtischen Siedlungen auf West-Neuguinea	132
Tab. 5–10:	Städterangfolge nach Einwohnern 1930 bis 1980	134/135
Tab. 5–11:	Rangplatzwechsel der Städte nach Einwohnern zwischen 1930 und 1980	137
Tab. 6–1:	Städte mit überdurchschnittlich herausragenden zentralen Diensten	144–146
Tab. 6–2:	Seestädte und Hafensiedlungen	150–155
Tab. 6–3:	Städte und Ortschaften mit siedlungsprägendem Landverkehrsaufkommen	158–161
Tab. 6–4:	Städte und kleine Küstenorte mit bedeutender Fischerei	163–166
Tab. 6–5:	Industrie- und Bergbauorte	170–180
Tab. 6–6:	Städte und Siedlungen mit bedeutendem Fremdenverkehr	186/187
Tab. 6–7:	Indonesische Städte nach ihren Hauptfunktionen	191–196
Tab. 7–1:	Eigenschaften der Rang-Größen-Kurven der zentralörtlichen Ausstattungskennwerte im indonesischen Städtesystem	202
Tab. 7–2:	Beziehungen zwischen Einwohnern und Ausstattungskennwerten der Großstädte und Regionalmetropolen/Oberzentren	207
Tab. 7–3:	Besetzung der Regionalmetropolen und Oberzentren mit stufenspezifischen zentralen Diensten	210
Tab. 7–4:	Zentralörtliche Hierarchiestufen im indonesischen Städtesystem	212
Tab. 7–5:	Zentralörtliche Hierarchiestufen im Städtesystem auf Java	215
Tab. 7–6:	Anzahl der Orte und Ausstattungsgrad der zentralörtlichen Hierarchiestufen in regionalen Teilsystemen	216/217
Tab. 7–7:	Zentralörtliche Hierarchiestufen im Städtesystem Niederländisch Indiens um 1930 im Vergleich zur Gegenwart	222/223
Tab. 7–8:	Hierarchiestufen im Städtesystem des Archipels während früherer Jahrhunderte	226/227

Verzeichnis der Graphiken

Graphik 1–1: Verstädterungsgrad der Provinzen – Abweichungen der Verstädterungsquote vom Landesdurchschnitt 39
Graphik 3–1: Erklärung zur Bildkarte eines javanischen Regenten- und Abteilungshauptortes 70
Graphik 5–1: Rang-Größen-Kurven von je rd. 400 indonesischen Städten nach Einwohnern 99
Graphik 5–2: Rang-Größen-Kurven von 202 Städten nach Einwohnern für die Jahre 1961, 1971 und 1980 im Vergleich 101
Graphik 5–3: Rang-Größen-Kurven von 1.148 Orten nach Einwohnern in unterschiedlich umgrenzten Stadtgebieten 103
Graphik 5–4: Rang-Größen-Kurven indonesischer Städte nach Einwohnern in Teilregionen 107
Graphik 5–5: Wachstum der Städte in Teilregionen 116
Graphik 6–1: Ausstattungskennwerte der Regionalmetropolen und Oberzentren, Zusammensetzung nach Dienstearten 148
Graphik 7–1: Rang-Größen-Kurve indonesischer Städte nach zentralörtlichen Ausstattungskennwerten 200
Graphik 7–2: Rang-Größen-Kurven unterschiedlicher Ortegesamtheiten des indonesischen Städtesystems nach zentralörtlichen Ausstattungskennwerten 203
Graphik 7–3: Rang-Größen-Kurven indonesischer Städte nach Einwohnern und zentralörtlichen Ausstattungskennwerten im Vergleich zueinander 204
Graphik 7–4: Großstädte und Oberzentren nach Einwohnern und zentralörtlichen Ausstattungskennwerten im Streudiagramm 205
Graphik 7–5: Rang-Größen-Kurven der Städte nach zentralörtlichen Ausstattungskennwerten in Gesamtindonesien und auf Java im Vergleich zueinander 214

Verzeichnis der Karten (im Anhang)

Karte 1: Verwaltungsgliederung und Verwaltungshauptorte in Vergangenheit und Gegenwart
Karte 2: Städte nach Gründungszeitaltern und Gründungsumständen
Karte 3: Städte und Städtewachstum nach Einwohnern – Bevölkerungsdichte
Karte 4: Städte nach vorherrschenden Funktionen
Karte 5: Städte nach zentralörtlichen Hierarchiestufen und Verstädterungsquote der Regentschaften
Karte 6: Einflußbereiche der Regionalmetropolen und Oberzentren sowie Planungsregionen der Entwicklungs-Behörden

0. Einführung

0.1. Thema – Fragestellung – Untersuchungsziele

Das durch den Titel umrissene Thema „Städte in Indonesien" bezieht sich auf das Hoheitsgebiet der „Republik Indonesia". Indonesien im kulturhistorischen Sinne – als Synonym für Inselindien oder Insulinde – umschließt den gesamten Archipel einschließlich der Malakka-Halbinsel etwa vom Isthmus von Ligor bis zu den Molukken, denn dieser Inselraum wird durch die große Völkerfamilie der Malaien (im weiteren Sinne) oder Indonesier besiedelt und kulturgeographisch geprägt. Dieser „Malaiische Archipel" ist gegenwärtig (1980) unter fünf Staaten aufgeteilt. Es sind drei große Flächenstaaten Malaysia, Indonesien und die Philippinen, die 15%, 70%[001] und 14% des Archipellandes einnehmen. Daneben existieren das Sultanat Brunei und der Stadtstaat Singapur auf „malaiischem Boden"[002]. Ein Vergleich der Städte aller fünf Staaten ist erstrebenswert; er kann im folgenden aus arbeitsökonomischen Gründen nicht geleistet werden. Die Beschränkung erfolgte auf den nach Städtezahl und Fläche größten der Insulinde-Staaten, auf die Republik Indonesien[003].

Die Städte dieses Staates sind im folgenden das Untersuchungsobjekt. Es handelt sich um eine geographische Studie, in der die Städte als räumliche Ausschnitte der Erdoberfläche mit bestimmten formalen und funktionalen Eigenschaften aufgefaßt werden.

Der Untersuchungsraum und der daraus abzuleitende Betrachtungsmaßstab bedingen es, daß die Städte hier als die Elemente eines Städtesystems, das des Staates Indonesien, aufgefaßt werden; es ist ein makroanalytischer Ansatz, dem diese Studie folgt. Die innere Differenzierung des Stadtraumes, das städtische Gefüge, die historische, ethnische, soziale und wirtschaftliche Viertelbildung wurde im Felde nicht untersucht, weder für einzelne Städte noch für die Gesamtheit der Städte. Ihre gemeinsamen typischen Strukturmerkmale werden aber mit Hilfe einer sorgfältigen Schrifttumsanalyse herausgearbeitet, um das zu untersuchende Städtesystem auch in seinem kulturellen und städtebaulichen Habitus vorzustellen.

Städte als Elemente eines Städtesystems aufzufassen erfordert es, die Art der Beziehungen zu definieren, die dieses „System" konstituieren. Dietrich Bartels hatte 1979 (S. 114 ff.) „Interrelationen" und „Interaktionen" unterschieden. Erstere umfassen die Lagebeziehungen sowie die Rangordnungen und Anteile der Städte bezüglich verschiedener Eigenschaften der Siedlungsgesamtheit in vorgegebenen Teilräumen der Erde. Interrelationen sind demnach keine aktiven Beziehungen der Städte untereinander sondern Strukturkennwerte der Siedlungsgesamtheit. Wo sich mehrere oder alle Strukturkennwerte zwischen benachbarten Teilräumen deutlich unterscheiden, lassen sich Abgrenzungen derartiger „räumlicher Siedlungsstrukturen" nach Bartels finden; der Verfasser nennt diese Raumeinheiten „strukturgeprägte Siedlungsräume". Damit ist aber noch kein Siedlungssystem oder Städtesystem definiert; es sind die oben genannten „Interaktionen" entscheidend: das sind erstens Wege im weitesten Sinne, zweitens Menschen-, Waren-, Kapital- und Nachrichtenströme und drittens die daraus ableitbaren oder auch davon unabhängigen Machtbeziehungen. Besonders letztere, aber auch Interaktionswege und -ströme werden weitaus überwiegend vom Staat beeinflußt. Daher finden Siedlungssysteme im allgemeinen und Städtesysteme im besonderen ihre Grenzen fast überall an den Grenzen staatlicher Macht. Da aber auch für die aus Interrelationen abgeleiteten räumlichen Siedlungsstrukturen neben Naturausstattung und Kulturausprägung die staatliche Zugehörigkeit ausschlaggebend ist, fallen die räumlichen Abgrenzungen für beide Kategorien – Siedlungsstrukturen und Siedlungssysteme – sehr häufig zusammen.

Im vorstehend umrissenen Sinne ist das Städtesystem des Staates Indonesien Gegenstand dieser Studie; es werden sowohl die räumlichen Auswirkungen von „Interrelationen" als auch von "Interaktionen" innerhalb des

---

[001] Bezugsfläche: Landgebiet der Republik Indonesien ohne West-Neuguinea (Propinsi Irian Jaya).
[002] Diese teilen sich das restliche 1% mit Thailand, dessen Changwats (Distrikte) Pattani, Yala und Narathiwat (zusammen 11.000 qkm) dem „Muton Melayu" = „Malaiischer Bezirk" des alten Siam entsprechen.
[003] Die Wahl der Republik Indonesien für diese Städtestudie ist die Folge einer Vertrautheit des Verfassers mit der Organisation dieses Staates, die durch frühere Studien (vgl. die Veröffentlichungen Rutz 1976 a, 1976 b u. Horstmann & Rutz 1980) erworben worden war.

Hoheitsgebietes der Republik Indonesien dargestellt. Um der systembegrenzenden Eigenschaft dieses Hoheitsgebietes Rechnung zu tragen, werden die Städte der 1963 annektierten melanesischen Provinz „Irian Jaya" (West-Neuguinea) (vgl. Fußn. 154) mitbehandelt. Dadurch wird auch eine weitere Bedingung für die Systemeigenschaft der Städte des Untersuchungsraumes erfüllt: Die Gesamtheit der Untersuchungsobjekte weist einen hohen Grad an Geschlossenheit auf. Das heißt, in dieser Abgrenzung ist ein Maximum an Innenbeziehungen und ein Minimum an Außenbeziehungen zu erwarten. Der einzige „Störfaktor" in diesem System ist der Stadtstaat Singapur. Die Funktionen dieser Handelsmetropole wirken weit in das Untersuchungsgebiet hinein und beeinflussen Stellung und Eigenschaften vieler Städte im östlichen Sumatra und westlichen Borneo[004]. Diese Tatsache wird im folgenden beachtet werden.

Indonesiens Städte müssen zunächst einmal erfaßt und als System beschrieben werden. Ihre historisch-genetische Schichtung, ihre räumliche Verteilung, ihre Lageeigenschaften, ihre Größenklassen, ihre Funktionen und ihre Einflußbereiche sind nur teilweise bekannt; dementsprechend gibt es nur wenige und unzureichende Ansätze zur Klassifizierung und Typisierung. Das soll auf der Grundlage einer umfassenden Datenauswertung im folgenden versucht werden. Es geht also um die „Struktur" des Städtesystems in der Republik Indonesien.

Mit diesem Untersuchungsziel wird deutlich: die Empirie stand im Mittelpunkt der Studie. Vielseitige Datenerfassung im Untersuchungsraum und Beobachtung im Gelände sowie methodisch sorgfältige Auswertung deckten neue Tatsachen und Zusammenhänge auf. Generalisierende Folgerungen wurden nur in engster Anlehnung an die erkannten Tatsachen gezogen.

Eine derartige räumlich übergreifende und dennoch empirisch ausgerichtete Städtesystem-Studie gab es bisher für keinen der großen Teilräume Südost-Asiens; Ginsburg hatte das schon 1965 unterstrichen[005]. Das vorliegende Werk steht also nach seiner Konzeption zwischen den vielen kleinräumigen Felduntersuchungen einerseits und den quantitativ-generalisierenden, den jeweiligen Gesamtstaat kennzeichnenden Darstellungen andererseits.

Weil bisher sehr wenig über die Struktur des Städtesystems in der Republik Indonesien bekannt ist[006], Kenntnisse darüber aber im Zusammenhang mit der Aufstellung von regionalen und gesamtstaatlichen Entwicklungszielen erforderlich sind, bietet die vorliegende Studie auch eine Planungsgrundlage. Es gibt in der Republik Indonesien eine spezielle Siedlungssystempolitik[007], jedoch wurde die im folgenden darzulegende Untersuchung unabhängig durchgeführt und unterliegt keiner normativen Zielvorgabe. Es ist aber zu erwarten, daß die hier gefundenen Ergebnisse grundlegend für Planungen und Strategien zur Entwicklung des Siedlungssystems in den späten achtziger und neunziger Jahren sein werden.

Wenn die Städte der Republik Indonesien das Untersuchungsobjekt sein sollen, oder auch das Städtesystem dieses Staates, dann ist damit noch nicht geklärt, um welche Untersuchungsmenge, um welche Zahl von Städten es sich handelt. Die Untersuchungsmenge muß begrenzt, die Zahl der Städte damit bestimmt werden.

Im heutigen indonesischen Staat gibt es nur für 99 Städte (1983) gebietskörperschaftliche Rechtsstellungen, wobei diese noch von sehr unterschiedlicher Art sind. Es handelt sich erstens um die Staatshauptstadt Jakarta, die einen besonderen Rechtsstatus im Provinzrang besitzt, zweitens um 49 „Kota Madya", das sind regentschaftsunabhängige Städte, drittens um 26 „Kota Administratip", das sind 1973 bis 1983 geschaffene Verwaltungseinheiten, viertens um 9 „Daerah Koordinator Pemerintah Kota", das sind Bereiche eines Verwaltungs-Koordinators (nur in der Provinz „Nusa Tenggara Timur")[008] sowie fünftens um 14 Städte, deren Stadtgebiet sich zufällig mit einem Verwaltungs-Unterdistrikt (Kecamatan) deckt[009]. Alle anderen Städte bestehen aus Gruppen benachbarter selbstverwalteter Gemeinden – in Ausnahmefällen auch aus einer einzelnen Gemeinde –, dem javanisch sogenannten „Desa"[010]. Für die vorliegende Studie war von vornherein eine größere Zahl von

---

[004] In diesem Buch werden die in Europa seit 300 Jahren gebräuchlichen Inselbezeichnungen beibehalten. Die neuen indonesischen Namen werden zusätzlich verwendet, wenn administrative Einheiten bezeichnet werden sollen.

[005] Ginsburg (1965, S. 433): „... comprehensive studies of city systems in Southeast Asia are virtually nonexistent".

[006] Quellen und Schrifttum hierzu siehe Abschn. 0.2.

[007] Die Siedlungssystempolitik wurde bis zum Beginn des dritten Fünfjahresentwicklungsplanes 1979–1984 (REPELITA III) von mehreren Institutionen beeinflußt:
1. Badan Perencanaan Pembangunan Nasional (BAPPENAS, Amt für Nationale Aufbau-Planung),
2. Departemen Dalam Negeri (Ministerium des Innern), Direktorat Jenderal Pemerintahan Umum dan Otonomi Daerah (Generaldirektorat für Allgemeine Verwaltung und Gebietskörperschaften),
3. Departemen Pekerjaan Umum (Ministerium für Öffentliche Arbeiten), Direktorat Jenderal Cipta Karya (Generaldirektorat für Zielvorgaben).

[008] Zur Stellung der hier genannten städtischen Gebietskörperschaften in der Verwaltungshierarchie siehe S. 30, speziell zur Vermehrung der Kota Administratip (11 vor 1980 u. 15 nach 1980) Fußn. 171.

[009] Nicht alle Kecamatan, deren Name „Kota..." lautet, erfüllen diese Bedingung; bei einigen anderen, die den Zusatz „Kota" nicht im Namen führen, ist es der Fall.

Untersuchungsobjekten ins Auge gefaßt worden. Gegen die Beschränkung auf die gebietskörperschaftlich fest umrissenen Städte spricht aber auch ihre räumlich sehr ungleiche Verteilung, denn die genannten Rechtsstellungen sind teils aus kolonialer Vergangenheit übernommen, teils aus regionaler Initiative gebildet worden und teils rein zufällig entstanden.

Neben dem verwaltungsrechtlichen Status gibt es das Konzept der Statistiker, nach dem bestimmte Desa als „urban" klassifiziert sind. Es wurde erstmals zur Zählung von 1961 angewendet. Als „urban" galten Desa mit mindestens einer der folgenden drei Eigenschaften: erstens Desa in einer „Kota Madya", zweitens Desa in einem Regentschafts-Hauptort[011] und drittens Desa mit mehr als 79% nicht-landwirtschaftlicher Bevölkerung. Für die Zählung von 1971 wurden die erste und zweite Bedingung unverändert übernommen, die dritte Bedingung aber auf 50% heruntergesetzt, dafür wurde 1971 aber verlangt, daß das betreffende Desa eine Krankenstation, ein Schulgebäude und Elektrizität habe[012].

Diese Klassifikation von bestimmten Desa als „urban" sollte nicht zur Abgrenzung von Städten dienen, sondern die von soziologischer und demographischer Seite her gewünschte Einteilung der Bevölkerung in „ländlich" und „städtisch" ermöglichen. Dennoch ergibt sich aus der Anzahl der städtischen Einzel-Desa und Desa-Agglomerationen eine Summe, die als Anzahl der Städte aufgefaßt werden kann. 1961 waren es 229 solcher „Städte", 1971 329. Die Differenz zwischen beiden Mengen beruht überwiegend auf der abgeänderten Definition für „urban". Während die dritte Bedingung 1961 nur 11 städtische Desa oder Desa-Komplexe definierte, war das 1971 für 98 Orte der Fall[013].

Die grundlegenden Mängel des Konzepts der Statistiker[014] ließen eine Bezugnahme auf diese „Städtemenge" von rd. 230 oder 330 für die beabsichtigte Untersuchung nicht in Frage kommen. Die Einzelüberprüfung des Verfahrens von 1971 ergab dann zusätzlich, daß die dritte Bedingung regional sehr ungleich berücksichtigt worden ist, ja in zehn Fällen sogar die zweite Bedingung unbeachtet blieb, indem Desa von außerjavanischen Regentschafts-Hauptorten nicht als „städtisch" deklariert worden waren[015].

Beim Beginn dieser Untersuchung (1978) war vom Statistischen Hauptamt gerade ein grundsätzlich neues, besseres Konzept für die Definition städtischer Desa entwickelt worden. Die neue Definition klassifiziert Desa als „städtisch", wenn eine der folgenden drei Bedingungen erfüllt ist: Bevölkerungsdichte über 5.000 Einwohner je qkm, Anteil landwirtschaftlicher Haushalte unter 25%, Vorhandensein von mehr als 8 „städtischen Einrichtungen"[016]. Nach diesem Konzept gab es 1980 in Indonesien rd. 900 städtische Orte[017]. Diese Ortemenge konnte aber für die vorliegende Studie nicht herangezogen werden, weil sie bei Arbeitsbeginn noch unbekannt war.

Es gibt also in Indonesien keine „a priori" bekannte Anzahl von Städten. Um nun von vornherein eine lückenlose Erfassung aller Siedlungen mit städtischer Funktion zu gewährleisten, lag es nahe, die Auswahl an der unter der Regentschaftsebene folgenden, nächst kleineren, dritten Stufe der Verwaltungshierarchie zu orientieren. Nachdem 1963 die Distrikte (Kawedanan) aufgelöst worden waren, folgt als dritte Gebietskörperschaftsebene die der Unterdistrikte (Kecamatan) (vgl. S. 29). Die Hauptorte dieser Kecamatan – soweit es sich nicht um Unterdistrikte innerhalb größerer Stadtgebiete (Kota Madya, Kota Administratip) handelt – konnten eine geeignete Untersuchungsmenge abgeben. Die zu erwartende Zahl dieser Orte lag bei rd. 3.800, denn es gibt rd. 3.200 ländliche Kecamatan-Hauptorte und es mußte auch auf dieser Ebene damit gerechnet werden, daß es eine Anzahl gleichrangiger Orte gäbe, die diese Verwaltungsfunktion nicht ausüben.

---

[010] Zum Begriff „Desa" vgl. Fußn. 166. Der Begriff Desa wird dem amtlichen Sprachgebrauch folgend auch außerhalb Javas verwendet, hier aber nur dann, wenn von der staatlichen Verwaltungsgebietskörperschaft die Rede ist und nicht von ländlichen Gemeinden schlechthin.

[011] Die Umgrenzung der Regentschafts-Hauptorte bleibt in den verfügbaren Quellen offen. Sofern es sich um „Gemeenten" aus der Vorkriegszeit handelte, waren deren Grenzen übernommen worden.

[012] Vgl. zur Definition der „urbanen" Desa: „A Search for a better definition of an urban village in Indonesia", Chapter IIIC, Central Bureau of Statistics, Jakarta, June 1977, ferner Sigit & Sutanto 1983. Auf die sich aus den unterschiedlichen Definitionen ergebende Frage nach der Vergleichbarkeit der Volkszählungsergebnisse 1961, 1971 und 1980 wird im Abschn. 1.4. (S. 35 f.) eingegangen werden.

[013] Zahlen dieses Absatzes für 1961 nach Milone 1966, Chart V und Chart XI, für 1971 nach Unterlagen des Statist. Hauptamtes, Jakarta (bezogen auf die gleiche Staatsfläche; ohne West-Neuguinea).

[014] Vgl. dazu die in Fußn. 012 genannte Veröffentlichung.

[015] Vgl. dazu die Korrekturen der amtlichen Werte für die urbane Bevölkerung, die in den Fußn. j–t der Tab. 1–6 genannt sind.

[016] Die neue Definition wird ausführlich durch die in Fußn. 012 genannte Veröffentlichung erläutert und begründet. Danach war dieses Konzept an einer repräsentativen Teilmenge von 1.760 Desa überprüft worden; es wurde drei Jahre später bei der Volkszählung 1980 auf alle rd. 60.000 Desa angewendet.

[017] Städtische Desa oder Komplexe städtischer Desa innerhalb und außerhalb der gebietskörperschaftlich abgegrenzten Städte; diese sind nur je einmal gezählt. Die durch vorliegende Studie erfolgte Einzelanalyse deckte auch hier Mängel und Irrtümer bei der Kategorisierung als „städtisch" auf. Näheres dazu siehe S. 36 und Fußn. 186.

Mit diesem Maximal-Konzept wurde die Datenerfassung in Indonesien in Angriff genommen. Auch für den Auswertungsgang wurde die Bearbeitung dieser großen Ortszahl – es ergab sich eine Summe von 3.820 Orten – beibehalten. Um die Ergebnisse darzustellen, wurden an die Gesamtortezahl unterschiedliche, aber klar definierte Auswahlkriterien angesetzt. Demgemäß erscheinen unter den verschiedenen Sachzusammenhängen unterschiedliche Ortemengen; im Falle der Orte mit bedeutendem Fremdenverkehr sind es nur 71, im Falle der Orte mit bekannten Einwohnerzuwachsraten 1.051.

Unabhängig von diesen sachbezogenen Mengenbegrenzungen wurde auch der Versuch unternommen, eine Ortemenge einzugrenzen, die als „typisch städtisch" gelten kann – dazu werden im Abschnitt 4.1 (S. 83f.) nähere Ausführungen gemacht. Diese Ortemenge, die als „sichere Städte" oder „Städte im engeren Sinne" gelten kann, ist mit allen wichtigen Kenndaten in einer ersten Übersichtstabelle, der sogenannten „Grundtabelle" 0–1 wiedergegeben (siehe Anhang).

Indem die Untersuchungsmenge über eine – wie auch immer – eingeschränkte Städteanzahl hinaus auf die Unterdistrikt-Hauptorte ausgeweitet wurde, führte die Studie über die zuerst ins Auge gefaßte Behandlung der Städte hinaus. Es handelt sich nunmehr um eine Analyse des gesamten nicht-landwirtschaftlich ausgerichteten Siedlungssystems. Dieser Tatsache wurde durch den Untertitel der Studie Rechnung getragen.

0.2. Quellenlage – Datenerfassung – Schrifttum

Das gesteckte Untersuchungsziel konnte – das zeigte das bis 1976 in Europa bekannte Schrifttum – nur durch Auswertung in Indonesien vorhandener Quellen und mit Hilfe eigener Erhebungen erreicht werden. Gegebenenfalls sollten auch jüngere indonesische Arbeiten herangezogen werden. Der Verfasser hielt sich deshalb zwischen Herbst 1977 und Spätwinter 1979 während dreier Reisen insgesamt 5½ Monate lang in Indonesien auf[018, 019]. Diese Aufenthalte dienten einerseits der Datensammlung, andererseits auch der Erweiterung der Landeskenntnis[020]. Zusätzlich konnten während einer dreiwöchentlichen Reise im Dezember 1981 Teilergebnisse der Volkszählung 1980 erfaßt und die Landeskenntnis auf Borneo und Java erweitert werden[021]. Eine letzte Überprüfung von Daten „vor Ort" konnte schließlich im Dezember 1982 erfolgen[022].

Es galt für die ins Auge gefaßte Zahl von rd. 3.800 Orten, Daten über ihre Lage, ihre Einwohnerzahl, ihre gewerbliche Struktur sowie über ihr staatliches und privates Dienstleistungsangebot zu erhalten; darüber hinaus waren für die größeren Städte Angaben über ihre geschichtlichen Wurzeln und ihre Einflußbereiche zu suchen. Ferner waren Hintergrund- und Bezugsdaten zur Landeskunde und zum Entwicklungsstand der Provinzen und des Gesamtstaates erwünscht. Bei den stadtbezogenen Teilzielen der Datenerfassung kam es jeweils darauf an, die Angaben bezogen auf Desa zu finden; die geringe Anzahl verwaltungsseitig definierter Städte machte das erforderlich.

Für viele der Teilziele war mit verwertbaren Vorarbeiten nicht zu rechnen; hier mußten von vornherein eigene Erhebungen ins Auge gefaßt werden. Für andere Teilziele konnte die Quellenlage im Statistischen Hauptamt, Jakarta, sowie bei den entsprechenden Fachressorts der Regierung geprüft werden. Ferner mußte erkundet werden, ob in Weiterführung der einzigen bisher im Schrifttum bekannten Bearbeitung des Städtesystems in Indonesien durch Pauline D. Milone im Jahre 1966 – darauf wird sogleich noch einzugehen sein – weitere Untersuchungen von indonesischer Seite angestellt worden waren.

---

[018] Die Kosten zweier Reisen und die des größeren Teils der Forschungsaufenthalte trug die Deutsche Forschungsgemeinschaft. Für diese Grundfinanzierung dankt der Verfasser den Sachbearbeitern und Gutachtern. Weitere Reisekosten wurden von der Eisenbau Essen GmbH., von der „Advanced Technology Division" der staatlichen indonesischen Erdöl-Holding-Gesellschaft „PERTAMINA" und vom Generaldirektorat für Öffentliche Arbeiten der indonesischen Staatsregierung zugeschossen. Der Verfasser dankt an dieser Stelle den ausschlaggebenden Herren Dr. Ing. Hans Grybeck, Essen, Dr. Ing. Bacharudin Jussuf Habibie, Hamburg/Jakarta und Dr. Ing. Poernomosidi Hadjisarosa, Jakarta.

[019] Der Antrag des Autors an die nationale Wissenschaftsbehörde „Lembaga Ilmu Pengetahuan" – abgekürzt LIPI – zur Genehmigung seines Forschungsvorhabens wurde im Oktober 1977 positiv entschieden; LIPI mußte aber Auflagen der Sicherheitsdienste, die die Bewegungsfreiheit in einigen der Außenprovinzen einschränken sollten, an den Autor weitergeben.

[020] Der Verfasser hatte schon 1973 16 Provinzhauptstädte und besonders viele Hafenstädte besucht. 1977, 1978, 1979 und 1981 verschaffte er sich einen Überblick über sieben weitere Provinzen und führte zwei ausgedehnte Reisen durch fast alle Regentschaften auf Java aus.

[021] Diese von der Fritz-Thyssen-Stiftung, Köln, geförderte Reise diente primär anderen Zwecken. Der Verfasser dankt der Fritz-Thyssen-Stiftung für die damit verbundene Gelegenheit, die Einwohnerdaten für die vorliegende Städte-Studie auf den neuest möglichen Stand zu bringen.

[022] Es handelt sich um die zweite von der Deutschen Forschungsgemeinschaft finanzierte Reise (vgl. Fußn. 018).

Die genannten Teilziele werden bei der Beschreibung des Auswertungsganges (vgl. S. 10f.) aufgegriffen werden. Im folgenden werden die Hauptquellen genannt. Diese lassen sich in 10 Komplexe gliedern:

1. Verwaltungskarten, Verwaltungsverzeichnisse, Regionalplanungsstudien, die zur allgemeinen Orientierung über das gesamte Staatsgebiet oder über bestimmte Regionen dienen[023].
2. Interne Verzeichnisse der Regierungsdirektorate und anderer den Ministerien nachgeordneter Zentralbehörden (Fachressorts für Schul- und Hochschulwesen, Gesundheit, Justiz, Finanzen, Öffentliche Arbeiten, Postwesen)[024] über nachgeordnete Dienststellen und verwaltete oder beaufsichtigte Dienstleistungs-Institutionen (Schulen, Hochschulen, Krankenhäuser, Gesundheitsposten, Apotheken, Gerichte aller Ränge, Postämter aller Ränge und deren Leitwege).
3. Internes Erhebungsmaterial und Statistiken des Statistischen Hauptamtes[025] zu folgenden Komplexen: Seetransport, Handel, Seefischerei, Fremdenverkehr und gewerbliche Wirtschaft. Zu letztgenanntem Komplex speziell: Verzeichnis mit Namen und Anschriften aller Industrieunternehmen, einschl. Branche und Beschäftigtenzahl 1974; handschriftliche Auszüge aus der Industrie-Erhebung 1976 des Statistischen Hauptamtes zur Anzahl, Branche und Beschäftigtenzahl von Gewerbebetrieben mit mehr als 10 Beschäftigten je Kecamatan.
4. Handschriftliche Auszüge aus den Unterlagen der Volkszählung 1971 im Statistischen Hauptamt, Jakarta, zur Einwohnerzahl 1971 der Desa in verwaltungsseitig nicht definierten Städten[025].
5. Interne Rechnerausdrucke des Statistischen Hauptamtes zu einer Erhebung über die Ausstattung aller rd. 60.000 Ortsgemeinden mit öffentlicher Infrastruktur[026] (Pemeriksaan Fasilitas Sosial Desa 1976/77) (im folgenden abgekürzt als Fas-Des-Erhebung bezeichnet).
6. Verzeichnisse von Großhandelsunternehmen, Banken und Versicherungen über ihre Zweigstellennetze[027] sowie Verzeichnisse des Statistischen Hauptamtes über Hotels, Kinos und Museen.
7. Aufstellungen des Direktorats für Ortsentwicklung über den Erschließungsstatus der Desa je Regentschaft[028] und Daten des Statistischen Hauptamtes über das Regionaleinkommen der Provinzen als Indikatoren für den Entwicklungsstand der Landesteile.
8. Fragebogen aus vier durch den Autor 1977 und 1978 veranlaßten Rundfragen –
    a) des Direktorats für Straßenverkehr bei 65 Ämtern für Straßenverkehr[029] mit einer Rücklaufquote von 55% (Fragebogen „S") –
    b) des Direktorats für Agrarförderungswesen bei 233 landwirtschaftlichen Beratungsdienststellen[030] mit einer Rücklaufquote von 94% (Fragebogen „L") –

---

[023] Die Unterlagen stammen überwiegend vom Direktorat für Stadt- und Raumordnung (Tata Kota dan Daerah) und vom Direktorat für Landnutzungserfassung (Tata Guna Tanah). Dafür dankt der Verfasser den Leitern beider Behörden Risman Maris und Dr. I Made Sandy. Darüber hinaus soll an dieser Stelle betont werden: Dr. I Made Sandy war dem Verfasser während der Aufenthalte in Jakarta ein kompetenter Partner für alle geographischen Sachfragen. So trugen die Gespräche mit ihm und die aus seiner Behörde hervorgegangenen Kartendarstellungen wesentlich zum Verständnis über den Gesamtraum bei. Der Verfasser fühlt sich Herrn Dr. I Made Sandy in Dankbarkeit verbunden.

[024] Es handelt sich etwa um ein Dutzend verschiedener Direktorate, die hierzu Unterlagen beisteuerten. Fast überall wurde der Verfasser freundlich aufgenommen und die erbetenen Unterlagen wurden bereitwillig abgegeben. Allen Direktoren und ihren Sachbearbeitern, die damit wichtige Voraussetzungen für die vorliegende Studie schufen, gilt der Dank des Verfassers.

[025] Ein wesentlicher Teil der Gesamtunterlagen stammt aus dem Statistischen Hauptamt (Biro Pusat Statistik) Jakarta. Wichtigste Voraussetzung für ein sehr freies Arbeiten in diesem Amt war die großzügige und freundschaftliche Hilfsbereitschaft seines Präsidenten M. Abdulmadjid. Er sowie die Herren Sugito (Biro II) und Sunardi Sosrooetoyo (Biro Sensus) schafften die Voraussetzungen für die vielseitigen Arbeiten, die zu bewältigen waren. Größere und kleinere Datenkomplexe wurden dem Verfasser bereitwillig zur Verfügung gestellt. Der Verfasser fühlt sich dem Präsidenten Abdulmadjid tief zu Dank verpflichtet. Ebenso dankt er den genannten leitenden Herren, aber auch den Sachgruppenleitern, sowie deren Mitarbeitern, die die vom Verfasser erbetenen Arbeiten ausführten.

[026] Dieses Zahlenwerk ist das weitaus umfangreichste unter den Grundlagenmaterialien dieser Studie. Die Vollständigkeit, die erreicht werden konnte, hat darin seine Begründung. Die Erlaubnis des Präsidenten Abdulmadjid, eine Kopie der Rechnerausdrucke gleichzeitig mit dem Beginn der Auswertung im Statistischen Hauptamt selbst mitnehmen zu dürfen, hat der Verfasser als großen Vertrauensbeweis aufgefaßt und erfüllt ihn mit Dank.

[027] Es handelt sich um ein halbes Dutzend Großhandelsunternehmen, vier große Geschäftsbanken und den Versicherungsverband, die hierzu Unterlagen beisteuerten. Den ausschlaggebenden Herren dankt der Verfasser verbindlichst.

[028] Es handelt sich bei der regentschaftsweisen Untergliederung um amtsinterne Unterlagen, für deren Überlassung der Verfasser dankt.

[029] Der leitende Sekretär im Generaldirektorat für Landverkehr, Herr Nazar Noerdin, kannte den Verfasser durch die Feldarbeiten zu Rutz 1976 (a) und durch deren Ergebnis. Er war daher bereit, eine Fragebogenaktion anzuordnen. Die Durchführung lag im Direktorat für Straßenverkehr unter Leitung von Giri S. Hadihardjono. Beiden Herren dankt der Verfasser für ihren Beitrag zur Datensammlung.

[030] Der Verfasser trug dem Leiter des Direktorates für Aufklärungsarbeiten zur Nahrungspflanzenerzeugung (Bina Sarana Usaha Tanaman Pangan), Herrn Dr. Ir. I. B. Teuken, den Plan zu einer Rundfrage nach den ländlichen Einkaufs- und Markttorten vor. Der Plan wurde genehmigt und sorgfältig ausgeführt. Dafür dankt der Verfasser Herrn Dr. Ir. Teuken und seinen Mitarbeitern.

c) des Direktorats für Regionale Verwaltungsstruktur bei 292 Regenten (Bupati) und Oberbürgermeistern (Wali Kota Madya)[031] mit einer Rücklaufquote von 49% (Fragebogen „V") –

d) des Direktorats für Postwesen bei den Vorständen von 1.100 Postämtern [032] mit einer Rücklaufquote von 87% (Fragebogen „P") –

über Orte, in denen bestimmte private Dienste aus allen Dienstleistungsranggruppen (vgl. S. 11 f.) angeboten werden.

9. Teils handschriftliche Auszüge des Statistischen Hauptamtes, teils von den Statistischen Ämtern der Regentschaften herausgegebene Zusammenstellungen über die Einwohnerzahl der Desa aus der Volkszählung vom 31. Oktober 1980[033].

10. Verschiedene Quellen über zentralörtliche Einrichtungen der Städte Niederländisch Indiens im Jahr 1929/1930[034].

Neben diesen unveröffentlichten Datenzusammenstellungen und Originalerhebungen wurden die veröffentlichten Datenwerke des Statistischen Hauptamtes genutzt[035], dazu gehören neben dem bekannten „Buku Saku Statistik Indonesia" (Statistical Pocketbook of Indonesia) verschiedene Reihen und Einzelausgaben zur Bevölkerungs-, Sozial- und Einkommensstatistik sowie auch eine Sammlung statistischer Kartogramme: „Peta Pembangunan Sosial Indonesia" (Indonesian Social Developmental Atlas) 1930–1978. Diese Unterlagen enthalten Angaben zu den Gebietskörperschaften der 1. Stufe (Provinzen), teilweise auch zu denen der 2. Stufe (Regentschaften), selten für die Städte selbst; daher waren hier für die vorliegende Studie nur Rahmendaten zu entnehmen. Neben den jüngeren statistischen Werken wurden zu Vergleichszwecken – besonders in den Abschnitten zur Entstehung der Gebietskörperschaften (1.3.), zum Städtewachstum (5.2., 5.3., 5.4.) und zum zeitlichen Wandel der zentralörtlichen Hierarchie (7.4.) – die Standard-Reihen der Vorkriegszeit herangezogen. Hervorzuheben sind die Bände der „Volkstelling 1930", besonders Deel VIII (Batavia o. J.), die Reihe „Indisch Verslag 1931 ff. ('s-Gravenhage/Batavia) sowie der „Regeeringsalmanak voor Nederlandsch-Indië 1925 ff." (Weltevreden-Batavia).

In allen ausgewerteten unveröffentlichten und veröffentlichten Datenzusammenstellungen fehlten Angaben über die Städte und Ortschaften der 1976 erworbenen Provinz Ost-Timor weitgehend oder vollständig. Aussagen allgemeiner Art beziehen sich daher meist auf das Staatsgebiet ohne diese Provinz; nur vereinzelt konnten spezielle Angaben zu Ost-Timor wiedergegeben werden.

Den vorgenannten Quellen steht das Schrifttum gegenüber. Im Sinne der hier angestrebten Bearbeitung des Städtesystems sind mehrere Kategorien zu unterscheiden:

Im Jahre 1966 erschien in Berkeley, California ein Buch: „Urban Areas in Indonesia: Administrative and Census Concepts", verfaßt von Pauline Dublin Milone. Diese Studie war die erste überhaupt, die die Gesamtheit der indonesischen Städte im Auge hatte; auch aus der Kolonialzeit gibt es keine frühe Zusammenschau der Städteentstehung und des Städtewachstums in „Nederlandsch-Indië". Pauline D. Milone gab eine sorgfältige Analyse der städtischen Einwohnerzahlen und Verwaltungsstrukturen für die Zeit von 1930 bis 1961[036] und bemühte sich darüber hinaus, die örtlich und regional unterschiedliche Einwohnerzunahme der Städte durch Zuordnung von Wirtschaftsaktivitäten und Dienstleistungsfunktionen zu erklären. Wenn auch die Funktionszuordnung nicht zur Typen- und Hierarchiebestimmung fortgeführt worden war, so wurden doch bereits wesentliche Aspekte einer Städtesystemforschung angesprochen. Für eine umfassendere Städtesystemanalyse waren hier wichtige und grundlegende Vorarbeiten geleistet worden.

---

[031] Im Generaldirektorat für Allgemeine Verwaltung und Gebietskörperschaften konnte der Leiter des Direktorats für Wirtschaftsausstattung der Gebietskörperschaften (Perekonomian Daerah), Herr Srisoewito, für den Plan einer Rundfrage über die Ausstattung der mittleren und höheren Zentren mit Dienstleistungseinrichtungen gewonnen werden. Dafür und für die Ausführung dankt der Verfasser.

[032] Es gelang dem Verfasser, den leitenden Sekretär im Generaldirektorat für Post- und Fernmeldewesen, Herrn Ir. Rollin, von der Nützlichkeit einer Städte-Studie für dieses Ressort zu überzeugen. So wurde die erbetene Rundfrage genehmigt und von den Herren R. Harjono und Mastoor Wahab gewissenhaft ausgeführt. Der Verfasser dankt für die Genehmigung und die Mühe der Durchführung verbindlichst.

[033] Im Dezember 1981 waren die in der Volkszählung 1980 erfaßten Einwohnerzahlen der rd. 60.000 Desa im Statistischen Hauptamt noch nicht maschinell verfügbar. Der Präsident Abdulmadjid ordnete deshalb handschriftliche Auszüge an, soweit nicht bereits Berichte zur Bevölkerungsstatistik der Regentschaften zur Verfügung standen. Er erwies damit auch im Dezember 1981 sein Interesse an dieser Studie. Der Autor dankt ihm dafür ein weiteres Mal.

[034] Aufzählung dieser Quellen im Abschn. 7.4.1., Fußn. 751 (S. 220); bei der Beschaffung und Auswertung dieser Quellen half besonders Herr cand. phil. Wilhelm Wiegert aus Waltrop.

[035] Sofern diese im folgenden als Quelle genutzt werden, wird das Statistische Hauptamt (Biro Pusat Statistik) mit B. P. S. abgekürzt zitiert.

[036] 1930 fand die erste und letzte zuverlässige Volkszählung in „Nederlandsch-Indië" statt; 1961 die erste nach den Wirren der ersten 15 Unabhängigkeitsjahre (vgl. S. 17 f.).

Von indonesischer Seite selbst ist zuerst ein programmatischer Aufsatz von Wawaroentoe et al. 1972 zu nennen; der erste Versuch einer umfassenden Städtesystemanalyse stammt aus dem Jahre 1978. Damals hatte das „Generaldirektorat für Zielvorgaben" in Zusammenarbeit mit einem privaten „Forschungs-, Ausbildungs- und Informations-Institut für Wirtschafts- und Sozialwesen" (LP3ES)[037] „Einsichten über den Vorrang der Stadtentwicklung als Struktur-Unterlage im Rahmen der Zielvorgaben für das Programm des 3. Fünfjahresentwicklungsplanes" zusammenstellen lassen. Es handelte sich dabei um die Beschreibung des gesamten Städtesystems und um Rückschlüsse auf zukünftige Steuerungsgrundsätze. Der Versuch, Städtewachstum, Städtefunktionen und Städtehierarchien zu bestimmen, blieb unzureichend, weil erstens die genutzte Datenbasis für die durchgeführten Berechnungen nicht ausreichte und zweitens infolge der knapp bemessenen Durchführungszeit unzulässige Verfahrensvereinfachungen vorgenommen werden mußten[038]. Dennoch muß dieser Beitrag beachtet werden, weil seine Fragestellungen die Städtesystemforschung in Indonesien selbst anregten und er auch eine Ortekennzeichnung enthält, die in einigen Punkten die vorgenannten Quellen ergänzt.

An dieser Stelle darf erwähnt werden, daß auch der Verfasser dieses Buches das Städtesystem Indonesiens beschrieben hatte – zunächst marginal im Zusammenhang mit der Verkehrserschließung des Archipels und später unter dem speziellen Gesichtspunkt des Vergleichs der Städterangfolge zwischen 1929/30 und 1976[039] Am Anfang der Arbeiten zu vorliegender Studie standen die Bemühungen um weiter vertiefte Landeskenntnis. Dabei stieß der Verfasser auf die Arbeiten von I Made Sandy 1977, 1978 und 1979. Es sind das nur bescheidene Zusammenfassungen einer großen Materialfülle, die I Made Sandy in seiner Behörde erarbeiten ließ und läßt[040]. Hier wird von den Grundlagen her induktiv ein Wissenschaftsgebäude vom indonesischen Kulturraum und damit auch von der indonesischen Stadt errichtet, das für die Zukunft tragfähig ist und auch zu einer Städtesystemforschung fortschreiten kann.

Dessen ungeachtet gibt es auch heute schon weitere Ansätze zur Städtesystemforschung in Indonesien: diese waren durch rechnerische Verfahrensweisen angeregt worden, die die elektronische Datenverarbeitung ermöglichte. An der Planologischen Forschungsstelle (Lembaga Penelitian Planologi) des „Institut Teknologi Bandung" beschäftigte man sich schon in den siebziger Jahren im Auftrage verschiedener Ministerialabteilungen mit der Klassifizierung der indonesischen Städte. Bis etwa 1980 lagen einige Arbeitsberichte vor[041]. Die Klassifizierungsmethode beruhte auf einer Hauptkomponentenanalyse von 16 Variablen, die für 110 Städte verfügbar waren. Da die Variablen weitaus überwiegend größenabhängig waren, ergab sich eine im wesentlichen auf Größenklassen beruhende Verteilung. Zudem beruhten die wenigen wirtschaftsspezifischen, nicht-größenabhängigen Variablen auf unzuverlässigen statistischen Ausgangswerten; dadurch sind alle größenunabhängigen Klassenzuweisungen realitätsfern. Das gilt dann leider auch für die planungsorientierten Schlußfolgerungen, die durch Vergleiche mit dem Verwaltungsstatus der Städte und durch Lagebetrachtungen bezüglich der Aufbauregionen (vgl. S. 235 f.) zu Stande kamen.

Eine Hauptschwierigkeit für die Städtesystemanalyse in Indonesien besteht in der mangelhaften gebietskörperschaftlichen Definition der Städte – zumindest in der Vergangenheit, als Daten nur für die – einschließlich Jakarta – 50 regentschaftsunabhängigen Städte (Kota Madya) zur Verfügung standen (vgl. S. 2). Das veranlaßte einige Autoren, gerade diese Städtegruppe zu ihrem Untersuchungsobjekt zu machen. Die Kota Madya stellen aber eine stark heterogene Grundmenge dar, denn ihre Auswahl nach Raum und Zeit war sehr ungleichartig (vgl. S. 29). Dadurch werden Verallgemeinerungen und räumliche Muster verfälscht. Kleinere Studien auf dieser Grundlage liegen von W. A. Withington 1963 und 1983, von Sugijanto & Sugijanto 1976, Sugijanto 1980 sowie von Nas et al. 1981 vor. Methoden und Ziele dieser Studien waren sehr verschieden. Withington analysierte diese Städtegruppe am vielseitigsten. Sugijanto & Sugijanto behandelten vornehmlich die Stellung der Kota Madya als Wachstumspole[042] und später (1980) als Arbeitsplatz-Agglomerationen. Nas et al. versuchten eine Typisierung

---

[037] „Direktorat Jendral Cipta Karya" und „Lembaga Penelitian Pendidikan dan Penerangan Ekonomi dan Sosial", abgekürzt „LP3ES" genannt. Der Originaltitel der Studie ist am Ende der Schrifttumsübersicht unter „ungenanntes Team LP3ES 1978" verzeichnet; das „LP3ES" (El-pe-tiga-e-es) ist eine Institution, die mit maßgeblicher Unterstützung der „Friedrich-Naumann-Stiftung e. V., Bonn" gegründet worden ist und betrieben wird.

[038] Der Verfasser dankt Herrn Amir Karamoy (LP3ES) – er ist einer der Studien-Bearbeiter – für die Überlassung eines Exemplars. Herr Karamoy hat die methodischen Unzulänglichkeiten der Untersuchung selbst deutlich hervorgehoben.

[039] Siehe im Schrifttumsverzeichnis Rutz 1976 (a) und Rutz 1980.

[040] An dieser durfte auch der Verfasser teilhaben (vgl. Fußn. 023); er erhielt ferner die jeweils neueste Auflage des „atlas indonesia", ein von I Made Sandy veröffentlichtes Kartenwerk mit Erläuterungsbänden. Diese sind als Lehrbuch zur Regionalen Geographie Indonesiens konzipiert.

[041] Der Verfasser konnte die im Schrifttumsverzeichnis aufgenommenen unveröffentlichten aber vervielfältigten Studien von Bambang B. Soedjito (1977) und Djoko Sujarto (1977 u. 1978) einsehen. Diese waren in der Quellensammlung Dr. P. J. M. Nas, Leiden, vorhanden. Der Verfasser dankt Herrn Dr. Nas herzlich für vielseitige kollegiale Hilfe in Leiden.

[042] Zur inhaltlichen Kritik siehe Fußn. 562.

nach der Bevölkerungsstruktur[043]. Durch eine Untersuchung regionaler Disparitäten gelangte auch Amin 1981 zu einer kurzen Städtesystembetrachtung; bei mangelnder eigener Datengrundlage konnte er – ähnlich wie vor ihm Susan Blankhart 1978 – nur wenige Kennwerte zur Lage- und Rang-Größen-Verteilung errechnen; etwas ausführlicher gelang das Withington 1979, der früher (1976) auch „natürliche" und geplante Wachstumspole unterschieden hatte. Umfassend erörterten Hugo & Mantra 1981 sowie Hugo et al. 1981 (bes. Chpt. 3) die Stellung der Städte in den Wanderungsbilanzen; auch hier ist es aber wieder die nicht repräsentative Auswahl der Kota Madya aus der Städtegesamtheit, die die Gültigkeit der Ergebnisse beeinträchtigt.

Es gibt auch einige Städtesystemanalysen von Teilen Indonesiens. Ein Versuch in dieser Richtung ist die kleine Studie von W. A. Withington 1962 über „The Cities of Sumatra", die er 1980 in einem „paper" aktualisierte. Auf quantitative Verfahren stützt sich eine Studie über die Städteentwicklung auf Java von Roland A. Witton 1969. Witton benutzt für 90 Städte die von Pauline D. Milone 1966 zusammengestellten Ausstattungslisten und errechnete mit Hilfe von Guttmann-Skalogrammen eine Rangliste. Weniger verschiedene angeschlossene Korrelationsrechnungen als vielmehr der Versuch, auch für 1941 eine Städte-Rang-Skala nach Ausstattungsmerkmalen abzuleiten, verdient Beachtung; die Zuverlässigkeit der Rangfolge für 1941 muß allerdings bezweifelt werden.

Auch jüngere Versuche, für Teile Indonesiens Städterangfolgen und Städteklassifizierungen auf Grund von Ausstattungsmerkmalen durchzuführen, zeigten nur sehr begrenzten Erfolg. Dabei war nicht nur die beschränkte Zuverlässigkeit der Ausgangsdaten ausschlaggebend sondern auch die unkritische Auswahl von Variablen, mit deren Hilfe über Hauptkomponentenanalysen Klassifizierungen und Reihungen errechnet wurden. Realitätsnahe Ergebnisse über Größenordnungen und Ähnlichkeiten von Städten blieben daher aus[044]. Der Landeskenntnis und ihrer planerischen Anwendung wäre mehr gedient, würden die beschreibenden Methoden vervollständigt und verfeinert werden[045], die auch in Indonesien schon eine lange Tradition besitzen.

Diese beginnt mit einem grundlegenden, zusammenfassenden Überblick, den Herbert Lehmann 1936 lieferte, indem er „das Antlitz der Stadt in Niederländisch-Indien" beschrieb. Er fand keine Nachfolger, denn das weitere Schrifttum bis zum Ende der niederländischen Herrschaft, das Karl Helbig in seiner umfassenden Bibliographie 1943 zusammenstellte, enthält neben Lehmann nur monographische Beiträge zu einzelnen Städten. Die wesentlichen sozialen und bauökologischen Aspekte der javanischen Stadt sind aber schon erkannt und in der „Toelichting op de Stadsvormingsordonnantie Stadsgemeenten Java" 1938 festgeschrieben worden. Auf dieser Grundlagenschrift baut das Nachkriegsschrifttum über die indonesische Stadt auf. Wichtige Vertreter einer meist sozialökologischen Arbeitsrichtung sind Willem Fredrik Wertheim 1951, 1958 und 1964, J. P. Thijsse 1953, Justus M. van der Kroef 1953, The Siauw Giap 1959, Nathan Keyfitz 1961 und Hildred Geertz 1963. Der Städtebau der Kolonialzeit wurde erstmals zusammenfassend 1920 von Karstens, abschließend 1949 von Nix behandelt. Stadtsoziologische Einzeluntersuchungen hatte Clifford Geertz 1965 zusammengefaßt. Einen kurzen Abriß zur „Urban Geography" der Zwischenkriegszeit gab Fisher 1966 (Part II, 9, VII).

Thematisch umfassender sind einige geographische Beiträge zur Stadtentwicklung in Südost-Asien. Nach Helbig 1943 gab Norton S. Ginsburg 1965 eine weitere bewertende Übersicht; darin fehlt der sozial-ökonomische Grundsatzartikel von J. H. A. Logemann 1953. 1967 erschien „The Southeast Asian City" von Terry G. McGee. Diesem Standardwerk, das auch funktionale und genetische Klassifizierungen enthält, folgten verschiedene stärker theoretisch orientierte Aufsätze von McGee, zuletzt 1979 zusammengefaßt als Beitrag zu „South-East Asia: A systematic Geography". Die spezielle Frage nach unterschiedlichen Stadtgrößenverteilungen in allen südostasiatischen Staaten versuchte Hamzah Sendut 1966 zu beantworten. Einige Grunddaten und

---

[043] Die Wahl der Variablen und die Unzuverlässigkeit der Ausgangsdaten erlaubt es nicht, mit dem von Nas et al. gewählten Verfahren einer Hauptkomponentenanalyse zu befriedigenden Ergebnissen zu gelangen.

[044] Es sind Arbeiten aus der oben schon erwähnten Planologischen Forschungsstelle (Lembaga Penelitian Planologi) am Institut Teknologi Bandung. Städteklassifizierungen mit Hilfe zahlreicher teils voneinander abhängiger, teils unabhängiger Variablen wurden ausgeführt vor 1980 für Java (Firman 1980; im Schrifttumsverzeichnis genannt), sowie 1981 für die Provinzen D. I. Aceh, Sumatera Utara, Sumatera Barat, Sumatera Selatan und Kalimantan Selatan. Die betreffenden maschinenschriftlich vervielfältigten Arbeitsberichte (Laporan) erhielt der Verfasser von Herrn Tommy Firman, Bandung, zugeschickt; dafür gilt diesem Dank. Eine zusammenfassende Veröffentlichung der Ergebnisse dieser Arbeitsgruppe ist dem Verfasser nach 1981 nicht mehr bekannt geworden. Eine besondere Erwähnung verdient im gleichen Zusammenhang auch die Dissertation von Sugijanto Soegijoko (1979) über „Spatial Efficiency of Urban Centers as a Basis for Regional Development: A Case Study of South Sumatra". Hier ist zwar ein breites theoretisches Wissen und ein im Grundsatz vertretbares methodisches Konzept vorhanden, die Qualität übernommener Ausgangsdaten, der Ansatz eigener Felderhebungen sowie die auch hier angewendete Faktoranalyse führen aber zu keinem realitätsnahen Bild über den räumlichen Wirkungsgrad der Städte Süd-Sumatras und lassen erst recht keine fallbezogenen Empfehlungen für Entwicklungsmaßnahmen zu.

[045] Das geschieht nach Auffassung des Verfassers besonders in der von I Made Sandy geführten Arbeitsgruppe im Direktorat für Landnutzungserfassung (Tata Guna Tanah) sowie im Direktorat für Stadt- und Raumordnung (Tata Kota dan Daerah) nach den Konzepten von Poernomosidi Hadjisarosa (vgl. Fußn. 824).

Problemstellungen zur Stadtentwicklung in Südost-Asien stellten jüngst (1983) Leinbach & Ulack zusammen[046], speziell politisch-ökologische Forschungsansätze Evers 1982 (a).

Den vorgenannten Studien, die Indonesien im kleineren Maßstab als Teil Südost-Asiens mitbehandeln, stehen solche gegenüber, die den Maßstab vergrößern und Systemanalysen für kleine Regionen auf der Grundlage empirischer Forschung versuchen. Konnten die Planologen in Bandung wegen der wenigen maschinell zu bearbeitenden Daten ganze Inseln oder Provinzen untersuchen[047], so setzt empirische Detailforschung bei den zentralen Orten der untersten Stufe, den Märkten an und analysiert deren räumliche Systeme über einzelne oder mehrere benachbarte Regentschaften hinweg. Auf dieser Ebene wird in Indonesien von mehreren Seiten her gearbeitet, zu nennen sind sehr unterschiedliche Ansätze und Ergebnisse von Sandy 1976, Bintarto 1977, Anderson 1980, Mai 1983, 1984 und Jäckel 1984.

Es gibt ein sehr umfangreiches Schrifttum zur vorkolonialen und kolonialen Geschichte des heutigen Indonesiens, in dem auch zeitlich und räumlich beschränkte Aussagen zur Städteentwicklung enthalten sind[048]. Eine zusammenfassende originäre Bearbeitung der Entstehung des Städtewesens bis etwa 1400 legte 1983 Wheatley vor. Darüber hinaus gibt es nur wenige weitere Ansätze: einen Kurzbeitrag von Jan Prins 1955, eine soziologisch-historische Wertung der frühen, vorkolonialen Entwicklung von P. J. M. Nas 1980 und einen Überblick von J. L. Cobban 1971, der bis zur Entwicklung der modernen Städte-Selbstverwaltungen nach dem „Dezentralisatiewet" von 1903 reicht. Nur für wenige Einzelstädte besteht eine Geschichtsschreibung; sie ist umfangreich für Batavia/Jakarta, knapper bis spärlich für Surabaya, Kediri, Yogyakarta, Surakarta, Semarang, Cirebon, Bandung Buitenzorg/Bogor, Banten, Kuta Radja/Banda Aceh, Padang, Palembang, Medan, Pontianak, Banjarmasin, Makasar/Ujung Pandang, Manado, Ternate und Ambon. Viele historische Anmerkungen zur Entstehung einzelner Siedlungen bieten darüber hinaus die Berichte der Forschungsreisenden des 19. und frühen 20. Jahrhunderts; diese sind jedoch weitgehend in die Encyclopaedie van Nederlandsch-Indië eingearbeitet worden.

Weder die soziologisch noch die historisch ausgerichteten Beiträge – und auch nicht die hier bisher nicht erwähnten verwaltungsrechtlichen Studien der Vor- und Nachkriegszeit – fassen die Städte Indonesiens als System auf. Vereinzelte Ansätze zur Kategorienbildung bleiben auf Beispiele beschränkt; kategoriale Zuordnungen aller Städte eines bestimmten Zeitabschnittes oder eines bestimmten Teilraumes gibt es nicht. So müssen für die folgende Darstellung, in der auch ein Überblick über genetische Stadttypen (Abschn. 2, S. 42f.) enthalten sein soll, weit verstreute Angaben zusammengefaßt werden; das gilt ebenso für die Beschreibung des kulturellen Habitus (Abschn. 3, S. 68ff.).

Neben dem speziellen geographischen, soziologischen und historischen Schrifttum gibt es aus den siebziger Jahren eine Reihe geographischer Landesbeschreibungen. In einigen dieser Bücher sind die Städte randlich und meist nur im Zusammenhang mit der in Städten lebenden Bevölkerung behandelt worden. Das gilt z. B. für die sozial- und wirtschaftsgeographisch ausgerichteten Werke von Missen 1972 (S. 314–343), Fryer & Jackson 1977 (S. 200–215) und Palte & Tempelman 1978 (S. 62–66) sowie für den kurzen aber treffenden Abriß von Berry et al. (S. 413–415). Etwas breiter werden die Städte in einer Länderkunde von Röll 1979 (S. 68–79) angesprochen[049].

0.3. Aufbau – Auswertungsgang – Methodisches Vorgehen

Fragestellungen und Ziele sowie die dargestellte Quellenlage führen zu folgendem Aufbau:

Der makroanalytische Ansatz, der sich auf den Staat Indonesien bezieht, erfordert eine nähere Betrachtung des gewählten Untersuchungsrahmens. Es gibt zwar, gerade aus dem letzten Jahrzehnt, einige umfangreiche staats- oder landeskundliche Studien über Indonesien – zu den vorstehend genannten geographischen Landesbeschreibungen kommen noch eine neue von Nena Vreeland besorgte Ausgabe (1975) des „Area handbook" sowie im deutschen Schrifttum die Werke von Dequin 1978 und Kötter et al. 1979 hinzu –, die spezielle Frage nach der „Struktur" des indonesischen Städtesystems setzt jedoch bestimmte Hintergrunddaten voraus, die im allgemei-

---

[046] Auf einige der genannten Arbeiten wird in den speziellen Sachzusammenhängen später noch einmal Bezug genommen. Andere hier nicht genannte Studien zur Verstädterung in Südost-Asien – etwa von der Art der Zusammenfassung durch Yeung 1976 – wurden geprüft; sie wurden aber nur dann ins Schrifttumsverzeichnis aufgenommen, wenn sie spezielle Voraussetzungen zu eigenen Erörterungen boten.

[047] Vgl. Fußn. 044.

[048] Dieses wird im Abschn. 2 genutzt, um die geschichtlichen Wurzeln zu erläutern und genetische Stadttypen abzuleiten.

[049] Grundlagen für Rölls Übersicht u. a. bei Rutz 1976a, 1976b; dort besonders Karte B 2, die durch Karte 6 in vorliegender Studie verbessert wird.

ner orientierten Schrifttum nicht in geeigneter Weise zusammengefaßt sind. Daher wird im folgenden Abschnitt 1 versucht, den für eine Städteuntersuchung wünschenswerten „staatlich-geographischen Rahmen" darzustellen. Behandelt werden der Staat selbst, seine für die Städteentwicklung besonders folgenreiche Gliederung nach Verwaltungsgebietskörperschaften, seine Bevölkerung und deren Verteilung und Verstädterungsgrad.

Nach der propädeutischen Darstellung des staatlichen und demographischen Hintergrundes folgen sieben Hauptabschnitte, in denen die Städte unter jeweils anderen Sachzusammenhängen, aber immer im gesamtstaatlichen Überblick dargestellt werden; das Städtesystem wird also immer als Ganzes erfaßt. Die ersten beiden Abschnitte behandeln die „historisch-genetische Schichtung" und den „kulturellen Habitus" (Abschnitte 2 und 3); für diese bot das vorhandene speziellere Schrifttum eine ausreichende Bearbeitungsgrundlage. Die Originalität liegt hier in der auf das gegenwärtige Städtesystem bezogenen Art der Aufbereitung und Wiedergabe.

Die folgenden beiden Abschnitte zur „räumlichen Verteilung der Städte" und zu ihren „Größenrangordnungen nach Einwohnern" (Abschnitte 4 und 5) geben originäre Ergebnisse wieder; beide Aspekte sind wichtige Strukturdaten oder „Interrelationen" eines Städtesystems.

Ein weiteres Kernstück der Studie ist der Abschnitt 6, der die sektoralen Funktionsspezialisierungen im Städtesystem behandelt. Aus den „Städtefunktionen" werden „funktionale Stadttypen" abgeleitet. „Zentrale Dienste", also die tertiärwirtschaftlichen Aktivitäten nehmen in dieser Kennzeichnung den meisten Raum ein. Da diese in unterschiedlichen Leistungsebenen hierarchisch strukturiert sind (vgl. S. 12), ergibt sich aus der räumlichen Verteilung zentraler Dienste eine zentralörtliche Städtehierarchie; diese wird in Abschnitt 7 dargestellt und durch eine gesonderte Betrachtung der Einflußbereiche und Hinterländer – Abschnitt 8 – ergänzt.

An den Enden der Hauptabschnitte 2 bis 8 sind die jeweiligen Sachaussagen zusammengefaßt worden. Der letzte Hauptabschnitt 9 enthält eine Zusammenfassung des Gesamtinhalts – ohne die Propädeutik der Abschnitte 0 und 1.

Um die gesteckten Ziele zu erreichen, war eine längere Auswertungsphase der Quellen erforderlich; diese beanspruchte die Jahre 1979 und 1980. Textniederschrift und Kartenentwurf konnten Mitte 1984 vollendet werden; Reinzeichnung und Reproduktion der Karten sowie die Satz-, Druck- und Bindearbeiten des Buches nahmen ein weiteres Jahr in Anspruch.

Eine erste Frage mit großen methodischen Schwierigkeiten war die nach der Zahl der in Indonesien vorhandenen Städte. Dazu wurde schon in Zusammenhang mit dem Untersuchungsziel Stellung genommen (vgl. S. 2f.). Aber auch zur Wiedergabe der geplanten Inhalte waren viele methodische Vorfragen zu entscheiden. Das betraf sogar schon den propädeutischen Abschnitt zum politisch-geographischen Rahmen. Zwar konnte das Wesen des Staates Indonesien aus einem reichen Schrifttum abgeleitet und die Flächenberechnungen aus einer eigenen früheren Studie übernommen werden[050], aber bereits die Begründung der heutigen Verwaltungsgliederung machte erhebliche Schwierigkeiten. Eine umfangreiche Schrifttumsanalyse führte zu der Auffassung, daß die Regentschaft das Kernstück ursprünglich javanischer, jetzt auf den Gesamtstaat übertragener Gebietskörperschaftsgliederung darstellt (vgl. S. 24). Alle anderen Einheiten sind jünger und aus höheren Aufsichtsinstanzen oder unteren Hilfseinrichtungen des Regenten entstanden[051]. An dieser Erkenntnis wurde der Aufbau des Abschnitts 1.3. über die Verwaltungsgliederung ausgerichtet.

Methodische Fragen warf auch die Darstellung des Verstädterungsgrades (Abschn. 1.4.2.) auf. Nicht nur die bereits erwähnte Bestimmung der „städtischen Desa" (vgl. S. 3), auch Abgrenzungsfragen der a priori als städtisch gewerteten „Kota Madya" erforderten Analysen zur Abgrenzung dieser „Kota Madya". Wegen solcher Abgrenzungsunterschiede in den verschiedenen Stichjahren waren für einen exakten zeitlichen Vergleich der Verstädterungsquoten sehr detaillierte Vorstudien nötig; nur dadurch konnte ein befriedigendes Ergebnis erzielt werden.

Für die Darstellung der geschichtlichen Wurzeln der Städte und für die Ableitung genetischer Stadttypen (Abschn. 2) mußten aus einem reichhaltigen Schrifttum zur älteren und jüngeren Geschichte sowie zur Entstehung des kolonialen Verwaltungssystems die für die Stadtentstehung relevanten Phasen herausgearbeitet werden. Die Zuordnung der rezenten Städte zu einer der Entstehungsphasen stieß immer dann auf Schwierigkeiten, wenn ein Ort bereits früh belegt ist, über seinen städtischen Charakter jedoch keine Klarheit zu gewinnen war[052]. Im übrigen wurde hier die erste vollständige genetische Klassifizierung der heutigen Städte durchgeführt.

---

[050] Der Verfasser hatte diese schon für die Verkehrserschließungsstudie (Rutz 1976a, Tab. 2) zusammengestellt.

[051] Unbeschadet der Tatsache, daß auf örtlicher Ebene die dörfliche Gebietseinheit (auf Java das Desa) älter ist als die Institution der Regentschaft, die seit der Hindu-Epoche bekannt ist, (vgl. S. 24).

[052] Es geht dabei im wesentlichen um Orte des Majapahit-Reiches. Da es keine unbearbeiteten oder unveröffentlichten Quellen über die Majapahit-Zeit gibt, können die hier offen gelassenen Fragen gegenwärtig nicht beantwortet werden.

Für die Wiedergabe des kulturellen und städtebaulichen Habitus (Abschn. 3) standen neben der eigenen Feldbeobachtung das städtebauliche Schrifttum der Kolonialzeit sowie wenige Anmerkungen über die heutigen Planziele zur Verfügung. Es wurde versucht, die allgemeinen Züge der Stadtstruktur und die kennzeichnenden Typen von Stadtvierteln zu erklären und ihren gegenwärtigen Wandel aufzuzeigen.

Um Aussagen über die räumliche Verteilung der Städte (Abschn. 4) zu machen, wurden neue Wege gesucht. Die Städteverteilung wurde mit der Bevölkerungsverteilung sowie mit der Verteilung der „urbanen" Bevölkerung verglichen. Die Lageeigenarten konnten dadurch wiedergegeben werden, daß für alle Orte Höhenlage und Küstenentfernung bestimmt wurde. Aus der Lageanordnung der Städte wurden danach „Städteregionen" abgeleitet.

Als methodisch sehr schwierig erwies sich die Behandlung der Einwohnerzahlen der Städte (Abschn. 5). Da bis 1980 nur für 84 Städte klar umrissene Grenzen vorhanden waren (vgl. S. 2), mußten für die übrigen städtischen Siedlungen die Einwohnersummen aus Einzel-Desa gebildet werden. Für viele Städte konnten dazu diejenigen Desa verwendet werden, die nach dem Konzept der Statistiker 1961 und 1971 als „städtisch" galten (vgl. S. 3). Für die Mehrzahl der kleineren Städte mußten aber mit Hilfe der vorliegenden Agrarquote, eventuell vorhandener zentraler Einrichtungen und mit Hilfe der Entfernung vom „Kerndesa"[053] diejenigen weiteren Desa bestimmt werden, die zusammen die städtische Siedlung bilden. Für diese wurde dann die Einwohnerzahl berechnet. Unter kritischer Abwägung früherer Stadtgrenzen wurden auch sehr differenzierte Aussagen zum Städtewachstum gemacht. Zur Darstellung der Größenrangordnungen konnte auf methodische Vorbilder aus dem Schrifttum zurückgegriffen werden[054].

Die weitaus schwierigsten methodischen Probleme bezogen sich auf die Erfassung der „Zentralen Dienste" (Abschn. 6.1.). Die Felderhebungen zu diesem Untersuchungsziel[055] hatten gut 100 Merkmale ergeben, die den 3760 erfaßten Orten zugeordnet worden sind. Aus diesen mehr als 100 Merkmalen konnten 74 Dienste definiert werden. Sie sind in Tabelle 0–2 (S. 14/15) aufgelistet; dort können Häufigkeiten und Eigenschaften der Dienste abgelesen werden[056]

Die erfaßten 74 Dienste gehören unterschiedlichen Dienstleistungsarten, Dienstleistungszweigen und Dienstleistungs(rang)gruppen an. Diese drei Kategorien sind wie folgt definiert:

Definition für Dienstleistungsart: Dienstleistungsinstitutionen, die gleichartige Freiheitsgrade in der Wahl ihrer Örtlichkeit und in der Wahl ihrer Versorgungsbereiche haben. Es sind drei Dienstleistungsarten zu unterscheiden[057]:

a) Dienstleistungsinstitutionen, deren Ort *und* deren Bereich strikt festgelegt sind – meistens durch staatliche Setzung. Es sind das *staatliche* oder *amtliche* Dienstleistungsinstitutionen. Beispiele: Staatliche Gebietskörperschafts- und Sonderverwaltungen.

b) Dienstleistungsinstitutionen, deren Ort *oder* deren Bereich staatlich vorbestimmt ist oder sich freiwillig eng an staatlich vorgegebene Orte und Bereiche anlehnt. Es sind das *halbamtliche* Dienstleistungsinstitutionen. Beispiele: Schulen, Krankenhäuser, nicht-staatliche Körperschaften nach öffentlichem Recht.

c) Dienstleistungsinstitutionen, deren Ort entsprechend der Nachfrage gewechselt werden kann und deren Bereiche sich aus den Wohnorten freier Nachfrager ableiten. Es sind das *private* Dienstleistungsinstitutionen. Beispiele: Handels- und Dienstleistungsunternehmen, die ihren Angebotsstandort frei gewählt haben und von freien Nachfragern frequentiert werden.

Definition für Dienstleistungszweig: Dienstleistungsinstitutionen, die gleichartige oder ähnliche Dienste auf unterschiedlichen Hierarchiestufen oder Leistungsebenen verrichten: z. B. Bildungseinrichtungen vom Kindergarten zur Universität; Annahmestellen zur Nachrichtenbeförderung von der Posthilfs(außen)stelle zum Hauptpostamt; Krankenversorgungsstellen von der Arztpraxis oder vom Sanitätsposten zur Spezialklinik; Beherbergungsbetriebe von der Privatzimmervermietung zum Luxushotel; Gebietskörperschaftsverwaltung vom Gemeindeamt zur Staatsregierung.

Definition für Dienstleistungs(rang)gruppe: Dienstleistungsinstitutionen, die innerhalb eines Raumes (Wirtschaftsregion, Volkswirtschaftsgebiet) die gleiche Häufigkeit ihres Vorkommens besitzen und zwar bei Dienstleistungszweigen mit örtlich sich ausschließenden Hierarchiestufen (Leistungsebenen) in kumulativer

---

[053] Die Merkmale: Anteil der in der Landwirtschaft Beschäftigten zu allen Beschäftigten, Vorhandensein zentraler Einrichtungen, Entfernung vom „Tempat Camat" (Sitz des Camat) lagen durch die „Fas-Des-Erhebung" vor (vgl. S. 5, Quelle Nr. 5); bezüglich des zuerst genannten Merkmals jedoch mit unzuverlässigen Werten.

[054] Siehe dazu Abschn. 5.1.1., Fußn. 511–513.

[055] Es handelt sich um die Erhebungen, die zu den auf S. 5f. unter 2., 5., 6. und 8. genannten Quellenkomplexen geführt haben.

[056] Eine Einzelinterpretation – Dienst für Dienst – muß hier unterbleiben.

[057] In Anlehnung an Bobek & Fesl (1978, S. 10f.).

Zählung der Häufigkeit unter Einschluß aller selteneren Institutionen des gleichen Dienstleistungszweiges; bei Dienstleistungszweigen mit örtlich sich nicht ausschließenden Hierarchiestufen in einfacher additiver Zählung der Institutionen. Von der Häufigkeit der Dienste ist auch ihre räumliche Verteilungsreichweite abhängig. Häufig vorhandene Dienste haben geringe, seltene Dienste große Reichweiten. Dienstleistungs(rang)gruppen sind daher zugleich Gruppen von Diensten ähnlicher räumlicher Reichweite.

Die erfaßten 74 Dienste repräsentieren die unterschiedenen Dienstleistungsarten, Dienstleistungszweige und Dienstleistungs(rang)gruppen nicht gleichmäßig. Das liegt hauptsächlich an den unterschiedlich verfügbaren Quellen. Daneben sind aber auch innerhalb eines Dienstleistungszweiges nicht nur qualitativ unterschiedliche Merkmale zu unterschiedlichen Diensten definiert worden, sondern verschiedentlich auch quantitative Merkmale, so besonders im Bereich Großhandel, Banken und Versicherungen, um diese Dienstleistungszweige ausreichend zu repräsentieren. Trotz dieser Bemühungen blieben in der erfaßten Gesamtheit der Dienste nach der Dienstleistungsart die staatlichen Dienste über-, die privaten Dienste unterrepräsentiert, nach dem Dienstleistungszweig die staatlichen Sonderverwaltungen über-, der Handel unterrepräsentiert und nach der Dienstleistungs(rang)gruppe die seltenen, hochrangigen Dienste über-, die häufigen, niedrigrangigen Dienste unterrepräsentiert.

Um die Bedeutung einzelner Dienstleistungsarten und -zweige für die Siedlungen zu bestimmen, mußten die genannten Ungleichmäßigkeiten in der erfaßten Dienstegesamtheit ausgeglichen werden. Die gleiche Notwendigkeit ergab sich für eine Bestimmung der Städterangfolge und ihrer Ausstattung mit zentralörtlichen Diensten. Zunächst wurde eine Gewichtung der Dienste nach Dienstleistungs(rang)gruppen vorgenommen, indem jedem Dienst ein Rangwert zugeordnet wurde, der nach der Häufigkeit des Dienstes in der Gesamtheit der Siedlungen berechnet wurde. Zuvor wurden mehrere Versuche durchgeführt, um verschiedenartige Rangwerte für Dienste festzulegen. Die sich ergebenden Städterangfolgen wurden an der konkreten Landeskenntnis des Autors gemessen. Schließlich wurde allein die Häufigkeit der Dienste als Rangbestimmungskriterium genutzt und der Rang eines Dienstes wie folgt definiert: Quotient aus der Anzahl der Orte, die den häufigsten Dienst (Kantor Camat) besitzen, und der Anzahl der Orte, die denjenigen Dienst besitzen, für den der Rangwert zu bestimmen ist. Auf diese Weise ergaben sich als Extreme für das 3.107mal vertretene Kantor Camat der Rangwert 1 und für die nur 5mal vorkommende Hauptdienststelle des staatlichen Rechnungshofes der Rangwert 614 (vgl. Tabelle 0–2).

Die Rangbestimmung der Dienste nach der Anzahl ihres Vorkommens hat zur Voraussetzung, daß innerhalb hierarchisch strukturierter Dienstleistungszweige die Anzahl der zu erfassenden Dienstleistungsinstitutionen mit aufsteigendem Rang abnimmt. Das ist der Fall, wenn sich die Institutionen verschiedener Hierarchie-Ebenen des gleichen Dienstleistungszweiges örtlich *nicht* ausschließen, wenn also für die Dienstleistung auf verschiedenen Hierarchie-Ebenen je eine eigene Institution am Ort vorhanden ist, z. B. bei der Gebietskörperschaftsverwaltung. Schließen sich die Institutionen verschiedener Hierarchie-Ebenen aber aus, dann muß die Häufigkeit durch kumulative Zählung von der seltenen, höchstrangigen Institution her bis zur niedrigeren Hierarchie-Ebene erfolgen, weil in diesem Falle ja die höherrangigen Institutionen die Dienste der niederrangigeren Institutionen miterfüllen. Beispiele hierfür sind: Krankenhäuser, die auch die ärztliche Grundversorgung des Ortes leisten oder Universitäten, die neben höchsten Abschlüssen auch untere, den Akademie-Diplomen vergleichbare Abschlüsse zulassen. Das heißt, ein Ort mit Krankenhaus besitzt auch ohne Arztpraxis die ärztliche Grundversorgung und ein Ort mit Universität hat auch den Rang eines Akademie-Ortes.

Um das Ungleichgewicht der erfaßten Dienstleistungsarten annähernd auszugleichen, wurden die Rangwerte aller privaten Dienste verdoppelt. Dadurch wurde zugleich auch der Dienstleistungszweig „Handel" aufgewertet und ebenso die unteren Dienstleistungs(rang)gruppen gestärkt, weil in diesen die privaten Dienste stärker vertreten sind als in den oberen Dienstleistungs(rang)gruppen. Das Übergewicht der durch die vollständig erfaßten staatlichen Sonderverwaltungen gebildeten Dienstleistungszweige wurde abgetragen, indem die Rangwerte dieser Dienste gedrittelt wurden. Auch dadurch wurden noch einmal die zu stark vertretenen oberen Dienstleistungs(rang)gruppen geschwächt, denn die staatlichen Sonderverwaltungen bilden vorwiegend sehr hochrangige Dienste.

Nach diesen Korrekturen der Diensterangwerte sollte das Ungleichgewicht der erfaßten 74 Dienste einigermaßen ausgeglichen worden sein; die Summe der Diensterangwerte je Siedlung sollte einen zutreffenden zentralörtlichen Ausstattungskennwert ergeben. Ein Vergleich dieser Ausstattungskennwerte für einzelne, dem Autor gut bekannte Städtepaare ergab, daß jeweils der Ort mit der Provinz-, Regentschafts- oder Unterbezirksverwaltung gegenüber dem Vergleichsort ohne diese Gebietskörperschaftsverwaltung zu niedrig eingestuft worden war. Jede der drei Gebietskörperschaftsverwaltungen war nur als je einer von 74 zentralörtlichen Diensten in Ansatz gebracht worden, obwohl nach dem vorherrschenden Fachsystem eine Vielzahl der Staatsregierung unmittelbar verantwortlicher Regionaldienststellen den Provinz-, Regentschafts- und Unterbezirksverwaltungen angegliedert sind. Um diesem Umstand Rechnung zu tragen, wurden die Diensterangwerte der drei Gebietskörperschaftsverwaltungen, die bis dahin 124, 12 und 1 betrugen, jeweils verdreifacht und gehen demnach mit 372, 36 und 3 in die Ausstattungskennwerte der zentralörtlichen Siedlungen ein.

Die 74 erfaßten zentralen Dienste sind nach Rang, Zweig und Art in der Tabelle 0–2 auf den folgenden Seiten zusammengestellt.

Mit der Dienstedefinition aus den im Felde erhobenen Merkmalen, mit der Bewertung der Dienste nach der Häufigkeit ihres Vorkommens und mit den empirisch ermittelten Änderungen der Diensterangwerte zur Festlegung der Ausstattungskennwerte der Siedlungen wurde ein Instrumentarium geschaffen, mit dem die zentralörtlichen Städtefunktionen und die zentralörtliche Hierarchie der Städte dargelegt werden kann. Der Zentralitätsbestimmung liegt also eine absolute Methode zu Grunde; es wurden Gesamtpotentiale der Siedlungen berechnet. Die Berechnung von Überschußpotentialen, also die Anwendung relativer Methoden schied von vornherein aus, weil für wichtige Dienstleistungszweige, z. B. für den Einzelhandel, keine quantitativen Merkmale erfaßt worden waren, die die Häufigkeit des Vorkommens der Dienste innerhalb ein und desselben Ortes hätten beschreiben können.

Für die Kennzeichnung der übrigen, nicht zentralörtlichen Städtefunktionen mußten infolge unterschiedlicher Quellenlagen sehr unterschiedliche Methoden angewendet werden. Beschäftigtenzahlen oder Wertschöpfungen der Wirtschaftsbereiche, die neben den zentralen Diensten spezielle Städtefunktionen widerspiegeln, sind in Indonesien nicht oder nur für wenige Städte in zuverlässiger Form vorhanden[058]. Da als spezielle Städtefunktionen in Indonesien die Hafendienstleistungen für den interinsularen und überseeischen Transport und das produzierende Gewerbe im Vordergrund stehen, mußten hierfür Sondererhebungen herangezogen werden[059]. Die Bedeutung dieser beiden besonderen Städtefunktionen im Verhältnis zueinander und zu den zentralörtlichen Funktionen konnte dann aber nicht auf einer einheitlichen Datengrundlage beurteilt werden, sondern nur durch den Vergleich verschiedener Rangeinstufungen der Städte und durch empirische Skalierungen, die sich an funktionalen Stadttypen ausrichteten, die dem Autor aus den Feldaufenthalten bekannt waren. Entsprechend wurde auch für weitere Ortstypen mit besonderen Funktionen verfahren, nämlich für diejenigen Orte, die von der Fischereiwirtschaft leben oder besondere Fremdenverkehrsdienstleistungen erbringen.

Indem für jeden Ort die zentralörtliche Ausstattung bestimmt wurde, trug diese nicht nur zur funktionalen Klassifizierung der Städte bei, sie erlaubte es auch, mit Hilfe der errechneten Ausstattungskennwerte eine vollständige zentralörtliche Städtesystemanalyse durchzuführen; die methodischen Ansätze dazu werden im Abschnitt 7 erläutert.

Ein besonderer Gesichtspunkt innerhalb der Überlegungen zur zentralörtlichen Ausstattung der indonesischen Städte galt dem zeitlichen Wandel ihrer Stellung im Gesamtsystem. Als Vergleichszeitraum kam in erster Linie die späte Kolonialzeit – das sind die dreißiger Jahre – in Frage. Aus dieser Zeit mußten Daten über zentralörtliche Dienstleistungseinrichtungen gesucht und entsprechend aufbereitet werden[060]. Zur Rangbestimmung der Städte konnten aus verschiedenen Quellen[061] die Gebietskörperschaftsverwaltung, die Verteilung der Postämter, Bankfilialen und Krankenhäuser sowie die Lage der damals vorhandenen Hotels und Regierungsrasthäuser (Pasanggrahan) herangezogen werden. Diese Datengrundlage erlaubte es, im Abschnitt 7.4.1 den Bedeutungsgewinn oder -verlust der Städte zu erkennen und sie bestimmten Hierarchiestufen zuzuordnen.

Noch sehr viel gröber mußte die Einteilung sein, wenn der Vergleich auf Zustände des Städtesystems in früheren Jahrhunderten ausgedehnt werden sollte. Im Abschnitt 7.4.2 wurde das versucht. Zur Bedeutungsbestimmung konnten nur noch hierarchische Verwaltungsstrukturen des 19. Jahrhunderts sowie die gegenseitigen politischen Abhängigkeiten der früheren Herrschaftszentren herangezogen werden, vereinzelt auch handelspolitische Vorrangstellungen. Dieser Abschnitt bietet damit auch eine städtesystembezogene Zusammenfassung der Entwicklungslinien, die in den Abschnitten über die Städtegründungszeitalter aufgezeigt worden waren.

Für den letzten behandelten Gesichtspunkt zum Städtesystem Indonesiens, für die Bestimmung der Hinterländer im Abschnitt 8, konnten hierarchisch gestufte Einflußbereiche mehrerer zentralörtlicher und spezieller Dienstleistungen festgestellt werden. Unter diesen ragten zwei als besonders zuverlässig und vollständig heraus: die gebietskörperschaftliche Zuordnung und die Postleitwege. Daneben konnten räumliche Zuord-

---

[058] Wo derartige Werte in Faktoranalysen zur Typisierung indonesischer Städte benutzt worden sind, z. B. durch Bambang und Djoko 1977 und 1978 sowie durch Nas et al. 1981, wurde glattweg außer Acht gelassen, daß die zu Grunde liegenden Erhebungen unvollständig und fehlerhaft waren.

[059] Vgl. Punkt 3 der Quellen-Zusammenstellung auf S. 5.

[060] Als Stichjahre wurden die Jahre um 1930 gewählt, weil hierfür die Ergebnisse der letzten Vorkriegsvolkszählung sowie eine größere Anzahl aperiodischer Quellen zur Verfügung standen.

[061] In Fußn. 750 vollständig angeführt.

14

Tabelle 0-2. Erfaßte zentrale Dienste im indonesischen Städtesystem

Lfd. Nr.	Rang nach Häufigkeit des Auftretens[a]	Bezeichnung der Dienste	Art der Dienste	Zweig der Dienste	Häufigkeit Anzahl der Orte, die den Dienst leisten[a] (je ohne Jakarta)	Gewicht gemäß Häufigkeit[a]	Gewicht nach Korrektur = Beitrag zum Ausstattungskennwert[a]	Diensterranggruppen[a] (gebildet nach diskreten Stufen der Häufigkeitsverteilung)

Achtzehn höchstrangige Dienste (Dienstegruppe 1)

1	1 (3B)	Rechnungshofhauptstelle	amtlich	Sonderverwaltung	5 (3)	621 (474)	207 (158)	1 (1)
2	2A (3A)	Staatl. Gericht, Klasse IA	amtlich	Justizbehörde	6 (3)	518 (474)	518 (474)	1 (1)
3	2B (3C)	Religiöses Zentrum, mehrere Oberinstanzen	halbamtl.	Sonderverwaltung	6 (3)	518 (474)	173 (158)	1 (1)
4	4 (2)	Zolldirektion	amtlich	Sonderverwaltung	7 (2)	444 (712)	148 (237)	1 (1)
5	5 (10C)	Postgiro-Hauptstelle	halbamtl.	Postdienststelle	8 (4)	388 (356)	388 (356)	1 (1)
6	6 (2)	Direktion einer See- und Luftaufsichtsregion	amtlich	Sonderverwaltung	9 (1)	345 (1423)	115 (474)	1 (1)
7	7A (18A)	Hauptpostamt 1. Ordnung	halbamtl.	Postdienststelle	10 (6)	311 (237)	311 (237)	1 (1)
8	7C (10E)	Gesundheitsdirektion	amtlich	Sonderverwaltung	10 (4)	311 (356)	104 (119)	1 (1)
9	7B (3D)	Finanzdirektion	amtlich	Sonderverwaltung	10 (3)	311 (474)	104 (158)	1 (1)
10	10A (3E)	Direktion für Pass- und Meldewesen	amtlich	Sonderverwaltung	11 (3)	282 (474)	94 (158)	1 (1)
11	10A (3F)	Oberpostdirektion	amtlich	Sonderverwaltung	11 (3)	282 (474)	94 (158)	1 (1)
12	12A (10B)	Versicherungsabenturen verschiedener Art	privat	Großhandel u. Versicherungen	12 (4)	259 (356)	518 (712)	1 (1)
13	12B (18B)	Groß-Krankenhaus, mindestens 11 Abteilungen	halbamtl.	Krankenversorgungseinrichtung	12 (6)	259 (237)	259 (237)	1 (1)
14	12C (18C)	Großbankzweigstellen und Privatbank	halbamtl.	Finanzinstitut	12 (6)	259 (237)	259 (237)	1 (1)
15	12D (3G)	Justizverwaltungsdirektion	amtlich	Sonderverwaltung	12 (3)	259 (474)	86 (158)	1 (1)
16	16A (10D)	Appelationsgericht	amtlich	Justizbehörde	14 (4)	222 (356)	222 (356)	1 (1)
17	16B (16A)	Voll ausgebaute Hochschule o. Universität	halbamtl.	Bildungseinrichtung	14 (5)	222 (285)	222 (285)	1 (1)
18	18	Mehrere Großhandelsgeneralvertretungen	privat	Großhandel u. Versicherungen	16 (5)	194 (285)	388 (569)	1 (1)

Zweiundzwanzig hochrangige Dienste (Dienstegruppe 2)

19	19 (18D)	Rechnungshofaußenstelle Unterinstanzen	amtlich	Sonderverwaltung	19 (6)	164 (237)	55 (79)	2 (1)
20	20 (18E)	Religiöses Zentrum, eine Oberinstanz oder mehrere	halbamtl.	Sonderverwaltung	22 (6)	141 (237)	47 (79)	2 (1)
21	21A (10A)	Kantor Guberner (Provinzverwaltung)	amtlich	Gebietskörperschaftsverwaltg.	25 (4)	124 (356)	373 (1067)	2 (1)
22	21C (29)	Mittleres Krankenhaus, mind. 4 Abteilungen	halbamtl.	Krankenversorgungseinrichtung	25 (11)	124 (129)	124 (129)	2 (2)
23	21B (23A)	Postgiro-Nebenstelle	halbamtl.	Postdienststelle	25 (8)	124 (178)	124 (178)	2 (2)
24	21D (10F)	Direktion einer Landverkehraufsichtsregion	amtlich	Sonderverwaltung	25 (4)	124 (356)	41 (119)	2 (1)
25	25 (30A)	Hauptpostamt 2. Ordnung	halbamtl.	Postdienststelle	26 (12)	120 (119)	120 (119)	2 (2)
26	26 (25A)	Teilweise ausgebaute Hochschule	halbamtl.	Bildungseinrichtung	27 (9)	115 (158)	115 (158)	2 (2)
27	27 (25B)	Geschäftsstelle der Nationalbank	amtlich	Sonderverwaltung	29 (9)	107 (158)	36 (53)	2 (2)
28	28 (27A)	Einzelne Versicherungsagenturen	privat	Großhandel u. Versicherungen	31 (9)	100 (142)	200 (285)	2 (2)
29	29 (27B)	Fachhochschulen mit Master-Abschluß	halbamtl.	Bildungseinrichtung	32 (10)	97 (142)	97 (142)	2 (2)
30	30 (33)	Justizverwaltungsamt	amtlich	Sonderverwaltung	34 (10)	91 (89)	30 (30)	2 (2)
31	31 (32)	4 u. mehr Fachschulen mit Bakkalaureats-Abschl.	halbamtl.	Bildungseinrichtung	40 (16)	78 (79)	78 (79)	2 (2)
32	32 (32)	Zollinspektion	amtlich	Sonderverwaltung	45 (15)	69 (93)	23 (32)	2 (2)
33	33A (23B)	Amt für Pass- und Meldewesen	amtlich	Sonderverwaltung	46 (8)	68 (178)	23 (59)	2 (2)
34	33B (30B)	Direktion für öffentliche Arbeit	amtlich	Sonderverwaltung	46 (20)	68 (71)	23 (24)	2 (2)
35	35A (35)	Regionales Rundfunkstudio	halbamtl.	Sonst.staatl.Dienstleistgsinst.	47 (12)	66 (119)	66 (119)	2 (2)
36	35B (35)	Staatl. Gericht, Klasse IB	amtlich	Justizbehörde	47 (19)	66 (75)	66 (75)	2 (2)
37	37 (36A)	Bankzweigstellen verschiedener Art	halbamtl.	Finanzinstitut	48 (20)	65 (71)	65 (71)	2 (2)
38	38 (40)	Finanzhauptamt	amtlich	Sonderverwaltung	50 (28)	62 (51)	21 (17)	2 (2)
39	39A (38A)	Einzelne Großhandelsgeneralvertretungen	privat	Großhandel u. Versicherungen	58 (27)	54 (53)	107 (105)	2 (2)
40	39B (42)	Postamt 1. Ordnung	halbamtl.	Postdienststelle	58 (31)	54 (46)	54 (46)	2 (2)

[a] Werte in Klammern beziehen sich auf das zentralörtliche Siedlungssystem Javas allein.

Tabelle 0-2. Fortsetzung

Lfd. Nr.	Rang nach Häufigkeit des Auftretens[a]	Bezeichnung der Dienste	Art der Dienste	Zweig der Dienste	Häufigkeit Anzahl der Orte, die den Dienst leisten[a] (je ohne Jakarta)	Gewicht gemäß Häufigkeit[a]	Gewicht nach Korrektur = Beitrag zum Ausstattungskennwert[a]	Diensteranggruppen[a] (gebildet nach diskreten Stufen der Häufigkeitsverteilung)

Elf gehobene (mittlere) Dienste (Dienstegruppe 3)

41	41 (48)	Autohändler	privat	Einzelhdl.u.Beherbergungswesen	94 (49)	33 (29)	66 (58)	3 (3)
42	42A (47)	Hotel mit Klimaanlage	privat	Einzelhdl.u.Beherbergungswesen	98 (47)	32 (30)	63 (61)	3 (3)
43	42B (38B)	Reisbevorratungsstelle	halbamtl.	Sonst.staatl.Dienstlstgsinst.	98 (27)	32 (53)	32 (53)	3 (2)
44	44 (46)	Reisebüro	privat	Einzelhdl.u.Beherbergungsw.	99 (46)	31 (31)	63 (62)	3 (3)
45	45 (44)	Staatl.Gericht, Klasse IIA	amtlich	Justizbehörde	106 (42)	29 (34)	29 (34)	3 (3)
46	46 (49A)	Postamt 2. Ordnung	halbamtl.	Postdienststelle	109 (61)	29 (23)	29 (23)	3 (3)
47	47 (45)	Finanzunteramt	amtlich	Sonderverwaltung	126 (44)	25 (32)	8 (11)	3 (3)
48	48 (41)	Zweigzollamt	amtlich	Sonderverwaltung	138 (29)	22 (49)	8 (16)	3 (3)
49	49 (51)	Eßrestaurant mit Klimaanlage	privat	Einzelhdl.u.Beherbergungswesen	139 (67)	22 (21)	45 (42)	3 (3)
50	50 (52)	Optikgeschäfte	privat	Einzelhdl.u.Beherbergungswesen	145 (73)	21 (19)	43 (39)	3 (3)
51	51 (49B)	Fachhochschule mit Bakkalaureats-Abschluß	halbamtl.	Bildungseinrichtung	147 (61)	21 (23)	21 (23)	3 (3)

Fünfzehn mittelrangige Dienste (Dienstegruppe 4)

52	52 (53)	Postamt 3. Ordnung	halbamtl.	Postdienststelle	173 (84)	18 (17)	18 (17)	4 (4)
53	53 (43)	Hilfszollamt	amtlich	Sonderverwaltung	233 (39)	13 (36)	4 (12)	4 (4)
54	54 (54B)	Religiöses Zentrum, einzelne Unterinstanzen	halbamtl.	Sonderverwaltung	242 (86)	13 (17)	4 (6)	4 (4)
55	55A (56)	Staatl. Gericht, Klasse IIB	amtlich	Justizbehörde	253 (89)	12 (16)	12 (16)	4 (4)
56	55B (57)	Islamisches Gericht	amtlich	Justizbehörde	258 (91)	12 (16)	12 (16)	4 (4)
57	57 (54A)	Kantor Bupati (Regentschaftsverwaltung)	amtlich	Gebietskörperschaftsverwaltg.	281 (86)	12 (17)	36 (50)	4 (4)
58	58 (61A)	Mehrere Großhandelsvertretungen	privat	Großhandel u. Versicherungen	295 (132)	11 (11)	22 (22)	4 (4)
59	59 (58)	Einzelne Bankzweigstellen	privat	Finanzinstitut	319 (106)	11 (13)	11 (15)	4 (4)
60	60 (64)	Apotheke	privat	Einzelhdl.u.Beherbergungswesen	333 (185)	10 (8)	19 (15)	4 (4)
61	61 (60)	Motorradhändler und Ersatzteillager	privat	Einzelhdl.u.Beherbergungswesen	381 (131)	9 (11)	19 (22)	4 (4)
62	62 (59)	Kleines Krankenhaus, weniger als 4 Abteilgn.	halbamtl.	Krankenversorgungseinrichtung	408 (119)	8 (12)	8 (11)	4 (4)
63	63 (61B)	Entbindungsstation mit Arzt	halbamtl.	Krankenversorgungseinrichtung	531 (132)	8 (11)	8 (11)	4 (4)
64	64 (63)	Höhere allgemeinbildende Mittelschule	halbamtl.	Bildungseinrichtung	576 (180)	6 (8)	6 (8)	4 (4)
65	65 (65)	Hotel oder Losmen	privat	Einzelhdl.u.beherbergungswesen	736 (228)	5 (6)	11 (13)	4 (4)
66	66 (66)	Kino	privat	Einzelhdl.u.Beherbergungswesen	736 (288)	4 (5)	8 (10)	4 (4)

Drei niedrigrangige Dienste (Dienstegruppe 5)

67	67 (67)	Einzelhändler, mittleres Angebot	privat	Einzelhdl.u.Beherbergungswesen	964 (345)	3 (4)	6 (8)	5 (5)
68	68 (68)	Höhere Fach-Mittelschule, Lehrerakademie	halbamtl.	Bildungseinrichtung	1001 (499)	3 (3)	3 (3)	5 (5)
69	69 (69)	Hilfspostamt	halbamtl.	Postdienststelle	1054 (512)	3 (3)	3 (3)	5 (5)

Fünf niedrigstrangige Dienste (Dienstegruppe 6)

70	70 (70)	Krankenversorgungsstelle mit Arzt	halbamtl.	Krankenversorgungseinrichtung	1607 (808)	2 (2)	2 (2)	6 (6)
71	72 (72)	Bankaußenstelle	halbamtl.	Finanzinstitut	1948 (1259)	2 (1)	1 (1)	6 (6)
72	73 (73)	Postaußenstelle	halbamtl.	Postdienststelle	2423 (1366)	1 (1)	1 (1)	6 (6)
73	71 (74)	Einzelhändler, unteres Angebot	privat	Einzelhdl.u.Beherbergungswesen	2609 (1203)	1 (1)	2 (2)	6 (6)
74	74 (71)	Kantor Camat (Unterbezirksverwaltung)	amtlich	Gebietskörperschaftsverwalg.	3107 (1423)	1 (1)	3 (3)	6 (6)

[a] Werte in Klammern beziehen sich auf das zentralörtliche Siedlungssystem Javas allein.

nungen aus der Mehrstufigkeit von Bank- und Großhandelsunternehmungen abgelesen werden. Aus dem Vergleich aller Zuordnungsunterlagen konnten diejenigen Einflußbereiche herausgearbeitet werden, die von der leicht überschaubaren Gebietskörperschaftsgliederung abwichen.

Nach dem Vorstehenden sollte klar sein: Wenn es gelingt, mit Hilfe der geschilderten Quellen- und Schrifttumslage das Städtesystem Indonesiens in der beabsichtigten Art und Weise darzustellen, dann bleiben Ungenauigkeiten in Einzelheiten unvermeidbar. Jede Maßstabsvergrößerung, also jede regionale Fragestellung müßte wichtige örtliche Besonderheiten aufdecken, die auch das hier angestrebte Gesamtbild in Einzelzügen korrigieren könnten[062]. In der Regel würden aber die erkannten Grundzüge bestätigt werden, denn das hier verarbeitete Ausgangsmaterial ist, bezogen auf das Untersuchungsziel, nämlich das Städtesystem für Gesamtindonesien zu beschreiben, zuverlässig genug und wurde methodisch vorsichtig ausgewertet.

---

[062] Regionale Spezialisten könnten sicher Kenntnisse beisteuern, die es erlaubten, einzelne Orte nach Bevölkerungszahl, Funktionsmuster oder Zentralität auch anders und oft auch richtiger einzustufen. In der örtlichen und regionalen Ebene konnten nicht alle indonesischen Quellen ausgewertet werden; dazu ist das Land zu groß. Der Aufwand dafür wäre auch durch die Mehrung der Information nicht gerechtfertigt.

1. Staatlich-geographischer Rahmen des Städtesystems

1.1. Der Staat Indonesien

Der Staat Indonesien, amtlich „Republik Indonesia", besteht seit 1945. Die Bezeichnung Indonesien für die südostasiatische Inselflur ist älter: Seit Adolf Bastian 1884 sein Hauptwerk „Indonesien oder die Inseln des Malayischen Archipel" betitelte, wird der Begriff im ethno- und geographischen Schrifttum verwendet. Bastian ist aber nicht der Erfinder des Namens. Diese Ehre gebührt dem britischen Ethnographen G. Windsor Earl, der 1850 die Bezeichnungen „Indu-nesians" und „Malayu-nesians" für die malaiische Gruppe der Malaio-Polynesier bildete. Während Earl die Bezeichnung „Malayunesians" bevorzugte, griff sein britischer Kollege J. R. Logan den Vorschlag „Indunesians" noch im gleichen Jahr 1850 auf und leitete daraus die geographisch-räumliche Bezeichnung „Indonesia" ab. In diesem Sinne Logans umfaßt Indonesien die vier Großen Sunda-Inseln, die Kleinen Sunda-Inseln, die Molukken, die Philippinen und die Malakka-Halbinsel[101].

In diesem „Inselindien" bestand vor dem Zweiten Weltkrieg kein souveräner Staat; der Archipel wurde von europäischen Mächten – Niederlande, Großbritannien, Portugal – und von den USA beherrscht. Annähernd Dreiviertel des Territoriums waren niederländisch.

Die in Niederländisch Indien seit den zwanziger Jahren spürbaren, zur Unabhängigkeit drängenden Kräfte griffen die vorher nur im wissenschaftlichen Bereich benutzte Bezeichnung Indonesia auf. Der Begriff Malaya war für Niederländisch Indien mit seinem Kernland Java von vornherein versperrt. Malaiisch wurde nur im engeren Sinne – nicht im Sinne Windsor Earls – als Bezeichnung für Bewohner und Länder beiderseits der Malakka-Straße verstanden, denn von dorther verbreitete sich als lingua franca die malaiische Sprache, dort standen in der Vergangenheit die Gegner und Wettbewerber der javanischen Altreiche und dort war auch 1896 unter britischem Einfluß eine „Malaiische Konföderation" gegründet worden, während Java zur gleichen Zeit unter niederländischer Herrschaft stand. So bot sich als Synonym für ein unabhängiges „Nederlandsch-Indië" von Java her gesehen „Indonesia" an.

Bereits 1917 wurde in Leiden ein „Indonesisch Verbond van Studeerenden" gegründet; 1922 wechselte die 1908 als Interessenverband gegründete „Indische Vereeniging" ihren Namen in „Indonesische Vereeniging" (malaiisch „Perhimpoenan Indonesia"), und 1927 wurde in Bandung als politische Bewegung die „Perserikatan Nasional Indonesia" (Nationale Union Indonesiens) gegründet. Mit dieser schon 1928 in „Partai Nasional Indonesia" umbenannten Organisation festigte sich der Begriff „Indonesien" endgültig als Name des erstrebten Nationalstaates[102]. So konnte von Java aus kein „Nusantara Melayu", kein „Malaiisches Inselvaterland" entstehen, sondern der Begriff „Indonesien" wurde zum einigenden Band der malaiischen Völker des großen Archipels.

Kurz nach Beginn des Pazifischen Krieges besetzte Japan Anfang 1942 das gesamte Niederländisch Indien; die niederländisch-indische Regierung ging ins Exil nach Brisbane. Unter japanischer Besatzung bildete sich aus regionalen Vorläufern 1945 ein gesamt-indonesischer Unabhängigkeitsrat; dieser rief zwei Tage nach der japanischen Kapitulation am 17. August 1945 die Unabhängigkeit der „Republik Indonesia" aus. Mit dieser Unabhängigkeitserklärung wurde der Begriff Indonesien auf das Staatsgebiet der neuen Republik festgeschrieben. Dadurch schließt er seit 1963 im politischen Sinne auch den von der Republik Indonesia annektierten Teil von Melanesien, nämlich den Westteil der Insel Neuguinea (oder Papua) ein[103]. Diesen Teil Melanesiens bezeichneten die Indonesier zunächst als „Irian Barat" (West-Irian), seit 1973 als „Irian Jaya" (glorreiches Irian).

---

[101] Zur Gliederung des Archipels siehe Abschn. 1.2., besonders S. 22 u. Tab. 1–2.
[102] Nach Artikel „Nationalistische Beweging (Indonesisch-)" in: Encyclopaedie van Nederlandsch-Indië, 2. Druk, Deel VI, S. 272 ff.; vgl. auch Kahin 1952, S. 64 ff. u. Dahm 1971, S. 60 ff.
[103] Da das indonesische Städtesystem weitgehend vom staatlichen Rahmen abhängig ist, wird West-Neuguinea in vorliegender Studie mitbehandelt. Es wird aber nur dort, wo es sachlich erforderlich ist, als integrierter Bestandteil des Staatsgebietes betrachtet; häufig wird auch der indonesische Anteil des Staatsgebietes der Republik allein (ohne West-Neuguinea) behandelt und West-Neuguinea getrennt dargestellt.

Der Weg unter dem ersten Staatspräsidenten Sukarno von der Unabhängigkeitserklärung im Jahre 1945 bis zur Machtübernahme und Staatausformung des gegenwärtigen Regimes war bizarr und leidensvoll[104]. Die Führer der Unabhängigkeitsbewegung hatten der neuen Republik Indonesia eine zentralistische, ständeorientierte Präsidialverfassung gegeben. Der neue Staat wurde von der ehemaligen niederländischen Kolonialmacht nicht anerkannt. Im Schutze britischer Truppen kehrten die Niederländer mit der Vorstellung zurück, statt der zentralistischen Republik einen indonesischen Staatenbund unter niederländischer Oberhoheit zu errichten. Verhandlungen mit den indonesischen Föderalisten und später auch mit der Republik führten zwar 1946 zu einem ersten Abkommen über eine zukünftige föderative Staatsform, doch de facto gab die Republik den Anspruch auf einen von den Niederlanden unabhängigen Einheitsstaat nicht auf und beidseitige Feindseligkeiten wurden fortgesetzt. 1947 und 1948/49 besetzten die Niederländer in zwei sogenannten Polizeiaktionen weite bis dahin republikanische Landesteile; die Republik kontrollierte danach nur noch rund 20% des Staatsgebietes (ohne Neuguinea). So sah sich die republikanische Führung 1949 gezwungen, die föderative Staatsform ein weiteres Mal zu akzeptieren. Unter dem Druck der „Vereinten Nationen" und der USA mußten andererseits die Niederländer schon 1948 die „Republik Indonesia" als eines der Mitglieder eines indonesischen Staatenbundes anerkennen und Ende 1949 die Hoheitsrechte in ihrem ehemaligen Kolonialreich auf die neu geschaffene „Republik Indonesia Serikat", eine föderativ aufgebaute „Bundesrepublik Indonesien", übertragen[105]. Nur die niederländische Krone blieb als Symbol einer losen Union mit der ehemaligen Staatsmacht im neuen indonesischen Bundesstaat anerkannt. Dieser bestand aus der Republik und sechs weiteren bereits konstituierten und ihrerseits zum Teil wieder aus autonomen Regionen zusammengesetzten Teilstaaten (Negara); ferner waren weitere neun Gebiete (Daerah, Neoland) des ehemaligen Niederländisch Indien dazu vorgesehen, als Glieder oder Teilstaaten der föderativen Republik anerkannt zu werden.

Die tatsächliche Entwicklung lief entgegengesetzt. Bereits bis Mai 1950 waren 13 der insgesamt 16 Teilstaaten unter Bundesverwaltung gestellt oder aufgelöst und dem Teilstaat Republik Indonesia angegliedert worden. Auch die restlichen zwei Teilstaaten, Sumatera Timur und Indonesia Timur – letzteres einschließlich seiner autonomen Regionen[106] – gaben die Eigenstaatlichkeit auf und schlossen sich am 15. August 1950 mit dem Teilstaat Republik Indonesia zu einer neuen unitarischen „Republik Indonesia" zusammen[107]. Die Führer der alten Republik unter Sukarno übernahmen die Führung des neuen Einheitsstaates, der eine neue, nunmehr parlamentarisch-demokratische Verfassung erhielt.

Die unitarische Republik Indonesia wurde in 10 neue, autonome, einheitliche Gebietskörperschaften 1. Ordnung (Daerah Tingkat I, Propinsi) gegliedert; ihre Anzahl wurde bis 1957 auf 19 erhöht[108]. Die sich verschärfenden Gegensätze zwischen Zentralregierung und unterdrückten föderativen und separatistischen Kräften waren nur eines der Probleme der unitarischen Republik. Aufstände in den Außenprovinzen, Flügelkämpfe in den Streitkräften, Koalitionsunfähigkeit der Parteien bedrohten den parlamentarischen Einheitsstaat[109]. 1954 kündigte Indonesien die Union mit den Niederlanden wegen der ungelösten West-Neuguinea-Frage; 1957 ließ Sukarno alle niederländischen Unternehmen beschlagnahmen und rd. 20.000 Niederländer ausweisen[110]. Die Folgen für das Wirtschafts- und Verkehrssystem des Landes waren katastrophal[111]. Um der

---

[104] Übersichten geben Kahin 1952 u. 1958, Feith 1964, Fisher 1967 (Chapter 11), Tan 1967, Dahm 1971, Sievers 1974 (Part III), Fryer & Jackson 1977 (Chapter 4) u. Ricklefs 1981 (Chapter 17–19). Die Geschichte der gebietskörperschaftlichen Verfassung des neuen Staates behandelten Schiller 1955 und Legge 1961.

[105] Ergebnis der „Konferenz am runden Tisch" zu Haag vom 25. 8. bis 27. 12. 1949; Anerkennung der Souveränität Indonesiens durch die Niederlande am 2. 11. 1949. Zusammenstellung aller Verfassungsdokumente durch Hecker 1963; ausführliche Beschreibung der Vorgeschichte des föderativen Staates bei Kahin 1952 und Schiller 1955.

[106] 13 solcher autonomer Regionen bestanden im Staat Ost-Indonesien (Negara Indonesia Timur) seit 1946, darunter die Region Süd-Molukken (Daerah Maluku Selatan). Nur diese machte im August 1950 von ihrem verfassungsmäßig garantierten Recht – von der Republik Indonesia nicht anerkannt – Gebrauch, die Gemeinschaft der Regionen des Staates Ost-Indonesien zu verlassen und auf Eigenstaatlichkeit zu bestehen, wenn der Staat Ost-Indonesien aufgelöst werden würde. Der Versuch der 1950 ausgerufenen „Republik Maluku Selatan", ihren Souveränitäts-Anspruch durchzusetzen, scheiterte sowohl in den „Vereinten Nationen" als auch an der bewaffneten Intervention der Republik Indonesia.

[107] Den Weg vom föderativen zum unitarischen Staat beschreiben Böhtlingk 1950/51 und Kahin 1952 (Chapter XIV); zu gebietskörperschaftlichen Folgen vgl. Schiller 1955 und Legge 1961.

[108] Vgl. Abschn. 1.3., bes. S. 27; kartographisch sind die Gebietskörperschaftsgliederungen von 1950ff. u. 1957ff. u. a. bei Fisher 1966 (Fig. 54, S. 365 u. Fig. 56, S. 383) dargestellt.

[109] Vgl. die Darstellungen von Fryer 1957, Kahin 1958 (S. 559ff.), Feith 1963 u. 1964, Dahm 1971 (Chapter VI), van Dijk 1979 und Ricklefs 1981 (Chapter 18).

[110] Weitere 25.000 sogenannte Eurasier (Abkömmlinge aus europid-indonesiden Verbindungen) verließen Indonesien infolge der politischen Radikalisierung 1958 freiwillig; vgl. Palmier 1962 (Chapter 11) u. Fisher 1966 (S. 385f.). Zum politischen Hintergrund siehe ferner Kahin 1958 (S. 570ff.), Dahm 1971 (S. 183f.) und 'tVeer 1979.

wirtschaftlichen und innenpolitischen Probleme Herr zu werden, setzte Sukarno 1959 die parlamentarische Verfassung außer Kraft und führte die Präsidialverfassung des Jahres 1945 wieder ein.

Die nun beginnende Phase der „gelenkten Demokratie" war innenpolitisch durch wirtschaftliches Chaos und Ideologisierung gekennzeichnet[112]. Der charismatische Staatspräsident versuchte, ein neues politisches Konzept durchzusetzen: „NasAKom", eine Verschmelzung von Nationalismus, Religiosität (Agama) und Kommunismus. Außenpolitisch errang Sukarno einen Erfolg, indem er 1963 mit Duldung der „Vereinten Nationen" West-Neuguinea besetzte; den 1963 gegründeten, stammverwandten Nachbarstaat Malaysia bedrohte er durch bewaffnete Übergriffe auf Borneo. Da große Teile der Armee auf der einen, der orthodoxe Islam und die christlichen Parteien auf der anderen Seite „NasAKom" ablehnten, steuerte Sukarnos Politik auf eine Machtübernahme der Kommunisten zu. Am 30. September 1965 mißlang ein Putsch kommunistisch orientierter Offiziere. Der Schlag löste in weiten Landesteilen einen politischen Amoklauf gegen Kommunisten und andere NasAKom-Anhänger aus: mindestens 200.000 Menschen wurden getötet. In Jakarta hatte der ranghöchste Heeresoffizier, ein Generalmajor Suharto die Macht übernommen[113]. Armee und Verfassungsorgane zwangen den Staatspräsidenten, die Regierungsgewalt auf Suharto zu übertragen; 1968 übernahm dieser auch das Amt des Staatspräsidenten.

Seit 1966 verfolgt Indonesien unter der „Regierung der neuen Ordnung" nach innen einen auf den beibehaltenen Pancasila-Maximen[114] gegründeten, liberalen aber antikommunistisch und antiorthodox ausgerichteten Kurs. Die Streitkräfte blieben die ausschlaggebende gesellschaftliche Kraft in Staatsregierung und -verwaltung. Parteien wurden in beschränkter Zahl zugelassen, ihr Einfluß ist aber verfassungsgemäß gering. Auch wirtschaftlich erfolgte eine Liberalisierung und eine Hinwendung zu den westlichen Freihandelsstaaten, ohne die straffe staatliche Kontrolle aufzugeben[115]. Die staatlichen Vorgaben des Wiederaufbaues wurden bisher in drei Fünfjahres-Entwicklungsplänen, zuletzt für 1979/80 bis 1983/84 festgelegt.

Indonesien besitzt gegenwärtig (1980) 147,5 Mio Einwohner[116]. Das Gebietskörperschaftssystem ist vierstufig (vgl. S. 28 ff.). Das Staatsgebiet ist in 27 Provinzen (Propinsi), 300 Regentschaften (Kabupaten) oder regentschaftsunabhängige Städte (Kota Madya), 3.340 Unterdistrikte (Kecamatan) und rd. 60.000 Ortsgemeinden (Desa) gegliedert[117]. Obwohl die Provinzen als autonome Gebietskörperschaften 1. Stufe bezeichnet werden, haben sie nur sehr beschränkte Selbstverwaltungsbefugnisse[118]. In Wirklichkeit ist Indonesien ein zentralisierter Einheitsstaat mit einem ausgeprägten Fachverwaltungssystem, in dem fast jede Ministerialabteilung (Direktur Jendral) ein eigenes Netz nachgeordneter Dienststellen bis hinunter zur Ebene der Regentschaften (Kabupaten) besitzt.

Diese Zentralisierung steht im krassen Gegensatz zur Vielfalt der regional sehr unterschiedlichen Entwicklungsprobleme. Im Zeichen wirtschaftlicher Aufwärtsentwicklung verloren die separatistischen Kräfte in den siebziger Jahren zwar an Bedeutung, doch ist der Wunsch nach stärkerer Berücksichtigung der jeweils besonderen Verhältnisse auch im Rahmen der gegenwärtigen Gebietskörperschaften 1. Stufe immer noch deutlich

---

[111] Vgl. Palmier 1962 (S. 100 ff.), bezüglich der Spätwirkungen auf die Wirtschaft: Palte & Tempelman 1978 (S. 140 f. u. 167), auf das Verkehrswesen: Shamsher Ali 1966 und Rutz 1976 (a) (S. 43 u. 152 ff.).

[112] Vgl. hierzu die Sammlung einschlägiger Beiträge (hier nicht einzeln zitiert) durch Tan 1967 sowie die Zusammenfassung bei Ricklefs 1981 (Chapter 19); im deutschsprachigen Schrifttum siehe auch Linder 1966.

[113] Es handelt sich um die „Aktion des 30. September", indonesisch „Gerakan September Tigapulu", abgekürzt GeSTapu. Aus der Flut des Schrifttums über diesen Umsturz können hier nur wenige zusammenfassende Darstellungen angeführt werden: Thomas 1967, Weatherby 1970, Dahm 1971 (Chapter VIII), Fryer & Jackson 1977 (Chapter 4), Wertheim 1978 (Hfdst. 9), May 1978 (Chapter 3) u. Roeder 1980.

[114] Fünf staatstragende Grundsätze der Republik Indonesien, proklamiert in Sukarnos Pancasila-Rede vom 1. 6. 1945; als Präambel der Verfassung von 1945 vorangestellt.
1. Bekenntnis zur Einheit der indonesischen Nation (Symbol: Waringin-Baum),
2. Humanitäres, internationalistisches Handeln (Symbol: Kette),
3. Willensbildung nach dem Prinzip der Einstimmigkeit gewählter Repräsentanten („musyawarah") (Symbol: Banteng),
4. Schaffung sozialer Gerechtigkeit (Symbol: Reisähre und Baumwollzweig),
5. Glaube an einen höchsten Gott (Symbol: Stern)
(vgl. die Erläuterungen von Kahin 1952, S. 122 ff.).
Die fünf Symbole bedecken ein Brustschild des Wappenvogels „Garuda" im Staatswappen der Republik.

[115] Soweit es die wirtschaftliche Lage betrifft vgl. Glassburner 1971, Booth & McCawley 1981 u. Gälli 1982; die Hintergründe dazu sowie die gegenwärtigen gesellschaftlich-politischen Probleme der Republik schilderte Brian May 1978 in seinem Buch „The Indonesian Tragedy".

[116] Nach der Volkszählung vom 31. Oktober 1980; vgl. auch S. 31.

[117] Einschließlich der 5 Stadtbezirke von Jakarta, die den Status von Kota Madya besitzen; einschließlich der Kecamatan innerhalb der Kota Madya und Kota Administratip. Zum Gebietskörperschaftssystem siehe Näheres im Abschn. 1.3., bes. S. 28 ff.

ausgeprägt. Das Leitwort des indonesischen Staatswappens „Bhinneka Tunggal Ika", „Einheit in Vielfalt" hat seine Betonung nach wie vor auf der „Einheit"; der loyalen Zuordnung der vielfältigen Regionalinteressen wird in Jakarta immer noch mißtraut. Die stärkste der bindenden Kräfte ist die nun seit fast 40 Jahren überall durchgesetzte Staatssprache „Bahasa Indonesia". 1945 war diese aus dem klassischen Malaiisch heraus entwickelte, im ganzen Archipel als „lingua franca" bekannte Sprache zur einzigen Amtssprache der Republik erklärt worden. Sie ist heute das integrierende Band der wachsenden Nation[119].

1.2. Fläche und Ausdehnung

In den seit 1976 bestehenden Grenzen umfaßt die Republik Indonesia eine Landfläche von 1.919.443 qkm[120], die sich auf fast 14.000 Inseln verteilt. Der westlichste Punkt liegt auf 94° 58,5′ östlicher Länge; es ist eine unbewohnte Felsenklippe (Pulau Barat Laut) rd. 6 sm (10 km) nordwestlich der Insel Breueh vor der Nordspitze von Sumatra. Nur 8 Längenminuten weiter östlich liegt in 22 sm (40 km) Entfernung der nördlichste Punkt des Staatsgebietes: Unter 6° 05,0′ nördl. Breite liegt die nördliche der beiden kleinen isolierten Felseninseln Rondo 16 sm (30 km) nordwestlich der Hafenstadt Sabang auf Weh vor der Nordspitze Sumatras. Der südlichste Punkt des Archipelstaates liegt unter 11° 00,9′ südl. Breite auf der kleinen Nebeninsel Dana an der Südwestecke von Roti im Südwesten von Timor[121]. Einen östlichsten Punkt besitzt der Archipelstaat nicht: Die zwischen den Niederlanden, dem Deutschen Reich und Großbritannien in den Jahren 1884/85 festgeschriebene Teilungsgrenze am 141. Längengrad auf Neuguinea bildet über 684 km seit 1963 die Ostgrenze.

Die Ausdehnung über 46 äquatornahe Längengrade und 17 Breitengrade entspricht einer Ost-West-Erstreckung von 2.760 sm (5.112 km) und einer Nord-Süd-Erstreckung von 1.020 sm (1.889 km). Damit steht Indonesien seiner Ausdehnung nach hinter der Sowjetunion, Kanada und den USA an vierter Stelle unter den Staaten der Welt; gemessen an seiner Landfläche nimmt es aber erst die 13. Stelle ein.

Die Staatsfläche von 1.919.443 qkm ist also über eine etwa fünfmal größere Fläche verteilt. Für die zu überwindenden Entfernungen bedeutet das eine Verlängerung der Wege um reichlich das Doppelte ($\sqrt{5}$). Dieser Nachteil wird aber dadurch ausgeglichen, daß zwischen den weit entfernten Landesteilen mit der Meeresoberfläche eine im Verhältnis zum festen Land leicht und billig zu nutzende Verkehrsbahn vorhanden ist.

Aus der Archipeleigenschaft des Staatsgebietes und dem Zwang zur Nutzung der Seegebiete zwischen den Inseln für den innerstaatlichen Verkehr leitet Indonesien einen Hoheitsanspruch auf diese Seegebiete ab. Nach indonesischer Auffassung gehören alle Gewässer zwischen den Inseln zum indonesischen Hoheitsgebiet einschließlich eines Streifens von 12 sm jenseits einer äußeren Basislinie, die als Poligonzug über die jeweils äußersten Inselpunkte definiert ist. Um welche äußersten Inselpunkte es sich handelt, ist auf Karte 1 dargestellt[122]. Der dort wiedergegebene Poligonzug im 12 sm-Abstand umschließt eine Meeres- und Landfläche von rd. 5,2 Mio qkm, also das 2,7fache der Landfläche. Würde dieser Anspruch zu internationalem Recht erhoben werden, wäre die freie Durchfahrt durch alle Meerengen zwischen Sumatra und Neuguinea für nicht indonesische Schiffe von Garantien des indonesischen Staates im Rahmen eines internationalen Seerechtsabkommens

---

[118] Nach dem Gesetz Nr. 1 über die autonome Verwaltung der Gebietskörperschaften vom 1. 1. 1957 und einschränkenden Präsidialerlassen von 1959 und 1960 hat jede Provinz ein eigenes Parlament geringer Kompetenz. Es verabschiedet den Haushalt, der aber zu 70% bis 90% aus zweckgebundenen Zuweisungen der Zentralregierung besteht. Das Provinzparlament darf auch dem Staatspräsidenten einen Provinz-Gouverneur vorschlagen; der Gouverneur wird aber vom Staatspräsidenten ernannt, die höheren Verwaltungsbeamten vom Innenminister. Etwas weiterreichende Kompetenzen haben nur die „Daerah Istimewa Yogyakarta" (vgl. Fußn. 146) und die „Daerah Istimewa Aceh" (vgl. Fußn. 149). Indonesisches Schrifttum zum System der Gebietskörperschaftsverwaltung: Sukijat 1973, Kansil 1979 und „Landasan dan Pedoman Induk Penyempurnaan Administrasi Negara Rep. Indonesia" (Grundlagen und Leitfaden zur Reform der staatlichen Verwaltung in der Rep. Indonesia), (S. 43–51), hrsg. von: Lembaga Administrasi Negara, Jakarta 1977.

[119] Einzelheiten und Schrifttum hierzu bei Bodenstedt 1967.

[120] Nach Jawatan Topografi (Topographischer Dienst) in: Buku Saku Statist. I. 1980/81, Tab. I. 1; in anderen Quellen werden auch 1.919.740 qkm genannt.

[121] Längen- und Breitenangaben nach Koordinaten der äußersten Punkte in der Basislinie zur Bestimmung der von der Republik Indonesia beanspruchten Territorialgewässer (Akt Nr. 4 des Präsidenten der Republik Indonesia vom 18. 2. 1960, englischer Text in: UNITED NATIONS, Second Conference on the Law of the Sea, Distr. General A/Conf. 19/5/Add. 1 vom 4. April 1960).

[122] Nach Akt Nr. 4 des Präsidenten der Republik Indonesia vom 18. 2. 1960, englischer Text in: UNITED NATIONS, Second Conference on the Law of the Sea, Distr. General A/Conf. 19/5/Add. 1 vom 4. April 1960. Ergänzt durch eine Basis- und 12 sm-Linie an der Südküste von Ost-Timor. Das Problem der Hoheitsgewässer behandelte auch Fisher 1966 (S. 379).

Tabelle 1-1 : Verteilung des indonesischen Staatsgebietes im Seeraum
a) Anteil des Staatsgebietes an meridionalen 1°-Streifen zwischen 6° Nord und 11° Süd

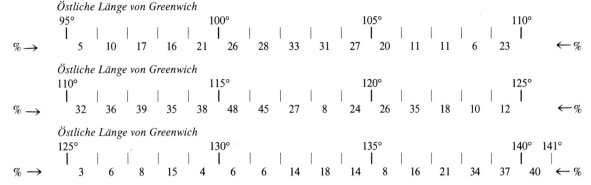

b) Anteil des Staatsgebietes am breitenparallelen 1°-Streifen zwischen 95° und 141° östlicher Länge von Greenwich

nördliche Breite		südliche Breite		südliche Breite	
6°—		0°—		6°—	
	3%		35%		16%
5°—		1°—		7°—	
	7%		44%		21%
4°—		2°—		8°—	
	11%		47%		15%
3°—		3°—		9°—	
	14%		44%		4%
2°—		4°—		10°—	
	25%		23%		2%
1°—		5°—		11°—	
	39%		13%		
0°—		6°—			

abhängig. Gegenüber diesem Territorialanspruch bewirkt die Reservierung einer 200 sm-Wirtschaftszone – ebenfalls auf Karte 1 dargestellt – nur noch eine Vergrößerung des indonesischen Einflußbereichs nach außen.

Nicht allein die Maximalausdehnung, auch die Anordnung der Inselflur innerhalb des abgesteckten Raumes ist für die Beurteilung der Archipelstaatsfläche bedeutsam. Die zum indonesischen Staatsgebiet gehörenden Inseln und Inselteile verteilen sich verhältnismäßig gleichmäßig innerhalb eines Quadrates, das aus den Längen- und Breitengraden der vier äußersten Punkte des Staatsgebietes gebildet wird. In Tabelle 1–1 sind die Anteile der Staatsfläche an 1°-Abschnitten der Länge und Breite innerhalb dieses Quadrates wiedergegeben.

Bei völlig gleichmäßiger Verteilung müßte die Staatsfläche 20% eines jeden 1°-Streifens einnehmen; die Abweichungen sind deutlich, jedoch im Verhältnis zu den möglichen Abweichungen gering: Kein Streifen ist unbesetzt oder weist über 50% Staatsfläche auf, und nur in wenigen Streifen nimmt das Staatsgebiet weniger als 5% oder mehr als 40% der Gesamtfläche des Streifens ein.

Die Berechnung der Landverteilung gestattet es auch, annähernd einen Schwerpunkt des indonesischen Staatsgebietes festzulegen. Es konnten ein mittlerer Meridian und ein mittlerer Breitenkreis bestimmt werden, beiderseits derer sich die Staatsgebietsflächen die Waage halten. Dabei wurden die beidseitigen Staatsflächenanteile mit der Entfernung von den beiden Mittellinien gewichtet. Dieses Verfahren ergibt als mittleren Meridian 117° 30' östlicher Länge und als mittleren Breitenkreis 2° 10' südlicher Breite[123]. Der Schnittpunkt beider Mittellinien ist ein Punkt in der Makasar-Straße rd. 54 sm (100 km) vor der Küste von Borneo auf der Breite von Tanjung Aru.

Die für Tabelle 1–1 errechneten, formalisierten Verteilungskennwerte können die tatsächliche Verteilung des Landes in der malaiischen Inselflur nur unvollkommen wiedergeben. Beschreibend muß daher noch folgendes ergänzt werden: Trotz der verhältnismäßig ähnlichen Verteilungswerte in allen Teilen des Archipels besitzt die Inselflur eine recht unterschiedliche räumliche Anordnung; diese erlaubt es, ein westliches, mittleres und östliches Indonesien zu unterscheiden.

Der Westen des Archipels wird nur von einer einzigen großen Insel – Sumatra – beherrscht; daneben spielen nur 8 Nebeninselgruppen eine flächenmäßig unbedeutende Rolle (vgl. Tab. 1–2). Verwaltungsmäßig gehören

---

[123] Es handelt sich hierbei um ein grobes Landflächen-Auszählverfahren. Bei der Gewichtung der Landflächenanteile nach der Entfernung von den Mittellinien wurde nicht berücksichtigt, daß innerhalb der Streifen die Landfläche nicht gleichmäßig verteilt ist. Genauere Berechnungen lassen Abweichungen von den gefundenen Mittellinien bis zu 10' erwarten.

auch die in der Südchinesischen See gelegenen Gruppen Anambas, Nord- und Süd-Bunguran (oder Natuna) sowie Tambelan zu Sumatra.

Als mittleres Indonesien können Java und der indonesische Anteil an Borneo zusammengefaßt werden. Von zwei größeren Nebeninseln – Madura nahe Ost-Java und Laut nahe Süd-Borneo – abgesehen, sind es nur wenige und sehr kleine Inseln und Inselschwärme in der Java-See, die die beiden Hauptinseln umlagern. Nach Größe und Naturausstattung, Besiedlung und Kultur sind aber Java und Borneo grundverschieden; natur- und kulturräumlich bildet das allein nach Lagekriterien ausgeschiedene „mittlere" Indonesien keine Einheit. Als Großregionen – gleichgültig unter welcher Gliederungskategorie – müssen Java und Borneo getrennt werden.

Im östlichen Teil des Archipels gibt es im Gegensatz zum Westen keine großen Landmassen. Die einzige Großinsel – Selebes – ist sehr bizarr gestaltet[124]. Daneben sind Dutzende von größeren und kleineren Inselgruppen über weite Meeresräume verteilt. Gliederung und Kammerung der vier Halbinseln von Selebes sowie die Gruppierung der übrigen Inseln verursachen eine außerordentliche Vielgestaltigkeit – eine Gemeinsamkeit aller östlichen Landesteile. Daher kann diese Inselflur – Selebes eingeschlossen – zu einer Großregion Ost-Indonesien zusammengefaßt werden[125]. Soll diese aber untergliedert werden, dann ergibt sich eine Dreiteilung: Selebes mit Nebeninseln, die Kette der Kleinen Sunda-Inseln im Süden und der Schwarm der Molukken im Osten (vgl. Tab. 1–2). Unter den Nebeninseln von Selebes liegen die großen Inseln Selayar, Kabaëna, Muna und Buton im Süden sowie der Banggai-Archipel und der Togian-Archipel verhältnismäßig hauptinselnah. Hochozeanisch sind dagegen die Inselgruppen Sangihe und Talaud, 110 sm bis 230 sm (200 km bis 425 km) von der Nordspitze von Selebes entfernt. Die Kleinen Sunda-Inseln sind über 10 Längengrade hintereinander aufgereiht, nur Sumba und Timor setzen sich aus dieser Reihe um rd. 80 sm (150 km) gegen Süden ab. In den sehr unregelmäßig angeordneten Molukken lassen sich eine nördliche Gruppe – Halmahera mit Nebeninseln und Sula-Archipel –, eine mittlere Gruppe – Buru und Seram mit Nebeninseln – und eine südliche Gruppe unterscheiden. Letztere faßt die weit verstreuten Südwest-Inseln (Hauptinsel Wetar) sowie die Tanimbar-, Kai- und Aru-Inseln zusammen.

Mit dieser Gliederung Indonesiens in drei west-östlich gereihte Teile – westliches, mittleres und östliches Indonesien – oder in vier Großregionen – Sumatra, Java, Borneo und Ost-Indonesien wird von der klassischen Gliederung in Große Sunda-Inseln, Kleine Sunda-Inseln und Molukken abgewichen. Die bezeichneten vier Großregionen entsprechen der kultur- und wirtschaftsräumlichen Organisation des Archipels besser als die herkömmliche Einteilung.

Soll noch stärker zusammengefaßt werden, läßt sich das Staatsgebiet auch zweiteilen: Historischer Entwicklungsvorsprung, höhere Bevölkerungsdichte und politische Führungsrolle geben Java eine Sonderstellung, die einen Gegensatz zu allen übrigen Inseln begründet. Java ist das Kernland, dem alle übrigen Inseln gegenüberstehen. Diese wurden in niederländischer Zeit als „Buitengewesten" bezeichnet; der indonesische Ausdruck ist „Tanah Seberang", das heißt das jenseitige Land von Java aus gesehen. Im Deutschen hat sich dafür „Außeninseln", im Englischen „Outer Islands" eingebürgert. Auch die hier vorliegende stadtgeographische Untersuchung bestätigt diese Unterscheidung[126].

Östlich der Molukken, östlich des Malaiischen Archipels und östlich des damit identischen indonesischen Inselreiches im kulturgeographischen Sinne bildet die Westhälfte von Neuguinea das östlichste Glied im Hoheitsgebiet der Republik Indonesia. Der Hauptinsel sind westlich vom Vogelkopf[127] die Inseln des Raya Ampat-Archipels und im Sarera-Golf die Inseln Serui, Biak und Numfor vorgelagert.

Die aus der Verteilung der Inseln im Archipel ableitbare Gliederung ist in Tabelle 1–2 zusammengefaßt.

---

[124] Für Selebes ist das Verhältnis von Flächeninhalt zu Umrißlänge, ausgedrückt durch das Verhältnis vom Kreisumfang gleicher Flächengröße zur Küstenlänge, außerordentlich klein; das gilt ebenso für einige weitere, allerdings sehr viel kleinere Inseln Ost-Indonesiens:
Sulawesi (nur Hauptinsel) 1:4,0
Halmahera (Hauptinsel der nördlichen Molukken) 1:3,4
Sumbawa (Kleine Sunda-Inseln) 1:3,3
Lomblen oder Lembata (Solor-Archipel östl. von Flores) 1:2,6
Berechnet mit Hilfe eines Digitalisiergerätes der Arbeitsgruppe „Angewandte Informatik im Ingenieurwesen" (Prof. H. Flessner) an der Ruhr-Universität Bochum (1974).

[125] Ost-Indonesien in diesem Sinne ist identisch mit dem Staat Indonesia Timur (1946–1950) (vgl. S. 18 u. Fußn. 106). Ferner hat es große Ähnlichkeit mit der Wallacea (in dieser fehlen Bali und der Aru-Archipel), jener tiergeographischen Übergangsregion zwischen der Orientalis (Paläotropis) im Westen und der Australis im Osten.

[126] Die heutige Staatsführung ist bemüht, den politischen Gegensatz zwischen dem herrschenden Java und den nicht-javanischen Provinzen abzubauen. Dementsprechend sind der Begriff „Tanah Seberang" und die europäischen Synonyme dazu innerindonesisch inopportun. Im wissenschaftlichen Bereich kann aber auf die genannte Zweigliederung und auf die dazugehörigen Begriffe nicht verzichtet werden.

[127] Der sogenannte „Vogelkopf" der Insel Neuguinea hat von den Indonesiern die malaiische Bezeichnung „Candrawasih" = „Paradiesvogel" erhalten.

Tabelle 1–2. Zusammensetzung des indonesischen Staatsgebietes nach Inselgruppen
(Staatsfläche von 1.919.443 qkm[a] in Spalte 6 = 100 gesetzt)

Gliederung nach Inselgruppen	(1) absolut km²	(2) absolut km²	(3) absolut km²	(4) %	(5) %	(6) %
		Landfläche der Inselgruppen[b]			Landfläche der Inselgruppen[b] anteilig	
Westliches Indonesien	473.606[c]			–	100	24,7
Sumatra und Nebeninseln		470.846[f]		100	99,4	24,5
Sumatra (Hauptinsel und nicht genannte Nebeninseln)			432.339[h]	91,8	91,3	22,5
Simeulue und Banyak-Inseln			1.845[d]	0,4	0,4	0,1
Nias			4.064[d]	0,9	0,9	0,2
Batu-Inseln			1.201[d]	0,3	0,2	0,1
Mentawai-Inseln und Enggano			6.540[d,e]	1,4	1,4	0,3
Riau-Archipel			5.902[e]	1,2	1,2	0,3
Lingga-Archipel			2.180[e]	0,5	0,5	0,1
Bangka			11.942[d]	2,5	2,5	0,6
Belitung			4.833[d]	1,0	1,0	0,3
Anambas-, Bunguran- u. Tambelan-Inseln		2.760[g]		100	0,6	0,1
Mittleres Indonesien	671.647[c]			–	100	35,0
Java und Nebeninseln		132.187[c]		100	19,7	6,9
Java (Hauptinsel und nicht genannte Nebeninseln)			126.716[h]	95,9	18,9	6,6
Madura und Kangean-Gruppe			5.471[d]	4,1	0,8	0,3
Borneo und Nebeninseln (indones. Anteil)		539.460[c]		100	80,3	28,1
Borneo (Hauptinselanteil u. nicht genannte Nebeninseln)			537.140[h]	99,6	80,0	27,9
Laut, Sebuku und Sembilan			2.320[d]	0,4	0,3	0,1
Östliches Indonesien	352.209			–	100	18,3
Selebes und Nebeninseln		189.216[c]		100	53,7	9,9
Selebes (Hauptinsel und nicht genannte Nebeninseln)			175.506[h]	92,7	49,8	9,1
Selayar und Inseln der Flores-See			1.250[d]	0,7	0,4	0,1
Buton, Muna, Kabaëna und Nebeninseln			7.203[d]	3,8	2,0	0,4
Banggai-Inseln			3.164[d]	1,7	0,9	0,2
Sangihe- und Talaud-Inseln			2.093[d]	1,1	0,6	0,1
Kleine Sunda-Inseln		88.488[c]		100	25,1	4,6
Bali (einschl. Penida)			5.561[c]	6,3	1,6	0,3
Lombok			4.729[c]	5,3	1,3	0,2
Sumbawa (einschl. Nebeninseln)			15.448[c]	17,5	4,4	0,8
Flores (einschl. Komodo, Rinja, Solor, Adonara u. Lomblen)			17.150[c]	19,4	4,9	0,9
Alor und Pantar			2.916[c]	3,3	0,8	0,2
Sumba			11.152[c]	12,6	3,2	0,6
Timor (einschl. Atauro, Semau, Roti u. Sawu)			31.532[c]	35,6	9,0	1,6
Molukken		74.505[c,i]		100	2,2	3,9
Halmahera und Morotai			18.000	24,2	5,1	0,9
Kasiruta, Bacan und Obi			5.500	7,4	1,6	0,3
Sula-Archipel			4.500	6,0	1,3	0,2
Buru und Ambelau			9.500	12,8	2,7	0,5
Ambon und Uliasser			1.300	1,7	0,4	0,1
Seram mit Banda- und Watubela-Inseln			17.300	23,2	4,9	0,9
Südost-Inseln (Kai-, Aru-, Tanimbar-Inseln)			12.500	16,8	3,5	0,7
Südwest-Inseln (Inseln von Wetar bis Babar)			5.900	7,9	1,7	0,3
West-Neuguinea (einschl. Nebeninseln)	421.981[c]			–	100	22,0

[a] Staatsfläche nach Jawatan Topografi (Topographischer Dienst), vgl. Fußn. 120.
[b] Alle Werte sind nur Richtgrößen. Alle Quellen enthalten nur unsichere Werte. Angaben verschiedener Zentralverwaltungen und Provinzregierungen weichen zum Teil stark voneinander ab. Abweichungen von 1–2 qkm gegen die Angaben in bezeichneten Quellen ergeben sich aus Rundungsfehlern.
[c] Nach Jawatan Topografi (aus Buku Saku Statist. Ind. 1980/81, Tab. I.1) ergänzt durch Indisch Verslag 1939, II, Tab. 1.
[d] Nach Atlas van Tropisch Nederland, Blad 8.
[e] Meyers Kontinente und Meere, Mannheim.
[f] Westliches Indonesien minus Anambas-, Bunguran- und Tambelan-Inseln.
[g] Regentschaft Tanjung Pinang minus Riau- und Lingga-Inseln.
[h] Aus Differenzen der Nachbarinseln gebildet.
[i] Zuverlässige Unterteilung der Molukken nach dieser neueren Flächenangabe nicht möglich. Ältere, möglicherweise richtigere Flächenangabe: 83.675 km² (Ind. Versl. 1939, II, Tab. 1). Die folgenden Angaben in Spalten (3) bis (6) geben nur annähernd zutreffende Verhältnisse zwischen den 8 genannten Inselgruppen wieder.

1.3. Verwaltungsgebietsgliederung

In einem Archipelstaat führt die Inselnatur der Teilräume dazu, die Verwaltungseinheiten weitgehend an die Naturgegebenheiten, also an die durch Meeresteile räumlich getrennten Landesteile, an die Inseln und Inselgruppen anzupassen. Das ist auch in Indonesien so. Die durch die Verteilung der Inselgruppen gegebene Ausgangslage – die vier Großen Sunda-Inseln im Westen und in der Mitte, der Schwarm der Molukken und Kleinen Sunda-Inseln im Osten – ist in Tabelle 1–2 dargestellt. Die unterschiedliche Größe und Lageanordnung der Inseln und Inselgruppen zwingt zu mannigfacher Unterteilung und Zusammenfassung[128].

Ein zweiter Gesichtspunkt, der die Verwaltungsgebietsgliederung mitbestimmt, ist die sehr unterschiedliche Bevölkerungsdichte (vgl. S. 31). Drittens wirkt die koloniale Erschließungsphase des 19. Jahrhunderts nach, die die damalige staatsrechtliche und administrative Gebietsgliederung geprägt hatte. Schließlich blieb auch die föderative Phase des Staatsaufbaus von 1946 bis 1949 (vgl. S. 18), die u. a. Rücksichten auf die ethnische Differenzierung der Bevölkerung nahm, nicht ganz ohne Einfluß auf die gegenwärtige Gebietskörperschaftsbildung.

Seit der Zeit der hinduistischen Reichsgründungen, mit Sicherheit seit der Herrschaft von Majapahit über Ost- und Mittel-Java im 14. Jahrhundert gibt es auf Java die Institution des vom Herrscher oder Lehnsherren abhängigen Regenten[129]. Diese Regenten, javanisch „Bupati", kontrollierten, je nach Verfassung und Durchsetzungskraft des Herrscherwillens, ihre Bezirke oder Regentschaften mehr oder weniger weisungsgebunden. Über die Zeit der unabhängigen islamischen Reiche im 15. bis 17. Jahrhundert (vgl. S. 47ff.) blieb dieses System erhalten und wurde insofern ergänzt, als der Regent nach dem Muster arabischer „Wesire" einen „Patih" ernannte, einen obersten Gefolgsmann, der die Verwaltungsgeschäfte führte. Auch von der „Generaale Nederlandsche Geoctroyeerde Oost-Indische Compagnie" (VOC) (vgl. S. 49f.), der staatsbildenden niederländischen Handelskompagnie, wurde dieses System von Regent und Patih übernommen, als sie gegen Ende des 17. Jahrhunderts Territorialmacht auf Java wurde. Es gab auch Regenten verschiedener Ränge und dementsprechend einander über- und nachgeordnete Städte, von denen aus die Regenten mit Hilfe der Patih über ihre Territorien – javanisch Kabupaten – herrschten.

Das Regentschaftssystem wurde auch von der niederländisch-indischen Regierung ab 1830 als oberste Ebene der einheimischen Verwaltung übernommen und bis 1860 vereinheitlicht. 1928 erhielten die Regenten erweiterte Zuständigkeiten und wurden von der Bevormundung durch niederländische Assistent-Residenten befreit[130]. 1942 am Ende der niederländischen Herrschaft gab es auf Java – einschließlich der vier mitteljavanischen Fürstentümer – 79 Regentschaften (vgl. Karte 1).

Die javanischen Regenten waren also nie die eigentlichen Hoheitsträger, Regentschaften nie unabhängig; Herrschaftsausübung war in einer höheren Gebietskörperschaftsebene angesiedelt. Am Anfang des 19. Jahrhunderts lag die Herrschaft auf Java formal bei fünf Territorialstaaten: Das indische Territorium der „Bataafschen Republik"[131] mit der Hauptstadt Batavia auf der einen Seite und vier schon durch Verträge von Batavia abhängige Fürstentümer: Banten und Cirebon in West-Java sowie Surakarta und Yogyakarta in Mittel-Java (vgl. S. 53f.).

Der Übergang zu einer neuen Territorienordnung erfolgte in den Jahren 1808 bis 1830. Der mit neuen Vollmachten 1808 nach Indien entsandte Gouverneur-Generaal Daendels löste die von der VOC übernommenen, von Batavia und Semarang aus verwalteten Gebietskörperschaften auf und ließ statt dessen zwischen Batavia und Surabaya 9 Präfekturen oder Landdrosteien – später Residentschaften genannt – als neue Oberinstanzen einrichten[132]. Die Zahl der neuen Residentschaften wurde 1812 und 1813 während der britischen Zwischenherrschaft infolge Unterteilung der großen Präfektur „Oosthoek" und durch Gebietsabtretungen der mitteljavanischen Fürstentümer auf 18 erhöht und 1830 nach dem Java-Krieg durch abermalige Verkleinerung der Fürstenstaaten (vgl. S. 55) auf 22. Die Gesamtzahl der Residentschaften auf Java änderte sich trotz mancher Umgliederungen in den verbleibenden rund 125 Jahren kolonialer Verwaltung nur wenig. Abgesehen von einer

---

[128] Siehe dazu ausführlicher Rutz 1976 (b).

[129] Die historische Einordnung von Majapahit, sowie die ersten dieser Regentensitze werden im Zusammenhang mit der historisch-genetischen Schichtung der Städte genannt; vgl. Abschn. 2.2.1., bes. S. 44f.

[130] Hauptquellen dazu: Pieters 1932 u. zusammenfassend Furnival 1939 (Chapter IX). Darüber hinaus besteht über das „Binnenlands Bestuur" des ehemaligen Niederländisch Indien ein sehr umfangreiches Schrifttum, das hier herangezogen wurde. Vgl. dazu die Artikel „Bestuur(swezen)" u. „Decentralisatie" in der Encyclopaedie van Nederlandsch-Indië, 1. Druk, 1. Deel (1896), 2. Druk, 1. Deel (1917) u. 2. Druk, 5. Deel (1927) sowie die dort gegebenen Schrifttumshinweise; ferner für das Ende der Kolonialzeit zusammenfassend Schrieke 1939 und später Benda 1966 sowie Hugenholtz 1979 (siehe Schrifttumsverzeichnis).

[131] Name des niederländischen Staates 1795 bis 1806.

[132] Die Sitze der Präfekten sind S. 54 genannt; Orte mit Jahreszahl 1808 oder 1810.

1925/28 bis 1932 erfolgten Aufsplitterung auf 35 Residentschaften[133] kam es meist zu Zusammenlegungen. 1902 bis 1925 waren es ohne die Residenten an den Fürstensitzen Surakarta und Yogyakarta nur 15 Residentschaften, 1932 bis 1942 wieder 17.

Den niederländischen Residenten waren nicht nur die javanischen Regenten nachgeordnet, sondern auf der den Regentschaften entsprechenden Ebene seit 1818 ein zweites Gebietskörperschaftssystem: die „Abteilungen". Es handelte sich um die Verwaltungsbereiche der sogenannten „Assistent-Residenten". Diese waren niederländische Verwaltungsbeamte, die den javanischen Regenten zur Aufsicht an die Seite gesetzt worden waren; der Zuschnitt der Abteilungen entsprach bis auf wenige Ausnahmen dem der Regentschaften. In den Reformen der neunzehnhundertzwanziger Jahre wurden die Abteilungen als Gebietskörperschaften aufgelöst[134], die Befugnisse der Assistent-Residenten wurden innerhalb der Regentschaften auf die Verwaltung der europäischen Angelegenheiten sowie die der „vreemden Oosterlinge" (Chinesen, Inder und Araber) beschränkt. So ging die Funktion eines Abteilungs-Hauptortes 1926 bis 1928 rd. 80 javanischen Städten verloren. Da aber der Regent mit erweiterten Zuständigkeiten in der gleichen Stadt verblieb, war diese rund 110 Jahre währende Doppelverwaltung für die Ausbildung des javanischen Städtesystems wenig belangvoll.

Im „Cultuur-Stelsel", einem 1830 durch Gouverneur-Generaal Van den Bosch eingeführten Zwangsanbau-System, wurden unterhalb der Abteilungsebene europäische Landbau- und Steuer-Aufseher eingesetzt. Diese erhielten 1872 nach der Aufhebung des Zwangssystems allgemeinere Verwaltungsaufgaben – ohne Anordnungsbefugnisse – und fest umrissene Amtsbereiche, sogenannte Controll-Abteilungen, je Abteilung meist zwei. Mit den Bemühungen, der europäischen Verwaltung auf Java die bevormundenden Wesenszüge zu nehmen, wurden die Controll-Abteilungen 1918 bis 1928 abgeschafft; 25 Städte auf Java und Madura, die nicht zugleich Regentensitz waren, verloren damit ihre Eigenschaft als Controlleurssitz.

Bodenständiger als die Controll-Abteilungen waren die Untereinheiten, in die die Regentschaften gegliedert waren. Daendels und nach ihm der britische Lieutenant-Governor Raffles übernahmen 1808 und 1811 die „Wedana" (Distriktbeamten) der Fürstenzeit und umrissen ihre Gebiete mit festen Grenzen. Die Regentschaften erhielten je vier bis sechs – ausnahmsweise drei – oder bis zu zehn „Kawedanan" (Distrikte).

Eine weitere Untergliederung einheitlicher Art wurde erst 1874 eingeführt. Die in einigen Residentschaften übliche räumliche Verteilung der Hilfsbeamten des „Wedana" wurde zur Regel erhoben. Auf ganz Java wurden die Distrikte in je zwei bis vier Unterdistrikte aufgeteilt; der Verwaltungsbeamte hieß „Assisten-Wedana".

Distrikte und Unterdistrikte blieben überwiegend seit 1830 bzw. 1874 unverändert; gelegentlich wurden sehr kleine Distrikte aufgelöst und die Unterdistrikte umverteilt. Am Ende der niederländischen Herrschaft gab es 391 Distrikte und 1.386 Unterdistrikte auf Java[135].

Etwa seit der Jahrhundertwende gab es in der niederländischen Verwaltung Dezentralisierungsbestrebungen. Nach jahrzehntelangen Erwägungen und Experimenten entschloß man sich, als eine Art Selbstverwaltungsvorstufe sogenannte „gouvernements" einzurichten; diese sollten nach Übernahme weiterer Selbstverwaltungsbefugnisse in „provincies" umgewandelt werden. Auf Java wurden die unmittelbar verwalteten Residentschaften ohne die Vorstufe der Gouvernemente in drei Provinzen zusammengefaßt: West-Java 1925, Ost-Java 1928 und Midden-Java (ohne die Fürstenländer) 1930. Damit war nach den Regentschaften auch die obere der beiden heute vorhandenen überörtlichen Verwaltungsebenen geschaffen worden.

Die Außeninseln durchliefen bis zum Ende der europäischen Herrschaft eine andere Entwicklung. Ursprünglich bestanden in allen Teilen des Archipels kleinere Häuptlingschaften. Wo diese im 15. und 16. Jahrhundert unter den Einfluß islamischer Mission und malaiischer oder javanischer Feudalherrschaft gerieten, entstanden größere Reiche, zum Teil in gegenseitiger Abhängigkeit, besonders auf der Malakka-Halbinsel, auf Sumatra, Borneo, Süd-Selebes, Sumbawa und Halmahera. In anderen Regionen bildeten Kleinstherrscher Bundesgenossenschaften und wahrten bis ins 19. Jahrhundert mehr oder weniger unabhängige Stellungen, so in Aceh, Mittel-Selebes und auf Timor. Drittens gerieten Teile des Archipels schon im 16. und 17. Jahrhundert unter unmittelbare Verwaltung der europäischen Mächte, etwa die mittleren Molukken und Sumatras Westküste. Viertens blieben bis ins 19. und frühe 20. Jahrhundert im Innern von Sumatra, Borneo und Mittel-Selebes die autochthonen Häuptlingschaften von Außenherrschaft unbehelligt[136]. Ebensolange blieben auch neun auf Bali existierende Fürstentümer von Fremdherrschaft verschont.

---

[133] Diese verkleinerten Residentschaften, die 1925 bzw. 1928 nach der Auflösung der Abteilungen (vgl. den folgenden Absatz) eingerichtet und auch „afdeelingen" oder „residentien" genannt worden waren, bewährten sich nicht. Bereits 1931/32 wurden die Residentschaften alten Zuschnitts wieder errichtet. Vgl. dazu auch Fußn. 243 und das dort genannte Schrifttum.

[134] Die Gebietskörperschaft, die sich danach noch „afdeeling" nannte, hatte einen anderen Zuschnitt (vgl. Fußn. 133).

[135] Nach Indisch Verslag 1939, Deel II, Tabel 330, S. 423.

[136] Diese Aussage gilt auch für die melanesische Insel Neuguinea. Nur an deren gegen Westen orientierten Küsten hatten die Herrscher von Tidore Hoheitansprüche, die im 19. Jahrhundert auf die Niederländer übergingen.

Mit der Erschließung und Durchdringung aller unter niederländischer Herrschaft stehenden Teile des Archipels, die im ersten Jahrzehnt des 20. Jahrhunderts ihren Abschluß fand, wurden auch auf den Außeninseln geschlossene Verwaltungsgebiete gebildet und zwar – soweit frühere Reiche bestanden – in Anlehnung an solche autochthonen Gebietskörperschaften. Viele der autochthonen Herrschaften blieben als sogenannte „Landschappen" mit eigenen Herrschern bestehen, an die niederländische Oberhoheit durch zwei unterschiedlich einengende Arten von Verträgen gebunden[137].

Unabhängig von dieser „staatsrechtlichen" Gliederung war das gesamte niederländische Hoheitsgebiet – einschließlich West-Neuguinea – in hierarchisch geordnete Verwaltungsgebiete unterteilt. Diese „administrative" Gliederung bestand außerhalb Javas 1942 aus 17 „gewesten" (ohne Neuguinea) in Form von Residentschaften, denen 61 Abteilungen und 247 Unterabteilungen nachgeordnet waren[138]. Abteilungen besaßen in dem jeweiligen Verwaltungshauptort den Amtssitz eines Assistent-Residenten, Unterabteilungen den Sitz eines Controlleurs.

Die weitere Untergliederung war auf den Außeninseln uneinheitlich; sie bestand entweder in Form der Hoheitsgebiete der durch „Korte Verklaring" gebundenen Kleinherrscher oder in Distrikt-Gliederungen; letztere gab es sowohl in unmittelbar verwalteten Unterabteilungen als auch in den selbstverwalteten Sultanaten und Fürstentümern mit „Langem Contract". Die Vorsteher dieser Distrikte hatten verschiedene, den regionalen Sprachen entlehnte Amtstitel, z. B. „demang" (malai.) in Teilen von Sumatra oder „kiai" (dayak.) in Süd-Borneo oder „jugugu" im Sangihe-Talaud-Archipel.

Auch in den „Buitenbezittingen" wirkten sich die Dezentralisierungsabsichten der Regierung spät aus. Zunächst sollten den Molukken Sonderrechte übertragen werden. Die 1925 erfolgte Umwandlung der Residentschaften Ternate und Amboina zum neuen „Gouvernement Molukken" wurde aber 1935 rückgängig gemacht. Dafür wurde 1936 beschlossen, drei neue Gouvernemente zu schaffen: „Sumatra", „Borneo" und „Groote Oost"; 1938 wurden sie wirksam. Innerhalb dieser neuen Großräume blieben die bisherigen Residentschaften erhalten; ein Dezentralisierungsprozeß auf unterer Ebene war ebenfalls 1938 durch die Bildung von sogenannten „groepsgemeenschappen" eingeleitet worden[139], doch gab es davon bis zur japanischen Besetzung erst drei: Minangkabau, Palembang und Banjar[140].

Während der japanischen Besatzungszeit war das ehemalige Niederländisch Indien auf drei Militärverwaltungszonen aufgeteilt. Sumatra gehörte zusammen mit der Malakka-Halbinsel zum Bereich des 25. Armeekorps (Singapur), Java war der Besatzungsbereich des 16. Armeekorps und der ehemalig niederländische Teil Borneos sowie der frühere „Große Osten" wurde durch die Kriegsmarine verwaltet[141].

Mit der Gründung der „Republik Indonesia" im August 1945 und der Rückkehr der Niederländer 1945/46 standen sich bis zum Jahre 1950 zwei Mächte gegenüber, die versuchten, grundverschiedene Territorialgliederungsprinzipien im Archipel durchzusetzen (vgl. S. 18). Die Republik wollte einheitliche Gebietskörperschaften nach javanischem Vorbild im gesamten beanspruchten Staatsgebiet einführen, die Niederländer setzten in Fortführung und Erweiterung ihres Vorkriegs-Dezentralisierungsplanes auf föderative Strukturen. So entstand im niederländischen Einflußbereich zwischen 1946 und 1949 eine große Zahl rechtlich verschieden ausgestatteter „Länder" und Landesteile, Föderationen, Gruppengemeinschaften neuer Art und erweiterter „Landschaften" der alten Art unter Fürstenherrschaft[142].

Mit der Umwandlung der „Republik Indonesia Serikat" zu einem Einheitsstaat im Jahre 1950 (vgl. S. 18)

---

[137] Entweder durch sogenannten „Langen Contract", der den autochthonen Herrschern (Sultanen, Fürsten) über meist größere Territorien ein größeres Maß innerer Verwaltungsbefugnisse überließ (1942 noch 16 Gebiete, davon 4 auf Java) oder durch sogenannte „Korte Verklaring", nach der die Rechte von (1942) 261 autochthonen Kleinherrschern (ohne Neuguinea) unter niederländischer Oberhoheit geregelt waren (nach Regeerings Almanak voor Nederlandsch Indië 1942, 1. Gedeelte, S. 194–207). Beide Arten von „Landschappen" sind in Karte 1 dargestellt.

[138] Nach Indisch Verslag 1939, Deel II, Tabel 331, S. 424. Gewesten und Abteilungen sind in Karte 1 dargestellt.

[139] Zur Verwaltungsreform auf den Außeninseln siehe Schrieke 1939, Sect. IV. 3., v. d. Harst 1945 sowie Schiller 1955, Chapter II–1.

[140] Die groepsgemeenschap Minangkabau war mit der Residentschaft West-Sumatra gebietsgleich, die groepsgemeenschap Palembang mit der Residentschaft Süd-Sumatra. Banjar umfaßte die Abteilungen Banjar (ohne Unterabt. Pulu Laut-Tanah Bumbu) und Hulu Sungai. Weitere groepsgemeenschappen sollten für das Batak-Gebiet, für die Minahasa und für die Insel Ambon gebildet werden.

[141] Nach „Japanese Military Administration in Indonesia: Selected Documents", Yale University, Southeast Asia Studies, Translation Ser. No. 6, 1965. Dieser Quelle folgend muß die Angabe bei Kahin 1952 (S. 106, Fußn. 11), nach der Sumatra durch das 7. Armeecorps in Singapur verwaltet wurde, auf einem Irrtum beruhen.

[142] Die Einzelheiten hier zu erläutern führte zu weit. Wo die heutige Gebietskörperschaftsgliederung auf diese föderativen Einheiten Rücksicht nimmt, wird gesondert darauf verwiesen. Den Überblick über „The Formation of Federal Indonesia 1945–1949" bietet das Standardwerk von Schiller 1955 (ohne Karten); siehe außerdem Venema 1949/50, Kahin 1952 (mit Karte S. 435) u. van Dijk 1979; bei Hecker 1963 sind die diesbezüglichen Gesetze und Verordnungen zusammengestellt. Die Kartenskizze von Kahin haben Legge 1961 (Map 1, S. 10) und Fisher 1966 (Fig. 53, S. 363) übernommen.

wurde im Gesamtstaatsgebiet das einheitliche, von der Republik Indonesia schon 1948 verkündete Gebietskörperschaftsprinzip durchgesetzt[143]. Dieses sah 10 Gebietskörperschaften 1. Stufe (Daerah Tingkat Satu) mit bestimmten Selbstverwaltungsbefugnissen vor. Diese neuen Gebietskörperschaften 1. Stufe erhielten 1950 nach dem Vorbild der in den zwanziger Jahren auf Java gebildeten „provincies" (vgl. oben) im gesamten Staatsgebiet die Bezeichnung „propinsi". Es handelte sich um: Nord-, Mittel- und Süd-Sumatra, West-, Mittel- und Ost-Java sowie um Borneo, Selebes, die Molukken und die Kleinen Sunda-Inseln[144, 145]. Daneben wurden 1950 die „Daerah Khusus Ibukota Jakarta Raya", das „Sondergebiet der Staatshauptstadt Jakarta", und die „Daerah Istimewa Yogyakarta" eingerichtet[146]. Außerdem blieben auf Java, Sumatra und Borneo die ehemaligen Residentschaften als reine Verwaltungszwischeninstanzen mit der Bezeichnung „Keresidenan" unterhalb der autonomen Provinzverwaltungsebene bestehen[147, 148].

Auf Sumatra und Borneo (Kalimantan) wurden die großen neuen Gebietskörperschaften 1. Stufe, die autonomen Provinzen, weder den regionalen Besonderheiten der Landesteile noch den Erfordernissen einer effektiven Verwaltungsaufsicht über die Keresidenan und nachgeordneten mittleren Gebietskörperschaften gerecht. Sie wurden deshalb 1956 bis 1964 meist entsprechend der Vorkriegs-Residentschafts-Gliederung in neue kleinere autonome Provinzen aufgeteilt:

Sumatera Utara 1956 in a) Aceh[149], b) Sumatera Utara;
Sumatera Tengah 1957 in a) Sumatera Barat, b) Riau, c) Jambi;
Kalimantan 1956 in a) Kalimantan Barat, b) Kalimantan Selatan, c) Kalimantan Timur;
Kalimantan Selatan 1957 in a) Kalimantan Tengah, b) Kalimantan Selatan;
Sumatera Selatan 1964 in a) Sumatera Selatan, b) Bengkulu, c) Lampung.

Nach dem Prinzip der Gleichrangigkeit bei der Verwaltungsgliederung von Staaten wäre es folgerichtig gewesen, auf Java die vom Gesetz vorgeschriebene Autonomie der Gebietskörperschaft 1. Stufe ebenfalls auf kleinere Bereiche, etwa auf die Keresidenan, anzuwenden; im Falle der Sonderregion Yogyakarta war das ja schon 1950 geschehen. Es blieb aber bei den drei schon von den Niederländern mit Selbstverwaltungsbefugnissen ausgestatteten Provinzen West-, Mittel- und Ost-Java. Der neuen gesetzlichen Regelung entsprechend wurden die Keresidenan 1963 aufgelöst[150].

Um die Gebietskörperschaftsstruktur nun endgültig zu vereinheitlichen, wurden auf neuer gesetzlicher Grundlage[151] auch die Provinzen Selebes (Sulawesi) und Sunda Kecil aufgeteilt:

---

[143] Die Republik hatte schon 1948 ein Grundgesetz (Nr. 22) über die autonome Verwaltung von nachgeordneten Gebietskörperschaften in drei Stufen in Kraft gesetzt. Die Gebietskörperschaften 1. Stufe (Daerah Tingkat Satu) sollten die ehemaligen „provincies" oder „gouvernemente" der Vorkriegszeit sein. Die Autonomie der 2. Stufe sollte den Regentschaften (Kabupaten) als „Daerah Tingkat Dua" gewährt werden. Die unterste, dritte Autonomie-Stufe sollte den Gemeinden (auf Java: Desa) vorbehalten bleiben. Die nicht genannten Stufen der tatsächlichen Verwaltungshierarchie: Residentschaften (Keresidenan), Distrikte (Kawedanan) und Unterdistrikte (Assisten-Kawedanan, neue Bezeichnung: Kecamatan) sollten als ausführende Zwischeninstanzen so weit wie möglich aufgelöst werden (vgl. Venema 1949/50, S. 316ff., Schiller 1955, S. 339f. u. Legge 1961, S. 28f.).

[144] Die nach der Verfassung (vgl. Fußn. 143) zugebilligten Selbstverwaltungsbefugnisse erhielten 1950 nur die 6 Provinzen auf Java und Sumatra; 1953 folgte die Provinz Kalimantan; bezüglich der 3 östlichen Provinzen siehe Fußn. 147.

[145] An dieser Stelle sollen auch die indonesischen Namen eingeführt werden (in gleicher Reihenfolge): Sumatera Utara, Sumatera Tengah, Sumatera Selatan, Jawa Barat, Jawa Tengah, Jawa Timur, Kalimantan, Sulawesi, Maluku, Sunda Kecil (später „Nusa Tenggara" genannt).

[146] Es handelte sich um die ehemaligen zwei Fürstentümer des „Sultans" und des „Paku Alam" von Yogyakarta in ihrem Gebietsstand von 1830 bis 1942. Sultan Hamengku Buwono IX hatte nach 1945 die republikanischen Kräfte unterstützt und 1947 den republikanischen Führern Asyl geboten. Sein Einfluß verhinderte die Angliederung der beiden Fürstenterritorien an die Provinz Mittel-Java.

[147] In den drei östlichen Provinzen (Sulawesi, Maluku, Sunda Kecil) waren die ehemaligen Residentschaften durch 13 in den Jahren 1947 bis 1949 gegründete autonome Regionen (Daerah) ersetzt worden, die bis 1950 zusammen den Teilstaat Ost-Indonesien (Negara Indonesia Timur) bildeten. Die Regionen behielten auch zunächst noch 1950 ihre Selbstverwaltungsbefugnisse, während die drei neuen Provinzen hier nur Verwaltungsoberinstanzen bildeten. 4 der 13 autonomen Regionen unterteilten sich 1952/53, so daß sich die drei östlichen Provinzen danach aus 29 autonomen Regionen zusammensetzten (vgl. auch Fußn. 152).

[148] Zur Gebietskörperschaftsentwicklung der Zeit nach 1950 bietet Legge 1961 das Standardwerk; siehe daneben The Liang Gie 1958 u. Maryanov 1958; das diesbezügliche Gesetz- und Verordnungswerk stellte Hecker 1963 übersichtlich zusammen.

[149] Die „Daerah Istimewa Aceh" entspricht dem ehemaligen „Gouvernement Atjeh en Onderhoorigheden", das sich 1945 bis 1950 unter islamischer Führung weitgehend unabhängig verwaltet hatte. Es wurde 1950 der gleichgeschalteten Provinz Sumatera Utara eingegliedert. Dieser Maßnahme widersetzten sich die Aceher 1953 militant. 1956 errangen sie von der Zentralregierung das Zugeständnis einer eigenen Provinz mit Sonderstatut.

[150] Vgl. Fußn. 143; in einigen Sonderverwaltungen blieb die Gliederung Javas in Keresidenan bis zur Gegenwart erhalten.

[151] Gesetz Nr. 1 über die autonome Verwaltung der Gebietskörperschaften vom 1. 1. 1957, durch das die Grundsätze des Gesetzes Nr. 22 (1948) (vgl. Fußn. 143) auch auf Ost-Indonesien übertragen werden konnten (vgl. Legge 1961, S. 52ff.). Durch Präsidialerlasse 1959 und 1960 wurden die Kompetenzen der Gouverneure und Parlamente eingeschränkt (vgl. Fußn. 118).

Sunda Kecil 1958 in a) Bali, b) Nusa Tenggara Barat, c) Nusa Tenggara Timur;
Sulawesi 1960 in a) Sulawesi Utara, b) Sulawesi Selatan;
Sulawesi Utara 1964 in a) Sulawesi Utara, b) Sulawesi Tengah;
Sulawesi Selatan 1964 in a) Sulawesi Selatan, b) Sulawesi Tenggara.

Auf diese neuen Provinzen wurden 1958 und 1960 auch die Selbstverwaltungsbefugnisse der 1950 erhalten gebliebenen autonomen Regionen (Daerah) übertragen; das gleiche geschah 1957 auch in der Provinz Maluku[152].

Zusammen mit der Hauptstadt Jakarta und der Sonderregion Yogyakarta bestanden in dem bisher besprochenen Rahmen seit 1964 25 Gebietskörperschaften 1. Stufe, deren Zuschnitt den „Gewesten" der Vorkriegszeit weitgehend entspricht[153]. Bis zur Gegenwart (1980) sind durch die Ausweitung des Staatsgebietes noch zwei Provinzen hinzugekommen: 1963 West-Neuguinea[154] und 1976 Timor Timur[155].

Die gegenwärtigen 27 Provinzen umschließen Flächen zwischen 5.000 qkm (Bali) und 200.000 qkm (Ost-Borneo), von den noch größeren Extremen der kleinen Sonderregion Yogyakarta und der als Provinz Irian Jaya verwalteten Westhälfte Neuguineas abgesehen. Die mittlere Flächengröße aller 27 Provinzen beträgt rd. 71.100 qkm, ihre durchschnittliche Einwohnerzahl 5,4 Millionen (1980). Da die Einwohnerzahl der 5 javanischen Provinzen sehr viel höher ist als die aller anderen Provinzen der Außeninseln (vgl. S. 31 f.), liegt die durchschnittliche Einwohnerzahl der 22 außerhalb Javas gelegenen Provinzen nur bei 2,55 Mio. Einwohnern.

Die Provinzhauptstädte (Ibukota Propinsi) sind die Hauptumschlagplätze für die Ausführung der Verwaltungsanordnungen der Zentralregierung. Dazu sind sie – entsprechend dem Fachverwaltungssystem – mit Außenstellen aller Ministerialabteilungen der Zentralregierung ausgestattet.

Indem die Residentschaften (Keresidenan) auf Java, Sumatra und Borneo sowie die Regionen (Daerah) in Ost-Indonesien aufgelöst worden waren, ergibt sich als nunmehr einheitliche Mittelinstanz für alle Landesteile die in alter javanischer Tradition verwurzelte Regentschaft (vgl. S. 24). Die gegenwärtigen 82 Regentschaften (Kabupaten) auf Java stimmen weitgehend mit denen der Vorkriegszeit überein[156]. Auf den Außeninseln wurden die Kabupaten durchweg aus einer oder mehreren ehemaligen Unterabteilungen oder aus einer Abteilung gebildet; gegenwärtig (1980) sind es 164.

Die zur Zeit bestehenden 246 Kabupaten sind die sogenannten „autonomen Gebietskörperschaften 2. Stufe" (Daerah Tingkat Dua) nach dem ab 1948 geltenden, 1957 neu gefaßten Recht[157]. Es besteht die Tendenz, einige der gegenwärtigen Kabupaten aufzuteilen, insbesondere dort, wo sie auf den Außeninseln zwei oder mehrere der ehemaligen Unterabteilungen umschließen und gleichzeitig dicht bevölkert sind. Die Anzahl der Kabupaten wird daher im nächsten Jahrzehnt um ein geringes ansteigen. Ihre Flächengröße schwankt gegenwärtig zwischen rd. 800 qkm in der Sonderregion Yogyakarta und rd. 90.000 qkm in Ost-Borneo. Auf Java gibt es mehrere Kabupaten mit mehr als 1 Mio. Einwohnern, viele Kabupaten der dünn bevölkerten Außeninseln werden von weniger als 50.000 Menschen bewohnt.

Die Hauptorte der Regentschaften (Ibukota Kabupaten) sind die eigentlichen Verwaltungsaußenposten. Hier wird die Verwaltung schon für den einzelnen Bewohner wirksam. Auf die Ibukota Kabupaten sind auch die

---

[152] Die ehemaligen autonomen Regionen wurden regional zu unterschiedlichen Zeitpunkten zwischen 1957 und 1963 – teils in ihrem bisherigen Zuschnitt, teils unterteilt – in „Daerah Tingkat Dua" (Kabupaten) nach neuem Recht überführt.

[153] Die sich aus den Abweichungen ergebenden Funktionsverluste oder Funktionsgewinne der jeweiligen Hauptstädte sind auf Karte 1 durch Vergleich der Ortssignaturen mit den roten Schriftunterstreichungen ablesbar.

[154] Indonesien begründete seinen Anspruch auf den Westteil der melanesischen Großinsel Neuguinea mit der Zugehörigkeit West-Neuguineas zu Niederländisch Indien. Wegen der ethnischen Verschiedenheit zwischen Indonesiern einerseits und den melanesischen autochthonen Bewohnern Neuguineas andererseits sparten die Niederländer bei der Souveränitätsübertragung 1949 Neuguinea aus; es verblieb unter niederländischer Verwaltung. Unter militärischer Bedrohung durch Indonesien und unter Druck seitens der „Vereinten Nationen" verzichteten die Niederländer 1962 auf ihre Hoheitsansprüche und übergaben das Territorium an die „Vereinten Nationen"; diese übertrugen 1963 die Souveränität auf Indonesien.

[155] Ehemals portugiesische Osthälfte Timors; 1974 verfiel die portugiesische Macht durch die revolutionäre Entwicklung im Mutterland. In Ost-Timor führten pro-kommunistische und pro-westliche Gruppierungen untereinander Bürgerkrieg. Als Ende 1975 eine pro-kommunistische „Befreiungsfront" (Fretilin) einen eigenen Staat ausrief, griff Indonesien militärisch zu Gunsten der „pro-westlichen" Gruppierungen ein und annektierte Mitte 1976 Ost-Timor als 27. indonesische Provinz.

[156] 5 Regentschaften wurden 1949/50 gegenüber dem letzten seit 1936 bestehenden Vorkriegszuschnitt neu oder wieder errichtet: Purwakarta, Subang, Batang, Trenggalek und Sampang. In der Daerah Istimewa Yogyakarta wurden die Regentschaften Kalasan 1946 und Adikarta (Bendungen) 1951 aufgehoben. Außerdem wurden innerhalb der gleichen Regentschaften die Bupati versetzt: von Batavia nach Tanggerang, von Meester Cornelis nach Bekasi, von Banyumas nach Purwokerto und von Surabaya nach Gresik. Diese Veränderungen sind in Karte 1 dargestellt.

[157] Vgl. Fußn. 143, 151 und 152; die Kabupaten besitzen keine gesetzgebende Körperschaft, sie stellen aber einen eigenen Haushaltsplan auf; der Selbstverwaltungsspielraum ist jedoch sehr beschränkt, da fast alle Einnahmen von Staat und Provinz zugewiesen werden.

von den Provinzhauptstädten ausstrahlenden Verkehrsverbindungen gerichtet.

Neben den Regentschaften gibt es eine zweite Art von autonomen Gebietskörperschaften 2. Stufe: das sind die regentschaftsunabhängigen Städte (Kota Madya): In ihrem Ursprung geht diese Verwaltungsform auf die niederländisch-indischen „Stadsgemeenten" zurück, die durch Übertragung von Selbstverwaltungsbefugnissen nach dem „Decentralisatie-Wet" von 1903 gebildet worden waren. Die bis 1942 existierenden 33 „Stadsgemeenten" haben zum Teil über mehrere und unterschiedliche Zwischenformen jetzt alle den Kota-Madya-Status[158]. Zur Zeit besitzen 49 Städte auf Grund von Verordnungen der Jahre 1950 bis 1963 diesen Rang[159], doch sind diese 49 Kota Madya in ihren Eigenschaften sehr uneinheitlich[160]. Von den 38 Städten mit 1980 mehr als 100.000 Einwohnern (ohne Jakarta) besitzen nur 30 den Kota-Madya-Status; dagegen belegen die beiden kleinsten Kota Madya nach Einwohnern erst den 203. und 369. Rang[161]. Von 26 Provinzhauptstädten (ohne Jakarta) sind nur 19 Kota Madya und von 42 Regionalmetropolen und Oberzentren (vgl. S. 209 ff.) können sich nur 34 als Kota Madya regentschaftsunabhängig verwalten.

Entsprechend den Grundsätzen der Gesetze über autonome Verwaltungseinheiten von 1948 und 1957 ist die frühere, unter den Regentschaften folgende Gebietskörperschaftsebene der Distrikte oder Kawedanan 1963 abgeschafft worden; die Kawedanan wurden ersatzlos aufgehoben, die „feudalistische" Amtsbezeichnung „Wedana" fiel weg.

Da der Sprung von den laut Gesetz „autonom" zu verwaltenden Regentschaften oder Kabupaten zu den Gemeinden oder Desa als autonomen Gebieten der 3. Stufe (Daerah Tingkat Tiga) für eine wirksame Verwaltungsaufsicht zu groß gewesen wäre, hielt die Republik an den Unterdistrikten der Kolonialzeit fest. Statt Assisten-Wedana erhielt der Unterdistriktvorsteher die neue Amtsbezeichnung „Camat"[162] und dementsprechend wurden aus Unterdistrikten „Kecamatan". Es handelt sich um reine Verwaltungsbereiche ohne Selbstverwaltungsbefugnisse. Da aber die Selbstverwaltungsrechte den Kabupaten 1959 stark beschnitten und den Gemeinden gar nicht erst gewährt worden waren, ist der im Grundsatz bestehende Rechtsunterschied zwischen Kabupaten und Desa einerseits sowie dem Kecamatan andererseits nicht groß.

Während die gegenwärtigen Kecamatan auf Java fast durchweg den ehemaligen „Onderdistricten" entsprechen, mußte dieses Gliederungsprinzip auf den Außeninseln erst flächendeckend eingeführt werden. So wurden dort entweder die älteren Distrikte oder Teile davon als Kecamatan übernommen; wo kleine Rajaschaften – „swapraja" der föderativen Zeit – vorhanden waren, wurden die Kecamatan an diese ältere Gliederung angepaßt; die früheren Selbstverwaltungsbefugnisse dieser Körperschaften gingen verloren.

Die Flächenausdehnung der gegenwärtigen Kecamatan ist je nach der Bevölkerungsdichte sehr verschieden; in verstädterten Bereichen Javas können es wenige Dutzend qkm sein, an der dünn bevölkerten Südküste umfassen einige javanische Kecamatan über 500 qkm. In vielen Teilen der großen Außeninseln sind die Flächen der Kecamatan noch gar nicht exakt bestimmt; manche der ausgewählten Hauptorte stehen dort erst seit Beginn der achtziger Jahre im Begriff, ihre Funktion als staatliche Verwaltungs- und Schulorte für die zugeordneten Dörfer auszuüben. Im gesamten Staatsgebiet gibt es 3.105[163] dieser Kecamatan. Mit durchschnittlich rd. 43.500 Bewohnern – auf Java 54.000, in den Außenprovinzen 28.800 Einwohner je Kecamatan[164] – soll der Kecamatan als unterste Verwaltungsstufe die staatlichen Rechte und Pflichten unmittelbar an die Bevölkerung heranbringen.

---

[158] Amtliche Bezeichnung 1957 bis 1965 „Kota pradja"; zur älteren Entstehungsgeschichte siehe Milone 1966, S. 18–64.

[159] Die 5 Stadtbezirke von Jakarta, die ebenfalls als Kota Madya verwaltet werden, nicht mitgezählt.

[160] Die Uneinheitlichkeit ist durch regional unterschiedliche Bemühungen und unterschiedliche Anerkennungsgrundsätze in den erst ab 1957 einheitlich verwalteten Landesteilen sowie durch Versäumnisse der Zeit danach verursacht.

[161] Diese Rangplätze gelten, wenn für alle größeren Orte die amtlichen Umgrenzungen berücksichtigt werden. Werden diese aber den Siedlungskomplexen entsprechend erweitert (vgl. S. 98), dann rücken die zwei kleinsten Kota Madya (Sabang u. Sawahlunto) nach Einwohnern auf den 272. und 467. Platz.

[162] Die Bezeichnung „Assisten-Wedana" war unsinnig geworden, weil es keine „Wedana" mehr gab. „Camat", sundanesisch so viel wie „Oberhaupt", entspricht dem javanischen Wort „Wedana".

[163] Kecamatan im Jahre 1980 außerhalb D.K.I. Jakarta, außerhalb der 49 Kota Madya und der bis 1980 10 Kota Administratip (vgl. Fußn. 171). Diese Gesamtzahl der Kecamatan ist nur scheinbar annähernd gleich derjenigen von 3.107 Camat-Sitzen, die als unterster zentraler Dienst bei der Bestimmung des Ausstattungskennwertes eine Rolle spielt (vgl. S. 12). Die letztere Zahl kommt zu Stande, weil jede der gebietskörperschaftlich fest umgrenzten Städte (Jakarta, Kota Madya, Kota Administratip) einmal mitgezählt wurde, andererseits aber die Provinz Timor Timur in diesem Teil der Untersuchung ausgelassen werden mußte. Seit 1980 erhöhte sich die Zahl der Kecamatan in den Städten durch die Einrichtung weiterer Kota Administratip und durch die Aufteilung ländlicher Kecamatan in Neuansiedlungsgebieten (Daerah Transmigrasi) der Außeninseln.

[164] Bezogen auf Einwohner der Kecamatan im Jahre 1980 außerhalb D.K.I. Jakarta, 49 Kota Madya und (bis 1980) 10 Kota Administratip.

Die vierte Einheit, jedoch die dritte autonome Gebietskörperschaft (Daerah Tingkat Tiga) ist die Gemeinde[165], die im gegenwärtigen Staat überall mit dem javanischen Wort „Desa" für „dörfliche Gemeinschaft" belegt ist[166]. Nicht jede Kleinsiedlung bildet aber ein Desa; in Streusiedlungsgebieten sind mehrere Kleindörfer zu einem Desa zusammengeschlossen, in Städten gelten dagegen auch einzelne Stadtviertel als Desa; 1978 gab es in Indonesien 60.645 Desa[167].

Neben diesen amtlich als Gebietskörperschaft anerkannten Desa gibt es in unerschlossenen, verwaltungsmäßig noch nicht durchorganisierten Gebieten Ortschaften, die als „Pra-Desa" (Vorstufe von Desa) bezeichnet werden[168]. Deren lokale Organisation ist den Behörden noch unbekannt; 1978 waren 1.721 „Pra-Desa" erfaßt. Auch die Desa selbst werden nach dem Grad ihrer Erschließung in drei Kategorien eingestuft. Die unterste Stufe bilden die „traditionellen Dörfer", „Desa Swadaya"; es sind 36% aller Desa. In diesen herrscht Selbstversorgungswirtschaft; bei geringen Außenverbindungen sind Alphabetisierung und Mechanisierung noch wenig fortgeschritten. Es folgt eine mittlere Kategorie, zu der 54% aller Dörfer gehören, nämlich solche „im Übergang", „Desa Swakarya". Hier sind die Neuerungen bereits akzeptiert und die traditionellen Bindungen gelockert. Die dritte Gruppe, zu der nur 10% aller Desa gehören, ist die der „entwickelten Dörfer", „Desa Swasembada", in denen sich die technische Zivilisation und Bildung bereits durchgesetzt hat[169].

Die vierstufige Verwaltungshierarchie aus Propinsi, Kabupaten/Kota Madya, Kecamatan und Desa wurde im Jahre 1974 durch ein neues Gesetz bestätigt und inhaltlich neu ausgefüllt[170]; dabei wurde die unzureichende gebietskörperschaftliche Stellung der Städte ohne Kota-Madya-Status erkannt und eine verwaltungsrechtliche Sonderform geschaffen, die sogenannte „Kota Administratip". Seit 1974 wurden 26 Städte auf diese Art verwaltungsmäßig definiert und von der übrigen Kecamatan- und Desa-Hierarchie abgehoben[171].

Die Zusammenfassung städtischer Desa zu einer Verwaltungsgemeinschaft gibt es in Indonesien noch an einer zweiten Stelle, dort im kleineren Maßstab. Die Provinz Nusa Tenggara Timur – das sind die östlichen Kleinen Sunda-Inseln Sumba, Flores und Timor – hatte in 9 ihrer 12 Kabupaten-Hauptorte, deren Stadtgebiet nicht zufällig durch einen Kecamatan umrissen war, Koordinatoren zur gemeinsamen Verwaltung der städtischen Desa (Koordinator Pemerintah Kota) eingesetzt. Die Wirkungsbereiche der Koordinatoren umgrenzen nun 9 Stadtgebiete[172].

Neben der Verwaltungsgebietsgliederung wurden in Indonesien auch Regionalisierungen zur Aufbau- und Entwicklungsplanung erarbeitet; fest umrissene Gebietskörperschaften sind daraus aber bisher nicht entstanden[173].

---

[165] Wenn die Kecamatan als „Gebietskörperschaften 3. Ordnung" bezeichnet werden, so ist das nach indonesischem Verfassungsrecht falsch.

[166] Der sozio-kulturelle und rechtliche Inhalt des javanischen „Desa" verbietet die Übertragung des Begriffes auf die verschiedenartig verfaßten örtlichen Gebietskörperschaften der Außeninseln (vgl. dazu J. Schrieke 1921 sowie Legge 1961, S. 15 u. 53). Die heutige kleinste Verwaltungseinheit „Desa" entspricht daher auch nicht überall den teils größeren, teils kleineren autochthonen örtlichen Körperschaften.

[167] Nach Unterlagen des „Direktorat Pengembangan Desa" (Direktorat für Desa-Entwicklung) im „Departemen Dalam Negeri" (Innenministerium) für das Jahr 1978.

[168] Die Ausscheidung der Pra-Desa und die Kategorisierung der Desa nach ihrem zivilisatorischen Entwicklungsstand wird vom Innenministerium vorgenommen. Vgl. dazu die Broschüre „Pola Dasar Dan Gerak Operationil Pembangunan Masyarakat Desa", Departemen Dalam Negeri, Jakarta, March 1969 (S. 68–70), sowie in englischer Sprache „A Search for a Better Definitinon of an Urban Village in Indonesia", Central Bureau of Statistics, Publ. VP 78-04, Jakarta, June 1977 (S. 1–3).

[169] Diese Kategorisierung wird jährlich neu vorgenommen. 1973 betrugen die Anteile der drei Desa-Kategorien noch 47%, 51% und 2%.

[170] Udang-Udang No. 5 vom 23. Juli 1974; die Auswirkungen dieses Gesetzes auf die Verwaltung der Gebietskörperschaften sind zusammenfassend dargestellt in einer Broschüre „Grundlagen und Leitfaden zur Reform der staatlichen Verwaltung in der Republik Indonesia" (Landasan dan Pedoman induk Penyempurnaan Administrasi Negara Republik Indonesia), S. 43–51, Edisi II, disempurnakan Lembaga Administrasi Negara, Jakarta 1977; vgl. ferner Pamudji 1978 u. Soegiarso 1980.

[171] Noch im Jahre der gesetzlichen Regelung (pasal 72, Udang Udang 5, tahun 1974):
    1974: Cimahi, Tasikmalaya, Jember, Banjar Baru, Bitung
in den folgenden Jahren:
    1978: Denpasar, Mataram, Kupang, Palu, Kendari
    1980: Dumai
    1981: Lubuklinggau, Depok, Tanggerang, Bekasi, Dili, Singkawang, Tarakan, Bau-Bau, Ternate
    1982: Kisaran, Baturaja, Jayapura
    1983: Cilacap, Klaten, Purwokerto
vgl. dazu auch Karte 1.
(1974–1982 nach Unterlagen des Statist. Hauptamtes Jakarta, 1983 nach Evans 1984, S. 50).

[172] Waingapu, Waikabubak, Soë, Kefamenanu, Atambua, Kalabahi, Maumere, Ende, Bajawa. In Kupang (bis 1978) und Ruteng fallen die Stadtgebiete mit einem Kecamatan zusammen; in Larantuka (Ost-Flores) fehlt der Koordinator.

1.4. Bevölkerung und Verstädterung

1.4.1. Bevölkerungsverteilung

Die Republik Indonesien besaß am 31. Oktober 1980, dem Zeitpunkt der letzten Volkszählung, eine Staatsbevölkerung von 147,5 Millionen Menschen; diese waren und sind jedoch sehr ungleichmäßig über den Archipel verteilt. Der beherrschende Gegensatz besteht zwischen der hohen Bevölkerungsdichte auf Java und Bali einerseits und der relativen Menschenleere auf allen Außeninseln andererseits. Allein auf Java (einschl. Madura) leben 91 Millionen, das sind 62% der Staatsbevölkerung; der Flächenanteil Javas beträgt dagegen nur 7%. Es gibt außerhalb von Java und Bali keinen Kecamatan – von Städten oder Stadtbezirken abgesehen –, der die Bevölkerungsdichte von über rd. 680 Einwohnern je qkm besitzt, die (1980) im Mittel auf Java und Bali herrscht. Diese sehr unterschiedliche Bevölkerungsdichte hat ausschlaggebende Rückwirkungen auf das Städtesystem (vgl. S. 84f.). Städteentwicklung und Städteverteilung sind außerdem auch von der unterschiedlichen Bevölkerungsverteilung innerhalb Javas sowie zwischen den Außeninseln abhängig. Im gesamtindonesischen Maßstab kann Java zunächst aber als Einheit betrachtet werden. Die aus Karte 3 erkennbaren Dichteunterschiede zwischen den Regentschaften auf Java sind, gemessen an den Dichteunterschieden auf den Außeninseln, verhältnismäßig klein. Außerhalb Javas zeigt schon ein Vergleich der Bevölkerungsdichte nach Provinzen die großen Unterschiede auf, die zwischen den verschiedenen Teilen der Hauptinseln und Inselgruppen bestehen; diesen Vergleich ermöglicht die folgende Tabelle 1–3.

Die mittlere Bevölkerungsdichte Javas von 690 Einwohnern je qkm wird von keinem anderen Landesteil des Archipels erreicht. Den javanischen Werten nahe kommt allein noch Bali mit 444 Einwohnern je qkm. Alle anderen indonesischen Provinzen haben Dichtewerte, die mindestens um den Teiler 3 niedriger liegen. Die Provinzen der Außeninseln erscheinen aber nur im Vergleich zu Java und Bali generell als dünn besiedelt, untereinander verglichen besitzen sie große Dichteunterschiede. So leben in Nord-Sumatra, Lampung, Lombok-Sumbawa sowie in Nord- und Süd-Selebes mehr als 100 Menschen je qkm, in Mittel- und Ost-Borneo dagegen nur 6. Die melanesische Großinsel Neuguinea ist noch dünner bevölkert.

Auch die Provinzen umschließen sehr unterschiedlich dicht besiedelte Landesteile der Außeninseln. So besitzen einzelne Regentschaften nur 2 bis 3 Einwohner je qkm – etwa Berau und Bulongan auf Borneo – andere sehr hohe Bevölkerungsdichten, die denen javanischer oder balinesischer Regentschaften nahe kommen. Mit Hilfe solcher regentschaftsweit vorhandener hoher Dichtewerte lassen sich auch außerhalb Javas und Balis 11 weitere Bevölkerungsschwerpunkte erkennen; diese sind in der folgenden Tabelle 1–4 zusammengestellt. Bezüglich der Städteausbildung haben diese 11 Landesteile unterschiedliches Gewicht; zwei ragen durch die Ausbildung von Regionalmetropolen (vgl. S. 209) hervor, acht weitere Bereiche besitzen starke Oberzentren und nur eines der außerjavanischen Dichtegebiete hat keine Großstadt hervorgebracht.

Die Ost-Abdachung Nord-Sumatras und die Südwest-Halbinsel von Selebes sind die beiden größten Bevölkerungsschwerpunkte außerhalb von Java und Bali. Der Verdichtungsraum in Nord-Sumatra umfaßt die Batak-Hochländer von Simalungun und im tieferliegenden Teil der Abdachung das große, in niederländischer Zeit entwickelte Plantagengebiet (Cultuurgebied). Die Agrarinvestitionen gaben hier den Anstoß zur Entwicklung eines vielseitigen Agglomerationsraumes; die Bevölkerung besteht neben den Malaien der Küstenzone aus Zuwanderern von den Batakhochländern, von Java, Malakka und Süd-China.

Nicht ganz so dicht ist das zweite große Siedlungsgebiet der Außeninseln, die Südwest-Halbinsel von Selebes bevölkert. Hier leben naßreisbautreibende und dabei relativ stark verstädterte Makasaresen, Bugi und Wajo. Zur hohen Bevölkerungsdichte dieses Landesteils tragen als externe Erwerbszweige Handel und Seeschiffahrt bei. Es sind diese beiden bisher genannten Agglomerationsräume, die dank ihres großen Bevölkerungspotentials außerhalb Javas große Regionalmetropolen hervorgebracht haben (vgl. S. 209).

Unter den weiteren Bevölkerungsschwerpunkten steht nach der absoluten Bevölkerungzahl Lampung an erster Stelle. Diese Bevölkerungsagglomeration ist vorrangig bedingt durch einen Zuwanderungsüberschuß, denn Lampung war und ist der wichtigste Zielraum für die staatlich gelenkte Auswanderung aus Java[174]. Diese „Transmigrasi" hat seit 1905 in Lampung fast menschenleere Teilräume aufgefüllt und weiträumig zu Einwohnerdichten von über 200 Einwohnern je qkm geführt.

---

[173] Auf regionale Entwicklungsprogramme im Rahmen der bestehenden Gebietskörperschaften kann hier nicht eingegangen werden. Dazu gaben Tinker & Walker 1973 einen Überblick. Die Versuche zur Abgrenzung von Aufbauregionen und Entwicklungsraumeinheiten werden später beschrieben; vgl. S. 235ff.

[174] In den 75 Jahren bis 1980 wurden in Lampung rd. 500.000 Menschen angesiedelt; Quelle: Zimmermann 1975, Tab. 5 (S. 117), ergänzt bis 1980 nach Angaben im Buku Saku Stat. Ind. 1974/75 bis 1980/81. Vgl. ferner Hardjono 1977, S. 46–55.

Tabelle 1-3. Bevölkerungsverteilung nach Provinzen

(1) Fläche[a]

(2) Anteil der Fläche an der Staatsfläche

(3) Einwohner 1980[b]

(4) Anteil der Einw. an der Staatsbevölkerung 1980

(5) Bevölkerungsdichte 1980

(6) Einwohner 1930[c]

(7) Durchschnittliches jährliches Bevölkerungswachstum 1930 zu 1980

(8) Einwohner 1971[d]

(9) Durchschnittliches jährliches Bevölkerungswachstum 1971 zu 1980

	(1) qkm	(2) %	(3) in 1000	(4) %	(5) E/qkm	(6) in 1000	(7) %	(8) in 1000	(9) %
Hauptstadt-Region Jakarta	590	0,03	6.503	4,4	11.023	811	4,2	4.579	3,9
West-Java	46.300	2,4	27.454	18,6	593	10.586	1,9	21.624	2,7
Mittel-Java	34.206	1,8	25.373	17,2	742	13.706	1,2	21.877	1,6
Autonome Region Yogyakarta	3.169	0,2	2.751	1,9	868	1.559	1,1	2.489	1,1
Ost-Java	47.922	2,5	29.189	19,8	609	15.056	1,3	25.517	1,5
Java	132.187	6,9	91.270	61,9	690	41.718	1,6	76.086	2,0
Auton. Region Aceh	55.392	2,9	2.611	1,8	47	1.003	1,9	2.009	2,9
Nord-Sumatra	70.787	3,7	8.361	5,7	118	2.541	2,4	6.622	2,6
West-Sumatra	49.778	2,6	3.407	2,3	68	1.910	1,2	2.793	2,2
Riau	94.562	4,9	2.169	1,5	23	493	3,0	1.642	3,1
Jambi	44.924	2,3	1.446	1,0	32	245	3,6	1.006	4,1
Süd-Sumatra	103.688	5,4	4.630	3,1	45	1.378	2,5	3.441	3,3
Bengkulu	21.168	1,1	768	0,5	36	323	1,7	519	4,4
Lampung	33.307	1,7	4.625	3,1	139	361	5,2	2.777	5,8
Sumatra	473.606	24,7	28.016	19,0	59	8.255	2,5	20.808	3,3
West-Borneo	146.760	7,6	2.486	1,7	17	802	2,3	2.020	2,3
Mittel-Borneo	152.600	8,0	954	0,6	6	203	3,1	702	3,4
Süd-Borneo	37.660	2,0	2.065	1,4	55	835	1,8	1.699	2,2
Ost-Borneo	202.440	10,5	1.218	0,8	6	329	2,7	734	5,7
Borneo	539.460	28,1	6.723	4,6	12	2.169	2,3	5.155	2,3
Nord-Selebes	19.023	1,0	2.115	1,4	111	748	2,1	1.719	2,3
Mittel-Selebes	69.726	3,6	1.290	0,9	18	390	2,4	914	3,9
Süd-Selebes	72.781	3,8	6.062	4,1	83	2.657	1,7	5.181	1,7
Südost-Selebes	27.686	1,4	942	0,6	34	436	1,6	714	3,1
Selebes	189.216	9,8	10.410	7,1	55	4.232	1,8	8.527	2,2
Bali	5.561	0,3	2.470	1,7	444	1.101	1,6	2.120	1,7
Lombok und Sumbawa	20.177	1,0	2.725	1,8	135	1.016	2,0	2.203	2,4
Flores-Sumba-Timor (Westteil)	47.876	2,5	2.737	1,9	57	1.343	1,4	2.295	2,0
Ost-Timor	14.874	0,8	555	0,4	37	472	0,3	611	-1,1
Molukken	74.505	3,9	1.411	1,0	19	579	1,8	1.090	2,9
Kl. Sunda-Inseln u. Molukken	162.993	8,5	9.898	6,7	61	4.511	1,6	8.319	1,9
West-Neuguinea	421.981	22,0	1.174	0,8	3	179	3,8	923	2,7
Republik Indonesia	1.919.443	100,0	147.490	100,0	77	61.065[e]	1,8	119.819[f]	2,3
Rep.Indon. ohne W.-Neuguinea	1.497.462	78,0	146.316	99,2	98	60.886[e]	1,8	118.896[f]	2,3

[a] Nach Jawatan Topografi (Topographischer Dienst) in: Buku Saka Statist.1980/81, Tab. II.1.3.

[b] Nach B.P.S., Penduduk Indonesia 1980, Seri L, No.2, Tabel 1(4); ebenso in Buku Saku Statist.1980/81, Tabel II.1.2.(4).

[c] Nach B.P.S., Peta Pembangunan Sosial Indonesia 1930-1976, Tabel 5, Jakarta 1978; ebenso in Statist.Pocketb.1970/71, Tabel II.1.2.; für Ost-Timor nach Agencia Geral do Ultramar, Timor. Pequena monografia, Lisboa 1965, S.23 (zitiert nach Metzner 1976, S.123).

[d] Nach B.P.S., Penduduk Indonesia 1980, Seri L, No.2, Tabel 1(3); ebenso in Buku Saku Statist.1980/81 Tabel II.1.2.(3); für Ost-Timor 1970 nach Metzner 1976, S.123.

[e] Niederländisch Indien und Portugiesisch Timor.

[f] Republik Indonesia und Portugiesisch Timor.

Tabelle 1-4. Bevölkerungsschwerpunkte außerhalb Javas und Balis

	Fläche[a] qkm	Einwohner[b] 1000	Dichte E/qkm	Anteil an der Gesamtbevölkerung[c] %	Anzahl der Regionalmetropolen[d]	Anzahl der Oberzentren[d]
(Java und Madura)	(132.187)	(91.270)	(690)	(61,9)	(4)[e]	(12)
(Bali)	(5.561)	(2.470)	(444)	(1,7)	(-)	(1)
Ostabdachung Nord-Sumatras[f]	18.300	5.218	285	3,6	1	1
Südwest-Halbinsel von Selebes[g]	18.150[h]	4.515	249	3,1	1	-
Südliches Lampung[i]	13.500	3.742	277	2,6	-	1
Lombok	4.730	1.958	414	1,3	-	1
Tiga Luhak Minangk.[j] u. Padang-Pariaman[k]	11.000	2.065	188	1,4	-	2
Minhasa-Sangihe-Talaud[l]	7.000	1.215	174	0,8	-	1
Nördliche Westküste von Borneo[m]	6.175	863	140	0,6	-	1
Nordküste von Aceh[n]	11.300	1.301	115	0,9	-	1
Banjar-Hulu Sungai (Süd-Borneo)[o]	12.700	1.453	114	1,0	-	1
Zentrale Teile Südsumatras[p]	24.800	2.454	99	1,7	1	-
Flores (ohne Alor und Pantar)	17.150	1.249	73	0,9	-	-
Summe der 11 Bevölkerungsschwerpunkte außerhalb Javas und Balis	144.805	26.033	180	17,8	3	9

[a] Abgerundete Zahlen, da die Flächenangabe aus verschiedenen Quellen nicht miteinander übereinstimmen und keine der Quellen einheitliche Daten für alle Teile Indonesiens liefern konnte.

[b] Zensuswerte 1980: B.P.S., Penduduk Indonesia 1980, Seri L, No.2, Jakarta.

[c] ohne Bevölkerung von West-Neuguinea; Gesamtbevölkerung 1980 (Zensus) 146,316 Mio.

[d] Begriffserläuterungen vergl. Abschn. 7.2., bes. Fußn. 729 u. 734.

[e] einschl. Jakarta.

[f] Regentschaften: Asahan, Simalungun, Deli Serdang sowie Kota Madya Medan, Tebingtinggi, Pemantang Siantar, Tanjung Balai und Binjai.

[g] Provinz Süd-Selebes ohne 6 nördliche Regentschaften: Mamuju, Majene, Polewali-Mamasa, Tana Toraja (Makale), Luwu (Palopo) und Enrekang.

[h] Flächengröße besonders unsicher; nach anderer Quelle (B.P.S.) 24 500 qkm.

[i] Regentschaften Süd-Lampung und Mittel-Lampung sowie Kota Madya Teluk Betung-Tanjung Karang.

[j] Agam, Tanah Datar u. Lima Puluh Kota einschl. Kota Madya Bukittinggi, Payakumbuh u. Padang Panjang.

[k] einschl. Kota Madya Padang ohne Mentawai-Inseln.

[l] Regentschaften Minahasa und Sangihe/Talaud sowie Kota Madya Manado.

[m] alle Unterdistrikte zwischen Pontianak und Sambas sowie Kota Madya Pontianak.

[n] Regentschaften Aceh Besar, Pidie und Aceh Utara sowie Kota Madya Banda Aceh.

[o] Regentschaften Banjar, Tapin, Hulu Sungai Selatan, Hulu Sungai Tengah, Hulu Sungai Utara sowie Kota Madya Banjarmasin.

[p] Regentschaften Lahat, Liot Muara Enim und Ogan Komering Ulu sowie Kota Madya Palembang.

Älter als die Ansiedlung javanischer Bauern in Lampung ist die Landnahme der Balinesen auf Lombok[175]. Die durch sie mitgebrachte Naßreiskultur ermöglichte auf der naturgeographisch sehr ähnlich ausgestatteten Nachbarinsel Bevölkerungsdichten, deren Mittelwert für die Insel Lombok höher ist als die Bevölkerungsdichten auf allen anderen Außeninseln und die Dichtewerte schwach besiedelter javanischer Regentschaften übertrifft.

Ein weiterer Bevölkerungsschwerpunkt außerhalb Javas sind die „Tiga Luhak" in West-Sumatra. Hier ist die Siedlungsverdichtung die Folge der eigenständigen Entwicklung des Minangkabau-Volkes im vulkanischen Hochland mit seinen ertragreichen, bewässerungsfähigen Böden. Die Öffnung erfolgte zur nahen Westküste. Durch Straßen- und Bahnbau miteinander verklammert, bilden das Hochland und die Küstenebene zwischen Padang und Pariaman einen großen Verdichtungsraum. In diesem ist der Geburtenüberschuß größer als die Zuwanderung.

In der Reihung der Bevölkerungsschwerpunkte nach der Dichte ihrer Besiedlung folgt die Minahasa mit den fernen, stammverwandten Sangihe-Talaud-Inseln. Hier treffen hohe Bodenfruchtbarkeit und hohe Arbeitsleistung einer durch frühe Christen-Mission relativ gut ausgebildeten Bevölkerung zusammen. Die fortgeschrit-

---

[175] Ab 1692 politischer Einfluß und Massenansiedlung von Balinesen auf Lombok.

tene Nutzung der natürlichen Gegebenheiten führte auch hier zur Erhöhung der Bevölkerungsdichte auf über 150 Einwohner je qkm.

Unter den weiteren Bevölkerungsschwerpunkten nimmt nach der Besiedlungsdichte der nördliche Teil der Westküste Borneos die nächste Stelle ein. Hier haben eingewanderte Chinesen maßgeblichen Anteil an der verhältnismäßig dichten Besiedlung, und zwar sowohl durch ihre ursprünglich bergbaulich, heute agrarisch ausgerichteten Binnensiedlungen als auch durch die von ihnen über die Küstenstädte gepflegten Außenbeziehungen, die hauptsächlich auf Singapur ausgerichtet sind. Diese „chinesischen Distrikte", wie sie in niederländischer Zeit genannt wurden, sind nach wie vor Zuwanderungsgebiet, nun allerdings ausschließlich für die Bevölkerung des eigenen Hinterlandes, der Dayak und Malaien des westlichen Borneo.

Nach seiner Bevölkerungsdichte folgt auf den Außeninseln an achter Stelle die Nordküste Sumatras in der Provinz Aceh. Hier entstand in strategisch wichtiger Lage ein politischer Kernraum. Die Besiedlung erreicht hier im äußersten Nordwesten des Archipels großräumig noch deutlich mehr als 100 Einwohner je qkm. Bahnbau und Agrarinvestitionen in niederländischer Zeit leiteten die Entwicklung ein; in der Gegenwart weitet sich der Verdichtungsraum durch industriellen Ausbau entlang der Nordküste ostwärts aus.

In der Reihe der Verdichtungsgebiete folgt Banjar-Hulu Sungai in Süd-Borneo. Die günstige zentrale Lage an der Mündung des Baritostromsystems hatte hier schon im 17. Jahrhundert einen politischen Aktivraum entstehen lassen. Diesem schließt sich gegen die Mittelläufe von Negara und Tapin (Hulu Sungai) ein fruchtbares Tiefland an, das sich bis an den Westrand der Meratus-Berge erstreckt. In dieser Region ist das Bevölkerungswachstum sowohl durch Geburtenüberschuß als auch durch Zuwanderung verursacht.

Ähnlich liegen die Verhältnisse auch in der Region zwischen Lahat und Palembang, also in den zentralen Teilen Süd-Sumatras. Die alte Srivijaya-Hauptstadt Palembang am seeschifftiefen Musi-Strom und die Gebirgsrandzone bildeten die Ansatzpunkte der Besiedlung. Das Spannungsfeld zwischen beiden Regionen wurde durch die Ölfunde um Muara Enim und Prabumulih verstärkt. Dementsprechend folgten Straßen und Bahnbau; die großen rechten Zuflüsse des Musi: Lematang, Ogan und Komering bildeten die Leitlinien.

Bevölkerungsdichten von etwa 100 Einwohnern je qkm, wie sie in Süd-Sumatra gerade noch erreicht werden, gibt es großräumig außerhalb der bisher genannten Regionen nicht mehr. Dennoch muß hier noch ein weiterer Landesteil erwähnt werden, nämlich Flores. Unter den östlichen Kleinen Sunda-Inseln ist sie die fruchtbarste. Infolgedessen besitzt Flores eine Bevölkerungsdichte von knapp 75 Einwohnern je qkm, die durch hohen Anteil vulkanischer Aschenböden ausgezeichnete Regentschaft Sikka in Mittel-Flores sogar 133 Einwohner je qkm. Flores ist damit immer noch deutlich dichter besiedelt als die übrigen Inseln Ost-Indonesiens und die anderen, hier nicht hervorgehobenen Teile der westlichen Großen Sunda-Inseln.

Die zuletzt genannte Insel Flores bildet – bezogen auf das Städtesystem – in der Reihe der außerjavanischen Dichteräume die Ausnahme: Nur hier hat sich keine Großstadt herausgebildet. Von allen anderen genannten Regionen aus wirkt eine Großstadt als Oberzentrum weit über den Verdichtungsraum hinaus.

Das Ordnungsmuster der regionalen Bevölkerungsverteilung besteht seit mehr als einem halben Jahrhundert, obwohl die Bevölkerungszunahme sehr unterschiedliche Raten aufwies [176]. Von 1930 bis 1971 hatte sich die Gesamtbevölkerung im Staatsgebiet der heutigen Republik Indonesien verdoppelt, bis 1982 stieg dieser Index auf 2,5. Dem entspricht ein jährliches Wachstum von 1,8% [177]. Alle Residentschaften oder Provinzen, die die heutigen Bevölkerungsschwerpunkte außerhalb von Java umschließen, wiesen seit 1930 überdurchschnittliche Zuwachsraten auf; am deutlichsten ist diese überdurchschnittliche Zunahme für die Transmigrationsprovinz Lampung. Auch in Jambi und Riau war der Bevölkerungszuwachs seit 1930 sehr stark, doch die große Flächenausdehnung dieser beiden mittel-sumatraischen „Gewesten" hat hier bis heute keine Bevölkerungsschwerpunkte in dem oben umrissenen Sinne entstehen lassen.

Im letzten Jahrzehnt haben sich weitere regionale Schwerpunkte der Bevölkerungszunahme herausgebildet [178]. Immer noch wachsen Lampung, Riau und Jambi sehr stark, nun aber greift die Entwicklung mit überdurchschnittlichen Wachstumsraten auch auf Süd-Sumatra und Bengkulu über. Noch wesentlich stärker ist die Zuwanderung nach Ost-Borneo, wo sich um die beiden Zentren Balikpapan und Samarinda – aber nicht nur dort – bis zum Jahrhundertende ein neuer bedeutender Bevölkerungsschwerpunkt entwickelt haben wird. Etwas langsamer als in Ost-Borneo, aber doch deutlich schneller als in den übrigen Außenprovinzen, wächst die Bevölkerung in den bisher zurückgebliebenen Landesteilen von Selebes; die seit etwa 1970 hohen Zuwachsraten von über 3% für Mittel- und Südost-Selebes weisen das aus.

---

[176] Vgl. Spalten 6 u. 7 in Tab. 1–3.

[177] Zu Grunde gelegt sind die amtlichen Zahlen; welche Schwierigkeiten die Berechnung der wahren Bevölkerungszunahme macht, zeigte zuletzt Hull 1981.

[178] Vgl. Spalten 8 u. 9 in Tab. 1–3.

Java, die Kleinen Sunda-Inseln und Südwest-Selebes sind die Regionen mit dem verhältnismäßig geringsten Bevölkerungswachstum. Auf Java wird das durch erste Ansätze zur Geburtenbeschränkung und durch die Auswanderung – staatlich gelenkt und spontan – verursacht. Gemessen an der agrarischen Tragfähigkeit ist aber die Bevölkerung hier bereits so hoch verdichtet, daß ihr materieller Standard bei weiterhin rd. 1,5% Bevölkerungswachstum nur gehalten oder gesteigert werden kann, wenn die seit 1970 verstärkte Industrialisierung fortgeführt wird[179].

Die regionalen Unterschiede der Bevölkerungsdichte und des Bevölkerungswachstums hatten Auswirkungen auf die Städteverteilung und werden sie auch zukünftig haben. Wie in der Vergangenheit so ist auch in Zukunft mit einem überproportionalen Städtewachstum zu rechnen. Auf Java und Bali wachsen die Städte infolge der sich ausbreitenden Industriewirtschaft; besonders die großen und viele mittlere Zentren werden gestärkt und in ihren Umländern wandeln sich dörfliche Siedlungen zu Industriestädten. In den Zuwanderungsgebieten der Außeninseln entwickelt sich mit zunehmender Landeserschließung das gesamte zentralörtliche Siedlungssystem; neue städtische Siedlungsschwerpunkte entstanden und entstehen dort in den industriellen Entwicklungsregionen und in den neu erschlossenen Ansiedlungsräumen (vgl. S. 127f.).

1.4.2. Verstädterungsgrad

Im Hinblick auf das Städtesystem ist die Verteilung der Gesamtbevölkerung im Archipel nur eine Rahmenbedingung in erster Annäherung. Besser an die Frage der Städteverteilung angepaßt ist der allgemeine Grad der Verstädterung (Verstädterungsquote), der im folgenden als weitere Grundlage dargelegt werden wird. Als Propädeutik verstanden ist aber die Verstädterung selbst nicht Gegenstand der Untersuchung[180]. Deshalb wird auch auf Vergleiche mit anderen Staaten oder Kulturerdteilen verzichtet; vergleichende Untersuchungen zur Verstädterung Südost-Asiens und darüber hinaus der gesamten Welt führen aber ohnehin zu fraglichen Ergebnissen, weil die Definitionen für „städtische Bevölkerung" nicht einheitlich gehandhabt werden und Mängel der Erfassung immer noch weit verbreitet sind[181].

In Indonesien stellt sich dieses Problem bei der Entscheidung darüber, ob ein Desa als „städtisch" oder „ländlich" klassifiziert wird; dementsprechend werden die Einwohner des Desa zur städtischen oder ländlichen Bevölkerung gerechnet. In den indonesischen Volkszählungen 1961, 1971 und 1980 wurde jeweils eine neue, verbesserte Definition für die als „städtisch" zu bezeichnenden Desa verwendet[182]. Die Ergebnisse der drei Zählungen sind daher nicht miteinander vergleichbar. Diese Tatsache übersehen alle Autoren, die die Zunahme der Verstädterung Indonesiens mit Hilfe dieser Ausgangsdaten exakt belegen wollen[183]. Die amtlichen Zählungen ergaben[184]:

1961 14.930.700 städtische Einwohner, entsprechend 15,5%,
1971 20.460.300 städtische Einwohner, entsprechend 17,3%,
1980 32.608.500 städtische Einwohner, entsprechend 22,4%.

Es wäre also ein Irrtum, aus diesen Zahlen abzulesen, die städtische Bevölkerung Indonesiens hätte sich in 19 Jahren reichlich verdoppelt. Nicht nur der Vergleich in der zeitlichen Dimension ist bei diesen Daten schwierig, es muß auch angezweifelt werden, ob sie die absolute Höhe der Verstädterung richtig wiedergeben.

---

[179] Die regionale Analyse der Bevölkerung soll hier nicht vertieft werden. Für Java kann auf Horstmann & Rutz 1980 verwiesen werden; dort ist auch das ältere demographische Schrifttum vollständig zitiert. Vgl. ferner die jüngste demographische Bearbeitung Indonesiens durch Hull & Mantra 1981. Regionale Unterschiede werden bei Suharso & Speare Jr. 1981 deutlich; spezieller waren diese früher schon von Pelzer 1946, Horstmann 1964 und Röll 1975 behandelt worden. Demographische Abschnitte in länderkundlichen Werken auch bei Missen 1972 (S. 282ff.), Palte & Tempelman 1978 (S. 47ff.), Röll 1979 (S. 34ff.) und Horstmann 1979 (S. 249ff.).

[180] Siehe dazu das Grundlagenwerk von Kingsley Davis 1969/72 sowie die etwa mit Hoselitz 1953 beginnende lange Reihe der Studien zur Verstädterung der „Dritten Welt". Jüngstes Glied dieser Reihe ist das Buch von Gilbert & Gugler 1982; siehe dort das angelsächsische Schrifttum der letzten 30 Jahre. Einschlägige deutschsprachige Beiträge nennt Scholz 1979. Für Südost-Asien speziell wird auf die Beiträge in den Sammelbänden von Jakobson & Prakash 1971, Kantner & McCaffrey 1975 und Yeung & Lo 1976 verwiesen, insbes. auf Bose 1971, Jones 1975 und McGee 1976 (Übersetzung von McGee 1971); siehe bei diesen drei Autoren die vollständigen Titel der Sammelbände.

[181] Damit soll auf die Unzuverlässigkeit der Datengrundlagen derartiger vergleichender Studien hingewiesen werden; vgl. besonders Davis 1969/72, Vol. I, Chapter I. Das Phänomen einer rasch fortschreitenden Verstädterung selbst verdient die breite Beachtung, die in den zahlreichen einschlägigen Studien zum Ausdruck kommt (vgl. Fußn. 180).

[182] Die Definitionen sind auf S. 3 genannt.

[183] Dazu gehörten Sugijanto 1976 (a), 1976 (b), sowie Susan Blankhart 1978. Auf die Unterschiedlichkeit der Grundlagen verwies bereits King 1974 (S. 925), Sigit & Sutanto legen sie ausführlich dar. Diese Grundlagen wurden 1977 in „A Search for a Better Definition of an Urban Village in Indonesia" (hrsg. von B.P.S.) eingehend erörtert. Auch Hugo & Mantra 1981 (S. 4ff.) behandeln diese Frage. An anderer Stelle zieht Hugo (Hugo et al. 1981, bes. Chapter II u. III) dennoch weitgehende Rückschlüsse aus dem Vergleich dieser Daten.

[184] Jeweils ohne West-Neuguinea; Quellen siehe Anmerkungen zu Spalten 1, 2 und 6 in Tab. 1-6.

Schließlich interessieren im Zusammenhang mit der Städteverteilung besonders die regionalen Unterschiede bei den Anteilen städtischer Einwohner in den verschiedenen Landesteilen. Im folgenden werden alle drei Gesichtspunkte, die absolute Höhe der Verstädterung, ihr zeitlicher Wandel und ihre regionalen Unterschiede erörtert.

Der für 1980 ausgewiesene amtliche Wert von 32,6 Mio. städtischer Einwohner, entsprechend 22,4% der Gesamtbevölkerung[185] ist ein unterer Grenzwert. Es handelt sich um die Bewohner der als „städtisch" klassifizierten Stadtteile; nicht berücksichtigt sind dabei die als „ländlich" klassifizierten Stadtteile innerhalb der 84 (1980) gebietskörperschaftlich definierten Städte. Ferner wurden die Bewohner der meisten niedrigrangigen zentralen Orte als „ländlich" eingestuft, obwohl diese zentralen Orte als kleine Verwaltungs- und Handelszentren „städtische" Funktionen ausüben (vgl. S. 144). Die 1980 angewendete Definition klassifiziert sogar eine längere Reihe von Kabupaten-Hauptorten auf den Außeninseln als ausschließlich von ländlicher Bevölkerung bewohnt[186]. Andererseits wurden auf Java auch die ländlichen Gewerbeorte (vgl. S. 168) als „städtisch" klassifiziert, sofern sie hoch genug verdichtet waren und einige städtische Infrastrukturmerkmale aufwiesen.

Daß die absolute Zahl von 32,6 Mio. städtischen Einwohnern an der unteren Grenze liegt, wird auch deutlich, wenn die Einwohnersumme aller Orte dagegengehalten wird, die mit Sicherheit als Städte anzusprechen sind. Bei einer sehr hoch angesetzten Schwelle[187] ergibt sich eine den amtlichen Werten für städtische Bevölkerung sehr ähnliche Einwohnersumme, nämlich 32,1 Mio., entsprechend 21,8% der Gesamtbevölkerung. In dieser Summe sind aber alle kleineren Gewerbeorte auf Java nicht enthalten und auch die Unterzentren außerhalb Javas sind nur mitgezählt, wenn sie einige mittelzentrale Teilfunktionen besitzen und daher zweifelsfrei als „Städte" definiert werden konnten (vgl. S. 83f.). In regionaler Aufschlüsselung liegt diese Städteeinwohnersumme von 32,1 Mio. auf Java unter, auf den Außeninseln über der Zahl städtischer Einwohner gemäß Volkszählung 1980[188].

Der Anteil städtischer Bevölkerung, die Verstädterungsquote, wird aber durch beide vorstehend genannten Berechnungen unterschätzt, im Falle der amtlichen Volkszählungswerte besonders bezüglich der Dienstleistungsorte auf den Außeninseln, im Falle der Städteeinwohnersumme besonders bezüglich der Gewerbeorte auf Java. So sind besser zutreffende Anteile für die städtische Bevölkerung zu finden, wenn für Java und für die Außeninseln von der jeweils höheren Summe ausgegangen wird. Geschieht das und wird außerdem auf Java die Gesamteinwohnerzahl Jakartas und der übrigen gebietskörperschaftlich definierten Städte (Kota Madya) berücksichtigt, ergibt sich eine Summe städtischer Bevölkerung für Gesamt-Indonesien von 35,75 Mio., entsprechend 24,5% aller Archipelbewohner[189]. Auch mit diesen Werten ist der Verstädterungsgrad noch niedrig veranschlagt, denn die in den Unterzentren lebende Bevölkerung ist nur zu einem geringen Teil berücksichtigt.

Der Anteil städtischer Bevölkerung läge noch wesentlich höher, nämlich bei 36%, würden alle erfaßten Unterzentren – zusammen 3.760 Orte – berücksichtigt werden[190]; es ist klar, daß mit deren Einwohnerzahl in der Tat bereits sehr viele als „ländlich" einzustufende Bewohner miterfaßt sind, denn im Funktionsmuster der Unterzentren, ja bereits in dem vieler Mittelzentren, spielt die Landwirtschaft eine durchaus hervorragende Rolle (vgl. S. 191/197).

Der Grad der Verstädterung oder die Verstädterungsquote, ausgedrückt durch den Anteil „städtischer" Bevölkerung, ist also vornehmlich von der Definition dessen abhängig, was „städtisch" ist. Soll nun das Anwachsen der Verstädterung, die Verstädterungsrate, bestimmt werden[191], so muß von der 1980 verwendeten Definition ausgegangen werden. In der Volkszählung von 1980 war die Definition für „städtisch" gegenüber den Definitionen von 1961 und 1971 per saldo erweitert worden (vgl. S. 3). Erfassungslücken, mit denen für alle drei Zählungen gerechnet werden muß, sind von Mal zu Mal geringer geworden. So besteht kein Zweifel daran, daß die Anteile städtischer Bevölkerung 1961 und 1971 erhöht werden müßten, wenn die Kriterien der Volkszählung 1980 angelegt werden sollen; es ist aber die Frage offen, um wieviel die Anteile für 1961 und 1971 heraufgesetzt werden müßten[192].

---

[185] Einschließlich West-Neuguineas sind es 32,85 Mio. bei gleichem Anteil an der Gesamtbevölkerung.

[186] Es handelt sich um 16 Orte auf Sumatra, 11 Orte auf Borneo, 4 Orte auf Selebes und 2 Orte auf den Molukken. In einigen Fällen beruht das wahrscheinlich auf versehentlicher Auslassung – z.B. bei Painan, Muara Bungo, Sekayu, Muara Enim, Baturaja, Sungai Liat, Tanjung Pandan, Mempawah, Pangkalan Buun, Muara Teweh und Kolaka mit zusammen rd. 230.000 Einwohnern – in den meisten Fällen erfüllen aber die Orte tatsächlich nicht die Klassifikationsmerkmale für städtisch.

[187] Städte im engeren Sinne (vgl. S. 84): insgesamt 393 (404 einschl. Städte in West-Neuguinea).

[188] Vgl. dazu Spalten 6 u. 7 in Tab. 1–6.

[189] Einschließlich West-Neuguineas sind es 35,99 Mio. bei gleichem Anteil an der Gesamtbevölkerung.

[190] Zur Abgrenzung dieser Ortemenge vgl. S. 211f.

[191] Es kann hier lediglich die Entwicklung der Vergangenheit durch kritische Prüfung der verfügbaren Daten nachgezeichnet werden. Folgerungen für den zukünftig zu erwartenden Grad der Verstädterung hat Jones 1975 gezogen.

Tabelle 1-5. Zunahme des Anteils städtischer Bevölkerung zwischen 1961 und 1980

Städtische Bevölkerung	(1) 1961 Städt. Bevölk. in Mio.	(2) 1961 Anteil an der Gesamtbevölk.	(3) 1961 Index 1980 = 100	(4) 1971 Städt. Bevölk. in Mio.	(5) 1971 Anteil an der Gesamtbevölk.	(6) 1971 Index 1980 = 100	(7) 1980 Städt. Bevölk. in Mio.	(8) 1980 Anteil an der Gesamtbevölk.	(9) 1980 Index 1980 = 100
Städtische Bevölkerung gemäß Volkszählungen 1961[a] / 1971[b]/ 1980[c]	15,1	15,65	46	20,6	17,4	63	32,6	22,4	100
Vergleichsmenge 1[d] Identische Städte (1961 gezählt)	14,7	15,3	58	19,3	16,3	76	25,3	17,3	100
Vergleichsmenge 2[e] Städte mit jeweils >25000 Einw.	13,7	14,2	52	19,1	16,1	73	26,3	18,0	100
Städtische Bevölkerung gemäß Reduktion aus Städteeinwohnersummen[f]	18,6	19,3	52	26,1	22,1	73	35,75	24,5	100
Gesamtbevölkerung[g] (zum Vergleich)	96,3	x	66	118,3	x	81	145,8	x	100

[a] Nach Milone 1966, Chart 5; in einem früheren Artikel von 1964, S. 1011 nennt Milone den Zenuswert von 15,5 % städt. Bevölkerung.

[b] Nach B.P.S., Sensus Penduduk 1971, Serie B, No.1. Dort 20,6 Mio. städt. Bevölkerung; die Prozentangabe von 17,29 % in B.P.S., Peta Pembangunan 1930 - 1978 ist fehlerhaft.

[c] Nach B.P.S., Penduduk Kota dan Pedesaan, Hasil Sensus Penduduk 1980, unveröffentlicht.

[d] 202 Orte mit Einwohnerangaben 1961, sofern Daten für den gleichen Gebietsumfang der Städte aus den Zählungen errechnet werden konnten.

[e] Für 1961 nach Milone 1966, Chart 5, für 1971 u. 1980 nach eigener Berechnung auf Grund von Unterlagen des Statist. Hauptamtes, Jakarta.

[f] Auf Grundlage der im vorstehenden Text genannten Ausgangssumme von 35,75 Mio. und Verwendung der Indizes aus Vergleichsmenge 2.

[g] Für alle drei Vergleichsjahre nach Buku Saku Statist. 80/81, Tab. II. 1.2., jeweils ohne Ost-Timor und ohne West-Neuguinea.

Daß die für 1961 und 1971 amtlich ausgewiesenen Anteile städtischer Bevölkerung im Vergleich zum Anteil 1980 zu gering sind, läßt sich auch aus der sehr unterschiedlichen Zunahme dieses Anteils in den beiden etwa gleich langen Zeitabschnitten erkennen. Unbestritten ist: die Zunahme des Anteils der städtischen Einwohner Indonesiens hat sich in den zwei dargestellten Jahrzehnten beschleunigt; die städtische Bevölkerung wächst infolge der generell starken Land-Stadt-Wanderung[193] sehr viel schneller als die Bevölkerung der ländlichen Gebiete. Diese Beschleunigung vollzieht sich aber doch nicht so rasch, wie es die oben angeführten Anteile der städtischen Bevölkerung zwischen 1961 und 1980 scheinbar ausweisen. Danach stieg die städtische Bevölkerung im ersten Jahrzehnt um 5,7 Mio. und erhöhte den Anteil an der Gesamtbevölkerung um knapp 2 Prozentpunkte. Jedoch im zweiten Zeitabschnitt, der nur 9 Jahre umfaßt, wuchs die städtische Bevölkerung um 12,0 Mio., also doppelt so rasch wie im Jahrzehnt vorher und erhöhte ihren Anteil um ganze 5 Prozentpunkte. Dieses Ausmaß der Verstädterungsrate beruht aber – wie geschildert – auf nicht vergleichbaren Ausgangsdaten und entspricht deshalb nicht der Wirklichkeit.

Um zu realistischen Werten zu gelangen, kann versucht werden, eine Reduktion vorzunehmen: Die Zunahme des Anteils städtischer Bevölkerung, die Verstädterungsrate, nach deren Ausmaß hier gefragt ist, kann bestimmt werden, wenn ursächlich mit ihr verbundene, parallel verlaufende Vorgänge quantitativ belegbar sind und auf die Verstädterungsrate reduziert werden. Ein derartiger Parallelvorgang ist das Wachstum der einzelnen Städte. Dieses und das Wachstum der Städtegesamtheit wurde aber für vorliegende Studie ebenfalls analysiert (vgl. S. 109 ff.). So sind etwa für die Hälfte der oben schon erwähnten Ortemenge mit der Einwohnersumme von (1980) 32,1 Mio. Einwohnern (vgl. S. 36) auch die Einwohner von 1961 und 1971 bei jeweils gleichem Stadtgebietsumfang bekannt. Die Einwohnersummen für diese rd. 200 Orte sind in der Tabelle 1–5 als Vergleichsmenge 1 den amtlichen Werten gegenübergestellt. Außerdem können für alle drei Stichjahre die Einwohnersummen der Städte über 25.000 Einwohner festgestellt werden; daraus ergibt sich eine zweite

---

[192] Das Statistische Hauptamt Jakarta hat die entsprechenden Berechnungen nicht angestellt. Die manuelle Arbeit dazu wäre nicht nur sehr umfangreich, sondern für einzelne Landesteile auch sehr schwierig, weil infolge von Gemeindegebietsaufsplittungen zwischen 1971 und 1980 bis auf die unterste Zähleinheit (Blok sensus) zurückgegriffen werden müßte.

[193] Zur Stadt-Land-Wanderung in Indonesien siehe speziell Suharso & Speare Jr. 1981, Hugo & Mantra 1981 und Hugo et al. 1981.

Tabelle 1-6. Anteil der städtischen Bevölkerung - Verstädterungsquote - nach Provinzen

	(1) nach Zensus 1961 amtliche Werte[a]	(2) nach Zensus 1971 amtliche Werte[b]	(3) nach Zensus 1971 verbesserte Werte[c]	(4) nach Städte- auswahl 1976/77[d]	(5) nach Gesamtheit Zentr. Orte 1976/77[e]	(6) nach Zensus 1980 amtliche Werte[f]	(7) nach Städte- auswahl 1980[g]
Hauptstadt-Region Jakarta	87,2[h]	100,0	100,0	100,0	100,0	93,7	100,0
West-Java mit Jakarta	22,8	27,7	27,7	30,1	44,3	34,9	32,2
West-Java ohne Jakarta	11,9[i]	12,4	12,4	15,5	32,7	21,0	16,1
Mittel-Java	10,2[i]	10,7	10,9[j]	14,3	30,5	18,7	15,1
Autonome Region Yogyakarta	16,4[i]	16,3	16,8[k]	17,9	40,2	22,0	19,8
Ost-Java	12,9[i]	14,5	14,5	16,0	31,5	19,6	16,9
Java	16,0	18,0	18,1	20,6	36,0	25,1	22,2
Auton. Region Aceh	7,7	8,4	8,4	14,9	28,6	8,9	14,9
Nord-Sumatra	16,9	17,2	17,2	26,6	37,8	25,4	28,0
West-Sumatra	14,2	17,2	17,2	17,0	44,2	12,7	17,0
Riau	9,7	13,3	17,2[l]	25,2	53,7	27,2	24,8
Jambi	21,6	29,1	22,4[m]	23,2	42,4	12,7	23,0
Süd-Sumatra		27,0	27,0[n]	30,4	40,9	27,3	29,6
Bengkulu	18,6	11,7	11,7	14,9	25,2	9,3	15,7
Lampung		9,8	9,8	11,8	26,1	12,4	11,7
Sumatra	15,7[i]	17,1	17,1	22,0	37,6	19,6	22,2
West-Borneo	13,2	11,0	11,0	19,2	32,4	16,8	21,0
Mittel-Borneo	14,1	12,4	13,5[o]	17,6	40,6	10,3	17,4
Süd-Borneo	22,7	26,6	28,3[p]	30,4	44,4	21,4	31,0
Ost-Borneo	32,8	39,2	31,9[q]	43,2	64,0	39,9	44,1
Borneo	19,3[i]	20,4	20,0	26,4	42,1	21,5	27,7
Nord-Selebes		19,5	19,5	23,1	41,3	16,8	23,9
Mittel-Selebes	14,9	5,7	6,9[r]	13,3	30,2	9,0	14,6
Süd-Selebes		18,2	19,4[s]	20,9	40,3	18,1	22,2
Südost-Selebes	15,9	6,3	6,3	11,4	26,9	9,3	11,2
Selebes	15,6[i]	16,1	17,0	19,9	37,6	15,9	20,6
Bali	8,8	9,8	9,8	16,5	34,9	14,7	19,1
Lombok und Sumbawa	5,6	8,1	8,1	14,3	31,9	14,0	15,0
Flores-Sumba-Timor (Westteil)	5,4	5,6	6,4[t]	9,5	20,3	7,5	10,6
Kleine Sunda-Inseln	6,5	8,0	7,8	13,3	28,6	12,0	14,8
Molukken	20,7	13,3	13,3	12,4	26,2	10,8	13,4
West-Neuguinea	...	16,3	16,3	19,2	30,7	21,4	20,8
Republik-Indonesia	15,5[u]	17,3	17,4	20,4[v]	36,0[v]	22,4[v]	21,8[v]
Rep.Indon. ohne W.-Neuguinea	15,5	17,3	17,4	20,4[v]	36,0[v]	22,4[v]	21,8[v]

a nach amtlichen Werten berechnet von Drs. Kartomo, Lembaga Penyelidikan Ekonomi dan Sosial, Universitas Indonesia, veröffentlicht von Pauline D. Milone 1964, S. 1010/1011 und 1966, Chart IX u. X.

b nach B.P.S., Peta Pembangunan Sosial Indonesia 1930/1978, Jakarta 1978, Tabel 12.

c auf Grund von Irrtümern bei den amtlichen Werten und Auslassung der nicht-städtischen Kecamatan innerhalb der Kota Madya Palanka Raya, Samarinda und Balikpapan (vergl. Fußn. j - t).

d nach Gemeinde-Erhebung (Fasilitas Desa) 1976/77 (unveröffentlicht); berücksichtigt sind (einschl. West-Neuguinea) 404 Orte, das sind die Städte gemäß Abgrenzung gegen Minderstädte nach Abschn. 4.1.

e nach Gemeinde-Erhebung (Fasilitas Desa) 1976/77 (unveröffentlicht); alle Einwohner von zentralen Orten (gehobene Unterzentren und höher) einschl. randstädtischer Bevölkerung.

f nach B.P.S., Penduduk Kota dan Pedesaan, Hasil Sensus Penduduk Tahun 1980, Jakarta 1981 (unveröffentlicht).

g nach Gemeinde-Einwohnerzahlen aus Zensus 1980 (unveröffentlicht); 404 Orte, Auswahl wie für Spalte 4.

h Diese Angabe für Jakarta steht im Widerspruch zur amtlichen Definition, nach der Jakarta 100 % städtische Bevölkerung hatte.

i Abweichende Werte bei King 1974, Tab.7: West-Java 11,3; Mittel-Java 10,1; D.I.Yogyakarta 15,8; Ost-Java 12,4; Sumatra 15,1; Borneo 18,7; Selebes 15,2.

j einschließlich des in der amtlichen Zahl nicht berücksichtigten Ortes Batang.

k einschließlich des in der amtlichen Zahl nicht berücksichtigten Ortes Sleman.

l einschließlich der in der amtlichen Zahl nicht berücksichtigten Orte Rengat, Tembilahan, Bangkinang.

Graphik 1-1: Verstädterungsgrad der Provinzen – Abweichungen der Verstädterungsquote vom Landesdurchschnitt

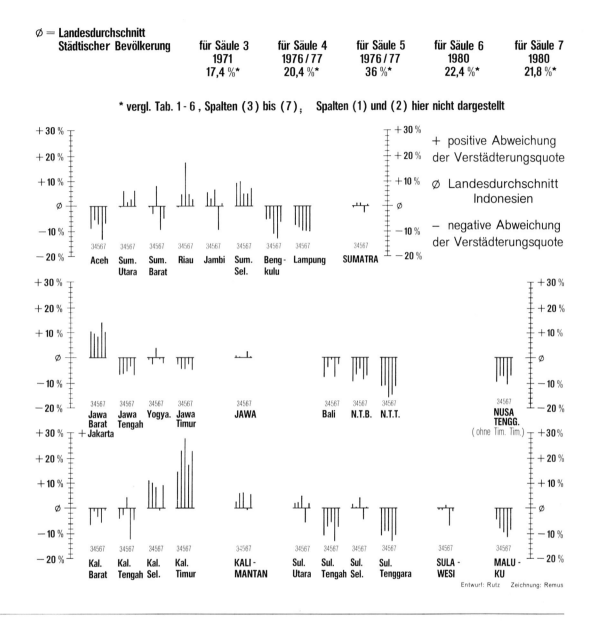

Fußnoten zu Tab. 1-6 Fortsetzung

m Infolge wahrer oder angenäherter Einwohnerzahlen für die Orte Sungai Penuh und Kuala Tungkal, die in den amtlichen Zahlen durch ganze Kecamatan bzw. durch eine besonders große Marga repräsentiert werden.

n Infolge wahrer oder angenäherter Einwohnerzahlen für die Orte Pedamaran, Muara Enim und Prabumulih, die in den amtlichen Zahlen durch ganze Kecamatan bzw. durch eine besonders große Marga repräsentiert sind.

o einschließlich der in den amtlichen Zahlen nicht berücksichtigten Orte Tamiang Layang, Kuala Kurun, Puruk Cahu, sowie ohne den von der Kota Madya Palangka Raya verwalteten, aber nicht städtichen Kecamatan Bukit Batu.

p einschließlich der in der amtlichen Zahl nicht berücksichtigten Orte Pleihari, Rantau, Tanjung-Belimbing.

q ohne die von der Kota Madya Samarinda verwalteten, aber nicht städtischen Kecamatan Semboja, Muara Jawa, Sanga-Sanga u. Palaran sowie ohne den von der Kota Madya Balikpapan verwalteten, aber nicht städtischen Kecamatan Penajam (Balikpapan Seberang).

r einschließlich des in der amtlichen Zahl nicht berücksichtigten Ortes Donggala.

s einschließlich der in der amtlichen Zahl nicht berücksichtigten Orte Benteng, Bulukumba, BantaEng.

t einschließlich der in der amtlichen Zahl nicht berücksichtigten Orte Kefamenanu, Larantuka, Maumere.

u ohne West-Neuguinea; der von Sugijanto Soegijoko 1976 (Tab. 1 der engl. Fassung) neu berechnete Wert von 14,8 % städtischer Bevölkerung im Jahre 1961 ist zu niedrig.

v ohne Ost-Timor.

Vergleichsmenge. Mit Hilfe von Indizes, wobei die Werte für 1980 gleich 100 gesetzt werden, läßt sich die Zunahme der Verstädterung für den dargestellten Zeitraum gut ablesen.

Während die Vergleichsmenge 1 in allen drei Stichjahren die gleiche Anzahl identischer Orte einschließt, werden es in der Vergleichsmenge 2 1971 und 1980 jeweils mehr Orte, die erfaßt wurden, weil sie die Einwohnerzahl von 25.000 überschritten hatten. Aus diesem Grunde wächst die zweite Vergleichsmenge rascher als die erste. Die Indizes beider Reihen zeigen aber ein wesentlich langsameres Wachstum als entsprechende Indizes für das Wachstum der städtischen Bevölkerung nach den Volkszählungsergebnissen. 1961 gab es nicht nur 46% der städtischen Bevölkerung von 1980, sondern zumindest 52%, 1971 nicht nur 63%, sondern zumindest 73%. Werden diese Indizes aus der Vergleichsmenge 2, die den Vorgang der Verstädterung besser repräsentiert als die Vergleichsmenge 1, auf die 1980 wahrscheinlich vorhandene städtische Bevölkerung von 35,75 Mio. angewendet, so ergeben sich die in Tabelle 1–5, Zeile 4 dargestellten Verhältnisse. Für 1961 wird eine Zahl über 18 Mio. städtischer Einwohner wahrscheinlich, die bis 1971 auf 26 Mio. wächst; die Anteile an der Gesamtbevölkerung lägen dementsprechend bei etwa 19% beziehungsweise 22%.

Für die Frage der gegenseitigen Abhängigkeit von Städteverteilung und Verstädterung sind aber die regionalen Unterschiede der Verstädterungsquote noch wichtiger als dessen Höhe. Um diese räumlichen Unterschiede im Anteil der städtischen Bevölkerung an der Gesamtbevölkerung aufzuzeigen, können ebenfalls die Volkszählungsergebnisse herangezogen werden, allerdings sind auch hierfür neue Einschränkungen zu machen; es können ferner die Einwohnersummen der einzeln erfaßten Städte und zentralen Orte (vgl. S. 114ff.) genutzt werden. Die Tabelle 1–6 enthält die vollständigen Daten; sie sind in Graphik 1–1 veranschaulicht und mit Hilfe von Flächenrastern in Karte 5 – dort allerdings nach Regentschaften unterteilt – wiedergegeben.

Die Spalten (1) und (2) der Tabelle 1–6 geben die Anteile wieder, die nach den amtlichen Volkszählungen 1961 und 1971 auf Grund der dabei benutzten Definitionen für „städtisch" errechnet wurden. Für die regionalen Vergleiche waren nicht so sehr die generellen Mängel der verwendeten Definitionen hinderlich, vielmehr fallen regional unterschiedliche Auslassungen und Irrtümer ins Gewicht. Diese konnten durch die Analyse des Wachstums der einzelnen Städte (vgl. S. 109f.) aufgedeckt werden[194]. Eine dadurch für 1971 verbesserte Wertereihe ist in Spalte (3) zusammengestellt. Spalte (4) gibt die Anteile der Einwohnersummen 1976/77 derjenigen Orte wieder, die mit Sicherheit als Städte klassifiziert werden können (vgl. S. 83f.); für die gleiche Auswahl von rd. 400 Orten stehen die Anteile der Einwohnersummen 1980 in Spalte (7). Die Einwohneranteile 1976/77 aller 3.760 zentralen Orte (vgl. S. 36) sind in Spalte (5) angeführt; schließlich enthält die Spalte (6) die amtlichen Werte der Volkszählung von 1980.

Auf unterschiedlichen Niveaus zeigen die Wertereihen der Spalten (3) bis (7) sehr ähnliche Tendenzen der Verstädterung. Um das zu verdeutlichen, sind in Graphik 1–1 für die einzelnen Provinzen die Abweichungen der Verstädterung vom Landesdurchschnitt aufgetragen.

Nach der Analyse der Verstädterungsquote für Gesamt-Indonesien (vgl. S. 37) steht fest, daß für Java die Werte der Spalte (6), für alle anderen Landesteile die Werte der Spalte (7) das wirkliche Verstädterungsausmaß am besten wiedergeben. Die regionalen Unterschiede sind jedoch so deutlich, daß die Grundzüge des Verstädterungsmusters im Archipel aus allen Reihen ablesbar sind.

Den höchsten Anteil städtischer Bevölkerung weist Ost-Borneo (Kalimantan Timur) auf. Hier ist der Gegensatz zwischen einer extrem dünn besiedelten Fläche im Inland und einem fremdwirtschaftlich bestimmten städtischen Siedlungsband an der Küste am größten. Ähnlich hohe Verstädterungsquoten gibt es nirgendwo anders im Archipel. Verhältnismäßig viel städtische Bevölkerung haben auch die übrigen jüngeren Entwicklungsräume der Außeninseln, etwa diejenigen, deren Aufschwung in die erste industriewirtschaftliche Erschließungsphase fällt (vgl. S. 63). Nord- und Süd-Sumatra sind hier zu nennen, als Parallelen zu Ost-Borneo auch Riau und Jambi. Etwa gleich hohe Verstädterungsquoten besitzen Süd-Borneo sowie Nord- und Süd-Selebes[195]; hier handelt es sich um außerjavanische Verdichtungsräume (vgl. S. 31 ff.), die unter niederländischer Herrschaft früh erschlossen worden waren, so daß sich ein verhältnismäßig gut ausdifferenziertes regionales Städtesystem entwickeln konnte.

Unter Einschluß von Jakarta gehört auch Java noch zu denjenigen Landesteilen, die knapp überdurch-

---

[194] Dazu gehörte der Nachtrag ausgelassener Städte, die Korrektur von irrtümlichen gebietskörperschaftlichen Abgrenzungen und die Auslassung von nicht städtischen Kecamatan bei solchen „Kota Madya", deren Begrenzung besonders große außerstädtische Landesteile einschließt (vgl. die Anmerkungen j–t in Tab. 1–6).

[195] Nach den amtlichen Werten (Tab. 1–6 u. Graphik 1–1 Spalte (6)) besitzen Jambi, Süd-Borneo und Nord-Selebes unterdurchschnittliche Verstädterungsquoten. In der Provinz Jambi wurden in keinem Regentensitz städtische Einwohner gezählt, in Süd-Borneo fehlen diese in Pleihari, Marabahan und Rantau, in Nord-Selebes fehlen sie in Limboto. Ferner galten in den Kota Madya Jambi, Banjarmasin und Gorontalo nur 68%, 87% und 65% der Einwohner als städtisch; in Manado wurden alle Einwohner als städtisch gezählt.

schnittlich verstädtert sind. Aber nur die überproportional gewachsene Hauptstadt (vgl. S. 120) drückt den Anteil städtischer Bevölkerung für West-Java sowohl als auch für Gesamt-Java über den indonesischen Durchschnittswert empor. Trotz dichtester Städteentwicklung – Städteanzahl je Flächeneinheit (vgl. S. 84) – ist der Anteil städtischer Bevölkerung auf Java niedrig, weil die ländlichen Räume besonders dicht besiedelt sind; ähnlich liegen die Verhältnisse auf Bali.

Auch dort, wo in anderen Regionen der Außeninseln verhältnismäßig hohe ländliche Bevölkerungsdichten vorkommen, ist die Verstädterungsquote niedrig – so etwa im Minangkabau-Land West-Sumatras, in Lampung oder auf Flores und den übrigen Kleinen Sunda-Inseln. Auf den Kleinen Sunda-Inseln gibt es noch eine weitere Ursache für eine niedrige Verstädterungsquote: sie gehören zu schlecht erschlossenen Landesteilen. In diesen wirtschaftet ein größerer Teil der Gesamtbevölkerung autark; dementsprechend ist der Umfang des Handels gering und Städte sind wenig entwickelt[196]. Das gilt nicht nur für die Kleinen Sunda-Inseln, sondern galt 1980 noch für Aceh, für Bengkulu, für Mittel-Borneo sowie für Mittel- und Südost-Selebes. In vielen der genannten Bereiche wird aber die Verstädterungsquote im laufenden Jahrzehnt der achtziger Jahre rasch wachsen, denn Landesentwicklung und Verkehrserschließung fördern fast überall das Wachstum der Städte (vgl. S. 129).

Im indonesisch verwalteten Westteil Neuguineas macht der Anteil städtischer Bevölkerung schon mehr als 20% aus, liegt also nur wenig unter dem Durchschnittswert Indonesiens. Hier wirkt sich die Zuwanderung von Indonesiern aus, die bisher noch fast ausschließlich in den wenigen Städten leben[197].

Die räumlich sehr unterschiedlichen Anteile städtischer Bevölkerung geben erste Hinweise auf Städteregionen und Städteballungen. Darauf wird in Abschnitt 4 näher eingegangen; im Abschnitt 5 werden die Einwohnerzahlen untersucht werden. So kann eine weiterführende Analyse der unterschiedlichen Verstädterungsquoten in diesem propädeutischen Teil unterbleiben; hierzu wird auf eine ESCAP-Studie (Hugo et al. 1981) verwiesen.

---

[196] Hohe Verstädterungsquoten setzen gute Verkehrserschließung voraus; auf diesen Zusammenhang wurde für Indonesien schon 1976 hingewiesen (Rutz 1976a, S. 26).

[197] Die Ende der siebziger Jahre beginnende Erschließung bäuerlichen Siedlungsraumes zur Ansiedlung von Javanern (Transmigrasi) hatte bis zur Mitte der achtziger Jahre noch keinen Einfluß auf das Verhältnis von städtischen und ländlichen Bewohnern in West-Neuguinea. Zum Städtewachstum vgl. S. 130/132.

2. Geschichtliche Wurzeln – genetische Stadttypen

2.1. Grundzüge der historisch-genetischen Schichtung

Die Städte im indischen Archipel, also auch die des heutigen Indonesiens, haben entsprechend den einander ablösenden Herrschaftszuständen und Kulturströmungen sehr unterschiedliche geschichtliche Wurzeln. In einer ersten groben Gliederung sind vier Hauptschichten der Stadtentstehung zu unterscheiden[201]. Dabei geht es nicht nur um Stadtgründungen; der Anzahl nach häufiger noch werden städtische Funktionen durch ältere, vorwiegend landwirtschaftlich ausgerichtete Siedlungen übernommen, sei es, daß diese Siedlungen als Mittelpunkte von neu entstehenden autochthonen Herrschaftsgebieten heranwachsen, sei es, daß ein europäisches Fort, eine Handelsniederlassung oder ein Verwaltungsposten erste städtische Funktionen an einen ländlichen Ort bringt. Diese Siedlungen sind dann zwar noch keine Städte, es handelt sich aber um die Ansatzpunkte eines Systems von Örtlichkeiten, das erste städtische Merkmale besitzt. Auch Fernwirkungen gingen von diesen Orten aus, die zu Handelsverbindungen, Territorienbildung und Landeserschließung führten.

Die älteste Schicht bilden Städte, die im Zusammenhang mit Handel und Herrschaft während des hinduistischen Zeitalters aus ungewissen Anfängen bis etwa 1400 der abendländischen Zeitrechnung im Archipel entstanden waren. Aus dem vorhinduistischen Inseldindien sind keine städtischen Siedlungen bekannt. Ihr Vorhandensein ist aber nicht mit Sicherheit auszuschließen, denn es gibt Hinweise auf frühe autochthone Herrschaftsstrukturen, in deren Gefolge überörtliche Herrschaftszentren entstanden sein können[202]. Die wichtigsten Vorbedingungen für solch frühe Stadtentstehung waren jedenfalls schon vorhinduistisch im Archipel gegeben: Institutionalisierung herrschaftlicher Macht, deren Zugriff auf die Erträgnisse des Bodenbaues, die Beteiligung am Regional- oder Überseehandel und schließlich der Besitz der technischen Fertigkeiten für Seefahrt und Landverkehr, Warenkonservierung und -lagerung. Die zwei später erkennbaren Stadttypen – Seehandelsstadt und binnenländische Herrschaftsstadt – entwickelten sich aus dem unterschiedlichen Gewicht, das die genannten stadtbildenden Faktoren im Einzelfall besaßen[203].

Unabhängig vom möglichen Vorhandensein vorhinduistischer überörtlicher Zentren beginnt eine auch außenwirksame Stadtentwicklung im Archipel doch erst nach Übernahme indischer Kulturgüter materieller und geistiger Art. Wahrscheinlich erreichte der vorderindische Kultureinfluß im 2. Jahrhundert die Malakka-Halbinsel. In deren nördlichem Teil, am Isthmus, im Verkehrsspannungsfeld zwischen Indien und China entstanden vermutlich die ersten Handelsstützpunkte. Die Gestalt der Landenge und die saisonale, monsunabhängige Schiffahrt erforderte hier die ersten Stapelplätze[204]. Durch die Malakka-Straße breitete sich die neue Kultur im westlichen Teil des Archipels aus. Viele Städte dieser ersten Entstehungsphase sind heute noch vorhanden, viele sind aber auch zu unbedeutenden Siedlungen herabgesunken oder ganz erloschen. Im Verlauf späterer Jahrhunderte hatten sich Machtzentren und Handelsströme verlagert. Die östlichen Teile des Archipels blieben von hinduistischen Kulturströmungen unberührt. So fehlt die älteste Städteschicht auf den Philippinen[205]. Erst am Ende dieses ersten Zeitabschnittes wurden mittelbar über Java Ansätze städtischer Lebensformen auf die Molukken übertragen.

---

[201] Die hier gewählte kulturhistorische Gliederung folgt uneingeschränkt der zeitlichen Schichtung. Dagegen hatte McGee 1967 für die von ihm ausgewählten Städte Südostasiens eine genetische Zweiteilung „indigenous cities" und „colonial cities" vorgenommen. Auch Cobban gliederte 1971 die javanischen Städte nicht historisch; er teilte sie nach den unterschiedlichen Quellen der Erfassung ein.

[202] Diese Schlußfolgerung zieht Vlekke 1959 (S. 19). Vgl. dazu auch Reed 1976a (S. 15f.), Nas 1980 (S. 127ff.) u. Wheatley 1983 (S. 273ff.).

[203] Diese zwei historisch faßbaren Stadttypen beschreibt auch Keyfitz 1961. Eine jüngere Zusammenfassung von Fragen der Stadtentstehung und der frühen Städteherrschaft steuerte Nas 1980 bei. Neue Grundlagen dazu stellte Wheatley 1983 (Chapter 6) zusammen.

[204] Den historisch-geographischen Rahmen dieser Zeit entwarf Wheatley 1961 in seiner Einleitung „Down to the Golden Chersonese" (S. XVIIff.). Im deutschen Schrifttum siehe die prägnante Zusammenfassung von Kühne 1976 (S. 40ff.) „Brückenköpfe".

[205] Vgl. Doeppers 1972; dort wird die im 16. Jahrhundert einsetzende Städteentwicklung auf den Philippinen ausführlich dargestellt.

Die Zeit der großen Umwälzungen lag im 15., 16. und 17. Jahrhundert. Der Islam breitete sich von Malakka über den Archipel aus; zwei europäische Mächte: Portugal und die Generalstaaten der Niederlande griffen in die Auseinandersetzungen der einheimischen Zentren um die Vorherrschaft ein und übten zunehmend auch territoriale Hoheit im Archipel aus. Machtveränderungen, Handelsverlagerungen und Handelsausweitung hatten viele Umbewertungen von Lageeigenschaften zur Folge, so daß eine neue, zweite Städteschicht entstand[206].

Bis 1680 war die „Generale Nederlandsche Geoctroyeerde Oost-Indische Compagnie" (VOC) (vgl. S. 49f.), zur ersten Territorialmacht des Archipels emporgewachsen. Das 18. und 19. Jahrhundert kennt nur noch *eine* große Machtverlagerung: die britische Zwischenherrschaft von 1811 bis 1816 und die anschließend erfolgte Aufteilung des Archipels zwischen Großbritannien und den Niederlanden. Damit waren einige Gewichtsverlagerungen verbunden, besonders die Wiederbegründung von Singapur im Jahre 1819 hatte weitreichende Folgen. Daneben entstanden im Zusammenhang mit Machtverschiebungen kleineren Ausmaßes nur noch regional bedeutsame neue Städte, die meist benachbarte ältere Zentren ersetzten. Mit einer allmählich wirksamer werdenden, dauernden Kontrolle der kleineren Territorien und ersten marktorientierten wirtschaftlichen Erschließungsmaßnahmen wuchs in dieser Zeit auch ein Netz von kleineren Städten heran. Die im 18. und 19. Jahrhundert bis etwa 1870 entstandenen Städte bilden eine dritte, etwas stärker heterogene Städteschicht im Archipel.

Mit den ersten Straßenbauten und mit der Dampfschiffahrt im 19. Jahrhundert sowie mit dem Eisenbahnbau und der Anlage ganzer Straßennetze im frühen 20. Jahrhundert ergaben sich die Vorbedingungen für eine flächendeckende Beherrschung aller Landesteile, besonders der „Buitengewesten", der Inseln außerhalb Javas. Verkehrserschließung und industrielle Technik in Verbindung mit einer seit 1870 liberalisierten Kolonialverfassung ermöglichten aber auch die wirtschaftliche Neuerschließung großer, bis dahin autark wirtschaftender oder unbesiedelter Teilräume. Neue Verwaltungsposten, Verkehrssiedlungen und Märkte wuchsen zu Städten heran. Es ist diese spätkoloniale Entwicklung, die im Archipel eine vierte Städtegeneration entstehen läßt. Auch die jüngsten, nach der Entlassung in die Unabhängigkeit entstandenen Städte gehören in diese Gruppe; es ist immer noch die nun meist über große Infrastrukturpläne gesteuerte wirtschaftliche Neuerschließung – im Bergbau sowohl als auch in der bäuerlichen Ansiedlung –, die zur Anlage neuer städtischer Siedlungen führt.

2.2. Die Stadtgründungszeitalter

2.2.1. Städte des hinduistischen Zeitalters bis etwa 1400

Über die Anfänge der hinduistisch geprägten Städtebildung im Archipel ist wenig bekannt. Vermutungen und Teilerkenntnisse darüber, auf welche Weise die aus Vorderindien stammenden Kulturgüter materieller und geistiger Art übernommen worden sind, lassen noch keine zuverlässigen Rückschlüsse über die Entstehung von Städten zu[207]. Wahrscheinlich beginnt der hinduistische Einfluß im 2. Jahrhundert; damit sind auch Staatsgründungen im Archipel verbunden. Das wird zunächst aus chinesischen Quellen deutlich, deren Berichterstattung bis ins 3. Jahrhundert zurückreicht. Sehr früh gab es an der Ostküste der malaiischen Halbinsel einen Herrschersitz Langkasuka unweit des späteren Patani. Bis ins 4. Jahrhundert reichen auch Bodenfunde zurück, die auf städtische Siedlungen hinweisen. Das gilt für das später emporblühende Katāha an der Westküste der Halbinsel. Im 5. Jahrhundert zeugen Bodenfunde mit Sanskrit-Inschriften am mittleren Mahakam in Ost-Borneo unweit des heutigen Muara Kaman und am Ci Sedané nordwestlich von Bogor auf Java für weitere frühe Städte; am Ci Sedané lag vielleicht die Hauptstadt des Reiches Taruma. Einzelne weitere Herrscher- und Handelsstädte sind für das 6. Jahrhundert nachgewiesen, lokalisierbar ist Santubong an der Mündung des gleichnamigen Stromes im Nordwesten Borneos. Gegen Ende des 7. Jahrhunderts erlangten zwei sumatraische Seehandelsreiche – Melayu und Srivijaya – Bedeutung; ihre Hauptstädte wurden in der Vergangenheit mit den heutigen Stromhafenstädten Jambi und Palembang identifiziert; gesicherte Erkenntnisse gibt es darüber aber nicht[208]. Andere Staaten dieser

---

[206] Vgl. zu diesem Zeitabschnitt die zusammenfassende Darstellung von Reid 1980.
[207] Vgl. Vlekke 1959 (S. 22ff.) und Villiers 1965 (S. 44ff.); diese Übersichtsdarstellungen können für die hier zu behandelnde Zeit einen Rahmen abgeben, ebenso die Geschichtswerke von de Klerck 1938, de Graaf 1949, Winstedt 1962, Burger 1975 und Ricklefs 1981. Speziellere Angaben, die hier verwendet wurden, machen Fruin-Mees (Dl. I) 1919, Krom 1926 und 1938, Stapel 1939, Coedès 1948, Pigeaud 1960/1963 und Wheatley 1961 u. 1983. Kartographische Darstellungen bieten Krom 1926, Pigeaud 1963, Wheatley 1983 und Atlas v. Trop. Nederland, Blad 10b und 10c.
[208] Vgl. dazu Bronson & Wisseman 1978 u. Bronson 1979.

frühen Hindu-Zeit sind nach Hauptstadtlage und Ausdehnung noch weniger bekannt; meist wurde nur der Name in chinesischen Quellen überliefert. Das gilt für Ch'ih-t'u mit der Hauptstadt Seng-chih oder Simhapura im Osten der Halbinsel, für Walain am Gunung Merbabu in Mittel-Java und für Kalinga, dessen Zentrum an Mittel-Javas Nordküste, etwa in der Gegend des heutigen Pekalongan lag.

Auch für die im 8., 9. und frühen 10. Jahrhundert in Mittel-Java blühenden Reiche ist die genaue Lage ihrer Herrschersitze unbekannt geblieben. Das älteste dieser Reiche ist das des Königs Sanjaya in der Ebene des heutigen Kedu; in die gleiche Zeit gehören die bekannten hinduistischen Tempel auf dem Diëng-Plateau. Die nachfolgende Sailendra-Dynastie schuf in ihrer kurzen buddhistischen Phase zwischen 760 und 820 das gewaltige Bauwerk des Tempels von Borobudur und eine zweite, nunmehr wieder schiwaistische Dynastie von Mataram errichtete um 900 das „Lara Jonggrang" beim heutigen Prambanan. Die Quellen, aber auch der Umfang und die Ausstattung der Großbauwerke lassen darauf schließen, daß im 9. Jahrhundert vom mitteljavanischen Binnenland aus auch bereits außerjavanische Teile des Archipels beherrscht worden waren. Bei Borobodur und Prambanan gab es also Reichshauptstädte, deren Namen nicht überliefert wurden. Politischer Einfluß über Java hinaus setzt aber auch für diese Zeit schon Hafenstädte an Mittel-Javas Nordküste voraus; ihre Ortslage ist jedoch nicht nachweisbar[209].

Auf Borneo existierte im 10. Jahrhundert ein Reich Puni; die Lage und der Name seiner Hauptstadt blieben unbekannt. Deutlich dagegen tritt in dieser frühen Zeit Katāha, das spätere Kedah, hervor. An der Westküste der Halbinsel im Isthmus-Bereich gelegen war es seit drei Jahrhunderten Haupthandelsplatz für den Warenaustausch mit Vorderindien, zuerst als Brückenkopf der Isthmus-Route, später als westorientiertes Eingangstor im Srivijaya-Reich. Dieses war zur ersten meerengenbeherrschenden Seemacht emporgewachsen und monopolisierte den gesamten Handel zwischen Indien und China.

Während Srivijaya im Westen des Archipels bis ins 14. Jahrhundert ein Machtfaktor blieb, schichteten sich im 10. Jahrhundert auf Java die Machtverhältnisse völlig um. Die frühen mitteljavanischen Reiche zerfielen, ebenso ihre Städte. Ob diese völlig entsiedelt wurden, ist ungewiß. Die Kontinuität von Siedlungen mit städtischen Funktionen ist am ehesten noch für die Hafenorte wahrscheinlich. Während aber in Mittel-Java die Kulturen verlöschten, entstanden in Ost-Java neue Reiche mit neuen Herrschersitzen[210]. Die Lage der frühesten Städte und der Umfang ihrer Reiche blieb unbekannt. Wahrscheinlich existierte um 900 schon Madiun als ein solcher Herrschersitz. In der gleichen Ebene des Bengawan Madiun gab es im 11. Jahrhundert ein Reich mit Namen Wengker; dessen gleichnamige Hauptstadt lag bei der Ortschaft Setana südöstlich von Ponorogo. Östlich von Wengker gab es ab etwa 1021 ein anderes, dem Namen nach unbekanntes Reich, das des Königs Airlangga. Die Herrschersitze dieses Reiches, dessen Schwerpunkt östlich des Kali Brantas lag, blieben der Lage nach unbekannt. Es handelt sich um Wawatan Mas und – nach 1037 – um Kahuripan; letzteres lag vermutlich im inneren Teil des Brantas-Deltas.

Das Reich Airlanggas wurde 1042 wahrscheinlich im Erbgang geteilt. Es entstand ein Westreich Kediri, dessen Hauptstadt Daha unter ihrem Namen und unter dem Reichsnamen Kediri die Stadteigenschaften bis in die Gegenwart bewahren konnte. Aus dieser Zeit stammt auch eine Tempelstadt, Palah, nördlich von Blitar gelegen, die noch im 14. Jahrhundert unter dem Namen Panataran in großer Blüte stand. Das Ostreich Janggala blieb weiter im geschichtlichen Dunkel; möglicherweise wurde es von Kahuripan aus regiert. Auf seinem Boden entwickelte sich ab 1220 ein neues Reich: Tumapel oder Singosari, dessen gleichnamige Hauptstadt im heutigen Ort Singosari 10 km nördlich von Malang wahrscheinlich ohne längere Unterbrechung weiterlebt. Das Reich gewann schon 1222 die Oberhand in ganz Ost-Java; innere Wirren und äußerer Druck vernichteten die Macht 1292.

Schon ein Jahr später, 1293, entstand ein Nachfolgestaat, das mächtigste aller ostjavanischen Reiche: Majapahit; seine Hauptstadt gleichen Namens ist als Ruinenfeld in der Gemarkung des heutigen Dorfes Trowulan südwestlich von Mojokerto wiederzufinden. In seiner rund zweihundertjährigen Geschichte übte Majapahit seine Macht weit über Java hinaus aus. Unter seiner Oberhoheit standen Vasallen von Sumatra bis zu den Molukken. Nur West-Java scheint weitgehend unabhängig geblieben zu sein. Um die Mitte des 14. Jahrhunderts war dort ein neues Sunda-Reich mit Namen Pajajaran entstanden. Seine Hauptstadt Pakuan lag im Bereich des heutigen Bogor. Pajajaran wurde erst um 1575 von Banten (vgl. S. 48) erobert und islamisiert. Ebenso unabhängig von Majapahit blieb die Halbinsel im Nordwesten des Archipels. Nach dorthin versperrte

---

[209] Wird der Annahme von Faber (1953) gefolgt, der zur Erklärung der Entstehung von Surabaya einen kurzen Abriß über indische Strafkolonien vom 5. bis zum 13. Jahrhundert auf Java gibt (S. 21–26), so existierten im 10. und 11. Jahrhundert solche Strafkolonien an Flußmündungen als Vorläufer der späteren Hafensiedlungen Cirebon, Tegal, Pekalongan, Semarang, Demak und Welahan.

[210] Die Gründe hierfür sind unbekannt. Es handelt sich um eine der Hauptfragen zur älteren javanischen Geschichte; vgl. Vlekke 1959 (S. 38), Villiers 1965 (S. 104/105) und Boechari 1979.

zunächst Srivijaya Majapahits Machtausbreitung. Auch zur Nordküste von Selebes und zu den Philippinen reichte der Einfluß Majapahits nicht.

Um im Majapahit-Reich die archipelüberspannenden, weiträumigen Beziehungen zu unterhalten, bedurfte es nicht nur der Hauptstadt, sondern vieler weiterer Umschlagplätze zur Durchsetzung des Herrscherwillens und zur Beförderung von Menschen und Waren. Dazu gab es binnenländische Regentensitze. Neben den älteren Städten Wengker, Kediri und Singosari sind aus der Majapahit-Zeit auch schon Kudus und Blitar, Wirasaba – jetzt Jombang genannt – und Japan – jetzt Mojokerto genannt – bekannt. Mehrere weiter östlich gelegene Orte – Kepulungan, Kedungpluk, Badung[211], Kulur[211], Pajarakan (jetzt Kutorenon), Renes und Sadeng (vgl. Karte 2) – hatten wahrscheinlich im Majapahit-Reich überörtliche Funktionen, sind heute aber unbedeutend[212]; Kepulungan – ein kleiner Ort bei Gempol – Pajarakan und das lagemäßig nicht genau bestimmbare Sadeng nahe der Südküste hatten mit Sicherheit städtische Eigenschaften.

Neben diesen Binnenorten vermittelten viele Küstenplätze die Verbindungen nach Übersee. Wichtigste Handelsstadt an der Nordküste Ost-Javas war schon seit dem 11. Jahrhundert Tuban, auch noch in der Majapahit-Zeit der Haupthafen. Daneben waren bis zum Ende des 14. Jahrhunderts auch Bintara – später Demak genannt –, Jepara und Lasem im Westen sowie Sedayu, Gresik und Surabaya im Osten als kleinere Küstenplätze entstanden. Vorläufer von Surabaya waren verschiedene „Canggu" (Anlegestellen) im Brantas-Delta. Im 13. Jahrhundert gab es einen Hafenort Canggu, dort gelegen, wo sich heute die Dörfer Pelabuhan lor und Pelabuhan kidul befinden; Canggu wurde der Hauptumschlagplatz für die nahegelegene Hauptstadt Majapahit. Weitere wichtigere Küstensiedlungen des Reiches waren Baremi (jetzt Bermi), Gending, Pajarakan, Binor, Ketah und Patukangan – ein Ortsteil des heutigen Situbondo –, das damals bereits einen von Majapahit abhängigen Regenten besaß[213]. Unklar ist dagegen die Stellung der ebenfalls schon früh erwähnten Küstenplätze Sumenep auf Madura und Balambangan im äußersten Osten Javas.

Von den ostjavanischen Hindu-Reichen ausgehend gründeten im 12. und 13. Jahrhundert javanische Auswanderergruppen auch in anderen Teilen des Archipels Siedlungen, die als Herrschersitze und Handelsplätze städtische Eigenschaften erlangten. Neben vielen anderen Küstenplätzen, deren Gründung vermutlich auf diese Zeit zurückgeht, sind als Javanen-Kolonien um 1200 Jailolo, um 1250 Ternate – damals Maloko genannt – und etwas später die Herrschaften Tidore und Bacan entstanden.

Auf Sumatra gab es neben der Vorherrschaft Srivijayas auch autochthone Entwicklungen. Dazu gehörten die Siedlungen des Minangkabau-Reiches im Hochland West-Sumatras. Drei Teile umfaßte das Kernland: Tanah Datar, Agam und Lima Puluh; die Vororte dieser „Tiga Luhak" dürften kaum städtische Eigenschaften gehabt haben. Zum Reich gehörten ferner Vasallenterritorien, die sogenannten „Rantau" im Tiefland, etwa Kampar, Kuantan und Batang Hari im Osten. Die Lage der damaligen Herrschersitze ist unbekannt; sie waren sicher nicht städtisch. Seit dem 14. Jahrhundert ist in Tanah Datar der Ort Pagar Rujung als Residenz des Oberfürsten aller Minangkabau belegt. Hier mögen Ansätze städtischer Lebensformen vorhanden gewesen sein. Der Ort behielt diese Funktion bis ins 18. Jahrhundert[214].

Wenn allenfalls für das Minangkabau-Land ein stadtähnlicher Mittelpunkt angenommen werden kann, so trifft das für die Vielzahl der kleinen Herrschaftsgebiete, die im 14. Jahrhundert unter Majapahit-Einfluß standen, nicht zu. Die Namen der Herrschaftsgebiete waren zwar überwiegend auch Namen von Siedlungen, doch waren diese nicht mehr als Häuptlingsdörfer[215]. Orte, die zu dieser Zeit aus ihrer Umgebung als bedeutend

---

[211] Dicht beim späteren Ort Bangil gelegen: in Karte 2 nicht eingetragen.

[212] Die Namen dieser Orte erscheinen als solche von bedeutenderen Siedlungen neben über hundert anderen Ortsnamen, die in der Mehrzahl heute der Lage nach unbekannt sind, in den Strophen 17 und 18 des „Nāgarakrtāgama". Das „Nāgarakrtāgama" ist ein Epos, das die Majapahit-Herrschaft unter Hayam Wuruk verherrlicht. Es wurde 1365 von Prapanca – oberster Priester des buddhistischen Reichsklerus – verfaßt. Die bezeichneten Strophen beschreiben eine Rundreise des Hayam Wuruk durch Ost-Java im Jahre 1359. Die jüngste kommentierte Ausgabe des „Nāgarakrtāgama" stammt von Pigeaud aus den Jahren 1960/62/63. Daraus entnimmt auch Cobban (1971) die Siedlungsnamen und spricht sie (S. 38) als „towns" an.

[213] Auch die Namen dieser Orte und die geringen Kenntnisse über diese Siedlungen entstammen aus dem „Nāgarakrtāgama", Strophen 17 und 18 (vgl. Fußn. 212). Pajarakan ist der gegenwärtige gleichnamige Küstenort in der Regentschaft Probolinggo, nicht identisch mit dem binnenländischen Pajarakan, auf dessen Ruinen heute die Siedlung Kutorenon bei Lumajang steht. Bei der Beschreibung der königlichen Rundreise des Jahres 1359 wird auch schon die spätere Großstadt Pasuruan erwähnt, damals aber noch als ein unbedeutender Ort.

[214] Die frühen Dorfstaaten und heutigen Gemeindeverbände der Minangkabau heißen „Nageri", entlehnt von sanskrit „nāgara" = Stadt; in den Eigennamen kommt häufig das Wort „Kota" vor, ebenfalls entlehnt von sanskrit „kota" = Festung. Es handelte sich um Großdörfer, die mit Wall, Graben und Hecke umgeben, aber keinesfalls städtische Siedlungen waren.

[215] Etwa einhundert Namen aller von Majapahit wirklich abhängigen oder durch Prapanca als abhängig bezeichneten Gebiete werden in den Strophen 13 und 14 des „Nāgarakrtāgama" aufgezählt. Über die Eigenschaften dieser Länder und Orte ist fast nichts verzeichnet.

hervorragten, waren vermutlich Barus an Sumatras Westküste[216], Hujung Medini in Pahang, Tumasik-Singapura an der Südspitze der Halbinsel, Tanjung Puri nahe dem heutigen Sukadana auf Borneo, Bantayan (später Bonthain, jetzt Banta Eng genannt) auf Selebes sowie Bedahulu, Lwa Gayah und Sukun auf Bali beziehungsweise Penida[217].

Mit dem Erstarken von Majapahit ging der Verfall Srivijayas parallel. Schon seit dem 11. Jahrhundert hatte sich Srivijaya gegen Thai-Übergriffe von Norden zu wehren. Katāhas Bedeutung erlitt dadurch Einbußen; bis ins 13. Jahrhundert sank Srivijaya zu einem Filibusterstaat herab. Von Osten her verstärkte sich der javanische Druck auf Srivijaya. 1286 eroberten javanische Freibeuter Melayu, das spätere Jambi. Srivijayas Meerengen-Herrschaft ging verloren. So konnten im nördlichen Sumatra auch andere Kleinstaaten Macht und Einfluß gewinnen. Samudra und Perlak konvertierten schon vor 1290 als erste Territorien des Archipels zum Islam und betrieben nunmehr auf eigene Rechnung Überseehandel. Als letztes Glied in der Reihe der zunächst noch hinduistischen Städte verwandelte sich um 1350 das Fischerdorf Malakka durch die Niederlassung einer javanischen Renegatengruppe innerhalb weniger Jahre zu einer lebhaften Handelsstadt. Zur gleichen Zeit brach Palembang-Srivijaya endgültig zusammen. Ab 1365 war es von Majapahit abhängig und sank nach 1377 unter der Herrschaft chinesischer Filibuster zu lokaler Bedeutung ab. Macht und Reichtum wuchsen statt dessen in Malakka, das die Nachfolge Palembangs in der Beherrschung der Meerengen antrat[218].

Die Städte im ostjavanischen Kernland des Majapahit-Reiches, die im ganzen Archipel unterworfenen Handelsstädte und die an Majapahit tributären Herrschersitze, schließlich die Handelsstädte an der Malakka-Straße sowie die Pajajaran-Hauptstadt Pakuan bilden zusammen mit den älteren Reichshauptstädten, die schon wieder in Bedeutungslosigkeit zurückgefallen waren, die älteste Städteschicht im Archipel (vgl. Karte 2). Die Städte dieser Schicht sind im folgenden zusammenfassend genannt:

Übersicht über die bis etwa 1400 im indischen Archipel existierenden stadtähnlichen Siedlungen
(in heutiger Schreibweise der Namen)

Auf der Halbinsel	**Auf Sumatra**			*mit unbekannter Ortslage*	*mit unbekannter Ortslage*
Kataha-Kedah	Samudra/Pasé	Madiun	Canggu		
Malakka	Perlak/Pereulak	Wengker/Setana	Kepulungan	Walain	Puni-Hauptstadt
Hujung Medini	Barus	Kediri/Daha	Kedungpluk	Taruma-Hauptstadt	
Tumasik/	Pagar Rujung	Singosari	Badung	Kalinga-Hauptstadt	
Singapura	Melayu/Jambi	Majapahit	Kulur	Wawatan Mas	**Im Osten**
	Srivijaya/Palembang	Blitar	Pajarakan/	Kahuripan	**des Archipels**
		Wirasaba/Jombang	Kutorenon	Janggala-Hauptstadt	
		Japan/Mojokerto	Renes		Bedahulu (Bali)
		Kudus	Sadeng		Lwa Gayah (Bali)
mit unbekannter	**Auf Java**	Bintara/Demak	Baremi/Bermi		Sukun (Penida)
Ortslage		Jepara	Gending	**Auf Borneo**	Bantayan/BantaEng
	Pakuan	Lasem	Pajarakan		Ternate/Maloko
Langkasuka	Diëng	Tuban	Binor	Muara Kaman	Tidore
Seng-chih/	Borobudur	Sedayu	Ketah	Tanjung Puri/	Jailolo
Simhapura	Prambanan	Gresik	Patukangan/	Sukadana	Bacan
		Surabaya	Situbondo	Santubong	
		Sumenep	Balambangan		

Die vorstehend genannten Siedlungsplätze sind – von wenigen Ausnahmen abgesehen – bis heute konstant geblieben, wenn auch viele der ehemaligen Städte, darunter ja auch Majapahit, zu Dörfern oder kleinen Marktflecken, zum Teil mit Veränderungen des Namens abgesunken sind (vgl. S. 65f.).

---

[216] Wahrscheinlich gab es an der Malakka-Straße noch eine andere ältere Hafenstadt mit Namen Barus; ihre Lage ist unbekannt; vgl. Villiers 1965 (S. 93 und 94).

[217] Die letztgenannten Namen werden im „Nāgarakrtāgama" ausdrücklich als Orte, nicht als Herrschaftsgebiete bezeichnet; es wird daraus auf stadtähnliche Eigenschaften geschlossen. Namen, die Herrschaftsgebiete bezeichnen, ohne daß ein Ort erwähnt ist, sind in der Übersicht und in Karte 2 nicht aufgenommen worden.

[218] Für die 2. Hälfte des 14. Jahrhunderts geben Wheatley & Sandhu 1982 (S. 24) eine kartographische Lageübersicht von acht führenden Städten im Archipel (wiederabgedruckt in Wheatley 1983, Fig. 22, S. 426). Wheatley (1983) nennt in der Erläuterung neben Mayujapahit noch Pakuan (Pajajaran), Melayun und Brunei. Die übrigen vier Städte liegen auf Sumatra – eine davon an der Nordspitze – und sind im Text nicht erwähnt. Auf der malaiischen Halbinsel ist keine Hauptstadt, also auch noch nicht Malakka eingetragen.

2.2.2. Städte der islamischen Reiche und der frühen europäischen Herrschaft (1400–1700)

Mit der Verbreitung des Islams an den Herrschersitzen des Archipels gingen im 15. Jahrhundert große Machtverschiebungen einher. Die Sicherung der Handelswege veranlaßte die Europäer im 16. und 17. Jahrhundert, zahlreiche Forts und Faktoreien anzulegen. Blüte und Niedergang der islamischen Reiche sowie der Bedeutungswechsel von Handelswegen und Umschlagplätzen veränderten auch das Städtesystem im Archipel. Selten waren es völlig neue Siedlungsplätze, die zu Städten heranwuchsen; vielmehr gewannen einzelne Herrschersitze und Hafenplätze an Bedeutung hinzu oder verloren diese, überregionale Funktionen wurden verstärkt oder an andere Zentren abgegeben[219].

Um das Jahr 1400 fand der Islam die Kraft, von Nord-Sumatra aus in raschen Sprüngen zu den seeorientierten Herrschaftszentren vorzudringen. Und während sich die damit verbundenen Machtverschiebungen noch in Zu- oder Abnahme des Herrschafts- und Handelswertes der Städte auswirkten, traten die Portugiesen bereits 1509 erstmals in den malaiischen Gewässern auf. Für beide Abläufe war die Malakka-Straße das Eingangstor zum Archipel. Die gerade erst aufgeblühte, der Meeresstraße namengebende Handelsstadt nahm für beide Bewegungen eine Schlüsselstellung ein; zwischen 1403 und 1414 konvertierte Malakka zum Islam, 1511 wurde die Stadt vom portugiesischen Admiral Alfonso de Albuquerque erobert. Beide Male war es der Anfang von Ereignisabläufen, die, sich vielfach durchkreuzend, Städte und Staaten des Archipels bis ins 19. Jahrhundert hinein prägten. Die Vorgeschichte reicht dagegen fast in die Anfänge der islamischen Zeit zurück.

Nach der Konsolidierung der omaijadischen Kalifenmacht stießen arabische Handelsfahrer noch in der zweiten Hälfte des 7. Jahrhunderts in den malaiischen Archipel vor. Im 10. Jahrhundert bestand reger Handelsverkehr mit Kedah und Srivijaya, missionierende Einflüsse kamen aber erst im 13. Jahrhundert zur Geltung. An der Ausbreitung der Lehren Mohammeds beteiligten sich neben Arabern auch Gujaratis aus Vorderindien. Die ersten Auswirkungen zeigten sich kurz vor 1300, als die Fürsten von Perlak und Samudra an der Nordküste Sumatras zum Islam übertraten. Über mehr als ein Jahrhundert blieb diese Küste aber ein isolierter Vorposten der neuen Glaubensbewegung. Erst nachdem um 1410 das handels- und machtpolitisch expandierende Malakka den Islam übernommen hatte, wurde der neue Glauben durch diese Seehandelsmetropole weit und rasch über den Archipel hin ausgebreitet.

Die Übernahme des Islam durch die einheimischen Herrscher ging im wesentlichen parallel zum Machtzerfall des Majapahit-Reiches. Malakka eroberte bis 1477 Johore und Pahang auf der Halbinsel, Siak, Kampar und Indragiri im Osten Sumatras sowie den Lingga-Archipel. Ob die nunmehr islamischen, von Malakka abhängigen Herrschersitze in diesen Ländern städtische Siedlungen waren, ist unbekannt[220]. Städtisch war dagegen das mächtige Bandar Brunei in Nord-Borneo und das alte Kedah im Nordwesten der Halbinsel; beide erkannten freiwillig die Oberhoheit Malakkas an und gingen ebenfalls zum neuen Glauben über.

Auf Java erstarkten die Küstenstädte; nach 1389 fielen sie von Majapahit ab. Jepara und Demak blühten zu unabhängigen Herrschafts- und Handelsstädten auf und teilten sich um die Mitte des 15. Jahrhunderts den ehemaligen Überseebesitz Majapahits. Mitteljavanische Kolonisten gründeten zu dieser Zeit Cirebon und Banten an der Nordküste West-Javas. Im nordwestlichen Binnenland war Pakuan noch immer die Hauptstadt des hinduistischen Pajajaran-Reiches; Sunda Kelapa entstand als dessen kleine Hafensiedlung an der Mündung des Ciliwung.

Um 1478 brach das Majapahit-Reich endgültig auseinander; die entmachtete Hauptstadt wurde wahrscheinlich erst 50 Jahre später zerstört. Demak trat die Nachfolge an. Schon 1483 eroberte es weitere Teile des Majapahit-Erbes; Jepara, die ostjavanischen Hafenstädte Gresik und Surabaya sowie die Insel Madura wurden an Demak tributär. Der Gewürzhandel mit den Molukken machte diese Städte reich, während das bis 1526 unabhängig gebliebene hinduistische Tuban absank. 1526 unterlagen auch der bis dahin noch hinduistische Flächenstaat Kediri sowie die Stadtstaaten Banten und Sunda Kelapa an der westlichen Nordküste Javas der sich ausdehnenden Herrschaft Demaks. Diesem Ansturm widerstand nur Balambangan im äußersten Osten Javas, dessen Teilherrschaften noch hinduistisch blieben. Unter verschiedenen, heute meist verfallenen kleinen Herrschersitzen hatte nur Panarukan überregionale Bedeutung; es unterhielt um 1528 Beziehungen mit den Portugiesen in Malakka.

---

[219] Neben dem generellen historischen Schrifttum, das in Fußn. 207 genannt ist, enthalten folgende Schriften spezielle Angaben, die hier verwendet worden sind: Meinsma (Dl. I) 1872, Winstedt 1917, Fruin-Mees (Dl. II) 1920, Kielstra 1920, Stapel 1928, 1931 u. 1939, Godée Molsbergen 1938, Berg 1938, B. Schrieke 1957, Meilink-Roulofsz 1962, Uka 1978 u. Ricklefs 1981 (Chapter I). Eine übersichtliche Zustandsbeschreibung der Städte lieferte Reid 1980.

[220] Für die Malakka-Halbinsel und für Sumatra hat de Josellin de Jong (1956) eine große Zahl von Ortsnamen zusammengestellt, die im 15. und 16. Jahrhundert bekannt waren. Er lokalisierte diese – soweit möglich – auf zwei kleinmaßstäblichen Kärtchen, doch erscheinen nicht alle dort bezeichneten Orte in seinen Listen. Eine Differenzierung zur Bedeutung der Orte wird nicht gegeben.

Auf Bali entstand gegen Ende des 15. Jahrhunderts Gelgel als städtisches Zentrum, nachdem von dort aus ein aus Java geflüchteter Herrscher eine Art Oberhoheit über Bali errichten konnte.

Nach Malakka und Demak wurde noch im 15. Jahrhundert Ternate zum dritten Zentrum islamischer Macht im Archipel. Halmahera und Nebeninseln sind das Ursprungsland des Nelkenbaumes. Dort hatte unter den Fürstentümern ursprünglich Jailolo die Führung, mußte diese aber um 1380 an Ternate abtreten. Der Islam drang mit dem von Malakka und Gresik vermittelten Gewürzhandel um 1460/65 nach Ternate vor. Die von Ternate abhängigen Gebiete, das fast gleich starke benachbarte Tidore und das weniger bedeutende Bacan folgten. Die Nachfrage führte zur Ausdehnung des Nelken-Anbaus auf den Inseln Seram und Ambon; dort wurde im späten 15. Jahrhundert das von Ternate abhängige Hitu der Hauptstapelplatz.

Die molukkische Gewürzausfuhr am Südostende Asiens und der Aufbruch der iberischen Mächte im Südwesten Europas führten im beginnenden 16. Jahrhundert zur ersten unmittelbaren Berührung zwischen Europa und dem malaiischen Archipel. Die Portugiesen standen 1509 erstmals vor Malakka und schon zwei Jahre später fiel der Stadtstaat; Malakka wurde für 130 Jahre die portugiesische Ausgangsbasis für Handelsfahrt und Missionierung im Archipel.

Mit der Beherrschung der Malakka-Straße war für die Portugiesen der Weg zu den Gewürzinseln frei. Ternate, Tidore und Hitu wurden fortan regelmäßig besucht. Nachdem 1521 die „Victoria", das letzte Schiff der spanischen Weltumsegelungsflotte, vor Halmahera aufgetaucht war, schlossen die Portugiesen neue Verträge mit dem Sultan von Ternate und errichteten dort 1522 ihr erstes Fort, um ihr Handelsmonopol gegen spanisches Vordringen zu sichern. Nach langen politischen Verwicklungen mußten die Portugiesen 1574 Ternate aufgeben; das Schwergewicht ihrer Handelsaktivitäten verlagerte sich nach Seram und Ambon. Auch dieser Besitz mußte gegen ternatischen Einfluß gesichert werden; so bauten die Portugiesen dort 1576 ein neues Fort und legten eine Siedlung an, die heutige Stadt Ambon[221]. Doch auch im Norden gewannen sie ab 1578 noch einmal Einfluß; ein weiteres Fort entstand auf Tidore. Gegen Ende des Jahrhunderts schließlich gründeten die Portugiesen, vom Sandelholz angelockt, auf Solor, Flores und Timor Handels- und Missionsposten, von denen mehrere die Zeiten überdauerten; Ende und Larantuka auf Flores, Lifao und Oekussi sowie einige andere Siedlungen im Ostteil der Insel Timor gehörten hierzu. Auch Atapupu existierte schon als Ausfuhrplatz für das Fürstentum Belu.

Die Eroberung Malakkas durch die Portugiesen setzte nach 1511 auch im Westen des Archipels die Kraftlinien um; neue Handelszentren entstanden. Der aus Malakka vertriebene Sultan war zunächst nach Bintan (Riau) geflüchtet, wählte dann aber das Ostufer des Johore-Flusses am Südende der Halbinsel zum neuen Reichsmittelpunkt. Von dort aus – heute die Siedlung Johore Lama – bedrohte er die portugiesischen Seeverbindungen.

Die portugiesische Sperrung der Malakka-Straße für die Pfefferlieferungen aus Java und aus den östlichen Teilen des Archipels zwang nun die javanischen, niederländischen, britischen und französischen Schiffe, den Weg durch die Sunda-Straße und an der Westküste Sumatras entlang nach Norden zu suchen. Zunächst zogen daraus die Hafenstädte an der westjavanischen Nordküste, Banten und das 60 sm weiter östlich gelegene Sunda Kelapa Vorteile. Banten hatte kurz nach 1500 den neuen Glauben übernommen, Sunda Kelapa wurde etwa 25 Jahre später islamisch; seitdem wurde es Jayakerta – durch die Portugiesen verballhornt „Jakatra" – genannt.

In eine besonders günstige strategische Lage gerieten nach 1511 auch die Häfen an der Nordspitze Sumatras. Die hier gelegene kleine Herrschaft Aceh befreite sich um 1520 von der Oberhoheit des benachbarten Pidië und wurde in den darauf folgenden Jahrzehnten zum Machtfaktor in der Malakka-Straße. Zur gleichen Zeit eroberte Aceh die gesamte Westküste Sumatras. Von Ulakan aus brachte es um die Jahrhundertmitte auch das binnenorientierte Kernland der Minangkabau, die „Tiga Luhak" unter seinen Einfluß. Weiter südlich stieß es auf die Einflußsphäre der wachsenden Seemacht Banten.

1546 war das Reich Demak zusammengebrochen. Neben Jepara, das von Mittel-Java aus wieder Einfluß auf Teile von Borneo und Sumatra ausübte, erhielten auch Cirebon, Jakatra und Banten im Westen als Umschlagplätze des Verkehrs durch die Sunda-Straße neuen Auftrieb. Cirebon eroberte im Hinterland die Herrschaft Galuh, dessen Hauptstadt gleichen Namens am Citandui 12 km unterhalb des heutigen Ciamis lag. Banten zerstörte bis 1579 in seinem Hinterland das alte Reich Pajajaran; die Hauptstadt Pakuan versank. Über See dehnte Banten seinen Einfluß auch an der Westküste Sumatras aus; bis 1585 wurden ihm alle Küstenherrschaften bis Sungai Limau – rd. 8 sm nördlich des heutigen Bengkulu gelegen – tributär.

Im Binnenland Javas entstand in der Nachfolge Demaks um 1568 zunächst ein Zwischenreich, das seinen Mittelpunkt in der Regentschaft Pajang hatte; der Herrschersitz befand sich an der Stelle des heutigen Surakarta am Solo-Fluß. Pajangs Machtentfaltung war aber nur von kurzer Dauer, denn die Herrschaft über Mittel-Java ging schon um 1578 auf einen neuen, weiter südlich unweit des heutigen Yogyakarta gelegenen Reichsmittel-

---

[221] Zur Frage des Gründungsjahres siehe Jacobs 1975.

punkt über, der den alten mitteljavanischen Hindunamen Mataram übernahm[222]. Mataram weitete seine Macht rasch über Mittel-Java hinaus aus. Schon 1586 eroberte es die Herrschaften Kediri und Malang; letzteres hatte die Nachfolge des älteren Singosari (vgl. S. 44) angetreten. Gegen Westen unterwarf Mataram bis 1595 die Landschaften Bagelen, Banyumas, Galuh und Sumedang. Es folgte nach 1604 die Einverleibung von Demak, Jepara und Gresik, sowie wenig später bis etwa 1625 die Eroberung der gesamten Nordküste von Cirebon im Westen bis Surabaya und Pasuruan im Osten. Auf Madura wurde in Sampang ein Lehnsfürst eingesetzt. Nur Balambangan, der östlichste, um 1639 von Mataram eroberte Teil Javas, konnte gegen balinesische Übergriffe nicht gehalten werden.

Mit diesen Vorgängen stabilisierten sich die Machtverhältnisse des Binnenlandes erneut, nunmehr mit einem weit südlich gelegenen Zentrum, der Stadt Mataram; noch heute wird dieser Name für das an gleicher Stelle später errichtete Yogyakarta verwendet. In den nun von Mataram abhängigen Landesteilen wurden ältere Herrschersitze als Handels- und Verwaltungssiedlungen übernommen, oft aber auch neue Siedlungen als Unter-Regentensitze gewählt. Wenn auch die Anwesenheit eines Statthalters, Steuereinnehmers oder Zollwächters nicht in jedem Fall städtische Eigenschaften der Siedlung zur Folge hatte[223], so wuchs doch im 17. Jahrhundert mit diesen Regentensitzen eine Schicht zentraler Orte heran, die allmählich städtisches Gepräge erhielten und mehrheitlich spätestens im 19. Jahrhundert zu Städten wurden.

Das auf See durch den Niedergang von Demak und Jepara entstandene Machtvakuum wurde durch ein neues Reich auf Selebes aufgefüllt. An dessen Südwestküste blühte gegen Ende des 16. Jahrhunderts das Reich Gowa auf. Hier hatten sich schon um 1540 malaiische Händler niedergelassen; es entwickelte sich eine Seefahrer- und Handelsstadt: Makasar. Von hier aus beherrschte Gowa die Handelswege zwischen den Molukken im Osten und den Seehandelsstädten Johore und Banten im Westen. Nach der Übernahme des Islam um 1605 unterwarf Gowa bis etwa zur Jahrhundertmitte die Ostküsten-Sultanate von Borneo, die kleineren Westküsten-herrschaften auf Selebes – so Mandar, unter dessen Fürsten der von Balangnipa der bedeutendste war –, ferner die Bugi-Reiche Bone, Wajo und Soppeng, die Herrschaft Tibore auf Muna, sowie die früher von Ternate abhängigen bedeutenden Herrschaften Buton, Bima, Dompu und Sumbawa. Damit schränkte Makasar den Machtbereich Ternates ein, der bis zu dieser Zeit von den Sangihe- und Talaud-Inseln im Norden, entlang der Ostküste von Selebes, bis zu den Kleinen Sunda-Inseln im Süden gereicht hatte. Jetzt wurde Makasar zum beherrschenden Macht- und Handelszentrum im östlichen Archipel.

Auch auf Borneo entwickelten sich ab etwa 1550 nach dem Verfall der javanischen Herrschaft von Jepara und Demak und der Aufnahme eines freieren Seeverkehrs alte und neue Küstenorte unter malaiischem Einfluß zu städtischen Herrschafts- und Handelssiedlungen; darunter befanden sich mehrere frühere Majapahit-Vasallen[224], so Brunei im Norden, Sambas und Tanjung Puri – jetzt Sukadana genannt – im Westen, Kota Waringin und Barito – jetzt Banjarmasin – im Süden sowie Pasir und Kutei im Osten. Viele gerieten bald in Abhängigkeit, so Sambas unter die Oberhoheit Johores. Banjarmasin aber weitete seinen Einfluß aus und beherrschte um 1636 die gesamte Süd- und Ostküste; der Sultan hatte allerdings seine Hofhaltung nach 1612 von Banjarmasin stromaufwärts nach Martapura verlegt. Neben Banjarmasin waren im 17. Jahrhundert Bandar Brunei im Norden und Sukadana an der Westküste bedeutende Handelsstädte.

Griffen die Portugiesen schon im 16. Jahrhundert in Malakka und auf den Molukken sowie auf den Kleinen Sunda-Inseln prägend in die Staatenbildung und Städteentstehung ein, so gelang den Spaniern gleiches auf den Philippinen. Dort verlegten sie 1571 ihren Hauptstützpunkt von Cebu nach Manila und festigten ihre Territorialherrschaft durch planmäßige Stadtneugründungen. Auf den Molukken gelang das nicht. Dort mußten die Spanier nach langen Auseinandersetzungen mit ihren portugiesischen und später niederländischen Konkurrenten im Jahre 1663 ihren letzten Handelsstützpunkt Tidore aufgeben.

Grundsätzlich anders gestaltete sich dagegen das Eingreifen der Niederländer in die Auseinandersetzung um die Handelsvorteile im Archipel. Zunächst gelang es ihnen, den unmittelbaren Weg vom „Kap der Guten Hoffnung" nach Java zu finden und durch die Sunda-Straße in den Archipel einzudringen. 1596 erschienen sie das erste Mal in Banten. Die Malakka-Straße war noch immer durch die Portugiesen versperrt. Nach den ersten Handelsunternehmungen verschiedener Reedervereinigungen schlossen sich diese im Jahre 1602 zur „Generale Nederlandsche Geoctroyeerde Oost-Indische Compagnie" zusammen; sie wurde kurz „VOC" genannt. Als neues Ziel galt: Das erstrebte Handelsmonopol durch territoriale Besetzung wichtiger Erzeugergebiete zu

---

[222] Zur Staatsgründung von Mataram siehe zusätzlich die Beiträge von Berg 1957 (a) u. 1957 (b).

[223] Soweit die Quellen (De Jonge 1862–1909 und Dagh-Register 1888–1931 nach den Auswertungen von Stapel 1931 und B. Schrieke 1957) dazu ausreichen, sind diese Siedlungen in der Übersicht auf S. 52 am Ende der Spalte „Auf Java" genannt und in Karte 1 aufgenommen.

[224] Mit Ausnahme von Tanjung Puri, das im Nāgarakrtāgama ausdrücklich als Stadt genannt wird, ist es für die Majapahit-Zeit nicht sicher, ob die Vasallenterritorien auf Borneo schon stadtähnliche Siedlungen besaßen (vgl. Fußn. 217).

erreichen. Portugal war der Hauptgegner. Es gelang der VOC schon 1605, Ambon einzunehmen; dies war ihr erster territorialer Erfolg im Archipel. Auf fremdem Hoheitsgebiet entstanden bis 1607 Faktoreien in Patani, Johore, Aceh, Gresik, Ternate und auf den Banda-Inseln, 1611 wurde ein „steinernes Haus" als niederländische Faktorei in Jakatra gebaut und 1613 eroberten die Holländer das portugiesische Fort „Henricus" auf Solor. Im gleichen Jahr wurde mit dem Raja von Kupang auf Timor ein Handelsvertrag geschlossen und 1653 auch dort ein Fort errichtet, das die niederländische Oberhoheit über mehrere kleine Häuptlingschaften West-Timors sicherte.

Banten war im ersten Viertel des 17. Jahrhunderts der Hauptstapelplatz für den Gewürzhandel mit Europa, denn es lag am günstigsten, weil der Sunda-Straße am nächsten. Holländer und Briten waren die Haupthandelspartner des Sultans; die Portugiesen waren schon 1601 durch Waffengewalt ausgeschaltet worden. Die Rivalität der Niederländer und Briten an dieser Küste führte 1618 zu einem Seegefecht vor Jakatra und zur anschließenden Seeblockade und Belagerung der befestigten niederländischen Faktorei durch Briten und Jakatraner. Nach wechselnden Ereignissen[225] traf im Mai 1619 der VOC-Gouverneur-Generaal Jan Pieterszoon Coen mit niederländischen Verstärkungen aus den Molukken vor Jakatra ein, bemächtigte sich der Stadt und brannte sie nieder. An gleicher Stelle begann er noch 1619 mit dem Bau eines Forts und einer neuen Stadt nach holländischem Vorbild; sie trug seit 1621 den Namen Batavia.

Gestützt auf die Flotte der VOC entstand mit Batavia ein neues Machtzentrum im Archipel. Die neue Niederlassung mußte sich 1627 und 1629 zunächst gegen Angriffe von Mataram verteidigen; mit Banten wurde 1645, mit Mataram 1646 Frieden geschlossen. Batavias Bedeutung wuchs zunächst nicht mit der Erweiterung territorialer Herrschaft im Archipel, sondern mit der sich ausweitenden Kontrolle der niederländischen Flotten auf dem Indischen Ozean und der Südchinesischen See. Territoriale Hoheit übte es nur über einige der mittleren und südlichen Molukken aus. Andere Städte beherrschten oder beeinflußten dagegen um 1650 große Territorien, so Aceh und Johore im Westen, Brunei im Norden, Banten und Mataram auf Java, Makasar, Ternate und Tidore im Osten; von Manila aus regierten die Spanier die Philippinen. Portugals Einfluß war ab 1641, als Malakka an die Niederländer verloren ging, auf Flores, Solor und Timor zurückgedrängt worden.

Neben den großen Herrschaftszentren Aceh, Johore, Banten, Batavia, Mataram, Makasar und Ternate gab es um 1650 viele weitere kleinere im Archipel, teils mit alten Traditionen, teils neu emporgewachsen, teils bis zur europäischen Herrschaftsausbreitung unabhängig, teils schon vorher von mächtigeren Nachbarn in Abhängigkeit gebracht. So existierten die großen Strommündungsstädte Jambi und Palembang in Ost-Sumatra wieder als Zentren mittelgroßer Herrschaftsbereiche. Das gleiche galt für Sukadana, Kota Waringin und Banjarmasin auf Borneo. Auch Bali mit seinen Einflußgebieten Balambangan und Lombok war unabhängig[226, 227].

Um auf Dauer ihre Handelsinteressen zu sichern, mußte die VOC ihr Hoheitsgebiet erweitern. Teils durch Drohungen, teils durch Flottenbewegungen und Landexpeditionen gerieten im Laufe von rund 30 Jahren bis 1680 alle wichtigen Mächte in die Abhängigkeit der VOC: so Ternate 1657, Tidore 1667 und Makasar 1668 einschließlich der ehemals von Makasar abhängigen Reiche im Süden von Selebes und auf Sumbawa (Sumbawa, Dompu und Bima). Im Norden von Selebes bauten die Niederländer 1657 ein Fort in Manado, damals schon der wichtigste Platz der Minahasa. Bis 1677 fügten sich auch die anderen kleineren Fürstentümer des gesamten nördlichen Selebes einschließlich der Siau-, Sangihe- und Talaud-Inseln – dort in Auseinandersetzung mit den Spaniern – unter die Oberhoheit der VOC. Neben Manado waren unter den Herrschersitzen Toli-Toli, Buol, Limboto, Gorontalo, Kaidipang, Amurang, Tondano, Tagulandang und Ulu auf Siau die bedeutenderen[228]. Auch auf Seram und Nachbarinseln sowie auf den Südwest- und Südost-Inseln wurden bis 1674 alle Kleinherrscher unter die Botmäßigkeit der VOC gebracht; stadtähnliche Siedlungen gab es hier nicht. Auf Buru wurde 1662 an der Kayeli-Bucht ein neues Fort (Overberg) errichtet.

An der Westküste Sumatras gewann die VOC nach 1663 beherrschenden Einfluß, indem von Indrapura im Süden bis Tiku im Norden die Oberherrschaft Acehs gebrochen wurde. Zunächst wurden Pulo Cingko mit Salido in der Bucht von Painan niederländische Hauptniederlassung, ab 1666 Padang. Faktoreien gab es in Tiku, Pariaman und Indrapura, nachdem Handelsmonopolverträge mit den Fürsten von Indrapura, Batang Kapas,

---

[225] Die Eroberung Jakatras ist vielfach beschrieben worden: vgl. die schon in Fußn. 219 genannten Geschichtswerke besonders aber de Haan 1922, 1. Deel, § 65 und Colenbrander 1925, 2. Deel, S. 93 ff. sowie die dort genannten Quellen.

[226] Dieses Verteilungsbild der Macht hat Vlekke (1959, S. 156) in seiner viel zitierten und nachgedruckten Karte „The principal States of the Archipelago in the XVIIth Century" dargestellt (Original in der 1. Aufl. 1943, nach S. 136).

[227] Auf Grund dieses Verteilungsbildes läßt sich erstmals eine Gruppierung der Städte des Archipels vornehmen; vgl. dazu Abschn. 7.4.2., bes. Tab. 7–8 auf S. 226.

[228] Durch Herrschersitz und Handel hoben sich diese Orte zwar von den übrigen Dörfern ab, Städte waren sie deshalb zu dieser Zeit noch nicht.

Painan, Tarusan, Bayang, Pauh, Koto Tangah, Pariaman und Tiku geschlossen worden waren[229]. Auch auf Nias knüpfte die VOC 1669 Handelsbeziehungen an und gewann an Einfluß. Zuletzt unterwarfen sich bis 1693 Batahan, Natal, Tapanuli, Barus und Singkil der VOC; Acehs Einfluß war weit nach Norden zurückgedrängt worden. Im Süden dagegen konnte sich der aus Indrapura vertriebene Fürst 1695 in Menjuto festsetzen und von hier aus eine neue, von den Niederländern unabhängige Herrschaft ausbauen; später wurde die Residenz an die Küste nach Muko-Muko verlegt.

Auch die Nordküste Sumatras mit dem Kernland Aceh blieb unabhängig, Stadt und Staat hatten aber ihre Glanzzeit schon lange hinter sich. Bis 1613 hatte Aceh alle einheimischen Herrscher an der Malakka-Straße unterworfen, darunter Kedah und Perak, Deli und Indragiri; eine Neugründung von Aceh-Vasallen war Tanjung Balai am Asahan 1619. Schon 1629 wurde Aceh durch einen Gegenschlag der in Malakka bedrohten Portugiesen zurückgeworfen. Dadurch bekamen im Süden Johore und die VOC freieres Spiel; Johore wurde nach 1630 wichtigste Handelsstadt an der Malakka-Straße. Zusammen mit der VOC bedrängte es ab 1633 die Portugiesen in Malakka. Die Seefestung mußte sich 1641 den VOC-Truppen ergeben. Johore gewährte 1643 der VOC Handelsvorrechte, in die zunächst auch die von ihm abhängige Herrschaft Siak eingeschlossen war, später ab 1689 auch die Landschaften Reteh, Indragiri, Kampar und Bengkalis[230]. Ähnliche Handelsrechte erhielt die VOC auch von Perak, Jambi und Palembang. Verglichen mit diesen alten Städten hatten die abhängigen kleineren Herrschersitze auf der Halbinsel und in Ost-Sumatra wesentlich weniger städtisches Gepräge; Ansätze hierzu waren möglicherweise schon in Siak Sri Indrapura und Pekan Tua Indragiri vorhanden. Auch die Herrschaftsbereiche auf Bangka und Belitung, die sich seit 1668 unter den Schutz der VOC gestellt hatten, waren zu dieser Zeit noch ohne städtische Zentren.

Auch auf Java gewann die VOC weiteren Einfluß. Nach einem ausgedehnten Bürgerkrieg in Mataram retteten 1678 die Truppen der VOC die Dynastie; danach erschien dem Herrscher die alte Hauptstadt Mataram nicht mehr tragbar. Er verlegte seine Residenz 1681 nach Wonokerto im Tal des Solo-Flusses und nannte den Ort fortan Kertasura. Der VOC wurde als Bündnisentschädigung 1678 der Nordküstenhafen Semarang abgetreten. In Jepara (seit 1651), Rembang (seit 1671), Tegal (seit 1677), Demak (seit 1677) und Surabaya (seit 1678) besaß die VOC Niederlassungen.

So war seit 1678 das große Binnenreich Mataram sowohl militärisch als auch wirtschaftlich von Batavia abhängig. Wenige Jahre später, 1684 geschah das gleiche mit Banten. Nach Anyar an Javas Westküste setzte die VOC einen Marineposten, der die durch die Sunda-Straße einkommenden Schiffe zu melden hatte. Ebenso weitete sich der Einfluß Batavias gegen Osten aus: 1678 wurde ein Fort in Tanjungpura bei Karawang errichtet; zwischen 1681 und 1690 unterwarfen sich auch Cirebon, Sumedang, Indramayu, Pamanukan und Parakan Muncang der Vorherrschaft der VOC. 1686 waren auch die von Mataram abgetretenen Landschaften Galuh und Priangan mit den damaligen Regentensitzen Ciamis[231], Sukapura (heute Sukaraja genannt) bei Tasikmalaya, Balubur Limbangan bei Garut und Citeureup (heute Dayeuh Kolot genannt) bei Bandung von der VOC besetzt worden.

Die Ausdehnung der niederländischen Macht hatte viele umittelbare und mittelbare Folgen für die städtischen Zentren. Zunächst Malakka, danach Aceh und Makasar und schließlich Banten verloren Herrschafts- und Handelsbedeutung in dem Maße, in dem die Fäden der Macht in Batavia gebündelt wurden. In Mataram wurde Batavias Oberherrschaft noch weiter gefestigt, als VOC-Truppen 1705 Thronfolgestreitigkeiten schlichteten und 1706 dem Rebellenregime des Suropati ein Ende machten. Dieser hatte seit 1685 seine Hauptstadt Pasuruan zu einem bedeutenden Hafen entwickelt; 1707 bauten die Holländer dort ein Fort.

So wuchs Batavia im Laufe des 17. Jahrhunderts zur beherrschenden Stadt des Archipels heran. Nur wenige Regionen kontrollierte es nicht, so z. B. die südliche Westküste von Sumatra. Dort existierte das Reich Muko-Muko; südlich davon hatten die Briten unmittelbar nach dem Machtverfall von Banten 1685 in Silebar ein Fort errichtet; es wurde 1714 durch eine stärkere Anlage, 6 sm weiter nördlich beim heutigen Bengkulu gelegen, ersetzt.

---

[229] Im Falle von Indrapura, Painan, Pariaman und Tiku ist der Name der Herrschaft mit dem Namen der heutigen städtischen Siedlung identisch. Ob die heutigen Hauptorte der übrigen Herrschaftsbereiche schon damals die Häuptlings- oder Fürstensitze waren, ließe sich nur durch besondere Nachforschungen klären. Auch für Kerinci, das zu dieser Zeit als Goldlieferant genannt wird, ist es ungewiß, ob der damalige Herrschersitz bereits am Ort des späteren Sungai Penuh lag.
Von dieser Frage abgesehen gilt für alle genannten Herrschersitze, daß es selbstverständlich nicht Städte im heutigen Sinne waren. Als Herrscher- und Handelsorte stachen sie aber von den rein agrarischen Siedlungen ab. Im Minangkabau-Hochland dürfte es zur gleichen Zeit neben Pagar Rujung ähnliche Herrschersitze wie im Küstenbereich gegeben haben. Da diese nicht beschrieben sind, fehlen sie auch in der Zusammenstellung S. 52 und auf Karte 2.

[230] Das 1689 von der VOC gegründete Fort Petapahan am Tampong Kiri wurde schon 1690 wieder verlassen.

[231] 12 km westlich des aufgegebenen Ortes Galuh.

Von Batavia unabhängig blieb auch Bali; dort teilten sich zwei der neun Fürstentümer die Vorherrschaft. Karangasem hatte um 1690 Gelgel zerstört und dann mit freiem Rücken 1692 Lombok erobert. Gegen Westen dagegen beherrschte Buleleng die Küsten, den Ostteil von Balambangan mit den Vasallenstädten Macanputih (1655–1691) und Lateng (1697–1736) eingeschlossen.

Auch auf Borneo übte die VOC keine Kontrolle aus. Hier konnte gegen Ende des 17. Jahrhunderts Banjarmasin, die Hauptstadt des gleichnamigen Sultanats, ihre Stellung als Stapelplatz für alle nicht-holländischen Handelsfahrer – Portugiesen, Briten und Chinesen – im Archipel ausbauen. Im Norden Borneos hatte Bandar Brunei eine ähnliche Stellung.

Es war so vor allem der Handel – unmittelbar und auch in Folge der durch ihn beschleunigten Feudalisierung der autochthonen Gemeinschaften – der im 16. und 17. Jahrhundert überall im Archipel neue Siedlungen mit städtischen Eigenschaften schuf. Besonders auf Java kamen die Siedlungsverdichtung infolge Bevölkerungszunahme und staatliche Verwaltungsfunktionen als Ursachen hinzu. Die Namen der bis etwa 1700 vorhandenen Städte und stadtähnlichen Siedlungen, die in der Majapahit-Zeit noch nicht vorhanden waren, sind in folgender Übersicht zusammengestellt und auch auf Karte 2 wiedergegeben:

Übersicht über die zwischen etwa 1400 und 1700 im indischen Archipel enstandenen städtischen und stadtähnlichen Siedlungen
(in heutiger Schreibweise der Namen)

Auf der Halbinsel	Koto Tangah	Ciamis	Dayeuh Luhur	Nganjuk	Sumbawa Besar
	Pauh	Semarang	Ajibarang	Pace	Dompu
Patani	Padang	Kedu	Pamerden	Kertosono	Bima
Perak	Bayang	Bagelen	Rema	Lamongan	Ende
Johore (Lama)	Tarusan	Banyumas	Ayah	Senggara	Larantuka
(andere Orte hier	Salido-Pulo Cingko	Mataram/	Nampudadi	Lumajang	Fort Henricus (Solor)
nicht genannt)	Painan	Yogyakarta	Bocor	Puger	Kupang
	Batang Kapas	Wonokerto/	Ambal	Blater	Atapupu
	Indrapura	Kertasura	Rawa	Probolinggo	Lifao
Auf den Philippinen	Menjuto	Pajang/Surakarta	Kali Beber	Besuki	Oekussi
	Sungai Limau	Sampang	Ungaran	Arosbaya	Ulu Siau
Manila	Silebar	Malang	Ambarawa	Blega	Tagulandang
(andere Orte hier		Pasuruan	Salatiga	Pamekasan	Manado
nicht genannt)		Panarukan	Wates		Tondano
	Auf Java	Macanputih	Kaduwang		Amurang
		Lateng/Banyuwangi	Sukowati	**Auf Borneo**	Boroko/Kaidipang
Auf Sumatra	Banten		Godong		Gorontalo
	Anyar	*(noch zu Java:*	Grobogan	Bandar Brunei	Limboto
Pedir-Pidië	Sunda Kelapa/	*im laufenden Text*	Sela	Sambas	Leok/Buol
Banda Aceh	Jakatra/Batavia	*nicht genannte*	Pati	Kota Waringin	Toli-Toli
Deli	Karawang	*Regentensitze)*	Juwana	Banjarmasin	Balangnipa (Mandar)
Tanjung Balai	Pamanukan		Rembang	Martapura	Wajo/Sengkang
Siak Sri Indrapura	Indramayu	Gebang	Blora	Pasir	Watan Soppeng
Pekan Tua Indragiri	Cirebon	Brebes	Jipang	Kutei	Bone/Watampone
Singkil	Sumedang	Tegal	Jorogo		Makasar
Tapanuli	Parakan Mucang	Pemalang	Magetan		Tibore (Muna)
Natal	Citeureup/	Wiradesa	Caruban	**In Ost-Indonesien**	Buton/Bau-Bau
Batahan	Dayeuh Kolot	Pekalongan	Ponorogo		Hitu
Tiku	B(a)lubur Limbangan	Batang	Pacitan	Gelgel	Ambon
Pariaman	Sukapura/Sukaraja	Kendal	Kalangbret	Karangasem	Fort Overberg
Ulakan	Galuh	Kaliwungu	Berbek	Buleleng	(Kayeli)

2.2.3. Das Städtesystem in der Zeit der kolonialen Aufteilung und Durchdringung (1700–1900)

Um 1700 stand die Mehrzahl der Küstenländer des Archipels unter der Oberhoheit der VOC; hier waren die Herrschafts- und Handelsstrukturen soweit gefestigt, daß das Städtesystem seitdem nur noch wenige grundlegende Veränderungen erfuhr. Die damals großen Zentren wiesen ohnehin schon seit dem 15. Jahrhundert eine hohe Lagekonstanz auf und blieben – von einigen Ausnahmen abgesehen – trotz Machtverlusts als städtische

Siedlungen bestehen. Wandelbarer blieben die Strukturen im binnenländischen Java und im unkontrollierten Teil des Archipels, insbesondere auf Borneo[232].

In Abhängigkeit von der religiös-mythischen Legalität der javanischen Herrscher waren die Residenzen in Mittel- und Ost-Java schon in der hinduistischen Zeit, aber auch unter islamisierten Dynastien immer dann gewechselt worden, wenn nach Niederlagen, Katastrophen oder Herrscherwechseln ein Neuanfang an anderem Ort ratsam schien. Das galt auch noch im 18. Jahrhundert. Es war schon erwähnt worden (S. 51), daß der Sultan von Mataram die erste den Reichsnamen tragende Residenz von Mataram aus der Gegend des heutigen Yogyakarta 1681 nach Kertasura verlegt hatte. Nach Feindseligkeiten gegen die VOC und Revolten seiner Vasallen an der Nordküste zwang die VOC den Sultan, 1743 die gesamte Nordküste, Madura und das durch die Kriege mit Bali verwüstete Balambangan an die VOC abzutreten. Grund genug, die Hauptstadt erneut zu wechseln; sie wurde 1745 nach Solo verlegt, das mit der neuen Funktion auch einen neuen Namen: Surakarta erhielt. Dieser Platz im Zentrum der alten Regentschaft Pajang hatte schon einmal, im 16. Jahrhundert, Hauptstadtfunktionen ausgeübt (vgl. S. 48).

Surakarta blieb nur rd. 10 Jahre lang Reichshauptstadt von Mataram. Neue Erbfolgestreitigkeiten führten schon 1755 zur Aufteilung des Restreiches unter zwei, später drei und vier Herrscher, von denen je zwei in Surakarta und Yogyakarta – letzteres auf dem Boden der alten Reichshauptstadt Mataram – residierten. De facto waren zwei neue Territorialstaaten entstanden, die – 1812 und 1830 nach Aufständen gegen die britische und niederländische Herrschaft noch einmal verkleinert – bis 1945 als niederländische Vasallen und weiter bis 1950 als indonesische Teilstaaten existierten. Während das Fürstentum Surakarta danach in die Provinz Mittel-Java eingegliedert wurde, blieb das Fürstentum Yogyakarta im Territorialstand von 1830 bis in die Gegenwart als Provinz mit Sonderstatus erhalten (vgl. Fußn. 146).

Der zweite auf Java gelegene VOC-Vasallenstaat des 17. Jahrhunderts, das Sultanat Banten, wurde 1757 nach inneren und äußeren Revolten zunächst in seinen Hoheitsrechten weiter eingeschränkt. 1808 besetzte Gouverneur-Generaal Daendels Bantens Nordküste; der Sultanssitz wurde nach Pandegelang verlegt, doch schon 1813 wurde das Sultanat durch den britischen Lieutenant-Governor Raffles endgültig aufgelöst. Die alte Herrscher- und Hafenstadt Banten war 1808 zerstört worden und verfiel während des 19. Jahrhunderts vollständig. Nach der britischen Zwischenherrschaft wurde der neue niederländische Resident nach Serang am neuen binnenländischen Längsweg gesetzt und Controlleure nach Cilegon und Caringin sowie nach Pandegelang und Rangkasbitung; in letztere Orte später auch Regenten.

Das Schicksal der Regentensitze des 17. Jahrhunderts gestaltete sich im 18. und 19. Jahrhundert unterschiedlich. Erste Neuanstöße ergaben sich aus neuen Handelsfunktionen. In den von der VOC unmittelbar abhängigen Gebieten forderte diese von ihren Regenten die Lieferung von Handelsgütern sowohl einheimischer Herkunft – Indigo, Baumwollgarn, Pfeffer, Zucker – als auch aus dem Zwangsanbau von Kaffee. So wurden ab 1711 die ersten Kaffee-Ernten in Priangan und später auch in Mittel-Java an die Regentensitze als Sammelplätze geliefert. Auch in den Fürstenstaaten Mataram, Cirebon und Banten wurde der Anbau der Handelsgewächse als Geldeinnahmequelle der Regenten – häufig in Form von Apanagen – gefördert. Der Handel mit den Landeserzeugnissen wurde zunehmend von Chinesen betrieben, die etwa ab 1733 auch in Mataram geduldet wurden. Ihre Ausbreitung in der zweiten Jahrhunderthälfte brachte zusätzliche städtische Elemente in die binnenländischen Regentensitze Mittel- und Ost-Javas.

Neben dem Handel führte der Aufbau einer europäischen Verwaltung zu noch bedeutenderen Stadtentwicklungsimpulsen. Die 1743 von Mataram abgetretenen Nordküsten-Regentschaften waren 1748 zu einem neuen Gouvernement „Noordoostkust van Java" zusammengefaßt worden, das auch Balambangan im Osten einschloß; zur Hauptstadt wurde das seit 1678 unter VOC-Herrschaft stehende Semarang bestimmt. Bereits 1708 hatte die VOC ihr Hauptkontor für den Nordküstenhandel von Jepara nach Semarang verlegt; schon damit war die Vorrangstellung an Mittel-Javas Nordküste, die im 17. Jahrhundert noch Jepara innehatte, auf Semarang übergegangen.

Das Nordostküsten-Gouvernement wurde 1808 durch Daendels aufgelöst (vgl. S. 24). Statt dessen erhielten Semarang und Jepara sowie acht weitere Orte der Nordküste Präfekturen – später Residentensitze – als neue Oberinstanz. Jepara mußte den Residentensitz schon 1810 an Pati abgeben und blieb weiter rückläufig. Bis 1830 wurde die Zahl der neuen Residentschaften auf 22 erhöht. Deren Hauptorte erlebten im 19. Jahrhundert einen

---

[232] Zu den in Fußn. 208 genannten generellen Geschichtsdarstellungen wurden für den hier behandelten Zeitabschnitt die Arbeiten von Meinsma 1873/75 (Dl. II), Zimmermann 1903, Kielstra 1920, Pronk 1929, Godée Molsbergen 1938 u. 1939, Stapel 1940, Ricklefs 1981 (Chapter 8–12) sowie die Orts- und „Gewest"-Artikel in der „Encyclopaedie van Nederlandsch Indië", 1. und 2. Ausgabe herangezogen; ferner speziell für Java Veth 1878/82 (Dl. II u. III). Der Atlas van Trop. Nederland bietet mit Blad 10a eine hier nützliche Darstellung der „Ontwikkeling van het Nederlandsch Gezag".

steilen Aufstieg, von einigen verkehrsgeographisch bedingten Ausnahmen abgesehen. Es handelte sich um Serang (1813), Batavia (1808), Buitenzorg (1815–1826), Karawang (1810–1826), Purwakarta (1867), Cianjur (1810–1864), Bandung (1864), Cirebon (1808), Tegal (1808), Pekalongan (1808), Banyumas (1830), Purworejo (1830), Magelang (1817), Semarang (1808), Pati (1810), Rembang (1812), Madiun (1830), Kediri (1830), Surabaya (1808), Gresik (1812–1826), Pasuruan (1812), Probolinggo (1812–1826 u. 1855–1900), Besuki (1816–1900), Banyuwangi (1816–1826 u. 1849–1881), sowie Sumenep (1812–1826) und Pamekasan (1858) auf Madura[233]. Diese Städte bildeten zusammen mit den beiden Fürstenresidenzen Surakarta und Yogyakarta die nach Batavia oberste Hierarchiestufe des javanischen Städte-Systems (vgl. Tab. 7–8, S. 227). Die nicht zu Residentensitzen aufgewerteten Regentschaftshauptorte blieben in ihrer Verwaltungsfunktion unverändert.

Zusätzlich zu den Verwaltungsmaßnahmen ergaben sich ab 1830 mit dem durch Gouverneur-Generaal Van den Bosch eingeführten „Cultuurstelsel", einem neuen Zwangsanbausystem, auch neue wirtschaftliche Impulse zum Städteausbau; als Sammelpunkte, Lager- oder Aufbereitungsorte von Kaffee, Zucker, Indigo und Chinarinde erhielten sowohl die Regentschafts- und Abteilungshauptorte als auch die Residentschaftshauptstädte – darunter befanden sich auch alle Hafenplätze – neue Handels- und Verkehrseinrichtungen. So wuchs auf Java aus kleinen Anfängen ein Netz von Mittelstädten heran, die bis heute als Verwaltungsorte, als Handels- und Verkehrsknotenpunkte und schließlich auch als Zentren öffentlicher und privater Dienstleistungseinrichtungen dominierend blieben[234].

Trotz der unangefochtenen Macht, die von Batavia ausging, hatte auch die Metropole im 18. und 19. Jahrhundert Probleme, die ihre Existenz in Frage stellten. Tropenuntaugliche Bauweise, mangelnde Hygiene, Unkenntnis der Ursachen tropischer Infektionskrankheiten und zunehmende Überschwemmungsgefahren führten im 18. Jahrhundert, besonders nach 1732 zu schweren Bevölkerungsverlusten und andauernden, meist erfolglosen Wasserbaumaßnahmen. Nachdem 1796 die VOC zusammengebrochen und ihr indischer Besitz vom Staat, der neuen „Bataafschen Republiek"[235] übernommen worden war, faßte der neue Gouverneur-Generaal Van Overstraten sofort eine Verlegung der Regierung in die Fürstenländer Mittel-Javas ins Auge. Als 1808 Herman W. Daendels als neuer Gouverneur-Generaal nach Niederländisch Indien kam, hatte er die Regierung zunächst in die durch ihn stark geförderte ostjavanische Hafenstadt Surabaya verlegen wollen, entschied sich dann aber doch rasch für eine Stadterweiterung Batavias; 1809 bestimmte er Weltevreden zum Regierungssitz, eine erhöht liegende, trockene, schon ab 1799 locker bebaute Gegend 5 km südlich des ungesunden Alt-Batavias[236].

Die Zeit der Bedrängnis Batavias war aber auch die Gründungszeit des heutigen Bogor. 1745 hatte der Gouverneur-Generaal Van Imhoff ein weitläufiges Landgut im Hügelland rund 50 km südlich der Küstenmetropole angelegt. Er nannte es „Buitenzorg" und bestimmte es als Landresidenz der Gouverneur-Generaale, jedoch erst 1780 erhielt es tatsächlich diese Funktion. Die damit auf dem Boden des alten Pakuan (vgl. S. 44) erneut emporwachsende Stadt entwickelte sich sprunghaft; schon 1815 wurde sie Residentensitz, ab 1826 aber – ebenso wie das benachbarte Karawang – zum Sitz eines Assistent-Residenten zurückgestuft.

In Priangan – damals Preanger-Lande genannt – hatte Daendels die Stadt Cianjur zum Residentensitz bestimmt und gleichzeitig einige Regentensitze verlegt, etwa 1812 den für Limbangan von Balubur nach Garut. Der Regent von Citeureup (vgl. S. 51) hatte schon 1810 an die neue Poststraße nach Cikapundung umziehen müssen. Der neue Platz wurde Bandung genannt und entwickelte sich in zentraler Hochland-Beckenlage so rasch, daß er schon 1856 zum Residentensitz für die Preanger-Lande bestimmt wurde; aber erst 1864 zog der Resident tatsächlich von Cianjur nach Bandung um. Um die gleiche Zeit (1859) wurden auch neue Assistent-Residenten nach Manonjaya für die aufgelöste Regentschaft Sukapura (vgl. S. 51) und nach Sukabumi für den Westteil der Regentschaft Cianjur gesetzt.

In Cirebon residierte im 18. Jahrhundert noch ein von Batavia abhängiger Sultan; infolge von Mißwirtschaft, Ausbeutung und Aufständen stagnierte die Stadt. Nach Auflösung der VOC wurde der europäische Einfluß stärker. Der 1808 von Daendels eingesetzte niederländische Präfekt oder Landdrost regierte zunächst neben der Hofhaltung; die Briten stellten 1813/15 das Sultanat unter direkte Verwaltung. Als Residentensitz und Hafenplatz nahm die Stadt während des 19. Jahrhunderts einen starken Aufschwung. Im Hinterland wuchsen

---

[233] Die genannten Jahreszahlen stimmen in zeitgenössischen und späteren Quellen nicht immer genau überein; die Abweichungen sind gering; bedeutsam ist nur: nach Raffles 1817 (Vol. I, p. 9 u. Map) hatten 1812 bis 1816 auch Bangkalan und Banyuwangi Residenten. Ergänzend sei vermerkt: In Pacitan saß 1832–1866 ein selbständiger Assistent-Resident, 1866 ein Resident; diese Residentschaft wurde aber noch im gleichen Jahr nach Madiun eingegliedert.

[234] In der Übersicht S. 59 sind am Ende der Spalte „Auf Java" diejenigen der javanischen Regentensitze genannt, die nicht schon vor 1700 städtisch waren und dementsprechend früher erwähnt worden sind (vgl. Übersichten S. 46 und S. 52)

[235] Name des niederländischen Staates 1795 bis 1806.

[236] Vgl. de Haan 1922, §§ 756ff. (Hfst. VIII).

die Regentensitze Kuningan und Majalengka[237] zu Städten heran.

In Mittel-Java hatten 1812 die Briten den Sultan von Mataram gezwungen, Kedu abzutreten. 1817 machten die Niederländer Kedu zu einer eigenen Residentschaft mit der Hauptstadt Magelang. Nach dem Java-Krieg von 1825 bis 1830 verloren die Fürsten erneut große Territorien. Vier neue Residentensitze – Banyumas, Purworejo, Madiun und Kediri – waren die Folge. Auch viele Regenten wurden umgesetzt. Ab 1830 waren Cilacap, Purwokerto, Purbalingga, Banjarnegara, Karanganyar, Kebumen, Kutoarjo, Purworejo, Wonosobo, Temanggung, Magelang, Menoreh, Purwodadi, Wirosari und Ngawi meist erstmals Regentschaftshauptorte. In den den Fürsten verbliebenen Territorien wurden ebenfalls mehrere, meist sehr kleine Regentschaften, neu eingerichtet oder umgebildet, in den Sultans- und Paku-Alam-Landen (Yogyakarta) 1831 und 1851/55, in den Susuhunan- und Mangku-Negoro-Landen (Surakarta) 1846 und 1874. Dadurch gab es in den Fürstenländern ein gutes Dutzend Regentensitze, die jedoch klein und unbedeutend blieben. Nur dort, wo zusätzlich niederländische Assistent-Residenten zur Kontrolle der Fürstenverwaltung eingesetzt worden waren – das war 1873 für Boyolali, Klaten und Sragen, 1874 für Wonogiri und 1903 für Pengasih und Wonosari der Fall – entwickelten sich diese, nach den Verkehrswegen orientierten neuen Abteilungshauptorte im 20. Jahrhundert zu Mittelzentren[238].

In Ost-Java nahm die Bedeutung Tubans im 18. Jahrhundert weiter ab; auch der Hafen Sedayu verlandete. Aus dieser Rückläufigkeit gewannen die Häfen an der Madura-Straße: Gresik und Surabaya; beide blieben noch als Regentensitze und Handelsstädte gleichrangig. Erst nach den Daenselsschen Reformen 1808 wurde Surabaya Residentensitz und größter Flottenstützpunkt im Archipel; Daendels sorgte auch für Stadterweiterung und Hafenausbau, während Gresik keine neuen Impulse erhielt und zurückblieb[239]. 1812 setzten die Briten einen weiteren Residenten nach Pasuruan. Dieses wurde auch dank neuer Straßenverbindungen Haupthafen für die wirtschaftlich aufblühende Umgebung von Malang und gelangte am Ende des 19. Jahrhunderts zum Höhepunkt seiner Entwicklung, als es den 4. Rang aller javanischen Städte einnahm.

Im östlichen Teil von Java, dem ehemaligen Balambangan, kam es erst nach drei wirrenreichen Jahrzehnten 1772, als die VOC das Land militärisch besetzt und befriedet hatte, zu einer teilweisen Neubesiedlung und stetigen wirtschaftlichen Aufwärtsentwicklung. Besuki und Panarukan gewannen als Häfen der Nordküste wieder an Bedeutung. Für Ost-Balambangan wurde die Verwaltung 1776 an Stelle wechselnder früherer Herrscher- und Regentensitze (vgl. S. 52) nach Banyuwangi zusammengezogen. Es blieb als Verwaltungs- und Hafenplatz bis in die Gegenwart die einzige größere Stadt der Ostküste. Auch im Westteil von Balambangan wurden 1779 alle älteren Regentschaften zu einer neuen Regentschaft mit Sitz in Puger an der Südküste zusammengefaßt. Die Abgelegenheit Pugers gab aber nach dem britischen Zwischenspiel den Anlaß, einen neuen Residenten 1816 nach Besuki an die Nordküste zu setzen und später einen zusätzlichen Assistent-Residenten für eine zweite Verwaltungsabteilung nach Prajekan. 1858 wurden die beiden Verwaltungssitze der Unterinstanz – Regent in Puger und Assistent-Resident in Prajekan (vgl. S. 25) – nach Bondowoso zusammengezogen. Jember erhielt erst 1883 durch die Teilung der Abteilung Bondowoso einen Assistent-Residenten[240].

Mit dem Straßenbau auf Java ab 1808 – später ab 1867 auch mit dem Eisenbahnbau (vgl. S. 64) – hatten sich auch auf der Ebene der kleinen zentralen Marktorte viele Entwicklungsanstöße ergeben. Abzweig- und Etappenorte blühten auf, ins Abseits geratene Siedlungen retardierten. Meistens blieben die Wirkungen räumlich begrenzt. In einigen Fällen aber entstanden auch bedeutendere Siedlungen mit städtischen Funktionen, so an der Daendelsschen großen Poststraße von West nach Ost: Pacet, Plered, Weleri, Babat, Gempol und einige andere Orte[241].

Im Gegensatz zu Java wurden die Binnenbereiche der Außeninseln überwiegend erst im 19. Jahrhundert

---

[237] Majalengka wurde 1840 zum neuen Regentensitz bestimmt als drei ältere Kleinstregentenschaften – Maja, Raja Galuh und Telaga – zusammengelegt wurden. Ähnliche kleine Regentensitze in der Präfektur Cirebon waren Panjalu und Sindang Kasih. Von diesen fünf ehemaligen kleinen Regentensitzen erreichte im 19. Jahrhundert nur Panjalu die Stellung eines Controllabteilungs-Hauptortes (bis 1926). Die drei anderen Orte sind wegen ihrer geringen und nur kurzfristig wirksamen überörtlichen Funktionen nicht in die Übersicht S. 59 und Karte 2 aufgenommen worden.

[238] Pengasih gab den Assistent-Residentensitz schon um 1912 an Wates ab, um 1930 auch den Regentensitz. Bantul und Sleman behielten ihre Regenten bis in die Gegenwart. Die übrigen klein gebliebenen Regentensitze des 19. Jahrhunderts sind nicht in die Übersicht S. 59 und in die Karte 2 aufgenommen worden: Kalibawang, Nanggulan, Sentolo und Kalasan im Sultansgebiet, Bendungan (zuvor Brosot) in Paku Alam sowie schließlich Ampel (zuvor Gagatan) im Susuhunan-Gebiet.

[239] Die Geschichte Surabayas im 18. und 19. Jahrhundert ist in Faber's „Oud Soerabaia" 1931 niedergeschrieben.

[240] Dagegen wurde die Regentschaft nicht geteilt. Dadurch erhielt Jember erst 1928 im Zusammenhang mit den damaligen Gebietskörperschaftsreformen (vgl. S. 25) einen Regenten.

[241] Die Erwähnungen können hier nicht vollständig sein. Meist wird die Entwicklung dieser Orte durch die Bahnbauten des späten 19. Jahrhunderts noch verstärkt und nach 1950 auch erneut durch den Straßenverkehr gestützt. Die sehr ähnlich strukturierten, erst durch den Bahnbau gewachsenen Siedlungen sind auch für Java erst im folgenden Abschnitt genannt.

erschlossen, der Aufbau einer wirksamen Verwaltung erst um 1909 abgeschlossen. Die Auswirkungen auf das Städtesystem beziehen sich überwiegend auf die unteren Rangklassen, auf die kleineren Dienstleistungsorte und Verwaltungsposten. Für die Stellung älterer und neuerer höherrangiger Städte blieben nach wie vor äußere Einflüsse ausschlaggebend.

Das 1815 entstandene Königreich der Niederlande erreichte durch Verträge mit Großbritannien 1816 die Rückgabe der niederländisch-indischen Besitzungen und 1824 eine Einigung über die Abgrenzung von Interessensphären. Die Malakka-Halbinsel und alle nördlich von deren Südspitze gelegenen, noch nicht besetzten Inselteile wurden britische Einflußsphäre, der übrige Archipel mit Ausnahme von Aceh, dessen Unabhängigkeit beide Mächte garantierten, blieb niederländisch. Batavias Vorrangstellung war also durch diese außenpolitische Veränderung nicht gefährdet worden. Für die neue, nunmehr stärker geschlossene britische Einflußsphäre entwickelten sich die „Straits Settlements", das 1786 gegründete Georgetown auf Penang, das 1824 gegen Bengkulu von den Niederländern eingetauschte Malakka und das 1819 von Raffles gegründete Singapur zu zentralen Hafen- und Handelsstädten. Singapur durchlief dabei in strategisch bester Lage die stärkste Entwicklung und übernahm bald auch Versorgungs- und Umschlagfunktionen für den niederländisch verbliebenen Riau-Lingga-Archipel, die Ostküste Sumatras und die Westküste Borneos. Auf Riau und an der Ostküste Sumatras war im 18. Jahrhundert Johore-Riau die führende Macht. Der Sultan hatte 1680 zunächst nur vorübergehend, ab 1709 aber endgültig seine Residenz von der Halbinsel auf die Insel Bintan oder Riau verlegt. Die neue Residenzstadt Riau, nach der fortan auch das Sultanat bezeichnet wurde, entwickelte sich zu einem bedeutenden Handelszentrum. Erst als das günstiger gelegene, mit besserem Fahrwasser ausgestattete Singapur entstanden war, schrumpfte die Stadt – heute Riau lama im Stadtbereich von Tanjung Pinang – zu regionaler Bedeutung für den engeren Riau-Lingga-Archipel herab.

Alle Herrschafts- und Sultanssitze auf Sumatra mußten im Laufe des 18. oder 19. Jahrhunderts die Oberhoheit der Niederlande anerkennen, einige wurden auch unter unmittelbare Verwaltung gestellt. Aber vorher bestanden auch gegenseitige Abhängigkeiten. So besaß Riau bis 1745 die Herrschaft über Siak und dieses im 19. Jahrhundert die Oberhoheit über viele Küstenherrschaften bis Tamiang im Norden. Die Herrschersitze wurden im 19. Jahrhundert je nach Verkehrslage und Wirtschaftsentwicklung größere oder kleinere zentrale Orte, so Labuan Bilik für Panai, Kota für Pinang (Kotapinang), Negerilama für Bila, Mesjid für Kualu, Tanjung Balai für Asahan, Bandar Khalipah für Padang, Tanjung Beringin für Bedagai, Rantau Panjang für Serdang, Labuhan für Deli (Labuhandeli) und Tanjung Pura für Langkat.

Mit der Errichtung der niederländischen Verwaltung ab 1818 wurden die meisten ehemaligen Sultansstädte auch Residenten- oder Assistent-Residentensitze, so Palembang, Jambi, Tanjung Pinang (Riau), Daik (Lingga), Rengat (Indragiri), Siak Sri Indrapura, Tanjung Balai (Asahan) und Deli sowie – erst nach 1904 – Kuta Radja, die Hauptstadt von Aceh.

Die niederländische Einflußsphäre war nach britisch-niederländischen Auseinandersetzungen 1871 auch auf Aceh ausgedehnt worden; der Einfluß mußte aber erst durch einen späten Kolonialkrieg 1873 bis 1904 durchgesetzt werden. Neben Kuta Raja waren im 19. Jahrhundert infolge eigenen Seehandels und zentralörtlicher Eigenschaften für jeweils Gruppen kleinerer Küstenhäuptlingschaften einige weitere Orte zu Kleinstädten herangewachsen, so Meulaboh an der Westküste und Sigli, Lhok Seumawe, Idi und Seruwai an der Ostküste.

Die Residentschaft Riau schloß die gesamte Ostküste bis Tamiang ein; die Verwaltung von Tanjung Pinang aus blieb aber über Jahrzehnte fast wirkungslos. So wurde 1873 die Residentschaft geteilt und ein zweiter Resident für die „Oostkust van Sumatra" in die 1858 von den Niederländern gegründete Siedlung Bengkalis an die Malakka-Straße und in die Nähe der Mündung des Siak-Stromes gesetzt. Um für die Entwicklung der neuen Hauptstadt freie Hand zu haben, hatte man dem Sultan von Siak die Insel Bengkalis abgekauft und unter direkte Verwaltung gestellt. Die Regierung glaubte, Bengkalis könne dank seiner Lagevorteile eine Entwicklung gleich Singapur durchlaufen. Diese Hoffnung trog, denn das siakische Hinterland war unerschlossen und die Reede von Bengkalis schwer zugänglich. Statt dessen hatte in Deli ab 1860 die Tabakkultur eine außerordentlich rasche Landeserschließung eingeleitet. Innerhalb von 20 Jahren entstand dort ein neuer Entwicklungsschwerpunkt. Dem trug die von Bengkalis enttäuschte Regierung Rechnung, indem der Resident 1887 angewiesen wurde, nach Medan, in das Zentrum des neuen Kulturgebietes bei Deli umzuziehen.

Auf Bangka war kurz nach 1710, neben den insgesamt unbedeutenden alten Herrschersitzen, Muntok gegründet worden. Die Verschiffung des Zinnerzes verlangte einen leistungsfähigen Hafen; Muntok besaß die beste Reede der Insel. 1812 setzten zunächst die Briten, 1821 die Niederländer ihren Residenten hierher. Muntok vereinte damit alle wichtigen Stadtfunktionen. Bis zur Mitte des 19. Jahrhunderts entwickelte sich – vor allem infolge der Ausweitung des Zinnseifenabbaues – auch Jebus, Belinyu, Sungai Liat, Batu Rusa, Pangkal Pinang, Koba und Toboali zu kleinen stadtähnlichen Siedlungen. Auf der benachbarten Insel Belitung war

Tanjung Pandan dank seiner Funktion als Haupthafen die einzige Stadt.

An Sumatras Westküste hatten die Briten kurz nach 1750 von Bengkulu aus auch Natal und Tapanuli weit im Norden besetzt; das Zwischenstück, das heißt Padang und Muko-Muko, fiel 1795 an Britannien. Nach der Rückgabe an die Niederländer 1819 wurde neben Padang ein zweiter Residentensitz für den nördlichen Küstenabschnitt in Air Bangis eingerichtet. Sehr viel später, erst 1878, wurde auch das 1824 von den Briten gegen Malakka eingetauschte Bengkulu – damals Benkulen – Sitz eines Residenten. Air Bangis blieb nur rund 20 Jahre lang Residentschaftshauptort; wegen seines verlandenden Hafens und der oft gefährdeten Reede wurde der Resident 1842 nach Sibolga versetzt. Sibolga seinerseits hatte die regionalen Hafenfunktionen von der benachbarten kleinen Siedlung Tapanuli übernommen. 1883 wurde der Resident erneut versetzt, diesmal landeinwärts nach Padang Sidempuan, der kurz vor 1860 beginnenden Erschließung der Binnenländer Mandailing und Padang Lawas folgend. Ein Assistent-Resident verblieb in Sibolga, ein weiterer wurde nach Tarutung zur Verwaltung der Batak-Lande gesetzt. Batang Toru, Portibi, Panyabungan und Huta Nopan waren weitere schon im 19. Jahrhundert belebte Markt- und Verwaltungsorte.

Auch im sippenherrschaftlich höher entwickelten Minangkabau-Reich gab es neben den Regentensitzen im Küstenland ältere Markt- und Gerichtsorte im Hochland, die städtische Züge aufwiesen. Indem auch die Niederländer hier ihre Militär- und Verwaltungsposten ansetzten – 1822 Fort van der Capellen am Batu Sangkar, 1825 Fort de Kock am Bukit Tinggi – entwickelten sich diese und einige weitere Orte wie Payakumbuh, Padang Panjang und Solok ab 1845 nach der endgültigen Befriedung zu städtischen Zentren. Die Siedlung am Bukit Tinggi durchlief die rascheste Entwicklung, denn die niederländisch-indische Regierung unterstellte das Minangkabau-Kernland, die ehemaligen „Tiga Luhak" nicht dem Residenten von Padang, sondern bestimmte für das Hochland einen eigenen Residenten, dem als Amtssitz Fort de Kock angewiesen wurde. Als kleinere Marktorte existierten im Minangkabau-Hochland schon Rao, Talu, Lubuk Sikaping, Bonjol, Suliki, Pangkalan Kota Baru, Palembayan, Maninjau, Singkarak, Buo, Sijunjung, Supajang, Alahan Panjang und Muara Labu, sowie im Tiefland Lubuk Basung, Pariaman, Kayu Tanam, Painan und Balai Selasa; dagegen waren einige der älteren Hafenorte (vgl. S. 50f.) in ihrer Bedeutung zurückgegangen.

Im Gegensatz zum Minangkabau-Hochland waren die übrigen Binnenländer im mittleren Sumatra – Kuantan- und Batang Hari-Distrikte, Boven-Jambi und Kerinci – bis zum Ende des 19. Jahrhunderts noch weitgehend unerschlossen. Zwar gab es Häuptlingssitze und an den Flußoberläufen auch winzige Umschlagplätze, doch hatten diese Orte noch keine geregelten Marktfunktionen und erhielten erst nach 1900 erste Verwaltungsaufgaben (vgl. S. 62).

Im Gegensatz zu diesen Gebieten hatten die Niederländer in den östlichen Tiefländern und im „Palembangschen Bovenland" schon vor der Jahrhundertmitte Fuß gefaßt. Neben den Sultanssitzen Jambi, Palembang und Tanjung Pinang (Riau) gab es Militär- und Verwaltungsposten in Muara Kumpeh und Muara Sabak, sowie in Muara Rupit, Tebingtinggi, Lahat und Baturaja. Diese sowie einige weitere Markt- und Umschlagorte – meistens auch spätere Controlleurssitze – bildeten hier die Ansatzpunkte für städtisches Leben; zu diesen gehörten in den „Bovenlanden": Muara Beliti, Bungamas, Padang Ulak Tanding, Kepahiang, Talang Padang, Pagar Alam, Bandar, Muara Enim, Muara Dua, Banding Agung, in den „Benedenlanden": Kuala Tungkal, Surulangun, Sekayu, Talang Betutu, Tanjung Raya und Kayu Agung sowie im Riau-Archipel Tanjung Balai Karimun.

An der südlichen Westküste hatten sich neben den Hauptumschlag- und Verwaltungsplätzen Bengkulu und Muko-Muko im 19. Jahrhundert Lais, Tais, Manna, Bintuhan und Krui zu kleinen Handelsorten entwickelt.

Im südlichsten Sumatra, in Lampung, das jahrhundertelang unter dem Einfluß von Banten stand, hatten sich bis zum Beginn des 19. Jahrhunderts weder aus autochthonen Herrschersitzen, noch aus Küstenumschlagplätzen stadtähnliche Siedlungen entwickelt. Erst 1808 wurde Lampung niederländisch, ab 1817 gab es einige Verwaltungsposten, doch erst 1829 wurde ein Assistent-Resident ernannt, der seinen Sitz in Tarabangi (jetzt Terbanggi Besar) am Wai Pengubuan wählte. Die Entwicklung brach hier aber ab, als 1851 der Verwaltungssitz nach Teluk Betung an die Küste verlegt wurde; mit diesem neuen Residentensitz entstand nun das neue städtische Zentrum des Gebietes. Daneben besaßen nur noch die beiden Flußhäfen, Menggala im Norden und Sukadana im Osten, sowie an den südlichen Baien Kota Agung und Kalianda städtische Funktionen als Stapelplätze, Marktorte und nachgeordnete Verwaltungsposten.

Wie an der Ostküste Sumatras, so waren es auch auf Borneo die älteren malaiischen Sultansresidenzen, die sich als Städte im 18. und 19. Jahrhundert behaupteten. Doch nicht alle wuchsen zu großen Verwaltungs- und Verkehrsmittelpunkten heran. Im Norden blieb Brunei bis 1841 von Sarawak bis Sabah beherrschend, verlor aber dann im Laufe von fünf Jahrzehnten ein Teilgebiet nach dem anderen an britische Schutzherrschaften, wodurch Kuching und Sandakan zu Konkurrenzstädten heranwuchsen. Die beherrschende Stadt in Süd-Borneo blieb auch im 18. und 19. Jahrhundert Banjarmasin. Die Lage nahe der Mündung des weit verzweigten Barito-

Stromes bestimmte die Handelsbedeutung, die auch nicht verloren ging, als 1771 der Sultan abermals seine Residenz ins 30 km entfernte Martapura verlegte. Das mächtige Sultanat mußte zwar seine Vasallenstaaten – 1787 Kota Waringin und Berau, 1826 Pasir – an die niederländische Herrschaft abtreten, und wurde sogar nach einem Aufstand 1860 aufgelöst, doch die niederländisch-indische Regierung faßte erneut alle Abteilungen Süd- und Ost-Borneos zu einer Residentschaft zusammen und verwaltete diese von Banjarmasin aus. Damit war der weitere Aufstieg der Stadt vorherbestimmt worden.

In anderen Fällen schrumpften die alten Herrschaftsorte, nachdem die Sultane ihre Residenzen verlegt hatten. Schon im 18. Jahrhundert traf das für Kutei im Mahakam-Delta zu; Tenggarong – rd. 60 km stromaufwärts von Kutei gelegen – wurde neue Residenz. 1815 zog der Sultan von Kota Waringin (lama) nach Pangkalan Buun (Kota Waringin baru) um. Anlaß war in beiden Fällen die bessere Schutzlage der neuen Orte gegen räuberische Überfälle von der See her.

Eine ganze Gruppe von Sultansstädten verlor im 19. Jahrhundert dadurch an Bedeutung, daß der niederländische Assistent-Resident einen anderen, benachbarten Platz – meist günstiger für den Seezugang gelegen – angewiesen erhielt. So wurden seit der Jahrhundertmitte Sambas durch Singkawang, Tenggarong durch Samarinda und Pasir durch Tanah Grogot überflügelt.

Eine ähnliche Auswirkung hatte der Zusammenbruch des Sultanats von Sukadana in West-Borneo. Von Mempawah aus, einer kleinen Herrschaft nördlich des Kapuas-Deltas, gründete ein arabischer Abenteurer 1771 eine neue Herrschaft am Kapuas kecil: Pontianak. Er stellte sich unter den Schutz des Sultans von Riau, brachte seinerseits Mempawah und Sanggau in seine Abhängigkeit und vernichtete mit Unterstützung der VOC 1786 die alte Sultansstadt Sukadana. Nach jahrzehntelangen Wirren entstand im Süden die Herrschaft Mantan mit der Hauptstadt Ketapang. Sukadana wurde erst ab 1823 wieder ein kleiner Herrschersitz, doch die ehemaligen überregionalen Herrschafts- und Handelsfunktionen gingen auf Pontianak über, denn von dort aus verwaltete im 19. Jahrhundert der niederländische Resident das aus 19 größeren und kleineren Sultanaten und Herrschaften bestehende West-Borneo.

Wenn die neuen niederländischen Verwaltungsabteilungssitze den Sultansresidenzen sehr dicht benachbart angelegt wurden, verschmolzen die Siedlungen zu einem Stadtkomplex; so in Ost-Borneo. Der Sultanssitz von Bulungan Tanjung Palas verschmolz mit dem seit 1897 bestehenden neuen Verwaltungsort Tanjung Selor und die einander benachbarten Sultanssitze von Gunung Tabur und Sambaliung – um 1826 aus der Teilung von Berau hervorgegangen – mit dem ebenfalls 1897 gegründeten Verwaltungsposten Tanjung Redeb.

Daneben entwickelten sich im 19. Jahrhundert an der Küste und im Inneren Borneos einige weitere Orte als Handelsmittelpunkte und Verwaltungsposten zu stadtähnlichen Siedlungen. Zu dieser Gruppe gehörten Pemangkat, Bengkayang, Ngabang, Sintang, Salimbau und Ketapang in der Westabteilung, Sampit und Kuala Kapuas an der Südküste und im ehemaligen Banjar-Reich Kota Baru und Pegatan am Selat Laut sowie im Binnenland Pleihari, Marabahan, Rantau, Kandangan, Barabai, Amuntai und Tanjung; alle genannten Orte waren nach 1860 Sitze von Controlleuren oder Assistent-Residenten. Einen Sonderfall stellte die im späten 18. Jahrhundert entstandene Chinesen-Stadt Montrado bei Sambas dar; hier hatte der Sultan Chinesen ins Land gerufen, um die dortigen Schwemmgoldlager auszubeuten.

Im „Großen Osten" des Archipels kam es im 18. und 19. Jahrhundert zu keinen wesentlichen Veränderungen des Städtesystems; der europäische Machtbereich blieb bis zum Ende des 19. Jahrhunderts auf wenige Städte beschränkt. Neben den durch die Niederländer unterworfenen, ehemals mächtigen Herrschaftszentren Makasar, Ternate und Tidore sowie den älteren europäisch gegründeten Städten – unter ihnen wurden Ambon und Kupang niederländische Residentensitze – gab es bis zum Ende des 19. Jahrhunderts eine sehr große Zahl kleiner, verhältnismäßig unabhängiger Herrschaftssiedlungen, die aber in der Regel nicht mehr als dörfliche Residenzen von Häuptlingen – hier meist Raja genannt – waren. Nur im Einflußgebiet der alten Reiche Gowa, Bone, Wajo und Soppeng auf der Südwesthalbinsel von Selebes hatten sich diese kleineren Herrschaftsorte im 19. Jahrhundert zu stadtähnlichen Siedlungen entwickelt; meist sind es bis heute Kabupaten-Hauptorte: Benteng Selayar, Sinjai, Bulukumba, Banta Eng, Jeneponto, Takalar, Maros, Pangkajene, SimpangbinangaE (Barru), Pare-Pare, Pinrang, Rappang, Pampanua, Enrekang, Palopo und Majene. Außer diesen waren nur wenige kleine Herrschaftsorte teils mehr, teils weniger städtisch, etwa Tahuna auf Sangihe, Ulu auf Siau, Manado, Kota Mobagu, Gorontalo, Donggala und Banggai auf Selebes, Badia (Bau-Bau) auf Buton, Bima, Dompu und Sumbawa auf Sumbawa, Cakranegara auf Lombok sowie unter den neun Fürstenresidenzen auf Bali neben Singaraja und Karangasem jetzt auch Denpasar-Badung als zentraler Ort im Süden.

Einige dieser Städte erlangten bis zum Jahrhundertende auch höhere Funktionen. So wurde 1864 Manado als lebhaftester Handelsplatz von Nord-Selebes Hauptstadt einer eigenen, von Ternate abgetrennten Residentschaft. Als zweiter Ort erreichte diese Stellung auch Singaraja auf Bali; hier hatten die Niederländer zuerst 1855 Fuß gefaßt und 1895 die Residentschaft Bali und Lombok gebildet.

Die meisten der genannten Herrschersitze waren seeorientiert und gleichzeitig Handelsplätze; als reine Handelsniederlassungen existierten im 18. und 19. Jahrhundert Geser vor der Ostspitze von Seram und Ampenan auf Lombok; Tobelo auf Halmahera dagegen war im 18. Jahrhundert ein berüchtigtes Freibeuternest. Auch einige frühere Militär- oder Missionsposten konnten eine bescheidene regionale Vorrangstellung behalten; dazu gehörten im niederländischen Einflußbereich, der 1859 von Portugal anerkannt worden war, Larantuka und Ende auf Flores sowie im portugiesisch verbliebenen Teil Timors Oekussi und Dili. Nach Dili hatten die Portugiesen 1769 ihre Hauptansiedlung verlegt, weil Lifao – im Gebiet der „schwarzen Portugiesen" von Oekussi gelegen und von diesen sowie von den Niederländern bedrängt – zu unsicher erschien.

Das Städtesystem des Archipels wurde also im 18. und 19. Jahrhundert entscheidend durch die koloniale Aufteilung und Durchdringung geprägt. Die europäische Herrschaft und Wirtschaft entwickelte neue Zentren, so etwa Teluk Betung, Bengkulu, Padang (schon vor 1700 gegründet), Medan, Singapur, Manado und viele andere kleinere Städte. Wo in anderen Landesteilen die ältere Struktur des Städtesystems erhalten blieb, kam es dennoch zu zahlreichen Gewichtsverlagerungen und Rangveränderungen. Die aus noch dörflichen Herrschaftssiedlungen heranwachsenden autochthonen Städte sowie die europäischen Städtegründungen der Zeit zwischen etwa 1700 und 1900 sind in folgender Übersicht zusammengestellt und auf Karte 2 entsprechend wiedergegeben.

Übersicht über die zwischen etwa 1700 und 1900 im indischen Archipel entstandenen städtischen Siedlungen
(in heutiger Schreibweise der Namen)

Auf der Halbinsel *(nur Auswahl)*	Fort de Kock/ Bukittinggi	Muara Dua	Cikao	*(noch zu Java: im laufenden Text nicht genannte Regentensitze)*	Tanjung Pegatan
	Maninjau	Baturaja	Purwakarta		Kota Baru
Penang/ Georgetown	Lubuk Basung	Tanjung Raya	Cianjur		Tanah Grogot
	Kayu Tanam	Kayu Agung	Sukabumi		Tenggarong
Singapur *(Wiederbegründung)*	Padang Panjang	Muara Enim	Pacet	Subang	Samarinda
	Fort van der Capellen/ Batu Sangkar	Lahat	Bandung	Tasikmalaya	Berau-Tg. Redeb
		Bandar	Garut	Trenggalek	Bulungan-Tg. Selor
	Buo	Pagar Alam	Manonjaya	Ngrowo/ Tulungagung	
Auf Sumatra	Payah Kumbuh	Talang Padang	Panjalu		
	Suliki	Tebingtinggi	Kuningan	Bojonegoro	**In Ost-Indonesien**
Meulaboh	Pgkl. Kota Baru	Talang Betutu	Majalengka	Sidoarjo	
Sigli	Sijunjung	Sekayu	Plered	Bangil	Tahuna
Lhok Seumawe	Singkarak	Muara Rupit	Weleri	Kraksaan	Kota Mobagu
Idi	Solok	Surulangun	Cilacap		Donggala
Seruwai	Supajang	Muara Beliti	Purwokerto		Banggai
Tanjung Pura	Alahan Panjang	Padang Ulak Tanding	Purbalingga	**Auf Borneo**	Majene
Medan	Muara Labuh	Kepahiang	Banjarnegara		Palopo
Rantau Panjang Serd.	Balai Selasa	Lais	Karanganyar	Sandakan	Enrekang
Tanjung Beringin	Ayer Haji	Bengkulu	Kebumen	Kuching	Pampanua
Bandar Khalipah	Muko-Muko	Tais	Kutoarjo	Pemangkat	Rappang
Mesjid	Riau-Tg. Pinang	Manna	Purworejo	Singkawang	Pinrang
Negerilama	Tanjung Balai Karimun	Bintuhan	Wonosobo	Montrado	Pare Pare
Kota Pinang	Daik	Krui	Temanggung	Mempawa	SimpangbinangaE/ Barru
Labuhan Bilik	Bengkalis	Tarabangi	Magelang	Pontianak	
Gunung Sitoli	Rengat	Teluk Betung	Menoreh	Bengkajang	Pangkajene
Sibolga	Kuala Tungkal	Menggala	Pengasih	Ngabang	Maros
Tarutung	Muara Sabak	Sukadana	Wonosari	Sanggau	Takalar
Batang Toru	Muara Kumpeh	Kota Agung	Bantul	Sintang	Jeneponto
Padang Sidempuan	Muntok	Kalianda	Sleman	Salimbau	Bulukumba
Portibi	Jebus		Klaten	Ketapang	Sinjai
Panyabungan	Belinyu	**Auf Java**	Boyolali	Pangkalan Buun	Benteng Selayar
Kota Nopan	Sungai Liat		Sragen	Sampit	Cakranegara/ Mataram/ Ampenan
Air Bangis	Batu Rusa	Serang	Wonogiri	Kuala Kapuas	
Talu	Pangkal Pinang	Cilegon	Purwodadi	Marabahan	
Rao	Koba	Pandegelang	Wirosari	Pleihari	Denpasar
Lubuk Sikaping	Toboali	Caringin	Ngawi	Rantau	Dili
Bonjol	Tanjung Pandan	Rangkasbitung	Gempol	Kandangan	Geser
Palembayan	Banding Agung	Buitenzorg/Bogor *(Wiederbegründung)*	Jember	Barabai	Tobelo
			Bondowoso	Amuntei	

2.2.4. Städtegründungen in der industriewirtschaftlichen Erschließungsphase

Die auf die Interessen der Einheimischen gerichtete sogenannte „ethische Schule" und der in den sechziger Jahren auf die Öffnung der Kolonie drängende Wirtschaftsliberalismus brachten 1870 das Ende des seit 1830 bestehenden Zwangsanbausystems. Die folgende liberale Entwicklungsphase in Niederländisch Indien führte innerhalb von 40 Jahren zu einer fast vollständigen Erschließung des Landes. Mit zunehmender Bevölkerungszahl und steigenden Kapitalinvestitionen in allen Teilen des Archipels erhöhten sich die Ansprüche an die Wirksamkeit der staatlichen Verwaltung, an die Verfügbarkeit von staatlichen und privaten Dienstleistungen und an die Häufigkeit und Pünktlichkeit der Verkehrsverbindungen. Daraus ergaben sich eine Reihe von Umbewertungen vorhandener städtischer Siedlungsplätze aber auch noch einmal eine Reihe von Städteneugründungen[242]. Trotz Besatzungsregime, Unabhängigkeitswirren, separatistischer Bewegungen und mehrerer wirtschaftlicher Zerfalls- und Aufbauphasen waren es bis in die Gegenwart (1983) die gleichen Kräfte, die die Veränderungen in dem nun indonesischen Städtesystem bewirkten.

Unter den städtebildenden Faktoren werden drei besonders wirksam: Verwaltungseinrichtung, Verkehrsausbau und wirtschaftliche Inwertsetzung. Obwohl sie nicht unabhängig voneinander sind, erweist sich doch meistens einer dieser Faktoren als dominant. Im Falle der Verlagerung höherrangiger Verwaltungsaufgaben wird das besonders deutlich.

Wichtigste gebietskörperschaftliche Veränderung des 20. Jahrhunderts war die 1925, 1928 und 1930 erfolgte Einrichtung der Provinzen West-, Oost- und Midden-Java als Selbstverwaltungskörperschaften über den Residentschaften (vgl. S. 25). Nach den ersten Unabhängigkeitsjahren mit mehreren territorialen Umorganisationen ging 1950 auf diese Provinzen die oberste regionale Verwaltungshoheit über; zugleich wurden die Residentschaften abgeschafft, auf Java endgültig, während sie auf den Außeninseln in Form von Provinzen des 1950 errichteten Einheitsstaates (vgl. S. 18) bis 1964 mehrheitlich wiedererstanden. Für alle ehemaligen javanischen Residentensitze mit Ausnahme von Bandung, Semarang, Yogyakarta und Surabaya, den Hauptstädten der heutigen Provinzen, bedeutete die Auflösung der Residentschaftsbehörde einen deutlichen Funktionsverlust.

Auch in einigen anderen Städten spielte in der ersten Jahrhunderthälfte die Verlegung der Residentensitze eine Rolle; es verloren die Funktionen des Residentschaftshauptortes durch Zusammenlegungen von Residentschaften: Purwakarta (Karawang) 1901 (zu Batavia), Tegal 1901 (zu Pekalongan), Purworejo (Bagelen) 1901 (zu Kedu; Hptst. Magelang), Pati 1902 (zu Semarang), Fort de Kock (Padangsche Bovenlanden) 1913 (zu Westkust van Sumatra; Hptst. Padang), Rembang 1931 (zu Jepara-Rembang; Hptst. Pati) und Probolinggo 1901 (zu Pasuruan). Durch Gebietsreformen 1928 und 1931/32[243] wurde Bojonegoro erstmals und Pati erneut – jetzt bis 1942 – Residentensitz. Innerhalb der gleichen Residentschaft waren Residentensitze verlegt worden: 1913 von Muntok nach Pangkal Pinang, 1901 von Besuki nach Bondowoso und 1931 von Pasuruan nach Malang[244]. Schließlich wurden zwei ehemalige Abteilungen zu eigenen Residentschaften erhoben, und zwar Jambi 1906 und Buitenzorg 1925.

Nach den Staatsreformen von 1945/46, 1949/50 und 1959, die jeweils territoriale Umorganisationen zur Folge hatten[245], war bis 1960 ein neues, nunmehr zentralistisches Verwaltungssystem geschaffen worden, das im Zuschnitt seiner Gebietskörperschaften erster Ordnung dem der niederländischen Verwaltung sehr ähnlich war. Es ergaben sich deshalb im Endeffekt nur noch wenige weitere Veränderungen im Sitz der Oberbehörden: Sibolga und Pangkal Pinang verloren ihre Hauptstadtfunktion, weil die Residentschaften Tapanuli und Bangka-Belitung nicht als Provinzen wiedererrichtet wurden. In West-Sumatra stand Padang seit 1946 wieder unter niederländischer Verwaltung; die mittel-sumatraischen Territorien der Republik wurden von Bukittinggi aus kontrolliert. So wurde Bukittinggi auch die Hauptstadt der 1950 neu errichteten Provinz Sumatera Tengah (vgl. S. 27). Es behielt diese Stellung zunächst auch für die 1957 ausgegliederte Provinz Sumatera Barat, doch mußte

---

[242] Für die Beschreibung dieser jüngsten Städteschicht dienten in erster Linie die Orts- und „Gewest"-Artikel in der „Encyclopaedie van Nederlandsch-Indië", 1. und 2. Ausgabe, sowie ferner die eigenen Beobachtungen auf Reisen im Archipel.

[243] Diese widersprüchlichen, kurz aufeinander folgenden Gebietsreformen (vgl. Lekkerkerker 1928 u. 1929; Pronk 1929; Pieters 1932; van Vollenhoven 1933, S. 237f.; Furnival 1939, S. 292f.) führten auch dazu, daß die 1901 abgelösten Residentschaftshauptorte auf Java diese Eigenschaft 1925/28 bis 1931/32 kurzfristig noch einmal zurückerhielten. Auf Grund der gleichen Gebietsreformen gab es auf Java 1928 bis 1931/32 weitere 14 Städte, die vorübergehend als Hauptorte von Residentschaften dienten: Sukabumi (für West-Priangan, ab 1925), Tasikmalaya (für Ost-Priangan, ab 1925), Indramayu, Cilacap, Wonosobo, Kudus, Blora, Ponorogo, Blitar, Mojokerto, Gresik, Jember, Bondowoso und Bangkalan.

[244] Die Residentschaft Pasuruan wurde 1928 zunächst dreigeteilt; dadurch wurde Probolinggo erneut und Malang erstmals Residentensitz. Bei der in zwei Schritten erfolgenden Wiederzusammenfügung wurden die Residentensitze Pasuruan 1931 und Probolinggo 1933 aufgegeben.

[245] Vgl. die schon im Abschn. 1.3. gegebene zusammenfassende Darstellung (S. 26f.) sowie das dort genannte Schrifttum (Fußn. 142 u. 148).

es seine Oberbehörden um 1960 – wie früher schon einmal im Jahre 1913 – an Padang abtreten. Die ebenfalls 1957 wiedererstandene Provinz Riau – jetzt allerdings um die Siakschen Lande erweitert – erhielt 1960 als neue Hauptstadt den Umschlagplatz Pekan Baru angewiesen; damit löste dieses das singapur-orientierte Tanjung Pinang ab. Die seit 1853 in Kutei als Seehafen und Verwaltungsposten am Mahakam groß gewordene Stadt Samarinda wurde 1956 endgültig als Hauptstadt für die neue Provinz Kalimantan Timur (Ost-Borneo) gewählt, in der alle ehemaligen östlichen Borneo-Sultanate zusammengefaßt worden waren. Für eine in Anlehnung an den 1946 bis 1950 bestehenden Föderalstaat Dayak Besar 1957 neu eingerichtete Provinz Kalimantan Tengah (Mittel-Borneo) wurde Pahandut als Hauptstadt bestimmt, das damit auch den neuen Namen Palangka Raya erhielt. Singaraja trat die Oberverwaltung für Bali 1946 an Denpasar ab und Mataram wurde 1958 Sitz der neuen Provinzregierung für die westlichen Kleinen Sunda-Inseln (Lombok und Sumbawa). Aus einer späten Zweiteilung der 1960 geschaffenen Provinzen Sulawesi Utara (Nord-Selebes) und Sulawesi Selatan (Süd-Selebes) erhielten ab 1964 neben Manado und Makasar – jetzt Ujung Pandang genannt – auch Palu und Kendari den Rang von Provinzhauptstädten. Alle anderen neuen Provinzen auf den Außeninseln behielten als Hauptstädte die niederländischen Residenten- oder Gouverneurssitze.

Auf den mittleren und unteren Verwaltungsstufen wurde die Stellung sehr vieler Orte auf Java negativ verändert. Am schwersten trafen die verschiedenen Verwaltungsgebietsreformen diejenigen Städte, die bis gegen Ende der niederländischen Herrschaft Regentensitze waren, nach der Neueinrichtung der Regentschaften im Jahre 1950 aber diese Eigenschaft nicht mehr erhielten. Dazu gehören Banyumas, Karanganyar und Kutoarjo in Mittel-Java sowie Bangil und Kraksaan in Ost-Java[246]. Auch einige der kleinen Regentschaften im ehemaligen Fürstentum Yogyakarta entstanden nicht wieder (vgl. S. 55). Nur die ehemaligen Abteilungshauptorte Wates und Wonosari sowie zwei der weiteren kleinen Regentensitze, Bantul und Sleman, erhielten 1950 einen neuen Bupati. Im ehemaligen Fürstentum Surakarta wurden 1950 zwei frühere Unterregentensitze – Sukoharjo und Karanganyar – vollwertige Regentschaftshauptorte. Das gleiche gilt auch für einige weitere Städte – Tanggerang, Bekasi und Subang in West-Java –, die zwischen 1808 und 1942 ohne javanische Regenten verwaltet worden waren, weil sie in dieser Zeit Mittelpunkte großer Privatländereien waren[247].

Die meisten negativen Rangveränderungen in der Verwaltungs-Hierarchie ergaben sich durch die Auflösung zweier den Regentschaften und Abteilungen nachgeordneter Verwaltungsebenen. 1926 bis 1928 wurden die zwischen den Abteilungen und Distrikten (Kawedanan) zwischengeschalteten „Controll-Abteilungen" aufgelöst, die Controlleurssitze dadurch zu Distrikthauptorten herabgestuft[248]. 1963 wurden auch die Kawedanan abgeschafft, so daß deren Hauptorte ihren Wedana verloren. Seitdem folgt im Rang unter den Regentensitzen eine sehr heterogene Städteschicht mit Camat-Sitzen.

Auf den Außeninseln setzte sich der städteprägende Ausbau der Verwaltung fort, der schon im 19. Jahrhundert wirksam war. Überall dort, wo das Innere der großen Außeninseln oder sehr abgelegene Inselgruppen im „Großen Osten" erst nach 1900 erschlossen und befriedet worden waren, entstanden im Gefolge der unteren Verwaltungsposten neue stadtähnliche Siedlungen. Auch einzelne Umbewertungen durch Verwaltungsverlagerungen während der Nachkriegswirren kamen vor.

Zu den spät entwickelten Räumen gehört das Innere Nord-Sumatras. In Aceh sind es nicht nur die Binnenorte Takengon, Lokop, Blang Kejeren und Kuta Cane, die als neue Verwaltungsposten auch zentrale Versorgungsaufgaben übernahmen. Es entstanden auch infolge von Wirtschaftsaufschwung, Straßen- und Bahnbau im Küstenbereich weitere Kleinstädte; etwa Calang, Susoh, Tapaktuan und Bakongan an der Westküste, Seulimeun, Meureudu, Bireun, Lhok Sukon, Langsa und Kuala Simpang an der Nord- und Ostküste. Meist handelte es sich um die Controlleurssitze der Unterabteilungen; ein solcher war auch Sinabang, der Hauptort der Insel Simeulue.

Auch in den Batak-Landen wuchsen die erst spät errichteten Controlleurssitze – meist an Wegekreuzungen oder Umschlagplätzen am Toba-See errichtet – zu kleinen zentralen Orten heran. Während Pangururan und Siborong-borong die mittlere Verwaltungsinstanz später verloren hatten, wurden Sidikalang und Kabanjahe 1950 Hauptorte neuer Kabupaten. Auf der Ostabdachung Nord-Sumatras wurde Pematang Siantar zum beherrschenden Oberzentrum. Hier war allerdings nicht der seit 1906 bestehende Assistent-Residentensitz

---

[246] Vgl. Tab 7–7 auf S. 223. Bangil, Kraksaan, Kutoarjo und Karanganyar verloren durch Gebietsreformen ihre Regentensitze schon 1933 bis 1935.

[247] Zur Verbreitung und zum Rechtssystem dieser Art von Gebietskörperschaften siehe Stichwort „Partikuliere Landerijen" in: Encycl. v. Ned.-Indië, 2. Druck, Dl III, S. 345–350.

[248] Einen Sonderfall bildet der Controlleursort Caringin an der Westküste von Banten. Er wurde 1883 durch die Flutwelle des Krakatau-Ausbruchs zerstört. Seine Verwaltungsfunktion ging an das 10 km landeinwärts gelegene Menes über, seine Hafenfunktion an das 4 km südlicher gelegene Dorf Labuhan. Beide Nachfolgeorte sind in die Übersicht S. 64 und in die Karte 2 aufgenommen.

ausschlaggebend, sondern die Handels- und Versorgungsbedeutung des kleinen Platzes für das seit 1900 aufblühende Gummi- und Teeplantagengebiet in Simalungun. Näher an der Küste entstanden neben den alten, meist klein bleibenden Sultanssitzen neue Verwaltungs- und Wirtschaftsmittelpunkte an den neuen Landverkehrswegen, so Binjai, Lubuk Pakam, Tebingtinggi, Kisaran und Rantau Prapat.

Wo die Handelsbedeutung gering blieb und die Verkehrsanbindung schlecht, da blieben auch die nach 1900 eingerichteten Controlleurssitze unbedeutend. Das galt für Teluk Dalam auf Nias und Muara Siberut, den Hauptort der Mentawai-Inseln, ebenso aber für viele Orte im Innern Sumatras, so für Gunung Tua in Padang Lawas (Padang Bolak), Pasir Pengarayan im Rokan-Gebiet, Bangkinang am Kampar Kanan, Gunung Sahilan am Kampar Kiri, Taluk am Kuantan, Tembilahan in Beneden-Indragiri, Sungai Penuh in Kerinci sowie für Muara Bungo, Muara Tebo, Bangko und Sarolangun im „Gewest" Jambi. Die Lage der Verwaltungsposten war meistens verkehrsorientiert, z. B. wo Ströme zusammenflossen oder die Schiffbarkeit endete. Hier gab es schon vor der europäischen Erschließung Umschlagplätze. Diejenigen Orte, die bei der 1956 geschaffenen, gegenwärtigen Verwaltungsgliederung Sitz eines Bupati wurden, erhielten Wachstumsanstöße, die nicht berücksichtigten ehemaligen Controlleurssitze sanken ab. Das gleiche gilt für die früher erschlossenen Residentschaften Palembang, Bengkulen und Lampung (vgl. S. 57). Hier erhielten nach der letzten Jahrhundertwende einige jüngere Straßen- und Marktorte durch Verdichtung und Verlegung der Verwaltungssitze zusätzliche Anstöße, so Surulangun, Lubuk Linggau, Martapura, Curup und Kota Bumi. Reine Verwaltungsgründungen in Javanen-Ansiedlungsgebieten sind die Regentensitze Metro – seit 1956 – für Mittel-Lampung und Argamakmur – erst seit 1975 ein Verwaltungskomplex „auf der grünen Wiese" – für Nord-Bengkulu.

Stärker noch als auf Sumatra ist die gegenwärtige Städteverteilung im Inneren Borneos auf die Standortwahl der europäischen Verwaltungsposten zurückzuführen. Ausschlaggebend für diese waren auch hier die Orte am Zusammenfluß mehrerer Ströme oder am Ende der Schiffbarkeit. Solche Orte sind u. a.: Sekadau, Semitau, Putus Sibau, Nanga Pinoh und Nanga Tayap in West-Borneo, Kasongan, Kuala Kurun, Pulang Pisau, Buntok, Puruk Cahu und Tamiang Layang im Süden, sowie Muara Muntai, Melak, Long Iram und Malinau, sowie Long Bawang und Long Nawang in den Ostabteilungen. In fast allen Orten spielte auch die Dayak-Mission bei der Auswahl der Zentren eine wichtige Rolle. Auch an den Küsten Borneos wuchsen noch einige Umschlagorte zu kleinen Städten heran, so Batu Ampar–Telok Air im Kapuas-Delta, Kumai und Kuala Pembuang an der Südküste, sowie Sangkulirang und Nunukan an der Ostküste.

Auch an vielen Küsten und in vielen Inselgruppen des „Großen Ostens" wurde eine europäische Verwaltung erst nach 1900 eingerichtet; bis dahin regierten die Raja nach innen fast unabhängig. Neben den größeren alten Fürsten- und Sultanssitzen sowie den alten Kolonialposten (vgl. S. 58f.) erlangten durch die neue europäische Verwaltung viele kleine Orte – meist zugleich noch einheimische Herrschersitze – überörtliche Bedeutung; es handelte sich – soweit nicht schon früher genannt – um: Kwandang, Tilamuta, Palu, Parigi, Poso, Luwuk, Kolonedale, Mamuju, Polewali, Mamasa, Makale, Rantepao, Masamba, Malili, Kolaka, Kendari und Raha auf Selebes, um Weda, Sanana, Namlea, Piru, Saparua, Amahai, Wahai, Tual, Dobo, Larat, Saumlaki, Tepa und Wonreli in den Molukken, ferner um Negara, Tabanan, Gianyar, Bangli, Klungkung, Praya und Selong auf Bali und Lombok[249] sowie um Waikabubak, Waingapu, Ruteng, Bajawa, Maumere, Kalabahi, Baä, Soë, Kefamenanu und Atambua auf den östlichen Kleinen Sunda-Inseln. Schließlich entstanden auch auf Neuguinea die ersten Verwaltungsposten, zunächst Manokwari und Fak-Fak im Jahre 1898, dann Merauke 1902, sehr viel später in den dreißiger Jahren Hollandia, Bosnik, Serui und Sorong sowie nach 1963 Nabire und Wamena.

Nach der Besatzungszeit[250] gab es in Ost-Indonesien bis 1950 den großen Bundesstaat „Negara Indonesia Timur" (vgl. S. 18), der sich aus 13 autonomen Republiken (Daerah) zusammensetzte. Diese föderativen Strukturen wurden erst zwischen 1953 bis 1960 endgültig beseitigt, indem auch hier den javanischen Regentschaften vergleichbare Gebietskörperschaften zweiter Stufe geschaffen wurden. Wo diese den ehemaligen Controll-Abteilungen entsprachen – im südlichen Selebes und auf den östlichen Kleinen Sunda-Inseln ist das der Fall – wurden die Vorkriegs-Controlleurssitze zu heutigen Regentschaftshauptorten[251]; dort wo mehrere Controll-Abteilungen zu einer neuen Regentschaft zusammengefaßt wurden, sanken viele Plätze zu nur

---

[249] Von den ursprünglich 9 balinesischen Fürstentümern war Mengwi 1891 durch Eroberung seitens seiner Nachbarstaaten ausgeschieden. Daher hat der Ort Mengwi heute keine städtischen Funktionen.

[250] Nach der japanisch-amerikanischen Besatzungszeit 1942/46 schied West-Neuguinea bis 1963 aus dem Staatsverband Niederländisch Indiens bzw. Indonesiens aus. Zur jüngeren Städteentwicklung nach der Annektion West-Neuguineas durch Indonesien vgl. S. 130/132.

[251] Im ehemals portugiesisch verwalteten Ost-Timor sind neben der Hauptstadt Dili und dem alten Oekussi – heute Pante Makassar genannt – gegenwärtig 11 weitere Verwaltungssitze (Kabupaten-Hauptorte) zu verzeichnen: Ermera, Likisia, Aileu, Manatuto, Baucau, Lospalos, Vikeke, Same, Ainaro, Maliana und Suai.

örtlicher Bedeutung ab. Bestes Beispiel hierfür ist Seram, wo es früher acht Controlleurssitze gab, heute aber nur ein Bupati – in Amahai – regiert.

Diesem, durch den Wechsel der Verwaltungssitze verursachten Auf- und Abstieg von Städten läuft der Wandel parallel, der sich aus der wirtschaftlichen Entwicklung ergibt. Für das 20. Jahrhundert sind zwei wirtschaftliche Aufschwungphasen im Archipel festzustellen. Die erste begann schon mit der Liberalisierung der Kolonialwirtschaft ab 1870 und endete in der Weltwirtschaftskrise der frühen dreißiger Jahre; die zweite begann 1969 mit dem ersten Fünfjahres-Entwicklungsplan der 1965 an die Macht gekommenen „Regierung der Neuen Ordnung" unter General Suharto (vgl. S. 19) und setzt sich bis zur Gegenwart fort. Die zunehmende Gütererzeugung einer aufblühenden Wirtschaft hatte in beiden Phasen einen starken Ausbau der Verkehrsinfrastruktur zur Folge. Dadurch waren neue Transportwege und -richtungen, sowie neue Umschlagplätze bedingt. Die größere Aufnahmefähigkeit der neuen Verkehrswege und Umschlaganlagen, besonders die der Häfen, führte zur Bündelung der Handelsströme, und damit auch zur räumlichen Ballung der tertiärwirtschaftlichen Aktivitäten. Straßen- und Eisenbahnbau sowie der Hafenausbau verstärkten die Wachstumstendenzen städtischer Siedlungen oder schufen vielerorts auch städtisches Leben an neuen Orten.

Zeitlich am frühesten wurde diese Entwicklung bei den Hafenstädten deutlich. Für die größeren Dampfschiffe reichten die Anlagen des frühen 19. Jahrhunderts nirgends mehr aus; wo die neuen Anlagen in Stadtrandlage errichtet werden konnten, erhielten die Kernsiedlungen rasch kräftige Wachstumsantriebe; das galt zum Beispiel für Surabaya, Makasar, Cilacap, Ambon und viele andere.

An anderen Stellen mußten die neuen Häfen aus technischen Gründen in größerer Entfernung von den Hauptsiedlungen angelegt werden. In Abhängigkeit von der Entfernung der beiden Siedlungskerne, unterschiedlichen Wachstumsantrieben und örtlichen Lagegegebenheiten ergaben sich unterschiedliche Siedlungsentwicklungen. Erstens: die Hafenorte wurden durch die Ausweitung der Kernstadt nach wenigen Jahren oder Jahrzehnten übersiedelt; Beispiele hierfür bilden Ule Lhee durch Banda Aceh, Emmahaven (jetzt Teluk Bayur) durch Padang, Tanjung Priok durch Jakarta und in der Gegenwart Temau durch Kupang. Zweitens: Hafenorte und Kernsiedlungen wuchsen aufeinander zu – Beispiel Ampenan-Mataram-Cakranegara – oder wurden gemeinsam durch eine benachbarte Großstadt aufgesogen – Beispiel Deli und Belawan durch Medan. Drittens: die Hafenorte blieben selbständige Siedlungen; dazu gibt es aus der ersten Entwicklungsphase die Beispiele Kuala Langsa in Aceh, Pekan Baru am Siak und Oosthaven (jetzt Panjang) an der Lampung-Bai[252]; aus den Nachkriegsjahren und der Gegenwart sind die Beispiele Bitung auf der Minahasa, Lembar (statt Ampenan) auf Lombok und Krueng Raja (statt Ulee Lheue) in Aceh Besar zu nennen. Zu diesen vielseitig orientierten Handelshäfen kamen einige Spezialhäfen hinzu, die ebenfalls neue Siedlungsentwicklungen zur Folge hatten. 1895 wurde der Versorgungshafen Sabang auf Pulau Weh vor der Nordspitze Sumatras für die Dampfschiffahrt von und nach Europa eingerichtet; die hoch gespannten Erwartungen erfüllten sich nicht, die Siedlung blieb klein. Das Fischerdorf Bagan Siapi-api entwickelte sich dank der Dampfschiffahrtsverbindungen und der Ausweitung des Marktes für Seefisch – besonders in Singapur – zum größten Fischereihafen Südost-Asiens. Im Lingga-Archipel überflügelte nach 1890 der Zinnminen- und -hafenort Dabo auf Singkep die ältere Sultansresidenz Daik. Daiks Funktionen waren zusätzlich eingeschränkt worden, als 1905 der niederländische Abteilungs-Controlleur von Daik nach Penuba auf Selayar versetzt worden war, weil dort größere Schiffe einen ruhigen Liegeplatz finden. Die in jüngerer Zeit entstandenen Spezialverladestellen für Stammholz – es gibt sie auf den Mentawai-Inseln, an den Küsten Borneos und Mittel-Selebes' sowie auf den Molukken – sind meist so isoliert gelegen, daß sie schwerlich Ansätze zu städtischer Entwicklung abgeben. Eine Ausnahme macht hier der schon erwähnte Tiefwasser-Flußhafen Batu Ampar-Telok Air im Kapuas-Delta West-Borneos.

Zu neuen Hafenstandorten kam es auch in Folge der Erdölgewinnung und -ausfuhr. Dadurch erhielt zunächst Palembang neue Entwicklungsanstöße und an der Aru-Bai in Langkat entstand die Hafenstadt Pangkalan Susu. Zu einer jüngeren Ausbauphase gehört Entstehung und Wachstum der Stadt Dumai mit ihrem Großhafen am Selat Rupat. Auf Borneo begann der Hafenausbau und die Stadtentwicklung infolge der Ölverarbeitung und -ausfuhr in Balikpapan um 1910, auf Tarakan um 1930 und bei Bontang um 1980. Neben diesen stadtbildenden Großabfuhrplätzen gibt es mehrere Verschiffungsorte für Öl und andere Mineralprodukte, die klein geblieben sind.

Sofern die abbauwürdigen Lagerstätten nicht unmittelbar an der Küste lagen, ergaben sich mit ihrer Ausbeutung auch im Binnenland städtische oder stadtähnliche Ansiedlungen. Sawahlunto und Tanjung Enim sind als städtische Siedlungen 1892 und 1920 durch den Kohlenbergbau auf Sumatra entstanden und bis zur

---

[252] Das gilt bezüglich Panjang auch unbeschadet der Tatsache, daß Panjang 1982 in die Kota Madya Tanjung Karang-Teluk Betung eingemeindet wurde. Diese 1982 erweiterte Kota Madya ist übergrenzt und umfaßt jetzt die gesamte, weit ins Hinterland reichende Stadtregion an der Lampung-Bai.

Gegenwart fast ausschließlich durch ihn geprägt; weniger bedeutende „Kohlensiedlungen" gab es auch in Ost-Borneo. Ältere und jüngere binnenländische „Ölstädte" sind auf Sumatra: Pangkalan Brandan, Duri, Kenali Asem, Talang Akar-Pendopo; Muara Enim ist zusätzlich Verkehrsknoten und war früher Controlleurs-, jetzt Bupati-Sitz. Zentrum des ostjavanischen Öldistrikts ist schon seit der Jahrhundertwende die Brückenstadt Cepu am Solo-Fluß. Wenn der Bergbau einzige Wirtschaftsgrundlage der Siedlungen war, dann blieben sie klein; das gilt auch für einige reine Erzbergbaustädtchen, z. B. Cikotok auf Java, Pomalaa am Teluk Bone, Soroako am Matana-See im Inneren von Selebes und das junge Tembagapura auf Neuguinea.

Wenn im Archipelstaat auch die Hafen- und Schiffahrtstechnik stärker auf das Städtesystem wirkt als die Binnenverkehrserschließung, so hat doch die zuerst auf Java (ab 1867), dann auf Sumatra (ab 1886)[253] eingeführte Eisenbahn einige Gewichte im Städtesystem umverteilt. Siedlungen, die an Abzweigpunkten Betriebseinrichtungen erhielten oder zu neuen Umschlagpunkten wurden, bekamen starke Wachstumsimpulse. Je kleiner die Siedlungen vorher waren, um so einschneidender wurde der Betrieb des Schienenweges. Deutlich durch die Eisenbahn geprägt, zumindest aber stark durch sie gefördert wurden: Tebingtinggi und Kisaran im nördlichen Sumatra, Padang Panjang im Minangkabau-Land, die Doppelstadthälfte Tanjung Karang, Kota Bumi, Martapura und Prabumulih im südlichen Sumatra sowie Cikampek, Jatibarang, Banjar, Kroya, Gundih, Kertosono und Nganjuk auf Java; Nganjuk deshalb, weil 1883 wegen der Bahneröffnung der Regent und Assistent-Resident von Berbek nach hierher versetzt worden waren.

Übersicht über die nach 1900 im indischen Archipel entstandenen oder aufgewerteten städtischen Siedlungen

Auf der Halbinsel *(nicht bearbeitet)*	Rantau Prapat Gunung Tua Balige Pangururan	**Auf Java** *(Auswahl)*	Tamiang Layang Kelua Negara Balikapan	Pante Makassar Likisia Manatuto Baucau	Weda Sanana Namlea Piru
	Siborong-borong	Menes	Muara Muntai	Aileu	Saparua
Auf Sumatra *(Auswahl)*	Teluk Dalam Muara Siberut	Labuhan Cikotok	Melak Long Iram	Ermera Maliana	Amahai Wahai
Sabang	Sawahlunto	Cimahi	Sangkulirang	Suai	Tual
Krueng Raja	Taluk Kuantan	Lembang	Tarakan	Ainaro	Dobo
Seulimeun	Gunung Sahilan	Cikampek	Nunukan	Same	Larat
Calang	Bangkinang	Jatibarang	Malinau	Vikeke	Saumlaki
Susoh	Pasir Pengarayan	Banjar	Long Nawang	Lospalos	Tepa
Tapaktuan	Pekan Baru	Kroya	Long Bawang	Bitung	Wonreli
Bakongan	Duri	Cepu		Tomohon	
Sinabang	Dumai	Gundih		Kwandang	
Bireun	Bagan Siapi-api	Batu	**In Ost-Indonesien** *(Auswahl)*	Tilamuta	
Meureudu	Tembilahan			Palu	
Takengon	Penuba	**Auf Borneo** *(Auswahl)*		Parigi	
Lhok Sukon	Dabo		Negara (Bali)	Poso	
Lokop	Muara Tebo		Tabanan	Luwuk	
Langsa	Muara Bungo	Telok Air-	Gianyar	Kolonedale	
Kuala Langsa	Bangko	Batu Ampar	Bangli	Soroako	**Übersicht über die nach 1900 im Westteil Neuguineas entstandenen Städte**
Kuala Simpang	Sarolangun	Nanga Tayap	Klungkung	Malili	
Blang Kejeren	Sungai Penuh	Sekadau	Lembar	Masamba	
Kutacane	Kenaliasem	Nanga Pinoh	Praya	Rantepao	
Sidikalang	Argamakmur	Semitau	Selong	Makale	
Kabanjahe	Curup	Putus Sibau	Waikabubak	Mamasa	Manokwari
Berastagi	Lubuk Linggau	Kumai	Waingapu	Polewali	Fak-Fak
Pangkalan Susu	Prabumulih	Kuala Pembuang	Baä	Mamuju	Merauke
Pangkalan Brandan	Tanjung Enim	Kasongan	Soë	Pangkajene-Sidenreng	Hollandia/Jayapura
Binjai	Pendopo-Tl. Akar	Pahandut/ Palangka Raya	Kefamenanu Atambua	CabengE	Bosnik/Biak Serui
Lubuk Pakam	Martapura	Pulang Pisau	Kalabahi	Kolaka	Sorong
Tebingtinggi (Deli)	Kota Bumi	Kuala Kurun	Maumere	Pomalaa	Nabire
Pematang Siantar	Metro	Puruk Cahu	Bajawa	Kendari	Wamena
Prapat	Tanjung Karang	Buntok	Ruteng	Raha	Tembagapura
Kisaran	Oosthaven-Panjang				

---

[253] Die Dampfstraßenbahn Ulee Lheue – Kuta Raja war schon 1876 und deren Verlängerung bis Lambaru 1885 eröffnet worden. Obwohl die Bahneröffnungen überwiegend noch im 19. Jahrhundert lagen, werden die durch sie beeinflußten Stadtentwicklungen erst hier erwähnt, weil die Hauptauswirkungen erst nach 1900 spürbar wurden.

Da auf den spät erschlossenen Außeninseln neben den Schienenwegen auch die Fahrstraßen linienhaft Transportströme bündelten, sind auch durch die großen Straßenbauten der späten Kolonialphase neue Etappenorte entstanden oder regionale Marktorte verstärkt worden; die Kreuzungspunkte mit schiffbaren Strömen bildeten dabei bevorzugte Ansatzpunkte. Seitdem ab etwa 1975 das Straßennetz wiederhergestellt und erweitert wird, ist dieser Antrieb zur Verstädterung solcher Siedlungen erneut wirksam. Meist wurden früher oder später die alten Wege- und späteren Straßenknoten auch zu Verwaltungssitzen gewählt. Eine Vielzahl dieser Markt- und Etappenorte, etwa Lubuk Pakam, Surulangun, Curup und andere auf Sumatra, wurden schon genannt. Auf dem dichter und früher besiedelten Java liegt diese Entwicklung früher (vgl. S. 55) und auf den straßenarmen Inseln Borneo und Selebes ist diese Art junger Stadtwerdung seltener; hier können Negara und Kelua in Süd-Borneo oder Tomohon und CabengE auf Selebes genannt werden[254].

Mit dem Straßenbau hängt die Entstehung einer weiteren städtisch geprägten Siedlungsart zusammen: die Fremdenverkehrsorte; hier in den inneren Tropen sind es überwiegend Höhensiedlungen. Die meisten dieser Erholungsorte sind zu klein, um als Städte gelten zu können. Es gibt aber einige Ausnahmen: Zu Kleinstädten sind u. a. Lembang bei Bandung, Batu bei Malang sowie Berastagi und Prapat im Hochland Nord-Sumatras herangewachsen[255]. Als Wachstumsfaktor für die Großstädte war die Höhenlage besonders bei Sukabumi, Bandung und Malang beteiligt. Dicht bei Bandung liegt auch Cimahi, das früher auch durch eine starke Garnison geprägt worden war; heute hat die Industrie die Garnisonsfunktion weit überflügelt. Auch andere hochindustrialisierte, früher ländliche Siedlungen im Becken von Bandung wachsen in die jüngste Städteschicht des heutigen Indonesiens hinein (vgl. S. 128f.).

Neben Schienen- und Straßenverkehr führte auch der Flugverkehr, der erst seit Beginn der siebziger Jahre einen städteprägenden Erschließungsfaktor darstellt, zu einigen Umbewertungen. Wenn sich der Ausbauzustand der Flugplätze und deren Benutzungshäufigkeit auch überwiegend nach der Bedeutung der zu bedienenden Siedlung richtete, so gibt es doch – meist durch ursprünglich stärker wirtschaftliche oder militärische Aufgaben der Flugplätze verursacht – einige Fälle, in denen sich Bedeutungsverlagerungen von Städten ergaben. Durch Flugplätze wurden gestärkt: Balikpapan zu Lasten von Samarinda, Tarakan zu Lasten von Tanjung Selor, Maumere zu Lasten von Ende und auf Neuguinea Biak zu Lasten von Jayapura.

Nebenstehend sind die nach 1900 in Niederländisch Indien und später in Indonesien neu entstandenen oder stark aufgewerteten Städte zusammengestellt (vgl. Karte 2).

2.3. Historisch-genetische Schichtung des heutigen Städtesystems

In Abhängigkeit vom wechselvollen politischen Kräftespiel im Archipel sind aus den genannten Gründungszeitaltern unterschiedlich viele Städte bis zur Gegenwart in Funktion. Am Anfang, bis etwa 1400 gab es insgesamt wenige stadtähnliche Siedlungen oder Städte im Archipel. In der Übersicht auf S. 46 sind 56 Orte genannt, deren Lage bekannt ist; 52 davon liegen auf dem Hoheitsgebiet des heutigen Staates Indonesien und drei Dutzend auf Java. Viele dieser Orte sind heute noch Siedlungsplätze, etwa ein Drittel gehört zu den zentralen Orten unterer Stufe (vgl. S. 211f.). Ein weiteres Drittel ist auch gemäß einer später zu behandelnden Definition (vgl. S. 83f.) im engeren Sinne als Stadt zu bezeichnen; das letzte, reichliche Drittel – 19 Orte – hat die städtischen Eigenschaften verloren.

Die Städteanzahl aus dem zweiten Gründungszeitalter von 1400 bis 1700 ist schon sehr viel größer. In den islamischen Reichen entstanden Städte als Herrschersitze und Handelsplätze und ebenso waren auch die frühen europäischen Niederlassungen Ansatzpunkte für städtisches Leben. In der Übersicht auf S. 52 sind 144 Orte genannt, die auf dem Gebiet des heutigen Indonesiens liegen, davon 80 auf Java. Mehr als zwei Dutzend der genannten Orte sind in die Bedeutungslosigkeit zurückgesunken, 42 halten ihre Stellung als zentrale Orte unterer Stufen, – aber 73, also die Hälfte der angeführten Orte, hat die städtische Funktion bis in die Gegenwart bewahrt.

In der ältesten Städteschicht war Java mit 36 Namen, entsprechend 69% vertreten und in der zweiten mit 80, entsprechend 56%. In der dritten Städteschicht, die in der Zeit zwischen 1700 und 1900 entstanden ist, liegt der Schwerpunkt der Städtegründungen schon auf den Außeninseln; das zeigt die Übersicht auf S. 59. Java ist noch mit 53 Orten vertreten, das sind aber nur 27%. Die Masse der neuen städtischen Siedlungen sind Verwaltungs-

---
[254] Diese und viele andere Orte der gleichen Art – meist auf Sumatra gelegen – sind in Tab. 6–3, S. 158ff. zusammengestellt.
[255] Vgl. dazu Abschn. 6.5., S. 184ff.; in Tab. 6–6 sind alle Fremdenverkehrsorte zusammengestellt.

und Handelsorte auf den Außeninseln. Nur 7, das sind 3,5% der insgesamt 200 Orte dieser Schicht haben heute keine oder fast keine zentralen Funktionen, andererseits sind zwei Drittel der Orte aus dieser Städteschicht bis heute „sichere Städte" geblieben.

Die Zeit der kolonialen Erschließung und Durchdringung zwischen 1700 und 1900 war die Hauptgründungsphase der städtischen Siedlungen. Zwar kommen nach 1900 noch einmal fast 200 städtische Orte hinzu – in der Übersicht S. 64 sind davon nur 168 namentlich genannt – fast alle größeren Städte stammen aber schon aus früheren Gründungszeitaltern. Im 20. Jahrhundert sind es Orte, die als Verwaltungs-, Verkehrs- und Handelsplätze auf den Außeninseln städtische Ausprägung erhalten. Für Java enthält die Übersicht nur ein Dutzend Bergwerks-, Industrie- und Fremdenverkehrsorte; auch einige nach der Krakatau-Flutkatastrophe von 1883 neu gegründete Ersatzorte sind darunter. Da es sich mehrheitlich um kleinere Städte, meist Minderstädte (vgl. S. 84) handelt, ist es für viele der genannten Orte auf Java fraglich, ob sie vor oder nach der letzten Jahrhundertwende die Schwelle vom kleinen Marktort zur Minderstadt oder von der Minderstadt zur Stadt überwachsen hatten. Von den 168 genannten Orten sind mehr als 100 zu vollen Städten herangewachsen, der Rest sind kleine zentrale Orte oder Industriesiedlungen.

Die bis hierher zusammengefaßten Angaben sind aus der Tabelle 2–1 in den senkrechten Spalten vollständig abzulesen. Die Tabelle 2–1 gestattet es auch, die vier unterschiedenen Gründungszeitalter bezüglich der Anzahl ihrer Städte miteinander zu vergleichen. Selbstverständlich erscheint es, daß die früheren Zeitalter absolut und relativ mehr Orte besaßen, die ihre städtische oder stadtähnliche Eigenschaft verloren haben, als die späteren. Schon in der Zeit der kolonialen Erschließung und Durchdringung etwa ab 1700 – damals waren die Küsten bereits überwiegend unter europäischer Kontrolle – gab es nur noch wenige Neugründungen, die später wieder soweit absanken, daß sie gegenwärtig nicht mehr als zentrale Orte wenigstens niedriger Stufe erfaßt worden wären.

Die Gesamtheit der erfaßten Orte (Zeile 2) läßt sich bezüglich der vier Gründungszeitalter nur ungenau aufteilen, weil für einen hohen Orteanteil (86%) keine Entstehungszeit angegeben ist. Diese zu bestimmen ist sehr schwierig, weil der Übergang vom ländlichen Marktort zum hier noch erfaßten Unterzentrum fließend ist (vgl. S. 198) und diese schwer definierbare Schwelle überwiegend zwischen 1830 und 1940 überschritten worden ist. So kann nur festgestellt werden: Die im Abschnitt 2.2. nicht erwähnten Orte haben ihre gegenwärtigen

Tabelle 2-1. Anzahl der Städtegründungen nach Zeitaltern

		(1) I < 1400		(2) II 1400-1700		(3) III 1700-1900		(4) IV > 1900		(5) nicht bestimmt[a]		(6) Gegenwärtige Anzahl städt. Siedlgn.[b]
		\multicolumn{10}{c	}{Gründungszeitalter}	
(1) Erloschene Städte[c]		19	35 %	29	53 %	7	12 %	0	-	x	x	x
(2) Zentrale Orte[d]	Java	22	1 %	64	4 %	52	3 %	12	1 %	1497	91 %	1647
	Außeninseln	11	0,5%	51	2,5%	140	6,5%	156	7,5%	1755	83 %	2113
	beide Landesteile	33	1 %	115	3 %	192	5 %	168	5 %	3192	86 %	3700
(3) Städte im engeren Sinne[e]	Java	11	6,5%	42	25 %	44	26 %	9	5,5%	63	37 %	169
	Außeninseln	5	2 %	31	14 %	89	40 %	97	43 %	2	1 %	224
	beide Landesteile	16	4 %	73	18,5%	133	34 %	106	27 %	65	16,5%	393
(4) 39 Großstädte[f]	Java	3	13,5%	9	41 %	9	41 %	1	4,5%	0	-	22
	Außeninseln	2	12 %	6	35 %	6	35 %	3	18 %	0	-	17
	beide Landesteile	5	13 %	15	38,5%	15	38,5%	4	10 %	0	-	39
(5) Städtische Siedlungen, deren Entstehungszeit bestimmt werden konnte[g]	Java	36	x	80	x	53	x	12	x			
	Außeninseln	16	x	64	x	146	x	56	x			
	beide Landesteile	52	x	144	x	199	x	168	x			

[a] Orte die im Abschnitt 2.2. nicht erwähnt sind; es handelt sich überwiegend um kleine Zentrale Orte.
[b] gemäß Tab. 4-1, Sp. 2.
[c] Orte, die gegenwärtig Siedlungswüstungen sind oder keine städtischen Funktionen besitzen.
[d] soweit erfaßt; nach Abschn. 7.1., erster Absatz 3760 Orte.
[e] auch als sichere Städte bezeichnet; siehe Abschn. 4.1.
[f] 1980: >100 000 Einwohner; vergl. Tab. 4-1, Sp. 5.
[g] Orte, die auf den Übersichten am Ende der Abschn. 2.2.1., 2.2.2., 2.2.3. u. 2.2.4. genannt sind.

zentralörtlichen Funktionen frühestens im 19. Jahrhundert erhalten, überwiegend erst in späteren Ausbauphasen. Die in der Spalte 5 genannte Anzahl von 3192 Orten muß also den Städteschichten III und IV hinzugerechnet werden. Danach zeigt es sich: Die große Mehrzahl der hier erfaßten Ortegesamtheit hat ihre städtischen Eigenschaften in den Zeitabschnitten III und IV erhalten. Die Ausbildung eines Siedlungssystems mit zentralen Funktionen verschiedener Hierarchiestufen (vgl. S. 208) ist die Folge der kolonialen Durchdringung, vorwiegend im 19. Jahrhundert. Für die Zeit vor 1700 bleiben dann aus der gegenwärtigen Gesamtzahl zentraler Orte nicht sehr viele übrig. So sind die Zahlen für die schon in den Zeitabschnitten I und II vorhandenen städtischen Siedlungen einigermaßen zutreffend: es sind zusammen 4% der gegenwärtigen Gesamtheit.

Für die in Tabelle 2–1 so genannten „Städte im engeren Sinne" (Zeile 3) gelingt die Aufteilung nach Gründungszeitaltern weit besser. Auch hier bleibt ein Rest unerwähnter Orte, diese liegen aber fast ausschließlich auf Java. Es sind meistens ehemalige Wedana-Sitze (vgl. S. 29), die durch Verkehrswegebau und Gewerbeansiedlung in der zentralörtlichen Hierarchie aufstiegen, einzelne mittelzentrale Streudienste übernahmen (vgl. S. 211) und damit zur Gruppe der „sicheren Städte" gerechnet wurden. Demnach können diese Orte zur jüngeren industriewirtschaftlichen Erschließungsphase gerechnet werden. Geschieht dies, dann verteilen sich die „Städte" verhältnismäßig gleichmäßig über die Zeitalter III und IV. Daneben gibt es 89 Städte, die schon vor 1700 vorhanden waren. Die Städtegründungen der beiden früheren Zeitabschnitte haben also schon einen verhältnismäßig hohen Anteil (22,5%); dieser ist damit mehr als fünfmal größer als bei der Gesamtheit der erfaßten Orte (Zeile 2).

Wird die Betrachtung auf die Großstädte eingeschränkt, verschieben sich die Gründungszeiten noch stärker in die früheren Abschnitte. Die Hälfte aller gegenwärtigen Großstädte war als städtische Siedlungen schon vor 1700 vorhanden; vor 1400 waren schon 5 dieser 39 Städte gegründet gewesen. Die erste und die zweite Städtegründungsphase im Archipel sind also in der Gruppe der Großstädte deutlich stärker vertreten als in der Gesamtheit der erfaßten Orte. Umgekehrt haben es nur vier Städte geschafft, sich seit der letzten Jahrhundertwende vom Dorf zur Großstadt zu entwickeln – Pematang Siantar, Pekan Baru, Balikpapan und Cimahi[256].

---

[256] Zum Aufstieg dieser Städte vgl. Tab. 5–10 auf S. 134f. Weitere historische Aspekte der führenden Städteschicht im Archipel werden im Abschn. 7.4. behandelt; siehe dort besonders Tab. 7–8 auf S. 226f.

3. Der kulturelle und städtebauliche Habitus

3.1. Allgemeine Züge der Stadtstruktur

Der Habitus der Stadt im heutigen Indonesien wird durch die Kulturströmungen bestimmt, die sich seit der Mitte des ersten Jahrtausends unserer Zeitrechnung im südostasiatischen Archipel überlagert haben. Die Kultur der autochthonen malaiischen Hauptbevölkerung hat keine Stadtentwicklungen hervorgebracht[301], inwieweit dennoch einzelne überörtliche Herrschaftssiedlungen infolge dieser Funktion stadtähnliche Strukturen besaßen, ist eine offene Frage[302]. Eine Städtekultur, die sich aus der Wirtschaftsweise und Wesensart der Malaien entwickelt hätte, gab es jedenfalls zunächst nicht.

Die ältesten Städte des Archipels sind vorderindisch-hinduistisch geprägt[303] und es ist beachtenswert, daß sich aus dieser frühen Zeit ein wesentliches städtisches Strukturelement bis in die Gegenwart durchgesetzt hat: eine festen Regeln folgende Anordnung von Herrschersitz, Kultstätte und Versammlungsplatz um eine zentrale, nach den Hauptrichtungen der Windrose ausgerichtete Straßenkreuzung. Häufig wurde auch der rechteckig begrenzte Versammlungsplatz in den Mittelpunkt der Siedlung gerückt. Mit dem Platz und dem davon ausgehenden, den Hauptrichtungen der Windrose folgenden Straßensystem hebt sich der traditionelle Stadtkern als eigenes Strukturelement von den übrigen städtisch geprägten Flächen ab (vgl. S. 74ff.).

Ebenso beachtenswert ist es, daß auch die vorhinduistische, malaiisch-autochthone Tradition deutliche Spuren im Stadtraum der Gegenwart hinterlassen hat. Die unter den malaiischen Völkern übliche unregelmäßige dörfliche Siedlungsweise mit freistehenden Häusern prägt bis heute die flächenmäßig größten Teile der indonesischen Städte. Diese dörfliche Siedlungsstruktur hat unter städtischem Einfluß viele Abwandlungen erfahren, ist aber in den städtischen „Kampungs" bis heute als Ausgangsform erkennbar. Stadtauswärts gibt es einen fließenden Übergang zwischen randstädtischen und dörflichen Kampungs (vgl. S. 76ff.). Da auch keine anderen Strukturelemente die äußere Grenze der Städte anzeigen – Stadtumwallungen waren selten –, fehlen in der Regel alle Kriterien, um die Städte gegen die ländliche Umgebung abzugrenzen.

Ein drittes städtisches Strukturelement im malaiischen Archipel beruht auf der ebenfalls seit der Mitte des ersten Jahrtausends nachweisbaren Zuwanderung chinesischer Händler[304]. Die chinesischen Einwanderer hatten sich weder früher noch später an die autochthone tropengerechte Bauweise angepaßt. Als Träger einer traditionalistisch ausgerichteten Kultur importierten sie eine geschlossene, zweigeschossige Bauweise. Es ist diese Zweigeschossigkeit und Geschlossenheit der Bebauung, die die chinesischen Händlerviertel als eigenständiges Strukturelement der inselindischen Städte erscheinen lassen (vgl. S. 79).

Viertens waren es die Europäer, die einigen im 17. Jahrhundert gegründeten Städten einen unverwechselbaren portugiesischen, spanischen oder niederländischen Stil aufprägten. Das Unverwechselbare ist allerdings durch die um 1800 erfolgte Aufgabe der traditionellen, geschlossenen europäischen Bauweise vergangen. Die heutige Auswirkung der Kolonialepoche besteht aus der Hinterlassenschaft ausgedehnter gehobener Wohnvier-

---

[301] Vgl. zur Kulturgeschichte das Grundlagenwerk von Adolf Bastian 1884/94. Das allochthone Wesen der Städte im indischen Archipel stellte auch Herbert Lehmann 1936 an den Anfang seines inzwischen als klassisch empfundenen Aufsatzes über „Das Antlitz der Stadt in Niederländisch-Indien". Er beschrieb als erster die wesentlichen kulturgeprägten Elemente der Stadt im indischen Archipel. Seinem Grundgedanken – ergänzt durch das städtebauliche und jüngere soziologische Schrifttum sowie durch eigene Beobachtungen – folgt der Verfasser in diesem und den weiteren Stadtviertel-Abschnitten.

[302] Vgl. S. 42 und das in Fußn. 203 genannte Schrifttum.

[303] Vgl. S. 42f. und das in Fußn. 207 genannte Schrifttum.

[304] Vgl. hierzu die grundlegenden Beiträge von Helbig 1942/43 und 1949. Eine jüngere Studie, in der auch späteres Schrifttum zusammengefaßt ist, lieferte Liem 1980. Die zwischen Malaien und Chinesen sehr unterschiedlichen Gestaltungsvorstellungen und deren Auswirkungen auf die Stadtstruktur im malaiischen Raum hat auch Evers 1977 beschrieben.

tel, die ursprünglich im kolonialen Empirestil, später im Jugendstil und im 20. Jahrhundert nach dem britisch geprägten Bungalow-Stil errichtet worden waren (vgl. S. 80f.).

Im späten 19. und im 20. Jahrhundert waren und sind dann alle Städte auch der von Europa ausgehenden industriewirtschaftlichen Überprägung ausgesetzt. Die Anlage von Bahnhöfen, der Aufbau von Fabriken und Lagerhallen, die Errichtung von mehrgeschossigen Geschäftshäusern für alle Arten der Handels- und Dienstleistungswirtschaft bestimmen von da ab auch die Stadtbilder in Südost-Asien[305]. Diese „westliche" Überprägung hat mit dem Ende der politischen Herrschaft der Europäer nicht aufgehört. Die mit dem Bevölkerungswachstum verknüpfte Arbeitsplatznachfrage und die steigenden materiellen Lebensansprüche zwingen zu weiterer Industrialisierung, also zu städtischen Lebensformen, die nur mit importierten technisch-industriellen, nicht traditionellen, einheimischen Strukturelementen und Bauformen verwirklicht werden können.

Nur gegen eine, vom Westen angebotene, städtische Siedlungsform hat sich das indonesische Lebensgefühl bisher gewehrt: gegen das mehrgeschossige Mietshaus. Wie groß ist auch der Gegensatz zum traditionellen Kampung! Bis in die Gegenwart ist die städtische Form der Mietwohnung und damit die geschlossene mehrgeschossige Wohnbebauung in indonesischen Städten unbekannt. Nach ganz vereinzelten älteren Vorläufern werden in Jakarta erst in allerjüngster Zeit (1983) einige mehrgeschossige Wohnblöcke errichtet. Bezeichnenderweise sind diese aber nicht für die Aufnahme von Substandard-Kampung-Bewohnern bestimmt, sie stehen vielmehr dicht neben der Hauptentwicklungsachse der Metropole und bieten einigen begüterten, voll auf westlichen Lebensstil eingestellten Jakataranern günstig gelegene Komfort-Mietwohnungen.

Die von außen übertragenen, städtebildenden Kulturelemente wurden von den malaiischen Völkern zwar angenommen, es gab aber keine Kraft, diese Elemente mit eigenen Formen zu einem neuen einheitlichen Ganzen zu verschmelzen. Die indonesische Stadt ist von jeher aus heterogenen Elementen zusammengesetzt; und doch gab es – solange die Städte klein blieben – keine Zuordnungsprobleme der Stadtteile. Sie fügten sich ihren Funktionen entsprechend als unterschiedlich bebaute Straßengevierte oder einzelne Straßenzüge an den traditionellen Stadtkern an. Dazu gibt es eine sachlich wie künstlerisch gleichermaßen hervorragende Quelle, nämlich eine Bildkarte, die einen javanischen Regenten- und Abteilungshauptort darstellt und durch eine Schemaskizze mit Begleittext erläutert wird[306]. Die Bildkarte ist auf dem Vorsatzblatt (Frontispiz) wiedergegeben, die Schemaskizze in der folgenden Graphik 3–1.

Das in der Bildkarte und in Graphik 3–1 dargestellte Grundschema ist auf den Außeninseln, aber auch auf Java selbst, in Abhängigkeit von vorherrschenden Funktionen, kulturellen Besonderheiten und physischen Lagegegebenheiten vielfach abgewandelt; so sind auch nicht in allen Teilen des Archipels alle Stadtelemente vorhanden. Häufig erzwingen Gewässer und Baugrund andere Formen im Grund- und Aufriß der Stadtviertel. Wo die Städte auf schmalen Ufer- oder Strandwällen errichtet werden mußten und sich in umgebendes Sumpfland hinein ausbreiteten, stehen sie auf Pfählen. Viele Orte sind jahreszeitlich ganz oder teilweise überflutet; dann sind es Boote, die den innerstädtischen Verkehr bewältigen, und an Stelle fester Gehwege sind Holzplanken zu schmalen Stegen, mancherorts über größere Entfernungen zusammengefügt.

Die in kleinen Städten überschaubaren Teilräume addieren sich in großen Städten zu ungeordneten Agglomeraten. Die räumliche Anordnung der Strukturelemente erscheint dann wahllos; geistige Konzeptionen für die Anlage der Gesamtstadt fehlen. Das schließt nicht aus, daß in einigen Fällen hervorragende Einzelbauwerke als Substituten für alt-indonesische Wertvorstellungen wirken[307]. Stadtlandschaftsprägend ist das vervielfachte Nebeneinander der Stadtelemente; ihre kleinräumige Durchmischung wird so zu einer Eigentümlichkeit im Habitus der Städte Indonesiens.

Der traditionelle Stadtkern liegt zwar in den meisten Städten, die in mehrere Richtungen wachsen, noch in der Nähe des räumlichen Mittelpunktes, in der Regel muß aber jetzt das chinesische Geschäftsviertel, das den funktionellen Kern der Stadt bildet, auch als baulicher Mittelpunkt bewertet werden. Nahe dem traditionellen Kern und nahe dem chinesischen Geschäftsviertel ist auch die Überprägung durch moderne mehrgeschossige Geschäftsbebauung am stärksten. Entscheidend ist aber, daß diese Elemente der Handels- und Dienstleistungswirtschaft darüber hinaus in anscheinend völlig ungeordneter Weise über die Stadtflächen verteilt sind. Das

---

[305] Dem allgemeinen Aspekt der „westlichen Überprägung" südostasiatischer Städte ist ein umfangreiches, meist sozioökonomisch ausgerichtetes Schrifttum gewidmet; von geographischer Seite u. a. McGee 1971/76 u. 1979. Für Indonesien speziell sind die älteren Beiträge von Wertheim 1951 und Kroef 1954 grundlegend.

[306] Der Entwurf der Bildkarte aus dem Jahre 1917/18 stammt von dem niederländischen Geographen H. Ph. Th. Witkamp; sie wurde von den Architekten Kazemier und Tonken gezeichnet und als Farblithographie im Teil 5 (2. Stuk, 1922) des großen „Kromoblanda" genannten Werkes von H. F. Tillema über die Lebensweise auf Java (vor S. 631) eingefügt; die Beschreibung dazu ist auf den S. 631/632 abgedruckt. Eine verkleinerte Schwarz-Weiß-Reproduktion der Bildkarte sowie die Schemaskizze mit englischsprachiger Legende ist wiederabgedruckt in: Wertheim (Hrsg.) 1958 „The Indonesian Town", S. 79–84.

[307] Vgl. dazu Evers 1982 (b), Abschn. III.

70

Graphik 3-1. Erklärung zur Bildkarte eines javanischen Regenten- und Abteilungshauptortes

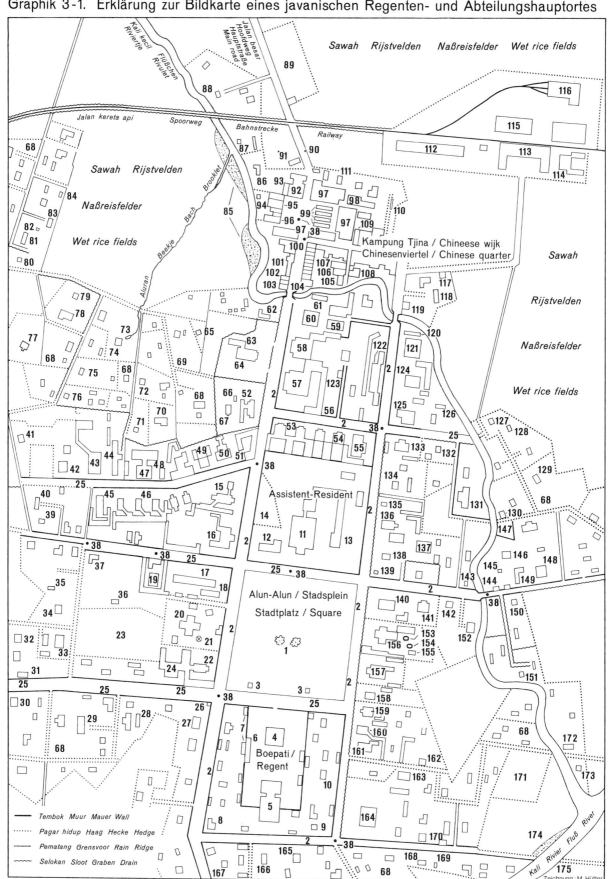

Verkleinerung auf 80 % der Originalgröße

Quelle siehe Fußnote 306

Erläuterung zu Graphik 3–1.*   * Malaiische u. niederländische Begriffe in Vorkriegsschreibweise

1. Pohon waringin / Waringin-boomen / Waringin-Bäume / Banyan trees
2. Pohon asem / Tamarinde-boomen / Tamarinden-Bäume / Tamarind trees
3. Paséban / Wachtloods / Schilderhäuser / Sentry-boxes
4. Pendapa / Ontvangplaats / Empfangshalle / Reception hall
5. Kaboepaten (Kediaman Boepati) / Woning van den Regent / Regenten-Wohnhaus / Regent's house
6. Kantor Boepati / Kantoor v. d. Regent / Regentschaftsverwaltung / Regency office
7. Djoeroe toelis / Schrijver / Schreiber / Clerks
8. Toekang gading / Ivoordraaier / Elfenbeindreher / Ivory turner
9. Toekang koeningan / Geelgieter / Messinggießer / Brass founder
10. Toekang mas / Goudsmid / Goldschmied / Goldsmith
11. Kediaman Assisten-Residen / Woning v. d. Assistent-Resident / Wohnhaus d. Assistent-Residenten / Assistant-Resident's house
12. Kantor Assisten-Residen / Kantoor v. d. Afdeeling / Abteilungsverwaltung / Division office
13. Kamar toempangan / Logeergebouw / Gästehaus / Guesthouse
14. Kebon sajoer / Moestuin / Gemüsegarten / Vegetable garden
15. Notaris / Notaris, vendumeester / Notar, Auktionator / Notary, auctioneer
16. Kamar bola / Societeit / Gesellschaftshaus / Society house
17. Tangsi pradjoerit / Kazerne v. d. politie-soldaten / Militär-Polizei-Kaserne / Military police barracks
18. Komandan / Commandant / Polizeikommandant / Police chief
19. Pendjara / Gevangenis / Gefängnis / Jail
20. Mesigit / Moskee / Moschee / Mosque
21. Tempat tjoetji kaki / Waschplaats / ritueller Fußwaschplatz / Washing place
22. Penghoeloe / Geestelijk hoofd / Geistliches Oberhaupt / Islamic head
23. Pekoeboeran boemi poetera / Jav. Begraafplaats / Javan. Friedhof / Javanese burial ground
24. Oepsir pensioen / Gepensioneerd Officier / Offizier außer Dienst / Retired officer
25. Pohon kenari / Kenari-boomen / Kenari-Bäume / Javanese Almond trees
26. Gardoe / Wachthuisje / Nachtwächterhütte / Watchmans's hut
27. Mata-mata polisi / Politie agent / Ortspolizist / Policeman
28. Jaksa / Fiscaal / Jav. Ankläger / Javanese public prosecutor
29. Kepala kampong / Kampong hoofd / Kampung-Vorsteher / Kampung head
30. Toewan berboeroe / Broodjager / Jagdaufseher / Game keeper
31. Toekang kareta / Wagenmaker / Wagner / Cartmaker
32. Toekang inten, orang arab / Arab. Juwelier / Arab. Juwelier / Arab jeweller
33. Mantri tjatjar / Vaccinateur / Pockenimpfer / Vaccinator
34. Toekang kwé-kwé / Koekebakker / Kuchenbäcker / Confectioner
35. Petenoeng / Waarzegger / Wahrsager / Fortune-teller
36. Pendjoerat miskin / Armenschrijver / Armenschreiber / Alms scribe
37. Nonna j. bikin kwé-kwé / Koekjesbakster / Süßwarenbäckerin / Female pastry cook
38. Lantéra djalan / Straatlantaarn / Straßenlaterne / Streetlight
39. Toekang tembaga / Koperslager / Kupferschmied / Coppersmith
40. Toekang kir kajoe / Houtsnijer / Holzschnitzer / Woodcarver
41. Toekang tikar / Mattenmaker / Mattenflechter / Matmaker
42. Nonna djipraoe / Onderwijzeres / Lehrerin / Female teacher
43. Pondok asrama / Optrek internaat / Schülerinternat / Boarding school
44. Kepala sekola / Hoofdonderwijzer / Schulleiter / School head
45. Méstér sekola / Onderwijzer / Lehrer / teacher
46. Sekola anak ketjil / Fröbelschool / Kindergarten / Kindergarten
47. Toekang mendjaït / Modiste / Putzmacherin / Milliner
48. Toko kain-kain / Modewinkel / Bekleidungsgeschäft / clothes shop
49. Roemah orang belanda / Europeesche woning / Wohngehöft eines Europäers / European dwelling
50. Sekola belanda / Europeesche school / Europäische Schule / European school
51. Toko belanda / Europeesche winkel / Europäischer Laden / European shop
52. Kantor pos dan tilpon / Post- en telefoonkantoor / Post- und Fernsprechamt / Post and telephone office
53. Wakil / Commissionair / Bevollmächtigter / Broker
54. Toewan padjak / Outvanger v. d. belastingen / Steuereinnehmer / Tax collector
55. Presiden landerat / Voorzitter v. d. Landraad / Gerichts-Vorsitzender / President of the court
56. Toekan oekoer tanah / Landmeter / Landvermesser / Surveyor
57. Toewan tanah / Landeigenaar / Landeigentümer / Landowner

58	Toewan Dokter / Geneesheer / Arzt / Physician
59	Roemah sakit / Ziekenhuis / Krankenhaus / Hospital
60	Sekola djawa / Inlandsche school / Javan. Schule / Native school
61	Kepala gadean / Pandhuis administrateur / Pfandhausaufseher / Pawnshop administrator
62	Goedang garem / Zoutpakhuis / Salzlagerhaus / Salt warehouse
63	Bang hoetang / Credietbank / Kreditbank / Credit bank
64	Konterlir / Controleur / Kontrolleur / Controller
65	Toekang mas / Goudsmid / Goldschmied / Goldsmith
66	Kandang kambing / Geitenstal / Ziegenstall / Goat shed
67	Hadji / Godsdienstleeraar / Prediger / Preacher
68	Teratak kampong / Kampong hofsteder / Kampunggehöfte / Kampung compound
69	Pagar hidoep ataoe Pagar peloepoeh / Haag of bamboelatjesstaketsel / Hecke oder Bambuslattenzaun / Hedge or split-bamboo paling
70	Pesoeratan / Brievenbesteller / Briefträger / Postman
71	Toekang bolsak / Bultzakmaker / Matratzenpolsterer / Mattress maker
72	Peradjoerit pensioenan / Gepensioneerd soldaat / Soldat außer Dienst / Retired soldier
73	Mata air / Wel / Quelle / Spring
74	Langgar / Bidhuisje / Bethäuschen / House of prayer
75	Toekang kaleng / Blikslager / Blechschmied / Tinsmith
76	Toekang tjeripoe / Sandalenmaker / Sandalenmacher / Sandalmaker
77	Moesikan / Muzikant / Musiker / Musician
78	Doekoen / Javan. geneeskundige / Javan. Heilpraktiker / Javanese practitioner
79	Toekang toedoeng / Hoedenmaker / Hutmacher / Hat maker
80	Toekang sapoe / Bezenmaker / Besenbinder / Broom-maker
81	Toekang mengoesir setan / Duivelbanner / Teufelsaustreiber / Exorcizer
82	Kandang kerbaoe / Karbouwenkraal / Wasserbüffelstall / Water buffalo shed
83	Roemah orang tani / Boeren-woning / Bauernwohnhaus / Peasant house
84	Loemboeng / Rijstschuur / Reisscheune / Rice shed
85	Tepi pasir ataoe kerikil / Zand- of kiezelbank / Sand- oder Kiesbank / Sand or gravel bank
86	Toekang toekar oewang / Geldwisselaar / Geldwechsler / Money-changer
87	Toekang kembang / Bloemenverkoopster / Blumenverkäuferinnen / Female flower sellers
88	Toekang tjelep / Blauverver / Blaufärber / Blue dyer
89	Pekoeboeran belanda / Europ. begraafplaats / Europ. Friedhof / European cemetary
90	Pal / Afstands-Paal / Entfernungsstein / Distance stone
91	Toekang koentji / Slotenmaker / Schlosser / Locksmith
92	Toekang orlodji / Horlogemaker / Uhrmacher / Watchmaker
93	Orang Tjina bami / Bami-chinees / Chines. Nudelmacher / Chinese noodle maker
94	Kandang babi / Varkensstal / Schweinestall / Pig-sty
95	Toekang babi / Varkenslager / Schweinemetzger / Pork butcher
96	Toekang sepatoe / Schoenmaker / Schumacher / Shoemaker
97	Toko-toko / Winkels / Ladengeschäfte / Shops
98	Kepala pak / Gaarder / Pacht-Einnehmer / Rent collector
99	Bangsal pasar / Pasarloodsen / Marktschuppen / Market sheds
100	Littenan tjina / Luitenant-Chinees / Chinesen-Leutnant / Lieutenant of the Chinese
101	Saoedagar / Handelaar / Großhändler / Wholesale trader
102	Toekang lemari / Meubelmaker / Tischler / Joiner
103	Toekang roti / Broodbakker / Brotbäcker / Baker
104	Toekang portret / Fotograaf / Fotograf / Photographer
105	Kelontong / Komenijswinkel / Gemischtwarenhändler / Grocer
106	Toekang oepaman / Politoerder / Polierer / French polisher
107	Toekang djoealan / Koopman / Kaufmann / Merchant
108	Roemah gadaian / Pandjeshuis / Pfandhaus / Pawnshop
109	Roemah bersembahjang China / Chin. tempel / Chines. Tempel / Chinese Temple
110	Roemah main / Dobbelhuis / Spielsalon / Gambling house
111	Roemah madat / Amfioenkit / Opiumkneipe / Opium den
112	Goedang barang barang / Goederenloods / Güterschuppen / Goods shed
113	Setasioen / Station / Bahnhof / Station
114	Kepala setasioen / Stationschef / Bahnhofsvorsteher / Stationsmaster
115	Toekangan / Werkplaats / Werkstatt / Workshop
116	Goedang kereta api / Locomotiefloods / Lokomotivschuppen / Engine shed
117	Waroeng / Kraampje / Verkaufsstand / Sales stall
118	Djoeroe api / Stoker / Heizer / Fireman

119	Masinis lok / Machinist / Lokomotivführer / Engine driver	147	Koeboer / Islam. graf / Islam. Grab / Islamic grave
120	Kantor administrasi perairan / Kantoor van den waterstaat / Wasserbauverwaltung / Water Authority office	148	Direktor pabrik / Fabriekdirecteur / Fabrikdirektor / Factory manager
121	Toekangan dan gedoeng perairan / werkplaats en pakhuis v. d. waterstaat / Werkstatt und Lager d. Wasserbauverw. / Water Adm. Workshop and Warehouse	149	Pabrik ajer batoe / Isfabriek / Eisfabrik / Ice factory
		150	Mandor pabrik / Fabrikopzichter / Fabrikaufseher / Factory overseer
122	Roemah batik / Batik inrichting / Batik-Manufaktur / Batik workshop	151	Toewan bitjara / Jav. advocaat / Javan. Rechtsanwalt / Javanese lawyer
123	Toekang tjat / Schilder / Anstreicher / House-painter	152	Pedjagalan / Slachtplaats / Schlachtplatz / Slaughter place
124	Toewan jang makan boenga / Rentenier / Ruheständler / Pensioner	153	Soemoer bitjoe / Put met katrol / Brunnen mit Seilwinde / Well with winch
125	Wedana lama / Gewezen Districthoofd / Distriktvorsteher außer Dienst / Former district head	154	Soemoer toeas / Put met wip / Brunnen mit Hebelstange / Well with lever pole
126	Toekang boeboet / Draaier / Drechsler / Turner	155	Kandang sapi / Koestal / Kuhstall / Cow shed
127	Toekang boemboe boemboe / Kruidenverkoopster / Gewürzhändlerin / Female Grocer	156	Losmen / Logement / Gasthof / Boarding house
128	Toekang aoer / Bamboe steiger maker / Bambus-Gerüstbauer / Bamboo scaffold maker	157	Kepala blandong / Houtvester / Förster / Forester
		158	Konterlir moeda / Adspirant-controleur / Kontrolleurs-Assistent / Assistant-controller
129	Toekang batoe bata / Metselaar / Maurer / Mason	159	Gripir / Griffier v. d. Landraad / Gerichtsschreiber / Clerk of the court
130	Kawan toekang batoe / Metselaarsknecht / Maurergehilfe / Journeyman mason	160	Njonja jang pemindjam oewang / Geldschietster / Geldverleiherin / Female moneylender
131	Kepala Kampong (Loerah) / Kamponghoofd / Kampungvorsteher / Kampung head	161	Goeroe / Jav. onderwijzer / Javan. Lehrer / Javanese teacher
132	Goeroe bantoe / Inlandsch Hulponderwijzer / Javan. Hilfslehrer / Javanese assistant teacher	162	Toekang sela / Zadelmaker / Sattler / Saddlemaker
133	Opsiner peroesahaan oemoem desa / Opsichter v. publiek inrichtingen / Aufseher öffentl. Anlagen / Overseer of public works	163	Pendjoerat tak pemba aran / Onbezoldigd schrijver / Freiberufl. Schreiber / Free-lance scribe
		164	Patih, joega Wedana / Patih, tevens Wedana / Patih, auch Wedana / Patih, likewise Wedana
134	Kantor oewang / Landskas / Staatskasse / Public treasury	165	Roemah toekang kajoe beratapkan genting / Timmermanshuis met pannendak / Haus des Zimmermanns mit Ziegeldach / Carpenter's house with tiled roof
135	Toekang pemborong / Aannemer / Bauunternehmer / Contractor		
136	Kepala goedang garem / Zoutverkooppakhuisemeester / Salzverteilungsbeamter / Salt-supply administrator	166	Roemah toekang kré beratapkan atap / Kreemakershuis met atap-dak / Haus des Bambusvorhangflechters mit Palmblattdach / Bamboo curtain-maker's house with palm-thatch roof
137	Toekang mendjait / Kleermaker / Schneider / Tailor		
138	Partikelir / Particulier / owner Europ. Privateigentümer / European private property	167	Doekoen beranak / Vroedvrouw / Hebamme / Midwife
		168	Toekang grobak / Vrachtrijder / Fuhrmann / Carrier
139	Penjemboer api / Brandspuit / Spritzenhaus / Fire-engine house	169	Gedogan / Paardestal / Pferdestall / Horse stable
140	Gripir moeda / Substituut-griffier v. d. Landraad / Gerichtshilfsschreiber / Assistant clerk of the court	170	Toekang potong / Slager / Metzger / Butcher
141	Pendjabat dan pelantar kepoetoesan pengadilan / Klerk en deutwaarder / Amtshelfer und Gerichtsvollzieher / Official clerk and bailiff	171	Kebon kelapa / Klappertuin / Kokospalmengarten / Coconut grove
		172	Pembakaran genteng bata / Steenbakkerij / Ziegelei / Brickworks
142	Oepas perkara / Gerechtsbode / Gerichtsbote / Court messenger	173	Toekang minatoe / Waschman / Wäscher / Laundryman
143	Toekang tjoekoer / Barbier / Frisör / Barber	174	Tepi pasir ataoe kerikil / Zand- of kiezelbank / Sand- oder Kiesbank / Sand or gravel bank
144	Toekang besi / Smid / Schmied / Smith		
145	Dapoer toekang besi / Smidse / Schmiede / Smithy	175	Aroeng / Doorwaadbare plaats / Furt / Ford
146	Langgar / Koranschool / Koranschule / Koran school		

betrifft sowohl die zweigeschossigen chinesischen Geschäftshäuser als auch einzelne mehrgeschossige Bürohäuser verschiedenster Ausprägung, darüber hinaus aber auch Flächen, die von semipermanenten Verkaufsbuden, den sogenannten „Warungs", besetzt sind. Die bevorzugten Standorte dieser Handels- und Dienstleistungsbebauung sind die Ausfallstraßen und Hauptstraßenkreuzungen, denn die Verkehrsgunst der Lage erlaubt dort den Bodenerwerb zu Preisen, die für die Nutzung durch Wohnbebauung, etwa in Form des Kampung (vgl. S. 78), nicht mehr tragbar sind.

Was für die Handels- und Dienstleistungsstandorte gilt, trifft ebenso für die produzierende Wirtschaft zu. Wo sich geeignete Flächen anboten, unabhängig von ihrer Verkehrsanbindung und ihrer Nachbarschaft, wurden einzelne Grundstücke oder kleinere Komplexe für die industrielle Fertigung oder Lagerhaltung genutzt, sowohl in umgerüsteten älteren Gebäuden als auch in neu errichteten Werkshallen. Solche in die Wohn- oder Geschäftsbebauung eingefügte Fertigungsstätten und Lagerflächen existieren so gut wie unabhängig von den Belastungen, die sie durch zusätzlichen Straßenverkehr und Emissionen bewirken.

Die in den indonesischen Städten flächenmäßig vorherrschenden Kampung-Flächen werden also sehr unregelmäßig von Bändern und Inseln andersartiger Strukturen durchsetzt, kleinräumig von Warungs, einzelnen Ladengeschäften und kleinen Gewerbebetrieben, großräumig von Straßenzügen und Baublöcken, die aus großen und kleinen Geschäftshäusern neueren Typs, aus zweigeschossigen Chinesenhäusern, aus Werkhallen und Lagerplätzen sowie aus Restbeständen umgeformter kleiner Kampung-Häuser bestehen. Das Nebeneinander von Bauten mit sehr unterschiedlichen Eigenarten bezüglich Alter, Geschoßhöhe, Baumaterial und Straßenabstand bewirkt den Eindruck größter Unordnung, im Maßstab eines Straßenzuges sowohl als auch im Maßstab ganzer Stadtviertel.

Das räumliche Zu- und Nebeneinander der Stadtelemente war schon seit der liberalen Wachstumsphase in Unordnung geraten. Um 1920 hatte man die Gefahr völliger Zersiedlung und Ordnungslosigkeit sowie die damit verbundenen Belastungen der städtischen Gemeinwesen erkannt. Manches wurde in den folgenden zwei Jahrzehnten bis zum Ende der Kolonialzeit verbessert; Weltwirtschaftskrise und anhaltende Zuwanderung hielten die Erfolge in bescheidenen Grenzen[308]. Auch die wirrenreichen Jahre der Sukarno-Ära waren nicht dazu angetan, städtebauliche Fortschritte zu ermöglichen; übriggeblieben waren oft halbfertige, überdimensionierte Großbauten, Investitionsruinen der verfehlten Prestigepolitik.

In der Gegenwart stehen die neuen Ansätze einer ordnenden Stadtentwicklungsplanung unter dem Zwang, zunächst die notwendigsten Bedürfnisse nach Wohnungen und Arbeitsplätzen für die weiter wachsende Bevölkerung zu befriedigen[309]. Dadurch können kleinräumig die Verhältnisse nur langsam verbessert werden und großräumig entsteht neue Unordnung, denn neue große Fertigungsanlagen werden – städteplanerisch unbefriedigend – dorthin gesetzt, wo durch vorhandene, aber bereits überlastete Verkehrsinfrastruktur sowie durch Fühlungsvorteile externe Kosten gespart werden können. So ist das Neben- und Durcheinander der verschiedenen Strukturelemente – im Maßstab der Stadtviertel sowohl als auch im Maßstab der Stadtregionen – auch heute noch ein hervorstechendes Merkmal; es kann dazu dienen, die indonesischen Städte übergreifend, gemeinsam zu kennzeichnen.

3.2. Strukturgeprägte Stadtviertel

3.2.1. Der traditionelle Stadtkern

Im Kern sehr vieler Städte auf Java und Bali gibt es eine regelmäßige Grundrißgestalt, die streng an den Hauptrichtungen der Windrose orientiert ist. Sie geht nach außen in unregelmäßige Formen über. Diese für die frühen hindu-javanischen und hindu-balinesischen Herrschersiedlungen kennzeichnende Grundrißform wurde aus Vorderindien übernommen[310]. Nach hinduistischem Vorbild ist die Ausrichtung nach den Haupthimmelsrichtungen mythisch begründet. Magischer Mittelpunkt dieser Siedlungen war eine zentrale Straßenkreuzung

---

[308] Zum 10. Gemeinde-Kongreß (Decentralisatie-Congres) in Niederländisch Indien 1920 war erstmals ein Vor-Gutachten über den „Indiese stedebouw" durch Thomas Karsten (1920) erarbeitet worden (vgl. dort besonders § 10, 1. Abschnitt). Die neuen städtebaulichen Grundsätze wurden 1938 in einer „Stadsvormingsordonnantie" zusammengefaßt. Die Erläuterungen dazu („Toelichting op de Stadsvormingsordonnantie Stadsgemeenten Java", Batavia 1938) bilden zusammen mit dem Vor-Gutachten von Karsten 1920 und einer Delfter Dr.-Prüfschrift von Nix 1949 die Grundlage zur Beurteilung der städtebaulichen Entwicklung im ehemaligen Niederländisch Indien. Teile der „Toelichting..." wurden unter dem Titel „Town Development in the Indies" 1958 durch W. F. Wertheim in englischer Sprache nachgedruckt. Beachtenswert ist ferner ein Vortrag von Karsten aus dem Jahre 1937: „Het Stadsbeeld voorheen en thans".

[309] Einige quantitative Aspekte des Wohnungsbestandes und des Wohnungsbedarfs erläuterte Chatterjee 1979.

mit einem heiligen Waringin-Baum (Ficus benjamina). Die Betonung eines einzelnen Straßenkreuzungspunktes verlagerte sich in der Regel auf einen in der Stadtmitte gelegenen, weiten, rechteckigen Versammlungsplatz, den „Alun-Alun" auf Java, sonst einfach „Padang", soviel wie „ebenes Feld" genannt. Auch hier durften die heiligen Waringin-Bäume nicht fehlen. Südlich des Platzes lag der Palastbezirk, der „Istana" oder – auf Java – „Kraton". An diesen fügte sich oft ein weiterer, zweiter großer Platz an. Der stets ummauerte Kraton beherbergte die steinernen, mit weiten Vorhallen umgebenen Wohn- und Repräsentationsgebäude des Herrschers, die seiner Familienangehörigen, des Hofstaates sowie weitere der Herrschaftsausübung dienenden Gebäude wie Empfangshalle (Pendapa), Gerichtshalle, Kanzleien, Wirtschaftshäuser und Speicher. In der Regel umschloß die Kratonmauer auch die Wohnquartiere der Bediensteten und die zur Hofhaltung nötigen Werkstätten. Die innere Differenzierung dieses Palastbezirkes gab dem Kraton die Eigenschaft einer fast selbständigen „Stadt in der Stadt".

An den Kraton und seitlich der großen Plätze schlossen sich ursprünglich mehrere Tempelbezirke sowie die Wohnquartiere der höchsten Kasten, von rechtwinkligen Straßen umgrenzt, an. Auch diese kratonnahen Stadtviertel besaßen steinerne Häuser und einen großzügigen Grundstückszuschnitt. Hier wohnten neben der großen Priesterschaft auch die – meist mit dem Herrscher verwandten – höheren Staatsbeamten. Sofern die Kunsthandwerker nicht ausschließlich für die Hofhaltung arbeiteten und innerhalb des Kraton angesiedelt waren, besetzten auch sie einen Straßenzug in Kratonnähe.

Es ist diese hindu-javanische Grundanlage, die auf Java – zum Teil auch von dort auf die anderen Inseln übertragen – viele alte Stadtkerne prägt. Ebenso ist auch in den ehemaligen Fürstenstädten auf Bali die ursprüngliche Anlage wiedererkennbar. Hier liegt der Versammlungsplatz in der Regel im Nordwest-Quadranten an der Hauptstraßenkreuzung, die den Siedlungsmittelpunkt bildet. Dem hindu-balinesischen Weltbild gemäß wird der Nordost-Quadrant dieser Kreuzung vom Fürstenpalast eingenommen[311].

Die beschriebene, für Java besonders kennzeichnende Stadtanlage wurde auch für jüngere Herrschersitze übernommen. Auf Java war schon im 16. Jahrhundert mit der Übernahme des Islams ein Wandel eingetreten, der jedoch die Grundform nicht zerstörte. Es verschwand allerdings das kultische Element der ursprünglichen Hindu-Stadt, der große Tempelbezirk mit den Wohnkomplexen der Priesterhierarchien und die unzähligen kleinen Tempelanlagen, die zu den Wohngebieten der niederen Kasten gehörten. Dagegen trat der islamische Moschee-Bezirk (Misigit) – zumindest auf Java – weniger prägend in Erscheinung. Er wurde, entsprechend der westlichen Lage der heiligen Stätten, an der Westseite des Alun-Alun errichtet. Darüber hinaus wurde aber das islamische Gotteshaus ausschlaggebend für eine Drehung des Grundrisses in den jüngeren Städten. Da die Gebetsrichtung nach Mekka (kiblat), angedeutet durch eine Nische (mikrab) in der Rückwand der Moschee, auf Java in Westnordwest liegt, mußte die Achse der Moschee um etwa 22° von den Haupthimmelsrichtungen, an denen der Platz orientiert ist, abweichen. Um dieses Winkelmaß mußte die Moschee im Uhrzeigersinn gedreht werden; bei jüngeren Stadtanlagen wird dagegen von vornherein „kiblat" als eine Hauptrichtung des quadratischen oder nur leicht trapezförmigen Platzgrundrisses gewählt[312].

Außerhalb Javas – etwa in den Sultansstädten auf der Malakka-Halbinsel und an Sumatras Ostküste – bilden auch große Moscheen mit umliegenden Schul- und Wirtschaftsgebäuden dominante Stadtelemente. In den Mukim-Orten Acehs war der Standort der Moschee sogar Ursache der Stadtentwicklung[313].

Wenn auch im Binnenland Javas am klarsten entwickelt, so ist das beschriebene Grundmuster doch auch in den Hafenstädten wiederzufinden[314]. Auch hier dominierte die staatliche Gewalt über die anderen Aktivitäten der Stadt; dementsprechend bilden auch hier Kraton und Alun-Alun den Stadtmittelpunkt. Hafen-, Handels- und Handwerkerviertel lagen abseits, in ummauerten Städten oft außerhalb des engeren Stadtbezirks (vgl. S. 78f.).

Das Grundmuster der Fürstenstädte wurde für die Anlage der abhängigen Regentensitze kopiert[315]. Dadurch hat es seine bis zur Gegenwart weite Verbreitung auf Java; dadurch war ja auch Witkamp angeregt worden, die erwähnte Bildkarte zu entwerfen (siehe Vorsatzblatt/Frontispiz). Wie aus Bildkarte und Schema-

---

[310] Für die Kenntnisse der frühen Städte im Archipel stehen chinesische, javanische, balinesische und früh-europäische Quellen zur Verfügung. Die verschiedenen Quellenbearbeitungen hat Cobban 1971 (Chapter 1) zusammengefaßt, dabei allerdings den klassischen Aufsatz von H. Lehmann 1936 übersehen. Bezüglich der Verhältnisse in Majapahit vgl. speziell Pigeaud 1960/63 (Chapter 2; Plan I); eine Bearbeitung balinesischer Quellen, die ebenfalls im folgenden herangezogen wird, lieferte A. Leemann 1976.

[311] Vgl. den bei Leemann (1976, Fig. 8) wiedergegebenen „schematischen Grundriß des Zentrums einer königlichen Hauptstadt".

[312] Vgl. dazu die „Toelichting op de Stadsvormingsordonnantie..." (§ 23) Batavia 1938.

[313] Mukim = kleinste islamische Gebietskörperschaft in Aceh; siehe dazu Abschn. 2b im Artikel „Atjehers", Encycl. v. Ned.-Indië, 2. Druk, Dl. I, S. 91.

[314] Vgl. zu diesem Aspekt die Hinweise von Wertheim 1951 (S. 24f.).

[315] Vgl. zur Regentschaftsentstehung S. 24.

skizze (Graphik 3–1) deutlich wird, liegt an der Südseite des Alun-Alun an Stelle eines Kratons jetzt der Regentensitz, der sogenannte „Dalam"[316]. Typisch ist eine große, frei stehende Vorhalle – javanisch „Pendapa" – mit dahinterliegenden Wohngebäuden und seitlich angeordneten Kantoren. Im 19. Jahrhundert wurden dann meist am großen Hauptplatz oder in dessen Nähe auch das Dienstgebäude des niederländischen Assistent-Residenten (vgl. S. 25), der Polizeiposten sowie weitere überörtliche Dienststellen errichtet. In einer der dem Alun-Alun nahen Nebenstraßen war auch meist ein kleines Europäer-Viertel mit großzügigen Wohnhäusern (vgl. S. 81), Gesellschaftshaus und Schule herangewachsen. Schließlich lagen in der Nähe des Kraton oder Dalam auch die ursprünglich hofbezogenen Werkstätten der Batikfärber, Messinggießer und Elfenbeinschnitzer – meist südlich des Palastkomplexes. Aus diesen Werkstätten hatte sich vielerorts ein kleines Gewerbeviertel für hochwertige traditionelle Handwerkserzeugnisse entwickelt.

Mit den liberalen Strömungen des ausgehenden 19. Jahrhunderts und der ersten wirtschaftlichen Ausbauphase setzte schon um die Jahrhundertwende ein wirtschaftlicher Druck auf die großzügig zugeschnittenen und locker bebauten Grundstücke im Stadtkern ein. Dort, wo Straßenabschnitte des alten Kerns an die älteren, chinesischen Handelsviertel (vgl. S. 79) angrenzten, wurde häufig die ehemals lockere Villenbebauung durch neue, geschlossene, mehrgeschossige Geschäftshäuserzeilen ersetzt; sogar die Randbebauung des Alun-Alun blieb nicht überall davon verschont[317]. Auch der politische Umschwung in den Kriegs- und Nachkriegsjahren trug dazu bei, die Exklusivität der Stadtkerne aufzulösen. Aufsicht und Verwaltung wurden unmittelbarer und damit die Anzahl der Verwaltungsdienststellen vervielfacht. Neue Institutionen wurden in neuen Gebäuden zusätzlich auf den öffentlichen Anwesen untergebracht.

Mit der Verdichtung der Bebauung, zunehmenden Ansprüchen an öffentliche Dienstleistungen, wachsenden Wirtschaftsaktivitäten sowie mit der Motorisierung des Innerortsverkehrs wurden die Straßen verbreitert, besser beleuchtet und asphaltiert, randliche Entwässerungsgräben und seitliche Gehwege wurden ausbetoniert sowie ein Netz von ober- und unterirdischen Versorgungs- und Nachrichtenleitungen gebaut. Trotz der frühen Erkenntnisse über den Wert beschattender Straßenbäume wurde nach der Jahrhundertmitte vielerorts die alte Straßenbepflanzung beseitigt, da sie den Ausbaumaßnahmen im Wege war. Der freie Alun-Alun, der ja kein Verkehrsplatz sondern ein Versammlungsplatz war, übernahm immer häufiger die Zusatzfunktion eines großen innerstädtischen Parkplatzes für Autos. Nur die heiligen Waringin-Bäume blieben als Symbol einer ehemals überschattbaren, heute längst dem Schattenkreis der Bäume entwachsenen städtischen Lebensgemeinschaft erhalten.

Die im vorstehenden beschriebenen Verhältnisse treffen am ehesten auf die kleineren javanischen Regentschaftshauptorte zu, das sind heutige Mittelzentren (vgl. Tab. 7–5, S. 215). In größeren Städten war die Überprägung des alten feudalen Stadtkerns durch die Wirtschafts- und Lebensweise der Allochthonen (Europäer, Chinesen) stärker; in kleineren Orten waren die verschiedenen, zum Stadtkern gehörenden Elemente nicht vollständig entwickelt. In solchen Klein- und Kleinststädten war es nur ein kleinerer Platz, ein einzelner Waringin-Baum, ein kleineres Verwaltungsgebäude für den „Wedana" (vgl. S. 25), nur eine Straßenkreuzung oder -abzweigung, mit wenigen von der einheimischen Oberschicht oder von Europäern errichteten Wohnhäusern, die das „Städtische" dieser Siedlungen ausmachten; und diese Elemente lagen in sehr viel engerer Nachbarschaft, zum Teil in Verzahnung mit den anderen Stadtvierteln, z. B. mit dem Markt, den Ladenzeilen der chinesischen Einzelhandelsgeschäfte und den halbdörflichen Kampungs[318].

Eine weitere Variante dieses innerstädtischen, traditionellen Strukturelementes stellen schließlich ganz neue, in Regentschaftshauptorten der Außeninseln angelegte Verwaltungsviertel dar. Auch hier wird häufig an dem nach den Haupthimmelsrichtungen ausgerichteten Straßensystem festgehalten und das Dienstgebäude des Regenten sowie eine Vielzahl kleinerer Verwaltungsgebäude um einen rechteckigen Platz herum angeordnet.

3.2.2. Das autochthone Kampung

Nur ein bis zwei Straßenzüge vom Alun-Alun entfernt oder auch seitlich der kleinstädtischen Hauptdurchgangsstraßen und der großstädtischen Ausfallstraßen liegen die sogenannten „Kampungs"[319], die Wohnviertel

---

[316] Malaiisch soviel wie „das Innere", „der Innenbereich".

[317] Der städtebaulichen Entwicklung der alten Stadtkerne, speziell der am Alun-Alun wird schon bei Karsten 1920 (§ 12) und auch bei Nix 1949 (Hfdst. XIII) Aufmerksamkeit gewidmet.

[318] Vgl. zu den anderen Stadtelementen die folgenden Abschnitte. Die hier genannten strukturellen Merkmale einer Kleinstadt hatte Geertz 1965 (S. 27 ff.) als Grundlage für seine sozialhistorischen Studien über Mojokuto (= Pare bei Kediri) beschrieben.

[319] Malaiisch soviel wie „Dorf", „bewohnte Gegend".

der ärmeren Bevölkerungsklassen. Die Peripherie der heutigen Städte, aber auch viele innerstädtische Teilräume sind von diesen, der unregelmäßigen dörflichen Siedlungsform nahestehenden Wohnquartieren geprägt[320].

Die auf Java meist ebenerdigen, im malaiischen Raum vielerorts auf Pfählen errichteten Kampung-Häuser waren ursprünglich aus Holz, Bambus und Flechtwerk errichtet und mit Palmblättern, Palmfasern oder Stroh gedeckt. Auf den vorherrschend kleinen Grundstücken, die nicht überall durch Zäune oder Mauern voneinander getrennt waren, standen Fruchtbäume, Palmen und Bananenstauden, die die niedrigen Häuser überragten, so daß diese Stadtviertel flächenhaft durchgrünt waren.

Solange diese Ortsteile locker bebaut waren und die Bevölkerungsdichte entsprechend niedrig lag, war die Siedlungsform des „Kampung" den randstädtischen Bedingungen gut angepaßt. Unter den Bewohnern, die hauptsächlich in abhängigen, weniger qualifizierten Berufen der sekundären und tertiären Stadtwirtschaft tätig waren, gab und gibt es in den Randbereichen der kleineren Städte noch viele Nebenerwerbslandwirte. Noch heute sind diese „halbländlichen" Kampungs für die Ränder kleinerer Städte kennzeichnend. Die Bildkarte auf dem Frontispiz (vgl. auch Graphik 3–1) zeigt die Nachbarschaft von Kampungs und offenen Sawah-Flächen.

Mit der umfangreichen, gegen Ende des 19. Jahrhunderts einsetzenden Land-Stadt-Wanderung wurden die Kampungs die Hauptaufnahmeräume. Mit zunehmender baulicher Verdichtung und oft illegaler Aufsiedlung der stadtnahen Freiflächen verloren die randstädtischen Kampungs ihre halbländliche Eigenart. Sie wurden im allmählichen Übergang zu rein städtischen Wohnquartieren der Unterklasse[321]. Dadurch erhielten sie ganz andere, neue, die Lebensqualität verschlechternde Eigenschaften. Die ursprünglich verwendeten, den Bedingungen des Tropenklimas gut angepaßten, aber nur begrenzt dauerhaften Baumaterialien hielten der gestiegenen Beanspruchung nur noch kurzzeitig stand. Die Häuser wurden wesentlich enger gesetzt, und – sofern bescheidene Mittel vorhanden waren – überwiegend aus dauerhafteren Materialien, aus Holz, Ziegel, Beton und Blech errichtet. Wo aber die Mittel dafür nicht reichten, mußten gebrauchte Materialien oder die alten Naturprodukte herhalten. Da Bauvorschriften fehlten oder nicht durchsetzbar waren, entstand eine wirre, ungeordnete Baumasse. Die Hausabstände schrumpften auf Dezimeter oder entfielen ganz.

Infolge des ungelenkten, nicht kontrollierten Zuzugs in die stadtnahen Kampungs reichten auch die ohnehin einfachen Ver- und Entsorgungseinrichtungen wie Brunnen oder offene Frischwasserzuleitungen, Wasch- und Badeplätze, Latrinen und Abfallbeseitigung für die vervielfachten Bewohnerzahlen nicht mehr aus. Ebenso hielt auch das meist unbefestigte Wegenetz der erhöhten Beanspruchung nicht stand; Haupt- und Nebenwege verwandelten sich je nach Witterung in Schlamm- oder Staubstreifen. Die übergroße Wohndichte bei leicht entflammbaren Baumaterialien und unzureichender Hygiene machte und macht die Kampungs zu Brand- und Seuchenherden.

Der Versuch, die ärgsten Mißstände zu beseitigen, konnte seitens der staatlichen Aufsicht erst unternommen werden, nachdem den Städten ab 1905 die Zuständigkeit zur Verwaltung ihrer eigenen Angelegenheiten, also kommunale Selbstverwaltungsrechte zugesprochen worden waren[322]. Da die Kampungs häufig eine gegenüber der europäischen Stadtverwaltung autonome Stellung besaßen, verzögerten auch ungeklärte Kompetenzfragen eine durchgreifende Sanierung. Dennoch wurden in den verbleibenden drei Jahrzehnten der niederländischen Verwaltung die Lebensbedingungen in vielen, stark verdichteten großstädtischen Kampungs deutlich verbessert. Vorfluter und Straßengräben wurden ausgebaut, Straßen und Wege befestigt, Trinkwasserleitungen – günstigstenfalls Haus für Haus – verlegt, Wasch- und Badeplätze eingerichtet sowie zentrale Fäkalienabfuhr und Müllbeseitigung organisiert. Diese Maßnahmen waren verbunden mit Vorschriften über die maximale Überbauung, Geschoßhöhen und Seitenabstände der Häuser.

---

[320] Auch für die Darstellung der Entwicklungslinien des Kampung dient die „Toelichting op de Stadsvormingsordonnantie..." 1938 (§§ 10–12). Unter städtebaulichem Aspekt hatte aber vorher schon Karsten 1920 (§ 10, S. 174ff.) die Kampung-Struktur erläutert. Ähnlich wiederholt es Nix 1949 (Hfdst. 26–29). Jüngere Übersichten bietet Atman (1974, 1975). Margit Messmer (1979), die die Programme zur Kampung-Verbesserung in den siebziger Jahren schildert, übersieht leider die ganz ähnlichen Maßnahmen der „holländischen Kolonialherren". Im übrigen gibt es ein ausgedehntes Schrifttum zu soziologischen und sozialökonomischen Fragen der Kampung-Bevölkerung.

[321] Atman stellte 1974 (S. 9) und 1975 (S. 217/218) eine Unterscheidungsreihe der Kampungs nach dem Verstädterungsgrad auf: rural, semi-rural, semi-urban und urban und beschrieb diese. Wenn nach Atman Kampungs erst in der industriewirtschaftlichen Erschließungsphase Ende des 19. Jahrhunderts auf Java entstanden sein sollen, dann meint er die „urban kampongs" seiner Entwicklungsreihe. Ländliche Kampungs, die am Rande von Kleinstädten lagen und mit diesen funktional verknüpft waren, gibt es, seit es Städte auf Java gibt. Das von Atman (1975, S. 219) wiedergegebene Ortsmodell nach H. Ph. Th. Witkamp (vgl. Fußn. 306) ist kein „model of kampong", wie Atman angibt, sondern das Modell eines Regentensitzes, also einer Stadt, die randlich auch „Kampungs" besitzt. Am Beispiel Jakartas unterscheidet 1978 auch Krausse verschieden stark verstädterte Kampungs.

[322] „Decentralisatiebesluit" 1904 und „Locale Raden-Ordonnantie", 1905 in Kraft getreten. Zur Entwicklung des Selbstverwaltungsrechts der niederländisch-indischen Städte siehe van Kempen 1940.

Die Gemeinden bemühten sich auch, die Bodenspekulation einzudämmen. Auf städtischem Grund wurden kampung-ähnliche Siedlungen gebaut und an die ärmeren Bevölkerungsklassen gegen Niedrigstmieten abgegeben; zur Verbesserung der vorhandenen Bausubstanz wurden Zuschüsse gezahlt. Derartige Bemühungen zur Entlastung der Wohndichte in den älteren Kampungs, die auch nach 1950 fortgesetzt wurden, hielten jedoch mit der Gesamtentwicklung nicht Schritt; die Wohnungsnachfrage wuchs und wächst bis heute rascher als das Angebot an Unterkünften, die von den einkommensschwächsten Bevölkerungsgruppen bezahlbar sind. An den Stadträndern entstanden und entstehen dadurch mehr oder weniger ungeplante neue Substandard-Kampungs. Doch auch die älteren Kampungs, in denen nunmehr unter behördlicher Aufsicht die Bauvorschriften eingehalten werden mußten, entwickelten sich meist nicht befriedigend. Zwar konnte die Verdichtung der Bebauung verhindert werden, nicht aber die fortdauernden weiteren Zuzüge. Mit steigenden Bewohnerzahlen je Behausung wurde die gerade erst angepaßte öffentliche Infrastruktur sehr rasch überlastet. Ein neuer Versuch, den Wettlauf mit Zuzug und natürlicher Vermehrung der Kampung-Bevölkerung aufzunehmen, erfolgte mit den Fünfjahresentwicklungsplänen der neuen Regierung nach 1969. Sogenannte „Kampung-Improvement-Programme" und später auch andere Projekte[323] haben seitdem zu regional begrenzten materiellen Verbesserungen geführt.

Dort wo in stadtnahen Kampungs durch die Maßnahmen der öffentlichen Hand eine dauernde Verbesserung erreicht worden war, stiegen mit dem verbesserten Wohnwert auch die Mieten und Abgaben kräftig an; das galt für die Vorkriegszeit und die Sukarno-Ära, das gilt auch für die Gegenwart. Dadurch wurde und wird vielerorts der Teil der ursprünglichen Bewohner, der sein Einkommen nicht entsprechend steigern konnte, in die neuen, weiter außerhalb gelegenen Substandard-Kampungs abgedrängt. Für die verbesserten Kampungs wurde eine allmählich entstehende untere Mittelschicht von kleinen Angestellten und Händlern kennzeichnend.

Innenstadtnahe Kampungs wurden und werden nicht nur den städtischen Wohnstandards angepaßt, viele mußten auch der Erweiterung von Geschäfts- und Verwaltungsvierteln weichen. Die älteren Innenstädte und Geschäftsviertel waren ja vielfach von Kampungs umgeben, von ihnen eingeschnürt. Mit zunehmendem Raumbedarf für private und öffentliche städtische Dienstleistungseinrichtungen und dadurch steigenden Bodenpreisen diente das benachbarte Kampung zum Ausbau neuer Straßenzüge und zum Neubau von Verwaltungs- und Geschäftshäusern. Wenn auf diese Weise der Kampung-Grund zum Spekulationsobjekt wurde und wird, investieren weder öffentliche noch private Eigentümer in Maßnahmen zur Verbesserung der Infrastruktur; der Standard solcher stadtnahen Kampungs ist dadurch vielerorts besonders schlecht.

Ursprünglich besaßen die Kampungs eine verhältnismäßig homogene Bewohnerschaft; in großen Städten kam es auch zu ethnischer Viertelbildung. Später ergänzten sich die Bewohner neuer Kampungs von zwei Seiten. Von außen zogen und ziehen weiterhin Familienmitglieder und ehemalige Dorfnachbarn zu, und zusätzlich besetzten die aus den inneren Stadtteilen abgedrängten ärmeren Bevölkerungsteile die Freiräume. So ist die Bewohnerschaft aller jüngeren Kampungs sehr viel heterogener als die der ursprünglichen, zum Teil schon verschwundenen Kampungs in Stadtkernnähe. Die zunehmende Mobilität führt auch kleinräumig zu sozialen Differenzierungen. Wichtiger als Herkunft und ethnische Zugehörigkeit werden berufliche Stellung und Einkommen[324]. Kampungs als Wohngebiete der unteren sozialen Klassen entfernen sich von den ursprünglich dörflich-nachbarschaftlichen Strukturen um so mehr, je später sie entstanden sind oder je länger sie wachsendem Verstädterungsdruck ausgesetzt waren.

3.2.3. Die Handels- und Geschäftsviertel

Wenn auch in vielen alt-javanischen Städten die Funktion als Herrschersitz dominierte, so besaßen sie daneben doch einen Markt. Dieser Austauschplatz zwischen ländlichen und städtischen Erzeugnissen lag ursprünglich nicht weit abseits der Wohnviertel der städtischen Kasten, also nur ein oder zwei Straßenzüge vom Alun-Alun entfernt, auf Bali in der Regel im Südost-Quadranten der Hauptstraßenkreuzung. In den See- und Flußhafenstädten bildeten sich dagegen bereits früh eigene Händlerviertel heraus. Mit zunehmender Bedeutung des Fernhandels zur Warenversorgung der städtischen Herrscher- und Beamtenhaushalte erhielt der Handels- und Handwerkssektor auch in den Binnenstädten größeres Gewicht. Im Gegensatz zu den traditionellen hofbezogenen Kunsthandwerkern (vgl. S. 75) entstanden neue, außenorientierte Handels- und Gewerbeviertel im gebührenden Abstand vom zentralen Palastbezirk, oft außerhalb der Palisaden oder jenseits eines Baches gelegen.

---

[323] Vgl. Margit Messmer 1979 und Bareiß 1982.
[324] Siehe auch Evers 1975, der sozialpolitisch zum Konfliktpotential Stellung nimmt.

Überall dort, wo der Fernhandel eine Rolle spielte, also besonders in den Hafenstädten, erhielten die handels- und gewerbeorientierten Stadtteile ihre besondere Eigenart durch die Fremdstämmigkeit ihrer Bewohner. Nicht nur das seefahrende Volk vertrat die Kulturen, Völker und Rassen ganz Süd- und Ost-Asiens von Arabien bis China, auch die ansässigen Makler, Händler und einfuhrabhängigen Verarbeiter der Waren waren fremdstämmig; hier nahmen die Chinesen schon früh eine hervorragende Stelle ein[325].

Durch die Eigenart der chinesischen Bautradition (vgl. S. 68), die sich grundsätzlich vom Stil der Kraton-Viertel und vom Stil der Kampungs unterschied, hoben sich die Händlerviertel deutlich aus dem übrigen Stadtgebiet heraus. Die Handelshäuser waren und sind meist zweigeschossig; ursprünglich waren sie aus Holz gebaut, Ziegelmauerwerk war die Ausnahme. Durch den frühen Handelsaustausch über See ist eine feste, zweigeschossige Häuserzeile in den Küstenstädten wahrscheinlich so alt wie diese selbst. Mit der Ausweitung des binnenländischen Fernhandels entstanden auch anderenorts Händlerviertel. Der ursprüngliche Zustand, die Holzbauweise ist bis in die Gegenwart vielfach in den Straßenzeilen kleiner zentraler Orte, vorwiegend in den abgelegeneren, wenig entwickelten Gebieten der Außeninseln erhalten. Auf Java und an den bedeutenderen Plätzen des übrigen Archipels wurden aber auch schon früh Ziegelbauten errichtet; heute herrschen diese in allen mittleren und größeren Städten vor und werden bei Erweiterungen durch Stahlbetonbauten ersetzt.

Die Ausdehnung dieser geschlossen bebauten Händlerviertel ist sehr unterschiedlich, abhängig von der Größe und Funktion der Stadt; in jedem Falle lagen die Häuserzeilen der fremdstämmigen Handelsleute verkehrsorientiert. Es war in kleineren Städten diejenige vom Ortsrand wegstrebende Straße, die den meisten Verkehr hatte, an die sich die erste zweigeschossige Häuserzeile anlehnte. An anderen Orten waren es Furten, Brücken oder Anlegestellen, nach deenen sich er frühe städtische Ausbau orientierte. Aus ein oder zwei mehrgeschossigen Häuserzeilen weitete sich diese Bebauung über benachbarte Quer- und Parallelstraßen aus. Auf der Bildkarte von Witkamp (siehe Frontispiz u. S. 70) ist das chinesische Händlerviertel noch klein, aber deutlich an der Hauptstraße nach Norden orientiert; vom Stadtkern ist es durch den Bachlauf getrennt.

Bei wachsenden Städten mit wachsenden Handelsfunktionen orientierte sich das erweiterte Straßensystem zunehmend auf dieses Geschäftsviertel. Durch bauliche Akzente unterstützt, entstanden mit den erweiterten Geschäftsvierteln die neuen Stadtzentren; der Alun-Alun mit den Verwaltungsgebäuden geriet in eine Abseitsstellung, es sei denn, seine Randbebauung wurde abgerissen und mehrgeschossig neu aufgebaut. Von den neuen Stadtkernen aus wuchs die feste, mehrgeschossige Bebauung auch stadtauswärts; sie begrenzt in den größeren Städten alle Ausfallstraßen und drängt seitwärts auch in die Kampung-Flächen hinein. Die ungeplante Erweiterung dieser mehrstöckigen Geschäftshausbebauung ist eine der wesentlichen Ursachen für die Unausgewogenheit der indonesischen Städtestrukturen (vgl. S. 74).

Die Gestalt dieser Geschäftsviertel ist durch den ebenerdigen, die gesamte Hausbreite einnehmenden Ladenraum, der mit dem chinesischen Wort „toko" bezeichnet wird, und durch das darüberliegende Wohngeschoß des meist chinesischen Inhabers gekennzeichnet. In den Geschäftszeiten sind die Straßenfronten der Untergeschosse voll geöffnet. Das Obergeschoß liegt entweder in der gleichen Flucht oder es ist bis an den Rand der Fahrstraße vorgezogen, so daß sich vor den Läden ein überdachter Raum ergibt. Die Flächen vor den Läden sind gegen den Fahrdamm erhöht und von diesem durch betonierte, meist offene Entwässerungsgräben getrennt. Die Frontseite der Häuser ist Verkaufs- und Versorgungsseite zugleich. Dadurch wird häufig ein großer Teil des Straßenraumes als Zwischenlager in die händlerische Nutzung einbezogen. Der Raum zwischen Ladenfront und Fahrdamm wird ferner durch ambulante Straßenhändler und semipermanente Verkaufsbuden – javanisch Warung – genutzt. Außerhalb der Geschäftszeiten sind die Ladenfronten durch feste Holz- oder Blechtüren vollkommen geschlossen[326].

Wo der Fernhandel größere Bedeutung hatte, bauten begüterte Chinesen ihre Handelshäuser auch in Form von Gehöften mit mehreren, frei stehenden Bauten. An der Straße stand das Geschäftshaus mit Verkaufsraum und Lager, im hinteren Teil das Wohnhaus. Derartige flächenextensive Formen sind in der Gegenwart von der modernen, geschlossenen Geschäftshausbebauung weitgehend verdrängt; am ehesten sind sie noch dort anzutreffen, wo ehemals bedeutende Städte in der Gegenwart die Fernhandelsfunktion verloren haben[327].

Nur in wenigen schon im 18. Jahrhundert von Europäern gegründeten oder besetzten Hafenstädten (vgl. S. 52ff.) entstanden im indischen Archipel auch aus europäisch geschlossenen Bauformen Geschäfts- und

---
[325] Vgl. den Abschn. IV, 4 „Chinesische Stadtsiedlungen" bei Helbig 1942/43 sowie den Abschn. III: „die Siedlungsgeschichte der chinesischen Minderheit" bei Liem 1980.

[326] Zu Fragen der städtebaulichen Gestaltung der Geschäftsviertel vgl. auch hier Karsten 1920 (§ 10, S. 167ff.), Toelichting ... 1938 (§§ 14–18, 24, 33) und Nix 1949 (Hfdst. 20–22).

[327] Als hervorragendes Beispiel kann hier Muntok auf Bangka genannt werden; ferner alle Orte, die in Tab. 7-7, S. 222f. mit abwärts gerichtetem Pfeil verzeichnet sind, weil sie gegenüber 1930 Einbußen ihrer zentralörtlichen Stellung im Gesamtsystem erfahren haben.

Handelshäuser; die Entwicklung Alt-Batavias ist hierfür das viel zitierte Ausnahmebeispiel[328]. Meist aber beschränkte sich die frühe europäische Präsenz auf kleine, ummauerte Forts, die neben den Truppenunterkünften auch Kontore und Warenlager umschlossen. Erst im 19. Jahrhundert erfolgte die räumliche Trennung des europäischen Handelsviertels in meist hafenorientierter Lage von den am Stadtrand neu angelegten Wohnvierteln (vgl. unten). Zunächst entstanden nur in wenigen größeren Hafenstädten mehrgeschossige Handels-, Bank- und Hotelgebäude, die allmählich zu einem geschlossenen, europäisch geprägten Geschäftsviertel zusammenwuchsen. Im Binnenland blieb diese Entwicklung auf ganz wenige Städte in größerer Höhenlage beschränkt, die, wie beispielsweise Bandung oder Malang, einen besonders hohen Anteil europäischer Bewohner hatten. In anderen Städten waren es nur einzelne Häuser oder Häusergruppen, die aus der zweigeschossigen Geschäftsbebauung hinausragten und das Ungeordnete der Städte auch im Aufriß verstärkten. Erst in der Gegenwart schließen sich die Lücken und ganze Straßenzüge wurden mit mehrgeschossigen, europäisch geprägten Geschäftshäusern überbaut. In Mittel- und Kleinstädten blieben derartige Bauten bis heute Einzelerscheinungen.

Im städtebaulichen Gegensatz zu dem einen oder in großen Städten mehreren Geschäfts- und Handelsvierteln steht der Markt, mit dem persischen Lehnwort „Pasar" bezeichnet. Den Kern eines Pasar-Komplexes bilden meist geordnete, feste Verkaufsstände, doch reichen diese in der Regel für die übervölkerten Städte oder Stadtteile nicht aus, so daß sich in benachbarten Freiräumen, Plätzen und Straßenzeilen ein semipermanenter Verkaufsbetrieb entwickelte. In kleineren Städten und in fast allen zentralen Orten unterster Stufe, den Camat-Sitzen, gibt es einen festen Pasar, meist dem chinesischen Geschäftsviertel benachbart gelegen. In größeren Städten haben sich ältere, innenstadtnahe Pasare zu Pasar-Vierteln erweitert. Solche Haupt-Pasare sind aber nicht überall vorhanden; Platzmangel und Überformung der Innenstädte hatten das Wachstum des Pasars oft gehemmt. Dafür entwickelten sich in den Vorstädten etwa an den Hauptstraßenkreuzungen der Kampung-Viertel neue Verkaufsplätze. Vielerorts sind solche neuen Pasare auf bestimmte Warenangebote spezialisiert, z. B. auf Leder-, Metall- oder Korbwaren. Wenn es sich um Blumen, Singvögel oder Antiquitäten handelt, bilden die Pasare auch Touristenanziehungspunkte. Für viele Städte ist das räumlich stark verteilte Pasar-Wesen geradezu kennzeichnend.

Über die Pasare und ihre engere Umgebung hinaus wird der öffentliche Straßenraum für eine Fülle verschiedenster Handels- und Dienstleistungsaktivitäten genutzt; hier wird die „Überfüllung" nach außen sichtbar. Es handelt sich um die Auswirkungen einer vielseitigen städtischen Subsistenzwirtschaft, wie sie auch für die indonesischen Großstädte kennzeichnend ist[329].

3.2.4. Die gehobenen Wohnbezirke

Geschlossene zweigeschossige Bauweise nach europäischem Vorbild des 17. und 18. Jahrhunderts, wie sie etwa in der Altstadt von Batavia anzutreffen war und ebenso in den Forts mit ihren kleineren Häuserzeilen in anderen Küstenstädten, war die ursprüngliche Siedlungsform der Europäer im Archipel. Für die weitere Entwicklung bot Batavia das Vorbild. Ungelöste Wasserbauprobleme, ab 1732 verstärkt auftretende verheerende Seuchen und die dadurch rasch absinkende Lebenserwartung der Europäer förderte den Bau von Herrenhäusern vor der Stadt. Nachdem 1809 der neue Ortsteil „Weltevreden", 5 km südlich der Altstadt, zum Sitz der Regierung ausgewählt worden war (vgl. S. 54), entwickelte sich hier eine neue tropische Gartenstadt[330]; der Stil der ehemaligen ländlichen Herrenhäuser wurde nun in einen städtischen Plan gefügt.

Zunächst in Weltevreden, aber ähnlich auch in Surabaya und Semarang sowie in geringerer Ausdehnung in anderen Städten mit europäischer Bevölkerung entstanden in großen, parkähnlichen Gärten hohe, weiß getünchte, ebenerdige Häuser mit weiten Vorhallen nach alt-javanischem Vorbild. Zum Teil waren die seitlich angeordneten Nebengebäude durch Torbögen mit dem Haupthaus verbunden und die zur Straße hin ausgerichtete Vorderfront mit Elementen des europäischen Empire-Stils geschmückt. Es gab auch Abstufungen zu Häusern mit einfacherem Stil und geringeren Abmessungen, die von weniger wohlhabenden Teilen der europäischen Beamtenschicht errichtet wurden. Diese Tendenz zu ökonomischeren Bauformen setzte sich nach 1870 durch, als mit der liberalen Entwicklungsphase sehr viel mehr Europäer eine Existenz in Niederländisch Indien

---

[328] Die historischen Grundlagen erarbeitete de Haan 1922 (bes. Hfdst. XIV), die nicht wieder übertroffene Stadtlandschaftskunde lieferte Helbig 1931 (bes. Abschn. IV).

[329] Vgl. dazu Evers 1982 (a) (Abschn. III), der den Kampf um die Teilhabe am „Kollektivkonsum" der öffentlichen Infrastruktur betont. Evers zitiert dort weiteres soziologisches Schrifttum zu diesem Komplex.

[330] Vgl. de Haan 1922 (Hfdst. XIV).

fanden. Dennoch blieben die Grundstückzuschnitte und Häuser – gemessen an europäischen Verhältnissen – großzügig. Der Stil wandelte sich aber allmählich: Die Hausformen wurden verspielter, Dachtraufen, Giebel, Fenster- und Türstürze erhielten zusätzliche Schmuckelemente; ein kolonialer Jugendstil prägte die um 1900 entstandenen Villenviertel.

Wie in Europa zeigten auch in Niederländisch Indien die späteren Ausbauzonen der Städte in ihren gehobenen Wohnvierteln etwa ab 1920 den Stil der neuen Sachlichkeit; der Bungalow britischer Prägung setzte sich auch hier durch. Die Anwesen entsprachen nun nach Hausgröße und Grundstückszuschnitt denen der gleichaltrigen Villenviertel der europäischen Städte. Mit weiterer Bodenverknappung in den dreißiger Jahren wurden dann auch Doppelhäuser und andere platzsparende Grundrißformen entwickelt[331]. In neu errichteten Oberschicht-Wohnvierteln der Nachkriegszeit und der Gegenwart wird diese Bauweise weitergeführt, wobei der Garten häufig auf eine Terrassenumsäumung und schmale Grenzbeete gegen die Nachbargrundstücke beschränkt worden ist.

Mit verkleinerten Grundrißzuschnitten und platzsparender Grundrißgestaltung verminderte sich die Durchlüftung der Häuser; damit wurde ihre Wohnqualität deutlich beeinträchtigt. Dieser unvermeidliche Nachteil wurde darüber hinaus durch eine zunehmend höhere Ummauerung der Grundstücke verstärkt. Die Schutz gewährenden Mauern waren in der politischen Unsicherheit der Nachkriegsjahre erwünscht und sind durch die bis in die Gegenwart anhaltende Furcht der Wohlhabenden um die Wahrung ihres Besitzstandes zeitgemäß geblieben. Die an sich frei stehenden Häuser werden also heute durch nahe, bis zu 3 m hohe Mauern eingeschlossen. Die Bodenverknappung führte auch zu zweigeschossiger Bauweise; dadurch werden die Untergeschosse benachbarter Häuser weiter eingeengt und noch schlechter durchlüftet. Die Durchgrünung der Viertel ist bei derart dichter Bauweise auf den Straßenraum und die kleinen Vorgärten beschränkt. Die mangelnde Durchlüftung der Häuser wird von den Bewohnern als vermeintlich unvermeidbar hingenommen und durch den verstärkten Einbau von Klimageräten energieaufwendig und ungesund ersetzt.

Die jüngeren und gegenwärtig neu entstehenden Oberschicht-Wohnviertel unterscheiden sich von den älteren durch ein weiteres Aufrißelement: In den siebziger und achtziger Jahren wurden schmückende Stilelemente älterer portugiesischer und niederländischer Kolonialbauten – Bogenstürze, Gesimse, Säulenvorbauten – wiederentdeckt und auf moderne, oft dafür zu kleine Häuser übertragen[332]. Die jüngeren Oberschicht-Wohnviertel werden dadurch uneinheitlicher, denn neben den historisierend gestalteten Bauten stehen viele sehr nüchterne, funktionalistische Häuser und vereinzelt auch futuristische Bauten, alle in unterschiedlichen Maßen und Ausstattungen.

Die Lage der neuen Wohnviertel richtete sich im 19. Jahrhundert nach den Gegebenheiten des älteren Stadtkerns; sie wurden – wenn nicht in unmittelbarer Nähe des Alun-Alun (vgl. S. 76) – meist seitlich der Hauptstraßen in etwas erhöhter Lage errichtet. Ihre Ausdehnung war und ist sehr unterschiedlich. Städte mit ehemals großen Europäer-Anteilen besitzen ausgedehnte Wohnviertel des älteren Villentyps; diese sind immer vom Geschäftsviertel räumlich abgesetzt und, wenn möglich, um der besseren Durchlüftung willen in Hang- oder Höhenlage angelegt. Etwa ab 1910 erhalten derartige Stadtviertel auch eine geordnete Grundrißgestalt und verhältnismäßig gleichartige Grundstückszuschnitte; um diese Zeit ging die Planungshoheit vom Staat auf die Gemeinden über. Die Besiedlung dieser Viertel erfolgte überwiegend durch private Eigentümer. In einigen Städten entstanden aber auch damals schon einheitlich geplante und gestaltete Wohngebiete mit gehobenen Einfamilienhäusern, die Körperschaften und Privatunternehmen ihren mittleren Angestellten zur Verfügung stellten. Das waren Ansätze zur Differenzierung der gehobenen Wohnviertel in einen Oberschicht- und einen Mittelklasse-Typ.

Die stadtplanungsgesteuerte Entwicklung gehobener Wohnviertel setzte sich auch in der Nachkriegszeit fort. Neben den geplanten und ungeplanten Kampungs der ärmeren Bevölkerungsschichten sind in allen größeren Städten auch weiterhin Stadtviertel mit frei stehenden Häusern für gehobene Ansprüche neu entstanden. Dabei spaltete sich der Typ des gehobenen Wohnviertels endgültig. In großer Zahl wurden in allen Provinzhauptstädten und in vielen Regentschaftshauptorten staatliche Wohnkomplexe für die Behördenbediensteten errichtet; in Jakarta sind es einige hundert. Diese Siedlungen liegen jeweils am Stadtrand; sie besitzen einheitliche Grundrisse und bestehen aus kleinen bis mittleren Einfamilienhäusern auf sehr engen Grundstücken. Ebenso stark wie dieser staatliche Hausbau ist die Baulust privater Eigentümer, die am Stadtrand Grund erwerben und dort kleine, feste Einfamilienhäuser bauen. Auch aus dieser privaten mittelständischen Bautätig-

---

[331] Zu Fragen der städtebaulichen Gestaltung der gehobenen Wohnbezirke in dieser Zeit vgl. Karsten 1920 (§ 10, S. 170ff.), Toelichting... 1938 (§ 8) und Nix 1949 (Hfdst. XXIV).

[332] Der moderne Städtebau in Indonesien ist rein westlicher Prägung. Autochthone Bauformen und Stilelemente werden nur als museale Schauobjekte gepflegt.

keit entstehen ausgedehnte neue Wohnviertel. In den meisten großen Städten läuft die tatsächliche Entwicklung schneller als die Stadtentwicklungsplanung.

Neben diesen rasch wachsenden mittelständischen Wohnvierteln gibt es auch in der Gegenwart die Neuanlage reiner Oberschicht-Viertel – meist von den Planungsbehörden als solche auch ausgewiesen. Hier sind Grundstückszuschnitte und Häuser zwar größer als in den mittelständischen Vierteln, doch ist auch hier die Bebauung verhältnismäßig dicht. Einzelne neue Straßenzüge dieser Art sind in allen Großstädten zu finden, in den größten Städten weiten sich die Oberschicht-Viertel auch an mehreren Stellen des Stadtgebietes aus.

Bei der Planung der neuen Mittel- und Oberschicht-Wohnviertel konnten infolge der Siedlungsverdichtung im Umland der Städte nicht mehr überall die lokalklimatisch besten Lagen ausgewählt werden. Aber auch dort, wo es möglich gewesen wäre – etwa in vielen mittelgroßen Städten – wurde dieser Gesichtspunkt vernachlässigt. So sind vielerorts ungünstige Siedlungslagen erschlossen worden, oder die Straßenzüge und Häuser wurden nicht auf das lokale Windsystem hin ausgerichtet.

4. Räumliche Verteilung – Lageeigenarten – Städteregionen
4.1. Anzahl und Verteilung nach Inselgruppen

Einleitend wurde bereits mitgeteilt: Es gibt gegenwärtig nur 99 gebietskörperschaftlich fest umrissene Städte in Indonesien, deren Zusammensetzung als Siedlungsklasse völlig heterogen ist (vgl. S. 2). Auch die Volkszählungskonzepte – einschließlich des jüngsten von 1980 – bieten keine Grundlage für eine wirklichkeitsgerechte Auslese von Städten aus dem Gesamtsiedlungssystem (vgl. S. 3 u. 36). So führen in Indonesien weder rechtlich-administrative Merkmale noch Definitionen auf Grund statistischer Wertebündel zum Ziel einer „a priori" definierten Städtemenge. Die Anzahl der Siedlungen in Indonesien, die im geographischen Sinne als „Städte" zu bezeichnen sind[401], ist eine Teilmenge aus der Gesamtzahl der in die Untersuchung eingegangenen 3.820 Orte. Welche Merkmale können benutzt werden, um diese sinnvoll definierte Teilmenge der „Städte" herauszufinden? Es müssen solche Merkmale sein, die für alle oder fast alle erfaßten Orte verfügbar sind; dazu gehören zwei: die Einwohnerzahl und ein zentralörtlicher Ausstattungskennwert[402].

Auf Grund der gegebenen Datenfolge läßt sich die Anzahl derjenigen Orte bestimmen, die 1980 über 25.000 Einwohner besaßen; es waren rd. 250. Für Orte mit weniger als 25.000 Einwohner können nur die Daten von 1976 zu Grunde gelegt werden[403]; 1976 gab es rd. 930 Orte über 10.000 Einwohner. Beide Ortsmengen geben die Anzahl der indonesischen Städte nicht wieder; die Begrenzung bei 25.000 Einwohnern ergibt eine zu geringe Städtezahl, diejenige bei 10.000 eine zu hohe. Handelte es sich allein um das dicht besiedelte Java, das 1980 150 Orte mit mehr als 25.000 Einwohnern besaß, so wäre damit zumindest die richtige Größenordnung für diejenigen Orte gefunden, die ohne jede Einschränkung als voll entwickelte Städte klassifiziert werden müssen. Auf Java ist nämlich die Masse der Orte, die weniger als 25.000 Einwohner besitzen, nicht städtisch; andererseits gibt es nur wenige Städte, die weniger als 25.000 Einwohner besitzen. Für die Außeninseln bleiben rd. 100 Orte mit mehr als 25.000 Einwohnern übrig, doch ist die Zahl der Städte sicher größer, denn es gibt dort viele Orte, die alle städtischen Merkmale aufweisen und dabei weniger als 25.000 Einwohner haben. Hier, in den insgesamt dünn besiedelten Landesteilen gäben die Ortschaften mit mehr als 10.000 Einwohnern – es sind rd. 330 auf den Außeninseln – einen guten Anhaltspunkt. Die Addition beider Teilmengen, für Java 150 und für die Außeninseln 330, ergibt eine Größenordnung von knapp 500 Städten für das Staatsgebiet.

Diese, die unterschiedliche Besiedlungsdichte und Siedlungsstruktur berücksichtigende Überschlagsberechnung darf nur als erster Anhaltspunkt gewertet werden. Klarer werden die Vorstellungen, wenn funktionale Auswahlkriterien genutzt werden; hierfür steht der zentralörtliche Ausstattungskennwert zur Verfügung[404]. Aus der Gesamtzahl von 3.760 zentralörtlich klassifizierten Siedlungen[405] sind diejenigen Orte auszuwählen, deren Ausstattungskennwert höher ist als er für die niedrigste, noch als „Stadt" zu bezeichnende Hierarchiestufe im System der Zentralen-Orte-Gesamtheit gefordert wird. Werden die später zu erörternden Hierarchiestufen (vgl. S. 208 ff.) an den herkömmlichen Kriterien des geographischen Stadtbegriffs – Mindestgröße, verdichtete Bebauung, „städtisches Leben", außeragrarische Funktionen – gemessen, dann schließt die Untergrenze der Städte mit Sicherheit noch die gehobenen Unterzentren ein, sofern diese zumindest noch einige mittelrangige

---

[401] Zum geographischen Stadtbegriff im deutschen Schrifttum vgl. u. a.: Bobek 1927 (Abschn. I), Klöpper 1956 u. Voppel 1970, im englischen Schrifttum ausführlich erörtert von Dickinson 1966 (Chapter 2) und gut zusammengefaßt bei Murphy 1966 (Chapter 2).

[402] Zu den Quellen vgl. die Hinweise in den die Einwohner und den Ausstattungskennwert betreffenden Abschnitten 5.1. und 7.1.

[403] Die entsprechenden Daten für 1980 konnten im Statist. Hauptamt Jakarta im Dez. 1981 nur noch für eine Auswahl (Desa in Orten mit über 25.000 Einwohnern oder mit Ausstattungskennwert > 70), nicht mehr für alle 60.000 Desa Indonesiens übernommen werden (vgl. Fußn. 033).

[404] Zur Erläuterung seiner Definition siehe S. 12 f., zu seiner Anwendung siehe S. 198 ff.

[405] Der Unterschied zu den 3.820 insgesamt erfaßten Orten kommt durch die zentralörtlich nicht bewerteten Orte in Ost-Timor (vgl. Fußn. 702) zu Stande.

Streudienste leisten, also Teilfunktionen von Mittelzentren ausüben. So definiert ergibt sich eine Städtezahl von rd. 400[406], Java besitzt davon rd. 170; nur dort liegt diese Anzahl dicht bei der Zahl der Orte mit mehr als 25.000 Einwohnern; überall auf den Außeninseln ist die Zahl der in beschriebener Weise nach zentralörtlichen Teilfunktionen bestimmten Städte wesentlich größer als die Zahl der Orte mit mehr als 25.000 Einwohnern.

Genauer als im vorstehenden läßt sich die Anzahl der Städte Indonesiens nicht bestimmen; es ist eine Mindestzahl. Durch diese sind nur die voll entwickelten Städte erfaßt, gewissermaßen diejenigen Orte, die sicher als Städte gelten können. Sie werden im folgenden verkürzt als „sichere Städte" oder als „Städte im engeren Sinne" bezeichnet.

Keines der verfügbaren Kriterien erlaubt es, aus der folgenden Gruppe der Unterzentren diejenigen herauszufiltern, deren städtische Funktionen den geographischen Stadtbegriff auch ausfüllen. Eine weitgefaßte Stadtdefinition könnte alle voll ausgestatteten Unterzentren (vgl. S. 211f.) einschließen; das wären fast 1.800 Orte (Tab. 4–1, Sp. 6), die als Minderstädte bezeichnet werden können. Doch auch diese unterscheiden sich nicht grundsätzlich von solchen Orten, deren städtische Funktionen noch spärlicher sind und die später als unvollständig ausgestattete Unterzentren bezeichnet werden. Es ist ein Kontinuum zwischen städtischen und ländlichen Gemeinden vorhanden. Der Gegensatz zwischen Stadt und Dorf besteht nur, wenn die Enden der kontinuierlichen Siedlungstypenreihe miteinander verglichen werden.

Über die Gesamtzahl der Orte, die nach verschiedenen Einwohner- und Ausstattungskriterien noch als Städte gelten können, gibt die Tabelle 4–1 Auskunft. In Karte 3 sind nur diejenigen 404 Orte übernommen, die mit Sicherheit im geographischen Sinne als Städte gelten können, sowie darüber hinaus einige weitere Orte auf Java, die 1980 über 25.000 Einwohner besaßen.

Die Verteilung der Städte ist ungleich; in verschiedenen Landesteilen ist die Zahl der Städte, bezogen auf die Bodenfläche, sehr unterschiedlich. In erster Annäherung ist die räumliche Dichte des Städtesystems abhängig von der Bevölkerungsdichte. Die Tabelle 4–1 bietet in den Spalten 10 und 11 einige Vergleichszahlen für Provinzen und Großregionen[407].

Am dichtesten sind die städtischen Siedlungen über Java verteilt; hier kommt auf jeden Ort mit über 25.000 Einwohnern im Durchschnitt eine Fläche von 881 qkm, auf jeden Ort, der als Unterzentrum noch mittelzentrale Teilfunktionen ausübt, 782 qkm. Orte mit mehr als 25.000 Einwohnern sind in Ost-Indonesien mehr als achtmal seltener, auf Sumatra rd. zehnmal seltener und auf Borneo über vierzigmal seltener als auf Java – sofern allein die Fläche als Bezugsmaßstab dient. Dieser Gegensatz zwischen Java und den Außeninseln ist nicht ganz so kraß, wenn die auf Java etwa gleich häufigen, auf den Außeninseln aber sehr viel zahlreicheren Unterzentren mit Teilfunktionen von Mittelzentren für den regionalen Vergleich herangezogen werden. Diese Orteklasse, die ja als Mindestanzahl der Städte bezeichnet werden kann, ist in Ost-Indonesien etwa viermal seltener, in Sumatra mehr als fünfmal seltener und auf Borneo mehr als fünfzehnmal seltener als auf Java.

Nur bezüglich des großen Gegensatzes zwischen Java und den Außeninseln stimmen diese Verteilungsverhältnisse mit denen der Bevölkerung überein. Werden die außerjavanischen Großregionen miteinander verglichen, oder kleinere Landesteile – etwa die Provinzen – einander gegenübergestellt, dann zeigen sich deutliche Abweichungen zwischen „Städtedichte" und „Bevölkerungsdichte". Um das zu verdeutlichen, wurden die jeweiligen Dichtewerte für Java gleich 1 gesetzt und für alle anderen Landesteile Indizes errechnet (Tab. 4–1, Sp. 12–14). Nun zeigt sich folgendes: Bezogen auf das javanische Verhältnis von „Städtedichte" zu Bevölkerungsdichte haben die Außeninseln nicht weniger, sondern mehr Städte als Java. Das gilt nicht – wie oben ausgeführt – für die durch mehr als 25.000 Einwohner definierte Städteklasse; diese ist ganz ähnlich wie die Gesamtbevölkerung verteilt; die funktional definierte Städteklasse (Ausstattungskennwert ≥ 70) dagegen ist in allen außerjavanischen Großregionen zwei- bis dreimal häufiger als auf Java, wenn die Bevölkerungsdichte als Maßstab dient. Dieser Faktor (Tab. 4–1, Sp. 15) ist in einigen besonders dünn besiedelten Außenprovinzen besonders hoch. In den menschenarmen Landesteilen hat meistens der Verwaltungsaufbau dafür gesorgt, daß sich Städte entwickelten. Diese Ursache ist auch für den extrem hohen Wert von Mittel-Borneo ausschlaggebend.

Auch stark seehandelsorientierte Teile des Archipels haben verhältnismäßig viele Städte; der Wert für die aus ungleichen Landesteilen zusammengesetzte Provinz Riau wird dadurch erhöht. Das gleiche gilt für die

---

[406] Es handelt sich um solche Orte, die weniger als zwei Drittel der erfaßten mittelrangigen (Streu-) Dienste leisten und jenseits des 280. Rangplatzes in der Skala der Ausstattungskennwerte liegen, andererseits aber im Ausstattungskennwert rd. 50 Punkte mehr besitzen als voll ausgestattete Unterzentren. Der entsprechende Ausstattungsmindestwert liegt bei 70. Die Auszählung ergab für Indonesien ohne Neuguinea 393 Städte, die diesen Ausstattungskennwert erreichten oder übertrafen. Für Ost-Timor, für dessen Städte kein Ausstattungskennwert berechnet werden konnte, müssen in Zukunft weitere 13 Orte – Dili und 12 Bupati-Sitze – hinzugerechnet werden. Aus dem Westteil Neuguineas fallen 11 Orte in diese Kategorie (vgl. Tab. 4–1).

[407] Da hier erstmals eine sehr große Städtezahl erfaßt wurde, lassen sich die Angaben zur räumlichen Städteverteilung sehr viel genauer wiedergeben als das bisher der Fall war; vgl. Withington 1979, Tab. 1B.

Tabelle 4-1. Anzahl der städtischen Siedlungen und ihre Verteilung nach Provinzen und Großregionen

	(1) Fläche qkm n.Jawatan Topografi	(2) alle erfaßt. Orte	(3) Anzahl der ≥25000 Einwohnern	(4) ≥50000	(5) ≥100000	(6) Orte mit zentralörtlicher Ausstattung ≥10	(7) ≥70	(8) ≥140	(9) ≥900	(10) Orte ≥25000 Einw. qkm/Orte je Ort je 1000 qkm	(11) Orte m.zörtl. Ausstatt. ≥70a qkm/Orte je Ort je 1000 qkm	(12) Orte ≥25000 Einw. Dichte auf Java = 1	(13) Orte m.zörtl. Ausstatt. ≥70a	(14) Bevölkerung 1980	(15) Faktor "Städte-dichte" zu Bev.-dichte	(16) Mittl. Einw. je Stadt gemäß Sp. (7)
Autonome Region Aceh	55392	144	5	2	1	59	16	12	1	11078/0,09	3462/0,29	0,08	0,23	0,07	3,3	24500
Nord-Sumatra	70787	232	14	9	2	129	27	17	3	5056/0,20	2622/0,38	0,17	0,30	0,17	1,7	86500
West-Sumatra	49778	149	6	6	1	69	14	11	2	8296/0,12	3556/0,22	0,11	0,22	0,10	2,2	44500
Riau	94562	94	8	2	1	57	13	10	2	11820/0,08	7274/0,14	0,07	0,11	0,03	3,3	41500
Jambi	44924	50	3	2	1	17	5	4	1	14975/0,07	8985/0,11	0,06	0,09	0,05	1,9	66500
Süd-Sumatra	103688	111	9	4	1	58	21	11	1	11521/0,09	4938/0,20	0,08	0,16	0,06	2,4	67500
Bengkulu	21168	36	2	1	0	18	3	2	1	10584/0,09	7056/0,14	0,08	0,11	0,05	2,1	40000
Lampung	33307	86	6	3	1	47	8	6	1	5551/0,18	4163/0,24	0,16	0,19	0,20	0,9	68000
Sumatra	473606	902	53	26	8	454	107	73	13	8936/0,11	4426/0,23	0,10	0,18	0,09	2,1	59000
West-Java und Jakarta	46890	442	52	21	8	252	56	34	5	902/1,11	837/1,15	0,98	0,93	1,05	0,9	203000
Mittel-Java	34206	529	48	16	7	267	55	43	5	713/1,40	622/1,61	1,24	1,26	1,07	1,2	69500
Autonome Region Yogyakarta	3169	80	3	1	1	39	8	5	1	1056/0,95	396/2,52	0,83	1,97	1,26	1,6	68000
Ost-Java	47922	596	47	19	6	288	50	35	5	1020/0,98	958/1,04	0,86	0,82	0,88	0,9	99000
Java	132187	1647	150	57	22	846	169	117	16	881/1,13	782/1,28	1,00	1,00	1,00	1,0	121500
West-Borneo	146760	129	4	2	1	50	9	4	1	36690/0,03	16307/0,06	0,02	0,05	0,02	2,0	58000
Mittel-Borneo	152600	85	2	1	0	40	11	5	1	76300/0,01	13872/0,07	0,01	0,06	0,01	6,3	15000
Süd-Borneo (Banjar)	37660	89	5	2	1	48	12	9	1	7532/0,13	3138/0,32	0,12	0,25	0,08	3,2	53500
Ost-Borneo	202440	76	3	2	2	31	7	3	2	67480/0,01	28920/0,03	0,01	0,03	0,01	3,0	76500
Borneo	539460	379	14	7	4	161	39	21	5	38533/0,03	13832/0,07	0,02	0,06	0,02	3,1	48000
Bali	5561	69	3	2	1	31	9	9	1	1854/0,54	618/1,62	0,46	1,27	0,64	2,0	52000
Lombok und Sumbawa	20177	60	5	2	1	24	7	5	1	4035/0,25	2882/0,35	0,22	0,27	0,20	1,4	58500
Flores-Sumba-West-Timor	47876	114	4	1	0	48	12b	8	1	11969/0,08	3990/0,25	0,07	0,20	0,08	2,4	24000
Ost-Timor	14874	61	1	1	0	...	...b	1c	0	14874/0,07	3990/0,25	0,06	...	0,05	...	...
Nord-Selebes	19023	89	5	3	0	44	9	7	1	3850/0,26	2114/0,47	0,23	0,37	0,16	2,3	56000
Mittel-Selebes	69926	75	3	1	0	33	5	5	1	13945/0,07	3242/0,04	0,04	0,06	0,03	2,1	37500
Süd-Selebes	72781	190	12	4	1	67	24	17	1	6065/0,16	3033/0,33	0,14	0,26	0,12	2,1	56000
Südost-Selebes	27686	50	2	0	0	9	4	4	1	13843/0,07	6921/0,14	0,06	0,11	0,05	2,3	26500
Molukken	74505	64	2	1	1	40	8	5	1	37252/0,03	9313/0,11	0,02	0,08	0,03	3,1	31500
Ost-Indonesien	277704	772	37	15	5	296	78	62	8	7505/0,13	3560/0,28	0,12	0,22	0,08	2,6	46000
West-Neuguinea	421981	120	4	2	0	32	11	10	1	105495/0,009	38362/0,03	0,008	0,02	0,004	5,1	24500
Republik Indonesia	1919443	3820	258	107	39	1789	404	283	43	7440/0,13	4751/0,21	0,12	0,16	0,11	1,5	81000
Republik Indonesia ohne West-Neuguinea	1497462	3700	254	105	39	1757	393	273	42	5896/0,17	5896/0,17	0,15	0,21	0,14	1,5	...

a entsprechend "sicheren Städten" (vgl. Abschn. 4.1).   b Es ist unsicher, wieviele der neben Dili 12 Regentensitze zur Zeit in diese Kategorie fallen.   c Dili.

Molukken. Unter den dünn besiedelten Landesteilen hat Jambi die wenigsten Städte, allerdings – weiterhin gemessen an der Bevölkerungdichte – immer noch fast doppelt so viele wie Java. Unter allen Landesteilen der Außeninseln besitzt allein Lampung – bezogen auf seine Bevölkerungsdichte – etwa gleich viele Städte wie die Hauptinsel Java. Das Netz der städtischen Siedlungen hat sich hier – trotz einer Neugründung (Metro) – nicht in dem Maße verdichtet, wie die Bevölkerungsdichte infolge der Einwanderungsströme aus Java (vgl. S. 33) wuchs.

Einen Sonderfall – vergleichbar mit dem Mittel-Borneos – stellt auch West-Neuguinea dar. Auch hier hatte der Verwaltungsaufbau zur Folge, daß sich 11 Siedlungen zu „Städten" entwickelten; das sind – gemessen an der extrem geringen Bevölkerungsdichte – weit mehr Städte als in allen indonesischen Großregionen.

Die regionalen Unterschiede der Städtedichte stehen nicht im Widerspruch zum Verstädterungsgrad der Bevölkerung, obwohl dieser ganz andere räumliche Differenzierungen besitzt (vgl. Tab. 1–6). Die Abweichungen der beiden Größen ergeben sich aus der regional sehr unterschiedlichen mittleren Einwohnerzahl je Stadt (vgl. Tab. 4–1, Sp. 6). Es liegt an den – verglichen mit Java – sehr viel geringeren Einwohnerzahlen der Städte auf den Außeninseln, wenn diese Außeninseln – besonders in Ost-Indonesien – überwiegend niedrigere Anteile städtischer Bevölkerung besitzen als Java. Wo diese Verringerung der mittleren Einwohnerzahl je Stadt weniger ausgeprägt ist, übertrifft die Verstädterungsquote diejenige Javas. Das ist auch in Tabelle 4–1 ablesbar, wenn das Produkt aus Spalte 15 – Faktor Städtedichte zu Bevölkerungsdichte – und Spalte 16 – mittlere Einwohnerzahl je Stadt – gebildet wird und dieses Produkt größer als 121.500 wird. Liegen beide Faktoren über dem Durchschnitt, ergibt sich eine extrem hohe Verstädterungsquote, wie sie für Ost-Borneo bereits festgestellt wurde (vgl. S. 40).

4.2. Lageeigenarten

4.2.1. Lage zur Küste

Eine ungleiche räumliche Verteilung der Städte ergibt sich nicht allein archipel-überspannend nach Großregionen in Bezug auf die Fläche und in Bezug auf die Bevölkerungsdichte, auch kleinräumig sind die Städte sehr unterschiedlich verteilt. Das ist durch Lageeigenarten verursacht, unter denen die Lage zur Küste besonders wichtig ist[408].

Die Landesnatur des Archipels läßt von vornherein erwarten, daß ein hoher Anteil aller Ortschaften in Küstennähe liegt; das wäre schon bei geometrisch gleichmäßiger Verteilung der Fall. Für Siedlungen aller Art hat aber die Küste viele Lagevorteile, die nur selten von den manchmal auch vorhandenen Nachteilen übertroffen werden. Im Falle von Städten, deren Funktion unter anderem Handelsverkehr voraussetzt und bewirkt, ist der Standortvorteil an einer Küste oder in Küstennähe besonders groß. So bilden die Küsten in der Regel Siedlungsbänder, in denen Städte wesentlich häufiger sind als im Binnenland. Die Verkehrsfeindlichkeit oder Hafenarmut einzelner Küstenstriche oder die besondere Siedlungsgunst einiger Binnenlagen kann in einzelnen Regionen auch zur Umkehrung der genannten Regel führen. Für den indonesischen Archipel trifft es aber fast durchweg zu, daß überproportional viele Städte in Küstennähe liegen. Das weist die Tabelle 4–2 aus. In ihr sind die Großregionen des Archipels nach Küstenentfernungszonen gegliedert; deren Flächenanteile (Spalte 2) können mit dem Anteil der Teilmengen von Städten verglichen werden, die in den einzelnen Küstenentfernungszonen liegen.

In allen Großregionen ist der unmittelbare Küstensaum – Zone zwischen 0 km und 10 km Seeentfernung – überproportional mit Städten besetzt. Diese Zone hat etwa doppelt so viele Städte als es ihrem Anteil an der gesamten Landfläche des Archipels entspricht. Dabei ist die Städteanhäufung in Küstenlage auf den dünn besiedelten Großinseln Sumatra und Borneo stärker ausgeprägt als auf dem kleineren und dicht besiedelten Java sowie auf dem stark gegliederten Selebes und den kleineren Inseln des Ostens. Die Zone von 0–10 km Küstenentfernung besitzt auf Sumatra reichlich zweimal mehr, auf Borneo gut dreimal mehr Städte als es dem Anteil dieser Küstenzone am Gesamtareal der beiden Großinseln entspricht. Dieser Faktor beträgt auf Java nur etwa 1,2, in Ost-Indonesien etwa 1,6. Auf der erst jüngst erschlossenen melanesischen Großinsel Neuguinea liegen im indonesisch beherrschten Westteil 9 von 10 oder 11 Städten an der Küste, während der Flächenanteil des 10 km breiten Küstenstreifens nur 15% beträgt.

Im Gesamtarchipel ist auch die zweite Zone, die 11 km bis 50 km Seeentfernung besitzt, noch leicht überproportional mit Städten besetzt. Unter den Großregionen gilt das nur für Borneo; auf Java und Sumatra hat diese zweite Küstenentfernungszone verhältnismäßig wenig Städte. In Ost-Indonesien, wo diese Zone 48% der Landfläche einnimmt, liegt in ihr nur noch etwa ein Viertel aller Städte.

Im gesamten Archipel weist die dritte Zone, die die Flächen zwischen 51 km und 100 km Küstenentfernung umschließt, fast genausoviel Städte auf, wie es ihrem Flächenanteil entspricht. Dieser Mittelwert ist jedoch aus recht unterschiedlichen Teilwerten der vier Großregionen zusammengesetzt. Auf Java ist diese dort küstenfern-

---

[408] Diesen Gesichtspunkt sowie die im folgenden zu behandelnde Höhenlage der Städte hatte Withington erstmals 1962 und in einem späteren „paper" 1979 aufgegriffen.

Tabelle 4-2. Lageeigenarten der Städte, bezogen auf Küstenentfernung

	(1)	(2)	(3)	(4)	(5)	(6)	(7)	(8)	(9)	(10)	(11)	(12)	(13)	(14)	(15)	(16)	(17)	(18)	(19)	(20)
	qkm	Anteil	Alle erfaßten Orte[b] (3820)		Faktor[e] (4):(2)	Mittel- u. Großstädte > 25 000 Einw.		Faktor[e] (7):(2)	Großstädte > 100 000 Einw.		Faktor[e] (10):(2)	Zentr. Orte ab Unterzentren mit mittelzentr. teilfunkt.[c,d]		Faktor[e] (13):(2)	Zentrale Orte[d]		Faktor[e] (16):(2)	Zentrale Orte[d]		Faktor[e] (19):(2)
			Anzahl			Anzahl	Anteil		Anzahl	Anteil		Anzahl	Anteil		Anzahl	Anteil		Anzahl	Anteil	
Sumatra																				
alle Zonen	473600	100	902	100	1,0	53	100	1,0	8	100	1,0	107	100	1,0	73	100	1,0	13	100	1,0
0 - 10 km	82500	17	291	32	1,9	21	40	2,3	3	37	2,2	42	39	2,3	30	41	2,4	7	54	3,1
11 - 50 km	163100	34	259	29	0,8	15	28	0,8	1	12	0,4	25	23	0,7	17	23	0,7	2	15	0,5
51 - 100 km	139000	29	251	28	0,9	14	26	0,9	3	37	1,3	28	26	0,9	20	27	0,9	3	23	0,8
> 100 km	89000	19	101	11	0,6	3	6	0,3	1	12	0,7	12	11	0,6	6	8	0,4	1	8	0,4
Java																				
alle Zonen	132200	100	1647	100	1,0	150	100	1,0	22	100	1,0	169	100	1,0	117	100	1,0	16	100	1,0
0 - 10 km	30500	23	400	24	1,0	42	28	1,2	8	36	1,6	46	27	1,2	34	29	1,3	5	31	1,4
11 - 50 km	80100	61	954	58	1,0	80	53	0,9	5	23	0,4	90	53	0,9	62	53	0,9	5	31	0,5
51 - 100 km	21600	16	293	18	1,1	28	19	1,1	9	41	2,5	33	20	1,2	21	18	1,1	6	38	2,3
> 100 km	–	–	–	–	–	–	–	–	–	–	–	–	–	–	–	–	–	–	–	–
Borneo																				
alle Zonen	539500	100	379	100	1,0	14	100	1,0	4	100	1,0	39	100	1,0	21	100	1,0	5	100	1,0
0 - 10 km	39400	7	80	21	2,9	6	43	5,9	1	25	3,4	9	23	3,3	5	24	3,3	1	20	2,7
11 - 50 km	103700	19	81	21	1,1	6	43	2,2	3	75	3,9	13	33	1,7	8	38	2,0	3	60	3,1
51 - 100 km	104600	19	82	22	1,1	–	–	–	–	–	–	6	15	0,8	4	19	0,9	–	–	–
> 100 km	291800	54	136	36	0,7	2	14	0,3	–	–	–	11	28	0,5	4	19	0,4	1	20	0,4
Ost-Indonesien																				
alle Zonen	352200	100	772[f]	100	1,0	37[f]	100	1,0	5[f]	100	1,0	78[g]	100	1,0	61[g]	100	1,0	8[g]	100	1,0
0 - 10 km	167600	48	492	64	1,4	31	84	1,8	5	100	2,1	59	76	1,6	47	77	1,6	8	100	2,1
11 - 50 km	169500	48	274	35	0,7	6	16	0,3	–	–	–	19	24	0,5	14	23	0,5	–	–	–
51 - 100 km	15200	4	6	1	0,2	–	–	–	–	–	–	–	–	–	–	–	–	–	–	–
> 100 km	–	–	–	–	–	–	–	–	–	–	–	–	–	–	–	–	–	–	–	–
Indonesien, gesamt																				
alle Zonen	1497500	100	3700	100	1,0	254	100	1,0	39	100	1,0	393[g]	100	1,0	272[g]	100	1,0	42[g]	100	1,0
0 - 10 km	320000	21	1262	34	1,6	100	39	1,8	17	44	2,0	155	39	1,8	115	42	2,0	21	50	2,3
11 - 50 km	516300	35	1569	42	1,2	107	42	1,2	9	23	0,7	148	38	1,1	102	37	1,1	10	24	0,7
51 - 100 km	280400	19	632	17	0,9	42	17	0,9	12	31	1,6	67	17	0,9	45	17	0,9	9	21	1,1
> 100 km	380800	25	237	6	0,3	5	2	0,1	1	3	0,1	23	6	0,2	10	4	0,1	2	5	0,2
West-Neuguinea[h]																				
alle Zonen	422000	100	120	100	1,0	4	100	1,0	–	–	–	11	100	1,0	10	100	1,0	1	100	1,0
0 - 10 km	65000	15	56	47	3,0	4	100	6,5	–	–	–	9	82	5,3	9	90	5,8	1	100	6,5
11 - 50 km	136000	32	20	17	0,5	–	–	–	–	–	–	1	9	0,3	–	–	–	–	–	–
51 - 100 km	88000	21	18	15	0,7	–	–	–	–	–	–	–	–	–	–	–	–	–	–	–
> 100 km	133000	32	26	22	0,7	–	–	–	–	–	–	1	9	0,3	1	10	0,3	–	–	–

a Flächen der Landesteile nach "Jawatan Topografi" (Topographischer Dienst) in Buku Saku Statist. I. 1980/81, Tabel I,1; Flächen der Küstenentfernungszonen nach eigenen Berechnungen überwiegend auf der Grundlage von Karten im Maßstab 1:500 000; maximaler Fehler ± 1 %.

b Hier sind 60 Orte mehr erfaßt als bei den anderen Auswertungen; es handelt sich um Regentschafts- und Unterbezirksorte im Ostteil von Timor (Provinz Timor Timur); für diese Orte konnten nur die Lagegegebenheiten festgestellt werden.

c "Städte" gemäß Abgrenzung gegen Minderstädte nach Abschnitt 4.1.

d Definitionen siehe Abschnitt 7.2.

e Faktor zeigt an, um wieviel mal häufiger oder seltener Städte in den einzelnen Entfernungszonen vorkommen, als es den Anteilen der Entfernungszonen am jeweiligen Gesamtareal entspricht.

f hier einschl. Ost-Timor und Molukken; im Gegensatz zu Tab. 4-3.

g ohne Ost-Timor.

h ohne West-Neuguinea.

ste Zone leicht mit Städten überbesetzt; Großstädte oder Oberzentren sind sogar mehr als doppelt so häufig vorhanden, als es dem Flächenanteil dieser Zone entspricht. Auf Sumatra stimmen Flächenanteil und Städteanteil fast genau überein. Auf Borneo sorgt schon in dieser Zone das menschenarme, unerschlossene Binnenland dafür, daß Städte mit über 25.000 Einwohnern fehlen; Unter- und Mittelzentren sind dort flächenproportional vertreten. In Ost-Indonesien sind nur noch 4% der Landfläche weiter als 50 km von der Küste entfernt; es gibt dort aber nur 1% aller erfaßten Unterzentren. Schließlich besitzt die entsprechende Zone auf Neuguinea sehr wenige Menschen und enthält dementsprechend auch sehr wenige Siedlungen oder gar Städte.

Landräume, die weiter als 100 km von der Küste entfernt liegen, gibt es in Indonesien nur auf Sumatra und Borneo. Es liegt an der großen, ungegliederten Landmasse Borneos, daß diese küstenferne Zone dort 54% der Fläche einnimmt und damit der Wert für den gesamten Archipel noch 25% erreicht. Auf diesem Viertel der Landfläche liegen nur 6% aller indonesischen städtischen Siedlungen; auf Sumatra liegt der Städteanteil in dieser Zone bei 11%, auf Borneo bei 28% oder sogar 36%, wenn alle erfaßten zentralen Siedlungen zu Grunde gelegt werden.

Die generelle Folgerung aus dieser Einzelbetrachtung der Entfernungszonen lautet: Je weiter die Zonen von der Küste entfernt liegen, um so städteärmer sind sie. Ablesbar ist das aus den Wertereihen für Gesamt-Indonesien; der aus den Flächenanteilen und Städteanteilen gebildete Faktor nimmt von der Küste zum Landesinneren, also von Zone zu Zone ab. Es gibt nur eine auffallende Unregelmäßigkeit; diese betrifft die Großstädte und Oberzentren. Diese beiden Stadtkategorien sind in der dritten Zone, zwischen 51 km und 100 km verhältnismäßig häufiger vertreten als in der zweiten, küstennäheren Zone; bei den Großstädten gilt das sogar für die absoluten Werte. Hier wirkt sich eine Besonderheit Javas aus. Wie es für alle Städtekategorien auf Java ausgewiesen ist, ist das Binnenland (>50 km von der Küste entfernt) gleichermaßen dicht mit Städten besetzt wie der Küstensaum. Auf Großstädte oder Oberzentren eingeschränkt hat das Binnenland aber absolut und relativ mehr Städte dieser beiden Kategorien als der Küstenstreifen. Diese aus der physischen Gestalt Javas begründete Eigenart wird damit eine Eigenart des gesamtindonesischen Siedlungssystems.

Abgesehen von dieser Besonderheit unterscheiden sich die verschiedenen Klassen städtischer Siedlungen, die in Tabelle 4–2 genannt sind, auch in anderen Punkten voneinander. Ihre Anteile an den Küstenentfernungszonen sind zum Teil sehr unterschiedlich. Die generelle Tendenz – trotz der eben erläuterten javanischen Besonderheit – lautet: Die großen Siedlungen bevorzugen die Küstennähe in stärkerem Maße als die kleinen; das drückt sich in den auf Gesamt-Indonesien bezogenen Wertereihen (Anteile) 34 – 39 – 44 oder 34 – 39 – 42 – 50 für die Zone bis zu 10 km Küstenentfernung aus. Die Umkehrung dieser Tendenz in den küstenfernen Zonen ist weniger deutlich.

Es gibt auch Besonderheiten einzelner Großregionen, die nicht auf die Werte für Gesamt-Indonesien durchschlagen. So ist – ähnlich wie auf Java – auch auf Sumatra festzustellen, daß die dritte Zone, die bei 50 km Küstenentfernung beginnt, verhältnismäßig mehr Städte aufweist als die küstennähere zweite Zone. Der breite Saum des hinter der Küste siedlungs- und städtearmen östlichen Tieflandes gibt hier den Ausschlag. Auch auf Borneo gibt es eine regionale Besonderheit: Dort werden zwar die kleineren Städtekategorien regelgerecht von der Küste zum Landesinneren hin relativ seltener, die Großstädte und Oberzentren aber sind in der zweiten Zone mit 11 km bis 50 km Seeentfernung absolut und relativ häufiger als in der ersten. Die flachen Schwemmländer im Bereich der großen Strommündungen bewirkten, daß die Metropolen der drei zu Indonesien gehörenden großen Abdachungen Borneos weit stromaufwärts entstanden sind und so mehr als 10 km vom Meer entfernt liegen. Nur Balikpapan, das als Ölindustriestadt entstanden ist (vgl. S. 63) und keine Versorgungsfunktionen für ein Hinterland ausübt, liegt unmittelbar an der See.

Aus der Tabelle 4–2 lassen sich nur wenige regionale Besonderheiten bezüglich der Küstenentfernung ablesen; solche Lageeigenarten geben aber erste Hinweise auf räumliche Städteagglomerationen, auf Bänder, Zonen und Bereiche, zu denen sich Städte zusammenfassen lassen. Ein zweiter Einflußfaktor für derartige Städteregionen sind aber die Höhenstufen. So wird im folgenden die Verteilung der Städte nach ihrer Höhenlage untersucht.

4.2.2. Höhenlage

Ebenso wie auf die Bevorzugung der Küste läßt die Archipelnatur auch auf eine überproportionale Besetzung der Tiefländer mit Städten schließen. In tropischen Siedlungsräumen ist es ja durchaus nicht selbstverständlich, daß die niedrigen Landflächen bevorzugte Siedlungsräume sind. In einem auf interinsularen Verkehr und Außenbeziehungen eingestellten Archipel aber müssen Hafen- und Handelsstädte vorhanden sein, deren Küstenständigkeit zugleich auch die niedrige Lage erzwingt.

Tabelle 4-3. Lageeigenarten der Städte, bezogen auf die Höhe über dem Meeresspiegel

	(1)	(2)	(3)		(4)	(5)	(6)	(7)	(8)	(9)	(10)	(11)	(12)	(13)	(14)	(15)	(16)	(17)	(18)	(19)	(20)
	Hypsografi. Flächenverteilung[a]		Alle erfaßten Orte[b] (3695)				Mittel- u. Großstädte ≥ 25 000 Einw.			Großstädte ≥ 100 000 Einw.			Zentrale Orte ab Unterzentren mit mittelzentr. Teilfunkt.[c,d]			Orte ab Mittelzentren			Zentrale Orte ab Oberzentren		
	qkm	Anteil	Anzahl		Anteil	Faktor[e] (4):(2)	Anzahl	Anteil	Faktor[e] (7):(2)	Anzahl	Anteil	Faktor[e] (10):(2)	Anzahl	Anteil	Faktor[e] (13):(2)	Anzahl	Anteil	Faktor[e] (16):(2)	Anzahl	Anteil	Faktor[e] (19):(2)
Sumatra																					
alle Stufen	473600	100	902		100	1,0	53	100	1,0	8	100	1,0	107	100	1,0	73	100	1,0	13	100	1,0
0 - 100 m	296900	63	583		65	1,0	38	72	1,1	7	87,5	1,4	76	71	1,1	50	68	1,1	11	85	1,3
100 - 500 m	84800	18	155		17	1,0	7	13	0,7	1	–	0,7	16	7	0,8	11	15	0,8	1	8	0,4
500 - 1000 m	53000	11	103		11	1,0	6	11	1,0	–	–	–	8	7	0,7	6	8	0,7	1	8	0,7
> 1000 m	38900	8	61		7	0,8	2	4	0,5	–	–	–	7	7	1,0	6	8	1,0	–	–	–
Java																					
alle Stufen	132200	100	1647		100	1,0	150	100	1,0	22	100	1,0	169	100	1,0	117	100	1,0	16	100	1,0
0 - 100 m	57000	43	905		55	1,3	98	65	1,5	13	59	1,4	104	62	1,4	77	66	1,5	10	62,5	1,4
100 - 500 m	43800	33	532		32	1,0	34	23	0,7	6	27	0,8	45	27	0,8	28	24	0,7	4	25	0,8
500 - 1000 m	20400	15	184		11	0,7	15	10	0,6	3	14	0,9	17	10	0,7	11	9	0,6	2	12,5	0,8
> 1000 m	11000	8	26		2	0,2	3	2	0,2	–	–	–	3	2	0,2	1	1	0,1	–	–	–
Borneo																					
alle Stufen	539500	100	379		100	1,0	14	100	1,0	4	100	1,0	39	100	1,0	21	100	1,0	5	100	1,0
0 - 100 m	304600	56	360		95	1,7	14	100	1,8	4	100	1,8	39	100	1,8	21	100	1,8	5	100	1,8
100 - 500 m	150200	28	15		4	0,1	–	–	–	–	–	–	–	–	–	–	–	–	–	–	–
500 - 1000 m	67040	12	4		1	0,1	–	–	–	–	–	–	–	–	–	–	–	–	–	–	–
> 1000 m	17660	3	–		–	–	–	–	–	–	–	–	–	–	–	–	–	–	–	–	–
Ost-Indonesien[f]																					
alle Stufen	262800	100	647		100	1,0	34	100	1,0	4	100	1,0	70	100	1,0	56	100	1,0	7	100	1,0
0 - 100 m	76700	29	446		69	2,4	29	85	2,9	4	100	3,4	53	76	2,6	43	77	2,6	7	100	3,4
100 - 500 m	91600	35	120		19	0,5	3	9	0,3	–	–	–	9	13	0,4	8	14	0,4	–	–	–
500 - 1000 m	60300	23	68		11	0,5	1	3	0,1	–	–	–	6	9	0,4	4	7	0,3	–	–	–
> 1000 m	34200	13	13		2	0,2	1	3	0,2	–	–	–	2	3	0,2	1	2	0,1	–	–	–
Indonesien, gesamt[g]																					
alle Stufen	1408100	100	3575		100	1,0	251	100	1,0	38	100	1,0	385	100	1,0	267	100	1,0	41	100	1,0
0 - 100 m	735200	52	2294		64	1,2	179	71	1,4	28	74	1,4	272	71	1,4	191	72	1,4	33	80	1,5
100 - 500 m	370400	26	822		23	0,9	44	18	0,7	7	18	0,7	70	18	0,7	47	18	0,7	5	12	0,5
500 - 1000 m	200740	14	359		10	0,7	22	9	0,6	3	8	0,6	31	8	0,6	21	8	0,6	3	7	0,5
> 1000 m	101760	7	100		3	0,4	6	2	0,3	–	–	–	12	3	0,4	8	3	0,4	–	–	–
West-Neuguinea																					
alle Stufen	422000	100	120		100	1,0	4	100	1,0	–	–	–	11	100	1,0	10	100	1,0	1	100	1,0
0 - 100 m	214450	51	80		67	1,3	4	100	2,0	–	–	–	10	91	1,8	9	90	1,8	1	100	2,0
100 - 500 m	58350	14	9		7	0,5	–	–	–	–	–	–	–	–	–	–	–	–	–	–	–
500 - 1000 m	39100	9	6		5	0,5	–	–	–	–	–	–	1	9	–	1	10	–	–	–	–
> 1000 m	110100	26	25		21	0,8	–	–	–	–	–	–	–	–	0,3	–	–	0,4	–	–	–

[a] Flächen der Landesteile nach "Jawatan Topografi" (Topographischer Dienst) in Buku Saku Statist. I. 1980/81, Tabel I,1; Flächen der Höhenstufen nach Unterlagen des "Direktorat Tata Guna Tanah" (Direktorat für Landnutzung), z.T. in Form von Karten, z.T. in Form von Tabellen. Eigene Umrechnungen und Homogenisierung; maximaler Fehler ± 1 %.
[b] 3820 Orte abzüglich der in Ost-Timor und in den Molukken gelegenen Orten (vergl. Fußnote f).
[c] "Städte" gemäß Abgrenzung gegen Minderstädte nach Abschn. 4.1.
[d] Definitionen siehe Abschn. 7.2.
[e] Faktor zeigt an, wieviel mal häufiger oder seltener Städte in den einzelnen Höhenstufen vorkommen als es den Anteilen der Höhenstufen am jeweiligen Gesamtareal entspräche.
[f] ohne Ost-Timor und ohne Molukken; für beide Provinzen waren keine Seehöhenverteilungen der Landoberflächen verfügbar.
[g] ohne Ost-Timor und ohne Molukken wegen fehlender Daten und ohne das melanesische West-Neuguinea.

Die Höhenverteilung der städtischen Siedlungen im indonesischen Archipel zeigt die Bevorzugung der Tiefländer deutlich. Die Zone bis zu 100 m Seehöhe hat knapp eineinhalbmal mehr Städte als es ihrem Anteil an der gesamten Landfläche im Archipel entspricht. Je ausgedehnter die Tiefländer sind, um so geringer ist ihre Bevorzugung, denn es ist ja nicht das Tiefland sondern die Küste, die den Lagevorteil bietet. So zeigt Sumatra mit dem höchsten Anteil der Tiefländer die geringste Städtehäufung in dieser Stufe. Umgekehrt sind die Städte in Ost-Indonesien, wo die Tiefländer nur 29% der Landflächen einnehmen, in den schmalen, niedrigen Küstensäumen mehr als doppelt so häufig wie die Flächenausdehnung dieser Tieflandsäume.

Wenn die Tieflandstufe in Indonesien der bevorzugte Entwicklungsraum für Städte ist, dann müssen die höher gelegenen Landesteile verhältnismäßig wenige Städte besitzen. Der Anteil der Städte in den drei oberen Höhenstufen ist gemessen an der Flächenausdehnung dieser Höhenstufen durchweg geringer als im Flachland, aber fast überall auch geringer als es den Anteilen der Höhenstufen an der Gesamtfläche der Großregionen entspricht; der „Verteilungsfaktor" ist also jeweils kleiner als im Tiefland und fast überall auch kleiner als 1. Für Gesamt-Indonesien nimmt der Städteanteil von Höhenstufe zu Höhenstufe überproportional ab. Das ist auch in den vier Großregionen so, doch gibt es dort einige Ausnahmen von dieser Regel.

Sumatra hat in der Tieflandstufe die geringste Städtehäufung. Von einer solchen kann überhaupt nur bezüglich der Großstädte und Oberzentren gesprochen werden. Alle anderen Städtekategorien sind im Tiefland fast flächenanteilsgemäß vertreten (Verteilungsfaktor 1,1). In Bezug auf die Gesamtheit der erfaßten Orte ergibt sich auf Sumatra für jede der vier Höhenstufen eine fast genau flächenanteilsgemäße Verteilung. Die Mittelstädte haben dagegen eine relative Häufung in der Stufe zwischen 500 m und 1000 m, die Unter- und Mittelzentren eine solche in der Stufe über 1000 m. Dort sind diese Städtekategorien durch eine in etwa flächenanteilsgemäße Anzahl vertreten.

Auf Java gibt es in allen Höhenstufen über 100 m flächenbezogen zu wenige Städte; nur die Gesamtheit der erfaßten Orte erreicht in der Höhenstufe von 100 m bis 500 m gerade noch die Anzahl, die dem Flächenanteil dieser Stufe entspricht. Die Städtezahl nimmt gegen die Höhe – wie in Gesamt-Indonesien – überproportional ab. Nur die drei Großstädte, die über 500 m hoch liegen, bewirken, daß diese Höhenstufe mit dieser Städtekategorie noch einmal fast flächenanteilsgemäß besetzt ist.

Für Borneo ergibt sich eine sehr einfache Höhenverteilung der städtischen Siedlungen: Alle Städte sind im Tiefland entstanden; nur 5% aller erfaßen Orte – insgesamt 19 – liegen mehr als 100 m hoch und verteilen sich auf 43% der Landfläche. Größere mittelzentrale Orte gibt es in dieser Höhenlage überhaupt nicht.

Obwohl in Ost-Indonesien über 70% der Inselflächen höher als 100 m emporragen, liegen in diesen oberen Inselstockwerken sehr wenige Städte. Die überall küstennahen Höhengebiete werden meistens von den Küstenstädten aus mitversorgt. Es ist nur ein knappes Drittel der erfaßten Orte, das mehr als 100 m hoch liegt; unter den Mittelstädten sind es 15%, Großstädte gibt es oberhalb von 100 m Meereshöhe überhaupt nicht.

Für Gesamt-Indonesien verwischen sich die Besonderheiten der vier Großregionen. Andererseits ergäben sich sehr viel stärker abweichende Höhenverteilungen der Städte, wenn kleinere Inselgruppen oder Inselteilräume analysiert werden würden. So befinden sich die meisten der auf Sumatra gelegenen Höhenorte im Minangkabau-Land und im Batak-Land. In diesen Teilräumen – West-Sumatra und Tapanuli – sind die städtischen Siedlungen ganz anders über die Höhenstufen verteilt; viel mehr städtische Mittelpunkte liegen dort über 500 m, in Tapanuli sogar über 1000 m hoch[409].

Diese Besonderheit entspricht der Regel innertropischer Siedlungsverteilung: Häufungen an der Küste und in hoch gelegenen Binnenländern. Diese Regel gilt aber eher für die ländlichen Siedlungen als für Städte, sie gilt eher für geschlossene Landräume als für Archipele. So ist diese Eigenart der tropischen Siedlungsverteilung in Indonesien nur kleinräumig verbreitet und in Tabelle 4–3 durch die Zusammenfassung in nur vier Großregionen fast ganz verwischt.

Besser als in den indonesischen Großregionen ist die binnenorientierte Höhenlage auf Neuguinea erkennbar. Im Westteil der melanesischen Großinsel hat sich zwar von 11 städtischen Siedlungen bisher nur eine in zentraler Hochlage entwickelt, doch zeigt die Höhenverteilung aller erfaßten Orte deutlich, daß es im zentralen Hochland – der Bevölkerungsverteilung entsprechend – ein sekundäres Maximum zentraler Orte gibt. Wären

---

[409] Um das zu erläutern folgender Vergleich für alle erfaßten Orte in den genannten Regionen (Quellen wie für Tab. 4–3):

	Sumatra insgesamt		Prov. West-Sumatra (ohne Mentawai-Inseln)		Tapanuli ohne Nias (einschl. Dairi)	
	Anzahl	Anteil	Anzahl	Anteil	Anzahl	Anteil
Alle Höhenstufen	902	100	145	100	89	100
0– 100 m	583	65	43	30	11	12
100– 500 m	155	17	55	38	29	33
500–1.000 m	103	11	38	26	21	24
>1.000 m	61	7	9	6	28	31

hier nicht nur diese erfaßt worden, sondern alle Siedlungen, so läge deren Anteil in der obersten Höhenstufe sicher über 26% und damit höher als der Anteil dieser Höhenstufe an der Gesamtfläche der Inselhälfte.

4.3. Städteregionen

4.3.1. Einteilungsgrundsätze

Die ungleiche Verteilung der Städte sowie ihre Lageeigenarten, darüber hinaus ihre kulturräumliche Zugehörigkeit, macht es sinnvoll, Städteregionen abzugrenzen, in denen sich die städtischen Siedlungen sowohl durch ihre Lage als auch auf Grund anderer Merkmale von Städten benachbarten Regionen unterscheiden. Es liegt in der Archipelnatur, daß die Inseln und Inselgruppen erste räumliche Kategorien darstellen, die zur Abgrenzung von Städteregionen dienen können. In diesem Sinne sind die vorstehend unterschiedenen Großregionen des Archipels – Sumatra, Java, Borneo und Ost-Indonesien – sicher auch als Städteregionen aufzufassen. Diese Raumeinheiten sind jedoch zu groß. Gesucht sind Gruppierungen von Städten, die kleinere Städteregionen bilden, etwa im Maßstab der indonesischen Provinzen. Deren Städteanzahl und mittlere Häufigkeit ist zwar bekannt (vgl. Tab. 4–1), doch sind damit noch keine Städteregionen definiert. Auch die Kennzeichnung der Lage in Küstenentfernungszonen und Höhenstufen gibt nur Hinweise auf mögliche Besonderheiten innerhalb der Großregionen.

Wichtigstes Kriterium zur Abgrenzung kleinerer Städteregionen ist die Lage der Städte innerhalb der Großregionen. Gruppierungen nach der Lage dürfen sich aber nicht nur auf die Lage der Städte zueinander beziehen, sondern auch auf die Lage in Bezug zu anderen Landschaftselementen. So ist nicht etwa allein nach dem gegenseitigen Abstand der Städte gefragt. Derartige rein topologische Lagegruppierungen könnten durch rechnerische Verfahren ermittelt werden[410]. Durch die hinzukommenden Fragen nach Küsten- und Höhenlage, nach Entfernungen entlang von Strömen und über See, nach gemeinsamen Wachstums- oder Stillstandsphasen, nach geschichtlichem Werdegang und kulturellem Habitus ergibt sich ein Kriterienkatalog, bei dessen Anwendung zur Gruppierung der Städte quantifizierende Verfahren ausscheiden. Nicht allein räumliche Städtebündel sind gesucht, sondern kulturräumliche Einheiten ähnlicher Städteausprägung.

Derartige Städteregionen heben sich teils mehr, teils weniger deutlich gegeneinander ab. Städtereichere Gebiete werden von Regionen umgeben, die infolge ihrer physischen Ausstattung oder infolge ihrer wirtschaftlich-gesellschaftlichen Zustände geringere Städtedichten aufweisen; verhältnismäßig städtereiche Küstenstreifen liegen vor einem unerschlossenen, städtearmen Hinterland. Da die Städteverteilung unter anderem auch von der Bevölkerungsdichte abhängig ist, kann davon ausgegangen werden, daß außerhalb Javas die früher beschriebenen Bevölkerungsschwerpunkte (vgl. Tab. 1–4) auch Städteregionen bilden oder Kernräume größerer Städteregionen sind. Auf Java selbst, wo großräumig sehr hohe Bevölkerungsdichten zu verzeichnen sind, spielt dieses Kriterium eine nachgeordnete Rolle.

Es sind also strukturbezogene Merkmale, nach denen die Städteregionen abgegrenzt werden sollen. Gelegentlich aber gerät auch das zentralörtliche Bezugssystem in die Reihe der Bestimmungsgründe, denn räumliche Funktionen und Strukturmerkmale sind ja häufig einander bedingende Größen. In der Regel sind es jeweils mehrere strukturbezogene Bestimmungsgründe, die zur Ausscheidung von Städteregionen führen. Diese werden im folgenden auf Grund der bisher behandelten Kriterien – gegebenenfalls unter Zuhilfenahme von Bevölkerungsdaten (vgl. Abschn. 5.1.2. u. 5.2.2.) – definiert und gegeneinander abgegrenzt[411]. Dabei wird flächendeckend vorgegangen; es werden also auch die fast städtefreien Landesteile im Innern der großen Inseln entweder als Regionen spärlich vorhandener Minderstädte ausgewiesen oder diese Räume werden den randlichen, städtereicheren Landstrichen zugeschlagen.

4.3.2. Sumatra

Auf Sumatra[412] ist Aceh Besar an der Nordspitze der Insel ein räumlich isolierter Bevölkerungsschwerpunkt. Frühe Islamisierung, eigenständige Machtentfaltung, isolierte Lage und späte Unabhängigkeitsbestrebungen

---

[410] Etwa nach dem durch Clark & Evans 1954 eingeführten Nächster-Nachbar-Verfahren, das in Nord-Amerika vereinzelt angewendet worden ist, um Aussagen über räumliche Siedlungsverteilungen zu quantifizieren.

[411] Eine ausführliche, die Elemente (Städte) der Stadtregionen betreffende Beschreibung hatte der Verfasser ursprünglich in einem zweiten Teil dieses Buches vorgesehen. Viele Vorarbeiten dazu waren schon erfolgt. Zeithaushalt und Druckkostenaufwand verbieten es aber, die Studie umfangreicher zu machen und mit ihrer Veröffentlichung länger zu warten.

haben hier einen eigenständigen Traditionsraum geschaffen; dessen Einflußbereich ist durch die Begrenzung der heutigen autonomen Provinz **Aceh** vorgegeben, auch wenn diese Provinz, besonders aber Acehs Nord- und Ostküste durch moderne Entwicklungen stark von Deli und Langkat her überprägt ist. Dadurch haben die Kernräume im Norden – Aceh Besar und Pidië – zusammen mit der übrigen Nord- und Ostküste sehr viel mehr und auch größere Städte als die Westküste und die Binnenländer. Aceh ließe sich danach auch in zwei Städteregionen unterteilen. Falsch wäre es dagegen, Gesamt-Aceh als Teil einer nordsumatraischen Städteregion aufzufassen. Die moderne Entwicklung ist zwar in allen Teilen Acehs von dem großen Innovationszentrum Medan her beeinflußt, die geistigen und wirtschaftlichen Kräfte sind aber in Aceh stark genug, um das Bewußtsein von regionalen Besonderheiten wach zu halten. Die traditionell vom Islam geprägte Eigenart sowie die große Ausdehnung Acehs lassen dieses als eigene Städteregion erscheinen.

Die erwähnten Kernräume von Langkat und Deli bilden zusammen mit den südlich anschließenden Küstenländern und der Ostabdachung des Gebirges eine Städteregion. Kurz nach 1860 hatten die Niederländer in Deli begonnen, Tabak in Großbetrieben anzubauen. Diese und andere Plantagenkulturen weiteten sich innerhalb weniger Jahrzehnte auf das gesamte Küstentiefland zwischen Tamiang und Panei sowie auf die Batak-Hochländer der Ostabdachung aus. Hier wuchs der größte Bevölkerungsschwerpunkt der Außeninseln heran. Die Anlage industriewirtschaftlicher Infrastruktur und der damit verbundene Städtebau ließen auf **Nordsumatras Ostabdachung** eine eigene Städteregion entstehen, die sich deutlich von den Nachbarräumen unterscheidet. Über die eigene Region hinaus ist das Zentrum Medan zur Regionalmetropole für den gesamten Norden Sumatras emporgewachsen (vgl. S. 231).

Die von der Ostküste ausgehenden wirtschaftlichen Entwicklungen haben längst über die zentralen Batak-Hochländer hinweg die Westküste, also **Tapanuli** erreicht; die Bindungen werden durch die Zusammenfassung zu einer Provinz (vgl. Karte 1) verstärkt. Dennoch bilden die Hochländer zusammen mit dem westlichen Küstensaum eine eigene Städteregion, denn zu der andersartigen natürlichen Ausstattung – gerade die Höhenlage ist hier wichtig – schafft auch der kulturell andersartige Habitus der Batakländer Unterschiede zum vielethnischen Mischungsgebiet der Ostküste.

In jeder Beziehung eigenständig – so auch hinsichtlich der Städteentwicklung – ist das **Minangkabau-Land** in Mittelsumatra. Zwar wurde die moderne Entwicklung auch hier durch die Aktivitäten der Niederländer eingeleitet, doch war es immer eine spezielle Auseinandersetzung mit dem Minangkabau-Volk. Kernraum dieser Städteregion sind die „Tiga Luhak" im Hochland mit ihren alten Herrschersitzen und den ehemaligen Forts der niederländischen Eroberer (vgl. S. 57). Die Erschließung erfolgte von der nahen Westküste her, deren Häfen von jeher in enger Wechselbeziehung zum Hochland standen. Heute ist diese Beziehung auf Padang konzentriert, das alle anderen Städte weit überflügelt hat.

Auch der östliche Gebirgsfuß gehört noch zum Minangkabau-Land, doch die anschließenden Hügelländer und Ebenen an den Mittelläufen von Rokan, Siak, Kampar und Indragiri mit geringer Bevölkerungsdichte und nur vereinzelten Minangkabau-Kolonien bilden auch hinsichtlich ihrer Städteentwicklung eine eigene Region. Gemäß der jüngeren Verwaltungsgliederung läßt sich dieses Gebiet unter der Bezeichnung **Riau Daratan**[413] zusammenfassen. Die Städte sind fast durchweg lokale Umschlagplätze zwischen Land- und Flußverkehr und daher klein geblieben; nur Pekan Baru hat durch den neuzeitlichen Straßenbau und den dadurch konzentrierten Fernhandel sowie durch aufgepfropfte Verwaltungsfunktionen eine rasche Entwicklung zur Großstadt durchlaufen.

Dem großräumigen, menschenarmen Binnenland ist ein breiter, gegen die Malakka-Straße geöffneter Küstenraum vorgelagert, dessen Bevölkerungs- und Wirtschaftsstruktur sich von der des Binnenlandes deutlich unterscheidet. Die Ästuare zwischen Rokan und Indragiri sowie die großen vorgelagerten Inseln besitzen viele kleine und mittelgroße Siedlungen, die alle seeorientiert sind. Haupterwerbsquellen der gegenüber dem Binnenland verdichteten Bevölkerung sind Seefischerei, Holzwirtschaft und Transportwesen sowie in jüngerer Zeit

---

[412] Für Sumatra gibt es zwei ältere Ansätze zur Bildung von Städteregionen: Lehmann gelangte 1938 durch die Analyse der Bevölkerungsverteilung auf Sumatra zur Abgrenzung von 10 „Bevölkerungsgebieten". Die dazu benützten Bestimmungsgründe sind denen zur Abgrenzung der hier gesuchten Städteregionen sehr ähnlich; daher stellen die Bevölkerungsgebiete nach Lehmann eine erste Vorlage für die gesuchten Städteregionen dar. Abweichend von Lehmann gliederte Withington 1962 nicht den Raum, sondern ordnete die Städte nach drei Höhenlage-Kategorien – Tiefland, Hügelland, Hochland – und einer funktionalen Kategorie: Tiefwasser-Hafenstädte. Obwohl sich danach keine Gruppierung in vier geschlossenen Bereichen ergeben kann, nennt Withington seine Kategorien „zones of urban associations" und stiftet damit Verwirrung.

[413] Diese Bezeichnung, die von den Indonesiern für den Hauptinsel-Anteil der gegenwärtigen Provinz Riau (vgl. Karte 1) verwendet wird, ist unbefriedigend, denn sie akzeptiert die unsinnige Ausweitung des Begriffs „Riau" vom Archipel auf große Teile der Hauptinsel. Es gibt aber für diesen Bereich keinen anderen Namen, denn er gehörte früher zu mehreren Herrschaftsbereichen, u. a. zu Siak, Pelalawan und Indragiri.

auch die Rohölverarbeitung. In allen städtischen Erwerbszweigen ist das zugewanderte chinastämmige Bevölkerungselement dominant. Diese deutlichen Gegensätze zum Binnenland schaffen hier eine eigene Städteregion. Da diese mit dem Küstenabschnitt des Hauptinsel-Anteils der gegenwärtigen Provinz Riau zusammenfällt, kann sie **Riau-Küstenregion** genannt werden[414].

Der für die mittelsumatraischen Städteregionen namengebende **Riau-Archipel** bildet selbst – zusammen mit dem Lingga-Archipel und den verwaltungsmäßig angeschlossenen Anambas- und Natuna-Inseln – eine eigene Städteregion. Die Archipelnatur, also die Lagebesonderheiten, der Bezug auf das ehemalige Sultanat Riau (vgl. S. 56) sowie die wirtschaftlichen Besonderheiten des lebhaften Archipels im Weichbild des Stadtstaates Singapur bestimmen die Eigenart dieser Städteregion.

Südlich der bisher genannten Regionen liegt das Stromgebiet des Batang Hari, dessen größter Teil von der Provinz **Jambi** eingenommen wird. Naturausstattung, Siedlungsmuster und Wirtschaftsweise sind zwar den nördlicher gelegenen Regionen ähnlich, dennoch schließen diese nicht das Batang Hari-Gebiet ein, weil dieses politisch-historisch eigenständig war und stark auf die heutige Großstadt Jambi zentriert ist. Nach Süden ist der Übergang in die Musi-Region ähnlich unscharf. So bleibt allein der Verkehrsraum des Batang Hari und die sich daran orientierende Verwaltungseinheit der Provinz Jambi als bestimmendes Element einer Städteregion übrig. Da seit 1957 auch das hoch gelegene Kerinci-Becken wieder zur Provinz Jambi gehört, soll es hier einbezogen bleiben.

Die **Musi-Region** umfaßt das Tiefland Süd-Sumatras sowie den größten Teil der Ostabdachung des südlichen Barisan-Gebirges und stimmt somit weitgehend mit der Provinz Süd-Sumatra überein – die beiden großen Inseln Bangka und Belitung ausgenommen. Zwischen Gebirge und Küste besitzt dieser Raum zwar sehr unterschiedliche natürliche Voraussetzungen, er bildet aber eine traditionelle politisch-historische Einheit und ist funktional einheitlich auf sein großes Zentrum Palembang ausgerichtet; das rechtfertigt seine Zusammenfassung zu einer Städteregion.

Die seit 1950 verwaltungsmäßig mit der Provinz Süd-Sumatra verbundenen Inseln **Bangka** und **Belitung** bilden nach Lage, Naturausstattung, Bevölkerungszusammensetzung und Wirtschaftsweise eine Einheit für sich. So nahm auch die Städteentwicklung einen anderen Verlauf als auf der Hauptinsel. Bangka und Belitung bilden daher auch eine eigene Städteregion.

Die schmale Westabdachung des südlichen Barisan-Gebirges einschließlich einiger Teile des Längstales hat zwar immer Verbindungen über das Gebirge hinweg nach Palembang besessen, doch waren die Einflüsse von See her, von außen stärker. Die historische Eigenart dieses Küstenabschnittes ist seine Lage im Überschneidungsbereich von Palembang und Banten, von Briten und Niederländern; das hatte Einfluß auf die Gründung städtischer Siedlungen. Von wenigen Nachkriegsjahren (1950–1964) abgesehen ist dieser Küstenabschnitt und sein unmittelbares Hinterland auch immer unabhängig von Palembang verwaltet worden. Auch dadurch wurde seine Eigenart bestärkt. So bildet der Bereich der heutigen Provinz **Bengkulu** eine selbständige Städteregion.

Das spät erschlossene **Lampung** hat eine sehr viel andere Siedlungsgeschichte als die nördlich angrenzenden Nachbarregionen (vgl. S. 57). Die entscheidenden Entwicklungsanstöße hat Lampung über die Sunda-Straße hinweg von Java her erhalten. Wichtigster Einflußfaktor war und ist die Aufnahme von bäuerlichen Siedlern, überwiegend aus dem überbevölkerten Java; bis 1980 waren es über 500.000[415]. Daraus leitet sich eine extrem niedrige Verstädterungsquote ab (vgl. Tab. 1–6, S. 38), die die Eigenartigkeit der Städteregion Lampung unterstreicht.

4.3.3. Java

Javas Gliederung in Städteregionen – soll nicht die gesamte Insel einschließlich Madura als nur eine einzige Städteregion aufgefaßt werden – orientiert sich zunächst an dem ethno-historischen Gegensatz zwischen dem sundanesischen West-Java und dem javanisch-maduresischen Ost-Java. Ein zweiter Gliederungsschritt führt zu der durch die Verwaltungsgliederung vorgegebenen Dreiteilung (vgl. S. 25) in West-, Mittel- und Ost-Java; dabei müssen die ehemaligen Fürstenländer und als deren Teil die heutige Sonderprovinz Yogyakarta zu Mittel-Java, das Gebiet der Staatshauptstadt Jakarta zu West-Java gerechnet werden. Diese drei Teile Javas wären aber – als Städteregionen aufgefaßt – sehr groß; nach ihrer Städteanzahl besäße jede das Ausmaß der Großregionen

---

[414] Nachteilig ist bei dieser Bezeichnung, daß der Gegensatz zum Riau-Archipel verwischt wird. Die ebenfalls mögliche Bezeichnung „Bengkalis-Region" nach ihrer wichtigsten Stadt ist ebenfalls unbefriedigend, denn die hier eingeschlossenen Bereiche an der Indragiri-Mündung wurden nie von Bengkalis aus verwaltet.

[415] Quelle siehe Fußn. 173.

außerhalb Javas. So soll ein weiterer, dritter Gliederungsschritt folgen, der sich nach engeren politisch-historischen Zusammenhängen, nach physisch-geographischen Lageeigenarten sowie an jüngeren, durch Industrialisierung gewandelten Strukturen ausrichtet. Unter solchen Voraussetzungen ergeben sich auf Java und Madura vierzehn unterscheidbare Städteregionen.

Die Sechsmillionen-Staatshauptstadt Jakarta sowie die von diesem Zentrum unmittelbar beeinflußten umliegenden Regentschaften bilden eine erste, deutliche vom übrigen West-Java unterscheidbare Städteregion. Industrialisierung und Zuwanderung führen in diesem Raum zu mehreren von Jakarta ausstrahlenden Verdichtungsbändern, die erst hinter Tanggerang, Bogor und Purwakarta abbrechen oder auslaufen. Damit wird diese Städteregion des **Großraumes Jakarta** gegen Osten etwas weiter gefaßt als die planungsbezogene Einheit, die unter dem Namen „Jabotabek-Region" beschrieben ist[416].

Westlich dieses großen Entwicklungsraumes ist West-Java eher konservativ denn fortschrittlich, bis in die siebziger Jahre eher ein Passiv- denn ein Aktivraum; von dieser Beurteilung muß nur das junge Entwicklungsband Serang – Cilegon – Merak ausgenommen werden. Historisch handelt es sich um das ehemalige Sultanat **Banten.** In diesen westlichen Regentschaften Javas blieben die Sundanesen bis in die Gegenwart der islamischen Tradition verhaftet. Erst in jüngster Zeit zeigen auch die Regentschaftshauptorte außerhalb der Verdichtungszone Merak – Cilegon starke Wachstumsanstöße (vgl. S. 129). Insgesamt besitzt Banten aber eine geringe Städtedichte und hebt sich dadurch als eigene Städteregion von den östlich benachbarten Räumen ab.

Ursprünglich sehr viel ferner und abgelegener als Banten ist **Priangan,** das ausgedehnte Bergland im Süden und Südosten von Jakarta. Frühkoloniale Erschließung und Städtegründungen, zunächst landwirtschaftliche, später auch gewerbliche Entwicklung und Ausrichtung auf ein übergeordnetes Großzentrum – Bandung – kennzeichnen diese Region. Gegen Osten ist sie durch eine relativ menschen- und städtearme Zone abgegrenzt, jenseits derer das westlichste der mitteljavanischen Becken, das von Banyumas liegt.

In West-Java bleibt noch die östliche Nordküstenebene und die dahin ausgerichtete Abdachung der Zentralgebirge übrig. Trotz des Gegensatzes zwischen Küstenebene und Bergländern bildet dieser Nordosten West-Javas doch eine verhältnismäßig einheitliche Städteregion, geprägt von der traditionellen Eigenart des ehemaligen Fürstentums **Cirebon** und der späteren Residentschaften mit gleichem oder ähnlichem territorialen Zuschnitt. Die ehemals siedlungsarmen Grenzsäume gegen Westen und Süden sowie zum javanischen Osten werden infolge der jüngeren Landerschließung zu Übergangsräumen, die die linienhafte Abgrenzung dieser Städteregion erschweren.

Die Ebene von Cirebon setzt sich ostwärts in der westlichen Nordküstenebene Mittel-Javas fort. Als Städteregion ist dieser Raum durch ein dichtes Netz von Städten und Marktorten sowie durch zwei große gewerbliche Verdichtungsräume um Tegal und Pekalongan gekennzeichnet. Die Grenzen dieser Städteregion **Tegal-Pekalongan** liegen im zentralen Gebirge sowie gegen Osten im siedlungsarmen Prikso-Bergland.

Jenseits dieser zur Küste vorrückenden Höhenzüge setzt sich die Nordküstenebene fort. Östlich von Semarang – die größte Stadt Mittel-Javas hat keinen großen Verdichtungsraum in ihrer Umgebung entwickelt – weitet sich der Raum zu den großen Stromebenen von Lusi und Juana (Juwono). Dazwischengeschaltete Bergländer und Höhenzüge, aber auch uneinheitliche Bodenerträge in den Ebenen ließen unterschiedliche Wirtschaftsräume entstehen; eine Vielzahl teils küsten-, teils binnenorientierter Klein- und Mittelstädte, Verwaltungsmittelpunkte und Industriekonzentrationen werden hier zu einer *Städteregion* **Semarang-Rembang** zusammengefaßt. Begrenzt wird diese nordöstliche Region Mittel-Javas durch die im Süden anschließenden Bergländer und Becken mit anderen Eigenarten sowie durch die Verwaltungsgrenze gegen Ost-Java; diese erscheint bedeutsam genug, um die mitteljavanische Region von den ähnlich strukturierten östlich anschließenden Küsten- und Stromebenen zu trennen.

Der Süden Mittel-Javas wird von den historischen Landschaften Banyumas, Bagelen und Mataram eingenommen, in der Mitte liegen Kedu und Pajang-Surakarta. Als Städteregionen lassen sich im Südwesten **Banyumas** und **Bagelen** zusammenfassen. Es handelt sich um die Becken und Ebenen südlich des zentralen Berglandes. Purwokerto ist hier die größte Stadt, Cilacap der einzige Großhafen der Südküste überhaupt; daneben haben sich in Bagelen Kebumen und Purworejo zu bedeutenden regionalen Zentren entwickelt. Als eigene Städteregion wäre Bagelen in der hier gewählten Größenordnung zu klein. Durch Jahrzehnte war Bagelen mit der nördlicher gelegenen Zentrallandschaft Kedu zusammengefaßt und wurde von Magelang aus verwaltet[417]. Nach dorthin sind aber die Beziehungen heute weit schwächer als nach Banyumas; auch nach physischer Ausstattung und Lage ist die Zusammenfassung mit Banyumas richtiger als diejenige mit Kedu.

---

[416] *Jakarta-Bogor-Tanggerang-Bek*asi-Region. Vgl. u. a. Giebels & Suselo 1976 oder Michael 1977.
[417] 1901 bis 1928 und 1932 bis 1963 (vgl. S. 60).

Als letzter Teilraum Mittel-Javas bleiben die **ehemaligen Fürstentümer** mit den Hauptstädten Yogyakarta und Surakarta sowie **Kedu** mit seiner Hauptstadt Magelang übrig. Diese drei durchweg binnenorientierten Teilräume werden zu einer Städteregion zusammengefaßt. Politisch zerfiel die Einheit dieser Region schon 1755 (vgl. S. 53). 1812 wurde Kedu abgetrennt (vgl. S. 55). Als „Vorstenlande" bildeten die Territorien der vier Fürsten bis 1945 aber eine traditionell einheitliche Region. Kedu wird hier wieder hinzugeschlagen, weil es im vorgegebenen Maßstab als eine eigene Städteregion zu klein ist.

Auch der Osten Javas läßt sich nicht ohne Zwang in unterschiedliche Städteregionen gliedern, denn auch hier sind die Übergänge vielerorts fließend. Eindeutig ist eine nördliche Region, bestehend aus **Nordküste** und **Solo-Ebene**, erkennbar. Der durch die Provinzgrenze geteilte Verdichtungsraum um Cepu sollte zu dieser ostjavanischen Region gerechnet werden[418]. Weitere Hauptorte sind die Regentensitze Bojonegoro, Tuban und Lamongan. Im Osten grenzt diese Region an die Madura-Straße und damit an den wachsenden Verdichtungsraum Surabaya. Die ostjavanische Metropole kann entweder zusammen mit Gresik zu dieser Nordküstenregion oder zur südlich anschließenden Brantas-Region gerechnet werden.

Vom Verdichtungsraum Surabaya-Gresik her gesehen ist die Siedlungsstruktur des Brantas-Deltas dem Kernraum ähnlicher als die des westlich benachbarten und dünner besiedelten Übergangsraumes der Regentschaft Lamongan. So werden Surabaya und Gresik hier zusammen mit dem Delta und der unteren Stromebene des Brantas zu einer zentralen Städteregion zusammengefaßt. Das Brantas-Delta ist gewerblich stark durchsetzt und dementsprechend durch viele verstädterte Dörfer gekennzeichnet. Diese Region **Zentrales Ost-Java** kann stromaufwärts bis Kertosono gerechnet werden; die Übergänge sind aber gegen Nganjuk und Kediri fließend. Das gilt ebenso im Südosten gegen Bangil. Diese Region besitzt eine alte autochthone Städtetradition, denn es handelt sich um den Kernraum des mittelalterlichen Majapahit-Reiches (vgl. S. 44).

Gegen Südwesten findet die untere Brantas-Ebene eine Fortsetzung in der breiten Talung von Kediri, die ihrerseits mit dem Becken von Tulungagung zusammenhängt. Zu diesem hin sind weitere große Talungen geöffnet, die je eine größere Stadt als Mittelpunkt besitzen. Ganz ähnlich ist die naturräumliche Gliederung und die Siedlungsstruktur im großen Becken von Madiun jenseits des vulkanischen Wilis-Gebirges. Diese Ähnlichkeit rechtfertigt es, beide Tal-Großräume und die umliegenden Berglandschaften zu einer Städteregion **Kediri-Madiun** zusammenzufassen.

Jenseits des Kali Porong setzt sich das Brantas-Delta in einer breiten Küstenebene fort. Mittelpunkte der immer noch hoch verdichteten Besiedlung sind die beiden einander ähnlichen Hafenstädte Pasuruan und Probolinggo. Dieser Küstenstreifen könnte der zentralen Brantas-Städteregion zugeschlagen werden. Räumlich ebenso benachbart liegt aber Malang, das wegen seiner wesentlich größeren Seehöhe nicht zu den südwestlichen Becken gefügt werden soll. So ergibt sich aus **Malang** und **Pasuruan**, ergänzt durch Probolinggo und Lumajang, eine eigene Städteregion, die der ehemaligen Residentschaft Malang (1900 bis 1928 Pasuruan) entspricht[419]. Dieser Raum nahm und nimmt nach Lage und wirtschaftlicher Eigenart eine Übergangsstellung zwischen den Zentralräumen im Westen und der östlich anschließenden Endregion Besuki ein, die sich deutlicher vom übrigen Ost-Java unterscheidet.

Ähnlich wie Priangan im Westen ist **Besuki**, das alte Balambangan im äußersten Osten Javas eine spät, erst im 19. Jahrhundert erschlossene Region. Der Siedlungsausbau setzte sich hier bis in die Gegenwart fort. Dementsprechend sind auch die meisten Städte junge Ortsgründungen. Jember hat als Mittelpunkt eines großen Plantagengebietes die rascheste Entwicklung durchlaufen. Ebenso jung ist der ehemalige Residentensitz (1901 bis 1942) Bondowoso und nur wenig älter der Ostküstenhafen Banyuwangi. Die Nordküste wurde nach dem Verfall Balambangans von Madura her wiederbesiedelt. Hier liegt neben einigen anderen älteren Küstenplätzen auch Besuki, der Ort, der der Region den Namen gab, weil sie zwischen 1816 und 1900 von hier aus verwaltet wurde (vgl. S. 55).

Zu Ost-Java gehört auch **Madura**, nur durch eine schmale Meeresstraße von der Hauptinsel getrennt. Madura besitzt eine zu Java sehr unterschiedliche natürliche Ausstattung und dementsprechend andere wirtschaftliche Schwerpunkte. Es ist auch deutlich dünner besiedelt als die benachbarten javanischen Regentschaften. Mit Handelsschiffahrt und Salzgewinnung stehen maritime Wirtschaftszweige im Vordergrund. Diese Unterschiede, nicht zuletzt aber die sprachlich-kulturelle Eigenständigkeit der Insel geben auch den maduresischen Städten ein eigenes Gepräge. So ist die Insel auch unter diesem Gesichtspunkt als eine eigene Region zu betrachten.

---

[418] In den Zahlenangaben konnte Cepu nicht von Mittel-Java getrennt werden.
[419] Wenn die Regentschaften Pasuruan und Probolinggo zur Zentralregion und die Regentschaft Malang zur Südwest-Region gerechnet werden würden, müßte die Regentschaft Lumajang der folgenden Region Besuki angegliedert werden. Auch eine solche Gliederung ließe sich durch die Ähnlichkeiten mit den benachbarten Regionen rechtfertigen.

4.3.4. Borneo

Der Versuch, auf Borneo Städteregionen abzugrenzen, kann sich zunächst – wie auch im Falle Sumatras – auf die schon bekannten Bevölkerungsschwerpunkte stützen (vgl. Tab. 1–4, S. 33). Zwei dieser durch verdichtete Bevölkerung ausgezeichneten Regionen außerhalb Javas und Balis liegen auf Borneo: die nördliche Westküste zwischen Pontianak und Sambas sowie das Banjargebiet am unteren Barito einschließlich „Hulu Sungai". Für die Ostküste sind ähnliche Bevölkerungsverdichtungen im Abschnitt zwischen Balikpapan und Sangkulirang bis zum Jahrhundertende zu erwarten (vgl. S. 34).

Es ist möglich, diese drei Bereiche, in denen städtische Siedlungen verhältnismäßig häufig sind, als Städteregionen aufzufassen. Aus einer solchen Abgrenzung folgte: Da jeder der drei Verdichtungsräume in einer der großen, zur Republik Indonesien gehörenden Abdachungen der Großinsel liegt, wären die gewaltigen, menschenarmen restlichen Bereiche der drei Abdachungen drei weitere „Städteregionen", besser gesagt: Regionen fast ohne Städte. Eine solche Gliederung erscheint nicht sinnvoll. Auch unter dem Gesichtspunkt einer stadtgeographischen Betrachtung sollten die großen Abdachungen als Einheiten gesehen werden. Da diese – mit Ausnahme des Südens – ja auch zu je einer Provinz zusammengefaßt sind (vgl. Karte 1), gesellt sich zu der vom Gewässernetz geprägten Vorlage auch eine solche aus dem Bereich des Menschenwerkes. Daß diese Verwaltungsgliederung über die vom Gewässernetz ermöglichten Verkehrsfunktionen zu Stande gekommen ist, versteht sich von selbst.

Werden also die Abdachungen als „Städtebeschreibungseinheiten" aufgefaßt, dann bilden die indonesischen Provinzen „Kalimantan Barat", also West-Borneo, und „Kalimantan Timur", also Ost-Borneo, je eine solche Einheit. Soll auch die südliche Region der Abdachung entsprechen, müssen die indonesischen Provinzen „Kalimantan Tengah" (Mittel-Kalimantan) und „Kalimantan Selatan" (Süd-Kalimantan) zusammengefaßt werden. Schließlich kann auch die ebenfalls recht einheitliche nördliche Abdachung Borneos, die zwischen den Staaten Malaysia und Brunei aufgeteilt ist, als eine solche große Städteregion im archipelumspannenden Maßstab aufgefaßt werden; auch sie besitzt ein Städteband an der Küste und ein fast städteleeres Hinterland.

4.3.5. Ost-Indonesien

Für den „Großen Osten" des Archipels ergeben sich Gliederungen – weitgehend unabhängig von der Art der Kriterien – fast ausschließlich nach Lage und Größe der Inseln und Inselgruppen. Abgesehen von Selebes, das gegebenenfalls unterteilt werden muß, sind die übrigen Inseln und Inselgruppen zu größeren Teilarchipelen zusammenzufassen (vgl. Tab. 1–2, S. 23). Diesem Konzept folgt ja auch die Gebietskörperschaftsgliederung in erster Annäherung[420]. „Unnatürlich" nach Maßgabe dieses Konzeptes der lagebestimmten Zusammenfassung ist allein die Teilung der Insel Timor (vgl. Karte 1); hier wurde die ehemalige koloniale Teilungsgrenze nach 1976 zu einer Provinzgrenze, die nach wie vor von der Natur her Zusammengehöriges trennt. Ob bei der Abgrenzung von Städteregionen der Einheitlichkeit der Inselnatur oder den getrennten Verwaltungseinheiten gefolgt wird, muß geprüft werden. Gleiches gilt auch in anderen Fällen, wo einheitliche Archipele in mehrere Provinzen untergliedert sind.

Die große Insel Selebes hat eine besonders bizarre Umrißgestalt (vgl. Fußn. 125), eine sehr ungleiche Bevölkerungsverteilung mit zwei Verdichtungsräumen (vgl. Tab. 1–4, S. 33) und ist in vier Provinzen aufgeteilt (vgl. Karte 1). Diese Gegebenheiten machen deutlich: Selebes besitzt sehr unterschiedliche Teilräume und kann in dem hier verwendeten Maßstab nicht als einheitliche Städteregion aufgefaßt werden. Für die Untergliederung sind auch hier zunächst die räumlich weit getrennten Bevölkerungsschwerpunkte ausschlaggebend. Zweifellos bilden die Minahasa im Norden und die Südwesthalbinsel zwei klar umrissene Städteregionen. In welcher Weise sollen aber die übrigen Teile der Insel zugeordnet werden? Gegen die Definition aller Bereiche außerhalb der Verdichtungsräume als nur eine weitere, dritte Städteregion spricht die sehr große räumliche Ausdehnung und der völlig fehlende innere Zusammenhang einer solchen „Rest-Region". Weitere Untergliederungen dieses „Rest-Bereiches" – etwa nach der Provinzeinteilung – ergäben für Gesamt-Selebes sechs Städteregionen, zwei dicht besiedelte und vier dünn besiedelte; diese kämen vielleicht im größeren Maßstab als unterscheidbare Siedlungsräume in Frage, sie sind aber für die hier gesuchten Städteregionen im gesamtindonesischen Maßstab zu unbedeutend. So sollen – ähnlich wie im Falle Borneos – auch auf Selebes die dünn besiedelten Ergänzungsräume den beiden Verdichtungsgebieten hinzugeschlagen werden, so daß sich zwei Städteregionen ergeben, die die gesamte Insel abdecken: Danach bildet der Kernraum der Minahasa zusammen mit den übrigen Regentschaf-

---

[420] Vgl. S. 26 ff. sowie Rutz 1976 (b).

ten der beiden Provinzen Nord- und Mittel-Selebes eine Städteregion „**Nördliches Selebes**". Die dicht besiedelte Südwest-Halbinsel wird mit Luwu sowie mit Laiwui und Buton auf der Südost-Halbinsel zu einer Städteregion „**Südliches Selebes**" zusammengefaßt. Diese Abgrenzung der beiden Städteregionen entspricht der Verwaltungsgliederung von Selebes zwischen 1924 und 1942 sowie zwischen 1960 und 1964.

Die lange Reihe der Kleinen Sunda-Inseln von Bali bis Timor bildet eine zweite von der Lage her vorgegebene Einheit im Osten des Archipels. Nach Volkstum und politischer Geschichte sondern sich zwei Landesteile besonders deutlich ab: Bali und West-Lombok einerseits, Ost-Timor andererseits. Unter dem speziellen Aspekt einer Gliederung nach Städteregionen haben beide Sonderfälle unterschiedliches Gewicht. Bali ist dicht besiedelt und hochkulturell überprägt mit autochthoner Städteentwicklung. Ost-Timor besitzt nur sehr wenige allochthone städtische Siedlungen. Es erscheint daher gerechtfertigt, **Bali** als eigenständige Städteregion von den übrigen Kleinen Sunda-Inseln abzutrennen. Lombok ist zwar seit 1692 stark von Bali her beeinflußt, die jüngere Städteentwicklung war aber – wie auch auf den östlicher gelegenen Inseln – stärker von der kolonialen Herrschaft der Niederländer als von den Balinesen bestimmt. Deshalb soll Lombok zu der östlich von Bali zu definierenden Städteregion der **übrigen Kleinen Sunda-Inseln** gerechnet werden. Im Gegensatz zu Bali wäre Ost-Timor als eine eigene Städteregion im gesamtindonesischen Maßstab zu klein. Es soll also der Städteregion der übrigen Kleinen Sunda-Inseln hinzugefügt werden, obwohl auf Ost-Timor die städtischen Siedlungen unter portugiesischer Herrschaft entstanden sind und besonders durch die römisch-katholische Überprägung eine besondere Eigenart besitzen. Diese Eigenart ist aber vereinzelt auch im zuletzt niederländischen Herrschaftsraum anzutreffen, z. B. gilt das sehr ausgeprägt für Larantuka und Ende auf Flores.

Schließlich bilden die **Molukken** die östlichste indonesische Städteregion. Allerdings besitzen die Städte auf den mittleren und südlichen Molukken einerseits sowie auf den nördlichen Molukken andererseits unterschiedliche Wurzeln. Im Norden waren es die islamischen Herrschersitze Ternate und Tidore, die schon im 15. Jahrhundert als Städte gelten konnten (vgl. S. 48), und dazu viele kleinere, abhängige Häuptlingssitze, in denen als städtische Funktionen zumindest Herrschaft und Handel vereinigt waren. Die Städte waren hier im wesentlichen autochthon gewachsen. Der Süden dagegen geriet früh unter unmittelbare europäische Herrschaft[421]. Mit militärischen Forts, Handelskontoren und Missionsstationen entstanden hier Ansätze zu allochthoner Stadtentwicklung; die Städte wurden Stützpunkte europäischen Handels und christlicher Glaubensausbreitung. So könnten die Molukken als Städteregion auch unterteilt werden, denn die unterschiedliche Entstehungsgeschichte wirkt in der Konfession und im Lebensstil der Bewohner bis heute nach. Hier werden aber im gesamtindonesischen Maßstab beide Teilarchipele zu einer Städteregion zusammengefaßt, denn beiden Landesteilen ist gemeinsam, daß ihre städtischen Siedlungen seeorientiert sind und vornehmlich von Handel und Schiffahrt leben. Diese Eigenschaft der Städte ist auf den Molukken stärker ausgeprägt als auf den Kleinen Sunda-Inseln und stärker als in jedem anderen Teil Gesamt-Indonesiens.

4.3.6. Anhang: West-Neuguinea

Der von Indonesien verwaltete Westteil der melanesischen Großinsel Neuguinea bildet eine eigene Städteregion. Wie im Ostteil der Insel gibt es auch im Westteil in großen Abständen entlang der Nord- und Südküste einzelne Städte, die als europäische Verwaltungs- und Handelsposten meist erst in diesem Jahrhundert gegründet worden waren. Die Ähnlichkeit beiderseits der Teilungsgrenze am 141. Längengrad kann aber nicht verdecken, daß sowohl in der Zeit der europäischen Verwaltung als auch in der Zeit des unabhängigen Papua-Niugini und der indonesischen Herrschaft beide Landesteile auch unterschiedliche Prägungen erfahren haben. Im Gegensatz zu Indonesien und zu Papua-Niugini, wo nach der faktisch gewordenen Unabhängigkeit eine autochthone Städteentwicklung eingesetzt hat, blieb es im Westteil Neuguineas bei der allochthonen Städteentwicklung. Die Gegenwart unterscheidet sich allerdings von der niederländischen Zeit insofern, als die Fremden jetzt nicht nur eine kleine Führungs- und Entwicklungselite bilden, sondern eine fremdstämmige Masseneinwanderung stattfindet (vgl. S. 130/132). Dadurch werden die wachsenden Städte rasch indonesiert.

---

[421] Gründung von Ambon durch die Portugiesen 1576; Eroberung durch die Niederländer 1605 (vgl. S. 48 u. 50).

5. Einwohnermengen und Größenordnungen der Städte

5.1. Gegenwärtige Größenordnungen und Städterangfolge

5.1.1. Rang-Größen-Verteilung im Gesamtstaat

Sollen Größenordnungen von Städten bestimmt werden, dann sind unter den denkbaren Kriterien – Einwohner, Fläche, Zentralität, Gebäudevolumen u. a. – die Einwohnermengen am besten geeignet, als Meßgröße zu dienen. Das hat mehrere Gründe: Die Einwohner einer Siedlung sind das Primäre; sie schaffen und gestalten die Siedlung. So ist ihre Anzahl eine vorrangige Größe, die die Siedlung quantitativ kennzeichnet. Die Einwohnerzahl ist aber auch diejenige Meßgröße, die im Vergleich zu anderen am leichtesten bestimmbar und wegen ihrer Vorrangigkeit auch für fast alle Siedlungen bekannt ist.

Nun ist gerade in Indonesien die Verfügbarkeit der Einwohnerzahlen bezogen auf Siedlungsplätze eingeschränkt (vgl. S. 11); Einwohnerangaben existierten zwar 1980 für 84 gebietskörperschaftlich definierte Städte, darüber hinaus aber nur für „Desa", wobei sich – wie schon einführend erläutert – jeder städtische Siedlungskomplex in der Regel aus mehreren Desa zusammensetzt. Dennoch müssen selbstverständlich auch für Indonesien die Größenrangordnungen der Städte nach Einwohnern bestimmt werden. Dieser Zwang führt zunächst noch einmal auf das Problem der gebietskörperschaftlichen Abgrenzung der Städte zurück.

Wie in vielen anderen Staaten, so stimmt auch in Indonesien das Verwaltungsgebiet der Städte – wo ein solches vorhanden ist – häufig nicht mit der Ausdehnung der städtischen Siedlungskomplexe überein. Es gibt unter den „Kota Madya" sowohl solche, die nur eng begrenzte Stadtinnenräume umfassen, als auch andere, die fast regentschaftsweite Stadt- und Stadtumlandsräume einschließen. Auch die Mehrzahl der jüngeren „Kota Administratip" ist sehr weiträumig umgrenzt, im Sinne der angelsächsischen Stadtforschung „overbounded"[501]. Für die folgende Betrachtung der Größenordnungen und Rangfolgen der Städte wurden einige Extremfälle korrigiert; diese sind in der „Grundtabelle" 0–1 (im Anhang) durch Fußnoten gekennzeichnet. Im übrigen muß in Indonesien wie in anderen Staaten eine gewisse Ungleichartigkeit der Städtebegrenzung und damit eine Einschränkung beim Vergleich von Einwohnerzahlen in Kauf genommen werden[502].

Für die Masse der Städte und stadtähnlichen Siedlungen, die gebietskörperschaftlich nicht begrenzt sind, müssen die Gesamteinwohnersummen aus den Einwohnermengen der Einzel-Desa gebildet werden[503]. Im allgemeinen wurden die städtischen Siedlungskomplexe zur Erfassung der Einwohnerzahlen 1980 etwas großräumiger abgegrenzt, als das durch die Komplexe der als „städtisch" definierten Desa bei den Volkszählungen von 1961, 1971 und 1980 der Fall war (vgl. S. 3). Auch von amtlicher Seite war der Gebietsumfang einiger 1971 noch zu eng umgrenzter „Kota Madya" bis 1980 erweitert worden; das gilt für Semarang, Medan, Padang, Ujung Pandang und Ambon, oder es waren neue „Kota Asministratip" eingerichtet worden[504]. Um exakte Vergleiche zu den Einwohnermengen von 1971 durchführen zu können, wurden auch für die 1971 gültige Begrenzung der später amtlich erweiterten Städteterritorien neue Einwohnermengen (1980) gebildet. Wie weit

---

[501] Entsprechend auch „underbounded". Begriffspaar eingeführt und erläutert durch Davis et al. 1959 (S. 6–8) bei der Zusammenstellung von „The World's Metropolitan Areas".

[502] Unabhängig von dieser Betrachtung muß auch nach der Zuverlässigkeit der statistischen Erhebungsweise gefragt werden. Diese hat sich von Zählung zu Zählung verbessert und enthält zweifelsohne keine Fehler, die die Beurteilung der Größenordnungen beeinflussen könnten (vgl. Ueda 1982). Das schließt nicht aus, daß die statistischen Quellen im Einzelfalle fehlerhafte Angaben liefern. Bei der Betrachtung des Wachstums einzelner Städte (Abschn. 5.3.) konnten einige derartige Fälle korrigiert werden.

[503] Zum methodischen Vorgehen vgl. S. 11.

[504] Für Padang und Ambon, die vorher eher richtig begrenzt oder nur unwesentlich unterbegrenzt waren, fiel die Stadterweiterung so reichlich aus, daß sie jetzt stark überbegrenzt sind. Die neuen Kota Administratip sind in Fußn. 171 hinter den Jahreszahlen 1974 und 1978 genannt.

diese Einwohnermengen von denjenigen abweichen, die nach den 1980 gewählten Kriterien gebildet worden sind, ist aus dem Vergleich der oberen und unteren Verteilungskurve in Graphik 5–3 (S. 103) sowie aus den Positionen 4 u. 5 der Grundtabelle 0–1 im Anhang ablesbar. Mit den Definitionen von 1971 sind die Städte eher unterbegrenzt, die hier für 1980 gewählten Begrenzungen werden der Wirklichkeit besser gerecht.

Fehlbegrenzungen der städtischen Siedlungskomplexe, die die Einwohnersummen verfälschen, sind für diejenigen Siedlungen, die im vorstehenden als sichere Städte klassifiziert wurden (vgl. S. 83f.), auszuschließen; mögliche Überbegrenzungen sind eher geringer als bei den gebietskörperschaftlich fest umrissenen Städten. Nur bei kleineren Siedlungen haben die zur Abgrenzung gewählten Kriterien – Agrarquote, zentrale Einrichtungen, Entfernung vom Kern-Desa – häufig zu Überbegrenzungen geführt. Daraus folgende zu große Einwohnerzahlen für diese kleineren städtischen Siedlungskomplexe können allenfalls die Rang-Größen-Kurven für 1976/77 in den Abschnitten für Orte unter 25.000 Einwohner verfälschen; in den Rang-Größen-Kurven für 1980 spielt diese Fehlerquelle keine Rolle, da die kleineren Siedlungen mit höherer Zentralität, für die die Einwohnerwerte für 1980 erfaßt wurden, besonders sorgfältig auf strukturgerechte Begrenzung geprüft wurden.

Unabhängig von diesen Abgrenzungsfragen und danach variierenden Einwohnerzahlen steht die Skala der indonesischen Stadtgrößen fest. Sie reicht von der Sechseinhalbmillionenstadt Jakarta an der Spitze der Rang-

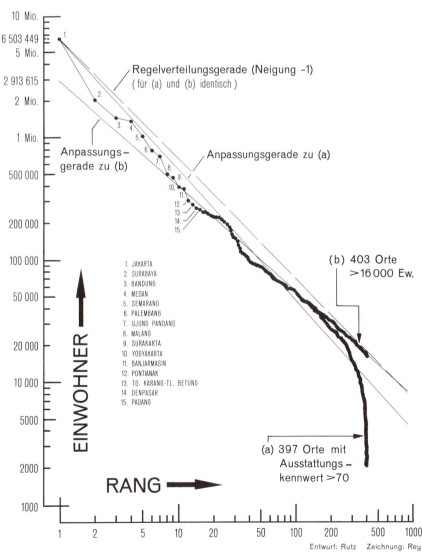

Graphik 5-1: Rang-Größen-Kurven von je rd. 400 indonesischen Städten nach Einwohnern

folge bis zu den vielen nur wenige hundert Einwohner zählenden Markt- und Umschlagorten in den menschenarmen Landesteilen der Außeninseln[505]. In dieser Größenordnung handelt es sich fast durchweg um ländliche Orte mit nur wenigen städtischen Teilfunktionen. 3.820 Orte waren in die Untersuchung eingegangen (vgl. S. 3f.); ihre Zahl könnte bei gleicher Funktionsbeschreibung noch um rd. 500 erhöht werden (vgl. S. 198). Die Einwohnerzahlen für 1976 oder 1977 wurden für rd. 3.710 Orte bestimmt; aus der Volkszählung 1980 wurde die Einwohnerzahl für rd. 1.150 Orte übernommen oder berechnet[506].

Wie verteilen sich die Orte auf der nach Anfang und Ende bekannten Skala? Gefragt ist also nach der Rang-Größen-Verteilung. Diese ist in der Graphik 5–1 wiedergegeben. Das Verteilungsdiagramm (a) zeigt in doppelt-logarithmischer Skalierung die Reihung von rd. 400 Städten nach Einwohnern 1980. Es handelt sich um diejenigen Orte, die mit Sicherheit als Städte einzustufen sind (vgl. S. 83f.).

Im oberen Teil der Rang-Größen-Kurve ist die Stellung jeder einzelnen Stadt erkennbar. Die nach Jakarta zweitgrößte Stadt im Archipel – soweit er unter indonesischer Hoheit steht – ist Surabaya mit 2,0 Mio. Einwohnern; das ist nur ein knappes Drittel der Einwohner Jakartas. Es folgen Bandung, Medan und Semarang mit 1,5 Mio., 1,4 Mio. und 1,0 Mio. Einwohnern. Indonesien besitzt also seit 1980 fünf Millionenstädte. An sechster und siebenter Stelle folgen Palembang und Ujung Pandang mit knapp 0,8 Mio. und 0,7 Mio. Einwohnern. Die nächstgrößte Stadt mit etwa einer halben Million Einwohner ist Malang. Surakarta liegt als neuntgrößte Stadt Indonesiens dicht unter dieser Schwelle. Es folgen Yogyakarta und fünf große Zentren auf den Außeninseln – Banjarmasin, Pontianak, Tanjung Karang-Teluk Betung, Denpasar und Padang –, deren Einwohnerzahlen noch über einer Viertelmillion liegen. An diese Gruppe von fünfzehn Städten schließen sich 24 weitere „Großstädte" an; gemeint sind Städte mit mehr als 100.000 Einwohnern. Die Reihung setzt sich fort mit 68 Städten, die 50.000 bis 100.000 Einwohner und 151 Städte, die 25.000 bis 50.000 Einwohner besitzen[507]. Die vollständige Übersicht hierzu vermittelt die schon erwähnte Grundtabelle 0–1 im Anhang, in der die Städte nach Einwohnerzahlen geordnet sind; Karte 3 zeigt die räumliche Verteilung der gleichen Städtemenge. Weder an den genannten Schwellenwerten noch an anderen Stellen weist die Rang-Größen-Kurve Sprünge auf. Sie verläuft, mit Jakarta beginnend, kontinuierlich; es lassen sich keine ausgeprägten Städtegruppen nach ihrer Einwohnerzahl bilden. Folgt die Rang-Größen-Verteilung dennoch bestimmten Regeln?

Aus der Einwohnerzahl Jakartas und deren Verhältnis zu den Einwohnerzahlen der nächstgrößten Millionenstädte ist zunächst die überragende Stellung der Staatshauptstadt an der Spitze der Reihung erkennbar. Gemessen an den herkömmlichen Indizes für die Stellung der führenden Stadt in einem Siedlungssystem besitzt Jakarta diese führende Stellung. Nach Jefferson (1939) wäre Jakarta 1980 ein "triple primate", d.h. seine Einwohnerzahl übertrifft diejenige der nächstgrößten Stadt Surabaya um mehr als das Dreifache; der in Ginsburgs „Atlas of Economic Development" 1961 verwendete Index[508], der angibt, welchen Anteil die Einwohnerzahl der führenden Stadt an der Summe der Einwohnerzahlen der vier größten Städte hat, betrug 1980 für Jakarta 57; das ist ein Wert, der im Vergleich zur Vorherrschaft der führenden Stadt in anderen staatlich abgegrenzten Städtesystemen der Welt eine mittlere Position angibt[509]. Gegenüber der zweiten Stadt Surabaya ist Jakarta zwar deutlich durch seine Einwohnerzahl herausgehoben, je mehr der kleineren Städte aber in den Vergleich einbezogen werden, um so ausgeglichener wird die Rang-Größen-Verteilung. Aus den Einwohnerangaben der Tab. 5–10 (S. 134f.) lassen sich beliebige weitere Primat-Indizes berechnen. Das taten zuletzt für verschiedene frühere Jahre Withington 1976 (S. 4), Susan Blankhart 1978 (S. 8) und Amin 1981 (S. 75) sowie Hugo et al. 1981 (S. 68); gemessen an den theoretischen Erwartungen besitzt Indonesien auch danach noch eine verhältnismäßig geringe, nunmehr aber zunehmende Primat-Stellung seiner Hauptstadt Jakarta.

Neben den Verhältnissen an der Spitze des Städtesystems ist nach Regelhaftigkeiten in der Gesamtverteilung gefragt. Um diese zu erkennen, ist in Graphik 5–1 zusätzlich zu der Rang-Größen-Kurve der Einwohnerzahlen eine Gerade eingetragen, die an der durch Jakarta vertretenen Kurvenspitze beginnt und mit der Neigung −1, also im Winkel von 45° abwärts verläuft. Diese Gerade symbolisiert eine Regelbeziehung zwischen Größe und Rang im Siedlungssystem, die sich aus dem 1913 von Auerbach formulierten „Gesetz der Bevölkerungskonzentration" ableitet. Es handelt sich um eine empirisch gefundene Regel, nach der die Einwohnerzahl eines

---

[505] Alle Städte mit mehr als 25.000 Einwohnern sind mit ihren Einwohnerzahlen und weiteren Kennwerten in der Grundtabelle 0–1 (im Anhang) enthalten.

[506] Am Beginn der Untersuchung erschien die Volkszählung von 1980 noch zeitlich weit entfernt. Nachdem deren Ergebnisse verfügbar waren, wurden diese zusätzlich ausgewertet; vgl. Fußn. 033.

[507] Einschl. 4 Städte auf Neu-Guinea; in der Grundtabelle 0–1 im Anhang sind diese nicht eingeordnet, sondern als Nachtrag angefügt.

[508] Map XII: „Urban Population II: A Measure of Primacy".

[509] Als Weltmittel (Median in der Reihung der untersuchten Staaten) fand Ginsburg 1961 den Wert 55; nach der Rang-Größen-Regel (vgl. den folgenden Absatz) wäre 48 der „Normalwert". Welcher Wert 1980 im Median der Staatenreihung erschien, ist nicht bekannt.

Graphik 5-2: Rang-Größen-Kurven von 202 Städten nach Einwohnern für die Jahre 1961, 1971 und 1980 im Vergleich

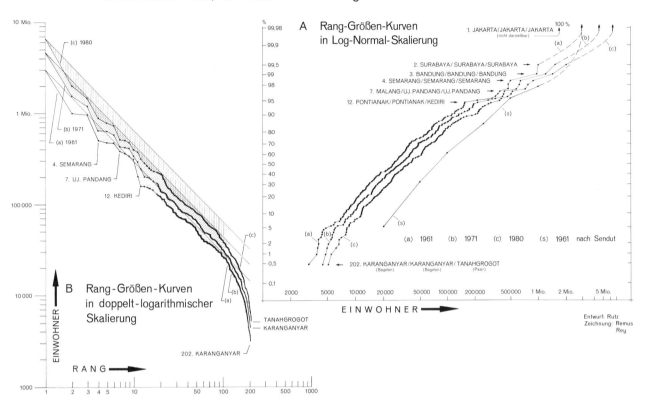

Ortes A in einem Siedlungssystem derjenigen des größten Ortes, geteilt durch den Rangplatz von A, entsprechen soll. Diese Abhängigkeit ist ein Spezialfall aus der Gruppe der allgemein als „Pareto-Verteilungen" bezeichneten Rang-Größen-Abhängigkeiten[510]. Zipf versuchte 1941 mit der gleichen Regel „the nation as a biosocial organism" zu beschreiben.

Das Theorem von Auerbach und Zipf – später als Rang-Größen-Regel bezeichnet – führte zu umfangreichen prinzipiellen Erörterungen[511] und empirischen Anwendungen[512]. Rückschlüsse auf wirtschaftliche, demo-

---

[510] Die mathematische Form dieses Spezialfalles (vgl. auch Fußn. 520) – Rang-Größen-Regel (RGR) eines Siedlungssystems – läßt sich wie folgt darstellen:

$$(1) \quad y_{RGR} = \frac{y_{e,\,max}}{x}$$

Dabei bedeutet X den Rang und steht für die zum Rang gehörige empirische Größe (hier Einwohnerzahl, in Tab. 7–1 zentralörtlicher Ausstattungskennwert des Ortes mit Rang X). In doppelt-logarithmischer Darstellung (lg y und lg x als Koordinaten) bildet die Siedlungsverteilung nach der Rang-Größen-Regel eine Gerade mit der Neigung −1; diese Gerade setzt beim empirisch gefundenen Maximum $y_{e,\,max}$ an:

$$(2) \quad \langle = \rangle \text{ zu } (1) \quad \lg y_{RGR} = -\lg x + \lg y_{e,\,max}$$

Diese Gerade nach (2) wird im folgenden als „Regelverteilungsgerade" bezeichnet. Um auszudrücken, wie weit die empirische Rang-Größen-Verteilung über n Orte von der Regelverteilungsgeraden abweicht, wird ein sogenanntes „mittleres Residuum" gebildet; mathematisch ausgedrückt:

$$(3) \quad \text{RGR-Residuum} = \frac{1}{n} \sum_{x=1}^{n} |y_e(x) - y_{RGR}(x)|$$

Dieser Wert steht in Sp. 4 der Tabellen 5–1 und 7–1.

[511] Zusammengefaßt von Karsch 1977.

[512] Viele, wenn auch nicht alle Studien über „National city-size distributions" referierte Carroll 1982; nachzutragen aus dem deutschen Schrifttum wäre Nuhn 1981.

graphische oder soziale Zustände sind für einzelne Staaten möglich; daraus Entwicklungsreihen oder sozio-ökonomische Typisierungen abzuleiten[513], ist nicht überzeugend gelungen.

Für Indonesien sind die Rang-Größen-Beziehungen der Städte bisher nur einmal durch Hugo (et al.) 1981 (S. 58) an dieser Rang-Größen-Regel gemessen worden. Dagegen hatte Sendut 1966 diese Beziehungen mit Hilfe von „Log-Normal-Verteilungen" analysiert[514]; das Ergebnis beider Studien: Bisher gab es zwar ein überproportionales Wachstum der großen Städte (vgl. S. 113), dieses ging aber nicht soweit, daß eine „Primat-Verteilung" erreicht worden wäre[515]. Daran hat sich auch bis 1980 wenig geändert. Wird nämlich die heutige Verteilung der Siedlungsgrößen in eine Log-Normal-Skalierung übertragen, so bildet sich immer noch annähernd eine Gerade ab, es ergibt sich auch für die Gegenwart keine „Primat-Verteilung". In Graphik 5–2 A sind diese Verhältnisse dargestellt. Kurve (s) wiederholt die Darstellung von Sendut 1966 für das Jahr 1961; Kurve (a) betrifft ebenfalls die Siedlungsgrößenverteilung des Jahres 1961, allerdings auf der von Milone 1966 erarbeiteten breiteren Datengrundlage. In dieser Verteilung sind 202 Städte berücksichtigt, für die auch Einwohnerangaben aus den Volkszählungen von 1971 und 1980 zur Verfügung standen (vgl. S. 109f.). Die Kurven (b) und (c) zeigen die Verteilungen der Einwohnerzahlen dieser gleichen 202 Städte in den Jahren 1971 und 1980.

Die Rang-Größen-Kurven der gleichen Städtegesamtheit sind in Graphik 5–2 B für die gleichen drei Volkszählungsjahre in doppelt-logarithmischer Skalierung aufgetragen. Hier wird erkennbar, daß in Indonesien doch eine Tendenz zur Ausbildung einer Primat-Verteilung wirksam ist. Die drei Verteilungskurven verlaufen zwar – zumindest vom dritten Rang an – weitgehend parallel zueinander, dennoch wird der Abstand zur jeweiligen Regelverteilungsgeraden mit der Neigung −1 von Jahrzehnt zu Jahrzehnt größer; das machen die Schraffuren deutlich. Die Ursache dafür liegt in dem überproportionalen Wachstum Jakartas (vgl. S. 123). Jakarta überragt das Gesamtsystem nicht in dem Maße, daß von einer Primat-Verteilung die Rede sein könnte, gemessen an der Rang-Größen-Regel ist die Hauptstadt aber zu groß; das wird weiter unten (S. 104) noch deutlicher werden.

Der wachsende Abstand zwischen den Rang-Größen-Kurven für 1961, 1971 und 1980 und der jeweiligen Regelverteilungsgeraden kann durch ein sogenanntes Residuum, das über die Anzahl der beteiligten Städte gemittelt wird, auch rechnerisch ausgedrückt werden[516]. Das Residuum gibt also den mittleren Abstand zwischen der theoretischen Regelverteilungsgeraden und der empirischen Rang-Größen-Kurve bei gleichen Rangplätzen an. Die gemittelten Residuen für die Rang-Größen-Kurven der drei Volkszählungsjahre sind in Tabelle 5–1 (Sp. 4, Zeilen 4, 5 u. 6) wiedergegeben. Die Werte nehmen zwischen 1961 und 1980 deutlich zu; das Gesamtsystem der indonesischen Städte hat sich demnach von einer der Rang-Größen-Regel ähnlichen Verteilung leicht auf eine Primat-Verteilung hinbewegt.

Auf Unterschiede der drei Rang-Größen-Kurven in Einzelpositionen kann hier nicht näher eingegangen werden[517]. Sie verlaufen bis etwa zum 100. Rang weitgehend parallel zueinander mit einer Neigung nahe −1. Im unteren Ast sind sie nicht repräsentativ, da nur diejenigen Städte zu Grunde liegen, für die 1961 Einwohnerdaten erfaßt worden waren.

Im Bereich der mittelgroßen Städte gibt es keine Besonderheiten. Die empirische Rang-Größen-Kurve verläuft dicht unterhalb der Regelverteilungsgeraden; das zeigt Graphik 5–1. Auch die Rangfolgeposition der kleinen Städte ist am besten dort zu erkennen. Die Rang-Größenkurve (a) aller „Städte" neigt sich etwa vom 300.

---

[513] Den ersten Versuch in dieser Richtung unternahm Berry 1961 (siehe dessen „conclusions" p. 587); umfassend auf breiter Datengrundlage dargestellt von Nas 1976 (mit Schrifttumsverzeichnis).

[514] Ein Datensatz ist „log-normal" verteilt, wenn die Logarithmen der Daten einer Normalverteilung genügen. Trägt man die Verteilung in einem Netz auf, bei dem die Abszisse logarithmisch, die Ordinate nach dem Gauß'schen Integral transformiert ist, so erhält man eine Gerade. Vgl. dazu N. L. Johnson & S. Kotz 1970: Distributions in statistics, continuous univariate distributions −1, Chapter 14.

[515] Dieser Rückschluß ist trotz der unzureichenden Datengrundlage erlaubt. Sendut (1966) hatte die Einwohner des Jahres 1961 von nur 59 Städten aus zwei Sekundärquellen (Milone 1964; Tan 1965) berücksichtigt. Daneben verbleiben in seiner Darstellung einige Unklarheiten; z.B. stimmen in Tabelle 4 „No. of Cities" und „Cumulative Percentage" nicht überein. Ferner ist sein Diagramm (Fig. 1) auf der Abszisse falsch skaliert. Berry (1971), der Senduts Kurve übernahm, berichtigte die Skalierung (Fig. 13, S. 131). Susan Blankhart (1978), die mit einer nicht genannten Zahl von Städten über 20.000 Einwohnern (1971) eine Log-Normal-Verteilungskurve wie Sendut (1966) konstruiert hatte, kommt zu der Auffassung, es gäbe eine Primat-Verteilung in Indonesien; ihr Rückschluß bezieht sich aber nur auf den Jefferson-Index. Amin (1981) benutzte die für 1930 und 1961 von Pauline Milone zusammengestellten Einwohnerzahlen und errechnete daraus Parameter der Log-Normal-Verteilung; die gleichen Parameter errechnete er für je 30 Großstädte in den Jahren 1930, 1961 u. 1971. Die Großstädte sollen danach einen Wachstumsstand erreicht haben, der schon 1930 durch eine „Normalverteilung" gekennzeichnet war, die Städtegesamtheit auch 1971 noch nicht; von Primat-Verteilung ist nicht die Rede. Hugo (Hugo et al. 1981, S. 59 u. 66/67) dagegen spricht von einer Tendenz zur Herausbildung einer Primat-Verteilung der 29 größten Städte; auf breiterer Datengrundlage wird diese Tendenz im folgenden bestätigt.

[516] Vgl. in Fußn. 510 die zur Formel (3) gegebene Erklärung.

[517] Solche Einzelpositionen und die für deren Wechsel ursächlichen, unterschiedlichen Wachstumsraten werden im Abschn. 5.4. behandelt.

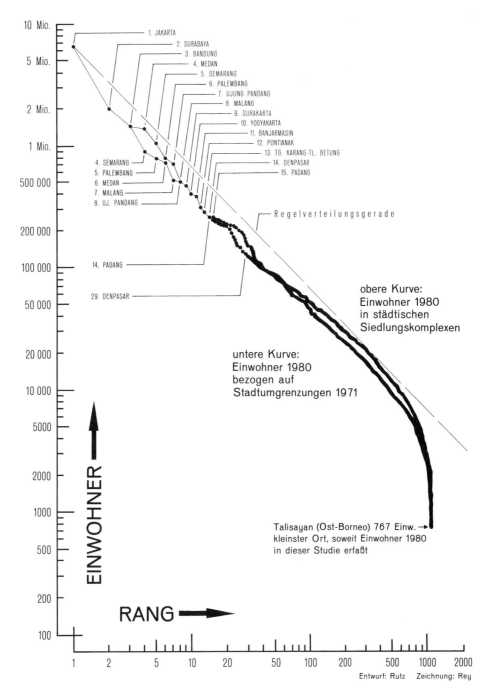

Graphik 5-3: Rang-Größen-Kurven von 1148 Orten nach Einwohnern in unterschiedlich umgrenzten Stadtgebieten

Rang ab sehr steil nach unten. Hier wirkt es sich aus, daß es auf den Außeninseln viele der Einwohnerzahl nach sehr kleine Orte gibt, die städtische Funktionen ausüben, denn die reale Rang-Größen-Kurve der Städte endet bei der kleinsten Stadt von rd. 2.000 Einwohnern[518]. Wird dagegen die Gesamtheit der rd. 1.150 Orte zu Grunde gelegt, für die 1980 Einwohnerzahlen erfaßt werden konnten[519], so beginnt der Steilabfall der empirischen Rang-Größen-Kurve erst etwa beim 700. Rangplatz; das zeigt die Graphik 5-3.

[518] Untergrenze der noch mit Sicherheit als Städte anzusprechenden Orte (vgl. S. 83f.): Der kleinste Ort dieser Gruppe – Orte, die noch mittelzentrale Teilfunktionen ausüben – ist Ambarita und besitzt 2.010 Einwohner. Die mittelzentrale Teilfunktion besteht im Falle Ambaritas aus einem Hotel-Komplex am Toba-See.

[519] Vgl. Fußn. 506.

Noch viel weiter wird dieser Abfall hinausgeschoben, wenn nicht nur 1.150 sondern, alle 3.710 Orte – das sind alle zentralen Orte einschließlich der unvollständig ausgestatteten Unterzentren –, aufgetragen werden, für die die Einwohnerzahlen von 1976/77 ermittelt worden waren. Das ist in der Graphik 7–3 (S. 204) geschehen; die Rang-Größen-Kurve der Städte nach Einwohnern 1976/77 wird dort der Rang-Größen-Kurve nach zentralörtlicher Ausstattung gegenübergestellt. Jetzt zeigt es sich, daß viele Unterzentren eine verhältnismäßig große Bevölkerungszahl besitzen; hier wirken sich die Verhältnisse Javas auf das Gesamtsystem aus (vgl. S. 108). Überall ist aber ein hoher Anteil agrarischer Bevölkerung beteiligt. Zudem waren jeweils geschlossene Siedlungskomplexe abgegrenzt worden, so daß auch dadurch volkreiche, rein agrarische Teilsiedlungen in die Ortsbevölkerungen eingeschlossen wurden. Diese Tatsachen bewirken, daß die Rang-Größen-Kurve der Orte 1976/77 etwa vom 200. Rangplatz an über der Regelverteilungsgeraden verläuft und erst etwa vom 3.000 Ort steil zu den Kleinstsiedlungen mit weniger als 1.000 Einwohnern abfällt. Das mittlere Residuum dieser Rang-Größen-Verteilung zur Regelverteilung beträgt nur 3.856. In der Tabelle 5–1 sind alle Parameter der Rang-Größen-Kurven nach Einwohnern zusammengestellt.

Bisher war die Rang-Größen-Regel Maßstab für die empirischen Siedlungsgrößenverteilungen. Diese können aber auch beurteilt werden, wenn als Maßstab andere Rang-Größen-Abhängigkeiten vorgegeben werden. Eine solche – naheliegende – ist eine nach dem Prinzip der kleinsten Quadrate berechnete Regressionsgerade auf der Grundlage logarithmisch transformierter Werte; auch sie bildet sich als Gerade ab. Derartige als „Pareto-Verteilungen" bezeichnete Rang-Größen-Abhängigkeiten, die nun im Gegensatz zur Rang-Größen-Regel zwei Freiheitsgrade besitzen, sind den empirischen Verteilungen meistens besser angepaßt; sie werden im folgenden Text als „angepaßte Pareto-Verteilung", die graphische Darstellung als „Anpassungsgerade" bezeichnet[520].

Die aus Pareto-Verteilungen gebildeten Anpassungsgeraden verlaufen für alle bisher betrachteten Städtegrößenverteilungen steiler als die Regelverteilungsgeraden. Für die in Graphik 5–1 dargestellte Rang-Größen-Verteilung der 400 „Städte" setzt die Anpassungsgerade zufällig fast genau am gleichen Wert ein wie die Regelverteilungsgerade, nämlich bei der Einwohnerzahl von Jakarta (6,5 Mio.); die Neigung beträgt aber $-1{,}073$ statt $-1{,}000$ bei der Regelverteilungsgeraden (vgl. Tab. 5–1, Zeile 1). Das zeigt an: gemessen an der Einwohnerzahl der führenden Metropole Jakarta sind alle anderen Städte zu klein; sinnvoll ist jedoch der Umkehrschluß: gemessen am indonesischen Städtesystem ist Jakarta zu groß.

Zum gleichen Ergebnis führt auch die Betrachtung einer anderen Orteauswahl. Werden nicht die rd. 400 zentralörtlich hochrangigsten sondern die rd. 400 nach Einwohnern größten Orte zu Grunde gelegt, dann sind alle kleineren Orte ausgeschaltet und die Anpassungsgerade wird flacher. In Graphik 5–1 ist die Rang-Größen-Verteilung einer derartigen Orteauswahl in Kurve (b) dargestellt. Es handelt sich um 403 Orte, die mehr als

---

[520] Pareto-Verteilungen (P) haben die folgende mathematische Form (vgl. dazu Johnson & Kotz 1970, Chapter 19; in Fußn. 514 zitiert).

$$(4) \qquad y_p = a \cdot x^b$$

Dabei steht a für den Ordinatenabschnitt und b für die Neigung. a entspricht also $y_{e,max}$ bei der Rang-Größen-Regel (vgl. Formel (1), Fußn. 510) und b beschreibt nun variable Neigungen. x gibt wieder den Rang an, nach dem die empirischen Werte y gereiht sind. Auch eine solche Pareto-Verteilung läßt sich doppelt-logarithmisch als Gerade darstellen:

$$(5) \quad \langle = \rangle \text{ zu } (4) \quad \lg y_p = b \lg x + \lg a$$

Die Parameter a und b werden mittels linearer Regression nach der Methode des kleinsten Quadrates ermittelt. Dabei werden die Quadrate der Abweichungen zwischen den Logarithmen der empirischen Verteilung und der Pareto-Verteilung für n Orte minimal; der folgende Ausdruck wird minimiert:

$$(6) \qquad S \lg y = \sqrt{\frac{1}{n} \sum_{x=1}^{n} (\lg y_e(x) - \lg y_p(x))^2}$$

In diesem Falle ist aber die Abweichung der Werte selbst nicht minimal, denn die Parameter a und b sind nicht an die empirischen Werte, sondern an deren Logarithmen angepaßt.

Auch im Falle der angepaßten Pareto-Verteilung kann ein mittleres Residuum gebildet werden:

$$(7) \qquad \text{P-Residuum} = \frac{1}{n} \sum_{x=1}^{n} |y(x) - y_p(x)|$$

Die Werte des P-Residuums sind in Sp. 7 der Tabellen 5–1 und 7–1 genannt.

Schließlich läßt sich analog zu den Residuen auch ein Maß für den mittleren Abstand zwischen der Geraden nach der Rang-Größen-Regel (RGR) und der Anpassungsgeraden nach Pareto (P) definieren. Dieser mittlere Abstand A (RGR-P) ist in Sp. 8 angegeben und errechnet sich wie folgt:

$$(8) \qquad A(\text{RGR-P}) = \frac{1}{n} \sum_{x=1}^{n} |y_{RGR}(x) - y_P(x)|$$

Tabelle 5-1. Eigenschaften der Rang-Größen-Kurven indonesischer Städte im Gesamtstaat

Umfang der untersuchten Ortegesamtheit	(0) Jahr der Zählung	(1) Anzahl der Orte	(2) (3) (4) Parameter der Regelverteilungsgeraden[a]			(5) (6) (7) Parameter der Geraden in angepaßter Paretoverteilung[b]			(8) Mittlerer Abstand zwischen beiden Geraden
			Maximal-wert	Neigung	Mittleres Residuum	Maximal-wert	Neigung	Mittleres Residuum	
(1) Sichere Städte (gem. Abschn. 4.1.)	1980	397	6.503.449	-1,000	26.666	6.468.024	-1,073	13.769	18.980
(2) Alle erfaßten Orte	1980	1.148	6.503.449	-1,000	9.095	9.814.681	-1,114	15.802	9.941
(3) Alle erfaßten Orte	1976/77	3.710	5.047.540	-1,000	3.856	7.334.396	-1,002	6.276	5.314
(4) Identische Orte	1980	202	6.503.449	-1,000	64.437	7.204.254	-1,181	26.056	53.674
(5) aus Zählungen	1971	202	4.579.303	-1,000	37.886	5.402.777	-1,169	20.388	33.225
(6) 1961, 1971, 1980	1961	202	2.973.052	-1,000	14.258	4.131.245	-1,154	19.309	19.133
(7) Orte > 16.000 Einw.	1980	403	6.503.449	-1,000	22.477	2.913.615	-0,862	16.694	34.522
(8) Orte > 25.000 Einw.	1980	258	6.503.449	-1,000	34.869	3.053.140	-0,874	24.767	52.608
(9) Orte > 50.000 Einw.	1980	107	6.503.449	-1,000	79.980	4.049.141	-0,963	39.197	104.521
(10) Orte > 100.000 Einw.	1980	39	6.503.449	-1,000	172.569	5.056.121	-1,051	78.487	199.119
(11) Sichere Städte (ohne Neuguinea)	1980	387	6.503.449	-1,000	27.559	6.507.107	-1,077	13.751	19.670

[a] Erläuterung und mathematische Ableitung siehe Text zu Graphik 5-1 u. Fußn. 510.
[b] Erläuterung und mathematische Ableitung siehe folgenden Text u. Fußn. 520.

16.000 Einwohner besitzen. Die Anpassungsgerade nach der freien Pareto-Verteilung wird in diesem Falle flacher als −1, nämlich −0,862 und setzt an der Ordinate tiefer an als die Regelverteilungsgerade, also unter der Einwohnerzahl Jakartas; Tabelle 5−1 (Zeile 7) enthält die Parameter. Jakarta weicht demnach auch in dieser Ortegesamtheit nach oben hin ab.

Gleiche Verhältnisse sind gegeben, wenn die Ortegesamtheit noch stärker auf die größeren Städte eingeschränkt wird. In Tabelle 5−1 (Zeilen 8−10) sind die Werte für Orte mit mehr als 25.000 Einwohnern, für Orte mit mehr als 50.000 Einwohnern und für solche mit mehr als 100.000 Einwohnern angeführt. Im letztgenannten Fall verursacht der gegenüber der Rang-Größen-Regel versteilte Abfall am Anfang der empirischen Rang-Größen-Kurve, daß auch die Anpassungsgerade steiler als −1 wird.

Werden am unteren Ende der empirischen Rang-Größen-Kurve weitere Orte eingefügt oder angehängt – so geschehen mit der Auswahl von 1.148 Orten mit Einwohnern 1980 (vgl. Graphik 5−3) − dann wird durch die große Zahl der kleinen Orte die Anpassungsgerade versteilt; sie erhält die Neigung −1,114 und trifft die Ordinate erst weit über der durch Jakarta gegebenen Marke von 6,5 Mio., nämlich bei 9,8 Mio. (vgl. Tab. 5−1, Zeile 2). Die zu stark herausgehobene Stellung Jakartas gegenüber dem Mittelfeld der Städte wird hier überkompensiert durch die Masse der sehr kleinen Orte, die hier miterfaßt worden sind. Ähnliches gilt für die noch größere Gesamtheit von 3.710 Orten, für die die Einwohnerzahlen von 1976 oder 1977 errechnet worden sind. Diese Ortegesamtheiten von 1.148 oder 3.710 bilden aber bezüglich ihrer Einwohnerzahlen keine geschlossenen Reihen, denn es waren ja nur die Camat-Sitze und einige weitere kleine zentrale Orte ausgewählt worden (vgl. S. 3f.). Die Gesamtmenge von 3.710 Orten gereiht nach Einwohnern endete vielleicht schon bei Einwohnerzahlen um 10.000; in diesem Falle wäre die Anpassungsgerade wieder geringer als −1 geneigt und setzte unter der durch Jakarta gekennzeichneten Größe von 6,5 Mio. an.

Werden zum Schluß noch die Neigungen der Anpassungsgeraden für die Rang-Größen-Verteilungen des Städtesystems in den Jahren 1961, 1971 und 1980 untereinander verglichen (s. Tab. 5−1, Sp. 6 u. Zeilen 4−6), so zeigt sich: Die Anpassungsgerade hat sich von Jahrzehnt zu Jahrzehnt leicht versteilt[521]. Die Folgerung daraus: die großen Städte sind rascher gewachsen als die kleineren. Diese Tatsache wird im Abschnitt 5.2. (S. 111f.) näher untersucht werden.

In vorstehender Betrachtung waren die Städte des indonesischen West-Neuguinea eingeschlossen; dessen Einwohnerzahlen sind gegenwärtig nicht vom Verhalten der autochthonen Bevölkerung sondern von der Zuwanderungspolitik des indonesischen Staates abhängig (vgl. S. 97). Die Hinzunahme dieser Städte – es sind im

---

[521] In Graphik 5−2 B ist die jeweilige Gerade nach der angepaßten Pareto-Verteilung nicht eingetragen. Die geringen Neigungsdifferenzen wären nur bei sehr großmaßstäblichem Auftrag erkennbar.

Sinne der gewählten strengen Abgrenzung (vgl. S. 83f.) nur 11 – verändert die Struktur des indonesischen Städtesystems nicht. Ohne diese Städte auf Neuguinea besitzt die Rang-Größen-Kurve fast dieselben Parameter; das weist der Vergleich der ersten und letzten Zeile in Tabelle 5–1 aus.

5.1.2. Rang-Größen-Verteilung in regionalen Teilsystemen

Hinsichtlich der vorstehend behandelten Städterangfolge nach Einwohnern wurde das indonesische Städtesystem als eine Einheit betrachtet. Es wurde aber bereits ausgeführt, daß die räumliche Verteilung der Städte sehr ungleich ist. Dementsprechend muß die Analyse der Rang-Größen-Verhältnisse des Gesamtsystems durch eine solche der Teilsysteme ergänzt werden.

Aus der Analyse der räumlichen Verteilung (vgl. S. 84) ist bekannt, daß der am stärksten ausgeprägte Gegensatz zwischen Java einerseits und allen anderen Inseln – den Außeninseln – andererseits besteht. So muß vorrangig das Städtesystem Javas untersucht und dabei geprüft werden, inwieweit es als größtes Teilsystem das indonesische Gesamtsystem beeinflußt.

Neben dem Städtesystem Javas interessieren die Teilsysteme der übrigen drei Großregionen des Archipels, soweit dieser unter indonesischer Hoheit steht; das sind Sumatra, Borneo und Ost-Indonesien. Auch für diese Großregionen sollen Rang-Größen-Analysen der Städtesysteme vorgenommen werden. Um diese zu ermöglichen, zeigt die Graphik 5–4 die Rang-Größen-Kurven der Städte Gesamt-Indonesiens und der vier Großregionen, die Tabelle 5–2 enthält die dazugehörigen Parameter.

Vier von fünf, darunter die ersten drei der indonesischen Millionenstädte liegen auf **Java**. Dessen Siedlungssystem ist in seiner Spitze trotz der hohen Eigendynamik vom Gesamtstaat her bestimmt. Indem Jakarta als Staatshauptstadt Wachstumsanstöße aus dem gesamten Archipel erhält und die große Regionalmetropole Surabaya ebensolche Anstöße aus dessen östlichem Teil, ist die Primat-Stellung dieser beiden Städte weitgehend von außen her bestimmt. Wenn nun Jakarta, wie bereits im vorstehenden Abschnitt erläutert wurde, im Sinne der Rang-Größen-Regel sogar für das gesamtindonesische Städtesystem zu groß ist, dann gilt das im besonderen Maße für das Teilsystem Java. So entspricht es der Erwartung, wenn die reale Verteilungskurve der Städte Javas weit unter die Regelverteilungsgerade absinkt; Graphik 5–4 zeigt das. Dementsprechend wird das Residuum zwischen beiden Verteilungen besonders groß: das ist aus Tabelle 5–2, Sp. (4) abzulesen.

Tabelle 5-2. Eigenschaften der Rang-Größen-Kurven indonesischer Städte nach Einwohnern in regionalen Teilsystemen

	(1) Anzahl der Orte	(2) (3) (4) Parameter der Regelverteilungsgeraden[a]			(5) (6) (7) Parameter der Geraden in angepaßter Paretoverteilung[b]			(8) Mittlerer Abstand zwischen beiden Geraden
		Maximum	Neigung	Residuum	Maximum	Neigung	Residuum	
Gesamtindonesien (ohne West-Neuguinea)	387	6.503.449	-1,000	27.559	6.503.107	-1,077	13.751	19.760
Sumatra	105	1.378.955	-1,000	11.585	1.557.288	-1,107	11.487	9.763
nördl. Sumatra	69	1.378.955	-1,000	40.480	974.520	-1,126	16.121	41.634
südl. Sumatra	36	787.187	-1,000	26.046	742.676	-1,198	10.790	25.966
Java	167	6.503.449	-1,000	100.504	3.891.324	-1,103	30.382	115.563
Java ohne Jakarta	166	2.027.913	-1,000	14.820	2.709.638	1,024	14.657	18.394
West-Java o. Jakarta	53	1.462.637	-1,000	41.780	1.049.375	-1,059	22.146	43.973
West-Java o. Jakarta u. Bandg.	52	247.409	-1,000	35.872	597.299	-0,900	15.711	40.745
Mittel-Java	63	1.026.671	-1,000	10.047	1.025.091	-1,055	7.280	7.257
Ost-Java	50	2.027.913	-1,000	83.594	1.213.503	-1,140	28.222	94.993
Ost-Java o. Surabaya	49	511.780	-1,000	14.549	640.648	-0,958	11.598	16.159
Borneo	39	381.286	-1,000	11.109	728.845	-1,295	15.554	17.015
westl. Borneo	9	304.778	-1,000	37.737	233.422	-1,437	12.974	42.865
südl. Borneo	23	381.286	-1,000	26.856	272.102	-1,258	10.198	29.307
östl. Borneo	7	234.677	-1,000	36.039	367.455	-2,004	38.641	45.608
Ost-Indonesien	76	709.038	-1,000	5.650	731.305	-0,992	5.640	2.180
Kl. Sunda-Inseln	28	261.263	-1,000	5.832	334.286	-1,060	6.863	6.502
Selebes	42	709.038	-1,000	21.946	459.832	-1,001	10.461	25.745
Molukken	6	111.914	-1,000	14.116	112.368	-1,765	3.693	15.405
(Molukken)	(31)	(111.914)	(-1,000)	(5.935)	(63.834)	(-1,115)	(3.028)	(7.465)
West-Neuguinea	10	55.643	-1,000	8.374	92.219	-1,077	7.991	8.911

[a] Erläuterung und mathematische Ableitung siehe Text zu Graphik 5-1 u. Fußn. 510.

[b] Erläuterung und mathematische Ableitung siehe Text zu Tabelle 5-1 u. Fußn. 520.

Graphik 5-4: Rang-Größen-Kurven indonesischer Städte nach Einwohnern in Teilregionen

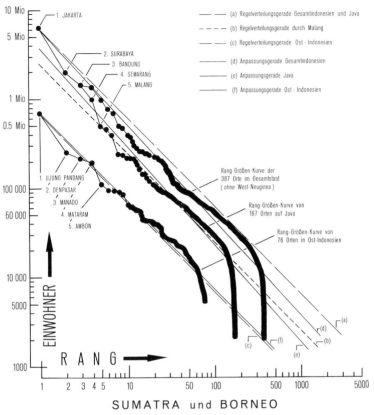

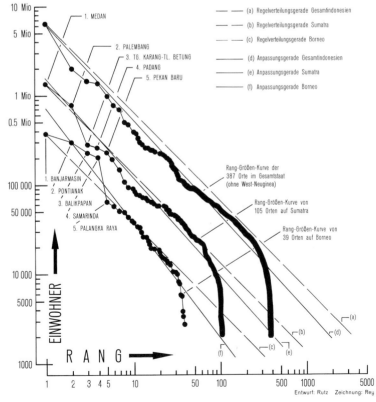

Die Graphik 5–4 deutet auch an, daß die Rang-Größen-Verteilung der Städte auf Java, beginnend mit der an fünfter Stelle liegenden Halbmillionenstadt Malang, weitgehend der Rang-Größen-Regel entspricht. Wird nämlich durch Malang als fünftgrößter Stadt eine Gerade mit der Neigung −1 eingetragen, dann liegen alle folgenden kleineren Städte dieser Regelverteilungsgeraden sehr nahe. Die führende Stadt dürfte nach dieser Regelverteilung nur etwa zweieinhalb Millionen Einwohner besitzen. Danach wären auch die an zweiter, dritter und vierter Stelle folgenden Städte Surabaya, Bandung und Semarang zu groß. Die gleiche Folgerung ergibt sich aber auch aus dem Verlauf der Anpassungsgeraden einer freien Pareto-Verteilung (vgl. S. 104). Auch diese ist in Graphik 5–4 für das Städtesystem Javas eingetragen; sie verläuft steiler als die Regelverteilungsgerade und dennoch liegt nicht nur Jakarta als Primarstadt hoch über dem Maximalpunkt der Anpassungsgeraden, auch die Positionen zwei bis vier, die die folgenden drei Millionenstädte kennzeichnen, liegen über der Anpassungsgeraden; erst Malang an fünfter Stelle liegt darunter. Tabelle 5–2 enthält auch die Parameter der Verteilungen für Java ohne Jakarta. Der Vergleich mit den Werten einschließlich Jakartas zeigt, um wieviel mehr das Städtesystem auf Java der Rang-Größen-Regel entspricht, wenn die übergroße Hauptstadt des Gesamtstaates unberücksichtigt bleibt.

Die Spitze der Städterangfolge auf Java ist also durch die Stellung der Insel als Kernland des Gesamtstaates bestimmt. Umgekehrt ist es das Städtesystem auf Java, das die Rang-Größen-Verteilung des Gesamtsystems prägt, denn 167 von 387 Städten (43%)[522] des Gesamtstaates liegen auf Java. Die in Graphik 5–4 wiedergegebenen Rang-Größen-Kurven für Gesamtindonesien (rechts) und für Java (Mitte) weisen sehr ähnliche Merkmale auf. Der Abstand zwischen beiden Kurven in der Rangfolgeachse bleibt bis zur Größenordnung der Städte von 20.000 Einwohnern ungefähr gleich. Erst bei den kleineren Orten wächst dieser Abstand, d. h. der Anteil Javas an der Gesamtzahl der Städte nimmt ab (vgl. S. 84). Die Parameter der idealisierten Verteilungen für Indonesien und für Java müssen zwar infolge der unterschiedlichen Ortegesamtheiten verschieden sein, doch gibt es auch Übereinstimmungen. So drückt zwar die geringere Ortezahl Javas die Anpassungsgerade nach unten, trotz gleicher Spitze in der empirischen Verteilung wird aber die Neigung der Anpassungsgeraden für Java nur wenig steiler als die für Gesamt-Indonesien. Die zwischen beiden Ortemengen ähnlichen Verhältnisse im Mittelfeld der Verteilung geben hierfür den Ausschlag.

Wenn auch die Spitze des Städtesystems auf Java deutlich von außen beeinflußt ist, so ist doch dieses Städtesystem in sich recht einheitlich. Die allein javabezogenen Verhältnisse, die der Regelverteilung verhältnismäßig nahe kommen, sind in Tabelle 5–2 für Mittel-Java nachgewiesen. Semarang, Surakarta und Yogyakarta als führende Städte dieser Teilregion sind verhältnismäßig wenig von gesamtstaatlichen Funktionen berührt. Die stark abweichenden Parameter der Verteilungen für West- und Ost-Java sind durch die großen Einwohnerzahlen von Bandung und Surabaya verursacht. Ohne Surabaya wären die Parameter der Verteilungen für Ost-Java denen für Gesamt-Java ohne Jakarta ähnlich. Für West-Java klafften dagegen die reale Rang-Größen-Kurve und die Idealverteilungen nach der anderen Seite auseinander, wenn Bandung weggelassen werden würde, weil die dann führende Stadt Bogor mit nur einer Viertelmillion Einwohner für die weitere Städtefolge nach der Rang-Größen-Regel weitaus zu klein ist. Die Parameter der hypothetischen Rang-Größen-Kurven für Ost- und West-Java ohne Surabaya und Bandung sind auch aus Tabelle 5–2 ablesbar.

Die Rang-Größen-Verteilung der Städte in den übrigen indonesischen Großregionen zeigt sehr unterschiedliche Merkmale; es gibt sehr kennzeichnende Abweichungen von der Rang-Größen-Regel, aber auch erstaunlich gute Übereinstimmungen mit dieser.

Nach Java hat **Sumatra** das zweitgrößte Städtesystem. Wie später zu zeigen sein wird (vgl. S. 209), wird es von zwei Regionalmetropolen – Medan und Palembang – angeführt. Da diese jedoch sehr unterschiedliche Einwohnermengen aufweisen – Medan besitzt fast die doppelte Anzahl –, ergibt sich für die gesamte Großregion eine reale Verteilung, die nicht allzu stark von der Rang-Größen-Regel abweicht: das weisen die Daten in Tabelle 5–2 aus.

Bezüglich der beiden sumatraischen Teilsysteme ergeben sich unterschiedliche Verhältnisse. Für das nördliche Sumatra allein ist Medan zu groß; der Maximalwert der angepaßten Pareto-Verteilung liegt wesentlich niedriger als der mit der Einwohnerzahl Medans identische Maximalwert der Regelverteilung. Palembangs Einwohnerzahl stimmt dagegen sehr gut mit dem Maximalwert der Anpassungsgeraden überein. In beiden Fällen verlaufen die Anpassungsgeraden deutlich steiler als −1; das kann für das südliche Sumatra nicht durch die Einwohnerzahl von Palembang verursacht sein, hier wird vielmehr deutlich, daß im südlichen Sumatra – gemessen an der Regelverteilung – die Mittel- und Kleinstädte zu geringe Einwohnerzahlen besitzen.

Unter den vier Großregionen besitzt **Borneo** die wenigsten Städte. Hier hat sich auch kein umfassendes Städtesystem entwickelt, vielmehr setzt sich die Großregion aus drei, untereinander fast beziehungslosen

---

[522] „Städte" gemäß Abgrenzung gegen Minderstädte (vgl. S. 83 f.); ohne West-Neuguinea.

Teilregionen zusammen (vgl. S. 96). In Graphik 5–4 wird das aus der Folge von vier, an der Spitze stehenden sehr großen Städten deutlich. Die auf den ersten drei Plätzen stehenden Städte – Banjarmasin, Pontianak und Balikpapan – führen das Städtesystem je einer der großen Abdachungen an; Ost-Borneo besitzt mit seiner Hauptstadt Samarinda noch eine zweite Großstadt. Der Gegensatz zwischen diesen vier großen Städten und den wenigen, infolge der allgemeinen Siedlungsleere (vgl. S. 31) klein gebliebenen übrigen städtischen Siedlungen ist besonders groß. Dementsprechend ist in der Graphik 5–4 die Anpassungsgerade für Borneo besonders steil; am steilsten für Ost-Borneo (vgl. Tab. 5–2), wo den beiden fast gleichrangigen Großstädten Balikpapan und Samarinda nur sehr wenige mittelgroße bis kleine Städte folgen.

Sehr viel ausgeglichener und der dichteren Besiedlung entsprechend auch weiter entwickelt ist das Städtesystem in **Ost-Indonesien**. Graphik 5–4 und Tabelle 5–2 weisen aus, daß es hier ein sehr gut abgestuftes, voll entwickeltes Städtesystem gibt. Die Maximalpunkte der Regelverteilung und der angepaßten Pareto-Verteilung fallen für die Großregion fast zusammen; der Abstand zwischen den beiden Verteilungen ist minimal. Ujung Pandang als führende Stadt der Großregion besitzt also genau die Einwohnerzahl, die sie nach den Idealverteilungen haben soll. Die Anpassungsgerade verläuft sogar ein klein wenig flacher als die Regelverteilungsgerade; das ist ein Hinweis auf einen gut ausgebildeten Unterbau kleinerer Städte.

Für die Teilregionen ergeben sich etwas ungünstigere Verhältnisse. Bezogen auf Selebes allein ist Ujung Pandang zu groß; dementsprechend wird das mittlere Residuum zwischen empirischer Verteilung und Regelverteilung größer. Die auf Selebes vorhandene Anzahl und Einwohnerzahl der Mittel- und Kleinstädte sorgt aber dafür, daß dennoch die Anpassungsgerade die Neigung von −1 beibehält. Für die Kleinen Sunda-Inseln ergeben sich Verhältnisse, die den Idealverteilungen sehr nahe liegen. Auf den Molukken ist das nicht der Fall; hier ist die Anzahl der beteiligten Städte zu klein, um ausgeglichene Verhältnisse zu schaffen[523].

Die Rang-Größenverteilung von nur 11 Städten auf **West-Neuguinea** wird hier nicht dargestellt; ihre Einwohnerzahlen sind in der Grundtab. 0–1 (letzte Seite) angeführt (vgl. auch S. 130/132).

5.2. Wachstum der Städte-Gesamtheit

5.2.1. Städtewachstum im Gesamtstaat

So wie in allen anderen Teilen der Welt wächst die städtische Bevölkerung auch in Indonesien schneller als die ländliche. Dieser Verstädterungsprozeß wurde als demographische Rahmenbedingung für Indonesien bereits erörtert (vgl. S. 36f.). Die städtische Bevölkerung wuchs von 18,6 Mio. im Jahre 1961 auf 35,75 Mio. im Jahre 1980[524], das sind 3,5% je Jahr; gleichzeitig nahm die Staatsbevölkerung insgesamt um 2,2% je Jahr zu. Indem die städtische Bevölkerung schneller wächst als die Gesamtbevölkerung, wachsen auch die Städte schneller als das Siedlungssystem insgesamt.

Einen ersten generellen Überblick über das Ausmaß des Städtewachstums in Indonesien vermittelt die Graphik 5–2 aus dem vorstehenden Abschnitt; sie zeigt, Städte aller Größenordnungen nehmen an dem Wachstum teil; es konnte darüber hinaus bereits festgestellt werden, die großen Städte wachsen rascher als die kleinen. Im folgenden wird das Städtewachstum nach Umfang und regionaler Differenzierung näher erläutert; es werden ferner verschiedene Städtekategorien und im Abschnitt 5.3. extrem wachsende Einzelstädte auf ihre Wachstumsanstöße hin untersucht.

Als Ausgangsdaten für Untersuchungen zum Wachstum indonesischer Städte liegen Einwohnerangaben für gebietskörperschaftlich fest umrissene Städte aus den Volkszählungen von 1930, 1961, 1971 und 1980 vor[525], darüber hinaus vergleichbare Einwohnerzahlen von Desa-Komplexen, die bei den Volkszählungen 1961 und

---

[523] Unter acht Orten, die als „sichere Städte" (vgl. S. 83f.) klassifiziert wurden, fehlen für zwei Orte die Einwohnerzahlen von 1980. Außerdem übernimmt gerade auf den Molukken der Typ von voll ausgestatteten Unterzentren die Versorgung der vielen Teilarchipele (vgl. S. 218). Dieser Typ von Minderstädten ist aber von der vorliegenden Betrachtung zur Größenordnung und Rangfolge von Städten ausgeschlossen worden. Dadurch vermitteln die Daten der Tab. 5–2 für die Molukken ein unvollständiges Bild. Würden alle für 1980 mit ihren Einwohnern erfaßten städtischen Siedlungen (einschl. der Minderstädte) berücksichtigt werden, ergäbe sich die in Klammern wiedergegebene Datenfolge; diese weist sehr viel ausgeglichenere Rang-Größen-Verhältnisse nach.

[524] Quellen siehe Tabelle 1–5.

[525] *Für 1930* nach Volkstelling 1930, Deel VIII, Overzicht voor Nederlandsch-Indië – dort sind Einwohner für 171 Orte genannt (siehe auch Milone 1966, Chart III) – sowie für 47 weitere Orte nach Auszügen aus Encycl. v. Ned.-Indië 2. Druk, Dl. VII. en VIII., s'-Gravenhage 1935/1939.
Für 1961 nach Pauline Milone 1966, Chart IV und V.
Für 1971 nach Sensus Penduduk 1971, Biro Pusat Statistik, Jakarta 1972ff.
Für 1980 nach Penduduk Indonesia 1980, Seri L, No. 2, Biro Pusat Statistik Jakarta 1981.

1971 als „urban" definiert worden waren[526], und schließlich eine sehr große Menge von Einwohnerdaten für Einzeldesa und kleinere Desa-Komplexe aus der Volkszählung von 1971[527]. Für alle vorgenannten Kategorien wurden die entsprechenden Einwohnerzahlen aus der Erhebung „Fasilitas Sosial Desa 1976/1977" und aus der Volkszählung 1980 ermittelt[528]. Nach diesen Quellen konnte das Einwohnerwachstum für 218 Orte von 1930 ab verfolgt werden, für rd. 300 Orte von 1961 ab[529] und für über 1.000 Orte im Jahrzehnt nach 1971. Zwischen 1930 und 1961 fanden keine umfassenden Volkszählungen statt.

Vor 1930 gab es im Jahre 1920 eine Volkszählung, in der für 130 städtische Siedlungen Einwohner erfaßt worden waren; die Zuverlässigkeit dieser Daten wurde auf ± 5% geschätzt[530]; frühere, im fünfjährigen Abstand vorgenommene Bevölkerungserfassungen waren noch ungenauer. In der „Toelichting op de Stadsvormingsordonnantie 1938" ist die Entwicklung vor 1930 – soweit es Java betrifft – kurz umrissen worden[531]. Für die hier folgende generelle Betrachtung reichen die Angaben aus dem Jahre 1920 nicht aus, daher soll 1930 als Ausgangsjahr dienen[532].

Wieviel Städte es um 1930 in Niederländisch Indien gab, kann zwar auf Grund der damaligen zentralen Einrichtungen grob abgeschätzt werden (vgl. S. 219), doch ist nicht bekannt, welche Einwohnerzahlen die kleineren dieser Städte besaßen. Diejenigen 218 Orte, für die die Einwohnerzahlen von 1930 vorliegen, bilden nur eine Städteauswahl; für Wachstumsberechnungen wird diese Auswahl aber weiter eingeschränkt, denn es fehlen von 80 der 218 Orte die Einwohner für 1961 und für 17 dieser Orte die Einwohner für 1971. Umgekehrt gab es 1961 – und noch mehr 1971 und 1980 – sichere Städte, für die die Einwohner von 1930 nicht mehr bekannt sind. So sind es jeweils wechselnde Städtemengen, die herangezogen werden müssen, wenn für die verschiedenen Zeitabschnitte das Städtewachstum errechnet werden soll.

Die sorgfältige Analyse der jeweiligen Stadtumgrenzungen erlaubt es, bei den folgenden Wachstumsangaben zwischen Wachstum innerhalb der im ersten Zeitpunkt gegebenen Stadtgrenzen und erweiterten Stadtgrenzen zu unterscheiden. Diese Differenzierung ist notwendig, um die räumliche Komponente des Städtewachstums beurteilen zu können[533].

---

[526] Für 1961 untersucht Pauline D. Milone 1966 im Chapter VII „Census status" die Auswahlkriterien der Städte. Einzelne Irrtümer wurden korrigiert (vgl. Fußn. a, Tab. 5–5). Ebenso wurden für 1971 die Auslassungen ergänzt (vgl. Fußn. 193).

[527] Nach internen Unterlagen des Statist. Hauptamtes, Jakarta.

[528] Alle Daten – soweit nicht aus den in Fußn. 525 genannten Quellen – nach internen Unterlagen des Statist. Hauptamtes, Jakarta (vgl. S. 5f., Pkte. 5 u. 9).

[529] 80 Orte eingeschlossen, für die zwar die Einwohnerzahl von 1930, nicht aber diejenige von 1961 bekannt ist (34 bei Bhatta 1970 aufgelistete Orte, dort Tab. 24 u. 26, rd. 40 Orte mit Einwohnern für 1930 nach Encycl. v. Ned.-Indië lt. Fußn. 525, sowie einige weitere Orte, für die die Einwohnerangaben bei Milone 1966 und Bhatta 1970 fehlerhaft sind).

[530] Datensatz veröffentlicht bei Pauline D. Milone 1966, Chart II und Bhatta 1970, Tab. 23 und 24. Den Hinweis auf die Zuverlässigkeit gibt die „Toelichting op de Stadsvormingsordonnantie" 1938, §4, S. 19; Milone 1966 zitiert auf S. 77, Fußn. 202 die gleiche Tatsache nach der späten Übersetzung der „Toelichting..." in dem Sammelband „The Indonesian Town" 1958 (siehe Schrifttumsverzeichnis: ungen. Verf. 1938: Toelichting...).

[531] §§ 3–5, pp. 18–28; vgl. zu dieser Quelle Fußn. 309; ferner kann hier auf den Versuch von Hugo 1980 hingewiesen werden, mit Hilfe der Volkszählung 1930 und älterem Schrifttum Rückschlüsse über Wanderungsbewegungen und damit auch über das Städtewachstum zu ziehen.

[532] Im Schrifttum sind die Zuwächse 1930 zu 1961 bei Withington 1963, Milone 1966 und Bhatta 1970 behandelt worden, 1961 zu 1971 bei King 1974, Table 8, Withington 1975, Tab. 1, Soegijanto & Soegijanto 1976, Tab. 1–3 (indon.), Tab. 2–5 (engl.), Hugo et al. 1981, Tab. 38 und Evans 1984, Tab. 1. Die vermutlich etwa gleichzeitig mit vorliegender Studie erscheinenden speziellen Betrachtungen zum Städtewachstum in Indonesien zwischen 1971 und 1980 müssen besonders auf die Frage geprüft werden, welche Ausgangsmengen miteinander verglichen werden und ob gleiche oder ungleiche gebietskörperschaftliche Umgrenzungen der Städte vorliegen. Evans 1984 beachtete diesen Gesichtspunkt, Hugo et al. 1981 in einzelnen Fällen, Withington 1983 nicht.

[533] Darauf hatte jüngst auch Evans 1984 hingewiesen. Erstmals berücksichtigt ist dieser Gesichtspunkt in vorliegender Studie; es wurde wie folgt verfahren: die Zuwächse für die maximal 218 Städte, für die die Einwohner des Jahres 1930 bekannt sind, wurden in zwei Kategorien (a) und (b) getrennt berechnet:
(a) Zuwächse im sicheren oder wahrscheinlichen Stadtgebietsumfang von 1930 für nicht erweiterte Städte (Ortemenge a') und auch für einen Teil der im Gebietsumfang erweiterten Städte (Ortemenge s). Die für die Zuwachskategorie (a) genutzte Ortemenge soll Ortemenge (a) heißen ((a) = (a') + (s)).
(b) Zuwächse im jeweiligen Stadtgebietsumfang, sofern eine Stadtgebietserweiterung stattgefunden hatte. Die für die Zuwachskategorie (b) genutzte Ortemenge soll Ortemenge (b) heißen.
Entsprechend wurde für die Zuwachsraten 1961 zu 1980 und 1971 zu 1980 verfahren. Ab 1961 und ab 1971 konnte (a) für alle Orte errechnet werden; dadurch wird die Ortemenge (b) identisch mit der Ortemenge (s), (b) wird also eine Teilmenge von (a). In den Tab. 5–3 u. 5–4 sind die Zuwächse der Städtemenge (a) wiedergegeben und zusätzlich unter (v) die Summe aus den Städtemengen (a') und (b), das ist die „Vereinigungsmenge" aus (a) und (b).
Für die Zuwachsraten 1961 zu 1971 war eine derartige Differenzierung nicht möglich, weil entsprechende Einwohnerdaten für die zwischen 1961 und 1971 erfolgten Stadtgebietserweiterungen nicht zur Verfügung standen. Da also die wenigen in diesem Jahrzehnt erfolgten Stadtgebietserweiterungen nicht erfaßt und ausgeschieden werden konnten, können die unter (a) errechneten Zuwachsraten 1930 zu 1971 und 1961 zu 1971 bei geringen Städtezahlen um einige Zehntel zu hoch angegeben sein.

Für den gesamten überschaubaren Zeitraum von 50 Jahren, nämlich zwischen 1930 und 1980, wuchsen die Städte in Niederländisch Indien und später in Indonesien mit gerade 3% jährlich[534] bezogen auf die Stadtgrenzen von 1930[535]; diese Wachstumsrate steigt auf 3,4%, wenn für 1980 die Erweiterung der Stadtgebiete mitberücksichtigt, also in jeweiligen Stadtgrenzen gerechnet wird[536]. Werden aber allein diejenigen Städte zu Grunde gelegt, deren Stadtgrenzen erweitert worden waren, dann errechnet sich für diese Städtegruppe ein Wachstum von 3,8% je Jahr[537]. Diese Wachstumsraten über ein halbes Jahrhundert liegen in der gleichen Größenordnung wie das bisher abgeschätzte Wachstum der städtischen Bevölkerung ab 1961; dieses war – wie eingangs gesagt – zu 3,5% je Jahr errechnet worden.

Über den Gesamtzeitraum ist das Wachstum nicht gleichmäßig. In den ersten 31 Jahren liegt die Rate bei 3,6%; sie sinkt zwischen 1961 und 1971 auf 2,8% und liegt im Jahrzehnt bis 1980 nur geringfügig höher, nämlich bei 2,9%. Diese Werte gelten für gleichumgrenzte Stadtgebiete je Zeitabschnitt. Werden die jeweiligen Stadterweiterungen mitberücksichtigt, dann wachsen die Städte bis 1961 um 3,9% jährlich, danach bis 1971 schätzungsweise um 3% jährlich[538] und zuletzt wieder etwas stärker um 3,4% je Jahr. Dieser zeitliche Wechsel der Zuwachsraten spiegelt die politischen und wirtschaftlichen Zustände der betreffenden Jahrzehnte wider. Der erste starke Verstädterungsschub hängt mit den Wirren der ersten Nachkriegszeit zusammen. Damals waren die ländlichen Räume in Teilen Javas und Sumatras besonders unsicher, wodurch zusätzliche Menschenmassen in die Städte wanderten. Die hohen Zuwachsraten bis 1961 müßten demnach weiter differenziert werden; wahrscheinlich lagen sie bis 1942 noch niedrig und wuchsen – regional auch unterschiedlich – erst danach stürmisch an[539]. Das Jahrzehnt von 1961 bis 1971 war durch die Mißwirtschaft der 1965 beendeten Sukarno-Ära gekennzeichnet. Wirtschaftliches Chaos und auch die unmittelbaren Folgen des Umsturzes von 1965 wirkten eher bremsend auf das Städtewachstum. In den siebziger Jahren schließlich schafften die „Neue Ordnung" und der wirtschaftliche Aufschwung (vgl. S. 19) ein Wachstumsklima, in dem fast alle städtischen Funktionen gestärkt wurden. Daher wuchsen die Städte seit 1971 wieder rascher.

Werden die Jahrzehnte von 1961 bis 1980 zusammengefaßt, so ergibt sich für diesen Zeitraum ein Städtewachstum von 3,25% je Jahr. Diese Rate liegt um 0,25% niedriger als die früher veranschlagte Rate zum Wachstum der städtischen Bevölkerung. Das aus Vergleichsmenge 2 der Tabelle 1–5 gefolgerte Wachstum von 3,5% je Jahr berücksichtigte das Zuwachsen neuer Städte – eine für die Berechnung der städtischen Bevölkerung reale Annahme –, die hier genannte Rate von 3,25% jährlichen Wachstums seit 1961 sagt dagegen etwas über das Wachstum einer fest umrissenen Städtegruppe aus. Die beiden Raten deuten also keine Widersprüchlichkeit an, sie ergänzen sich vielmehr in ihren unterschiedlichen Aussagen.

In der folgenden Tabelle 5–3 sind die bisher erwähnten Wachstumsraten in Zeile (1) zusammengefaßt und es ist zusätzlich – in Klammern – vermerkt, wieviel Städte der jeweiligen Berechnung zu Grunde liegen.

Im folgenden wird die Gesamtheit der Städte – sofern sie durch Einwohnerdaten belegt werden kann – nach verfügbaren Merkmalen unterteilt. Wichtigstes dieser Merkmale ist die Einwohnerzahl selbst, also die Stadtgröße[540]. Über die Wachstumsraten von Stadtgrößenklassen können bei gegebener Materiallage sichere Aussagen nur für Städte ab etwa 25.000 Einwohnern gemacht werden[541]. Kleinere Städte waren 1930 und 1961 nur unvollständig erfaßt worden, so daß diese, soweit sie in den Datensätzen enthalten sind, keine repräsentative Teilmenge bilden.

Die Städte mit mehr als 25.000 Einwohnern haben fast die gleichen Wachstumsraten wie die Gesamtheit der erfaßten Orte; das zeigt ein Vergleich der Zeilen (1) und (2) in Tabelle 5–3. Werden aber die Städte mit mehr als

---

[534] Diese und die folgend genannten jährlichen Wachstumsraten wurden aus den Summen der Einwohner der beteiligten Städte errechnet. Es wurde selbstverständlich exponentielles Wachstum zu Grunde gelegt (Zinseszinsformel) unter Berücksichtigung der Monate innerhalb der Volkszählungsjahre.

[535] Wachstum von 184 Städten (= Städtemenge (a)); vgl. Fußn. 533.

[536] Wachstum von 201 Städten (= Städtemenge (v)); vgl. Fußn. 533.

[537] Wachstum von 80 Städten (= Städtemenge (b)); vgl. Fußn. 533.

[538] Genaue Wachstumsrate war bei gegebener Quellenlage nicht feststellbar; vgl. Fußn. 533, 3. Absatz.

[539] Vgl. zur Frage der Verstädterungsanstöße in Indonesien zwischen 1930 und 1961 auch Tan Goantiang 1965.

[540] Eine Differenzierung des Städtewachstums nach Einwohnergrößenklassen der Städte haben erstmals Sugijanto Soegijoko 1976, Tab. 6 und Sugijanto & Sugijanto 1976, Tab. 3 (indon.) oder Tab. 5 (engl.) versucht. Für 1961 und 1971 bildete er mittlere Einwohnermengen der Städte nach Größenklassen und berechnete für diese Mittelwerte ein jährliches Wachstum. Dieses vereinfachte Verfahren kann günstigstenfalls Anhaltspunkte liefern, führte aber im konkreten Falle zu Irrtümern, denn die Wachstumsanalyse über die Einwohnersummen aller zu einer Größenklasse gehörenden Städte liefert entgegengesetzte Ergebnisse.

[541] Von rd. 250 Orten, die 1980 mehr als 25.000 Einwohner besaßen, sind für 140 Orte auch die Einwohner von 1930 und für 154 Orte auch die Einwohner von 1961 verfügbar: diese Teilmengen gelten als repräsentativ. Im Gegensatz dazu hatten Hugo & Mantra 1981 nur die Kota Madya nach Größenklassen und unterschiedlichen Wachstumsraten untersucht.

Tabelle 5-3. Wachstum der Städte nach verschiedenen Kategorien

(a) unter Beibehaltung der Stadtgrenzen des Ausgangsjahres (ursprünglicher Gebietsstand)
(v) unter Berücksichtigung der administrativen Stadterweiterung[a] (jeweiliger Gebietsstand)

Städtekategorie		(1) 1930-1961 in % von ( ) Städten	(2) 1930-1971 in % von ( ) Städten	(3) 1930-1980 in % von ( ) Städten	(4) 1961-1971[b] in % von ( ) Städten	(5) 1961-1980 in % von ( ) Städten	(6) 1971-1980 in % von ( ) Städten
		Gerechnet ab 1930 Jährliche Zuwachsraten			Gerechnet ab 1961 Jährliche Zuwachsraten		Gerechnet ab 1971 Jährliche Zuwachsraten
(1) Städte insgesamt, sofern erfaßt	(a) (v)	3,6 (78) 3,9 (134)	3,1 (163) 3,5 (192)	3,05(184) 3,4 (201)	2,8 (205) ...	2,9 (209) 3,25(209)	2,9 (1051) 3,4 (1051)
(2) Städte sofern 1980 25.000 Einw.	(a) (v)	3,6 (68) 4,0 (118)	3,2 (109) 3,6 (132)	3,2 (112) 3,5 (132)	2,9 (151) ...	2,9 (154) 3,3 (154)	3,0 (235) 3,7 (235)
(3) Städte sofern 1980 25.000-50.000 Einw.	(a) (v)	1,9 (24) 2,3 (37)	1,6 (41) 2,0 (50)	1,7 (46) 2,1 (50)	1,6 (59) ...	2,0 (60) 2,05(60)	2,7 (137) 2,8 (137)
(4) Städte sofern 1980 50.000-100.000 Einw.	(a) (v)	2,4 (22) 3,15(44)	2,2 (37) 2,8 (45)	2,2 (35) 2,8 (45)	2,2 (53) ...	2,5 (55) 2,7 (55)	2,8 (59) 3,2 (59)
(5) Städte sofern 1980 100.000 Einw.	(a) (v)	4,1 (22) 4,3 (37)	3,7 (31) 4,0 (37)	3,6 (31) 3,9 (37)	3,1 (39) ...	3,1 (39) 3,5 (39)	3,1 (39) 3,95(39)
(6) "Sichere Städte" insgesamt[c]	(a) (v)	3,6 (78) 3,9 (134)	3,1 (139) 3,6 (165)	3,1 (144) 3,5 (166)	2,8 (202) ...	2,9 (207) 3,25(207)	3,0 (352) 3,6 (352)
(7) Unterzentren mit Teilf.v.Mittelzentren	(a) (v)	1,3 (2) 1,8 (4)	1,4 (13) 1,4 (18)	1,5 (15) 1,5 (18)	2,8 (16) ...	2,55(17) 2,55(17)	2,6 (94) 2,6 (94)
(8) Mittelzentren	(a) (v)	2,0 (54) 2,8 (93)	1,9 (96) 2,5 (110)	1,9 (99) 2,5 (111)	1,8 (145) ...	2,1 (148) 2,3 (148)	2,6 (217) 3,0 (217)
(9) Oberzentren und Regionalmetropolen	(a) (v)	4,2 (22) 4,4 (37)	3,8 (30) 4,1 (37)	3,8 (30) 3,9 (37)	3,2 (41) ...	3,2 (42) 3,6 (42)	3,2 (41) 3,95(41)
(10) Verwaltungshauptorte[d]	(a) (v)	3,6 (77) 3,95(132)	3,2 (122) 3,7 (142)	3,2 (125) 3,5 (143)	2,8 (199) ...	2,9 (204) 3,2 (204)	3,0 (237) 3,6 (237)
(11) Kota Madya und Kota Administratip	(a) (v)	4,0 (32) 4,3 (55)	3,6 (47) 4,0 (58)	3,6 (45) 3,8 (58)	3,1 (63) ...	3,1 (65) 3,5 (65)	3,15(69) 4,0 (69)
(12) Städte in Küstenlage[e]	(a) (v)	4,1 (34) 4,1 (61)	3,6 (79) 3,8 (92)	3,6 (81) 3,7 (92)	3,5 (91) ...	3,5 (91) 3,7 (91)	3,3 (415) 3,7 (415)
(13) Städte im Binnenland[f]	(a) (v)	2,9 (44) 3,7 (73)	2,4 (84) 3,2 (100)	2,3 (103) 3,0 (109)	2,05(114) ...	2,2 (118) 2,7 (118)	2,4 (636) 3,0 (636)
(14) Städte im Tiefland[g]	(a) (v)	3,8 (59) 4,0 (102)	3,3 (125) 3,6 (146)	3,25(135) 3,5 (146)	3,1 (154) ...	3,15(155) 3,5 (155)	3,1 (719) 3,7 (719)
(15) Städte im Hügelland[h]	(a) (v)	2,55(19) 3,8 (32)	2,1 (38) 3,2 (46)	2,05(49) 2,9 (55)	1,8 (51) ...	1,95(54) 2,1 (54)	2,2 (332) 2,4 (332)

a Die unter (v) genannte Ortsmenge (Zahl in Klammern) schließt die unter (a) genannte Ortsmenge (Zahl in Klammern) ein. Die Ortemenge (v) ist die Vereinigungsmenge (nicht die Summe!) der in Fußn. 533 genannten Kategorien (a) und (b). Die dort ebenfalls erläuterte Kategorie (s) sowie Kategorie (b) sind hier nicht ausgewiesen.
Beispiel für Zeile (1), Spalte (3): (a) = 184, (b) = 80, (s) = 63, (v) = 201. In den Spalten (5) und (6) sind (a) und (v) identisch.

b Das Wachstum unter der Berücksichtigung der wenigen in diesem Jahrzehnt erfolgten Städteerweiterungen konnte bei gegebener Quellenlage nicht getrennt ausgewiesen werden; vergl. Fußn. 533, letzter Absatz.

c "Städte" gemäß Abgrenzung gegen Minderstädte; zentralörtlicher Ausstattungskennwert >70.

d Hauptorte von Regentschaften und Provinzen, einschl. Yogyakarta und Jakarta.

e in bis zu 10 km Küstenentfernung.

f in mehr als 10 km Küstenentfernung; die in Tab. 4-2 wiedergegebenen Entfernungszonen 11 - 50 km, 51 - 100 km und über 100 km sind hier zusammengefaßt.

g bis zu 100 m Seehöhe.

h über 100 m hoch gelegen; die in Tab. 4-3 wiedergegebenen Höhenstufen 100 - 500 m, 500 - 1000 m und über 1000 m sind hier zusammengefaßt.

25.000 Einwohnern in drei Größenklassen unterteilt – bis 50.000 Einwohner, 50.000 bis 100.000 Einwohner und über 100.000 Einwohner – so weisen diese Größenklassen durchaus unterschiedliche Wachstumsverhältnisse auf. Die beiden unteren Größenklassen wachsen nur unterdurchschnittlich; die Jahresraten bei den Städten bis zu 50.000 Einwohnern liegen sogar nur in der Größenordnung des Wachstums der Gesamtbevölkerung (vgl. Tab. 1–3), wenigstens ohne Berücksichtigung der Stadterweiterungen. Hier steht der Zuwanderung in die kleineren Städte eine annähernd gleich starke Abwanderung gegenüber[542]. Auch die Städte mit 50.000 bis 100.000 Einwohnern wachsen langsamer als die insgesamt erfaßten Städte und erst die Großstädte mit mehr als 100.000 Einwohnern bilden diejenige Gruppe, die mit stark herausgehobenen Wachstumsraten das Städtewachstum insgesamt prägt.

In der zeitlichen Abfolge sind die Wachstumsunterschiede bei allen drei Größenklassen ähnlich; die Zuwachsraten sind in den ersten 31 Jahren des Vergleichszeitraumes leicht überdurchschnittlich, bei den Großstädten sogar sehr hoch. Im Jahrzehnt 1961 bis 1971 wuchsen alle Größenklassen etwas langsamer[543], am langsamsten die kleineren Städte bis zu 50.000 Einwohner; die hemmenden Kräfte der politisch verursachten Mißwirtschaft bis 1965 trafen die Kleinstädte am schwersten. In diesen Jahren war auch die Eigenschaft der kleineren Städte, nur als Zwischenstation der Dorf-Großstadt-Wanderung zu dienen, am stärksten ausgeprägt gewesen[544]. Aus den schon genannten Gründen wuchsen im Jahrzehnt nach 1971 alle drei Städtegrößenklassen wieder schneller, die kleineren und mittleren Städte auch schneller als vor 1961. Für die Großstädte gilt das nicht; bei diesen ist das Wachstum in unveränderten Stadtgrenzen seit 1961 gleichbleibend und liegt niedriger als vor 1961, weil der Wachstumsschub der ersten Nachkriegsjahre nicht wieder erreicht wurde. Schon damals waren die engeren Stadträume stärker aufgefüllt worden. Die Zuwanderung kommt jetzt in stärkerem Maße den sich langsam herausbildenden Stadtregionen zugute. Eine Verdrängung der innerstädtischen Bevölkerung durch tertiärwirtschaftliche Nutzung ist in einzelnen Fällen auch gegeben, dürfte aber auf die ab 1961 geringeren großstädtischen Wachstumsraten noch keinen Einfluß haben. Andererseits sind es gerade die eingemeindeten Stadtumlandräume, die den Hauptteil der Zuwanderer aufnehmen, so daß diese erweiterten Großstädte deutlich schneller wachsen als die Gesamtheit der Städte.

Sehr ähnliche Differenzierungen ergeben sich, wenn die Städte nicht nach Einwohner-Größenklassen, sondern nach zentralörtlichen Hierarchiestufen unterteilt werden. In Zeile (6) der Tabelle 5–3 ist die Gesamtheit der rd. 400 „sicheren Städte" erfaßt, soweit für diese Städtegruppe Einwohnerzuwächse berechnet werden konnten. Es handelt sich also um diejenigen Städte, die zumindest als Unterzentren noch Teilfunktionen von Mittelzentren besitzen[545]. Die Wachstumsraten dieser Städte sind fast gleich denjenigen der Städte mit mehr als 25.000 Einwohnern; dabei sind die zu Grunde liegenden Ortemengen durchaus verschieden. Auch hier wachsen die Städte der beiden unteren Hierarchiestufen unterdurchschnittlich; nur die Oberzentren besitzen hohe Wachstumsraten. Wie schon bei den nach Einwohner-Größenklassen geordneten Städten erkannt, wuchsen die den kleineren Kategorien zugeordneten Städte im letzten Jahrzehnt am schnellsten; dagegen hatten die Oberzentren und Regionalmetropolen das stärkste Wachstum zwischen 1930 und 1961. Den vollständigen Überblick zum Städtewachstum in den verschiedenen zentralörtlichen Hierarchiestufen bietet ein Vergleich der Zeilen (6) bis (9) in Tabelle 5–3.

Nach vorstehendem ist die zeitliche Differenzierung des Städtewachstums belegt, soweit das mit Hilfe der vier benutzten Volkszählungsergebnisse möglich ist. Die räumliche Differenzierung wird im folgenden Abschnitt 5.2.2. behandelt werden. Welche weiteren Städtekategorien können aber auf unterschiedliches Wachstum hin untersucht werden?

Für funktionale Stadttypen, wie sie im Abschnitt 6.6. zusammenfassend dargestellt werden, stehen entsprechende Daten nicht zur Verfügung[546]. Lediglich für Städte mit Funktionen in der Verwaltung von mittleren und höheren Gebietskörperschaften können Wachstumsraten berechnet werden. Das gilt auch für die sich selbst verwaltenden Städte, Kota Madya und Kota Administratip[547]. Das Wachstum dieser Städtegruppen ist von den der Gesamtheit der Städte aber kaum verschieden; das weisen die Zeilen (10) und (11) der Tabelle 5–3 aus. Die

---

[542] Vgl. zu Fragen des Wachstums der kleineren Städte die Überlegungen von Watts 1963/68, Hugo & Mantra 1981 u. Mai 1984 sowie die Beiträge zum Problem der „urban involution" u. a. bei Evers 1972.

[543] Auch mit der eingeschränkten Datenmenge der statistisch leicht erfaßbaren Kota Madya ist diese Tatsache nachweisbar. Vgl. dazu King 1974, S. 926.

[544] Siehe Hinweise in Fußn. 542.

[545] Diese Orte besitzen einen zentralörtlichen Ausstattungskennwert von >70; als „sichere Städte" wurden sie im Abschn. 4.1. (S. 84) zur Abgrenzung gegen Minderstädte bezeichnet.

[546] Die im Abschnitt 6 vorgenommene Zuordnung der Städte nach funktionalen Typen konnte nicht maschinell gespeichert werden. Dadurch können für die auf S. 190 genannten Städtekategorien keine speziellen Wachstumsraten berechnet werden.

[547] Regentschafts- und Provinzhauptorte sind durch ihre für die maschinelle Auswertung notwendige Schlüsselnummer erkennbar; „Kota Madya" und „Kota Administratip" wurden ebenfalls in den maschinellen Datensätzen gekennzeichnet.

große Gruppe der Verwaltungshauptorte weist Wachstumsraten auf, die denen der Gesamtheit der Städte (Zeile 1) sehr ähnlich sind. Die kleinere Gruppe der sich selbstverwaltenden Städte wuchs etwas schneller. Diese Städtegruppe besitzt Wachstumsraten, die fast identisch sind mit denen der Großstädte (Zeile 5); die Großstädte gehören auch mehrheitlich zur Gruppe der Kota Madya und Kota Administratip.

Über die Kategorisierung nach Einwohnergrößenklassen, zentralörtlichen Hierarchiestufen und Verwaltungsfunktionen hinaus ist es nur noch möglich, die früher dargelegten Lagekategorien der Städte (vgl. S. 86 ff.) zu benutzen, um ihr Wachstum nach Küstenentfernungszonen und Höhenstufen differenziert wiederzugeben. In vereinfachter Form – die Küstenentfernungszonen über 10 km und die Höhenstufen über 100 m wurden zusammengefaßt – ist das in den Zeilen (12) bis (15) der Tabelle 5–3 geschehen.

Die für die Städte im Archipel bevorzugte Küstenzone erweist sich auch als Zone kräftigen Städtewachstums. Das wird besonders deutlich, wenn gleichumgrenzte Stadtgebiete zu Grunde gelegt werden; die Wachstumsraten in den Zeilen (12)(a) und (14)(a) liegen über denen der Zeile (1)(a). Entsprechend niedriger sind die Wachstumsraten im Binnenland und in den über 100 m hoch gelegenen Landesteilen (Zeilen (13)(a) und (15)(a)). Für das Städtewachstum unter jeweiligem Einschluß der Stadtgebietserweiterungen (in den (v)-Zeilen dargestellt) wirkt sich die Küsten- oder Binnenlage sowie die Tiefen- oder Höhenlage in gleicher Richtung differenzierend aus; die Abweichungen von den Wachstumsraten der Städtegesamtheit sind aber etwas geringer.

Die vorstehende Betrachtung zum Städtewachstum galt für Niederländisch Indien und Indonesien ohne West-Neuguinea. Für die melanesische Provinz sind Einwohnerdaten von Städten aus den Jahren 1930 und 1961 nicht mehr verfügbar. Für den Zeitraum 1971 bis 1980 kann für 7 Orte West-Neuguineas das Wachstum festgestellt werden. Obwohl sich dieses Wachstum sehr rasch vollzieht (vgl. S. 117), hat es auf das Städtewachstum im heutigen Gesamtstaat keinen Einfluß; die jährlichen Zuwachsraten in der Tabelle 5–3 würden durch die Mitberücksichtigung West-Neuguineas im Zeitabschnitt 1971 bis 1980 nicht verändert werden.

5.2.2. Städtewachstum in regionalen Teilsystemen

Indem die Städteverteilung im Archipel sehr ungleich ist (vgl S. 84) und auch sehr ungleichartige Rangfolgen in den Teilsystemen der Großregionen vorhanden sind (vgl. S. 106 ff.), darf für diese Großregionen auch ein unterschiedliches Wachstum der Städte erwartet werden. Einen Überblick hierzu vermittelt Tabelle 5–4.

Über den Gesamtzeitraum von 50 Jahren, in dem die Städte im Gesamtarchipel um 3,5% je Jahr wuchsen – wenn die Stadterweiterungen mitberücksichtigt werden –, zeigt sich ein deutlicher Gegensatz zwischen Java einerseits und den übrigen Großregionen der Außeninseln andererseits. Auf Java wuchsen die Städte langsamer als im Gesamtstaat, in allen anderen Großräumen schneller[548]. Da die Masse der städtischen Bevölkerung auf Java lebt, sind die Raten für Java nur wenig niedriger als für den Gesamtstaat. Sie sind für Sumatra und Ost-Indonesien am höchsten, entgegen der Erwartung für Borneo etwas niedriger. Ausschlaggebend für dieses etwas langsamere Städtewachstum auf Borneo sind die Verhältnisse im Banjarland und Hulu Sungai (Prov. Süd-Borneo), wo das Städtesystem schon vor 1930 verhältnismäßig weit entwickelt war. Die bisher immer als Region besonders starken Städtewachstums hervorgetretene Ostabdachung Borneos nimmt auch hier wieder eine Spitzenposition mit 4,7% jährlichen Wachstums über den Gesamtzeitraum ein.

Die das Städtewachstum verlangsamende Wirkung eines schon vor 1930 vorhandenen Städtesystems, wie sie im Banjarland erkennbar ist, trifft auch auf Süd-Selebes und West-Sumatra zu. Beide Regionen sind aber in der Tabelle 5–4 in größeren Einheiten – Nördliches Sumatra und Selebes – subsumiert. Dort ist das Städtewachstum in feststehenden Umgrenzungen verhältnismäßig niedrig, auf Selebes sogar nur in einer Größenordnung, wie sie auf Java – ohne die rasch wachsende Hauptstadt Batavia/Jakarta – verbreitet ist. Werden dagegen für das nördliche Sumatra und für Selebes die Stadterweiterungen mitberücksichtigt, dann liegt das Städtewachstum in beiden Regionen über 4% je Jahr; noch stärker ist es nur in dem schon genannten Ost-Borneo sowie auf den Kleinen Sunda-Inseln. Dort haben besonders alle drei gegenwärtigen Provinzhauptstädte bedeutende Erweiterungen ihres Stadtgebietes erfahren.

Durch die Volkszählungen von 1961 und 1971 läßt sich das halbe Jahrhundert in drei Unterabschnitte zerlegen. Die dafür in Tabelle 5–4 enthaltenen Wachstumsraten sind in Graphik 5–5 aufgetragen[549].

---

[548] Für das Jahrzehnt 1961–1971 hatte Withington 1975 (hypothesis 2) diesen Gegensatz hervorgehoben.
[549] Wachstumsraten verschiedener Regionen zu vergleichen, versuchte auch Susan Blankhart (1978, S. 6f. u. 15f.) für das Jahrzehnt 1961/1971. Die dort genannten Raten beziehen sich auf das Anwachsen der Bevölkerung in Städten mit *jeweils* mehr als 20.000 Einwohnern; die Raten liegen deshalb höher, denn bei der Volkszählung 1971 waren mehr Städte über 20.000 Einwohnern erfaßt worden als 1961. Auf der Grundlage von 72 Städten errechnete auch Withington 1976 Wachstumsindizes der Städte nach Großregionen.

Tabelle 5-4. Wachstum der Städte in Teilregionen

(a) unter Beibehaltung der Stadtgrenzen des Ausgangsjahres (ursprünglicher Gebietsstand)
(v) unter Berücksichtigung der administrativen Stadterweiterungen[a] (jeweiliger Gebietsstand)

Städte im engeren Sinne[b] ("Sichere Städte") in/auf		(1) Gerechnet ab 1930 Jährliche Zuwachsraten in % von ( ) Städten 1930-1961	(2) in % von ( ) Städten 1930-1971	(3) in % von ( ) Städten 1930-1980	(4) Gerechnet ab 1961 Jährliche Zuwachsraten in % von ( ) Städten 1961-1971[c]	(5) in % von ( ) Städten 1961-1980	(6) Gerechnet ab 1971 Jährliche Zuwachsraten in % von ( ) Städten 1971-1980
(1) Republik Indonesien ohne West-Neuguinea	(a) (v)	3,6 (78) 3,9 (134)	3,1 (139) 3,5 (165)	3,1 (144) 3,5 (166)	2,8 (202)	2,9 (207) 3,25(207)	3,0 (352) 3,6 (352)
(2) Sumatra	(a) (v)	3,9 (15) 4,7 (31)	3,1 (36) 4,0 (43)	3,1 (37) 4,2 (43)	2,85(44)	2,8 (44) 3,7 (44)	2,8 (91) 4,35(91)
(3) Nördl. Sumatra	(a) (v)	3,2 (10) 4,8 (23)	2,7 (27) 4,0 (33)	2,6 (28) 4,3 (33)	3,0 (29)	2,6 (29) 4,1 (29)	2,35(62) 4,9 (62)
(4) Südl. Sumatra	(a) (v)	4,4 (5) 4,6 (8)	3,6 (9) 4,1 (10)	3,6 (9) 4,0 (10)	2,7 (15)	3,1 (15) 3,1 (15)	3,4 (29) 3,4 (29)
(5) Java	(a) (v)	3,5 (52) 3,7 (74)	3,2 (75) 3,4 (87)	3,1 (78) 3,4 (87)	2,9 (87)	2,9 (87) 3,05(87)	2,95(157) 3,2 (157)
(6) West-Java (ohne Jkt.)	(a) (v)	3,0 (8) 4,35(16)	2,3 (16) 3,6 (19)	2,3 (16) 3,45(19)	2,0 (21)	2,25(21) 2,5 (21)	2,6 (48) 3,0 (48)
(7) Mittel-Java	(a) (v)	2,2 (23) 2,2 (27)	2,0 (28) 2,0 (34)	2,1 (31) 2,1 (34)	1,7 (34)	2,0 (34) 2,2 (34)	2,3 (61) 2,75(61)
(8) Ost-Java	(a) (v)	2,1 (20) 3,2 (30)	1,9 (30) 3,05(33)	1,9 (30) 3,0 (33)	2,7 (31)	2,6 (31) 2,7 (31)	2,45(47) 2,65(47)
(9) Borneo	(a) (v)	4,0 (7) 4,0 (10)	3,5 (13) 3,8 (14)	3,75(14) 3,9 (15)	2,8 (18)	3,6 (20) 3,7 (20)	4,4 (33) 4,4 (33)
(10) Westl. Borneo	(a) (v)	3,8 (3) 4,0 (4)	3,7 (4) 4,2 (5)	3,5 (6) 4,0 (6)	4,5 (4)	4,0 (5) 4,0 (5)	3,3 (8) 3,3 (8)
(11) Südl. Borneo	(a) (v)	3,75(2) 3,75(2)	3,2 (4) 3,3 (4)	3,2 (4) 3,3 (4)	1,4 (9)	2,2 (10) 2,5 (10)	3,1 (19) 3,1 (19)
(12) Östl. Borneo	(a) (v)	4,5 (2) 4,5 (4)	3,8 (5) 3,8 (5)	4,7 (4) 4,7 (5)	3,2 (5)	5,3 (5) 5,3 (5)	7,7 (6) 7,7 (6)
(13) Ost-Indonesien	(a) (v)	3,15(4) 4,8 (19)	2,6 (15) 4,1 (21)	2,55(15) 4,2 (21)	2,2 (53)	2,5 (56) 3,6 (56)	2,8 (71) 4,7 (71)
(14) Kl. Sunda-Inseln	(a) (v)	4,0 (1) 4,1 (7)	3,5 (3) 4,0 (7)	3,5 (3) 4,6 (7)	3,1 (17)	3,45(20) 5,4 (20)	4,1 (24) 6,7 (24)
(15) Selebes	(a) (v)	1,3 (2) 5,1 (10)	2,3 (10) 4,2 (12)	2,1 (10) 4,1 (12)	1,8 (33)	2,0 (33) 2,9 (33)	2,2 (41) 4,0 (41)
(16) Molukken[d]	(a) (v)	3,9 (1) 3,9 (2)	2,9 (6) 3,4 (6)	3,1 (5) 3,55(6)	3,0 (3)	3,1 (3) 3,1 (3)	3,2 (29) 3,2 (29)
(17) Anhang: West-Neuguinea	(a) (v)	... ...	... ...	... ...	... ...	... ...	5,9 (7) ... ...

[a] Die unter (v) genannte Ortemenge (Zahl in Klammern) schließt die unter (a) genannte Ortemenge (Zahl in Klammern) ein. Die Ortemenge (v) ist die Vereinigungsmenge (nicht die Summe!) der in Fußnote 533 genannten Kategorien (a) und (b). Die dort ebenfalls erläuterte Kategorie (s) sowie Kategorie (b) sind hier nicht ausgewiesen.

[b] Gemäß Abgrenzung gegen Minderstädte; zentralörtlicher Ausstattungskennwert >70.

[c] Das Wachstum unter Berücksichtigung der wenigen in diesem Jahrzehnt erfolgten Städteerweiterungen konnte bei gegebener Quellenlage nicht getrennt ausgewiesen werden; vergl. Fußn. 533, letzter Absatz.

[d] Alle 29 erfaßten Orte, weil nur 6 sichere "Städte" vorhanden.

Die für den Gesamtstaat und die schon behandelten Städtekategorien aus Tab. 5–3 ablesbare Folge – rasches Wachstum bis 1961, verlangsamter Zuwachs im Jahrzehnt bis 1971 und wieder beschleunigtes Wachstum seit 1971 – trifft auch für fast alle unterschiedenen Teilregionen zu. Ausnahmen bilden allein Ost-Java, wo die Städte

Graphik 5-5: Wachstum der Städte in Teilregionen

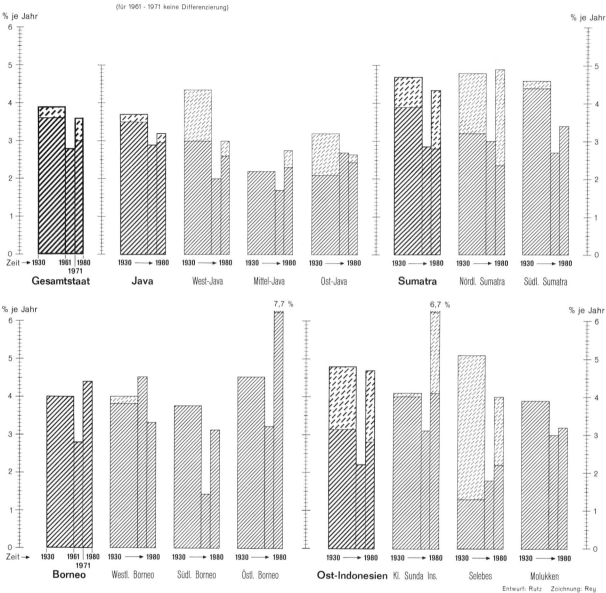

Voll schraffierte Säulen = Wachstum in gleichbleibenden Stadtgrenzen
Gerissen schraffierte Säulen = Wachstum in erweiterten Stadtgrenzen
(für 1961 - 1971 keine Differenzierung)

Entwurf: Rutz   Zeichnung: Rey

in beiden Jahrzehnten seit 1961 verhältnismäßig langsam und gleichmäßig wachsen, sowie West-Borneo, wo im Gegensatz zu allen anderen Regionen der Zuwachs im Jahrzehnt von 1961 bis 1971 sowohl den des früheren als auch den des späteren Zeitabschnittes übertrifft. In Ost-Java ist diese Gleichmäßigkeit des Zuwachses durch die nach 1971 im Vergleich zu anderen Regionen selteneren Stadtgebietserweiterungen verursacht[550]. Für West-Borneo beruht die Regelwidrigkeit auf der sehr kleinen statistischen Menge von nur 4 Städten; ausschlaggebend war hier das besonders rasche Wachstum von Singkawang und Sanggau zwischen 1961 und 1971 (vgl. Tab. 5–6).

---

[550] Alle in Ost-Java vergleichsweise „unterbegrenzten" Kota Madya – nur Surabaya hat ein großzügig zugeschnittenes Stadtgebiet – blieben zwischen 1971 und 1980 ohne Gebietserweiterungen; die für Ost-Java nachgewiesene Erweiterung ist allein auf die Einrichtung der Kota Administratip Jember zurückzuführen (vgl. Fußn. 171). Nach Soegiarso 1980 sollen seit 1980 die Kota Madya Blitar, Madiun, Mojokerto, Pasuruan und Probolinggo eine Erweiterung ihres Territoriums beantragt haben. Bis Mitte 1983 war aber keine Erweiterung erfolgt.

Die Beschleunigung des Städtewachstums seit 1971 hat noch nicht wieder zu jenen Zuwachsraten geführt, wie sie für die Zeit zwischen 1930 und 1961 verzeichnet worden waren. Von vier Ausnahmen abgesehen, ist der Zuwachs in allen Regionen nach 1971 geringer als vor 1961; die Ausnahmen bilden Mittel-Java, Nord-Sumatra, Ost-Borneo und die Kleinen Sunda-Inseln; hier wuchsen die Städte im letzten Zeitabschnitt am schnellsten. Für Mittel-Java war ausschlaggebend, daß die Städte im Zeitraum von 1930 bis 1961 dort besonders langsam, langsamer als in West- und Ost-Java gewachsen waren; dagegen entspricht ihr Zuwachs nach 1971 dem der Nachbarregionen. Grundsätzlich anders lagen die Verhältnisse in den drei abweichenden Außenregionen. Im nördlichen Sumatra wie in Ost-Borneo wuchsen die Städte schon zwischen 1930 und 1961 überdurchschnittlich stark. Im nördlichen Sumatra wurde das Städtewachstum dieser ersten 31 Jahre nur dadurch wieder erreicht – in Tabelle 5–4 und Graphik 5–2 um 1 Promille überschritten –, daß große Stadterweiterungen (Medan, Tebingtinggi, Dumai) stattgefunden hatten. In Ost-Borneo dagegen war der Zuwachs nach 1971 weitaus höher. Hier wuchsen die Städte sogar innerhalb bestehender Stadtregionen seit 1971 um 7,7% je Jahr; entscheidend dafür war die Zuwanderung von außen, denn Landeserschließung, Mineralöl- und Holzwirtschaft boten unmittelbar und mittelbar viele neue Arbeitsplätze. Die Kleinen-Sunda-Inseln erreichten dagegen die hohe Wachstumsrate ihrer Städte seit 1971 infolge einer internen Land-Stadt-Wanderung, die durch verbesserte Verkehrswege in Gang gesetzt wurde; besonders die Regentensitze auf den östlichen drei Inseln Flores, Sumba und West-Timor wuchsen rasch (vgl. S. 125). Auf Bali trug der Fremdenverkehr entscheidend zum Städtewachstum bei; eine Folge ist die große Stadterweiterung von Denpasar im Jahre 1978.

Für West-Neuguinea können zeitlich differenzierte Aussagen zum Städtewachstum nicht gemacht werden, da die Einwohnerangaben der Ortschaften aus den Jahren 1930 und 1961 nicht mehr bekannt sind[551]. Soweit das Wachstum der größeren Orte oder „Städte" seit 1971 verfolgbar ist, ist dieses Wachstum sehr hoch; es liegt bei 5,9% (vgl. S. 132).

5.3. Wachstum einzelner Städte und deren räumliche Zuordnung

5.3.1. Wachstum einzelner Städte seit 1930

Je kleiner die Teilregionen sind, für die das Wachstum der Städte betrachtet wird, um so stärker schlägt die Entwicklung einzelner Städte auf das Städtewachstum der betreffenden Teilregion durch. Bei schlechter Datenlage für die frühen Perioden war es schon im vorstehenden Abschnitt nur noch eine einzelne Stadt, die bestimmte Teilregionen repräsentiert hat, z. B. zwischen 1930 und 1961 auf den Kleinen Sunda-Inseln Denpasar mit 4,0% Wachstum oder auf den Molukken Ambon mit 3,9% Wachstum (vgl. Tab. 5–4, Zeilen (14)(a) und (16)(a)). Das führt dazu, auf das Ausgangsmaterial der bisherigen, räumlich agglomerierten Betrachtung zurückzugreifen und das Wachstum einzelner Städte darzustellen. Im gesamtstaatlichen Vergleich interessiert die Frage, welche Städte in den verschiedenen Zeitabschnitten am raschesten wuchsen und welche anderen Städte stagnierten oder gar Einwohner verloren. Die folgende Betrachtung behandelt das Wachstum ab 1930; für Städte auf Java gibt es – wie schon erwähnt – eine Darstellung der früheren Entwicklung in der „Toelichting op de Stadsvormingsordonnantie 1938"[552].

Aus der Betrachtung des Städtewachstums im Gesamtstaat und in den Teilregionen ist bekannt, daß die Städte in den drei unterscheidbaren Zeitabschnitten – 1930 bis 1961, 1961 bis 1971 und 1971 bis 1980 – nicht gleichmäßig schnell gewachsen waren. Wenn diese Unterschiedlichkeit der Wachstumsgeschwindigkeit für ganze Städtegruppen zu verzeichnen ist, so muß erwartet werden, daß einzelne Städte erst recht Perioden stärkeren und geringeren Wachstums durchlaufen haben.

Für den ersten hier erfaßbaren Zeitabschnitt von 1930 bis 1961 hatte Pauline D. Milone 1964 (S. 1007) und 1966 (Chart VI) eine erste Übersicht erarbeitet[553]. Diese wird in Tabelle 5–5 wiederholt, aber durch Hinweise auf die gleichbleibende oder erweiterte Stadtumgrenzung ergänzt; außerdem wurden einzelne Daten korrigiert.

---

[551] Es muß auch hier darauf hingewiesen werden, daß Archiv-Studien in den Niederlanden zu diesem Zwecke nicht durchgeführt werden konnten.

[552] §§ 3–5, pp. 18–28; vgl. auch Fußn. 309.

[553] Darüber hinaus enthält das Buch von Pauline D. Milone das gesamte Datenwerk von 1930 und 1961. Weitaus weniger umfassend beschäftigten sich auch Withington 1963 und Tan Goantiang 1965 mit dem Wachstum einzelner Städte im Zeitraum von 1930 bis 1961. Withington gibt zusätzlich Differenzierungen nach autochthonen und fremdstämmigen Zuwanderern für das Jahr 1957, Tan Goantiang nach dem Geschlechtsverhältnis 1930 und 1961. Letzteres ermöglicht Rückschlüsse auf Wachstumsursachen.

Tabelle 5–5. Die seit 1930 besonders schnell oder besonders langsam wachsenden Städte

g in gleichbleibenden Stadtgrenzen (ursprünglicher Gebietsstand)
e in erweiterten Stadtgrenzen (jeweiliger Gebietsstand)

Schnell wachsende Städte

Durchschnittl. jährliche Wachstumsraten		(1) Zeitraum 1930 bis 1961[a]	(2) Zeitraum 1930 bis 1980[b]
≧ 8%	e	Pekan Baru 8,9[c]; Watampone 8,6; Pare-Pare 8,0[d]	
< 8% bis 7%	e	Padang Sidempuan 7,0[d]	Pekan Baru 7,5[e]
< 7% bis 6%	e	Langsa 6,8; Pem. Siantar 6,7; Palopo 6,5; Tg. Pinang 6,2; Samarinda 6,1; Medan 6,1; Waingapu 6,1	Watampone 6,5 (g = 4,4); Samarinda 6,0; Takengeon 6,0 (g = 2,9)
< 6% bis 5%	g	Bandung 5,0[f]	
	e	Sengkang-Tempe 5,9; Takengon 5,9; Bandung 5,8 (g = 5,0); Batavia/Jakarta 5,7[g] (g = 4,3); Tg. Karang-Tel. Betung 5,5; Jambi 5,4; Singkawang 5,3[d]; Tg. Redeb 5,2[d]; Manado 5,1; Jember 5,1; Gorontalo 5,0; Makasar/Ujung Padang 5,0	Medan 5,9 (g = 2,2); Denpasar 5,6 (g = 4,1); Pare-Pare 5,4; Kupang 5,2; Batavia/Jakarta 5,1[g] (g = 4,2); Langsa 5,1; Singkawang 5,0 (g = 2,3); Tg. Pinang 5,0 (g = 3,0); Tg. Karang-Tel. Betung 5,0 (g = 3,5); Jember 5,0 (g = 2,5); Cimahi 5,0 (g = 1,7) (Palu, Bitung, Kendari, Kolaka, Palangka Raya, Mataram, Metro, Dumai, Duri, Rt. Prapat, Kisaran wahrscheinlich >5% e, aber keine Einwohner von 1930)
< 5% bis 4%	g	Batavia/Jakarta 4,3[h]; Banda Aceh 4,3; Sibolga 4,2[d]; Bengkalis 4,2; Pgkl. Pinang 4,1[i]; Fort de Kock/Bukittinggi 4,1; Denpasar 4,0; Pontianak 4,0[j];	Watampone 4,4; Batavia/Jakarta 4,2[h]; Balikpapan 4,2; Denpasar 4,1; Pdg. Sidempuan 4,1; Palembang 4,1
	e	Palembang 4,9; Raba-Bima 4,9; Tg. Balai Asah. 4,8; Kupang 4,7; Lhok Seumawe 4,6; Malang 4,5; Ende 4,3[d]; Serang 4,3; Fort v. de Capellen/Batusangkar 4,2; Ternate 4,0; Jombang 4,0 zum Vergleich zu Sp. (2): Poso 3,8; Balikpapan 3,7	Waingapu 4,9[k]; Jambi 4,8; Painan 4,7 (g = 2,6); Poso 4,7 (g = 2,9); Pdg. Sidempuan 4,7 (g = 4,1); Lhok Seumawe 4,5 (g = 1,8); Ketapang (Matan) 4,5 (g = 2,1); Bandung 4,4 (g = 3,9[f]); Palopo 4,4 (g = 2,7); Tg. Redeb 4,4 (g = 1,9); Makasar/Ujung Padang 4,3 (g = 2,3); Binjai 4,3; Raba-Bima 4,2; Bau-Bau 4,2 (g = 2,8); Manado 4,2 (g = 1,3); Sengkang-Tempe 4,2 (g = 2,5); Rengat 4,2 (g = 2,5); Pemangkat (Sambas) 4,2 (g = 2,5)

Stagnierende und schrumpfende Städte

< 1%	g	Purworejo (Bagelen) +0,9; Wates (Yogya) +0,8; Sampang (Madura) +0,7; Indramayu (Cir.) +0,6; Kendal −0,2[l]; Sawahlunto −0,7 (für die übrigen rechts genannten Städte stehen keine Angaben von 1961 zur Verfügung)	Wates (Yogya) +1,0; Sumedang +1,0 (e = 2,5); Kraksaan +1,0 (e = 2,4); Indramayu +0,9; Pgkl. Kota Baru (W.-Sum.) +0,9; Ambarawa +0,8; Lasem +0,8; Sokaraya (Banyumas) +0,8; Ciamis +0,8 (e = 2,7); Eretan (Cir.) +0,8; Silungkang (W.-Sum.) +0,8; Ngofakiaha (Maluku) +0,8; Tarutung (Tap.) +0,7; Lemahabang (Cir.) +0,7; Talang Padang (Lamp.) +0,7 (e = 1,8); Suruaso (W.-Sum.) +0,6; Kandangan (Hulu S.) +0,6; Talu (W.-Sum.) +0,6; Kendal +0,6 (e = 1,6); Karang Sembung +0,6; Purwokerto +0,5 (e = 2,3); Purbalingga +0,5 (e = 1,1); Ciledug (Cir.) +0,5; Ungaran +0,5; Long Pahangei +0,4; Kutoarjo (Bagelen) 0,4; Sungai Limau (W.-Sum.) +0,4; Ngunut +0,2 (e = 1,1); Pariaman +0,2; Sumanik (W.-Sum.) +0,2; Kaliwungu (b. Kendal) +0,1[m]; Menggala 0,0; Bumiayu 0,0[m]; Slawi 0,0[m]; Sawahlunto −0,2

Die Tabelle 5–5 enthält ferner eine entsprechende Städtereihung für das jetzt überschaubare halbe Jahrhundert von 1930 bis 1980. Zwei weitere mögliche Städtereihungen nach dem Wachstum in den Jahrzehnten 1961/1971 und 1971/1980 werden später besprochen (vgl. S. 122 u. 126). Für diese Zeitabschnitte sind sehr viel mehr Orte in die Untersuchungsgesamtheit eingegangen, so daß dadurch diese Reihungen nicht mehr mit den ab 1930 gewerteten Städtereihen vergleichbar sind.

Um aus Tabelle 5–5 richtige Rückschlüsse zu ziehen, muß zunächst folgendes beachtet werden: Die Auswahl der dargestellten Städte hat keine sachbezogene Begründung, sie hängt vielmehr davon ab, von welchen Orten die Einwohnerzahlen des Jahres 1930 veröffentlicht worden waren. Einigermaßen vollständig waren nur diejenigen größeren Städte erfaßt worden, die 1930 schon über 25.000 Einwohner besaßen (vgl. Tab. 5–10, Sp. 1); nur auf diese Städtegruppe bezogen sind die wiedergegebenen Reihungen einigermaßen vollständig. Es gibt daneben zweifelsfrei eine größere Anzahl um 1930 kleinerer Städte, die ähnlich schnell oder schneller gewachsen sind als die erfaßten größeren Städte, doch läßt sich dieses Wachstum ab 1930 nicht mehr belegen.

Die Ursachen für das besonders schnelle Wachstum der in Tabelle 5–5 genannten Städtegruppe sind uneinheitlich. Zunächst muß betont werden: Das Wachstum beruht zwar überall auf starker Zuwanderung, aber das Ausmaß, die Höhe der durchschnittlichen jährlichen Wachstumsrate ist stark von den administrativen Stadterweiterungen abhängig. Der Kennbuchstabe in Tabelle 5–5 gibt zwar einen Hinweis darauf, meistens sind aber quantitative Folgerungen nicht möglich. So sind – streng genommen – nur die mit „g" gekennzeichneten Wachstumsraten untereinander vergleichbar. Andererseits gehören auch die übrigen Orte zu den schnell wachsenden, denn das Wachstum hat ja in der Regel die Stadterweiterungen veranlaßt.

In den meisten Fällen kommen die Anstöße zum schnellen Wachstum aus dem Verwaltungs- und Wirtschaftsausbau der Außeninseln. Die ehemaligen Gewest-Hauptstädte sowie andere speziell geförderte Verwaltungs- und Hafenplätze der Außeninseln sind in dieser Gruppe weitaus überrepräsentiert. Auf Java hatten bis 1961 nur sieben Städte eine mittlere jährliche Wachstumsrate von über 4%. Wie im Falle von Batavia/Jakarta[554], waren auch die Stadtgebiete der übrigen sechs Städte – Bandung, Tasikmalaya, Jember, Malang, Serang und Jombang – vor 1961 bedeutend erweitert worden. Infolge derartiger Stadtgebietserweiterungen erreichten auch

---

Fußnoten zu Tab. 5–5

[a] Die Reihung der Städte und ihre Wachstumsraten stimmen weitgehend mit den Ergebnissen von Pauline D. Milone 1964 (S. 1007) und 1966 (Chart VI) überein; kleine Abweichungen beruhen auf der Berücksichtigung der Zählungsmonate für obige Daten. Für Tarutung und Bau-Bau, die in dieser Spalte fehlen, waren die von Milone 1966 benutzten Einwohnerzahlen von 1961 zu groß; das ergab sich aus der Zensusauswertung von 1971. Für Lhok Seumawe und Pangkal Pinang waren die von Milone 1966 benutzten Einwohnerzahlen von 1930 zu klein; richtigere Werte wurden aus der Enc. v. Ned. Indië, Deel VIII entnommen. Dadurch erscheinen diese beiden Orte mit kleineren Wachstumsraten als bei Milone.

[b] Für Städte, die in dieser Spalte angeführt sind, links aber nicht, konnten die Einwohnerzahlen für 1961 nicht ermittelt werden; Städte, die in der linken Spalte angeführt sind, hier aber fehlen, besaßen bis 1980 Wachstumsraten, die unter 4% oder über 1% je Jahr lagen.

[c] Maximalwert bei Annahme (Withington 1963, S. 79) von 5.000 Einwohnern im Jahre 1930; Minimalwert (1930: 10.000 Einwohner) 6,5%. Vgl. auch Pauline Milone 1966, Chart V, Fußn. 8; wo der von ihr benutzte Ausgangswert herkommt, aus dem sich 13,1% Wachstum errechnet, bleibt unklar, denn die erwähnten „local registration figures" beziehen sich ja nicht auf das Jahr 1930.

[d] Wert für 1961 möglicherweise zu hoch; Nachprüfung nicht ausführbar.

[e] Minimalwert 6,5%; vgl. Fußn. c.

[f] Nicht nach ursprünglichem Gebietsstand, sondern bezogen auf den Gebietsstand von 1961/1980, da für das Stadtgebiet in den Grenzen von 1930 die Einwohnerzahlen von 1961 und 1980 nicht bekannt sind. Das Stadtgebiet von 1961/1980 stimmt aber annähernd mit dem Distrikt Bandung von 1930 überein. Die Einwohner dieser beiden Gebietskörperschaften wurden hier der Zuwachsberechnung zu Grunde gelegt.

[g] Zu Grunde gelegt ist für 1930 die Einwohnerzahl der Doppelstadt Batavia-Meester Cornelis und für 1961 und 1980 die des Sondergebietes der Staatshauptstadt (ab 1950).

[h] Nicht nach ursprünglichem Gebietsstand, sondern bezogen auf den Gebietsstand von 1961/1980, da für das Gebiet der Doppelstadt (2 Stadsgemeenten) Batavia-Meester Cornelis von 1930 die Einwohnerzahlen für 1961 und 1980 nicht bekannt sind. Das 1950 errichtete Sondergebiet der Staatshauptstadt stimmt aber annähernd mit den vier Distrikten Batavia, Weltevreden, Kebayoran und Meester Cornelis von 1930 überein. Die Einwohner dieser vier Distrikte wurden hier der Zuwachsberechnung zu Grunde gelegt.

[i] Mit der bei Tan Goantiang 1965 und Milone 1966 genannten Einwohnerzahl für 1930 von 11.970 hätte Pangkal Pinang ein Wachstum von 5,4% je Jahr. Korrigierte Einwohnerzahl: 17.139 nach Enc. v. Ned. Indië, VIII, S. 279.

[j] Stadtgebietserweiterung möglich aber mit ausgewerteten Quellen nicht belegbar.

[k] Erweitert um Nageri Salido.

[l] Wert für 1961 möglicherweise zu niedrig; Nachprüfung nicht ausführbar.

[m] Ausgangszahl für 1930 umfaßt möglicherweise mehr Desa als 1980 einbezogen wurden; Kontrollrechnungen ergaben, daß die Rate in jedem Falle bei ≤ 1,0% liegt.

einige weitere Groß- und Mittelstädte auf Java zwischen 1930 und 1961 Wachstumsraten, die nur knapp unter 4% lagen, so z. B. Kediri 3,9%, Subang 3,8%, Madiun 3,6% und schließlich Surabaya, Cimahi und Banyuwangi je 3,5%.

Wird die Betrachtung auf das volle halbe Jahrhundert ausgeweitet, so bleiben auf Java nur noch drei von den sieben genannten Städten in dieser schnell wachsenden Gruppe: das sind Jakarta, Bandung und Jember; Cimahi kommt neu hinzu. Die beiden Millionenstädte Jakarta und Bandung erreichten bis 1980 noch etwa 4% Zuwachs in gleichbleibenden Stadträumen. Die Wachstumsanstöße der Staatshauptstadt wirkten über den gesamten Betrachtungszeitraum; die sicher sehr unterschiedlichen Wanderungssalden in den Jahren der Wirren zwischen 1942 und 1950 (vgl. S. 17f.) sind hier von der langfristigen Wachstumstendenz überdeckt. Jakarta gehört zu den am schnellsten wachsenden Städten Indonesiens, weil es mit zunehmender staatlicher Einflußnahme auf alle Zweige des öffentlichen Lebens in seinen Funktionen seit 1930 wesentlich gestärkt wurde (vgl. S. 220) und gleichzeitig bevorzugter Industrieansiedlungsort war (vgl. S. 168)[555]. Diese zweitgenannte Ursache ist auch für das überdurchschnittliche Wachstum von Bandung und Cimahi ausschlaggebend. Cimahi hat die hohe Wachstumsrate von 5% – ebenso wie Jember – allerdings auch den 1974 zum zweiten Mal erweiterten Stadtgrenzen zu verdanken. Ohne diese zweite Stadterweiterung – beide Städte wurden dabei übergrenzt – lägen Jember mit 3,9% und Cimahi mit 3,2% dicht unter der 4%-Schwelle. Auch alle übrigen Städte auf Java besitzen im Gesamtzeitraum weniger als 4% jährliches Wachstum. Sogar Surabaya wuchs – trotz einer Stadterweiterung nach 1961 – nur um 3,6%. Die gleiche Rate erreichte ohne zusätzliche Stadterweiterung auch Malang; etwas schneller wuchsen noch Tasikmalaya mit 3,8% und Serang mit 3,9% je Jahr.

Der Vergleich der Wachstumsraten zwischen den beiden Zeitabschnitten, die in Tab. 5–5 wiedergegeben sind, bestätigt auch ein schon bekanntes Merkmal: Auch für die hier dargestellte, am schnellsten wachsende Städtegruppe hat sich die Bevölkerungszunahme nach 1961 verlangsamt. Die große Mehrzahl der schnell wachsenden Städte – Ausnahmen bilden nur Kupang und Denpasar, Balikpapan und Poso – sind in den ersten 31 Jahren nach 1930 rascher oder gleich schnell gewachsen wie im Gesamtzeitraum bis 1980. Das gilt wahrscheinlich auch für Sukadana (Lampung), Ketapang (Matan), Bau-Bau, Rengat und Pemangkat (Sambas), deren Wachstum bis 1961 unbekannt ist, weil die Einwohnerdaten für 1961 nicht mehr vorliegen. Eine Wachstumsbeschleunigung ist mit Tabelle 5–5 zuverlässig nur für Balikpapan und Denpasar nachgewiesen, weil hier in etwa gleichbleibende Stadtgrenzen zu Grunde liegen[556]. Aber auch Kupang und Poso, deren Stadtgebiete vor 1961 erweitert worden waren, sind innerhalb erneut erweiterter Stadtgrenzen nach 1961 noch rascher gewachsen als vorher.

Im unteren Teil enthält die Tabelle 5–5 diejenigen Städte Indonesiens, die über die beiden langen Fristen bezüglich ihrer Einwohner stagnierten oder gar schrumpften. Zu dieser stagnierenden Städtegruppe müssen alle Orte gerechnet werden, die langsamer als die Gesamtbevölkerung der betreffenden Großregion wuchsen, denn für Indonesien kann davon ausgegangen werden, daß die natürliche Bevölkerungsbewegung in Stadt und Land in etwa gleich ist, weil milieubedingter Geburtenrückgang in den Städten durch den höheren Anteil jüngerer Einwohner im reproduktionsfähigen Alter zumindest ausgeglichen, wenn nicht überkompensiert wird. Die generellen Zuwachsraten für den Gesamtstaat und für die verschiedenen Landesteile im Zeitraum von 1930 bis 1980 sind in Tabelle 1–3, Sp. (7) (S. 32) genannt. Für die folgende Betrachtung einzelner stagnierender Städte kann nicht von den dort erkennbaren Schwellenwerten – im Gesamtstaat liegt das durchschnittliche jährliche Wachstum bei 1,8% – ausgegangen werden, weil damit bei weitem zu viele Städte in die Einzelbetrachtung einbezogen werden müßten. Daher wird die Schwelle im folgenden – auch für die Betrachtung der späteren Jahrzehnte – herabgesetzt; es werden nur diejenigen Städte in die Tabellen 5–5, 5–6 und 5–8 aufgenommen und nach Gründen ihrer Stagnation gesucht, die durchschnittlich langsamer als 1% je Jahr wuchsen.

Tabelle 5–5 weist aus, daß im Zeitraum von 1930 bis 1961 sechs Städte ein durchschnittliches jährliches Wachstum von weniger als 1% besaßen; fünf dieser Städte liegen auf Java oder Madura. Spezielle Ursachen für

---

[554] Batavia war 1930 eine Doppelstadt, die aus den aneinander grenzenden Stadsgemeenten Batavia und Meester Cornelis bestand. 1935 wurde Meester Cornelis nach Batavia eingemeindet (Milone 1966, Chart I, Fußn. 5). In der Volkstelling 1930, Tabel 2 ist für Batavia bereits die Einwohnersumme beider Stadsgemeenten genannt. Das 1950 gebildete „Sondergebiet der Staatshauptstadt Jakarta", dessen Umfang bis heute nur noch unwesentlich verändert wurde, hatte keine gebietskörperschaftlichen Vorläufer; es umfaßt aber annähernd die früheren Distrikte Batavia, Weltevreden, Kebayoran und Meester Cornelis. Dadurch ist es möglich, den Bevölkerungszuwachs für Batavia/Jakarta auch in annähernd gleichem Gebietsumfang zu berechnen. Die administrativen Veränderungen Batavias/Jakartas hat zuletzt Evans 1983 (Tab. 2 u. 3) übersichtlich zusammengestellt.

[555] Schrifttum zur früheren Einwohnerentwicklung von Batavia/Jakarta: Heeren 1955 u. Sethuraman 1976. Die Ph. D. thesis (University of California, Berkeley 1966) von Pauline D. Milone über die „Queen city of the East (Jakarta). The metamorphosis of a colonial capital" konnte vom Verfasser nicht eingesehen werden.

[556] Balikpapan: heutige Kota Madya ohne Kecamatan Panajam (Balikpapan Sebarang); Denpasar: ehem. Kec. Denpasar (bis 1978).

das verlangsamte Wachstum gerade dieser fünf Städte sind nicht bekannt. Bezeichnend ist aber, daß nur eine außerhalb Javas gelegene Stadt zu dieser Gruppe gehört: Es ist die Kohlenbergbaustadt Sawahlunto in West-Sumatra. Die für Sawahlunto zu verzeichnende Schrumpfung beruht eindeutig auf der 1961 gegenüber 1930 stark verringerten Minenbelegschaft[557].

Alle bis 1961 besonders langsam wachsenden Städte haben in den zwanzig Jahren bis 1980 etwas höhere Wachstumsraten zu verzeichnen als vorher. Purworejo und Sampang wachsen im Mittel von 1930 bis 1980 um mehr als 1% jährlich; die übrigen Städte erscheinen auch in der rechten Spalte der Tabelle 5–5. Darüber hinaus sind hier viel mehr Orte verzeichnet, weil der Datensatz für 1980 sehr viel umfangreicher ist, als der für 1961 (vgl. S. 109 f.). Auch hier sind es überwiegend Städte auf Java, die sehr langsam oder gar nicht wuchsen. Neben Kendal, Wates und Indramayu kommen auf Java 18 weitere Orte hinzu, die bis 1980 weniger als 1% jährlichen Zuwachses besaßen. Nur für einige unter diesen Städten ist die Ursache der Stagnation erkennbar[558]: So verloren Kutoarjo in Bagelen und Kraksaan in Ost-Java 1934 die Funktion als Regentensitze; Lasem, dessen von Chinesen geführte Batikmanufakturen schon ab 1928 rückläufig waren, kam nach dem Kriege nicht mehr hoch. Deshalb blieben diese ehemals bedeutenderen Orte weit hinter der allgemeinen Landesentwicklung zurück.

Generelle Ursachen für das verzögerte Städtewachstum auf Java sind der Zusammenbruch der Plantagenwirtschaft in weiten Landesteilen sowie die Konzentration der Textilindustrie; dadurch wurden Handelsaktivitäten und Kaufkraft von vielen kleineren Städten abgezogen. Ein unmittelbarer Zusammenhang mit der Häufung stagnierender Städte in bestimmten Regionen läßt sich dabei nicht herstellen. Auffällig ist eine solche Häufung besonders langsam wachsender Städte in der ehemaligen Residentschaft Cirebon; einschließlich zweier dazu benachbarter Regentensitze, Sumedang und Ciamis, liegen hier 7 Städte in einer Region (vgl. Karte 3). Eine zweite sehr langsam wachsende javanische Städtegruppe setzt sich aus Ambarawa, Ungaran, Kendal und Kaliwungu zusammen – alle im Hinterland von Semarang gelegen. Über die Ursachen dieses Gruppierungseffektes kann keine Aussage gemacht werden; für einige der beteiligten Orte sind die Wachstumsraten möglicherweise etwas höher als in der Tabelle 5–5 angegeben (vgl. dort Fußn. m), sie blieben aber dennoch verhältnismäßig niedrig. Dazu paßt es, daß die Gesamtbevölkerung der beiden betreffenden Regionen weit unterdurchschnittlich zunahm[559]. Die übrigen javanischen Orte, die sehr langsam wuchsen, liegen vereinzelt. Es kann hier, wie auch in den vorgenannten Fällen, die Möglichkeit von Zählungsfehlern im Ausgangsmaterial nicht ausgeschlossen werden.

Unter den stagnierenden 35 Orten befinden sich 14, die auf den Außeninseln liegen. Wenn davon 6 Orte zum Minangkabau-Land in West-Sumatra gehören, dann treffen dafür zwei Begründungen zusammen. Erstens ist das schon um 1930 dicht besiedelte Minangkabau-Land (vgl. S. 33) in der Tat – ähnlich wie Java – kein Raum mit neuer Stadtentwicklung; der moderne Ausbau lag hier schon in der ersten Aufschwungphase (vgl. S. 63), also vor 1930. Es muß aber auch erwähnt werden, daß die Häufung von Orten West-Sumatras im unteren Teil der Spalte 2 (Tab. 5–5) zu Stande kommt, weil aus den ausgewerteten Quellen gerade für West-Sumatra besonders viele Orte mit ihrer Einwohnerzahl von 1930 entnommen werden konnten[560], so daß diese Region im Ausgangsdatensatz zum Einwohnervergleich 1930 zu 1980 überproportional vertreten ist.

Ein Rest von 8 Orten auf den Außeninseln ist aus verschiedenen Gründen sehr langsam oder gar nicht gewachsen. Hierzu gehört auch Menggala in Lampung, das ehemals im Pfefferhandel sehr bedeutend war, aber nach dem Bahnbau schon in den zwanziger und dreißiger Jahren sein Hinterland an Teluk Betung verlor und seitdem stagniert.

---

[557] Gesamtübersicht zur Anzahl der Beschäftigten nach Encycl. v. Ned.-Indië VIII, S. 355 und nach brieflichen Mitteilungen der Werksverwaltung vom 19. 11. und 14. 12. 1983 sowie der Provinz-Verwaltung Sumatera Barat vom 9. 1. 1984 (gerundete Zahlen):

Jahr:	1920	1930	1932	1940	1950	1960	1970	1973	1980	1983
Beschäftigte:	9000	5000	3500	3220	1520	2020	1680	1590	1510	1650

Vgl. auch Tan Goantiang 1965, S. 105, aus dessen Aufschlüsselung nach männlichen und weiblichen Einwohnern sich ablesen läßt, daß Sawahlunto 1930 einen Überschuß von rd. 4.500 Männern besaß, 1961 einen solchen von nur rd. 350.

[558] Das gilt im Zusammenhang mit dieser Darstellung Gesamt-Indonesiens: spezielle Stadt- oder Regentschaftsuntersuchungen könnten sicher hier offen bleibende Fragen klären.

[559] Mittlerer jährlicher Zuwachs 1930 bis 1980

West-Java (ohne Batavia/Jakarta)	1,9%	Mittel-Java (einschl. ehem. Res. Surakarta)	1,2%
Regentschaften der ehem. Residentschaft Cirebon plus Regentschaften Sumedang und Ciamis (Ciamis im Gebietsumfang von 1930).	1,5%	Regentschaften Semarang und Kendal ohne Stadtgebiet von Semarang (in den Grenzen von 1930).	0,8%

[560] Die in Fußn. 525 als Quelle genannte Encyclopaedie van Nederlandsch-Indië enthält im Dl. VIII die Einwohnerzahlen von allen größeren Orten der damaligen Residentie Westkust van Sumatra.

5.3.2. Wachstum einzelner Städte zwischen 1961 und 1971

Auch für das Jahrzehnt von 1961 bis 1971 ist die Anzahl der Städte, für die der Einwohnerzuwachs errechnet werden kann, noch eingeschränkt; das liegt an der immer noch geringen Zahl von Orten, für Einwohner von 1961 veröffentlicht worden waren[561]. Die Tabelle 5–6 zeigt die in diesem Zeitraum besonders rasch wachsenden und die im gleichen Zeitabschnitt stagnierenden Städte. Ähnlich vollständige Übersichten gibt es im Schrifttum

Tabelle 5–6. Die im Jahrzehnt 1961 bis 1971 besonders schnell oder besonders langsam wachsenden Städte

g in gleichbleibenden Stadtgrenzen (ursprünglicher Gebietsstand)[a]
e in erweiterten Stadtgrenzen (jeweiliger Gebietsstand)[a]

Jährliche Zuwachsraten		Städte
≥ 8%	e	Pahandut/Palangka Raya 13,4[b] (g = 4,9); Payakumbuh 11,8 (g = 6,8); Poso 9,2 (g = 2,1); Takengon 9,0 (g = 0,5); Sigli 9,0 (g = 3,1)
< 8% bis 7%	g	Buntok 7,4 g'
	e	Pekan Baru 7,5; Mataram 7,2[c]; Singkawang 7,0 (g = 1,7)
< 7% bis 6%	g	Palu 6,9; Payakumbu 6,8 (e = 11,8); Kolaka 6,4
	e	Muara Enim 6,7 e'; Maros 6,0 (g = 1,6)
< 6% bis 5%	g	Sungguminasa 5,3 g'; Kupang 5,1 g'
	e	Kayu Agung 5,1; Wonogiri 5,0 e'
< 5% bis 4%	g	Pahandut/Palangka Raya 4,9; Sanggau 4,9 g'; Denpasar 4,5; Jakarta 4,4; Metro 4,3; Watampone 4,3; Tanah Grogot (Pasir) 4,2; Tg. Karang-Tel. Betung 4,1; Rantau Prapat (Langkat) 4,1 g'; Kendari 4,1; Tg. Selor 4,0 g'; Samarinda 4,0
	e	Sukoharjo 4,8 e'; Surabaya 4,5; Spg. Binanga E (Barru) 4,3 (g = 2,8)
< 1%	g	Bondowoso +1,0; Karanganyar (Solo) +1,0; Madiun +1,0; Makale +1,0; Muara Teweh +0,9; Soa Siu +0,9; Yogyakarta +0,9; Watan Soppeng +0,9; Curup +0,9; Sibolga +0,9[d]; Pekalongan +0,9; Tasikmalaya +0,8[d]; Tuban +0,8; Blitar +0,8; Purbalingga +0,8; Purwakarta +0,7; Pare-Pare +0,7[d]; Garut +0,6; Kudus +0,6; Indramayu +0,5; Takengon +0,5 (e = 9,0); Pdg. Sidempuan +0,5[d]; Polewali +0,5; Magetan +0,4; Tondano +0,4; Pariaman +0,4; Banjarnegara +0,3; Palopo +0,2; Ende +0,2[d]; Sawahlunto +0,1; Pamekasan +0,1; Pangkajene (Rap.) 0,0[d]; Gunung Sitoli −1,2[d]; Majene −1,3[d]; Mamuju −1,4[d]

[a] Die Angabe „g" und „e" läßt sich in mehreren Fällen nicht exakt belegen. Die Abgrenzung 1961 und 1971 wurde mehrheitlich von den beiden Zensusdefinitionen übernommen. Da diese nicht genau übereinstimmen, konnten gleichbleibende und erweiterte Stadtgrenzen nicht sicher bestimmt werden. Die vermutlich richtigen Verhältnisse wurden mit g' und e' gekennzeichnet.

[b] Erweitert von Desa Pahandut 1961 auf Kec. Pahandut (1971) würde die gesamte, den rein ländlichen Kecamatan Bukit Batu mitumfassende Kota Madya Palangka Raya berücksichtigt werden, ergäbe sich für e = 14,9%.

[c] ohne Ampenan und Cakranegara.

[d] Wert für 1961 möglicherweise zu hoch. Die Unsicherheit besteht für einige der gekennzeichneten Orte in dem meist nicht überprüfbaren Versehen, daß 1961 nicht nur die räumlich zu einer Stadt agglomerierten Desa zusammengefaßt worden waren, sondern darüber hinaus weitere Desa oder Desagruppen, die zu anderen städtischen Orten innerhalb des gleichen Kecamatans gehörten. Es ist das ein Fehler, der ganz vereinzelt auch noch für die Zusammenfassung städtischer Desa in der Volkszählung von 1971 nachweisbar ist.
Scheinbare Bevölkerungsverluste von Brebes (−0,5%), Sumenep (−0,6%) und Karangasem (−0,6) konnten durch diese Überlegung als unwirklich ausgeschieden werden. Ähnliches gilt auch für die Provinz Kalimantan Tengah, wo die Einwohnerwerte von 1961 nicht nur alle städtischen Desa innerhalb eines Kecamatan umfassen, sondern die städtischen Desa der ganzen Regentschaft einschließen. Wenn das für den Vergleich mit den Einwohnern von 1971 nicht erkannt wird, erhalten Pangkalan Buun (+0,9%), Sampit (−1,5%) und Kuala Kapuas (-1,8%) falsche, weitaus zu niedrige Raten. Es wurde auch in allen gekennzeichneten Fällen geprüft, ob sich der Wert von 1961 auf den jeweils gleichnamigen Kecamatan beziehen kann. In einigen Fällen traf das zu, so daß sich im Vergleich zu den städtischen Desa 1971 stark negative Zuwachsraten ergaben, die nicht der Wirklichkeit entsprechen und daher im Falle von Tapaktuan, Martapura (Banjar), Takalar und Makale weggelassen wurden.

bisher nicht, denn Pauline D. Milone hatte für ihre Studien keinen Nachfolger, der das Jahrzehnt 1961 bis 1971 in gleicher Gründlichkeit bearbeitet hätte[562]. Auch hier wird im folgenden nicht das Gesamtmaterial vorgestellt; die Wachstumsraten für alle „sicheren Städte" enthält die Grundtabelle 0–1 im Anhang.

Die extremen Wachstumsraten liegen jetzt höher als in den längeren Zeiträumen seit 1930, denn die durch Stadterweiterungen zu Stande kommenden Einwohnerzunahmen wurden hier auf eine kürzere Reihe von Jahren umgerechnet. In einigen Fällen, in denen für ein und dieselbe Stadt Zuwachsraten für erweiterte und gleichumgrenzte Stadtgebiete errechnet werden konnten, läßt sich nachweisen, daß extrem hohe Zuwachsraten durch besonders umfangreiche Stadterweiterungen verursacht worden sind. Mehrheitlich gehören die gleichen Städte aber auch dann zu den rasch wachsenden, wenn die Einwohnerzunahme auf gleichbleibende Stadtgrenzen bezogen wird; dazu gehören Payakumbu, Poso, Mataram und besonders Pahandut, das zu Palangka Raya erweitert wurde. Diese Städte sowie die anderen genannten Orte mit mehr als 5% Wachstum je Jahr haben zwischen 1961 und 1971 tatsächlich sehr verschiedenartige Wachstumsanstöße erhalten. Alle diese rasch wachsenden Städte liegen auf den Außeninseln; es sind durchweg Hafenplätze oder Hauptstädte neuer Provinzen (vgl. S. 27f.); mit Sungguminasa entwickelte sich eine Trabantenstadt von Ujung Pandang. Auszunehmen aus dieser Gruppe sind einige Orte, die ohne Stadterweiterung nur mittelmäßig oder schwach gewachsen wären, etwa Sigli, Takengon, Singkawang und Maros.

Auch die etwa 16 Orte umfassende Städtegruppe, die zwischen 1961 und 1971 mit 4% bis 5% je Jahr wuchs, wird zu drei Vierteln aus Orten der Außeninseln gebildet. Es handelt sich um vier stark aufstrebende Provinzhauptstädte – Denpasar, Tanjung Karang-Teluk Betung, Kendari und Samarinda – im übrigen um Regentensitze, bei denen die Ursache des besonders starken Wachstums nur für Metro belegbar ist; hier handelt es sich um das Zentrum der Einwanderungsregentschaft Lampung Tengah (vgl. S. 31f.). Sofern nicht ein Zählfehler vorliegt, gilt auch für Tanah Grogot das Wachstum von 4,2% je Jahr ohne Stadtgebietserweiterung; für die übrigen Orte kann eine solche nicht ausgeschlossen werden.

Zur gleichen sehr rasch wachsenden Städtegruppe gehören auch vier Städte auf Java; darunter befinden sich die beiden großen Metropolen Jakarta und Surabaya, aber keine weiteren Großstädte. Das Wachstum von Jakarta und Surabaya hat allerdings nur scheinbar das gleiche Ausmaß: Jakartas neue Einwohner wanderten in das seit 1950 bestehende Stadtterritorium zu, Surabayas Bevölkerungszuwachs zwischen 1961 und 1971 beruht dagegen zum erheblichen Teil auf einer in diese Zeit fallenden, großen Eingemeindung.

Neben den beiden Metropolen wuchsen auf Java nur noch Wonogiri und Sukoharjo mit mehr als 4% je Jahr. Da für 1961 die zu den Städten gerechneten Desa nicht mehr bekannt sind (vgl. Fußn. 561), läßt sich nicht entscheiden, ob diese Raten durch 1971 hinzugezählte weitere Desa, also durch erweiterte Stadtgrenzen bei der Volkszählung 1971, zu Stande gekommen sind, oder ob diese beiden Regentensitze in der Nachbarschaft der Großstadt Surakarta wirklich stark gewachsen sind.

Die Tabelle 5–6 weist im unteren Teil auch diejenigen Städte aus, die zwischen 1961 und 1971 stagnierten. Für ein Viertel der genannten knapp drei Dutzend Orte kann allerdings nicht ausgeschlossen werden, daß sich die Einwohnerzahlen von 1961 auf größere Stadtgebiete beziehen als die von 1971. Dieser Verdacht betrifft besonders solche Orte, die bis 1961 überdurchschnittlich stark gewachsen waren (vgl. Tab. 5–5, Sp. (1)).

---

[561] Archivstudien im Statist. Hauptamt Jakarta am Originalmaterial der Volkszählung 1961 waren nicht möglich. Der Verfasser mußte mit den veröffentlichten Daten vorliebnehmen, die schon von Pauline D. Milone 1964 u. 1966 ausgewertet worden waren. Zusammenstellung der Einwohnerdaten für 1961 auch bei Bhatta 1970.

[562] Hinweis auf Beiträge zum Wachstum einzelner Städte 1961 bis 1971:
1. Die jährlichen Zuwachsraten der 27 Städte über 100.000 Einw. (1971) – zuerst von Mc.Nicoll & Mamas 1973 und von King 1974 (Vorabdruck 1973, Tab. 7) zusammengestellt – sind abgedruckt in: Peta Pembangunan Sosial Indonesia – Indonesian Social Developmental Atlas – 1930–1978, Tabel 14, hrsg. vom Statist. Hauptamt Jakarta 1978.
2. Falsch berechnete jährliche Zuwachs*raten* (Einw. 1961 = 100, prozentuales Wachstum bis 1971 geteilt durch 10) führen Soegijanto & Sugijanto 1976 (b), Tabel 2, für 21 Kota Madya an. Diese Zahlen sind mal 10 zu nehmen und zu 100 zu addieren, um richtige Wachstums*indizes* zu erhalten. Die von den Autoren genannten „Hauptaktivitäten, die zum Wachstum der Städte beitragen", treffen überwiegend zu, reichen aber nicht aus, um den jeweils spezifischen Fall zu erklären.
3. Verhältniszahlen zum Wachstum von 72 Städten zwischen 1930, 1961 und 1971 stellte auch Withington 1976 (Tab. 1 eines „paper") zusammen; Erklärungen für Wachstumsunterschiede gibt er nicht.
4. Mittlere jährliche Zuwachsraten für 32 Kota Madya (> 100.000 Einw.) vergleicht Hugo (in Hugo et al. 1981, S. 64/65) mit dem Städtewachstum 1920 bis 1971 und mit dem des Zeitabschnittes 1971–1980.
5. Mittlere jährliche Zuwachsraten für 19 Kota Madya auf Java nennt auch Evans 1984 (Tab. 1) und vergleicht diese mit den entsprechenden Zuwachsraten zwischen 1971 und 1980. Evans weist (S. 47) auch besonders darauf hin, daß es nötig ist, die Veränderungen der Stadtgebietsgrenzen zu beachten, wenn Wachstumsraten verschiedener Städte verglichen werden sollen (vgl. S. 110).

Dennoch muß in einigen Fällen mit starken Unterschieden des Wachstums vor und nach 1961 gerechnet werden. Sibolga, Tasikmalaya, Pare-Pare, Padang Sidempuan und Ende erhielten in der Tat während der Kolonialzeit und zum Teil noch während des ersten Jahrzehnts der Unabhängigkeit starke Wachstumsanstöße und stagnierten danach in den Jahren des wirtschaftlichen Niedergangs ab 1961. Es sind aber auch Datenfehler für 1961 nicht ganz auszuschließen[563].

Im Gegensatz zur Gruppe der rasch wachsenden Städte sind unter den stagnierenden Städten diejenigen Javas wieder reichlich vertreten; sie bilden die knappe Hälfte dieser Städtegruppe. Es handelt sich – mit Ausnahme von Indramayu – nicht um dieselben Orte, die schon bis 1961 zurückgeblieben waren (vgl. Tab. 5–5). Als allgemeine Ursache der Stagnation im Städtewachstum gilt das wirtschaftliche Chaos nach 1961; die Zuwanderung in die Städte verlangsamte sich, weil sich weniger Menschen aus der sozial besser gesicherten Umgebung ländlicher Bezirke lösten und die zerrüttete Wirtschaft in den Städten weniger Arbeitsplätze anbot. Das galt z. B. für die in jenem Zeitabschnitt nur langsam wachsenden großen Gewerbestädte Yogyakarta, Pekalongan, Tasikmalaya und einige andere. In kleineren Orten kann vereinzelt auch die Flucht vor den Folgen der „Aktion des 30. September" 1965 (vgl. S. 19) zu einer vorübergehenden Schrumpfung der Stadtbevölkerung geführt und damit den Zuwachs im Jahrzehnt verlangsamt haben. Regionale Häufungen der stagnierenden Städte innerhalb Javas sind nicht erkennbar.

Die auf den Außeninseln liegenden Städte, die nach 1961 stagnierten, besitzen dagegen einen regionalen Schwerpunkt in Süd-Selebes, hier liegen 8 dieser 18 Orte; die übrigen sind über andere Teile Ost-Indonesiens und über Sumatra verteilt. Mit Ausnahme von Sawahlunto, das infolge der absinkenden Kohleförderung weiterhin stagniert, sind besondere Ursachen für das verlangsamte Wachstum gerade dieser Städte nicht bekannt. Die vorerwähnten, langsam wachsenden kleinen Minangkabau-Orte West-Sumatras können hier nicht erscheinen, weil für diese die Einwohnerzahlen von 1961 nicht mehr verfügbar sind (vgl. Fußn. 561). Das gilt ebenso für viele andere kleine städtische Siedlungen, die im Jahrzehnt 1961–1971 aus unterschiedlichen Ursachen stagnierten und über den gesamten Archipel verstreut sind.

Die beiden Regionen – Java und Süd-Selebes –, in denen die zwischen 1961 und 1971 stagnierende Städtegruppe besonders zahlreich vertreten ist, besitzen im gleichen Jahrzehnt auch besonders niedrige jährliche Zuwachsraten ihrer Gesamteinwohnerschaft. Diese lag für den Gesamtstaat bei 2,1% je Jahr, für Java ohne Jakarta aber bei 1,8% und für Süd-Selebes bei 1,4%; keine andere Provinz – Yogyakarta ausgenommen – hatte niedrigere Zuwachsraten[564]. Regionen geringen Städtewachstums erweisen sich also erneut als Regionen verhältnismäßig geringen Gesamtbevölkerungswachstums[565].

5.3.3. Wachstum einzelner Städte zwischen 1971 und 1980

Im letzten hier erfaßten Jahrzehnt – genauer in den 9 Jahren zwischen den Volkszählungen von 1971 und 1980 – ist die Zahl der Orte, die extreme Wachstumsraten besitzen, sehr viel größer. Bezüglich der rasch wachsenden Orte ist dafür nicht der erkennbare, leichte Aufschwung des Städtewachstums ausschlaggebend (vgl. S. 111), sondern die wesentlich größere Anzahl der Orte, deren Einwohnerzahlen für beide Stichjahre bekannt sind. Das gleiche gilt auch für die ebenfalls sehr viel größere Zahl der stagnierenden Orte. Um diese Tatsache zu veranschaulichen, sind in der Tabelle 5–7 diejenigen Orte durch einen Punkt gekennzeichnet, für die es auch frühere Wachstumsdaten gibt; die Zahl dieser Orte hat sich gegenüber der Zusammenstellung für das Jahrzehnt 1961/1971 (vgl. Tab. 5–8) nicht vermehrt.

Von den 1.058 Orten, deren jährliche Zuwachsraten für den Zeitraum 1971 bis 1980 errechnet wurden[566], hatten rd. 160 Orte Raten über +4,0%, rd. 145 Orte solche zwischen 0 und +1,0% und schließlich rd. 30 Orte negative Raten, also Einwohnereinbußen[567]. Nicht alle dieser zusammen etwa 335 städtischen Siedlungen sind in den Tabellen 5–7 und 5–8 genannt; es hätten sich darunter zu viele unwichtige Orte befunden. Die Auswahl

---

[563] Soweit möglich wurden zweifelhafte Fälle geprüft; allerdings war die Möglichkeit dazu sehr eingeschränkt, weil über die Desa nichts bekannt ist, die 1961 als städtisch galten (vgl. Fußn. 561). Mögliche Überlegungen sind in Fußn. d in der Tab. 5–6 wiedergegeben.

[564] Bevölkerungswachstum für Gesamtstaat und Provinzen 1961 bis 1971 und 1971 bis 1980 am leichtesten zugänglich im: Buku Saku Statistik Indonesia 1980/81, Tab. II. 1.2.

[565] Vgl. S. 121 u. Fußn. 559; über eine „urban involution" in diesen Regionen könnten erst detaillierte Wanderungsstatistiken Auskunft geben.

[566] Hier einschließlich West-Neuguinea; in Tab. 5–3, Zeile (1), Sp. (6) sind ausschließlich West-Neuguinea 1.051 Orte genannt.

[567] Für alle extrem stark wachsenden Orte und ebenso für alle schrumpfenden Orte wurden die Einwohnerdaten für 1971 und 1980 gesondert überprüft. Einzelne Fehler im Ausgangsmaterial des Statistischen Hauptamtes sind dennoch nicht vollständig auszuschließen.

erfolgte in zwei Schritten: Es wurden zunächst die Städte im engeren Sinne ausgewählt, wie sie im Abschnitt 4.1. (S. 83f.) definiert worden sind; 64 davon hatten Wachstumsraten über 4%, 34 unter 1%. Zweitens wurden diejenigen Orte herausgezogen, die sich durch besondere Lageeigenschaften oder durch besondere Funktionen aus der Masse der Minderstädte abhoben; das waren 75 Siedlungen, die schneller als 4% jährlich wuchsen und 85, die mit weniger als 1% Wachstum stagnierten oder schrumpften. Zur besseren Übersicht wurden beide Ortegruppen nebeneinander in verschiedenen Spalten dargestellt.

Die in der folgenden Tabelle 5–7 angeführten jährlichen Zuwachsraten beziehen sich auf gleichumgrenzte Stadtgebiete. Nur für diejenigen Städte, die nach 1971 als „Kota Madya" erweitert oder mit neuer Umgrenzung zur „Kota Administratip" erklärt worden waren, sind auch die Zuwachsraten für die erweiterten Stadtgebiete aufgenommen worden[568].

Unabhängig von der Kategorisierung der Orte nach Voll- und Minderstädten lassen sich für ihre Gesamtheit drei verschiedene Verursachungen des Wachstums unterscheiden: An erster Stelle stehen – wie in früheren Jahrzehnten – die Wachstumsanstöße, die die zentralen Orte mittlerer und höherer Stufe auf den Außeninseln durch Verwaltungsaufbau und Verkehrserschließung erhalten haben. Auch nach 1971 wird die Mehrzahl der rasch wachsenden Orte aus Regentschafts- und Provinz-Hauptstädten oder verkehrsorientierten Siedlungen gebildet, deren Funktion durch den gerade in diesem Jahrzehnt fortschreitenden Ausbau der Verkehrsinfrastruktur auf den Außeninseln gestärkt wurde[569]. Die Spitzengruppe, die mit mehr als 8% je Jahr wuchs, setzt sich aus vier außerjavanischen Provinzhauptstädten zusammen: Palangka Raya, Palu, Bengkulu und Samarinda. Auch Medan, Denpasar und Kendari haben ähnlich hohe oder sogar noch höhere Zuwachsraten aufzuweisen, jedoch nur infolge großer Gebietserweiterungen. Da diese aber von 1971 unterbegrenzten Stadtgebieten ausgegangen waren, gehören auch diese drei Städte zur Gruppe der besonders rasch wachsenden Städte[570]; Kupang und Mataram stehen dieser Gruppe nur wenig nach.

Das mit 8,2% Wachstum in der Spitzengruppe genannte Depok gehört in die dritte, weiter unten zu behandelnde Verursachungsgruppe (vgl. S. 129).

Die große Zahl der übrigen rasch wachsenden außerjavanischen Verwaltungs- und Verkehrsorte, insbesondere die zahlreichen Regentschaftshauptstädte, die hier vertreten sind, verteilen sich über den gesamten Archipel. Regionale Schwerpunkte deuten sich dabei in Ost-Borneo und auf den östlichen Kleinen Sunda-Inseln an. Für Ost-Borneo war die Zuwanderung überwiegend von außen bestimmt; der hier ausschlaggebende Ursachenkomplex des Städtewachstums wird später behandelt (vgl. S. 128). Anders liegen die Verhältnisse auf Sumba, Flores und Timor[571]. Hier hat infolge der in den siebziger Jahren rasch verbesserten Verkehrserschließung[572] eine Binnenzuwanderung in die Städte eingesetzt, die nun nicht mehr die erste und zweite Stufe überspringt und sogleich in die Großstädte drängt[573], sondern in diesem Jahrzehnt auch die regionalen Mittelzentren zum Ziel hatte. So besaßen sechs von elf Regentschaftshauptorten der Provinz Nusa Tenggara Timur (ohne Kupang) Wachstumsraten von über 4% je Jahr, nämlich Maumere, Bajawa und Ruteng auf Flores, Kalabahi auf Alor, Kefamenanu auf Timor und Waingapu auf Sumba[574].

Die gleiche Wachstumsrate besitzen auch viele weitere Regentschaftshauptorte – meist gestützt auf Motorisierung des Straßen- und Flußverkehrs. In diese Gruppe gehören Gunung Sitoli, Lubuk Sikaping, Painan, Muara Bungo, Bangko, Manna und Metro auf Sumatra, Sanggau, Putus Sibau, Pangkalan Buun, Kuala Kurun, Tamiang Layang, Tanah Grogot und Tanjung Redeb auf Borneo, Sumbawa Besar, Mamuju, Majene, Luwuk und Amahai-Masohi in Ost-Indonesien. Verkehrsverbindungen ins Hinterland und nach außen sind für diese

---

[568] Im Falle sehr starker Überbegrenzungen wurden Ausnahmen gemacht; siehe dazu Fußn. o, p, q in Tab. 5–7. Nur eines der hier zusammengestellten Datenpaare ist im Schrifttum schon genannt, nämlich das für Semarang durch Evans 1984, Tab. 1.

[569] Vgl. dazu die Darstellung der Verkehrsanbindung dieser Städte bei Rutz 1976 (a), Abschn. 2.3. und die dort erläuterten Erreichbarkeitskennwerte.

[570] Padang und Ambon, die kurz vor 1980 ebenfalls starke Ausweitungen ihrer Stadtgebiete erfahren haben, könnten hier auch genannt werden (Padang e = 10,35%; Ambon e = 11,2%). Sie wurden in Tab. 5–7 weggelassen, weil diese administrativen Stadterweiterungen zu bedeutenden Überbegrenzungen geführt haben.

[571] Gemeint ist hier allein der westliche Teil Timors. Die Osthälfte der Insel durchlitt zur gleichen Zeit die Anschlußwirren (vgl. Fußn. 155). Quellen zur Orts- und Stadtentwicklung Ost-Timors – soweit überhaupt vorhanden – konnten hier nicht ausgewertet werden. Bis zum Umbruch von 1975 siehe Metzner 1975 u. 1976.

[572] Durch Straßenbau und Pionier-Programm (Proyek Perintis); vgl. zu den Anfängen dieses Aufschwunges Rutz 1976 (a), S. 118 ff.

[573] Hier wird im konkreten Fall die allgemeine Tendenz unterstrichen, daß die kleineren Stadtgrößenklassen ihre stärksten Wachstumsanstöße erst nach 1971 erhalten haben (vgl. S. 113); die „urban involution" ist hier überwunden (vgl. Evers 1972).

[574] Die Provinz Nusa Tenggara Timur hat von 1971 bis 1980 ein Wachstum aller städtischen Orte von 5,0% je Jahr (5,1% einschl. Stadterweiterungen) und wird damit nur von den Provinzen Ost-Borneo und – einschl. Stadterweiterungen – Nord-Sumatra übertroffen.

Tabelle 5–7. Die im Jahrzehnt 1971 bis 1980 besonders schnell wachsenden städtischen Siedlungen

Jährliche Zuwachsraten[a]	Städte im engeren Sinne [b]	Minderstädte
>8%	• Palangka Raya 9,7 [c]; Depok (Yogya) 8,2[d]; • Palu 8,1 (e = 12,3); • Bengkulu 8,1; • Samarinda 8,1[f]	Soroako-Nikel (Luwu) 25,2; Wasuponda-Ledu-Ledu (Luwu) 20,3; Jabung (Lampung) 14,8; Kuala Tanjung > 13,0 [e]; Muara Badak 12,2; Bontang 12,2; Lewo Leba (Lomblen) 11,2; Banggai 11,2; Batu Ampar (Telok Ayer) 9,2 [g]; Sankulirang 9,2; Negeri Lama (N-Sumatra) 8,3
<8% bis 7%	• Depok (Bogor) 7,9 [g]; • Bekasi 7,8; • Balikpapan 7,8 [h]; Tarakan 7,6; Pegatan (Mendawai) 7,5; • Pangkalan Buun 7,4; Dumai 7,4 (e = 10,5); Tenggarong (Kutai) 7,3 [j]; Tanjung Redeb 7,2 [k]; Maumere (Flores) 7,2; Panjang (Lampung) 7,0; • Kupang 7,0 (e = 7,2)	Koba (Bangka) 7,9; Indrapura (W.-Sum.) 7,7; Citeureup (Bogor) 7,7 [i]; Lab. Maringgai (Lpg.) 7,6; Muara Tebo > 7,5[e]; Pdg. Cermin (Lpg.) 7,4; Parung (Bogor) 7,4; Gungung Tabur (Berau) 7,3; Jebus (Bangka) 6,9; Pulau Bunyu (Balongan) 6,9; Muara Lesan (Berau) 6,8; Air Jambah-Duri (Siak) 6,5; Bula (Seram) 6,4; Sukasari-Pameungpeug (Bandung) 6,1; Buo (Tiga Luhak) 6,1; Pomalaa (Selebes) 6,1; Gilimanuk (Bali) 6,0; Bukit Kemuning (Lampung) 6,0
<7% bis 6%	Kuala Kurun 6,5; Kuta (Badung) 6,3 [l]; Bangko 6,1; • Tanah Grogot 6,1; • Lhok Seumawe 6,0	
<6% bis 5%	Cibinong (Bogor) 5,9; Merak 5,9; • Mamuju 5,9; Bajawa 5,8; • Ruteng 5,7; Amahai-Masohi 5,7; Lab. Lombok 5,7; Banjar Baru 5,7; Lembang 5,5; • Kalabahi 5,4; Bireuen (Aceh) 5,4; Ketapang (Matan) 5,3; Kefamenanu 5,2	Batu Panjang (Rupat) 5,9; Tiga Lingga (Dairi) 5,9; Waru (b. Surabaya) 5,8; Sukadana (Lpg.) 5,8; Watan Sidenreng 5,7; Batu Ceper (Bekasi) 5,7; Indrapura (Asahan) 5,5; Batam 5,6 [m]; Saumlaki 5,5; Martapura (Sum.) 5,5; Laiwui (Obi) 5,4; Lemahabang (Bekasi) 5,4; Sungai Pakning (Siak) 5,3; Curug (Banten) 5,1; Kuala Pembuang (Seruyan) 5,0; Kalianda (Lampung) 5,0; Krui (Lampung) 5,0
<5% bis 4%	Jepara (Lampung) 4,9; Lubuk Sikaping 4,8; • Toli-Toli 4,8; Pangkalan Susu 4,8; Banjaran (Bandung) 4,8; Cilegon (Banten) 4,7; • Muara Bungo 4,7 [n]; • Gunung Sitoli 4,7; Painan 4,6; Tamiang Layang 4,6; • Tanggerang 4,6; Cilacap 4,5; Manna 4,5; Ciwidey (Bandung) 4,5; • Sumbawa Besar 4,4; • Sanggau 4,4; • Putus Sibau 4,3; • Kendari 4,3 (e = 10,0); Leuwiliang (Bogor) 4,2; • Sintang 4,2 [e]; • Majene 4,2; • Jambi 4,2; Anyar (Banten) 4,1; Kota Agung (Lpg.) 4,1; • Pandegelang 4,1; • Luwuk 4,1; • Waingapu 4,1; Metro 4,0; • Tg. Karang-Tel. Betung 4,0 [o]; (Pagar Alam 3,9); (Jakarta 3,9); (Tanjung Selor 3,9); (Sibolga 3,9); (Rembang 3,9); (Wonogiri 3,9); (Selat Panjang 3,9); (Banjarnegara 3,9)	Besitang (Langkat) 4,9; Sungai Apit (Siak) 4,9; Nunukan 4,8; Ampibabo (Selebes) 4,8; Pendopo-Talang Akar > 4,8 [e]; Pecangaan (Mittel-Java) 4,7; Prapat a. Tobasee 4,6; Weetebula-Waikelo (Sumba) 4,6; Beo (Talaud) 4,6; Gantung (Belitung) 4,6; Minas (Siak) 4,5; Nanga Pinoh (Melawi) 4,5; Pulang Pisau (Kahayan) 4,5; Kota Pinang (Lab. Batu) 4,5; Kepahiang (Bengkulu) 4,5; Ciawi (Bogor) 4,5; Cikupa (Banten) 4,4; Aimere (Flores) 4,4; Sungai Selan (Bangka) 4,3; Sedanau (Natuna) 4,3; Pasir Putih (Besuki) 4,3; Tapan (Pesisir Selatan) 4,2; Long Kali (Pasir) 4,2; Parung Panjang (Bogor) 4,2; Pauh (Tembesi) 4,2; Kragilan (Banten) 4,2; Bengkayang (Sambas) 4,0; Wonocolo-Sepanjang (b. Surabaya) 4,0; Simpang Sender (Ranai) > 4,0 [e]
<4% (sofern mit erweitertem Stadtgebiet >4%)[q]	Denpasar 3,9 (e = 12,7); Mataram 3,8 (e = 7,8); Semarang 3,6 (e = 5,2); Cimahi 2,9 (e = 13,0); Jember 2,4 (e = 8,0); Bitung 2,1 (e = 12,9)[p]; Ujung Pandang 1,9 (e = 5,5); Medan 1,6 (e = 8,9); Tebingtinggi (N.-Sum.) 0,6 (e = 13,0)	

[a] Immer in gleichumgrenzten Stadtgebieten; wo zwischen 1971 und 1980 administrative Stadterweiterungen vorgenommen worden waren, ist die auf das erweiterte Stadtgebiet bezogene Zuwachsrate mit der Bezeichnung e angefügt.
[b] Vgl. Abschn. 4.1.; Orte mit Punkt waren schon in den Wachstumsuntersuchungen bis 1971 erfaßt worden.
[c] Zuwachs des Kecamatan Pahandut; Zuwachs in der Kota Madya 9,2% g; Zuwachs des Desa Pahandut 8,6%.
[d] Die Rate bezieht sich auf den Gemeindeverband Caturtunggal, in dem Depok den städtischen Kern bildet.

durch Binnenzuwanderung wachsende Städtegruppe eine wichtige Voraussetzung. Allein ausschlaggebend war die in den siebziger Jahren verbesserte Verkehrserschließung des Archipels für das rasche Wachstum einiger Hafenstädte, die in Tabelle 5–7 genannt sind; hierzu gehören – in Reihung nach abnehmender Größe – Bitung, Panjang, Merak, Labuhan Lombok und (in der rechten Spalte genannt) Gilimanuk auf Bali.

Die gleiche Wachstumsursache – Verkehrserschließung und allgemeiner Landesausbau – trifft auch für viele kleinere städtische Siedlungen zu; soweit es sich um Hafenplätze oder um andere Verkehrssiedlungen handelt, sind diese Orte in der rechten Spalte der Tabelle 5–7 genannt. In einigen Fällen kann extrem starkes Wachstum unmittelbar aus der Intensivierung des Motorschiffs- oder Straßenverkehrs erklärt werden, so für Lewo Leba, einen kleinen Hafenort im Solor-Alor-Archipel östlich von Flores, für Banggai im gleichnamigen Archipel östlich von Selebes oder für Bukit Kemuning als Kraftfahretappenort am sogenannten „Sumatra Highway". Die Kraftverkehrszunahme ist ebenso für das Wachstum von Indrapura und Tapan ausschlaggebend, zwei benachbarte Etappenorte im „Pesisir Selatan" West-Sumatras an der erneuerten Erschließungsstraße nach Kerinci. Mit dieser Größenordnung des Wachstums gibt es noch viele weitere Orte des gleichen Typs: Verkehrszentren kleiner Archipele sind Saumlaki, Laiwui, Nunukan, Beo und Sedanau, als kleine Küstenplätze mit lokalem Umschlag wuchsen Sangkulirang, Labuan Maringgai, Padang Cermin, Batu Panjang (Rupat), Kuala Pembuang, Ampibabo, Waikelo und Aimere sehr rasch und ebenso viele Flußumschlagorte, etwa auf Borneo Gunung Tabur und Muara Lesan (beide Berau), Pulang Pisau (Kahayan), Nanga Pinoh (Melawi) sowie auf Sumatra Muara Tebo und Pauh am Tembesi; schließlich gehört auch Prapat, der Hauptbootsverkehrshafen am Toba-See hierher. Darüber hinaus gibt es viele weitere Straßenknoten- oder endpunkte, an denen die städtischen Siedlungen rasch wachsen, z. B. auf Sumatra Bireun, Besitang, Indrapura (Batubara), Negerilama (Bila), Kota Pinang, Tiga Lingga (Dairi), Buo (Tanah Datar), Simpang Sender Ranai, Martapura und Kalianda[575]; auf Borneo können Bengkayang im Nordwesten sowie Long Kali Pasir im Südosten und auf Selebes Watan Sidenreng hierher gerechnet werden.

Der Landesausbau auf den Außeninseln wird dort besonders gefördert, wo größere Ansiedlungsregionen für landlose Javaner geplant sind oder wo die Mineralölwirtschaft und der Bergbau großräumige Erschließungen vorantreiben. In solchen Regionen wachsen auch die zentralen Orte besonders schnell. Als rasch wachsende Zentren von Neuansiedlungsregionen enthält die Tabelle 5–7 die Städte Jabung, Jepara und Metro, alle in Lampung gelegen.

Wesentlich stärker noch als die Umsiedlungspolitik des Staates beeinflußten nach 1971 der Bergbau und die Mineralölwirtschaft die Landesentwicklung und damit auch den Ausbau und Neuaufbau von Städten. Damit ist eine zweite Gruppe von Städten angesprochen, die seit 1971 sehr rasch wachsen. Ausschlaggebend war die lebhafte Entwicklung der Erdöl- und Erdgasförderung, deren Transporterfordernisse und zum Teil auch deren

---

[575] Kalianda wird in den achtziger Jahren rasch weiter wachsen, denn im Zusammenhang mit der Erweiterung der Kota Madya Tanjung Karang-Teluk Betung zu einer Stadtregion (vgl. Fußn. o in Tab. 5–7) wurde 1982 der Bupati-Sitz für Süd-Lampung von dort nach Kalianda verlegt.

Fußnoten zu Tab. 5–7 Fortsetzung

- e Ausgangswert für 1971 nicht verfügbar; Einwohnerzahl von 1976 wurde statt der von 1971 eingesetzt, dadurch ergibt sich ein Zuwachs-Minimalwert.
- f Zuwachs der städtischen Kecamatan (vgl. Fußn. q, Tab. 1–6 u. Fußn. l, Tab. 5–10); Zuwachs in der Kota Madya 7,4%.
- g Ausgangswert für 1971 nur für gesamten Kecamatan verfügbar, daher Wachstumsrate im Kecamatan.
- h Zuwachs der städtischen Kecamatan (vgl. Fußn. q, Tab. 1–6 u. Fußn. j, Tab. 5–10); Zuwachs in der Kota Madya 8,2%.
- i Durch Gebietsreform im West-Java Zuwachs im erweiterten Stadtgebiet.
- j Minimalwert, da Bezugswerte für 1971 und für 1980 unsicher.
- k Desa Tanjung Redeb und Kampung Bugi; Tanjung Redeb allein 3,9%.
- l Ausgangswert für 1971 nicht verfügbar; Zuwachs bezieht sich auf 4-Jahresabschnitt 1976–1980.
- m Gesamte Insel Batam; alle Orte der Insel sind durch das „Batam-Entwicklungsprogramm" erfaßt und sollen in Zukunft einander ergänzend eine polyzentrische Stadtregion bilden. Die Wachstumsraten einzelner Orte (Nongsa, Batu Ampar, Sekupang) liegen noch höher.
- n Desa-Zuordnung schwierig, Zuwachs daher möglicherweise stärker, maximal 5,4%.
- o Bis 1980 war das Stadtgebiet von Tanjung Karang-Teluk Betung nur einmal (vor 1960) erweitert worden. Die große Erweiterung, die die Stadt gegenwärtig überbegrenzt sein läßt, fand 1982 statt.
- p Nur Kecamatan Bitung Tengah, nicht die überbegrenzte Kota Administratip.
- q Nach sehr ausgedehnten Stadtgebietserweiterungen kurz vor 1980 sind Padang (Zuwachs e = 10,35%) und Ambon (Zuwachs e = 11,2%) stark überbegrenzt und werden deshalb in dieser Zeile nicht angeführt.

Verarbeitung. Das gleiche gilt für andere bergbauliche Großunternehmen auf den Außeninseln. Neben den Städten im engeren Sinne sind es auch mehrere kleine Bergbauorte, deren Einwohnerzahl sich stark erhöhte.

Wie schon in ihrer Gründungsphase nach 1910 (vgl. S. 63) ist Balikpapan in Ost-Borneo die größte Stadt aus dieser Gruppe. Nach verhältnismäßig ruhigem Wachstum bis 1971 erreichte der Einwohnerzuwachs seitdem wieder eine sehr hohe Rate von fast 8% je Jahr. Fast gleich schnell waren die ähnlich strukturierten Hafenstädte Tarakan in Bulungan und Dumai an Sumatras Ostküste gewachsen[576]. Auch Lhok Seumawe verdankt den in Nord-Aceh erschlossenen Öl- und Gasfeldern sowie der im benachbarten Arun errichteten Gasverflüssigungsanlage das rasche Wachstum von 6%.

Noch wesentlich schneller wurden die Siedlungen dort auf- und ausgebaut, wo bergbauliche oder industrielle Entwicklungen in bis dahin unerschlossene Räume vorangetrieben wurden (vgl. Tab. 6–5, Nr. 193 ff.). An erster Stelle steht hier der Nickelerzabbau und die dazugehörigen Anreicherungsanlagen in Luwu auf Selebes, denn die beiden Orte mit dem stärksten Zuwachs überhaupt – Soroako-Nikel und Wasuponda-Ledo-Ledo – gehören hierher. In die gleiche Kategorie kleiner Orte, die durch industrielle Großanlagen stürmisch wachsen, gehört Kuala Tanjung (Batubara/Nord-Sumatra), wo seit 1979 eine Aluminiumhütte errichtet wird, und Bontang an der Kutei-Küste Ost-Borneos, wo die zweite indonesische Gasverflüssigungsanlage seit 1980 arbeitet. Die gesamte Ostküste Borneos verzeichnet infolge der Erdöl- und Erdgasförderung – daneben auch infolge des Booms der Holzwirtschaft und infolge staatlich geförderter Infrastrukturmaßnahmen zur Erschließung großer Umsiedlungsräume – ein besonders schnelles Städtewachstum auf breiter Front (vgl. S. 117); dadurch erscheinen auch Nunukan, Pulau Bunyu, Tanjung Redeb, Gunung Tabur, Muara Lesan, Sangkulirang, Muara Badak, Tenggarong, Long Kali und Tanah Grogot als besonders rasch wachsende Orte in der Tabelle 5–7. Auf Sumatra sind die Orte, die ihr schnelles Wachstum unmittelbar oder mittelbar auf die Mineralölwirtschaft zurückführen, nur noch im Bereich von Siak zu finden; in der Tabelle 5–7 erscheinen: Air Jambah-Duri, Minas, Sungai Pakning, Sungai Apit und Batu Panjang (Rupat). Eine Ausnahme bildet Pendopo im Talang-Akar-Feld Süd-Sumatras. Auffällig ist auch, daß noch vier zentrale Orte in Zinnabbaugebieten auf Bangka und Belitung zu den besonders rasch wachsenden Siedlungsplätzen zählen: das sind Koba, Jebus und Sungai Selan – letzter Ort auch ein lebhafter Segelschiffhafen – auf Bangka und Gantung auf Belitung. Schließlich müssen hier noch die Siedlungen auf der Insel Batam im Riau-Archipel erwähnt werden; unter diesen wuchs Nongsa mit über 10% bis 1980 am schnellsten. Alle Orte der Insel sind aber durch einen umfassenden staatlichen Entwicklungsplan zusammengeschlossen und sollen in Zukunft einander ergänzend eine Stadtregion bilden. Die wirtschaftliche Grundlage werden Freihafenwirtschaft und Industrieansiedlung bilden.

Aus der Reihung der Städte nach ihrem Wachstum im Zeitraum von 1971 bis 1980 läßt sich eine dritte, neue Kraft erkennen, die das Städtewachstum seit 1971 mitverursacht. Zur Gruppe der schnell wachsenden Siedlungsplätze gehören jetzt auch viele auf Java gelegenen Orte. Es sind nicht die großen Städte, die Wachstumsraten über 4% erreichen, sondern mehrheitlich volkreiche Industrieorte in der Umgebung der Millionenstädte. Hier deutet sich an, daß nunmehr auf Java die weitere Bevölkerungsverdichtung in breiteren industriell durchsetzten Stadtumlandräumen stattfindet, daß neben einem mäßig wachsenden, zentralörtlich orientierten Städtenetz nunmehr auch Stadtregionen entstehen[577]. Unter den in Tabelle 5–7 erfaßten, schnell wachsenden Orten Javas sind nur vier Regentschaftshauptstädte, nämlich Cilacap an Mittel-Javas Südküste sowie Bekasi, Tanggerang und Pandegelang in West-Java. Im Falle von Cilacap, Bekasi und Tanggerang ist nicht die Verwaltungsfunktion für das Wachstum maßgebend, vielmehr bestimmen die industriellen und tertiärwirtschaftlichen Arbeitsplätze den Zuzug in diese Städte. Cilacaps Standortvorteil ist dabei der wieder aufgeblühte Hafen[578], für Bekasi und Tanggerang ist die Nähe zur Staatshauptstadt Jakarta als Verbrauchermarkt und Innovationszentrum ausschlaggebend.

---

[576] Dumai erreicht dieses Wachstum zwar nur innerhalb der erweiterten Grenzen der 1980 gebildeten Kota Administratip, es war aber 1971 stark unterbegrenzt und ist daher tatsächlich sehr schnell gewachsen.

[577] Das Problem der Raumordnung in diesen verdichteten Stadtumländern wurde in Indonesien bereits erkannt. Schon im März 1978 fand in Jakarta eine Arbeitstagung über „Modelle zur Einsicht in die Entwicklung von Stadtumlandregionen" statt. Veranstalter waren die schon auf S. 7 und in Fußn. 037 genannten beiden Institutionen. Diese sind auch die Herausgeber eines zweibändigen Tagungsberichtes „Lokakarya Kebidjaksanaan Pengembangan Wilayah Metropolitan" (Jakarta 1978); darin werden die Verdichtungsräume um Jakarta, Surabaya u. Bandung behandelt. Dem gleichen Fragenkreis widmete die Zeitschrift „Widyapura" ein Themenheft „Tentang Kota Metropolitan" (No. 4, Th. II/1979). Band 2 des Tagungsberichtes enthält auch zwei Beiträge in englisch: Abschn. B. (S. 29–60) Team LP 3 ES (vgl. Fußn. 037): „Introductory Paper: Problems and Policies of a Metropolitan Region Development", Abschn. C (S. 61–82) sowie L. Giebels & Hendropranoto Suselo: „The Case of JaBoTaBek Metropolitan Region Development". Die indonesischen Originalfassungen beider Artikel sind in „Widyapura" (Th. 2., 1976) abgedruckt (vgl. Schrifttumsverzeichnis). 1982 erschien im deutschen Schrifttum ein Versuch von Horstmann (1982), Stadtregionen auf Java abzugrenzen.

[578] Vgl. dazu den Beitrag von Eldridge 1972.

Die Lage im Umland der Millionenstädte Jakarta, Surabaya und Bandung fördert auch in fast allen übrigen in Tabelle 5–7 genannten Orten Javas den raschen Aufbau von Industrie und Gewerbe und verursacht in deren Folge das rasche Wachstum. Die in Klammern gesetzten Hinweise auf die Lage (Bogor, Bandung, b. Surabaya) lassen diese Lageeigenart erkennen. Dieses schnelle Wachstum gab den Anlaß, ab 1981 Bekasi und Tanggerang als „Kota Administratip" (vgl. Fn. 171, S. 30) zu verwalten und den gleichen Status auch einer Gruppe von verstädterten Orten ohne gemeinsamen städtischen Kern zuzuerkennen, die um Depok und Beji herum südlich von Jakarta liegen. Das schnellste Wachstum unter den Orten dieser Verursachungsgruppe weist das andere Depok im Gemeindeverband Caturtunggal am Stadtrand von Yogyakarta auf; hier treffen Transportgewerbe (Flughafen), Militär, Hochschulwesen, Fremdenverkehr und Kleinindustrie als Wachstumserreger zusammen. Ausschließlich infolge des Fremdenverkehrs wächst der Badeort Pasir Putih (Besuki). Das gilt auch für das sehr viel bedeutendere Kuta auf Bali, obwohl es im Weichbild der Großstadt Denpasar liegt.

Indem Pandegelang zur Gruppe der besonders schnell wachsenden Städte gehört und auch Rangkasbitung mit 3,4% je Jahr überdurchschnittliche Zuwachsraten besitzt, zeigt es sich, daß diese beiden mittelzentralen Orte in Banten nunmehr in der Lage sind, einen Teil des ländlichen Bevölkerungsüberschusses aufzunehmen[579]; hier sind Investitionen im tertiären Wirtschaftssektor wirksam. Banten erhielt also im letzten Jahrzehnt nicht nur durch die Schwerindustrieansiedlungen in der Nähe von Cilegon (vgl. Tab. 6–5, Nr. 139, S. 177) Entwicklungsanstöße; diese führten dazu, daß neben Cilegon selbst auch Anyar zu den schnell wachsenden Orten gehört.

In einigen der vorgenannten Fälle beruht das besonders rasche Wachstum auf Entwicklungen, die erst in der zweiten Hälfte der siebziger Jahre, etwa infolge von Programmen des zweiten Fünfjahresentwicklungsplanes eingesetzt hatten; das gilt z. B. für Kuala Tanjung, wo die Asahan-Aluminium-Hütte errichtet wird, oder für Nongsa in der Industrieaufbauzone von Batam. Es handelt sich aber nicht allein um industrielle Großvorhaben; in den späten siebziger Jahren erlebten die Randsäume der Malakka-Straße einen starken allgemeinen Wirtschaftsaufschwung. So gibt es gerade dort einige Städte, deren Wachstum im Zeitraum 1971 bis 1980 zwar knapp unter 4% je Jahr lag, die aber in den letzten Jahren vor 1980 sehr rasch wuchsen[580]. Dazu gehören mit jährlich rd. 7% Wachstum seit 1976 Tanjung Pinang, Selat Panjang und Labuhan Bilik. In anderen Landesteilen werden diese Raten nur von solchen Städten erreicht und übertroffen, die schon seit 1971 mehr als 4% Wachstum zu verzeichnen hatten. Eine steigende Wachstumstendenz besitzen auch Pontianak, Ambon und Serang, mehrere weitere Regentschaftshauptstädte der Außeninseln sowie einige zusätzliche Industrieorte auf Java, denn nach 1976 stiegen deren Zuwachsraten auf über 5% an.

Über die durch Tabelle 5–7 belegbaren Entwicklungen hinaus sind für das laufende Jahrzehnt der achtziger Jahre einige Schwerpunkte städtischen Wachstums in Indonesien erkennbar. Die drei erkannten Kräftegruppen: Landes- und Verkehrserschließung der Außeninseln, bergbauliche und industrielle Großprojekte mit regionalen Auswirkungen sowie die Bildung von Stadtregionen auf Java werden sich verstärken. Dadurch wird sich im laufenden Jahrzehnt die Zahl der zentralen Orte – Mittelzentren und gehobene Unterzentren (vgl. S. 211) –, die mehr als 4% Einwohnerwachstum je Jahr aufweisen, mehr als verdoppeln. Besonders schnell wachsen gegenwärtig insbesondere solche Städte, die neue Verwaltungsaufgaben zugewiesen erhielten, oder Orte, die durch Hafen-, Straßen- oder Flugplatzbauten neue Verkehrsaufgaben übernahmen. Hierzu gehören die neuen Regentensitze Argamakmur, ein Ende der siebziger Jahre gegründeter Verwaltungsort für „Bengkulu Utara", Muara Bulian (seit 1980) für „Batang Hari" und Kalianda (seit 1982) für „Lampung Selatan" (vgl. Fußn. 575). Orte mit neuen Tiefwasserhäfen, die nunmehr anwachsen werden, sind Kruëng Raja in Aceh, der neue Fährort Bakahuni auf der Sumatra-Seite der Sunda-Straße, Celukan Bawang an der Nordküste Balis sowie Sape auf Sumbawa und Labuhan Bajo auf Flores, wenn dort durch Hafen- und Straßenbauten die angestrebte Landweg-Fähren-Verbindung Java–Flores hergestellt sein wird.

Im Vergleich zu den siebziger Jahren werden auch die staatlicherseits wesentlich verstärkten Umsiedlungsströme in den neuen Ansiedlungsräumen lokale und regionale Zentren stärken. So werden nicht nur die zentralen Orte in Mittel- und Süd-Lampung rasch weiterwachsen, ebenso werden die Zentren vieler neuer Ansiedlungsgebiete in den Provinzen Aceh, Riau, Jambi, Süd-Sumatra, Bengkulu sowie in Mittel-, Süd- und Ost-Borneo durch den Zuwandererstrom ins Hinterland neue Wachstumsanstöße erhalten.

---

[579] In den umliegenden Regentschaften Lebak (Hauptort Rangkasbitung) und Pandegelang wuchs die Bevölkerung zwischen 1971 und 1980 (einschl. der Städte) mit 2,5% bzw. 2,15%. Auch hier wird der Wandel gegenüber dem Jahrzehnt 1961–1971 deutlich; damals wuchsen die Städte Rangkasbitung mit nur 2,4% und Pandegelang mit 2,25%, die dazugehörigen Regentschaften insgesamt aber mit 2,5% bzw. 2,7% (Quellen für den Zuwachs der Regentschaften siehe Fußn. 525 „für 1980").

[580] Das kann durch die Berechnung des Einwohnerzuwachses zwischen Fas-Des-Erhebung 1976/77 (vgl. S. 5, Pkt. 5) und der Volkszählung 1980 belegt werden.

Am anderen Ende der Wachstumsskala läßt sich für den Zeitraum zwischen 1971 und 1980 ebenfalls eine sehr große Anzahl von Orten nennen, die stagnierten, jedoch nur sehr wenige Orte, die schrumpften. Unter letzteren befinden sich nur vier „sichere Städte" (vgl. S. 83 f.), das sind Pariaman in West-Sumatra[581], Marabahan im Banjarland[582], Atambua auf Timor und Ulu auf Siau. Alle vier Städte sind klein; spezielle Ursachen für die Schrumpfung nach 1971 sind nur für Ulu bekannt. Hier wanderten Einwohner ab, weil der Vulkan Awu ausbrach. Für Pariaman Marabahan und Atambua sowie für alle anderen Fälle kann aber auch grundsätzlich nicht ausgeschlossen werden, daß die Ausgangsdaten falsch sind, also die Einwohnerzahlen für 1971 zu hoch oder die für 1980 zu niedrig vorgegeben sind[583]. In Tabelle 5–8 sind alle nach 1971 schrumpfenden und stagnierenden Orte zusammengefaßt, sofern sie sich durch Funktion oder Lage aus der Masse der Minderstädte abhoben.

In der Gruppe der schrumpfenden Orte sind neben den vier „sicheren Städten" 15 Orte genannt, die vorwiegend auf den Außeninseln liegen. Insgesamt gibt es rd. 30 schrumpfende Orte; nur 7 davon liegen auf Java. Ohne Einwohnerveränderung blieben zwischen 1971 und 1980 6 Orte – darunter nur eine „sichere Stadt" –, dagegen sind es 29 Städte und 65 Minderstädte, für die die Tabelle 5–8 ein sehr schwaches Wachstum von jährlich 1% oder weniger verzeichnet; das ist eine Auswahl aus insgesamt rd. 140 Orten. Die einschließlich der schrumpfenden Orte rd. 175 städtischen Siedlungen zeigen auch in diesem Jahrzehnt die schon von früheren Zeitabschnitten bekannte räumliche Verteilung: 83 Orte – die Städte eingeschlossen –, das ist fast die Hälfte aller stagnierenden und schrumpfenden städtischen Siedlungen, liegen auf Java, darunter 51 in Ost-Java, 28 in Mittel-Java (einschließlich D.I. Yogyakarta) und nur 4 in West-Java. Damit entsprechen die Anteile der im Wachstum zurückbleibenden Orte in Mittel-Java dem Anteil dieser Region an den städtischen Siedlungen insgesamt, in West-Java sind die stagnierenden Orte absolut und relativ selten, in Ost-Java dagegen sind sie stark gehäuft: Ost-Java besitzt einen Anteil an allen städtischen Siedlungen Indonesiens (ohne West-Neuguinea) von 16% (vgl. Tab. 4–1, S. 85), unter den nach 1971 stagnierenden Orten liegen aber 29% in Ost-Java. Überwiegend handelt es sich um kleine zentrale Orte, die infolge zunehmender Motorisierung und besserer Verkehrsverbindungen zum nächst gelegenen höherrangigen Ort relative oder absolute Bedeutungseinbußen erlitten. Diese Erklärung trifft für die Mehrzahl der in Tabelle 5–8 genannten kleineren Orte in allen Landesteilen zu. Die Häufung stagnierender Orte in Ost-Java hängt aber außerdem mit dem verlangsamten Wachstum der Gesamtbevölkerung in dieser Provinz zusammen. Während die Bevölkerung West-Javas (ohne Jakarta) im Zeitraum 1971–1980 mit 2,7% je Jahr wuchs, waren es in Mittel-Java (einschl. Yogyakarta) 1,6% und in Ost-Java nur 1,5%[584]. Es zeigt sich nun, daß die stagnierenden Orte genau in denjenigen Regentschaften liegen, die weit unterdurchschnittliche Zuwachsraten haben[585]. Diese schon für die früheren Zeitabschnitte erkannte Parallele ist auch für Süd-Selebes und Banjar zutreffend. Unter allen stagnierenden und schrumpfenden Orten liegen rd. 6% im Banjarland – gegen 2% bis 3% aller städtischen Siedlungen – und fast 10% – gegen 4% bis 6% bei allen Siedlungen – in Süd-Selebes. Bis in die Gegenwart sind es also Java und die außerjavanischen Verdichtungsräume, deren Städtewachstum in der zweiten Jahrhunderthälfte im Vergleich zur Entwicklung im Gesamtstaat verlangsamt ist.

Anhang

In vorstehender Betrachtung wurden die Städte im Westteil von Neuguinea nicht erwähnt. Ihre Entwicklung läßt sich erst von 1971 an verfolgen; sie unterscheidet sich aber grundsätzlich von derjenigen der Städte auf den indonesischen Inseln, weil auf Neuguinea allochthone Städte entstehen, so wie in vielen Landesteilen Indonesiens während der europäischen Herrschaft. Die Städte entwickeln sich nämlich ohne Einflußnahme, ja ohne

---

[581] Bezieht sich auf Pasar Pariaman. Pariaman stagnierte schon ab 1961; die Ausgangsdaten erscheinen zuverlässig. Unter Einschluß des benachbarten, ebenfalls städtischen Nageri „Lima Koto Air Pampan" schrumpfte Pariaman sogar mit 3,3% je Jahr. Vgl. die in Fußn. 583 gemachte Einschränkung.

[582] Abnahme im Komplex von 5 städtischen Desa gemäß Zählung 1971. Das Desa Marabahan allein wuchs von 1971 bis 1980 mit 2,9%. Die Stadt Marabahan erlebte ihre Blüte vor 1900, als die Bakumpai (Bewohner von Marabahan, Synonym für die Stadt und Name des Kecamatan) den Handel des gesamten oberen Barito-Gebietes beherrschten und hier auch der einzige Verwaltungsposten des Gebietes seinen Sitz hatte.

[583] Für alle schrumpfenden Orte und für viele der stagnierenden Orte wurden die Ausgangsdaten auf mögliche Fehlerquellen untersucht. Irrtümer in der Verfahrensweise wurden ausgemerzt. Dennoch bleibt es in mehreren Fällen zweifelhaft, ob die Daten zutreffen.

[584] nach Buku Saku Statist. Ind. 1980/81, Tabel II. 1.2.

[585] Das sind Pacitan, Ponorogo, Trenggalek, Magetan, Ngawi, Blitar und Banyuwangi (Quelle: Penduduk Indonesia 1980, Seri L, No. 2, Tabel 2). In diesen 7 Regentschaften liegen 31 der 51 stagnierenden Orte Ost-Javas. Darüber hinaus wuchsen die Regentschaften Tulungagung, Madiun, Lumajang, Jember und Bondowoso unterdurchschnittlich; dort liegen wenige oder keine stagnierenden städtischen Siedlungen.

Tabelle 5–8. Die zwischen 1971 und 1980 stagnierenden oder schrumpfenden städtischen Siedlungen

Jährliche Abnahme- oder Zuwachsrate	(1) Städte im engeren Sinne [a]	(2) Minderstädte (Auswahl 85 aus 142)
+1% bis +0,6%	Tondano 1,0; Larantuka 1,0; Ponorogo 1,0; Magetan 1,0; Watan Soppeng 1,0; Sawahlunto 1,0; Pakem (Yogya) 1.0; Rengat 1.0; Tanjung Pura 0,9; Rogojampi b. Banyuw. 0,9; Tebingtinggi (Lahat) 0,9; Sekayu 0,8; Muara Enim 0,8[b]; Sumpang Binanga E (Barru) 0,8; Barabai 0,8; Durenan b. Trengg. 0,7; Cepu 0,7[c]; Wonosobo 0,6; Tebingtinggi (Deli-Serd.) 0,6 (e = 13,0); Gombong-Wonokriyo 0,6; Pinrang 0,6	*Auswahl 44 aus 82* Margasari (Banyar) 1,0; Cijulang (West-Java) 1,0; Kelasan (Yogya) 1,0; Kesamben (Ost-Java) 1,0; Pemangkat (Sambas) 1,0; Kalibaru (Ost-Java) 1,0; Kebonarum (Mittel-Java) 1,0; Mandah (Indragiri) 1,0; Siborongborong (Tapanuli) 1.0; Kopang-Rembiga (Lombok) 0,9; Klampis (Ost-Java) 0,9; Playen (Yogya) 0,9; Darmaraja (West-Java) 0,9; Rao (Pasaman) 0,9; Semin (Yogya) 0,9; Kalianget (Madura) 0,9; Sawahan (Ost-Java) 0,9; Air Molek (Indragiri) 0,9; Kesugihan (Mittel-Java) 0,9; Mladingan (Ost-Java) 0,8; Tempeh (Ost-Java) 0,8; Widodaren (Ost-Java) 0,8; Labuhan Ruku (Asahan) 0,8; Kraas (Ost-Java) 0,8; Tanjung Beringin (Deli-Serd.) 0,8; Randublatung (Mittel-Java) 0,8; Sumpyuh (Mittel-Java) 0,8; Karangjati (Ost-Java) 0,8; Balong (Ost-Java) 0,8; Prajekan (Ost-Java) 0,7; Amurang (Minahasa) 0,7; Wuluhan (Ost-Java) 0,7; Meliau (West-Borneo) 0,7; Tanjung Uban (Riau) 0,7; Takkalala (S.-Selebes) 0,7; Anabanua (S.-Selebes) 0,6; Sukadana (West-Borneo) 0,6; Kulawi (Mittel-Selebes) 0,6; Baturiti (Bali) 0,6; Long Nawang (Ost-Borneo) 0,6; Batui (Ost-Selebes) 0,6; Pulau Kijang (Indragiri) 0,6; Maospati (Ost-Java) 0,6; Jenggawah (Ost-Java) 0,6; Muara Rupit (S.-Sumatra) 0,6
+0,5% bis +0,1%	Kandangan 0,5; Ambarawa 0,4; Tarempa 0,4; Bagan Siapi-api 0,3; Temon (Kulon Progo) 0,3; Rantau (Tapin) 0,2; Talu (Pasaman) 0,2; Pankajene (Kepulauan) 0,1	*Auswahl 21 aus 29* Sumber Lawang (Mittel-Jawa) 0,5; Ploso (Ost-Java) 0,5; Sipirok (Tapanuli) 0,5; Daik (P. Lingga) 0,5; Rongkop (Yogya) 0,5; Elat (Kai Besar) 0,4; Slahung (Ost-Java) 0,4; Peta (Talaud) 0,4; Loano (Mittel-Java) 0,4; Sidareja (Mittel-Java) 0,3; Palingkau (Kapuas Murung) 0,3; Watan Rappang (Selebes) 0,3; Sumber Pucung (Ost-Java) 0,3; Tanete (Süd-Selebes) 0,3; Grabag (Mittel-Java) 0,2; Situraja (Sumedang) 0,2; Wonojoyo Panggul (Ost-Java) 0,2; Balantak (Selebes) 0,2; Tacipi (Bone) 0,1; Negara (Banjar) 0,1; Bagelen (Purworejo) 0,1
±0,0%	Huta Nopan (Tapanuli)	Doplang-Jati (Mittel-Java), Dompyong (Ost-Java), Pampanua (Bone), Tinombo (Tel. Tomini), Daruba-Pitu (Morotai)
<0,0%	Pariaman −0,3; Marabahan −0,7; Atambua −0,2; Ulu (Siau) − 1,2;	*Auswahl 15 aus 26* Sungayang (W.-Sumatra) −0,1; Tuppu (S.-Selebes) −0,1; Sulit Air (W.-Sumatra) −0,2; Kota Baru (W.-Borneo) −0,2; Tanjung Aru (Pasir) −0,3; Camba (S.-Selebes) −0,3; Geser (Seram) −0,4; Purwoharjo (Ost-Java) −0,4; Batu Licin (Tanah Bumbu) −0,4; Ujung Lamuro (Süd-Selebes) −0,5; Sidomulyo (Ost-Java) −0,5; Porsea (Toba) −0,8; Antosari (Bali) −0,8; Pembuang Hulu (Seruyan) −1,4

[a] Zumindest Unterzentren mit Teilfunktionen von Mittelzentren, Ausstattungswert >70, vgl. Abschn. 4.1.
[b] Betrifft Pasar und Marga; Pasar allein wächst mit 2,5% je Jahr.
[c] Nur Kerndesa Cepu; Gesamtstadt mit etwa doppelt soviel Einwohnern wuchs mit etwa 1,5% je Jahr.

wesentliche Zuwanderung der autochthonen Bevölkerung. Ausschlaggebend sind die Vorgaben der indonesischen Verwaltung; das rasche Wachstum ist die Folge des Zustroms städtischer Bevölkerung aus Indonesien, vorwiegend aus Java.

Für 7 Orte läßt sich das Wachstum seit 1971 verfolgen; es liegt für alle 7 Orte zusammen bei 5,9%, also außerordentlich hoch. Die Tabelle 5–9 zeigt die Zuwachsraten dieser 7 Städte seit 1971 und für einige weitere Orte den Zuwachs ab 1977.

Tabelle 5–9. Wachstumsraten der städtischen Siedlungen auf West-Neuguinea

Ortsname	Lage	Jährliche Zuwachsrate 1971–1980 %	Jährliche Zuwachsrate 1977–1980 %
Tembagapura	Südwestküste	...	39
Bokondini	Östliches Hochland	...	14,4
Nabire	Teluk Cendrawasih-Region	...	14,1[a]
Sentani	Nördliches Hügelland	...	13,2
Wamena	Östliches Hochland	...	11,6
Sarmi	Nordküste	...	10,0
Ransiki	Cendrawasih-Region	...	8,1
Merauke	Südküste	6,3[b]	7,3
Abepura	Nordküste	8,6	6,8
Manokwari	Cendrawasih-Region	7,5	6,1
Serui	Teluk-Cendrawasih-Region	5,5	6,1
Inanwatan	Westküste	...	5,7
Sorong	Westküste	6,2	5,0[c]
Fak-Fak	Südwestküste	...	5,0
Jayapura	Nordküste	5,3	4,7
Biak	Insel Biak	7,3	3,2
Waghete	Westliches Hochland	...	3,2
Bintuni	Cendrawasih-Region	...	2,3
Wasior	Teluk Cendrawasih-Region	...	2,2
Enarotali	Westliches Hochland	...	2,2
Kaimana	Südwestküste	...	1,6
Mindiptanah	Südliches Tiefland	...	0,6
Kokonao	Südwestküste	...	0,4
Sokanggo (Tanahmerah)	Südliches Tiefland	...	–0,6
Waren	Teluk Cendrawasih-Region	...	–1,1
Teminabuhan	Westküste	...	–1,5

[a] Kecamatan Nabire
[b] Kecamatan Merauke
[c] im erweiterten Stadtgebiet 7,6%

Es handelt sich mit Jayapura (ehemals Hollandia, später Sukarnapura) um die Verwaltungshauptstadt der Provinz, um die weiteren 8 Regentensitze und um mehrere kleinere Orte mit und ohne Sonderfunktionen. Am schnellsten wuchs die neu gegründete Minenarbeiterstadt Tembagapura am Südabfall des Zentralgebirges; von dort aus wird das Kupfererz des Ertsberges abgebaut, konzentriert und über eine Verladebrücke unweit Timika verschifft. Auch Nabire, das seit 1977 mit 14% wuchs, ist eine neu angelegte Stadt; hierher wurde der Bupati für die Regentschaft Panai gesetzt; die Umgebung wird für bäuerliche Ansiedlung von Javanern erschlossen. Nabire entwickelt sich dank neuer Flugverbindungen rasch zum zentralen Ort für das Hochland westlich des 138. Längengrades. Eine reine Flugplatzsiedlung ist Sentani, 20 km vor Jayapura; von hier aus wird das gesamte Hochland zwischen dem 138. und 141. Längengrad – indonesisch Jayawijaya – versorgt. Als zentraler Verwaltungsort für dieses Hochland wurde Wamena – vormals nur Missionsstation und Marktplatz im Balim-Becken – bestimmt. Auch dieser Ort wächst mit zweistelligen jährlichen Zuwachsraten und entwickelt sich rasch zum wichtigsten Herrschaftszentrum der Indonesier; zugleich wird Wamena auch wichtigstes Akkulturationszentrum der autochthonen Papua-Bevölkerung.

Mit mindestens 5% je Jahr wachsen auch alle übrigen Regentensitze; Biak besaß Anfang der siebziger Jahre den größten Zuwachs, als es noch Flugkreuz für alle Landesteile West-Neuguineas war[586]; hier verlangsamte sich die Entwicklung, seitdem Sorong und Jayapura von Java aus unmittelbar erreichbar sind (etwa ab 1976). Auch für Abepura – dicht bei Jayapura – lag die Hauptzuwanderungszeit am Anfang der siebziger Jahre, als der Betrieb an der dort neu gegründeten Universität aufgenommen wurde. Die große Menge der übrigen kleinen Küstenplätze und Inlandsmarktorte – insgesamt sind es etwa 30 – besitzt in Abhängigkeit von unterschiedlichen Lagemerkmalen, Hinterlands- und Außenverbindungen sehr unterschiedliche Wachstumsraten. Die Tabelle 5–9 nennt einige Beispiele, darunter besonders rasch wachsende Orte wie Bokondini im inneren Hochland oder

---

[586] Vgl. dazu Rutz 1976 (b), S. 131.

Sarmi an der Nordküste, aber auch stagnierende Plätze an unterentwickelten Küstenabschnitten wie Kokonao, Waren oder Teminabuhan[587].

5.4. Wechsel in der Städterangfolge nach Einwohnern seit 1930

Die vorstehend erläuterten, sehr unterschiedlichen Wachstumsraten haben auch die Rangplätze vieler Städte innerhalb des niederländisch-indisch-indonesischen Gesamtstädtesystems seit 1930 verändert. Welche kennzeichnenden Wechsel der Rangplätze haben stattgefunden?

Ausgangspunkt der folgenden Betrachtung ist die Städterangfolge nach Einwohnern im Jahre 1930; sie ist in Tabelle 5–10 in Spalte (1) wiedergegeben[588]. Erfaßt sind alle Städte, die 1930 mehr als 25.000 Einwohner hatten, und ferner einige weitere, später stark gewachsene Orte, die 1930 noch weniger als 25.000 Einwohner besaßen. 1930 gab es 36 Städte mit mehr als 25.000 Einwohnern[589]. Wenn aus den späteren Volkszählungsjahren auch jeweils die geschlossene Reihe der 36 einwohnerreichsten Städte dargestellt wird, dann kommen 12 aufsteigende Städte hinzu[590]; die 36. Stadt hatte 1961 (Jombang) rd. 69.000 Einwohner, 1971 (Probolinggo) rd. 82.000 und 1980 (Sukabumi) rd. 110.000 Einwohner. Die kleinste in der Gruppe dieser 49 Städte war 1930 Pekan Baru – dessen Einwohnerzahl zu dieser Zeit auf maximal 10.000 geschätzt wurde – und 1961 bis 1980 war es Batang mit 1980 knapp 58.000 Einwohnern.

Bei dieser Begrenzung der dargestellten Städtgruppe liegen in allen vier Stichjahren zwei Städte sehr knapp unter der Schwelle: Salatiga, das 1930 an 38. Stelle lag, 1961 an 46., 1971 an 47. und 1980 an 52. Stelle; zweitens Cianjur, dessen Rangzahlen 49, 42, 44 und 41 lauten. Außerdem gab es einige Absteiger, die 1930 mit 22.000 bis 23.000 Einwohnern dicht unterhalb der ausgewählten Gruppe lagen, etwa Purworejo (Bagelen) auf dem 37. Rang, sowie Mojokerto, Tuban und Pati auf dem 40. bis 42. Rang; entsprechend verfehlten einige aufsteigende Städte den Anschluß an die ausgewählte Gruppe nur knapp: das sind Palu, Tanggerang, Tebingtinggi (Nord-Sumatra) und Kupang, die mit noch über 90.000 Einwohnern 1980 die 42., 43., 45. und 46. Stelle einnahmen.

Von den 36 einwohnerreichsten Städten des Jahres 1930 sind bis 1980 27 in dieser Spitzengruppe verblieben, 9 stiegen ab; entsprechend rückten 9 andere Städte nach vorn. Die 9 Absteiger liegen alle auf Java. Die 9 Aufsteiger sind mit Ausnahme von Jember und Cimahi, die 1974 überbegrenzte Stadtgebiete erhielten, Orte der Außeninseln und zwar überwiegend heutige Provinzhauptstädte, deren Wachstum durch eine kräftige Zunahme des Dienstleistungssektors verursacht worden war. Das gilt für Denpasar, Jambi, Samarinda, Pekan Baru und Ambon. Auch Banda Aceh gehört in diese Städtegruppe, denn es verfehlte 1980 den 36. Rang nur knapp. Pematang Siantar hatte 1930 den raschesten Aufstieg schon hinter sich, rückte aber dennoch bis 1980 noch an die 30. Stelle vor. Garut und Jombang erreichten nur 1961 die Spitzengruppe der Sechsunddreißig; Garut erlitt bis 1980 insgesamt geringe, Jombang mit 15 Plätzen mittlere Rangeinbußen. Rückstufungen dieser Größenordnung erfuhren auch Sukabumi, Probolinggo, Pasuruan und Banyuwangi; Sukabumi erhielt damit noch den 36. Platz, die drei letztgenannten Orte verschwanden aus der Spitzengruppe. Wesentlich größere Rangeinbußen erfuhren Kudus, Blitar, Pemalang, Gresik und Tulungagung. Am weitesten fiel Batang zurück, nämlich vom 29. auf den 93. Rangplatz.

Auch die Gruppe der 27 unverändert hochrangigen Städte weist in sich vielerlei Rangplatzwechsel auf. Die generelle Linie zeigt auch hier den Aufstieg der auf den Außeninseln gelegenen Städte und das relative Zurückbleiben der Städte auf Java. Davon ist aber die Spitze unberührt, denn Batavia/Jakarta und Surabaya halten ihren ersten und zweiten Platz unangefochten. 1930 lag an dritter Stelle Semarang; die Nordküsten-Metropole war damals Hauptausfuhrplatz für die blühende Exportwirtschaft Mittel-Javas[591]. Ein vor 1930 geplanter Hafenausbau unterblieb in Folge der damals hereinbrechenden Weltwirtschaftskrise. Semarangs Handelsstellung erlitt erste Verluste und mußte nach dem Kriege weitere Einbußen hinnehmen, denn Bevölkerungszunahme und Mißwirtschaft ließen die Exportkulturen nicht wieder hochkommen; Semarangs Funktio-

---

[587] Die Zuverlässigkeit der Einwohnerangaben entspricht für West-Neuguinea – soweit es die Städte betrifft – derjenigen in den indonesischen Provinzen (vgl. Fußn. 502 u. 583). Die Liste kleiner Orte, für die 1977 und 1980 Einwohnerangaben vorliegen, hätte um ein Vielfaches verlängert werden können; aus Platzgründen wurde darauf verzichtet.

[588] Im Zusammenhang mit der Rangfolgebestimmung nach zentralörtlicher Ausstattung 1930 hatte der Verfasser die Rangfolge nach Einwohnern 1930 erstmals 1980 (Rutz 1980, Tabelle Sp. 9) dargestellt. Vgl. zum folgenden auch Abschn. 7.4., spez. Tab. 7–7 (S. 222f.).

[589] Für alle 36 Städte sind auch die Einwohner von 1961 bekannt (vgl. Fußn. 528).

[590] Ferner wurde Kuta Raja/Banda Aceh als 49. Stadt angeführt, weil es 1980 über 100.000 Einwohner hatte.

[591] Vgl. dazu den Beitrag von Stevens 1979; zum Entwicklungsstand Semarangs am Anfang der siebziger Jahre siehe Atmodirono & Osborn 1974, S. 84ff.

Tabelle 5-10. Städterangfolgen nach Einwohnern 1930 bis 1980

	(1) im Jahre 1930						(2) im Jahre 1961		
Ortsname	Einwohner	Rangplatz 1930	(1961)	(1971)	(1980)		Ortsname	Einwohner	Rangplatz
Batavia [a]	533.015	1	(1)	(1)	(1)		Jakarta [f]	2.973.052	1
Surabaya	341.675	2	(2)	(2)	(2)		Surabaya	1.007.945	2
Semarang	217.796	3	(4)	(4)	(5)		Bandung [f]	972.566	3
Bandung	166.815	4	(3)	(3)	(3)		Semarang	503.153	4
Surakarta (Solo)	165.484	5	(8)	(9)	(9)		Medan [f]	479.098	5
Yogyakarta [b]	146.511	6	(10)	(10)	(10)		Palembang [f]	474.971	6
Palembang	108.145	7	(6)	(6)	(6)		Ujung Pandang [f]	384.159	7
Malang	86.646	8	(9)	(8)	(8)		Surakarta (Solo)	367.626	8
Makasar	84.855	9	(7)	(7)	(7)		Malang [f]	341.452	9
Medan	76.584	10	(5)	(5)	(4)		Yogyakarta [g]	312.689	10
Pekalongan	65.982	11	(23)	(26)	(32)		Banjarmasin [h]	214.096	11
Banjarmasin	65.698	12	(11)	(11)	(11)		Kediri [f]	158.918	12
Buitenzorg	65.431	13	(14)	(15)	(16)		Cirebon [f]	158.299	13
Kudus	54.524	14	(31)	(41)	(49)		Bogor	154.092	14
Cheribon	54.079	15	(13)	(17)	(21)		Pontianak [h]	150.220	15
Magelang	52.947	16	(24)	(27)	(33)		Padang [f]	143.699	16
Padang	52.054	17	(16)	(14)	(15)		Tg.Karang-Tel.Betung [f]	133.091	17
Kediri	48.567	18	(12)	(16)	(22)		Manado [f]	129.912	18
Pontianak	45.196	19	(15)	(12)	(12)		Tasikmalaya [f]	125.525	19
Tegal	43.015	20	(27)	(28)	(26)		Madiun [f]	123.373	20
Madiun	41.872	21	(20)	(21)	(29)		Pematang Siantar [f]	114.870	21
Probolinggo	37.009	22	(37)	(36)	(38)		Jambi [f]	113.080	22
Pasuruan	36.973	23	(40)	(43)	(40)		Pekalongan [g]	102.380	23
Sukabumi	34.191	24	(29)	(31)	(36)		Magelang	96.454	24
Purwokerto	33.266	25	(28)	(32)	(31)		Jember [f]	94.089	25
Tulungagung	31.767	26	(52)	(58)	(80)		Balikpapan [h]	91.706	26
Balikpapan	29.843	27	(26)	(24)	(18)		Tegal [g]	89.016	27
Pemalang	29.249	28	(57)	(68)	(76)		Purwokerto [f]	80.556	28
Batang	28.655	29	(>62)	(81)	(93)		Sukabumi [g]	80.438	29
Cilacap	28.309	30	(48)	(42)	(34)		Garut [f]	76.244	30
Blitar	27.846	31	(41)	(49)	(57)		Kudus	74.911	31
Manado	27.544	32	(18)	(18)	(23)		Banyuwangi [f]	72.467	32
Grisee	25.621	33	(62)	(66)	(78)		Gorontalo [f]	71.378	33
Tasikmalaya	25.605	34	(19)	(22)	(28)		Pekan Baru [h]	70.821	34
Banyuwangi	25.185	35	(32)	(33)	(48)		Samarinda [f]	69.715	35
Tg.Karang-Tel.Betung	25.170	36	(17)	(13)	(13)		Jombang [f]	68.963	36
Garut	24.219	39	(30)	(38)	(44)		Probolinggo [f]	68.828	37
Jambi	22.071	44	(22)	(19)	(19)		Cimahi [f]	64.226	39
Cimahi	21.994	45	(39)	(37)	(17)		Pasuruan	63.408	40
Jombang	20.380	50	(36)	(39)	(65)		Blitar [f]	62.972	41
Jember	20.222	51	(25)	(25)	(20)		Denpasar	56.780	46
Pematang Siantar	17.429 [c]	63	(21)	(23)	(30)		Ambon	56.037	47
Amboina	17.334	65	(47)	(40)	(35)		Cilacap	55.333	48
Denpasar	16.639	68	(46)	(34)	(14)		Mataram	50.000 [d]	51
Gorontalo	15.603	74	(33)	(35)	(39)		Tulungagung	48.500 [i]	52
Mataram	12.000 [d]	106	(51)	(30)	(25)		Pemalang	42.533	57
Samarinda	11.086	112	(35)	(29)	(24)		Banda Aceh	40.067	60
Kuta Raja	10.724	118	(60)	(59)	(37)		Gresik	38.998	62
Pekan Baru	10.000 [e]	125	(34)	(20)	(27)		Batang	...	>62

Fußnoten siehe S. 136

Tabelle 5-10. Fortsetzung

(3) im Jahre 1971			(4) im Jahre 1980					
Ortsname	Einwohner	Rangplatz	Ortsname	Einwohner	Rangplatz (1930)	(1961)	(1971)	1980
Jakarta [g]	4.579.303	1	Jakarta	6.503.449	(1)	(1)	(1)	1
Surabaya [f]	1.556.255	2	Surabaya	2.027.913	(2)	(2)	(2)	2
Bandung	1.201.730	3	Bandung	1.462.637	(4)	(3)	(3)	3
Semarang	646.590	4	Medan [f,m]	1.378.955	(10)	(5)	(5)	4
Medan	635.562	5	Semarang [f,m]	1.026.671	(3)	(4)	(4)	5
Palembang [g]	582.961	6	Palembang	787.187	(7)	(6)	(6)	6
Ujung Pandang	434.168	7	Ujung Pandang [f]	709.038	(9)	(7)	(7)	7
Malang [g]	422.428	8	Malang	511.780	(8)	(9)	(8)	8
Surakarta (Solo)	414.285	9	Surakarta (Solo)	469.888	(5)	(8)	(9)	9
Yogyakarta	342.267	10	Yogyakarta	398.727	(6)	(10)	(10)	10
Banjarmasin	281.673	11	Banjarmasin	381.286	(12)	(11)	(11)	11
Pontianak [f]	217.555	12	Pontianak	304.778	(19)	(15)	(12)	12
Tg.Karang-Tel.Betung [g]	198.986	13	Tg.Karang-Tel.Betung [n]	284.275	(36)	(17)	(13)	13
Padang	196.339	14	Denpasar [f,m]	261.263	(68)	(46)	(34)	14
Bogor	195.882	15	Padang [o]	259.740	(17)	(16)	(14)	15
Kediri	178.865	16	Bogor	247.409	(13)	(14)	(15)	16
Cirebon	178.529	17	Cimahi [f,m]	246.239	(45)	(39)	(37)	17
Manado	169.684	18	Balikpapan [p]	234.677	(27)	(26)	(24)	18
Jambi	158.559	19	Jambi	230.373	(44)	(22)	(19)	19
Pekan Baru [f]	145.030	20	Jember [f,m]	227.113	(51)	(25)	(25)	20
Madiun	136.147	21	Cirebon	223.776	(15)	(13)	(17)	21
Tasikmalaya	135.919	22	Kediri	221.836	(18)	(12)	(16)	22
Pematang Siantar	129.232	23	Manado	217.159	(32)	(18)	(18)	23
Balikpapan [f,j]	118.817	24	Samarinda [q]	207.637	(112)	(35)	(29)	24
Jember	113.241	25	Mataram [f]	199.365	(106)	(51)	(30)	25
Pekalongan	111.537	26	Tegal [r]	194.134	(20)	(27)	(28)	26
Magelang	109.938	27	Pekan Baru	186.262	(>125)	(34)	(20)	27
Tegal [k]	105.752	28	Tasikmalaya	165.297	(34)	(19)	(22)	28
Samarinda [f,l]	102.794	29	Madiun	150.562	(21)	(20)	(21)	29
Mataram	100.914	30	Pematang Siantar	150.376	(63)	(21)	(23)	30
Sukabumi	96.157	31	Purwokerto	149.521	(25)	(28)	(32)	31
Purwokerto	94.048	32	Pekalongan [k]	132.558	(11)	(23)	(26)	32
Banyuwangi	88.918	33	Magelang	123.484	(16)	(24)	(27)	33
Denpasar	88.029	34	Cilacap	113.893	(30)	(48)	(42)	34
Gorontalo	82.320	35	Ambon [s]	111.914	(65)	(47)	(40)	35
Probolinggo	82.008	36	Sukabumi	109.994	(24)	(29)	(31)	36
Cimahi	81.930	37	Banda Aceh [t]	107.955	(118)	(60)	(59)	37
Garut	81.087	38	Probolinggo	100.296	(22)	(37)	(36)	38
Jombang	80.643	39	Gorontalo	97.628	(74)	(33)	(35)	39
Ambon [f]	79.636	40	Pasuruan	95.864	(23)	(40)	(43)	40
Kudus	79.186	41	Garut	93.776	(39)	(30)	(38)	44
Cilacap	76.063	42	Banyuwangi	90.359	(35)	(32)	(33)	48
Pasuruan	75.266	43	Kudus	90.111	(14)	(31)	(41)	49
Blitar	67.856	49	Blitar	78.503	(31)	(41)	(49)	57
Tulungagung	53.794	58	Jombang	69.703	(50)	(36)	(39)	65
Banda Aceh [k]	53.668	59	Pemalang	63.813	(28)	(57)	(68)	76
Gresik	48.452	66	Gresik	63.173	(33)	(62)	(66)	78
Pemalang	47.239	68	Tulungagung	61.728	(26)	(52)	(58)	80
Batang	41.382	81	Batang	57.771	(29)	(>62)	(81)	93

Fußnoten siehe S. 136

nen wurden „provinziell". Dementsprechend stagnierte auch die Entwicklung als Industriezentrum, nicht zuletzt wegen des weiterhin vernachlässigten Hafenausbaues, der erst Anfang der achtziger Jahre in Angriff genommen wurde. So verlor Semarang gegenüber 1930 stark an Bedeutung (vgl. S. 220).

Bandung entwickelte sich dagegen – vom Staat gefördert und verkehrsmäßig auf Jakarta orientiert – zu einer lebhaften Industrie-Metropole; es überflügelte Semarang nach Einwohnern schon 1961. Trotz einer erheblichen Stadtgebietserweiterung im Jahre 1974 fiel Semarang zu diesem Zeitpunkt auf den 5. Platz – sogar noch hinter Medan – zurück, weil der Kota Madya Medan im gleichen Jahr noch viel mehr Nachbarorte hinzugefügt worden waren, darunter auch das gut 20 km entfernte Belawan[592].

1930 folgten auf die viertgrößte Stadt Bandung die nach Einwohnern nur wenig kleineren Fürstenresidenzen Surakarta und Yogyakarta. Infolge des Aufstiegs der außerjavanischen Metropolen (vgl. Tab. 7–7, S. 222f.) gaben die ehemaligen Residenzstädte den 5. und 6. Rang ab und gelangten bis 1980 auf den 9. und 10. Rang. Auch Malang – 1930 nur gut halb so groß wie die Fürstenstädte – rückte bis 1961 in die gleiche Größenordnung vor, überflügelte sie bis 1971 und behauptete damit den 8. Rangplatz. Nach den zwei „Aufsteigern" Medan und Makasar/Ujung Pandang folgte 1930 an 11. Stelle mit Pekalongan ein „Absteiger"; der Rangverlust liegt nur zum Teil am relativen Bedeutungsrückgang als zentraler Ort (vgl. Tab. 7–7), Pekalongan ist mit 15 qkm Stadtfläche auch deutlich unterbegrenzt; 1930 waren es schon 12 qkm.

1930 folgten auf dem 12. und 13. Platz Banjarmasin und Buitenzorg mit fast gleicher Einwohnerzahl von Fünfundsechzigeinhalbtausend. Obwohl Buitenzorg – nach 1942 Bogor – 1980 nur noch knapp zwei Drittel der Einwohner von Banjarmasin besaß, verlor es nur drei Rangplätze, während Banjarmasin einen Rangplatz gewann; beide Städte hielten also ihre Stellung im Gesamtfeld. Das gilt auch für Padang, das sich 1980 knapp vor Bogor schob, 1930 aber noch vier Ränge tiefer als Bogor – damals Buitenzorg – angesiedelt war.

---

[592] Ergänzung zur Tab. 5–10: Einwohner 1980 in den Stadtgrenzen von 1971: Semarang 889.600, Medan 733.813.

Fußnoten zu Tab. 5–10

[a] Stadsgemeenten Batavia und Meester Cornelis; Einwohner 1930 im späteren Sadtgebiet von 1961 etwa 812.000 (vergl. Fußn. h in Tab. 5–5).

[b] Yogyakarta allein: 136.649; hier einschl. Kotagede.

[c] Einwohner 1930 nach Enc.v.Ned.Indie, Dl.VIII, S.287; ältere amtliche Einwohnerangabe: 15.328.

[d] Geschätzt; einschl. Ampenan und Cakranegara.

[e] Nach Withington 1963, S.79.

[f] Stadtgebiet gegenüber der früheren Volkszählung wesentlich erweitert.

[g] Stadtgebiet gegenüber der früheren Volkszählung unwesentlich erweitert.

[h] Stadtgebietserweiterung möglich, aber mit den ausgewerteten Quellen nicht belegbar.

[i] geschätzt; amtl. Zahl: 62.069 Einwohner; diese schließt aber vermutlich vier als städtisch gewertete Desa aus dem benachbarten Kecamatan Kedungwaru ein, die 1930, 1971 und 1980 nicht einbezogen worden waren.

[j] Kota Madya 137.782 Einwohner, entsprechend 22. Rang (unter Einschluß Kota Madya Samarinda). Da die Kota Madya ein großes Territorium südlich der Balikpapan-Bucht einschließt, ist hier der Kecamatan Penajam (Balikpapan Seberang) nicht mitgezählt (vergl. Fußnote q, Tab. 1-6).

[k] Stadtgebiet unterbegrenzt.

[l] Kota Madya 137.782 Einwohner, entsprechend 21. Rang. Da die Kota Madya eine große Region umschließt, sind hier nur Einwohner der Kecamatan S.Ulu, S.Ilir und S.Seberang zusammengefaßt worden (vergl. Fußn. q, Tab. 1-6).

[m] Stadtgebiet überbegrenzt.

[n] Die bedeutende überbegrenzende Stadterweiterung von 1982 ist hier noch nicht relevant.

[o] Bedeutende überbegrenzende Stadterweiterung kurz vor 1980 ist hier nicht berücksichtigt; Kota Madya einschl. Stadterweiterung 480.922 Einwohner, entsprechend 9. Rang.

[p] Kota Madya 280.675 Einwohner entsprechend 14. Rang; Begründung für kleinere Einwohnerzahl siehe Fußn. j.

[q] Kota Madya 264.718 Einwohner entsprechend 15. Rang (unter Einschluß Kota Madya Balikpapan); Begründung für kleinere Einwohnerzahl siehe Fußn. l.

[r] Kota Madya allein 131.728 Einwohner, entsprechend 33. Rang; da Kota Madya stark unterbegrenzt, ist hier der Kecamatan Sumurpanggang zum Stadtgebiet hinzugerechnet worden.

[s] Ohne Obdachlose und Schiffsvolk; Gesamteinwohnerzahl maximal 113.110; dabei wurde die bedeutende überbegrenzende Stadterweiterung kurz vor 1980 nicht berücksichtigt; Kota Madya 1980 einschl. Stadterweiterung 208.898 Einwohner, entsprechend 25. Rang (unter Einschluß Kota Madya Samarinda).

[t] Kota Madya allein 72.090 Einwohner, entsprechend 63. Rang; da Kota Madya stark unterbegrenzt, ist hier der stadtnahe Westteil (Ule Lhee) des aus zwei getrennten Gebietsteilen bestehenden Kecamatan Aesjid Raya zum Stadtgebiet hinzugerechnet worden.

Auch die weiteren Oberzentren der Außeninseln (vgl. Tab. 7–7) – Pontianak, Balikpapan, Manado und Tanjung Karang-Teluk Betung – besaßen überproportionale Einwohnerzuwächse und rückten um zehn bis zwanzig Plätze auf; alle anderen Städte, die 1930 den 18. bis 36. Rang einnahmen, lagen auf Java und erlitten größere oder kleinere Rangeinbußen. Nur Cilacap konnte infolge seines Hafenausbaus nach 1971 wieder deutlich vorrücken[593], aufgestiegen war allein Tasikmalaya und zwar schon vor 1961; von da ab verlor es wieder fast 10 Rangplätze.

In der Tabelle 5–11 sind die Rangplatzwechsel noch einmal übersichtlich zusammengefaßt; die Städte sind nach Einwohnern 1980 gereiht. Als „weiteste Aufsteiger" erweisen sich Pekan Baru, Samarinda, Mataram und Banda Aceh, gefolgt von Denpasar und einer Gruppe weiterer Orte der Außeninseln, die alle mehr als 20

Tabelle 5-11. Rangplatzwechsel der Städte nach Einwohnern zwischen 1930 und 1980

(1) Rangplatz 1930	Ortsname	(2) 1930 bis 1961	(3) 1961 bis 1971	(4) 1971 bis 1980	(5) Rangplatzwechsel 1930-1980	(6) Rangplatz 1980
1	Batavia/Jakarta	0	0	0	0	1
2	Surabaya	0	0	0	0	2
4	Bandung	+ 1	0	0	+ 1	3
10	Medan	+ 5	0	+ 1	+ 6	4
3	Semarang	- 1	0	- 1	- 2	5
7	Palembang	+ 1	0	0	+ 1	6
9	Makasar/Ujung Pandang	+ 2	0	0	+ 2	7
8	Malang	- 1	+ 1	0	0	8
5	Surakarta (Solo)	- 3	- 1	0	- 4	9
6	Yogyakarta	- 4	0	0	- 4	10
12	Banjarmasin	+ 1	0	0	+ 1	11
19	Pontianak	+ 4	+ 3	0	+ 7	12
36	Tg.Karang-Tel.Betung	+19	+ 4	0	+23	13
68	Denpasar	+22	+12	+20	+54	14
17	Padang	+ 1	+ 2	- 1	+ 2	15
13	Buitenzorg/Bogor	+ 1	+ 1	+ 1	+ 3	16
45	Cimahi	+ 6	+ 2	+20	+28	17
27	Balikpapan	+ 1	+ 2	+ 6	+ 9	18
44	Jambi	+22	+ 3	0	+25	19
51	Jember	+26	0	+ 5	+31	20
15	Cheribon/Cirebon	+ 2	- 4	- 4	- 6	21
18	Kedri	+ 6	- 4	- 6	- 4	22
32	Manado	+14	0	- 5	+ 9	23
112	Samarinda	+77	+ 6	+ 5	+88	24
106	Mataram	+55	+21	+ 5	+81	25
20	Tegal	- 7	- 1	+ 2	- 6	26
126	Pekan Baru	+92	+14	- 7	+99	27
34	Tasikmalaya	+15	- 3	- 6	+ 6	28
21	Madiun	+ 1	- 1	- 8	- 8	29
63	Pematang Siantar	+42	- 2	- 7	+33	30
25	Purwokerto	- 3	- 4	+ 1	- 6	31
11	Pekalongan	-12	- 3	+ 6	- 9	32
16	Magelang	- 8	- 3	- 6	-17	33
30	Cilacap	-18	+ 6	+ 8	- 4	34
65	Amboina/Ambon	+18	+ 7	+ 5	+30	35
24	Sukabumi	- 5	- 2	- 5	-12	36
118	Kuta Raja/Banda Aceh	+58	+ 1	+22	+81	37
22	Probolinggo	-15	+ 1	- 2	-16	38
74	Gorontalo	+41	- 2	- 4	+35	39
23	Pasuruan	-17	- 3	+ 3	-17	40
39	Garut	+ 9	- 8	- 6	- 5	44
35	Banyuwangi	+ 3	- 1	-15	-13	48
14	Kudus	-17	-10	- 8	-35	49
31	Blitar	-10	- 8	- 8	-26	57
50	Jombang	+14	- 3	-26	-15	65
28	Pemalang	-29	-11	- 8	-48	76
33	Grisee/Gresik	-29	- 4	-12	-45	78
26	Tulungagung	-26	- 6	-22	-54	80
29	Batang	-34	-18	-12	-64	93
	Summe der positiven Rangplatzwechsel	+554	+ 88	+110	+655	
	Summe der negativen Rangplatzwechsel	-239	-102	-179	-420	
	Gesamtvariation	793	190	289	1075	
	Gesamtvariation je Jahr	25,6	19,0	32,1	21,5	

Rangplätze gewonnen haben; allein Cimahi und Jember, nur zwei Städte auf Java, verzeichnen ähnlich hohe Rangzugewinne. Wie schon gesagt, liegen alle Städte mit Rangeinbußen auf Java; Batang, Tulungagung, Gresik und Pemalang fallen am weitesten zurück.

Die Summe der positiven Rangplatzwechsel übertrifft die der negativen Rangplatzwechsel, weil die Aufsteiger 1930 niedrigere Ränge innehatten als die Absteiger 1980. Das Ausmaß des Aufstiegs ist also bei den Aufsteigern größer als das Ausmaß des Abstiegs bei den Absteigern. Das gilt besonders für die ersten 31 Jahre des Gesamtzeitraumes; nach 1961 aber waren die negativen Rangplatzwechsel größer als die positiven, denn seitdem gab es in der ausgewählten Städtegruppe keine „Aufsteiger" mehr, die von sehr weit unten kamen, wohl aber eine größere Zahl von „Absteigern", die zwischen 1961 und 1980 bis zu 30 Rangplätze einbüßten.

Häufigkeit und Ausmaß der Rangplatzwechsel lassen sich durch die Summe aus allen positiven und negativen Rangplatzwechseln ausdrücken, auch zeitkorrigiert, wenn diese Summe durch die Anzahl der Jahre geteilt wird. Es ergibt sich ein Ausdruck für die Gesamtvariation der Rangplätze; diese war am größten im Zeitabschnitt zwischen 1971 und 1980, am kleinsten zwischen 1961 und 1971. Die Dynamik der neuen Entwicklung übertrifft also bezüglich des Städtewachstums die beiden hier betrachteten früheren Zeitabschnitte. Einschränkend muß aber vermerkt werden: Es sind nur drei Städte, die die Gesamtvariation der Rangplätze zwischen 1971 und 1980 hinaufdrücken: Denpasar und Cimahi gewinnen je 20 Rangplätze, weil sie 1974 bzw. 1978 großzügige Neubegrenzungen ihrer Stadtgebiete erfuhren[594], zu den Einwohnern von Banda Aceh, das schon 1971 unterbegrenzt war, wurden 1980 die der stadtnahen Vororte aus dem Kecamatan Mesjid Raya hinzugerechnet, so daß Banda Aceh 22 Rangplätze gewann[595]. Ohne diese drei Erweiterungen wäre die Gesamtvariation je Jahr nach 1971 exakt die gleiche gewesen wie im Zeitraum von 1930 bis 1961. Mit diesen zeitlichen Differenzierungen deutet sich ein positiver Zusammenhang zwischen dem Ausmaß der Rangplatzvariation und der Geschwindigkeit des Einwohnerwachstums an (vgl. S. 111): Da das Einwohnerwachstum nicht in allen Städten gleichmäßig verläuft, sind Zeiten raschen Wachstums auch solche erhöhter Variation der Rangplätze, umgekehrt solche verlangsamten Städtewachstums auch Zeiten geringerer Gesamtvariation.

---

[593] Vgl. dazu auch Eldridge 1972.
[594] Ohne Neubegrenzung hätten Denpasar und Cimahi zwischen 1971 und 1980 je einen Rangplatz eingebüßt.
[595] Ohne die Hinzurechnung wäre Banda Aceh zwischen 1971 und 1980 nur um 4 Rangplätze aufgestiegen.

6. Funktionen – funktionale Stadttypen

6.1. Zentrale Dienste

6.1.1. Staatliche Dienste (Verwaltung und Justiz)

Unter den städtebildenden Funktionen ist die große Gruppe der zentralen Dienste in Indonesien wie anderswo die wichtigste[601]. Dabei bilden die Dienste der allgemeinen Gebietskörperschaftsverwaltung eine Leitgruppe, die eine erste Orientierung ermöglicht; sowohl die Sonderverwaltungen als auch die halbamtlichen und privaten Dienste verändern jedoch die Stellung der Städte nach ihre Dienstleistungsausstattung erheblich.

Die Verwaltungsfunktion der Städte entspricht ihrer Stellung als Hauptort der Gebietskörperschaften. Da diese in Indonesien dreistufig gegliedert sind, ergibt sich unterhalb der Staatshauptstadt eine Folge von drei Ausstattungsstufen: Provinzhauptstädte (Ibukota Propinsi), Regentschaftshauptstädte (Ibukota Kabupaten) und Camat-Sitze (Tempat Camat). Diese Städtehierarchie nach Funktionen der allgemeinen Verwaltung ist aus dem Städteverzeichnis der Tabelle 0-1 im Anhang und aus Karte 1 zu entnehmen.

Neben den Funktionen der allgemeinen Verwaltung besitzen alle Provinz- und Regentschaftshauptorte zahlreiche weitere zentrale Funktionen, darunter Sonderverwaltungen sowie viele halbamtliche und private Dienste. Auf der untersten Stufe der Camat-Sitze kommt es dagegen nicht selten vor, daß der Sitz des Camat die einzige zentrale Funktion der Siedlung überhaupt ist[602]; das ist besonders in wenig erschlossenen inneren Landesteilen der Großinseln der Fall. Auf Borneo, Selebes und im übrigen Ost-Indonesien ist jeweils einer von fünf Camat-Orten ohne weitere Funktionen[603], auf Sumatra etwa jeder zehnte, auf Java aber nur jeder zwanzigste. Besonders häufig, nämlich bei jedem zweiten Camat-Sitz, ergibt sich dieser Fall wegen der weitgehenden Unerschlossenheit des inneren Berglandes auf Neuguinea. Dort besaßen allerdings diejenigen Dörfer, die erst Mitte der siebziger Jahre zum Sitz eines Camats gewählt worden waren, meist schon vorher Missionsposten.

Auch in den Regentschaftshauptstädten kann die allgemeine Verwaltung in der Gesamtausstattung des Ortes eine überragende, wenn auch nicht die ausschließliche Rolle spielen; mindestens eine obere Mittelschule, ein Postamt, eine Krankenstation mit Arzt und einige Ladengeschäfte für einfache Güter sind immer vorhanden. Eine Ausnahme davon macht Argamakmur, ein Regentensitz „auf der grünen Wiese", wo in einem zukünftigen Transmigrationsgebiet bei Bengkulu um 1975 zuerst ein Verwaltungsmittelpunkt gebaut wurde, in dem das übrige „städtische Leben" vorläufig noch fehlte. Beim Vorhandensein anderer einfacher Infrastruktur entfällt auf die allgemeine Verwaltung maximal die Hälfte, vielfach aber noch mehr als ein Drittel aller erfaßten zentralen

---

[601] Die Einteilung des Abschn. 6.1. erfolgt nach Dienstleistungs*arten*; diese wurden auf S. 11 erläutert. Im folgenden eine Zusammenfassung dazu: Die Dienstleistungen der allgemeinen Verwaltung, der Sonderverwaltungen und der Justiz werden als „staatliche" Dienste zusammengefaßt; ihre Standorte und Bereiche sind durch den Staat festgelegt. Demgegenüber können Bildungs- und Krankenversorgungseinrichtungen und die staatliche Kreditwirtschaft als „halbamtlich" bezeichnet werden; ihre Standorte sind zwar überwiegend behördlich bestimmt, ihre Nachfragebereiche dagegen teils mehr, teils weniger frei. Als „private" Dienste werden schließlich diejenigen zusammengefaßt, die nach Standortwahl und Einzugsbereich privatwirtschaftlichen Verteilungsregeln unterworfen sind, also Handel, Versicherungen, Beherbergungszwecke und andere private Dienstleistungen. Diese Einteilung folgt derjenigen von Bobek & Fesl 1978 (S. 10f.); dort ist sie ausführlicher dargestellt. Der Beitrag des sogenannten „informellen Sektors" mit seinem breiten Dienstleistungsangebot ist nicht quantifizierbar und kann daher hier nicht berücksichtigt werden.

[602] Insgesamt 340mal; dabei muß die „einzige zentrale Funktion" insofern eingeschränkt werden, als hier gemeint ist: nur eine von allen zentralen Funktionen, soweit diese im Rahmen dieser Studie erfaßt worden sind. Es ist danach nicht ausgeschlossen, daß doch ein einzelner „Toko" oder einige „Warung" vorhanden sind, ohne daß der Camat-Ort wegen der vorherrschenden Subsistenzwirtschaft oder wegen eines besser ausgestatteten Konkurrenzortes als Versorgungsort gilt. Auch eine untere Mittelschule (7.–9. Schuljahr) kann an solchen Orten vorhanden sein.

[603] Für diese Angabe ist Ost-Timor nicht mitberücksichtigt worden.

Dienste[604]. Meist handelt es sich um Regentensitze in abgelegenen, wenig entwickelten Landesteilen; in diese Gruppe gehören auf Borneo Tanjung Redeb, Tamiang Layang, Puruk Cahu, Kuala Kurun, Kasongan und Putus Sibau, auf Selebes Mamuju, auf Sumatra Bangko und Sijunjung, sowie Bajawa auf Flores. Die periphere Lage ist der erste Grund für das Vorherrschen der staatlichen Dienste. Die schwache Eigenentwicklung der Regentensitze, die damit zum Ausdruck kommt, wird zweitens verursacht durch die leichte Erreichbarkeit einer benachbarten größeren Stadt. Dadurch besitzen auch Pattalassang, Bontu Sunggu und Maros in der Nähe von Ujung Pandang, Limboto bei Gorontalo, Soa Siu dicht bei Ternate, Marabahan und Pleihari im näheren Einflußbereich von Banjarmasin, Mempawah bei Pontianak sowie Tenggarong oberhalb von Samarinda sehr hohe Anteile der Gebietskörperschaftsverwaltung an ihren Aktivitäten. Die genannten Regentensitze sind in Tabelle 6–1 durch die Buchstaben A (r) gekennzeichnet; sie liegen an der Spitze einer größeren Städtegruppe, die durch Anteile der Regentschaftsverwaltung von 20% bis 30% an ihrer Gesamtzentralität ausgezeichnet ist. Zwar erreicht diese Gesamtzentralität dank der anderen zentralen Dienste eine hervorragende Stellung im Funktionsmuster der Siedlungen, doch sind diese Regentensitze im Vergleich zur erstgenannten Gruppe weniger hoch auf die allgemeine Verwaltung spezialisiert[605].

Unter den Provinzhauptorten erreicht der Anteil der allgemeinen Verwaltung an den Ausstattungskennwerten maximal ein Drittel; solche besonders stark von der Gebietskörperschaftsverwaltung geprägten Provinzhauptstädte sind – in der Reihenfolge des Bedeutungsanteils der Verwaltung: Palangka Raya, Bengkulu und Kendari; für Kupang, Palu und Mataram liegt dieser Anteil noch bei einem Viertel. Diese sechs Provinzhauptstädte sind in Tabelle 6–1 durch die Buchstaben A (p) gekennzeichnet. Auch für diese Städte ist ihre Lage in den verhältnismäßig gering entwickelten Landesteilen kennzeichnend.

Konform zur allgemeinen Gebietskörperschaftsverwaltung besitzen fast alle Generaldirektorate der Staatsregierung nachgeordnete Dienststellen in den Provinz- und Regentschaftshauptorten[606]. Andere Sonderverwaltungen weichen aber vom Gebietskörperschaftssystem ab. Dazu gehören Justiz-, Finanz-, Zoll- und Gesundheitsverwaltung[607], die Ämterhierarchie für Paß- und Meldewesen[608] sowie die Oberbehörden der Straßen-, See- und Luftverkehrsaufsicht. Städte, die hochrangige Dienststellen dieser Sonderverwaltungen und dabei wenig bedeutsame andere Funktionen besitzen, können sehr einseitig durch diese Verwaltungen geprägt sein. Unter den größeren Orten gehört Jayapura dazu. Von dieser Stadt aus verwalten die Indonesier West-Neuguinea; sie haben daher hier Direktionen fast aller genannten Sonderverwaltungen eingerichtet. Dadurch macht für Jayapura die aus den Verwaltungsdienststellen abgeleitete Zentralität etwas mehr als die Hälfte aller erfaßten Dienstleistungen der Stadt aus, die der Sonderverwaltungen (ohne Gerichte) allein ein reichliches Drittel. Noch größer kann dieser Anteil werden, wenn Sonderverwaltungen in kleineren Städten untergebracht sind. Dann genügt schon eine große Verwaltungsbehörde, um sie zu prägen; so zum Beispiel Tanjung Balai im Karimun-Archipel, wo wegen der Nähe zu Singapur eine Oberzolldirektion angesiedelt worden ist. Diese Behörde und ein Amt für Paß- und Meldewesen bilden etwa zwei Drittel der zentralörtlichen Ausstattung von Tanjung Balai. Ähnlich liegen die Verhältnisse in Banjar Baru, eine Neugründung unweit von Banjarmasin in Süd-Borneo; dorthin wurden einige Oberbehörden gelegt oder aus Banjarmasin verlagert, die dadurch in Banjarmasin fehlen. Mit überdurchschnittlich vielen Sonderverwaltungen – mehr als ein Viertel der Gesamtzentralität – sind daneben nur noch Panarukan in Ost-Java, Belakang Padang im Riau-Archipel und Dumai an der Malakka-Straße ausgestattet. Die kleine Hafenstadt Panarukan besitzt wegen ihres lebhaften Segelschiffsverkehrs die Zollinspektion für alle Regentschaften im ehemaligen Keresidenan Besuki. In Belakang Padang, ehemals ein Fischerdorf vor der Nordküste von Batam, sind wegen des lebhaften Austauschs mit Singapur ebenfalls eine Zollinspektion und ein Amt für Paß- und Meldewesen eingerichtet worden[609]. Dumai besitzt die gleichen zwei hochrangigen Sonderbehörden, zusätzlich wurde diese emporschießende Seehafenstadt (vgl. S. 155) zum Sitz der Seeaufsichtsregion „Sumatera Tengah" bestimmt. Alle Orte mit besonders hervortretenden Sonderverwaltungen sind in Tabelle 6–1 durch ein S gekennzeichnet.

Neben allgemeiner Gebietskörperschaftsverwaltung und Sonderverwaltungen bilden die Gerichte eine dritte Gruppe zentralörtlicher Einrichtungen, die zu den staatlichen Diensten gehören. Es gibt einige Orte, die

---

[604] Gemessen an den Ausstattungskennwerten; diese wurden auf S. 12 f. erläutert.

[605] Die große Zahl von weniger hoch spezialisierten Regentschaftshauptorten ist in Tab. 6–1 nicht genannt. Da aber ihre zentralen Dienste insgesamt deutlich hervortreten, sind sie als Dienstleistungsorte auf Karte 4 gekennzeichnet.

[606] Sogen. Fachverwaltungssystem (vgl. S. 19); die Vielfachbesetzung der Verwaltungsorte mit nachgeordneten Staatsbehörden war ja auch die Ursache für die Dreifachbewertung der allgemeinen Verwaltung in der Gewichtung der zentralörtlichen Einrichtungen (vgl. S. 12 f.).

[607] Hier sind die Verwaltungsstellen, nicht Gerichte und Krankenhäuser gemeint.

[608] Hiermit sind die „Kantor Imigrasi" gemeint.

[609] Wahrscheinlich werden diese Behörden in die im Aufbau begriffene Stadt-Agglomeration auf der Hauptinsel Batam versetzt werden.

sowohl ein staatliches Bezirksgericht als auch ein islamisches Gericht besitzen. Meist ist es diese Doppelbesetzung – nur in sehr kleinen Orten auch ein Gericht allein –, durch die das Justizwesen zu etwa einem Drittel an der Gesamtzentralität dieser Orte beteiligt ist. Über ein Drittel der zentralörtlichen Bedeutung tragen die Gerichte zur Zentralität von Labuha auf Bacan und Daruba auf Morotai in den nördlichen Molukken sowie von Blang Kejeren, Singkil und Sinabang im orthodox-islamischen Norden Sumatras bei. Knapp unter einem Drittel liegen die entsprechenden Werte für Idi und Lhok Sukon in Ost-Aceh sowie für Maninjau und Muara Labuh im Minangkabau-Land West-Sumatras. Schließlich können auch Banyumas, Bangil und Kraksaan auf Java, Sangkapura auf Bawean sowie Meureudu und Muko-Muko auf Sumatra als „Gerichtsorte" hervorgehoben werden, denn in diesen Orten macht die Gerichtsbarkeit noch über ein Viertel der erfaßten zentralen Dienste aus. Die Orte mit hohen Anteilen der Teilzentralität „Justizwesen" – in Tabelle 6–1 durch J gekennzeichnet – haben eine Gemeinsamkeit; sie mußten gegenüber der Kolonialzeit starke Verluste ihrer allgemeinen Verwaltungsfunktion hinnehmen. Es handelt sich durchweg um Hauptorte ehemaliger Unterabteilungen, die heute nur noch Sitz eines Camats sind, ihre Gerichte jedoch behalten haben[610].

6.1.2. Halbamtliche Dienste (Bildungs- und Gesundheitswesen)

Unter den halbamtlichen Diensten können das Bildungs- oder das Gesundheitswesen unter bestimmten Umständen prägend für eine städtische Siedlung werden[611]. Dabei sind drei unterschiedliche Arten der Prägung feststellbar, die von der Größe der Siedlungen abhängen.

In sehr kleinen Orten kann eine weiterführende höhere Internatsmittelschule oder ein kleines Krankenhaus die einzige zentralörtliche Einrichtung sein oder über wenige andere am Ort vorhandene Einrichtungen amtlicher oder privater Art stark dominieren. Der Fall, daß die Internatsmittelschule oder das Krankenhaus allein die zentralörtliche Funktion der Siedlung bestimmt, ist nicht besonders häufig, kommt aber vereinzelt auf Java sowie in den christlichen Missionsgebieten im Innern Sumatras, Borneos und Selebes, insgesamt etwa 20mal vor[612]. Auch wenn ein oder zwei weitere Dienstleistungseinrichtungen neben dem kleinen Krankenhaus oder der Internatsmittelschule am Ort vorhanden sind, kann diese Einrichtung noch stark dominieren; diese Fälle sind schon recht häufig, etwa 150 Orte vertreten diesen Typ. Ganz vereinzelt kommt es auch vor, daß eine Fachhochschule mit Bakkalaureats-Abschluß als Internat in einem ländlichen Ort betrieben wird; Curug in Banten, Nita auf Flores und Tanete auf Selebes werden dadurch stark geprägt[613]. Dagegen kommen hochrangige Krankenhäuser in ländlichen Orten nicht vor.

Bedeutsamer als diese noch durchweg ländlichen Schul- und Krankenversorgungsorte mit sehr wenigen weiteren zentralörtlichen Einrichtungen sind im Siedlungssystem diejenigen kleinen und mittelgroßen Orte, die als Unterzentren ansprechbar sind (vgl. S. 211 f.) und dabei eine hohe Spezialisierung im Bereich des Bildungs- oder Gesundheitswesens aufweisen. Auch hier sind es zunächst die Fachhochschulen mit Bakkalaureats-Abschluß, die zusammen mit den durchweg am gleichen Ort vorhandenen höheren Mittelschulen das Bildungswesen ortsprägend werden lassen; Prabat am Toba-See, Kraksaan und Singaparna auf Java, Kuala Kurun und Kasongan auf Borneo, Air Madidi und Tentena auf Selebes sind Orte dieses Typs. Noch stärker wird die Prägung der Bildungseinrichtungen, wenn diese zahlreicher sind oder höheren Ranggruppen angehören. Der unter allen Hochschulstandorten am stärksten durch die Bildungsinstitutionen geprägte Ort ist Abepura auf Neuguinea. Hier, in ihrer melanesischen Kolonisations-Provinz, haben die Indonesier 10 km von der Hauptstadt Jayapura entfernt eine Hochschulstadt aufgebaut, in der das Bildungswesen mehr als zwei Drittel aller erfaßten zentralen Dienste ausmacht. Mit etwa der Hälfte sind die Bildungseinrichtungen auch am Ausstattungskennwert von Tomohon in der Minahasa beteiligt; hier gibt es mehrere kirchliche Fachhochschulen und höhere Mittelschulen.

---

[610] Zum Wechsel in der Stellung der zentralörtlichen Hierarchie siehe Abschn. 7.4 (S. 219 ff.).

[611] In der Kategorisierung der Dienste sind auch die verstaatlichte oder unter Staatsaufsicht stehende Kreditwirtschaft sowie die Postdienststellen als „halbamtlich" bezeichnet worden. Diese beiden Dienstleistungszweige erreichen jedoch nirgends städteprägendes Ausmaß. Wegen der funktionalen Zusammenhänge dieser Dienstleistungszweige mit dem Groß- und Einzelhandel werden Kreditwirtschaft und Postdienststellen im folgenden Abschnitt 6.1.3. mitberücksichtigt werden.

[612] Im Gesamtdatensatz (3.760 Orte) gibt es einen einzigen Ort (Ketungan bei Yogyakarta, Desa Condangcatur), der nur ein Priesterseminar und keine andere zentrale Einrichtung besitzt; 6 Orte, die nur ein kleines Krankenhaus, 3 Orte, die nur eine höhere allgemeinbildende Mittelschule und 10 Orte, die nur eine höhere Fachmittelschule besitzen und daneben *keine anderen* zentralen Einrichtungen.

[613] Es handelt sich in Curug um eine Fliegerhochschule, in Nita um eine Katholisch-Theologische Hochschule und in Tanete um eine islamische Hochschule. Die drei Orte besitzen neben diesen Einrichtungen nur etwa je 6 weitere Dienste niedrigerer Ranggruppen.

Im Bereich des Gesundheitswesens sind die Spezialisierungen der kleineren Städte weniger ausgeprägt. Nur wenn insgesamt schwach ausgestattete Unterzentren ein Krankenhaus besitzen und zusätzlich eine Entbindungsstation oder eine allgemeine Krankenversorgungsstelle mit Arzt, dominiert das Gesundheitswesen. Diese Dienstleistungen tragen dann mit etwa einem Fünftel bis einem Viertel zu den Ausstattungskennwerten bei. Derartige kleine „Krankenhausorte" – es sind insgesamt etwa zwei Dutzend – liegen meist in Gebieten der ehemaligen christlichen Missionen; sie sind auf Java selten und weisen eine leichte Häufung in Nord-Sumatra auf[614].

Auch in der Klasse der größeren Städte trägt das Bildungswesen stärker zu einseitigen Funktionsausprägungen bei als das Gesundheitswesen. Unter den größeren Städten, die einen hohen Anteil der Bildungseinrichtungen an ihren zentralen Diensten besitzen, ragt Salatiga in Mittel-Java heraus, denn dort liegt dieser Anteil trotz vielseitiger anderer Dienste nach den verwendeten Ausstattungskennwerten bei etwa einem Drittel. Salatiga besitzt neben einer Fachhochschule mit Magister-Abschluß mehrere weitere Fachhochschulen mit Bakkalaureats-Abschluß sowie allgemeinbildende und fachspezifische höhere Mittelschulen. Voll- oder teilausgebaute Universitäten besitzen neben dem schon erwähnten Abepura nur die Oberzentren und Regionalmetropolen. In diesen erreicht der Anteil der Bildungseinrichtungen an der Gesamtheit der zentralen Dienste maximal ein Fünftel; das ist in Malang der Fall. In dem als Universitätsstadt noch bekannteren Yogyakarta drückt eine größere Zahl amtlicher Dienste den Anteil der Bildungseinrichtungen auf ein Siebentel herunter. Auch Bogor, das ehemals auch eine Stadt der Wissenschaften war, zeichnet sich nicht mehr durch besonders hohe Anteile seiner heutigen Bildungs- und Forschungseinrichtungen am Erwerbsleben aus.

Das Gesundheitswesen ist in größeren Städten kaum irgendwo funktionsbestimmend, denn mittelgroße Krankenhäuser sind fast ausschließlich auf die Oberzentren beschränkt; dort aber liegt der Beitrag des Gesundheitswesens an den Ausstattungskennwerten bei 10%. Nur für wenige Städte mittlerer Größe, die auch mittelgroße Krankenhäuser besitzen, steigt dieser Anteil auf etwa 15%, so für Bukittinggi und Krawang, und im Falle von Klaten sogar auf ein Viertel des Ausstattungskennwertes. Auf der höchsten Ausstattungsstufe des Gesundheitswesens erreichen nur zwei Städte noch 15%, nämlich Malang und Surakarta, weil sie bereits ein Großkrankenhaus besitzen, das nur zwölfmal vorkommt.

So tritt das Gesundheitswesen insgesamt weniger funktionsbestimmend in Erscheinung. Dieser Dienstleistungszweig ist daher in Tabelle 6–1 nicht getrennt ausgewiesen. Das Bildungswesen dagegen prägt eine größere Anzahl indonesischer Ortschaften. Deshalb sind diese in Tabelle 6–1 genannt und mit dem Buchstaben E gekennzeichnet sowie auf Karte 4 dargestellt worden.

6.1.3. Private Dienste (Handel, Banken, Versicherungen)

Es gibt eine große Anzahl von Städten in Indonesien, die nicht durch amtliche oder halbamtliche Dienste geprägt sind. Ihre städtische Funktion liegt überwiegend im Bereich des Handels. Da die privaten Dienste nicht jenen streng nach Instanzen gestuften Aufbau der staatlichen Verwaltungen besitzen und auch nicht dem Gleichheitsbestreben des Staates bei der Versorgung mit Bildungs- und Gesundheitsfürsorgedienstleistungen unterworfen sind, ist ihr räumliches Verteilungsmuster ungleichmäßiger als das der amtlichen und halbamtlichen Dienste. Die Gemeinsamkeit der Handelsorte liegt in ihrer Verkehrsorientierung; nur wenige von ihnen haben eine andere Lagebestimmung.

Absolut ist der Handel in den Oberzentren und Regionalmetropolen am stärksten vertreten, doch sind diese großen Städte multifunktional, nicht speziell durch Handel und private Dienstleistungen geprägt. Gerade diese Prägung ist aber für einige Siedlungen auf den Außeninseln kennzeichnend. Dort kommt es vor, daß amtliche Dienste völlig fehlen und nur ein Hilfspostamt, eine höhere Mittelschule oder eine Krankenstation die übrige, ausschließlich durch private Dienste gebildete Ausstattung ergänzen. Diese kleinen Städte verdanken ihre zentralörtlichen Eigenschaften zu über 95% diesen Diensten und dem Einzelhandel[615]; fast immer ist auch das Beherbergungsgewerbe in diesen Orten vertreten. Sie kommen häufig in der Nachbarschaft von Bergbaurevieren oder in extrem günstiger Verkehrslage vor. So ist das beschriebene Funktionsmuster besonders deutlich für Rantau Pauh in Tamiang unweit der Rantau-Ölfelder oder für Parit Tiga auf Bangka in der Nähe von Zinngruben ausgeprägt; auch Pendopo in den Talang Akar-Ölfeldern Süd-Sumatras ist ein Ort dieses Typs. Ähnliche Verhältnisse bezüglich vorherrschender Handelsaktivitäten gibt es in den kleinen Handelshäfen

---

[614] Hier besitzen auch einige kleine Zentren im ehemaligen „Cultuurgebied" Krankenhäuser.

[615] Zu den Definitionen der erfaßten privaten Dienstleistungen siehe die Diensteliste der Tab. 0–2 (S. 14f.); zur Bewertung der Dienste vgl. die auf S. 12f. gegebenen Erläuterungen.

Panipahan und Pulau Halang an der Malakka-Straße, in Kuala Enok am Indragiri-Delta, in Cupak bei Solok und Simpang Sender in Ranai sowie in den ostindonesischen Fährorten Gilimanuk (Bali), Labuhan Lombok (Lombok) und Tulehu (Insel Ambon). Trotz der Kleinheit dieser Siedlungen erfüllen sie wichtige, spezielle Handelsaufgaben im Siedlungssystem; sie wurden deshalb in Tabelle 6–1 aufgenommen und mit dem Buchstaben R gekennzeichnet sowie auch auf Karte 4 dargestellt.

Dieser vom Einzelhandel geprägte Siedlungstyp kann auch für solche Orte kennzeichnend sein, die als Amtsorte unterster Stufe zugleich Sitz eines Camats sind; dieser Ortstyp ist weit verbreitet. Es hängt dann von der Vollständigkeit des Angebots privater Dienstleistungen einerseits und der Lückenhaftigkeit der Bildungs- und Krankenversorgungsdienstleistungen andererseits ab, inwieweit die Handelsfunktionen dominieren. Aus der Vielzahl derartiger Camat-Sitze ragen durch ein sehr vollständiges Einzelhandelsangebot bei nur lückenhaft vorhandenen Bildungs- und Krankenversorgungseinrichtungen Majenang, Weru-Plered, Sragi, Wiradesa, Ngadiluwih und Asembagus heraus; alle diese Orte liegen auf Java. In diesen spezialisierten Versorgungsorten der unteren Stufe sind keine Großhandelsunternehmen vorhanden, dagegen kommt es bei dem verhältnismäßig vollständigen Sortiment vor, daß vereinzelt auch Güter des episodischen Bedarfs angeboten werden; die Einflußbereiche bleiben aber räumlich – meist auf den jeweiligen Kecamatan – beschränkt.

Wenn andere stark vom Handel geprägte Camat-Orte auch regionale Verteilerfunktionen besitzen, ist fast immer auch Großhandel vorhanden[616]. Daraus leitet sich ein weiterer Typ von kleinen Handelsorten ab, die bei durchschnittlichem bis gutem Einzelhandelsangebot spezielle Großhandelsfunktionen wahrnehmen. Orte dieses Typs, die alle eine gute Verkehrslage haben, sind auf Java Buaran, Ngadirejo, Maos, Kroya, Kutowinangun, Ngunut und Jajag sowie an der Westküste Borneos der Ort Sungai Pinyuh. Wenn die Lage derartiger Orte im Verkehrswegenetz besonders günstig ist oder andere Entwicklungsanstöße hinzukamen, dann sind sie zu kleineren, schon regional bedeutsamen Handelszentren herangewachsen, die in der Lage sind, den Regentschaftshauptorten Konkurrenz zu machen; dazu gehören auf Java Labuhan, Kadipaten, Weleri, Juwana, Babat, Caruban und Rogojampi, auf Sumatra Blang Pidië, Stabat, Perdagangan-Bandar, Tanjung Enim sowie Blinyu auf Bangka. Auf Borneo und in Ost-Indonesien ist dieser Ortstyp nicht vertreten. In den genannten Orten schwankt der Beitrag des Großhandels zum Ausstattungskennwert zwischen einem Drittel und einem Fünftel.

Von dieser Gruppe hebt sich die Industriestadt Cepu ab (vgl. Tab. 6–5, Nr. 89), in der der Großhandel – wie in den ganz kleinen Orten – mit fast der Hälfte zum Ausstattungskennwert beiträgt. In Cepu hat der Großhandel ein Ausmaß, das über dem der durchschnittlichen Großhandelsausstattung der Regentschaftshauptstädte liegt. Nur wenige der größeren Regentschaftshauptstädte haben stärkere Großhandelsfunktionen mit großen Warenlagern, überörtlich arbeitenden Bankzweigstellen und manchmal auch Versicherungsagenturen. Generell sind diese Funktionen erst in den Großstädten anzutreffen; hier tragen sie zur Multifunktionalität der führenden Städtegruppe bei (vgl. S. 190). Absolut ist der Großhandel am stärksten in den Regionalmetropolen (vgl. S. 209) vertreten. In der Gruppe der Großstädte hat er aber bei weitem die größte Bedeutung im Funktionsmuster von Cirebon. Hier tragen Großhandel und Versicherungen etwa die Hälfte zum Ausstattungskennwert bei (vgl. Tab. 7–3, S. 210), denn die Hafenstadt Cirebon steht wirtschaftlich den Regionalmetropolen nur wenig nach, während ihr die den Provinzhauptstädten eigenen amtlichen sowie einige höchstrangige halbamtliche Dienste fehlen.

Auch in einigen Provinzhauptorten tritt neben ihren Verwaltungsfunktionen der Groß- und Einzelhandel deutlich in Erscheinung. Das ist besonders dort der Fall, wo die Städte neben diesen zentralen Diensten nur weniger bedeutende andere Funktionen – meist im Transportwesen – ausüben. Bengkulu, Mataram, Kupang, Palu und Kendari waren in anderem Zusammenhang schon als Beispiele genannt worden (vgl. S. 140). Die Handelsbedeutung dieser Städte ist auf Karte 4 durch einen violetten Viertelkreis gekennzeichnet.

Schließlich gibt es noch eine große Gruppe kleiner Versorgungsorte, die zwar nicht einseitig vom Handel geprägt sind, in denen aber der Handel die stärkste Stellung unter den zentralen Diensten besitzt. In derartigen Orten sind sowohl die privaten Dienste als auch die halbamtlichen Bildungs- und Gesundheitsdienste vollständig vertreten; das „Kantor Camat" fällt weniger ins Gewicht. Die genannten Dienste sind hier meist zusammen mit dem Transportwesen und der Landwirtschaft siedlungsprägend. Zentrale Orte dieses Typs sind auf den Außeninseln zahlreicher als auf Java; besonders im Osten des Archipels kommen sie häufig vor[617].

---

[616] Die erfaßten Großhandelsgeneralvertretungen und Großhandelsvertretungen (vgl. Diensteliste in Tab. 0–2, Nr. 18, 39 u. 58, S. 14f. beruhen auf den Verteilernetzen von 9 Großunternehmen, die zusammen etwa folgende Marktanteile haben: Mineralölerzeugnisse 100%, Margarine und Backfette 100%, Dünger 90%, Bier 90%, Schuhe 70%, Seifenartikel 55%, Arzneimittel 50%, Kosmetika 30%, Nahrungsmittelkonserven 25%, nichtalkoholische Erfrischungsgetränke 15%.

[617] Wegen ihrer großen Zahl können diese Orte in Tab. 6–1 nicht aufgeführt werden. Auf Karte 4 sind viele von ihnen mit der Bedeutungsstufe III sowie der Dienstart „vorwiegend Handel" dargestellt, oft in Verbindung mit der Bedeutungsstufe III für Transportwesen; siehe auch Fußn. 621.

6.1.4. Zentrale Dienste insgesamt

Im vorstehenden wurden dienstleistungsartspezifische Stadttypen beschrieben und diejenigen Orte genannt, die durch diese Typen gekennzeichnet werden können. Neben diesen Orten gibt es auch andere Dienstleistungsorte, in deren Gesamtfunktionsmuster die zentralen Dienste zwar hervortreten oder gar überwiegen, jedoch keine der Dienstleistungsarten besonders hervorsticht. Ein solches Überwiegen zentraler Dienste tritt auf, wenn andere städtebildende Funktionen, insbesondere das produzierende Gewerbe nur schwach vertreten sind. Meistens bildet dann die Landwirtschaft neben den Dienstleistungen eine hervorragende Erwerbsquelle der Ortsbewohner[618].

Die Gesamtheit der zentralen Dienste tritt also in sehr vielen Orten siedlungsprägend hervor; je kleiner die zentralen Orte sind, um so stärker. Für die große Mehrzahl der Unterzentren (vgl. S. 211 f.) ist das aus zentralen Diensten und Landwirtschaft gebildete Funktionsmuster sogar die Regel. Das gilt sowohl für die gewerbearmen Landesteile auf Java als auch für die meisten Regentschaften auf den Außeninseln. Die gleiche aus zentralen Diensten und Landwirtschaft zusammengesetzte Erwerbsstruktur haben aber auch sehr viele mittelgroße Siedlungen in gewerblich schwach entwickelten Landesteilen. Auch wenn die Landwirtschaft stärker zurücktritt, bleiben die zentralen Dienste für die meisten Städte ein deutlich hervortretendes städtebildendes Element. Verhältnismäßig selten herrscht der Dienstleistungssektor aber im Funktionsmuster der Siedlungen vor. Nur wenn dieser Fall gegeben ist, sind sie in die Tabelle 6–1 aufgenommen worden, die außerdem alle vorher besprochenen, durch spezifische Dienste ausgezeichneten Orte enthält. Für beide Ortstypen – spezialisierte Dienstleistungszentren und nicht spezialisierte Dienstleistungszentren – gemeinsam wird der Anteil der Dienst-

---

[618] Die „städtische" Landwirtschaft in Indonesien wurde im Zusammenhang mit der Definitionsfrage von „ländlicher" und „städtischer" Bevölkerung 1976 von Mertens & Alatas analysiert. Wenn deren Aussagen im einzelnen auch hypothetisch bleiben – nicht zuletzt in Folge der Unzuverlässigkeit der Beschäftigungsstatistik aus der Volkszählung von 1971 – so wird doch der große Anteil landwirtschaftlicher Beschäftigung in den 1971 als „städtisch" klassifizierten Desa erkennbar und darüber hinaus auch die Differenzierung zwischen Java einerseits (niedriger Anteil) und den Außeninseln andererseits (hoher Anteil).

Tabelle 6-1. Städte mit überdurchschnittlich herausragenden zentralen Diensten

Stadt	Region	(1) Zentralörtlicher Ausstattungskennwert[a]	(2) Art der zentralen Dienste[b]	(3) Bedeutung der zentralen Dienste für den Ort[c]
Rantau Pauh	Tamiang	347	**R**	I
Cupak	Minangkabau-Hochland	175	**R**	I
Parit Tiga	Bangka-Jebus	29	**R**	I
Argamakmur	Bengkulu	46	**A**(r)	I
Jayapura	West-Neuguinea	2315	**S**,A(p)	I
Abepura	West-Neuguinea	304	**E**	I

a Gemäß dem im Abschnitt 0.3 erläuterten Verfahren
b Nach den Darlegungen in den Abschn. 6.1.1., 6.1.2. u. 6.1.3.
  Schlüssel für die Abkürzungen dieser Spalte:

  A,A   = Allgemeine Verwaltung ⎫
      (p)= Provinz-Verwaltung   ⎪
      (r) = Regentschafts-Verwaltung   ⎬ Typ Verwaltungsort
      (c)= Unterbezirks-Verwaltung ⎪
  S,S   = Sonderverwaltungen ⎪
  J,J   = Justizbehörden ⎪
  E,E   = Bildungseinrichtungen ⎭
  W,W = Groß- und Einzelhandel ⎫ Typ Handelsort
  R,R   = Einzelhandel ⎭

  Ein fetter oder zwei magere Buchstaben weisen auf einen besonders hohen Anteil der bezeichneten Dienstleistungsarten an allen Diensten der jeweiligen Orte hin.
c nach Beurteilung des Verfassers
  I Zentrale Dienste herrschen im Funktionsmuster der Siedlung absolut vor,
  II Zentrale Dienste herrschen im Funktionsmuster der Siedlung relativ vor,
  III Zentrale Dienste treten im Funktionsmuster der Siedlung deutlich in Erscheinung.

Tabelle 6-1. 1. Fortsetzung

Stadt	Region	(1) Zentral-örtlicher Ausstattungs-kennwert[a]	(2) Art der zentralen Dienste[b]	(3) Bedeutung der zentralen Dienste für den Ort[c]
Tapaktuan	Westküste Aceh	214	A(r),W	II
Gunung Sitoli	Nias	260	A(r),W	II
Panipahan	Rokan Hilir	41	R	II
Pulau Halang	Rokan Hilir	38	R	II
Pagar Alam	Süd-Sumatra	297	R	II
Simpang Sender	Ranai/Süd-Sumatra	83	R	II
Bengkulu	Bengkulu	1294	A(p),W	II
Curup	Bengkulu	489	A(r),W	II
Plered-Weru	Cirebon	149	R	II
Sragi	Pekalongan	350	R	II
Caruban	Madiun	105	W	II
Ngadiluwih	Kediri	355	R	II
Gilimanuk	Bali	39	R	II
Mataram	Lombok	1737	A(p),W	II
Kupang	Timor	1664	A(p),W	II
Waikabubak	Sumba	274	A(r),W	II
Palangka Raya	Borneo	1223	A(p)	II
Kasongan	Mittel-Borneo	109	A,E	II
Kuala Kurun	Mittel-Borneo	97	A,E	II
Banjar Baru	Borneo	212	S	II
Tomohon	Minahasa	214	E	II
Palu	Mittel-Selebes	1492	A(p),W	II
Luwuk	Mittel-Selebes	471	A(r),W	II
Poso	Mittel-Selebes	527	A(r),W	II
Donggala	Mittel-Selebes	311	A(r),W	II
Kendari	Südost-Selebes	1334	A(p),W	II
Tual	Süd-Molukken	263	A(r),W	II
Tulehu	Ambon	158	R	II
Blang Pidie	Westküste Aceh	125	W	III
Singkil	Westküste Aceh	62	J	III
Blangkejeren	Gayo-Land/Aceh	62	J	III
Sinabang	Simeulue/Aceh	66	J	III
Meureudu	Pidie/Aceh	44	J	III
Idi	Nord-Aceh	74	J	III
Lhok Sukon	Ost-Aceh	74	J	III
Stabat	Langkat	111	W	III
Perdagangan Bandar	Simalungun	93	W	III
Prapat	Simalungun	55	E	III
Berastagi	Nord-Sumatra	284	W	III
Sijunjung	West-Sumatra	109	A(r)	III
Maninjau	Agam/Minangkabau-Land	40	J	III
Muara Labuh	Solok/Minangkabau-Land	39	J	III
Dumai	Riau-Daratan	581	S	III
Tanjung Balai Karimun	Riau-Archipel	255	S	III
Belakang Padang	Riau-Archipel	145	S	III
Kuala Enok	Indragiri Hilir	50	R	III

Erläuterung der Fußnoten siehe erste Tabellenseite

Tabelle 6-1. 2. Fortsetzung

Stadt	Region	(1) Zentralörtlicher Ausstattungskennwert[a]	(2) Art der zentralen Dienste[b]	(3) Bedeutung der zentralen Dienste für den Ort[c]
Bangko	Jambi	113	A(r)	III
Talang Akar-Pendopo	Süd-Sumatra	120	R	III
Tanjung Enim	Süd-Sumatra	98	W	III
Blinyu	Bangka	95	W	III
Muko-Muko	Bengkulu	44	J	III
Labuhan	Banten	85	W	III
Curug	Banten	39	E	III
Singaparna	Priangan	100	E	III
Kadipaten	Majalengka	99	W	III
Cirebon	West-Java	2446	W	III
Buaran	Pekalongan	806	W	III
Wiradesa	Pekalongan	194	R	III
Majenang	Cilapcap	236	R	III
Maos	Cilapcap	46	W	III
Kroya	Cilapcap	71	W	III
Banyumas	Banyumas	89	J	III
Kutowinangun	Kebumen	43	W	III
Ngadirejo	Temanggung	50	W	III
Weleri	Kendal	102	W	III
Juwana	Pati	61	W	III
Cepu	Mittel-Java	277	W	III
Salatiga	Mittel-Java	620	E	III
Malang	Ost-Java	2588	E	III
Ngunut	Tulungagung	48	W	III
Babad	Lamongan	80	W	III
Sangkapura	Bawean	43	J	III
Bangil	Pasuruan	95	J	III
Patokan-Kraksaan	Besuki	88	J/E	III
Panarukan	Besuki	51	S	III
Asembagus	Besuki/Situbondo	222	R	III
Rogojampi	Banyuwangi	76	W	III
Jajag	Banyuwangi	48	W	III
Labuhan Lombok	Lombok	129	R	III
Weetebula	Sumba	15	E	III
Nita	Flores	33	E	III
Bajawa	Ngada-Flores	97	A(r)	III
Mempawah	West-Borneo	112	A(r)	III
Sungai Pinyuh	West-Borneo	48	W	III
Putus Sibau	West-Borneo	112	A(r)	III
Puruk Cahu	Mittel-Borneo	76	A(r)	III
Tamiang Layang	Mittel-Borneo	76	A(r)	III
Pleihari	Süd-Borneo	100	A(r)	III
Marabahan	Süd-Borneo	89	A(r)	III
Tenggarong	Ost-Borneo	114	A(r)	III
Tanjung Redeb	Ost-Borneo	119	A(r)	III
Limboto	Nord-Selebes	96	A(r)	III
Air Madidi	Minahasa	63	F	III
Tentena	Mittel-Selebes	61	E	III
Mamuju	West-Selebes	104	A(r)	III
Maros	Süd-Selebes	105	A(r)	III
Pattalassang	Süd-Selebes	97	A(r)	III
Bontu Sunggu	Süd-Selebes	91	A(r)	III
Tanete	Süd-Selebes	48	E	III
Labuha Bacan	Molukken	47	J	III
Daruba	Morotai/Molukken	33	J	III

Erläuterung der Fußnoten siehe erste Tabellenseite

leistungen am gesamten Funktionsmuster der Siedlungen abgeschätzt und durch drei Bedeutungsstufen (I, II, III) gekennzeichnet[619, 620]. Nach diesen sind die Orte gereiht; innerhalb der Bedeutungsstufen stehen sie in regionaler Ordnung.

In der Tabelle sind 107 Orte enthalten, denen ein Funktionsmuster gemeinsam ist, das durch einen überdurchschnittlichen Anteil zentraler Dienste gekennzeichnet ist. Diese Gemeinsamkeit ist aber durch sehr unterschiedliche Kräfte verursacht worden, was durch die Unterscheidung der Dienstart ausgedrückt wird.

Zahlenmäßig am häufigsten sind Orte, deren zentrale Dienste einigermaßen ausgewogen sind. Das läßt Tabelle 6–1 aber nicht erkennen, denn die Masse der Dienstleistungsorte, deren Dienstleistungssektor im Funktionsmuster deutlich hervorragt (Bedeutungsstufe III), ohne auf eine besondere Dienstart spezialisiert zu sein, ist dort nicht genannt. Es handelt sich überwiegend um Mittelzentren; oft sind es Regentensitze, die auch die üblichen halbamtlichen und privaten Dienste aufweisen. Zu diesen Orten mit kräftig ausgebildetem Dienstleistungssektor gehören auch einige Großstädte. Unter Einschluß dieser Orte ließe sich die Tabelle von 107 auf etwa 315 Orte verlängern. Wird auch die große Zahl der kleinen Versorgungsorte, von denen schon gesagt wurde, daß sie bei hervortretender Handelsfunktion auch mit Verwaltungs-, Bildungs- und Gesundheitsfürsorgeeinrichtungen verhältnismäßig vollständig ausgestattet sind (vgl. S. 143), hinzugerechnet, dann handelt es sich um insgesamt fast 500 Dienstleistungsorte; alle sind in Karte 4 dargestellt[621].

Nur verhältnismäßig selten wachsen Verwaltungs- und Handelsfunktionen gemeinsam so stark an, daß der Dienstleistungssektor in den zentralen Orten vorherrscht, die Orte also mit der Bedeutungsstufe II zu belegen sind. Diese Tatsache ist in Tabelle 6–1 durch die Doppelnennung der Dienstart mit den Buchstaben A und W hervorgehoben. Derartige, durch relativ starke Verwaltungs- und Handelsfunktionen gekennzeichnete Orte sind immer Provinz- oder Regentschaftshauptstädte in wirtschaftlich schwach entwickelten Landesteilen der Außeninseln; sie sind in Ost-Indonesien – besonders auf Selebes – häufiger vertreten als im verkehrlich besser erschlossenen Westen des Archipels. 13 solcher Orte wurden ausgewiesen; sie stehen funktional zwischen der oben erwähnten Mehrzahl der weniger ausgeprägten zentralen Orte einerseits und den im folgenden zu erläuternden einseitig oder hoch spezialisierten Dienstleistungszentren andererseits.

Unter den spezialisierten Dienstleistungsorten, in denen eine Dienstleistungsart vorherrscht, sind zwei einander weitgehend ausschließende Städtegruppen zu unterscheiden: Entweder dominieren Verwaltungs- und Bildungsdienstleistungen – bei starkem Zurücktreten des privaten Dienstleistungssektors – oder es sind die entgegengesetzten Fälle der ausgesprochenen Handelsorte fast ohne staatliche Dienstleistungen.

Der Typ des einseitigen Verwaltungsortes kommt nur bei größeren und mittleren Städten vor, weil die kleinen Camat-Sitze ohne jede andere zentralörtliche Funktion[622] hier nicht angeführt sind. Die am stärksten einseitig ausgeprägten Verwaltungsorte, die in Tabelle 6–1 mit den Buchstaben A und S sowie mit den Bedeutungsstufen I und II gekennzeichnet sind, liegen in sehr jung erschlossenen Entwicklungsregionen (Jayapura, Palangka Raya) oder es handelt sich um Stadtneugründungen (Argamakmur, Banjar Baru). Vereinzelt erreichen auch Ausbildungsorte diesen Grad der Einseitigkeit (Abepura, Tomohon). Für die Mehrzahl der ausgeprägten Verwaltungsorte tritt der Dienstleistungssektor insgesamt zwar deutlich in Erscheinung, herrscht aber nicht vor. Es sind mehrheitlich die schon beschriebenen Regentensitze in abgelegenen Regionen oder in Großstadtnähe (vgl. S. 139f.). Zum gleichen funktionalen Städtetyp können auch kleine Gerichtssitze sowie solche Orte gerechnet werden, die durch eine oder mehrere Ausbildungsstätten zu spezialisierten Dienstleistungszentren geworden sind. In Tabelle 6–1 sind diese Orte durch die Dienstart-Kennbuchstaben J (Justiz) oder E (Ausbildung) gekennzeichnet. Die Gesamtzahl dieser staatlich oder im Falle der Ausbildungsstätten auch „halbamtlich" geprägten Orte beträgt 53.

Der zweite Typ spezialisierter Dienstleistungszentren, die einseitigen Handelsorte, sind fast nur durch kleine Siedlungen vertreten; wenn der Handelssektor sogar absolut oder relativ im Funktionsmuster vor-

---

[619] Hierfür gibt es keine exakte Berechnungsmöglichkeit, denn die Ausstattungskennwerte können nur auf den absoluten Umfang des Dienstleistungswesens je Ort hinweisen, nicht aber auf das Verhältnis von Dienstleistungsfunktionen zu anderen Funktionen, nach dem hier gefragt ist. Die Zuweisung der Bedeutungsstufen erfolgte daher unter Bezug auf die Gesamtheit der städtischen Siedlungsfunktionen, wie sie einzeln in den Abschn. 6.1. bis 6.5. beschrieben und in Tab. 6–6 ortsweise zusammengestellt sind. Weitere Anhaltspunkte bieten das Verhältnis von Ausstattungskennwert zu Einwohnerzahl und der Anteil der Landwirtschaft an der Erwerbsstruktur der Siedlungen.

[620] Auf der Karte 4 sind diese Bedeutungsstufen durch Dreiviertel- (I), Halb- (II) und Viertelkreise (III) in violetter oder blauer Flächenfärbung gekennzeichnet.

[621] Dort ist der Dienstleistungssektor dieser nicht spezialisierten Orte mit „vorwiegend amtlich" (blau) gekennzeichnet, wenn es sich um Provinz- oder Regentschaftshauptstädte handelt, mit „vorwiegend privat" (violett), wenn es sich um kleinere Versorgungsorte handelt, die nur Sitz eines „Camat" sind.

[622] Es handelt sich um insgesamt 340 Orte (vgl. Fußn. 602).

Graphik 6-1: Ausstattungskennwerte der Regionalmetropolen und Oberzentren, Zusammensetzung nach Dienstearten

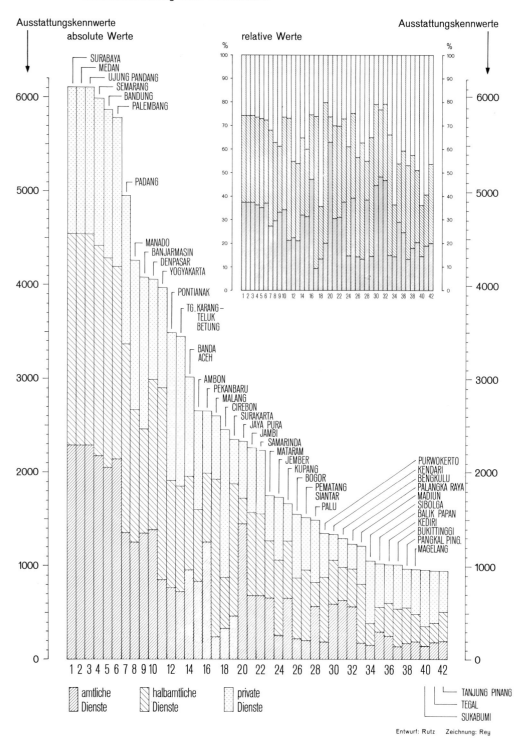

herrscht, dann muß es sich um sehr kleine Orte handeln. In mittleren oder gar in großen Städten spielt der Handel nur ausnahmsweise eine ähnlich hervorragende Rolle. Es handelt sich um die schon erläuterten Sonderfälle Cepu und Cirebon (vgl. S. 143). Insgesamt sind in Tabelle 6-1 41 derartiger Handelsorte ausgewiesen.

Nach unten ließe sich die Reihe kleiner Handelsorte noch fortsetzen. Es handelt sich um ländliche Märkte, deren Warenangebot auf periodischen Bedarf und lokale Versorgung beschränkt ist. Sofern auch ein „Kantor

Camat" und eine Krankenversorgungsstation am Ort vorhanden sind, ist die Einseitigkeit aufgehoben. Sind diese amtlichen und halbamtlichen Dienste nicht vorhanden, dann besteht die zentrale Funktion ausschließlich im Handel[623].

Für die Regionalmetropolen und Oberzentren (vgl. S. 209) ist in Graphik 6–1 zusammenfassend dargestellt, welchen Beitrag die drei unterschiedenen Dienstearten – amtlich, halbamtlich und privat – zum jeweiligen zentralörtlichen Ausstattungskennwert leisten. Die vielseitig ausgestatteten Regionalmetropolen, die später als „multifunktional" bezeichnet werden (vgl. S. 190), leisten nach ihrem Ausstattungskennwert zu 35% bis 37% amtliche Dienste, zu 26% bis 27% halbamtliche Dienste und zu ebenso 26% bis 27% private Dienste. Diese von der Diensteauswahl und -gewichtung abhängige Aufteilung der Ausstattungskennwerte nach Dienstearten (vgl. S. 11) weist entsprechend den unterschiedlich gearteten Dienstleistungsfunktionen der Städte erhebliche Unterschiede auf. Die Graphik 6–1 zeigt für alle im Abschnitt 6.1.1. genannten Oberzentren, in deren Funktionsmuster Verwaltungsdienstleistungen vorherrschen oder deutlich in Erscheinung treten, besonders hohe Anteile amtlicher Dienste; das gilt für Jayapura (vgl. S. 140), abgeschwächt auch für Ambon, Kendari, Bengkulu und Palangka Raya. Mit hohen Anteilen halbamtlicher Dienste treten die im Abschnitt 6.1.2. genannten Städte hervor, in deren Funktionsmustern die Bildungseinrichtungen deutlich in Erscheinung treten; Beispiele sind hier Malang und – abgeschwächt – Yogyakarta. Die privaten Dienstleistungen schließlich haben in Cirebon, Sukabumi und Sibolga besonders hohe Anteile.

6.2. Häfen und andere Transportdienstleistungen

6.2.1. Seehäfen

Eng mit den zentralen Diensten verbunden sind die Transportdienstleistungen. Ihr räumliches Verteilungsmuster folgt jedoch nicht nur der Besiedlung eines Landes, sondern ist daneben von einer Reihe naturbedingter Voraussetzungen – Küstengestalt, Gewässernetz, Relief – abhängig. Daher läuft die Verteilung der vom Transportwesen bestimmten Siedlungen nur zum Teil parallel zu der der Siedlungen mit zentralen Diensten. Die Übereinstimmung ist umso größer, je homogener die Räume sind. Große, einheitlich ausgestaltete Landoberflächen und weite, einheitlich gestaltete Kleininselfluren zeigen diese Übereinstimmung am besten. Uneinheitlich gestaltete Landräume und inhomogen strukturierte Archipele weisen größere Abweichungen zwischen den Standorten der zentralen Dienste und denen der Dienstleistungen des Transportwesens auf. Es ist daher für Indonesien eine gewisse Parallelität zwischen der absoluten Zahl der zentralen Dienste je Ort und dessen Transportaufkommen zu erwarten, doch gibt es daneben auch Spezialisierungen von Siedlungen, die diesen eine besondere Funktion im Transportwesen zuweisen. An erster Stelle stehen hier Hafensiedlungen, wenn sie nicht zugleich hochrangige zentrale Dienste leisten.

Es gibt verschiedene Kategorisierungen der Seehäfen des indonesischen Hoheitsgebietes. Werden diese mit der Stellung der dazugehörenden Städte in der zentralörtlichen Hierarchie verglichen[624], dann zeigen sich Übereinstimmungen und Abweichungen. Die folgende Tabelle der Seestädte und Hafensiedlungen zeigt diese nach ihrer amtlichen Klassifikation geordnet mit weiteren Angaben über ihre Bedeutung als Ein- und Ausfuhrhäfen von Trockenfracht[625] im internationalen und nationalen Verkehr sowie über einige Spezialisierungen auf bestimmte Massengüter. Die Bedeutung dieser Hafenfunktionen im Verhältnis zur Gesamtsiedlung ist in Spalte (7) durch drei Stufen gekennzeichnet[626].

Unter den Seehäfen mit absolut hoher Einstufung (Klassen I und II) befinden sich fast alle Regionalmetropolen und Oberzentren[627], sofern sie an der Küste liegen und diese gute natürliche Hafenbedingungen aufweist.

---

[623] In der Gesamtzahl von 3.760 erfaßten Orten sind 128 kleine Handelsorte enthalten, die ausschließlich dieser Eigenschaft ihre Berücksichtigung als „zentraler Ort" verdanken. Die volle Zahl der Orte dieser Kategorie muß aber auf knapp 600 veranschlagt werden (vgl. S. 198, dort auch Fußn. 704).

[624] Diese wird im folgenden Abschn. 7. (S. 198ff.) dargelegt.

[625] Der Hafen als funktionsbestimmender Faktor der Siedlung ist für die Verschiffung von Mineralölerzeugnissen grundsätzlich anders zu beurteilen als im Falle von Trockenfracht. Deshalb ist hier zunächst nur die Trockenfracht zu Grunde gelegt. Neben den Mineralölerzeugnissen verzerrt die Stammholzausfuhr und die Ausfuhr von Erzkonzentraten die Reihung der Häfen nach ihrer generellen Bedeutung sehr stark. Daher sind in der Spalte (5) „Laden zum Ausland" das Stammholz und die Erzkonzentrate nicht berücksichtigt worden. Ausfuhrhäfen von Mineralöl und Mineralölerzeugnissen, Stammholz und Erzen sind in Spalte (6) der Tabelle getrennt gekennzeichnet worden.

[626] Auf Karte 4 sind diese Bedeutungsstufen durch Dreiviertel- (I), Halb- (II) und Viertelkreise (III) in orange-farbener Flächenfüllung dargestellt.

[627] Die Zuordnung der Städte nach zentralörtlichen Hierarchiestufen erfolgt im Abschn. 7.2.; vgl. dort S. 209ff., bes. Tab. 7–3.

Einige Häfen dieser ersten Kategorien besitzen aber diese allgemeine Bedeutung ihrer Stadt als Oberzentrum nicht. In diesen Orten herrscht deshalb die Hafenfunktion besonders stark vor. Unter den amtlich mit Klasse II bezeichneten Häfen sind das Panjang und Bitung. Beide Orte sind erst durch die Hafenfunktion zu städtischen Siedlungen herangewachsen. Es handelt sich um Hafenneugründungen zur Bedienung größerer Entwicklungsregionen. Von den benachbarten älteren Oberzentren – Teluk Betung und Manado –, deren unzureichende Hafenverhältnisse die Neugründungen erforderlich machten, liegen die neuen Städte so weit entfernt, daß sie eine eigene Entwicklungsdynamik besitzen[628].

---

[628] Das gilt für Panjang auch nach 1982, als diese Hafenstadt zusammen mit dem gesamten Agglomerationsraum an der Lampung-Bai nach Tanjung Karang–Teluk Betung eingemeindet wurde.

Tabelle 6-2. Seestädte und Hafensiedlungen

Häfen im Stadtbereich von:	(1) Amtliche Klassifizierung[a]	(2) Löschen vom Inland[b]	(3) Laden zum Inland[b]	(4) Löschen vom Ausland[c]	(5) Laden zum Ausland[c]	(6) Laden von Mineralöl, Stammholz, Erzkonztr.[d]	(7) Bedeutung der Hafenfunktion für die Siedlung[e]
		Einteilungen nach Umschlagmengen					
		Trockenfracht ohne Erze und Stammholz					
Jakarta (alle Häfen)	I	I	I	I	I	M	–
Surabaya-Tanjung Perak	I	I	I	I	I	–	–
Medan-Belawan	I	I	II	I	I	–	–
Ujung Pandang – Makasar	I	II	II	II	II	–	III
Palembang (alle Häfen)	II	I	I	II	II	M/h	III
Dumai	II	II	II	III	VI	**M**/h	III[f]
Padang (alle Häfen)	II	II	II	II	II	–	III
Panjang	II	II	III	II	II	h	II
Cirebon	II	II	V	II	II	M[g]	III
Semarang	II	II	II	I	III	–	–
Cilacap	II	II	VI	II	II	–	III
Banjarmasin	II	II	II	VI	II	h	III
Balikpapan	II	II	III	III	VI	**M/H**	III
Samarinda	II	II	II	IV	III	M/**H**	III
Bitung	II	II	II	III	III	–	II
Ambon	II	III	IV	IV	IV	h	III
auf West-Neuguinea:							
Jayapura	II	IV	VI	IV	–	–	–

a Klassifizierung (I bis V) des Generaldirektorats für Seeverkehr (1981); VI bedeutet in Spalte (1) nicht in Klassen I bis V aufgenommene Häfen.

b Einteilung durch Verfasser auf Grund der „Statistik Pelayaran Nusantara" des Statistischen Hauptamtes, Jakarta 1979/80. Laden oder Löschen von Trockenfracht: > 500 000 t = I, 100 000 – 499 999 t = II, 50 000 – 99 999 t = III, 25 000 – 49 999 t = IV, 10 000 – 24 999 t = V, 1 000 – 9 999 t = VI, unter 1 000 t oder kein Umschlag = –.

c Einteilung durch Verfasser auf Grund der „Statistik Perdagangan Luar Negeri – Impor/Espor" des Statistischen Hauptamtes, Jakarta 1979/80. Löschen von Trockenfracht: > 500 000 t = I, 100 000 – 499 000 t = II, 50 000 – 99 999 t = III, 10 000 – 49 000 t = IV, 1 000 – 9 999 t = V, 100 – 999 t = VI, unter 100 t oder kein Umschlag = –.

d Einteilung in drei Stufen (fette, große und kleine Buchstaben) durch Verfasser auf Grund der „Statistik Espor" des Statistischen Hauptamtes, Jakarta 1979/80.
  m, M, **M** = Mineralöl und Flüssiggas
  h, H, **H** = Stammholz
  e, E, **E** = Erze und Rohmetalle

e Nach Beurteilung des Verfassers:
  I Hafenbetrieb herrscht im Funktionsmuster der Siedlung absolut vor
  II Hafenbetrieb herrscht im Funktionsmuster der Siedlung relativ vor
  III Hafenbetrieb tritt im Funktionsmuster der Siedlung deutlich in Erscheinung
  – Hafenbetrieb prägt das Funktionsmuster der Gesamtsiedlung nicht

f Es wäre auch II vertretbar, aber nach der für Karte 4 gewählten Signaturenbildung läßt sich nur III darstellen (vgl. Tab. 6-7, Nr. 57).

g Rohölversand vom Anleger in Balongan (25 sm nördlich von Cirebon)

Tabelle 6-2. Seestädte und Hafensiedlungen, 1. Fortsetzung

Häfen im Stadtbereich von:	(1) Amtliche Klassifizierung[a]	(2) Einteilungen nach Umschlagmengen Trockenfracht ohne Erze und Stammholz				(6) Laden von Mineralöl, Stammholz, Erzkonztr.[d]	(7) Bedeutung der Hafenfunktion für die Siedlung[e]
		Löschen vom Inland[b]	Laden zum Inland[b]	Löschen vom Ausland[c]	Laden zum Ausland[c]		
Pekan Baru (einschl. Rumbai)	III	IV	V	IV	III	–	III
Tanjung Pinang	III	IV	VI	III	IV	–	III
Jambi	III	II	–	IV	II	h	III
Bengkulu	III	IV	VI	VI	V	–	III
Pontianak	III	II	II	III	II	–	III
Tarakan	III	IV	III	VI	II	M/h	III[h]
Benoa (Bali)	III	III	IV	V	VI	–	II
Ampenan/Lembar (Lombok)[i]	III	III[j]	IV[k]	–	V[l]	–	I[m]
Kupang–Tenau	III	IV	IV	V	V	–	III
Donggala	III	IV	III	V	V	–	III
Kendari	III	IV	–	V	V	–	III
Ternate	III	III	IV	VI	IV	h	II
auf West-Neuguinea:							
Sorong	III	V	V	IV	V	M	II
Krueng Raya/Ule Lhee[i, n]	IV	V	VI	V	VI	–	I
Gunung Sitoli	IV	IV	V	–	–	–	III
Sibolga	IV	III	III	VI	V	h	III
Tanjung Balai Asahan	IV	III	IV	–	VI	–	III
Selat Panjang	IV	V	IV	VI	IV	h	III
Tembilahan	IV	II	V	V	II	h	III
Pangkal Pinang-Pangkal Balam	IV	III	IV	III	IV	–	III
Muntok	IV	III	V	V	IV	–	III
Tegal	IV	IV	VI	IV	III	–	III
Probolinggo	IV	III	V	V	III	–	III
Gresik	IV	II	III	V	III	–	III
Banyuwangi	IV	V	IV	VI	IV	–	III
Pemangkat	IV	IV	V	–	V	–	III
Telok Air (Batu Ampar-)	IV	...	...	–	II	H	II
Sampit	IV	V	–	–	III	h	III
Kota Baru	IV	V	IV	VI	V	h	III
Celukan Bawang (Bali)[o]	IV	VI	–	–	–	–	III
Bima	IV	IV	V	–	–	–	III
Sumbawa Besar-Badas	IV	V	V	–	IV	–	III
Dili	IV	...	...	...	...	–	III
Manado	IV	IV	V	–	–	–	–
Gorontalo	IV	III	IV	–	–	–	III
Pare-Pare	IV	VI	IV	–	V	–	III
auf West-Neuguinea:							
Biak	IV	V	IV	IV	V	–	III
Manokwari	IV	V	VI	V	–	–	III

a–e siehe erste Tabellenseite

h Es wäre auch II vertretbar, aber nach der für Karte 4 gewählten Signaturenbildung läßt sich nur III darstellen (vgl. Fußn. 629 und Tab. 6-7, Nr.60)

i Hafenpaar, vgl. folgenden Text

j Lembar: IV

k Lembar: VI

l Gilt nur für Ampenan

m Gilt nur für Lembar

n Auf Karte 4 in die Signatur von Banda Aceh integriert

o Hafenneuanlage als Ersatz für Buleleng; siehe auch Buleleng weiter hinten (Hafenklasse VI) in dieser Tabelle

Tabelle 6-2.   Seestädte und Hafensiedlungen,   2. Fortsetzung

Hafensiedlungen:	(1) Amtliche Klassifizierung[a]	(2) Löschen vom Inland[b]	(3) Laden zum Inland[b]	(4) Löschen vom Ausland[c]	(5) Laden zum Ausland[c]	(6) Laden von Mineralöl, Stammholz, Erzkonztr.[d]	(7) Bedeutung der Hafenfunktion für die Siedlung[e]
		Einteilungen nach Umschlagmengen Trockenfracht ohne Erze und Stammholz					
Sabang	V	VI	–	–	–	–	III
Lhok Seumawe	V	V	VI	IV	V	M[p]	III
Meulaboh	V	VI	V	VI	IV	h	III
Langsa	V	VI	–	V	III	–	III
Pangkalan Susu	V	V	VI	V	V	m	III
Pangkalan Brandan	V	VI	V	–	–	–	III
Bagan Siapi-api	V	III	III	V	–	–	III
Bengkalis	V	V	VI	–	V	–	III
Rengat	V	V	III	V	IV	–	III
Tanjung Padan	V	IV	II	IV	V	–	III
Merak/Cigading[q]	V	III	II	II	IV	(E)	I
Tuban	V	VI	VI	–	–	–	III
Pasuruan	V	VI	VI	–	–	–	III
Panarukan	V	VI	VI	–	IV	–	III
Kalianget	V	V	IV	–	–	–	II
Singkawang	V	V	VI	–	IV	–	III
Sambas	V	VI	–	–	IV	–	III
Sukamara	V	VI	IV	–	–	–	III
Pangkalan Buun	V	V	VI	V	IV	h	III
Kumai	V	VI	VI	VI	IV	–	III
Samuda	V	VI	–	–	–	–	III
Kuala Pembuang	V	...	...	–	–	–	III
Kuala Kapuas	V	VI	VI	VI	IV	–	III
Nunukan	V	VI	–	VI	–	h	II
Padang Baai	V	VI	VI	–	–	–	I
Waingapu	V	V	–	–	–	–	III
Kalabahi	V	VI	–	–	–	–	III
Ende	V	V	VI	–	–	–	III
Maumere	V	V	VI	–	–	–	III
Bandanaira	V	VI	–	–	–	–	II
auf West-Neuguinea:							
Fak-Fak	V	V	–	V	V	–	III
Merauke	V	V	–	–	–	h	III
Calang (Aceh-Westküste)	VI	...	...	–	V	–	III
Susoh (Aceh-Westküste)	VI	VI	VI	–	–	–	III
Tapaktuan (Aceh-Westküste)	VI	VI	VI	–	–	–	III
Bakongan (Aceh-Westküste)	VI	–	–	–	–	–	III
Singkil (Aceh-Westküste)	VI	VI	V	–	–	h	III
Sinabang (Simeulue)	VI	V	VI	–	–	–	III
Pulau Banyak	VI	VI	–	–	–	–	III
Labuhan Haji (Aceh)	VI	VI	–	–	–	–	III
Idi	VI	VI	–	–	–	–	III
Leidong (Kualuh)	VI	–	V	–	–	–	III
Labuhan Bilik (Panai)	VI	VI	IV	–	IV	–	III
Barus (Tapanuli)	VI	...	...	–	–	–	III
Natal (Tapanuli)	VI	...	...	–	V	h	III
Lahewa (Nias)	VI	VI	VI	–	–	–	III
Hinako (Nias)	VI	VI	VI	–	–	–	II
Teluk Dalam (Nias)	VI	VI	VI	–	–	–	III
Pulau Telo (Kep. Batu)	VI	VI	VI	–	–	–	III
Air Bangis (Pasaman)	VI	...	...	–	–	–	III
Sikakap (Pagai Utara)	VI	VI	–	–	–	–	III

Tabelle 6-2.: Seestädte und Hafensiedlungen, 3. Fortsetzung

Hafensiedlungen:	(1) Amtliche Klassifizierung[a]	(2) Löschen vom Inland[b]	(3) Laden zum Inland[b]	(4) Löschen vom Ausland[c]	(5) Laden zum Ausland[c]	(6) Laden von Mineralöl, Stammholz, Erzkonztr.[d]	(7) Bedeutung der Hafenfunktion für die Siedlung[e]
Panipahan (Kubu)	VI	VI	V	–	–	–	II
Pulau Halang (Kubu)	VI	V	–	–	–	–	II
Sineboi (Bangko)	VI	VI	III	–	VI	–	II
Sungai Pakning (Siak)	VI	VI	VI	–	VI	M	II
Siak Sri Indrapura	VI	VI	VI	–	VI	–	III
Tanjung Kedabu (Rangsang)	VI	VI	VI	–	–	–	II
Tanjung Balai Karimun	VI	V	VI	VI	V	–	III
Tanjung Batu (Kundur)	VI	VI	V	–	–	–	III
Moro (Morosulit-Riau)	VI	...	...	–	–	–	III
Belakang Padang[r]	VI	...	...	–	–	–	III
Sambu[r]	VI	IV	V	–	–	m	II
Sekupang[r]	VI	...	...	–	–	–	II
Batu Ampar[r]	VI	VI	VI	V	IV	–	II
Tanjung Uban (Bintan)	VI	V	III	–	–	m	II
Kijang (Bintan)	VI	–	–	–	–	E	III
Dabo (Singkep)	VI	VI	VI	V	–	–	III
Tarempa (Anambas)	VI	VI	–	–	–	–	III
Sungai Guntung (Indragiri Hilir)	VI	–	VI	–	VI	–	III
Kuala Mandah (Indragiri Hilir)	VI	VI	VI	–	VI	–	II
Kuala Gaung (Indragiri Hilir)	VI	VI	V	–	–	–	II
Sapat (Indragiri Hilir)	VI	VI	VI	–	–	–	II
Perigiraja (Indragiri Hilir)	VI	–	VI	–	–	–	II
Kuala Enok (Indragiri Hilir)	VI	V	IV	–	–	–	II
Pulau Kijang (Indragiri Hilir)	VI	VI	V	–	–	–	II
Kuala Tungkal (Tanjung Jabung)	VI	VI	IV	–	V	–	III
Kampung Laut (Tanjung Jabung)	VI	–	VI	–	–	–	III
Muara Sabak (Tanjung Jabung)	VI	VI	VI	–	IV	h	II
Nipah Panjang (Tanjung Jabung)	VI	–	VI	–	–	–	III
Sungsang (Kuala Musi)	VI	–	–	–	–	–	III
Sungai Liat (Bangka)	VI	VI	VI	–	–	–	–
Belinyu (Bangka)	VI	IV	V	–	–	–	III
Sungai Selan (Bangka)	VI	IV	–	–	–	–	II
Koba (Bangka)	VI	VI	–	–	–	–	III
Toboali (Bangka)	VI	VI	VI	–	–	–	III
Manggar (Belitung)	VI	IV	–	–	–	–	III
Bintuhan (Lampung)	VI	VI	–	–	–	–	III
Krui (Lampung)	VI	VI	–	VI	–	–	III
Labuhan Maringgai (Lampung)	VI	–	VI	–	–	–	III
Teluk Betung (Lampung)	VI	V	–	–	–	–	–
Pekalongan	VI	VI	–	VI	–	–	–
Jepara	VI	...	...	–	–	–	III
Karimunjawa	VI	...	...	–	–	–	III
Juwana	VI	...	...	–	–	–	III
Sangkapura (Bawean)	VI	VI	–	–	–	–	II
Bangkalan	VI	VI	–	–	–	–	–
Sampang	VI	VI	–	–	–	–	–
Ketapang (Madura)	VI	III	II	–	–	–	III
Pamekasan	VI	VI	–	–	–	–	–
Kalisangka (Kangean)	VI	VI	VI	–	–	–	II
Sapekan	VI	VI	VI	–	–	–	II

a – e siehe erste Tabellenseite
  p Flüssiggas vom Anleger bei Arun (10 sm westlich von Lhok Seumawe)
  q Angaben gelten für Merak, mit Ausnahme von Spalte (6); (E) gilt für Löschen von Erzen an der Brücke von Cigading (vgl. folgenden Text)
  r Häfen vor und an der Nordküste von Batam; auf Karte 4 durch **eine** Signatur „Batam Utara" dargestellt

Tabelle 6-2.: Seestädte und Hafensiedlungen, 4. Fortsetzung

Hafensiedlungen:	(1) Amtliche Klassifizierung[a]	(2) Löschen vom Inland[b]	(3) Laden zum Inland[b]	(4) Löschen vom Ausland[c]	(5) Laden zum Ausland[c]	(6) Laden von Mineralöl, Stammholz, Erzkonztr.[d]	(7) Bedeutung der Hafenfunktion für die Siedlung[e]
		Einteilungen nach Umschlagmengen Trockenfracht ohne Erze und Stammholz					
Sekura (Sambas)	VI	VI	–	–	–	–	III
Ketapang (Matan)	VI	VI	III	–	IV	–	III
Pesaguan (Matan)	VI	...	...	–	–	–	III
Kuala Jelai	VI	VI	VI	–	–	–	III
Pegatan Mendawai	VI	VI	III	–	–	–	III
Pulang Pisau	VI	–	V	VI	III	h	II
Pegatan (Selat Laut)	VI	VI	V	VI	–	–	III
Batu Licin (Selat Laut)	VI	VI	V	–	–	h	III
Gilimanuk (Bali)	VI	...	...	–	–	–	II
Buleleng (Bali)	VI	VI	–	–	V	–	–
Labuhan Lombok	VI	V	VI	–	–	–	III
Labuhan Alas (Sumbawa)	VI	VI	VI	–	–	–	III
Waikelo (Sumba)	VI	VI	–	–	–	–	III
Baa (Roti)	VI	V	–	–	–	–	III
Atapupu (Timor)	VI	V	VI	–	–	–	III
Labuhan Bajo (Flores)	VI	...	...	–	–	–	III
Reo (Flores)	VI	VI	VI	–	V	–	III
Larantuka (Flores)	VI	VI	–	–	–	–	III
Waiwerang (Adonara)	VI	VI	–	–	–	–	III
Lewoleba (Lomblen)	VI	...	...	–	–	–	III
Tanah Grogot (Pasir)	VI	VI	VI	–	–	–	III
Semboja (Kutei)	VI	VI	–	–	–	–	III
Sangkulirang (Kutei)	VI	...	...	–	–	H	III
Tanjung Santan (Kutei)	VI	VI	–	–	–	M	–
Bontang (Kutei)	VI	VI	–	–	–	M[s]	III
Tanjung Redeb	VI	V	–	–	VI	h	III
Tanjung Selor	VI	V	–	–	–	–	III
Pulau Bunyu (Bulungan)	VI	VI	–	–	–	–	III
Kwandang (Nord-Selebes)	VI	VI	–	–	–	–	III
Inobonto (Nord-Selebes)	VI	–	VI	–	–	–	III
Amurang (Nord-Selebes)	VI	VI	–	–	–	–	III
Tagulandang	VI	VI	VI	–	–	–	III
Ulu (Siau)	VI	VI	–	–	–	–	III
Tamako (Sangihe)	VI	–	VI	–	–	–	III
Tahuna (Sangihe)	VI	IV	V	–	–	–	III
Beo (Talaud)	VI	...	...	–	–	–	III
Lirung (Talaud)	VI	VI	–	–	–	–	III
Peta (Talaud)	VI	VI	VI	–	–	–	III
Palu	VI	VI	–	–	–	–	–
Toli-Toli	VI	V	V	–	–	–	III
Parigi (Teluk Tomini)	VI	VI	VI	–	–	–	III
Poso (Teluk Tomini)	VI	V	V	–	VI	–	III
Ampana (Teluk Tomini)	VI	VI	VI	–	–	–	III
Luwuk	VI	IV	IV	–	VI	–	III
Banggai	VI	VI	–	–	–	–	III
Kolonedale	VI	VI	–	–	–	–	III
Mamuju	VI	VI	–	–	–	–	III
Majene	VI	VI	VI	–	–	–	III
Pangkajene-Kepulauan	VI	...	...	–	–	–	III
Banta Eng	VI	VI	VI	–	–	–	III
Bulukumba	VI	–	VI	–	–	–	III
Benteng (Selayar)	VI	VI	VI	–	–	–	II
Watampone-BajoE (Teluk Bone)	VI	VI	VI	–	–	–	III
Palopo (Teluk Bone)	VI	VI	VI	VI	–	–	III
Malili (Teluk Bone)	VI	V	VI	IV	IV	e	III
Kolaka (Teluk Bone)	VI	VI	VI	–	V	–	III
Pomalaa (Teluk Bone)	VI	V	VI	VI	IV	E	III
Bau-Bau (Buton)	VI	V	II	–	–	–	II
Raha (Muna)	VI	VI	V	–	–	–	III

a – e siehe erste Tabellenseite
s Flüssiggas

Tabelle 6-2.: Seestädte und Hafensiedlungen, 5. Fortsetzung

Hafensiedlungen:	(1) Amtliche Klassifizierung[a]	(2) Löschen vom Inland[b]	(3) Laden zum Inland[b]	(4) Löschen vom Ausland[c]	(5) Laden zum Ausland[c]	(6) Laden von Mineralöl, Stammholz, Erzkonztr.[d]	(7) Bedeutung der Hafenfunktion für die Siedlung[e]
		Einteilungen nach Umschlagmengen Trockenfracht ohne Erze und Stammholz					
Tual (Kai)	VI	V	–	–	–	–	III
Dobo (Aru)	VI	VI	VI	–	–	–	III
Saumlaki (Tanimbar)	VI	...	...	–	–	–	III
Larat (Tanimbar)	VI	...	...	–	–	–	III
Tepa (Babar)	VI	...	...	–	–	–	III
Wonreli (Kisar)	VI	...	...	–	–	–	III
Tulehu (Ambon)	VI	VI	–	–	–	–	II
Amahei (Seram)	VI	...	...	–	–	–	III
Bula (Seram)	VI	VI	–	–	–	–	III
Geser (Seram)	VI	VI	VI	–	–	–	III
Namlea (Buru)	VI	VI	–	–	–	–	III
Sanana (Sula)	VI	VI	–	–	–	–	III
Labuha (Bacan)	VI	VI	–	–	–	–	III
Soa Siu	VI	...	...	–	–	–	III
Tobelo (Halmahera)	VI	VI	V	–	–	–	III
Galela (Halmahera)	VI	VI	–	–	–	–	III
Daruba (Morotai)	VI	VI	–	–	–	–	III
auf West-Neuguinea:							
Serui	VI	VI	–	–	–	–	III
Nabire	VI	...	...	–	–	–	III
Amamapare	VI	–	–	–	–	E	I

a – e siehe erste Tabellenseite

Auch bei der Mehrzahl der übrigen Großhafenstädte tritt der Hafenbetrieb im Funktionsmuster deutlich in Erscheinung. Das gilt sowohl für die großen außerjavanischen Regionalmetropolen Palembang und Ujung Pandang als auch für die übrigen Oberzentren mit hoch eingestuften Häfen. Derartige Häfen haben auch Dumai und Cilacap. Dumai war als Ölausfuhrhafen gegründet worden und wuchs in den siebziger Jahren in die Rolle eines Universalhafens hinein. Die Siedlung hat noch nicht die dem Hafen entsprechende zentralörtliche Ausstattung erreicht. In Cilacap war die Hafenfunktion ausschlaggebend für die Entwicklung der Stadt zu einem starken, rasch in oberzentrale Funktionen hineinwachsenden Mittelzentrum.

Trotz der hohen Einstufung des Hafens tritt dessen Funktion im Stadtgefüge von Jakarta, Surabaya, Medan, Semarang und Jayapura weniger hervor. Jakarta und Surabaya sind in allen städtischen Funktionsbereichen führend. In Medan ist die Hafensiedlung Belawan so weit vom Stadtzentrum entfernt, daß der prägende Einfluß auf die Gesamtstadt abgeschwächt ist. Semarangs Hafenbetrieb ist der schwächste unter allen an der Küste gelegenen Regionalmetropolen; der Hafenausbau war jahrzehntelang vernachlässigt worden und wurde erst zu Beginn der achtziger Jahre in Angriff genommen. Der Hafen von Jayapura schließlich ist aus regionalpolitischen Gründen weitaus zu hoch eingestuft. Da die Verwaltungsaufgaben der melanesischen Entwicklungsprovinz-Hauptstadt stark dominieren (vgl. S. 140), spielen die Hafenfunktionen im Wirtschaftsgefüge der Stadt eine mindere Rolle.

Auch die nächste Gruppe von Häfen der amtlichen Klasse III prägt die dazugehörenden Siedlungen unterschiedlich stark. Für Lembar auf Lombok ist der Hafen siedlungsbestimmend, denn es handelt sich um eine nach 1970 fertiggestellte Neuanlage, die die offene, bei Westmonsun gefährliche Reede von Ampenan ersetzen soll. Auch für die kleine Fischersiedlung Benoa auf Bali, für Ternate und für Sorong an der Westspitze Neuguineas steht die Hafenfunktion im Vordergrund. Benoa versorgt Süd-Bali mit dem Verdichtungsraum Denpasar; Ternate und Sorong sind Sammelplätze für weite Archipelhinterländer. Auch Tarakan ist ähnlich stark von seinem Hafen geprägt, doch entwickelte sich dieser Ölausfuhr- und Bohrfeldversorgungsplatz seit zwei Jahrzehnten nicht nur zu einem Industrieort, sondern auch zum zentralen Dienstleistungsort für Bulungan und Berau[629]. Sehr viel älter ist die Hafenentwicklung von Pekan Baru. Diese Siedlung war als Umschlagplatz

---

[629] Da Tarakan zudem auch ein bedeutendes Fischereizentrum ist (siehe Tab. 6-4, Teil B), ließe es sich auch als „multifunktional" bezeichnen (vgl. S. 190). Auf Karte 4 und in Tab. 6-7 wurde das Transportwesen nur mit der Bedeutungsstufe III und die zentralörtlichen Funktionen gar nicht angegeben. Dadurch wurden die besonderen Funktionen als Industrieort und als Fischereizentrum hervorgehoben.

und Flußhafen am Siak um die Jahrhundertwende entstanden, doch hat es heute als Provinzhauptstadt bedeutende Verwaltungsfunktionen und wurde als Hafenplatz Anfang der siebziger Jahre von Dumai überflügelt. So sind in Pekan Baru die Hafenfunktionen nicht mehr vorherrschend. Das gilt ebenso für die anderen in dieser Gruppe genannten Hafenstädte, die zugleich Provinzverwaltungen besitzen.

In den überwiegend kleineren Städten, zu denen die Häfen der amtlichen Klassen IV und V gehören, tritt der Hafenbetrieb fast überall deutlich in Erscheinung. Dementsprechend ist in Tabelle 6–2 meistens die Bedeutungsstufe III eingetragen. Auch wenn in größeren Städten der Hafen noch eine wichtige Erwerbsquelle ist, sind sie entsprechend eingestuft; Sibolga, Tanjung Balai Asahan, Pangkal Pinang, Tegal, Probolinggo und Pare-Pare gehören hierher. Ausnahmen von der Bedeutungsstufe III ergeben sich in zweierlei Richtung: Wenn die Städte sehr groß sind, wie z. B. Manado, prägt der Hafenbetrieb das Funktionsmuster gar nicht mehr. Wenn dagegen der Hafenbetrieb besonders lebhaft ist, wird die Hafenfunktion für die betreffende Siedlung vorherrschend. Für größere Orte trifft das nur dann zu, wenn ihre Versorgung fast ausschließlich über See läuft. Das gilt u. a. für Gorontalo; zudem ist diese Stadt auch heute noch – wie für die Vorkriegszeit durch Broersma 1931 beschrieben – der lebhafte Handelsmittelpunkt aller Küstenstriche des großen Tomini-Golfes.

In besonderer Weise sind die Häfen auch in den Fährorten siedlungsbeherrschend, so für Merak an der Sunda-Straße und Padang Baai an der Lombok-Straße. Abgeschwächt gilt das auch für ursprünglich ländliche Siedlungen, in denen nach 1970 ein geschützter Tiefwasserpier angelegt wurde, der ältere Reedehäfen ersetzen soll. So entstanden Hafenpaare, die sich zum Teil noch jahreszeitlich im Betrieb abwechseln, etwa Ampenan/Lembar – oben schon erwähnt –, Ule Lhee/Krueng Raya und Buleleng/Celukan Bawang. Krueng Raya – rd. 20 km östlich von Banda Aceh gelegen – wurde 1977 in Betrieb genommen, die letzte der gegen Norden ungeschützten Landebrücken von Ule Lhee aus der Zeit um 1900 verfällt. Dann wird dort, wie auf der ebenfalls offenen Reede von Buleleng nur noch örtlicher Bootsverkehr abgewickelt werden. Celukan Bawang ging erst um 1980 in Betrieb. Ebenso neu ist die Erzanlandebrücke in Cigading, die den Eisenhüttenkomplex von Cilegon (vgl. Tab. 6–5, Nr. 139, S. 177 u. S. 182) versorgt. Cigading – 5 km südlich von Merak gelegen – besitzt keine Ortschaft und wird vom Hafen Merak aus verwaltet.

Neben diesen Orten mit Hafenneuanlagen wird auch die Hafenfunktion für solche Siedlungen besonders wichtig, die bei wenig entwickelten zentralen Diensten entweder bedeutende Häfen für Ausfuhrgüter besitzen – z. B. Batu Ampar-Telok Air auf Padang Tikar im Kapuas-Delta für Stammholz – oder Mittelpunkte größerer oder kleinerer Teilarchipele sind, etwa Kalianget auf Madura, Nunukan vor der Sebuku-Mündung in Ost-Borneo oder Banda Naira.

Die letztgenannten Ursachen für eine hervorragende Stellung des Hafens im Funktionsmuster der Siedlung gelten auch für die weitaus überwiegende Mehrzahl der kleineren Küstenplätze, die amtlich keiner der fünf Hafenklassen angehören und deshalb in Tabelle 6–2 mit der Kategorie VI bezeichnet worden sind. Die dort genannten 148 Orte sind jedoch nur eine Auswahl aus einer unbekannt großen Anzahl derartiger Küstenplätze[630] mit nur lokaler oder regionaler Handelsfunktion. Zwar ist die Ausrichtung dieser großen Zahl von Siedlungen auf den Seeverkehr deutlich, doch dient dieser häufig nur der lokalen Versorgung, wenn es sich um Inselorte oder um Küstenplätze handelt, die von der Landseite schlecht erschlossen sind. Der Seeverkehr entspricht dann meist der zentralörtlichen Rangstellung. In diesem Falle tritt zwar der Bootsbetrieb am Strand im Funktionsmuster der Siedlung deutlich in Erscheinung, er ersetzt aber lediglich die in den Binnenorten entwickelten Landverkehrseinrichtungen[631].

Die in Tabelle 6–2 aufgenommenen, amtlich nicht klassifizierten Häfen sind – von wenigen Sonderfällen abgesehen – am Frachtverkehr der gesamtindonesischen Schiffahrt (Pelayaran Nusantara) wenigstens mit kleinen Frachtmengen beteiligt. Auch in dieser Hinsicht wird die Hafenfunktion deutlich. Größere Warenmengen werden umgeschlagen, wenn die Küstenplätze besondere Handelsfunktionen haben (vgl. S. 142), oder – wie schon erwähnt – Fährorte oder Verteilerplätze für kleine Archipele oder Küstenabschnitte sind. Dort ist die Bedeutung der Umschlagfunktion für die Siedlung größer; entsprechend ist in Tabelle 6–2, Sp. 7 eine II eingesetzt.

Unter den Orten, die spezielle Piers für Mineralöl-, Stammholz- und Erzverladungen besitzen, gibt es einige, die ganz unabhängig von diesen Verschiffungseinrichtungen existieren; andere sind durch die Bearbeitung und Lagerung der Güter – also industriell – sehr viel stärker geprägt als durch die Verschiffung. In diesen Fällen wird die Bedeutung des Hafens für den Ort gering eingestuft[632].

---

[630] Vgl. Rutz 1976 (a), S. 44.

[631] Diese kleinsten Küstenplätze sind in Tab. 6–2 nicht erfaßt und in Karte 4 nicht dargestellt.

[632] Orte mit Verladebrücken für Stammholz, die durch diese Holzausfuhr gar nicht oder gering beeinflußt sind, wurden in Tab. 6–2 nicht aufgenommen. Es handelt sich um je etwa 10 bis 15 Verladestellen in Süd- und Mittelborneo, Ost-Borneo, Selebes und auf den Molukken.

Unter den genannten Häfen gibt es auch noch einige, die zu mittelgroßen oder gar großen Städten gehören. Wenn diese Städte aber durch benachbarte größere Häfen versorgt werden, ist der eigene Hafen für die Stadt unbedeutend; das gilt für Teluk Betung und Pekalongan, ferner für Sungai Liat auf Bangka, für Bangkalan, Sampang und Pamekasan auf Madura, für Singaraja-Buleleng auf Bali und für Palu auf Selebes.

6.2.2. Landverkehrsorte

Neben den Seehäfen gibt es weitere Orte, die überdurchschnittlich auf Transportdienstleistungen ausgerichtet sind; das sind große Straßenverkehrsknotenpunkte und Umschlagplätze an Binnenwasserstraßen, in der Vergangenheit auch Orte mit großen Bahnbetriebswerken. Der physischen Gestalt des Archipels entsprechend ist ein siedlungsprägender Festbodenverkehr auf Java und wenige Teile Sumatras beschränkt, die Binnenschiffahrt hat dagegen weiträumig in den Tiefländern Borneos und Sumatras Einfluß auf Entstehung und Gestalt der Siedlungen[633]. Auch bei diesen Verkehrszweigen interessiert im vorstehenden Zusammenhang nur die überdurchschnittliche Häufung von Verkehrsdienstleistungen. Sofern diese lediglich der zentralörtlichen Stellung entsprechen, können die betreffenden Siedlungen nicht einem funktional „verkehrsgeprägten" Siedlungstyp zugerechnet werden.

Als Grundlage für die Erfassung der Orte mit überdurchschnittlichem Landverkehr stehen amtliche Verkehrszählungen und einige weitere Quellen zur Verfügung[634]. Durch diese kann abgeschätzt werden, in welchen Orten das Transportgewerbe absolut bedeutend ist. In der Tabelle 6–3 sind jedoch nur solche Orte genannt, die relativ zu ihrer Größe und zentralörtlichen Stellung ein überdurchschnittlich hohes Transportaufkommen haben, bei denen also die Verkehrsdienstleistungen im Funktionsmuster der Siedlung zumindest deutlich in Erscheinung treten[635]. Es werden nur zwei Bedeutungsstufen genannt (II und III), da das Transportwesen kaum irgendwo ein absolutes Übergewicht besitzt[636].

Die größten Sammelpunkte des Binnenwasserstraßenverkehrs, etwa Jambi, Palembang, Pontianak, Banjarmasin und Samarinda, sowie die des Straßenverkehrs, etwa Medan, Jakarta, Bandung, Cirebon, Semarang, Yogyakarta, Surakarta, Madiun und Surabaya, erscheinen in der Tabelle nicht, weil deren besonders großes Verkehrsaufkommen nur der überragenden zentralörtlichen Stellung entspricht (vgl. Tab. 7–3). Das gilt ebenso noch für alle weiteren Oberzentren und für die Mehrzahl der Mittelzentren. Erst wenn ein bedeutendes Landverkehrsaufkommen in schwach ausgestatteten zentralen Orten zu verzeichnen ist, können sich das Transportgewerbe und dessen Hilfsdienste siedlungsprägend auswirken.

Die folgende Tabelle 6–3 läßt erkennen, daß verhältnismäßig dicht besiedelte Räume wenige einseitig auf Verkehrsfunktionen ausgerichtete Orte besitzen; diese häufen sich in menschenarmen Gegenden, in denen der Fernhandel als siedlungsbestimmendes Element stärker in den Vordergrund tritt. Hier schaffen Straßen- und Wasserwegeverzweigungen sowie die Umschlagstellen zwischen Festboden- und Wasserverkehr Siedlungsplätze, die bei allgemein schwacher Landesentwicklung von der Verkehrsdienstleistungsfunktion beherrscht werden. Erst mit zunehmender Siedlungsverdichtung wird das Funktionsmuster dieser Siedlungen vielseitiger; die Einseitigkeit der Verkehrsorientierung schwächt sich ab, indem Verwaltungsaufgaben und andere öffentliche Dienstleistungen, regionale Versorgungsaufgaben und gewerbliche Produktion hinzukommen. Auf diesem Wege sind die in Tabelle 6–3 genannten Siedlungen sehr unterschiedlich weit fortgeschritten. Da aber die Verkehrsfunktion Folge des Handels ist, sind alle genannten Orte auch Handelsplätze verschiedenster Ausprägung. Je stärker Funktionselemente, die nichts mit Fernverkehr und Fernhandel zu tun haben, am Erwerbsleben der Siedlung beteiligt sind, um so schwächer wird die ehemals vorherrschende Bedeutung des Verkehrs für die Siedlung. Es sind diese Verhältnisse, die mit der Angabe in Spalte (2) beurteilt worden sind.

---

[633] Die Arten der inneren Verkehrserschließung sind für Indonesien durch die frühere Studie des Verfassers bestimmt worden; vgl. Rutz 1976 (a) (S. 142 und Karte B 7).

[634] Ausgewertet werden konnten:
    a) „Verkehrserhebung 1978" des Ministeriums für öffentliche Arbeiten, Jakarta,
    b) „Verkehr auf Binnenwasserstraßen 1974", Statistik des Direktorats für Flußschiffahrt und Fähren, Jakarta,
    c) Anfrage bei Verwaltungen der „Straßenverkehrsaufsicht" bezüglich Zahl der täglichen Busabfahrten (1978),
    d) „Position Papers" der „Indonesian Inland Waterways Feasability Study", Jakarta und Brüssel 1972.

[635] Die genannten Quellen sind in sich nicht lückenlos; sie sind auch für viele Landesteile nicht zuverlässig. Da im gewählten Rahmen für Lücken und Zweifelsfälle keine örtlichen Erhebungen nachgeholt werden konnten, ist auch die Tab. 6–3 nicht in allen Teilen ganz vollständig.

[636] Auf Karte 4 sind diese Bedeutungsstufen durch Halb- (II) oder Viertelkreise (III) in orange-farbener Flächenfüllung dargestellt.

Tabelle 6-3. Städte und Ortschaften mit siedlungsprägendem Landverkehrsaufkommen (Festboden- und Binnenwasserstraßenverkehr)

Ort	Region	(1) Größenordnung des Binnenverkehrs[a]	(2) Bedeutung des Binnenverkehrs für die Siedlung[b]	(3) Art des Binnenverkehrs[c]
Auf Sumatra				
Seulimeum	Aceh Besar	II	III	R
Beureunun	Pidië	II	III	R
Bireuen	Nord-Aceh	II	III	R
Lhokeumawe[d]	Nord-Aceh	I	III	R
Lhok Sukon	Nord-Aceh	II	III	R
Langsa[d]	Ost-Aceh	I	III	R
Kuala Simpang	Tamiang (Ost-Aceh)	II	III	R
Besitang[e]	Langkat	III	II	R/B
Lubuk Pakam	Serdang	I	III	R/B
Tebingtinggi	Serdang	I	III	R/B
Kisaran	Asahan	I	III	R/B
Rantau Prapat	Labuhan Batu	II	III	R/B
Kota Pinang	Labuhan Batu	III	III	R
Perdagangan Bandar	Simalungun	II	III	R
Seribu Dolok	Simalungun	II	III	R
Prapat[f]	Simalungun	II	III	R/W
Balige[f]	Tapanuli	II	III	R/W
Pangururan	Tapanuli	II	III	W/R
Siborong-borong	Tapanuli	II	III	R
Tarutung	Tapanuli	II	III	R
Padang Sidempuan	Tapanuli	II	III	R
Gunung Tua	Padang Lawas	III	III	R
Panyabungan	Padang Lawas	III	III	R
Huta Nopan	Padang Lawas	III	III	R
Padang Panjang	Tiga Luhak Minangbau	I	III	R/B
Lubuk Selasih	Solok	II	II	R
Tapan	Pesisir Selatan	III	III	R
Kiliranjao	Batang Hari Hulu	III	II	R
Pangkalan Kota Baru	Lima Puluh Kota	II	III	R
Rantau Kopar – Pmt. Cempedak	Rokan	III	II	W/R
Bangkinang	Kampar	II	III	R/W
Taratak Buluh	Kampar	III	II	W/R
Lipat Kain	Kampar	III	III	W/R
Taluk Kuantan	Indragiri	III	III	W/R
Air Molek	Indragiri	III	III	W/R
Rengat[d]	Indragiri	II	III	W/R
Tembilahan[d]	Indragiri	II	III	W

a Die absolute Größenordnung des Binnenverkehrs kann aufgrund der unzuverlässigen Quellen nicht vergleichbar für den Gesamtstaat angegeben werden sondern lediglich bezogen auf die jeweilige Region. Es bedeutet also:
  I sehr starker Binnenverkehr bezogen auf die jeweilige Region,
  II starker Binnenverkehr bezogen auf die jeweilige Region,
  III schwacher Binnenverkehr bezogen auf die jeweilige Region.

b nach Beurteilung des Verfassers:
  II Verkehrsdienstleistungen herrschen im Funktionsmuster der Siedlung relativ vor,
  III Verkehrsdienstleistungen treten im Funktionsmuster der Siedlung deutlich in Erscheinung,
  – Verkehrsdienstleistungen prägen das Funktionsmuster der Gesamtsiedlung nicht.

c W = Großer Binnenwasserstraßen-Umschlagplatz
  R = Großer Straßenverkehrsknotenpunkt
  B = Ort mit bedeutendem Bahnbetriebswerk
  F = Ort mit siedlungsprägendem Flugplatz

d auch Seehafen; vergleiche Tabelle 6-2

e in Karte 4 nicht wiedergegeben

f Weitere Ufersiedlungen am Danau Toba mit starkem Güter- und Personenverkehr sind:
Tigaras, Haranggaol, Simanido, Porsea, Tongging, Muara, Nainggolan.

Tabelle 6-3. 1. Fortsetzung

Ort	Region	(1) Größenordnung des Binnenverkehrs[a]	(2) Bedeutung des Binnenverkehrs für die Siedlung[b]	(3) Art des Binnenverkehrs[c]
Kuala Tungkal[d]	Tungkal Ilir	II	III	W
Pelabuhan Dagang[e]	Tungkal Ulu	III	II	W
Muara Sabak[d]	Tanjung Jabung	II	II	W
Nipah Panjang[d]	Tanjung Jabung	II	III	W
Tanjung – Soak Kandis	Jambi	II	II	W/R
Muara Bulian	Batang Hari	II	III	W/R
Muara Tembesi	Batang Hari	II	II	W/R
Muara Tebo	Tebo	III	II	W/R
Muara Bungo	Tebo	II	III	R/W
Rantau Panjang Tabir	Bangko	III	II	R/W
Bangko	Bangko	II	III	R/W
Sarolangun	Bangko	III	II	R/W
Pauh[e]	Bangko	III	III	W/R
Tempino[e]	Jambi	III	III	R
Sungsang[d]	Musi-Banyuasin	II	III	W
Bayung Lincir	Musi-Banyuasin	III	II	W/R
Talang Betutu	Musi-Banyuasin	II	III	W/R
Muara Teladang[e]	Musi-Banyuasin	III	III	W/R
Rantau Bayur	Musi-Banyuasin	III	II	W/R
Sekayu	Musi-Banyuasin	III	III	W/R
Babat[e]	Musi-Banyuasin	III	III	W/R
Bingin Teluk[e]	Musi-Rawas	III	III	W
Muara Rupit	Musi-Rawas	III	II	W/R
Surulangun[e]	Musi-Rawas	III	III	R/W
Terawas[e]	Musi-Rawas	III	III	W/R
Muara Lakitan	Musi-Rawas	III	II	W/R
Muara Kelingi	Musi-Rawas	III	II	W/R
Muara Beliti	Musi-Rawas	III	II	W/R
Lubuk Linggau	Musi-Rawas	III	III	R/B
Tebingtinggi	Musi Ulu	II	II	R/W/B
Lahat	Lematang Ulu	II	III	R/B
Muara Enim	Lematang Ulu	II	III	R/W/B
Gunung Megang	Lematang Ilir	II	II	R/W/B
Prabumulih	Lematang Ilir	II	II	R/B
Muara Kunang	Ogan Ilir	III	III	W/R
Talang Balai[e]	Ogan Ilir	II	III	W/R
Pampangan[e]	Komering Ilir	III	III	W
Tulung Selapan[e]	Komering Ilir	III	III	W
Kayu Agung	Komering Ilir	II	III	W/R
Pedamaran[e]	Komering Ilir	III	III	W/R
Cempaka[e]	Komering Ulu	III	III	W/R
Martapura	Komering Ulu	III	III	R/W
Bukit Kemuning	Lampung	III	II	R
Kota Bumi	Lampung	III	III	R/B
Terbanggi Besar[e]	Lampung	III	III	R
Gunung Sugih	Lampung	II	III	R
Tegineneng[e]	Lampung	II	III	R
Gedongdalam[e]	Lampung	III	III	R
Menggala	Lampung	II	II	W/R
Kalianda	Lampung	III	III	R
Auf Java				
Bekasi	West-Java	I	III	R
Ciawi	Bogor	I	III	R
Cibadak	Sukabumi	II	III	R
Cikampek	Krawang	I	III	R/B
Padalarang	Priangan	I	III	R
Banyar	Geluh	II	III	R/B
Kadipaten	Cirebon	II	III	R
Jatibarang	Cirebon	II	III	R/B

a – e siehe erste Tabellenseite

Tabelle 6-3. 2. Fortsetzung

Ort	Region	(1) Größenordnung des Binnenverkehrs[a]	(2) Bedeutung des Binnenverkehrs für die Siedlung[b]	(3) Art des Binnenverkehrs[c]
Tanjung	Brebes	I	III	R
Slawi	Tegal	II	III	R
Weleri	Kendal	I	III	R
Parakan	Kedu	II	III	R
Ambarawa	Semarang	I	III	R
Muntilan	Magelang	I	III	R
Purworejo-Klampok	Banyumas	II	III	R
Gombong	Bagelen	II	III	R
Kutoarjo	Bagelen	II	III	R
Kartosuro	Solo	I	III	R
Jati	Kudus	I	III	R
Juwana	Pati	II	III	R
Gundih	Grobogan	II	III	R/B
Cepu	Blora	I	III	R/B
Babat	Bojonegoro	I	III	R/B
Maospati	Magetan	II	III	R
Caruban	Madiun	I	III	R
Kertosono	Nganyuk	I	III	R/B
Krian	Sidoarjo	I	III	R
Pandaan	Pasuruan	II	III	R
Bangil	Pasuruan	I	III	R/B
Klakah	Lumajang	II	III	R
Rambipuji	Jember	II	III	R
Rogojampi	Banyuwangi	II	III	R
Auf Borneo				
Sambas	Sambas	II	III	W/R
Tebas	Sambas	III	III	W/R
Sekura	Sambas	III	III	W
Kartiyasa	Sambas	II	II	W
Pemangkat[d]	Sambas	I	III	W/R
Bengkayang	Sambas	III	III	R
Ngabang	Landak	II	II	W/R
Sosok	Tayan	III	III	W
Tayan	Tayan	II	III	W
Teluk Pakedei	Kapuas-Delta	III	III	W
Sungai Raya Pontianak	Kapuas-Delta	I	II	W/R
Sanggau	Kapuas	I	III	W/R
Sekadau	Kapuas	II	III	W/R
Sintang	Kapuas	I	III	W
Kota Baru	Tanah Pinoh	III	III	W
Nanga Pinoh	Melawi	III	III	W
Nanga Serawai	Melawi	III	III	W
Semitau	Kapuas Hulu	III	III	W
Jongkong Embau	Kapuas Hulu	III	III	W
Putus Sibau	Kapuas Hulu	III	III	W
Teluk Batang	Simpang Hilir	III	II	W
Ketapang[d]	Matan	III	III	W
Pesaguan[d]	Matan	III	III	W
Sandai	Matan	III	III	W/R
Nanga Tayap	Matan	III	III	W/R
Kota Waringin	Kota Waringin	III	III	W
Pembuang Hulu	Kota Waringin	III	III	W
Sampit[d]	Kota Waringin	II	III	W
Samuda[d]	Kota Waringin	III	III	W
Kasongan	Kasongan	III	III	W
Pegatan Mendawai[d]	Kasongan	III	III	W
Tumbang Jutuh	Rungan	III	III	W

Fußnoten a - d siehe erste Tabellenseite

Tabelle 6-3. 3. Fortsetzung

Ort	Region	(1) Größenordnung des Binnenverkehrs[a]	(2) Bedeutung des Binnenverkehrs für die Siedlung[b]	(3) Art des Binnenverkehrs[c]
Palangka Raya – Pahandut	Kahayan	II	III	W
Kuala Kurun	Kahayan	III	III	W
Pulang Pisau[d]	Kahayan	II	II	W
Mandomai	Kapuas	II	II	W
Pujun	Kapuas	III	III	W
Kuala Kapuas[d]	Kapuas	I	III	W
Palingkau	Kapuas	III	III	W
Buntok	Barito	III	III	W
Muara Teweh	Barito	III	III	w
Puruk Cahu	Barito	III	III	W
Tamiang Layang	Barito	III	III	W
Marabahan	Barito	II	III	W
Margasari	Candi Laras	II	II	W
Negara	Daha	II	II	W/R
Amuntei	Hulu Sungai	II	III	W/R
Danau Panggang	Hulu Sungai	III	II	W
Kelua	Hulu Sungai	III	III	R
Tanah Grogot[d]	Pasir	III	III	W/R
Tenggarong	Kutei	I	III	W/R
Muara Kaman	Kutei	II	II	W
Kota Bangun	Kutei	II	III	W
Muara Muntai	Kutei	II	III	W
Muara Pahu (Teluk Tempudau)	Kutei	III	III	W
Melak	Mahakam Ulu	III	III	W
Long Iram	Mahakam Ulu	III	III	W
Sangkulirang[d]	Ostküste Kutei	III	III	W
Tanjung Redeb[d]	Berau	II	III	W
Tanjung Selor[d]	Bulungan	II	III	W
Malinau	Bulungan	III	III	W
In Ost-Indonesien				
Camba	Maros	II	III	R
Ujung Lamuru	Bone	II	III	R
Cabenge	Soppeng	II	III	R
Tomohon	Minahasa	II	III	R
Auf West Neuguinea				
Sentani	Nördliches Hügelland	...	II	F
Wamena	Zentrales Bergland	...	III	F

Fußnoten a - d siehe erste Tabellenseite

6.3. Seefischerei

Im Siedlungsmuster des Archipels gibt es eine größere Gruppe von Orten, deren Erwerbsstruktur in besonderem Ausmaße von der Fischerei geprägt ist. Es erscheint fast selbstverständlich, daß von jeher an fast allen Küsten des Archipels Fischerei – nicht nur als bäuerlicher Zuerwerb, sondern hauptberuflich – betrieben wurde; Fischerei und Handel bestimmten gemeinsam Anzahl und Lage der Küstensiedlungen. Heute ist die Bedeutung der Fischerei für das Erwerbsleben der Küstenorte sehr verschieden, abhängig davon, ob es sich um dörfliche Strandsiedlungen, kleine Städte an Flußmündungen oder große Hafenstädte handelt. Wenn die Siedlungen klein geblieben sind und der Fischfang die agrarische Erwerbsstruktur nur ergänzt, ragen diese Orte aus der Masse der ländlichen Siedlungen nicht hervor. In den großen Städten, in denen die Fischerei nur eine von vielen nichtagrarischen Erwerbsquellen darstellt, ist die Spezialisierung der Siedlung auf den Fischfang ebenfalls gering.

Zwischen diesen beiden Ausprägungen liegt aber ein Siedlungstyp, der auf Fischanlandungen spezialisiert ist und sich dadurch sowohl vom ländlichen Selbstversorgerort als auch von der multifunktionalen Stadt deutlich unterscheidet.

Die Herausbildung solcher spezifischer Fischereisiedlungen ist von mehreren Gegebenheiten abhängig. Die wichtigste dieser Vorbedingungen ist die Küstenlage und die Zugänglichkeit von See her; das haben die Fischereisiedlungen mit den Hafenstädten gemeinsam. Meist sind die Ansprüche an Seezugänglichkeit aber deutlich geringer als in den Handelshäfen. Da es sich bei der Fischerei in vielen Fällen um kleine und leichte Fahrzeuge handelt, benötigen diese vielerorts keinen Pier, keine geschützte Reede; vielmehr können die Fischerboote in eine kleine Flußmündung einfahren und dort am natürlichen Ufer anlegen oder sie werden bei mäßiger Brandung im flachen Wasser geleichtert oder gelöscht und anschließend auf einen flachen Sand- oder Kiesstrand gezogen. Derartige Bedingungen sind in Indonesien über lange Küstenabschnitte hin an vielen Punkten erfüllt. Fischereisiedlungen dieser bescheidenen Art können also überall entstanden sein, wo nicht gerade Kliffe, Mangrovensäume oder Schlickufer das Anlanden erschweren oder unmöglich machen.

Neben den Booten, die in einer geschützten Bucht vor Anker liegen, auf den Strand gezogen oder am Ufer vertaut sind, besitzen diese kleinen spezialisierten Fischerorte nur wenig zusätzliche Einrichtungen, die auf den besonderen Erwerbszweig hinweisen. In der Regel sind am Strand oder im Ort Gerüste zum Trocknen der Netze aufgestellt; ferner sind am Strand und vor den Gehöften Plattformen errichtet, auf denen Fische getrocknet werden. Auch der Bootsbau ist in solchen Orten meistens vertreten.

Neben den kleinen spezialisierten Fischerorten gibt es auch größere Siedlungen – bis hin zu mittelgroßen Städten –, die von den Fischanlandungen geprägt werden. Es hängt dann vom Grad der Vorherrschaft des Fischereiwesens ab, ob auch eine größere Siedlung als Fischereisiedlung angesprochen werden kann oder nicht. Wenn spezielle Piers für die Fangflotte vorhanden sind, entsprechende Lagerflächen, eine Eisfabrik, ein Fischgroßmarkt in einem festen Gebäude, daneben Werften und Ausrüstungsbetriebe, dann können diese fischereibezogenen Einrichtungen auch noch mittelgroßen Orten das Gepräge verleihen; Voraussetzung dafür ist, daß die übrigen städtischen Funktionen schwach entwickelt sind.

Seitens der staatlichen Fischereiaufsicht werden in Indonesien rd. 140 Orte als Fischanlandungszentren geführt. Damit sind aber durchaus noch nicht alle spezifischen Fischereiplätze erfaßt. Während des dritten Fünfjahresentwicklungsplanes (bis 1984) wurden 18 Fischereizentren unmittelbar von der Zentralregierung verwaltet und 6 weitere ausgebaut. Einige dieser großen Zentren liegen in den großen Küstenstädten und prägen dann allenfalls einen Stadtteil; wo aber große Fischmengen in kleineren Städten angelandet werden, vertreten diese Siedlungen durchaus den spezifischen Typ eines „Fischerei-Ortes".

In Tabelle 6–4 sind diejenigen Orte zusammengestellt, die als Hauptfischereiplätze Indonesiens gelten können. Sie sind in 5 Größenklassen eingeteilt, die sich grob nach den Anlandungsmengen und der Anzahl der in der Fischerei beschäftigten Personen richten[637]; diese Größenklassen sind in Spalte (1) eingetragen. Daneben ist in Spalte (2) angegeben, welche Bedeutung das Fischereiwesen für die betreffende Siedlung besitzt[638]; es sind drei Bedeutungsstufen unterschieden worden[639].

Die Gesamtzahl der Orte mit bedeutendem Fischereiwesen ist in der Tabelle zunächst dreigeteilt: kleinere städtische Siedlungen, mittelgroße Städte und große Städte. Damit erscheinen diejenigen Orte, in denen die Erwerbsstruktur von der Fischerei beherrscht wird, von vornherein in der ersten Gruppe, denn nur in kleinen Städten kann die Fischerei eine absolute Vorrangstellung vor anderen Erwerbszweigen erlangen. Eine solche Vorherrschaft ist nach der vorgenommenen Abwägung der Fischereiaktivitäten im Verhältnis zu den anderen städtischen Siedlungsfunktionen in zehn Orten vorhanden. Von diesen zehn Orten, die mit Bedeutungsstufe I gekennzeichnet sind, liegen vier an der Ostküste Sumatras, vier im östlichen Java und zwei – Tabanio und Takisung – an der Südküste Borneos.

Drei der zehn Fischereiplätze nehmen auch in absoluten Zahlen eine Spitzenstellung im Archipel ein. Bagan Siapi-api an der äußeren Rokan-Mündung ist der größte Fischereihafen der Malakka-Straße und unterhält Handelsverbindungen nach Java und Singapur[640]. Sungsang ist ein Siedlungsplatz am Hauptmündungsarm des

---

[637] Quelle: Erhebungen des Statistischen Hauptamtes, Jakarta 1980; sie beziehen sich im wesentlichen auf mittlere monatliche Fischanlandemengen. Die Angaben sind allerdings nicht vollständig. Deshalb wurde die Liste durch diejenigen Orte ergänzt, die vom Direktorat für Fischerei des Landwirtschaftsministeriums als Hauptanlandeplätze bezeichnet werden.

[638] Hierfür sind keine Meßzahlen verfügbar. Der Versuch, eine Grundlage in der Beschäftigungsstatistik zu finden, konnte aus zeitlichen Gründen vom Verfasser nicht unternommen werden. Die Zuweisung der Bedeutungsstufen erfolgt daher unter Bezug auf die Gesamtheit der städtischen Siedlungsfunktionen, wie sie einzeln in den Abschn. 6.1. bis 6.5. beschrieben und in Tab. 6–7 ortsweise zusammengestellt sind.

[639] Auf der Karte 4 sind diese Bedeutungsstufen durch Dreiviertel- (I), Halb- (II) und Viertelkreise (III) in gelber Flächenfüllung dargestellt.

Musi-Stroms. Er unterscheidet sich von vielen weiteren Fischersiedlungen der weitläufigen Strommündungslandschaft von Musi und Banyuasin nur durch einige zusätzliche zentrale Funktionen. Der dritte der klein gebliebenen Großfischereiplätze ist Muncar, eine kleine Stadt im Süden der Ostküste Javas.

Auch bei deutlich geringerem absoluten Umfang der Fischerei kann diese noch weitaus überwiegend im Funktionsmuster der Siedlungen sein, wenn nur wenig andere städtischen Elemente vorhanden sind. Das trifft für die restlichen Orte der Bedeutungsstufe I zu. Berondong und Kranji sind kleine Orte geringer Zentralität und liegen nur 10 km voneinander entfernt an Ost-Javas Nordküste östlich von Tuban. Rd. 80 km weiter westlich liegt Sarang, ein dritter Ort der gleichen Küste mit ähnlich hohen Anlandemengen. Zwei der vier weiteren so stark auf die Fischerei ausgerichteten Siedlungen liegen wieder an den großen Strommündungen der Ostküste

---

[640] Bagan Siapi-Api wurde früher nach dem Umfang seiner Fischanlandungen und der Ausrichtung der Siedlung auf diesen Erwerbszweig mit Bergen in Norwegen verglichen (vgl. einen Bericht in der Tijdschr. v. h. Koninkl. Ned. Aardrijksk. Genootschap, Jg. 1909, S. 844 f.).

Tabelle 6-4. Städte und kleine Küstenorte mit bedeutender Fischerei

A) Kleine Städte mit bedeutender Fischerei

Ort	Region/Insel	(1) Größenklasse (absolut)[a]	(2) Bedeutungsstufe (relativ)[b]
Bagan Siapi-api	Malakka-Straße/Riau Daratan	I	I
Sungsang	Musi Banyuasin/Süd-Sumatra	I	I
Muncar	Ostküste/Ost-Java	I	I
Berondong	Nordküste/Ost-Java	II	I
Kranji	Nordküste/Ost-Java	II	I
Sarang	Nordküste/Mittel-Java	II	I
Bagan Asahan	Ostküste/Nord-Sumatra	II	I
Cancong Luar	Kuala Indragiri/ Riau Daratan	II	I
Labuhan Maringgai	Ostküste/Lampung	II	II
Pegatan	Selat Laut/Süd-Borneo	II	II
Tanjung Beringin	Ostküste/Nord-Sumatra	III	II
Eretan	Nordküste/West-Java	III	II
Pelabuhan Ratu	Südküste/West-Java	III	II
Tabanio	Tanah Laut/Süd-Borneo	III	I
Takisung	Tanah Laut/Süd-Borneo	III	I
Pangkalan Dodek	Asahan/Nord-Sumatra	IV	II
Tanjung Tiram	Asahan/Nord-Sumatra	IV	II
Kampung Laut	Tanjung Jabung/Jambi	IV	II
Pangandaran	Südküste/West-Java	IV	II
Bonang-Morodemak	Nordküste/Mittel-Java	IV	II
Bulu	Nordküste/Ost-Java	IV	II
Pruhpuh-Campurejo	Nordküste/Ost-Java	IV	II
Ketapang	Nordküste/Madura	IV	II
Ambunten	Nordküste/Madura	IV	II
Nguling-Kedawang	Selat Madura/Ost-Java	IV	II
Kraksaan	Selat Madura/Ost-Java	IV	III
Benoa	Badung/Bali	IV	III
Atapupu	Nordküste/West-Timor	IV	III
Bakau-Pasir Wan Salim	Kuala Mempawah/West-Borneo	IV	II
Kuala Pembuang	Südküste/Borneo	IV	III
Sangkulirang	Ostküste/Borneo	IV	III
Tanah Lemo	Südküste/Süd-Selebes	IV	II

a nach Fischanlandemengen:
    I über 1000 t je Monat
    II rd. 300 t bis rd. 700 t je Monat,
    III rd. 200 t bis rd. 300 t je Monat
    IV rd. 100 t bis rd. 200 t je Monat,
    V rd. 50 t bis rd. 100 t je Monat

b nach Beurteilung des Verfassers:
    I Fischerei herrscht im Funktionsmuster der Siedlung absolut vor
    II Fischerei herrscht im Funktionsmuster der Siedlung relativ vor
    III Fischerei tritt im Funktionsmuster der Siedlung deutlich in Erscheinung
    – Fischerei prägt das Funktionsmuster der Gesamtsiedlung nicht
    Für Orte, über die dem Verfasser keine Unterlagen über die Anlandungsmengen vorlagen, wurden durchweg die Bedeutungsstufe III eingetragen.

Tabelle 6-4. 1. Fortsetzung

Ort	Region/Insel	(1) Größen-klasse (absolut)[a]	(2) Bedeutungs-stufe (relativ)[b]
Pangkalan Susu	Langkat/Nord-Sumatra	V	III
Sialang Buah	Ostküste/Nord-Sumatra	V	II
Barus	Tapanuli/Nord-Sumatra	V	III
Air Bangis	Pasaman/West-Sumatra	V	II
Sineboi	Malakka-Straße/Riau Daratan	V	II
Moro	Pulau Sugibawah/Riau-Archipel	V	II
Nipah Panjang	Tanjung Jabung/Jambi	V	II
Toboali	Bangka/Süd-Sumatra	V	III
Labuhan	Westküste/Banten/Java	V	III
Kota Agung	Südküste/Lampung	V	III
Juntinyuat	Nordküste/West-Java	V	II
Kronjo	Nordküste/West-Java	V	II
Pasong Songan	Nordküste/Madura	V	II
Lekok	Madura-Straße/Ost-Java	V	II
Besuki	Besuki/Ost-Java	V	III
Panarukan	Besuki/Ost-Java	V	III
Sumber Anyar	Besuki/Ost-Java	V	II
Puger	Südküste/Ost-Java	V	III
Labuhan Lombok	Ostküste/Lombok	V	III
Kempo	Dompu/Sumbawa	V	II
Sungai Duri	Westküste/Borneo	V	II
Kwandang	Nordküste/Nord-Selebes	V	III
Tinambung	Westküste/Selebes	V	II
Lipu (-Ereke)	Muna/Südost-Selebes	V	II
Weitere Orte vom Direktorat für Fischereiwesen genannt[c]:			
Sabang	Pulau Weh/Aceh	...	III
Labuhan Bilik	Ostküste/Nord-Sumatra	...	III
Sungei Berombang	Ostküste/Nord-Sumatra	...	III
Tanjung Leidong	Ostküste/Nord-Sumatra	...	III
Pulau Telo	Batu-Ins./Nord-Sumatra	...	III
Sikakap	Pagai-Ins./West-Sumatra	...	III
Sasak	Westküste/West-Sumatra	...	III
Tiku	Westküste/West-Sumatra	...	III
Tarempa	Anambas-Ins./Südchines. See	...	III
Muara Sabak	Tanjung Jabung/Jambi	...	III
Ipuh	Bengkulu/Sumatra	...	III
Muko-Muko	Bengkulu/Sumatra	...	III
Sungai Buntu	Nordküste/West-Java	...	III
Duku Seti	Nordküste/Mittel-Java	...	III
Karimunjava	Java-See/Karimunjava	...	III
Klampis[d]	Nordküste/Madura	...	II
Camplong-Tambaan	Südküste/Madura	...	III
Prigi	Südküste/Ost-Java	...	III
Jimbaran	Badung/Bali	...	III
Batu Nunggul	Nusa Penida/Bali	...	III
Kusamba	Klungkung/Bali	...	III
Reo-Kedindi	Nordküste/Flores	...	III
Labuhan Bajo	Westküste/Flores	...	III
Sungai Raya (Sambas)	Westküste/Borneo	...	III
Teluk Batang	Westküste/Borneo	...	III
Kumai	Südküste/Borneo	...	III
Samuda	Südküste/Borneo	...	III
Pegatan Mendawai	Südküste/Borneo	...	III
Kurau	Tanah Laut/Süd-Borneo	...	II
Belang	Süd-Minahasa/Nord-Selebes	...	III
Banggai	Banggai-Ins./Ost-Selebes	...	III
Kolonedale	Ostküste/Mittel-Selebes	...	III
Kolaka	Teluk Bone/Südost-Selebes	...	III

Fußnoten a und b siehe erste Tabellenseite

c mit Fischanlandemengen (gemäß Quelle in Fußn. 637) unter 50 t je Monat oder Fischanlandemengen unbekannt.

d Vorwiegend Fischverarbeitung gemäß Gewerbeerhebung des Statistischen Hauptamtes Jakarta (Quelle c in Fußn. 647).

Tabelle 6-4. 2. Fortsetzung

B) Mittlere, multifunktionale Städte mit bedeutender Fischerei

Ort	Region/Insel	(1) Größen- klasse (absolut)[a]	(2) Bedeutungs- stufe (relativ)[b]
Tanjung Pinang	Bintan/Riau-Archipel	I	III
Batang	Nordküste/Mittel-Java	I	III
Bitung	Minahasa/Nord-Selebes	I	III
Sigli	Nordküste/Pidie-Aceh	II	III
Rembang	Nordküste/Mittel-Java	II	III
Kota Baru	Pulau Laut/Süd-Borneo	II	III
Sinjai-Balangnipa	Ostküste/Süd-Selebes	II	III
Ternate	Nördliche Molukken	II	III
Sorong	Westspitze Neuguinea	II	III
Kuala Tungkal	Tanjung Jabung/Jambi	III	III
Tanjung Balai As.	Ostküste/Nord-Sumatra	IV	III
Bengkalis	Malakka-Straße/Riau	IV	III
Selat Panjang	Malakka-Straße/Riau	IV	III
Tanjung Balai Karimun	Karimun/Riau-Archipel	IV	III
Sungai Liat	Bangka/Süd-Sumatra	IV	III
Manggar	Belitung/Süd-Sumatra	IV	III
Brebes	Nordküste/Mittel-Java	IV	III
Tarakan	Ostküste/Borneo	IV	III
Raha	Muna/Südost-Selebes	IV	III
Meulaboh	Westküste/Aceh	V	III
Pariaman	Pariaman/West-Sumatra	V	III
Painan	Pesisir Selatan/West-Sumatra	V	III
Pemalang	Nordküste/Mittel-Java	V	III
Jepara	Nordküste/Mittel-Java	V	III
Bima	Bima/Sumbawa	V	III
Pemangkat	Westküste/Borneo	V	III
Majene	Westküste/Selebes	V	III
Pangkajene Kep.	Westküste/Süd-Selebes	V	III
Palopo	Teluk Bone/Süd-Selebes	V	III
Watampone-BajoE	Teluk Bone/Süd-Selebes	V	III
Bau-Bau	Buton/Südost-Selebes	V	III

Weitere Orte vom Direktorat für Fischereiwesen genannt[c]:

Ort	Region/Insel	(1)	(2)
Tanjung Pandan	Belitung Sumatra	...	III
Lhok Seumaweh	Nordküste/Aceh	...	III
Kuala Langsa	Ostküste/Aceh	...	III
Juwana	Nordküste/Mittel-Java	...	III
Tuban	Nordküste/Ost-Java	...	III
Kalabahi	Alor/Kl. Sunda-Inseln	...	III
Larantuka	Ostspitze/Flores	...	III
Maumere	Nordküste/Flores	...	III
Ende	Südküste/Flores	...	III
Gorontalo	Ostküste/Selebes	...	III
Luwuk	Ostküste/Selebes	...	III
Poso	Teluk Tomini/Selebes	...	III
Pare-Pare	Westküste/Süd-Selebes	...	III
Kendari	Ostküste/Südost-Selebes	...	III

Fußnoten a und b siehe erste Tabellenseite

c mit Fischanlandemengen (gemäß Quelle in Fußn. 637) unter 50 t je Monat oder Fischanlandemengen unbekannt.

Tabelle 6-4. 3. Fortsetzung

C) Große multifunktionale Städte mit bedeutender Fischerei[e]

Ort	Region/Insel	(1) Größen-klasse (absolut)[a]	(2) Bedeutungs-stufe (relativ)[b]
Jakarta	—	I	–
Cirebon	West-Java	II	III
Cilacap	Mittel-Java	II	III
Pasuruan	Ost-Java	II	III
Ujung Pandang	Süd-Selebes	II	–
Kupang	Timor	II	–
Pekalongan	Mittel-Java	II	III
Tanjung Karang -Teluk Betung	Lampung	IV	–
Mataram-Ampenan	Lombok	IV	–
Banjarmasin	Süd-Borneo	IV	–
Samarinda	Ost-Borneo	IV	–
Banda Aceh	Aceh	IV	–
Pontianak	West-Borneo	IV	–
Medan-Belawan	Nord-Sumatra	IV	–
Ambon	Molukken	IV	–
Balikpapan	Ost-Borneo	IV	–
Padang	West-Sumatra	V	–
Probolinggo	Ost-Java	V	III
Tegal	Mittel-Java	V	III

Fußnoten a und b siehe erste Tabellenseite

e nach Fischanlandemengen (gemäß Quelle in Fußn. 637) geordnet.

Sumatras: Bagan Asahan an der Außenküste des Asahan-Ästuars weit unterhalb der Hafenstadt Tanjung Balai und Cancong Luar auf Pulau Basu in der Indragiri-Mündung. Labuhan Maringgai – eine Strandwall-Siedlung an der Ostküste von Lampung – sowie Pegatan am Selat Laut haben auch Hafen- und Handelsfunktionen. Absolut vorherrschend ist die Fischerei dann noch in zwei kleinen Orten im Tanah Laut Süd-Borneos, in Tabanio und Takisung; dort gibt es neben der Fischerei nur ein paar Händler und die Landwirtschaft[641].

Tabanio und Takisung leiten zu der großen Gruppe ländlicher Orte über, die trotz einer weitgehenden Spezialisierung auf Fischanlandungen dennoch kaum städtische Eigenschaften erworben haben. Meist blieb der Fischmarkt das einzige Element, das diese Orte den rein agrarischen Orten voraus haben[642].

Wenn Orte mit bedeutender Fischerei nicht absolut überwiegend von diesem Erwerbszweig leben, sondern daneben andere städtische Funktionen eine Rolle spielen, so ist dort die Fischerei nur noch relativ vorherrschend. Wie die Tabelle 6–4 durch die Bedeutungsstufe II ausweist, ist dieses Verhältnis in rd. 30 kleineren Orten sowie einigen etwas größeren mittleren Städten gegeben. Diese Gruppe ist verhältnismäßig gleichmäßig über den Archipel verteilt mit Häufungen an Javas Nordküste. Der absolute Umfang des Fischereigewerbes hat in diesen Orten durchweg mittlere Größenordnungen (Größenklassen III–V); daneben gibt es einige andere städtische Funktionen, so meistens die Verwaltung eines Unterbezirks (Kecamatan) und die untere Einkaufszentralität. In einigen Orten trägt auch das Transportwesen, speziell die Funktion als Handels- oder Fährhafen zur Ausbildung des städtischen Wesens bei (Atapupu, Nipah Panjang, Labuhan Lombok, Moro). Vereinzelt kommt auch der Fremdenverkehr als Erwerbszweig hinzu (Pelabuhan Ratu, Pangandaran).

Unter den mittelgroßen Städten mit bedeutenden Fischanlandungen ist das relative Vorherrschen der Fischerei (Bedeutungsstufe II) schon selten. Fast alle Städte dieser Gruppe haben starke Verkehrsfunktionen zu erfüllen, meist sind sie auch Regentensitz und häufig kommt die Funktion als Gewerbestandort hinzu. So tritt zwar die Fischerei im Funktionsmuster dieser Städte noch deutlich hervor, steht aber nicht mehr an erster Stelle (Bedeutungsstufe III).

Je größer die Städte, je vielseitiger ihre Funktionen werden, um so mehr tritt die Fischerei als städteprägendes Gewerbe in den Hintergrund. Nur wenige Großstädte mit zentralörtlich schwächerer Stellung haben so große Fischanlandungen, daß die Fischerei in ihrem Funktionsmuster noch deutlich hervortritt. Meist spielt die

[641] Tabanio war um 1900 Distrikthauptort; Camat-Sitz im gegenwärtigen Kecamatan Takisung ist Gunung Makmur.

Fischerei aber trotz großer Anlandemengen in diesen multifunktionalen Städten eine relativ so bescheidene Rolle, daß ihr keine prägende Kraft für die Gesamtstadt zukommt. Es ist dann in der Regel ein Stadtteil, ein Hafenviertel, auf das die fischereispezifischen Funktionen beschränkt sind.

6.4. Produzierendes Gewerbe

Nach den Dienstleistungen aller Art ist das produzierende Gewerbe wichtigster städtebildender Faktor. In den Herrschaftsbereichen des Malaiischen Archipels spielte jahrhundertelang das Handwerk im Rahmen kleinräumiger Selbstversorgungswirtschaft eine siedlungsdifferenzierende Rolle. Die frühen Seehandelsstädte kannten daneben auch gewerbliche Überschußproduktion. Im 18. und 19. Jahrhundert führte auch die Spezialisierung auf einzelne handwerkliche Erzeugnisse zu kleinen Gewerbestandorten, in denen das produzierende Gewerbe eine siedlungsprägende Stellung erreichte. Damit war aber noch nicht eine „Verstädterung" verknüpft. Das frühe warenproduzierende Gewerbe mit überörtlichem Absatz war zum größten Teil Hausgewerbe auf dem flachen Lande. Dieses kleinbäuerliche Hausgewerbe ist auch heute noch auf Java weit verbreitet. Dadurch bedeutet bis heute ein hoher Anteil gewerblich tätiger Bevölkerung nicht zugleich das Vorhandensein städtischer Lebensform.

Die Märkte für Gewerbeerzeugnisse wuchsen trotz der Bevölkerungszunahme im 19. Jahrhundert nur langsam. Neue für den Siedlungsausbau wirksame Anstöße ergaben sich aus der Verarbeitung der im Zwangssystem (vgl. S. 54) angebauten Handelsgewächse. Straßen- und Eisenbahnbau und die gewerbliche Betätigung von Europäern und Chinesen schafften auch neue Gewerbestandorte. Andererseits bildete die Einfuhr europäischer Industriewaren ein Hemmnis für eine nachfrageorientierte Ausweitung der heimischen Produktion. Nur dort, wo abbauwürdige Lagerstätten vorhanden waren, entstanden in einer ersten industriewirtschaftlichen Entwicklungsphase (vgl. S. 63) etwa seit der letzten Jahrhundertwende auch reine Gewerbesiedlungen. Die älteren ländlichen Gewerbeorte mit meist sehr spezialisierter Warenerzeugung wuchsen zwar, blieben aber vielerorts in ihrer ländlichen Struktur erhalten. Selbst einzelne europäisch oder chinesisch geleitete Großbetriebe mit Lohnarbeit konnten den ländlichen Charakter selten verändern. Immerhin wuchsen manche Dörfer zu großen, ausgeprägten Gewerbesiedlungen heran; die größten sind Majalaya, ein seit Mitte der dreißiger Jahre blühender

---

[642] Der absolute Umfang der Fischerei ist dabei sehr unterschiedlich. Lage und Bedeutung dieser Orte kann hier nicht wiedergegeben werden. Die folgende Zusammenstellung enthält nur die Namen einschließlich der Regentschaft, an deren Küste sie liegen:

Ort	Regentschaft	Ort	Regentschaft	Ort	Regentschaft
Kuala Raja	Aceh Utara	Tanara	Serang-Banten	Tanjung Luar	Lombok Timur
Ujung Belang Maju	Aceh Utara	Muara Binangun	Lebak	Labuhan Mapin	Sumbawa
Kuala Jempa	Aceh Utara	Mancagahar (Pameunpeuk)	Garut	Labuan Bajo	Sumbawa
Telaga Tujuh	Aceh Timur (Langsa)	Maroko	Garut	Pulau Bungin	Sumbawa
Bubun	Langkat	Cituis	Tangerang	Kwangko	Dompu
Pulau Kampi	Langkat	Ciparage-Tempuran	Krawang	Bajo Pulau	Bima
Kuala Serapu	Langkat	Sungai Buntu	Krawang	Fatukety-Selewai	Belu
Pantai Labu	Deli Serdang	Sukakerta	Krawang	Jenilu	Belu
Prupuk	Asahan	Blanakan	Subang	Pegatan Besar	Tanah Laut (Takisung)
Sungei Apung	Asahan	Dadap	Indramayu	Kuala Tambangan	Tanah Laut (Takisung)
Tanjung Leidong	Labuhan Batu	Gebang	Cirebon	Muara Kintap	Tanah Laut (Jorong)
Labung Tarale	Padang Pariaman	Kluwut	Brebes	Muara Pasir	Pasir (Ost-Borneo)
Bungus	Padang Pariaman	Asem Doyong	Pemalang	Muara Pantuan	Kutei-Anggana
Carocok	Pesisir Selatan	Bandengan	Kendal	Pegat	Berau (P. Derawan)
Tanjung Kedabu	Bengkalis	Gempol Sewu	Kendal	Bongo	Gorontalo
Tanjung Medang	Bengkalis	Teluk Jati Damang	Gresik (Bawean)	Tombulelatu	Gorontalo
Bungur	Bengkalis	Karangagung	Tuban	Bonde	Majene
Sungai Buluh	Indragiri Hilir	Weru	Lamongan	Lero	Pinrang
Sungai Bela	Indragiri Hilir	Banyusangka	Bangkalan (Madura)	Taddokkong	Pinrang
Bakau Aceh	Indragiri Hilir	Pancor	Sampang (Madura)	Pao-Pao	Barru
Harapan	Tanjung Jabung	Bandaran	Pamekasan (Madura)	Pajukulang	Maros
Mekarti Jaya	Musi Banyuasin	Pasean	Pamekasan (Madura)	Parasangan Beru	Takalar
Muara Telang	Musi Banyuasin	Pangambengan	Jembrana (Bali)	Gunturu	Bulukumba
Sungai Lumpur	Ogan dan Komering Ilir	Tuban	Badung (Bali)	Bira	Bulukumba
		Culik-Amed	Karangasem (Bali)	Haria	Maluku Tengah (P. Saparua)
				Fagudu	Maluku Utara (Mangole)

Webereiort bei Bandung und der Batikort Buaran bei Pekalongan (vgl. S. 169). Daneben gibt es mehrere Dutzend mittelgroße und viele kleinere Orte dieser Art auf Java[643].

In der Regel erreichen erst die Anlagen der zweiten industriewirtschaftlichen Ausbauphase, also gewerbliche Verdichtungen und Neugründungen von 1965 bis zur Gegenwart siedlungsprägende Ausmaße[644]. Jetzt werden es mehr und mehr Ortschaften, die von industrieller Arbeit leben. Eine breiter werdende inländische Nachfrage führt zu gewerblich bestimmtem Wachstum vieler Städte. An einigen Stellen führt die gewerbliche Verdichtung auch schon zu breiten Verstädterungszonen; solche entwickeln sich außerhalb der Großstadtgrenzen von Jakarta in den Regentschaften Bogor, Tanggerang und Bekasi, um Surabaya in den Regentschaften Sidoarjo und Gresik sowie im Becken von Bandung[645]. Häufungen gewerblicher Standorte, die zu Siedlungsverdichtungen Anlaß geben, gibt es auch in der Umgebung einiger mittlerer javanischer Städte, etwa um Pekalongan, Kudus, Klaten und Pasuruan sowie entlang einiger Siedlungsbänder, so zwischen Kadipaten und Cirebon, Tegal und Slawi, Klaten und Surakarta, Bojonegoro und Babat. Erst mit Verbesserung der Infrastruktur, mit Motorisierung und Dienstleistungsausweitung in den siebziger und achtziger Jahren werden diese ursprünglich ländlichen Gewerbezonen von einem städtischen Gefüge überprägt. Nach wie vor gibt es aber auch Dörfer mit überwiegend gewerblicher Beschäftigung.

Die Unterscheidung zwischen „ländlichem Gewerbeort" und „Stadt" ist also auf Java nicht immer eindeutig möglich. Die folgende Betrachtung schließt die größeren dieser ländlichen Gewerbeorte noch mit ein.

Das produzierende Gewerbe ist sehr ungleichmäßig über den Archipel verteilt; das gilt sowohl für die Gesamtheit der Betriebsstätten als auch für die Verteilung der Gewerbezweige (Handwerk, Klein-, Mittel-, Groß-Industrie), für Branchen (Holz-, Metall-, Flechtwaren-, Keramik-, Kunststoff-Industrie), für Produktionsstufen (Rohmaterialgewinnung, Halbzeugherstellung, Fertigwarenerzeugung), für Gütersparten (Schwer- und Leichtindustrien), für Güterarten (Investitions- und Konsumgüter-Industrie) und für die Güterherkunft und -bestimmung (Import- und Export-Industrie). Die Ursachen liegen in den sehr unterschiedlichen Standortvoraussetzungen, die die einzelnen Landesteile bieten[646].

Für die Siedlungsüberprägung ist es ausschlaggebend, welchen Anteil der gewerbliche Wirtschaftssektor am gesamten Erwerbsleben der Ortschaft hat. Je höher dieser Anteil ist, um so eher kann erwartet werden, daß die Siedlung von Bergbau oder Industrie geprägt ist. Daneben ist auch der absolute Umfang der gewerblichen Wirtschaft innerhalb einer Siedlung nicht ohne Einfluß, selbst wenn diese Siedlung sehr groß ist. In diesen Fällen entstehen dann Gewerbeviertel, und mindestens Teilräume des Siedlungskomplexes sind durch die Industrie geprägt.

Im weiträumigen Vergleich der Funktionsmuster indonesischer Städte wird sowohl der absolute Umfang der gewerblichen Wirtschaft als auch das relative Hervortreten im Erwerbsleben der Siedlung berücksichtigt. Die folgende Tabelle 6–5 zeigt zunächst alle Orte mit mehr als rd. 1.000 Beschäftigten im produzierenden Gewerbe und im Bergbau[647] sowie daran anschließend solche Orte, in denen das produzierende Gewerbe oder der Bergbau zumindest gegenüber den anderen Erwerbszweigen deutlich in Erscheinung tritt[648, 649].

Wie in vieler anderer Hinsicht, so steht auch bezüglich des Umfangs der industriellen Beschäftigung und Erzeugung die Staatshauptstadt Jakarta an erster Stelle. Der Abstand zur folgenden Stadt Surabaya ist groß; in Jakarta wird zwei- bis dreimal mehr erzeugt als in Surabaya. Ebenso ist der Diversifizierungsgrad in Jakarta am höchsten, doch ist auch die Gewerbestruktur Surabayas – gemessen an den weiteren Industriestädten – noch außerordentlich vielseitig. In beiden Städten gibt es Werke der Schwerindustrie, doch herrscht die Leichtindustrie weitaus vor. Trotz der großen Verdichtung des produzierenden Gewerbes in diesen beiden größten Städten des Archipels ist es dennoch nicht prägend, nicht vorherrschend im Funktionsmuster der beiden Metropolen.

---

[643] Einen umfassenden Überblick über „Industrieën in Nederlandsch Indië" bieten die Beiträge von Rothe 1938, 1939 u. 1940. Die Studie von Oorschot 1956 hat wenig räumliche Bezüge, beschreibt aber die Rahmenbedingungen von den Anfängen bis zur Mitte der fünfziger Jahre. Weitere standortbeschreibende oder industriewirtschaftliche Zusammenfassungen der Vorkriegszeit bei Hinte 1925 und Sitsen 1942, für die Nachkriegsjahre bei Helbig 1952, Horstmann 1958 und Soehoed 1967 sowie für die Zeit nach 1965 bei Vreeland et al 1975 (S. 335–358), Ibrahim 1977, Palte & Tempelman 1978 (S. 161–176), Dequin 1978 (S. 182–210) und McCawley 1981. Zum Bergbau vgl. ter Brake 1944 und Schmidt 1976.

[644] Den Industrialisierungsfortschritt dieses Zeitraums beschreibt McCawley 1981 bezogen auf den Gesamtstaat. Als regionalen Aspekt erwähnt er lediglich, 1971 seien über 50% der Beschäftigten in Mittel- und Großbetrieben auf Jakarta und sechs weitere javanische Großstädte sowie auf 11 Regentschaften Javas konzentriert gewesen (Kärtchen dazu S. 89); diese oder andere Industriestandorte behandelt er nicht einzeln. Das gilt auch für Amin 1981; dort (S. 88ff.) wird allerdings deutlich, daß 1968–1976 rd. ein Viertel aller Industrie-Investitionen auf Jakarta entfielen und fast Dreiviertel auf Java. Die genannten Autoren berücksichtigen nicht den Beitrag des sogenannten „informellen Sektors" zur Güterproduktion; auch in dieser Studie muß dieser Bereich unberücksichtigt bleiben.

[645] Vgl. S. 128f. sowie die in Fußn. 577 gegebenen Hinweise.

[646] Auf die wirtschaftsräumlichen Bestimmungsmerkmale kann nicht näher eingegangen werden. Ansätze dazu zusammenfassend bei Röll 1979, S. 171ff. Vgl. auch das in Fußn. 643 genannte Schrifttum.

Den beiden industriellen Großzentren folgen vier weitere Städte – alle auf Java gelegen – mit ebenfalls noch sehr umfangreicher Industrie: Bandung, Semarang, Surakarta und Malang. Textil- und Nahrungsmittelindustrie haben hier höhere Anteile, doch ist die Branchenstruktur noch vielseitig. Auch im Gesamtfunktionsmuster ist die Industrie bedeutend; am deutlichsten tritt sie in Surakarta und Malang hervor, denn diese beiden Städte sind weniger durch Verwaltungsdienste besetzt, weil sie nicht Provinzhauptstädte sind.

In der Rangordnung der Industriestädte folgen Palembang und Medan, die beiden Regionalmetropolen Sumatras. Palembangs Industrie ist einschließlich der Mineralölverarbeitung umfangreicher, Medans Industrie ist dagegen stärker diversifiziert. Industrie und Gewerbe treten in Palembang deutlicher in Erscheinung als in Medan. Palembang hat neben seiner Herrschaftstradition als Seehandelsstadt auch gewerbliche Traditionen, die einer Industrialisierung zugute kamen. Die jüngere Gewerbeentwicklung ist hier allerdings Folge der Erdölförderung und -verarbeitung. Medan dagegen wuchs als Verwaltungsmittelpunkt des Plantagengebietes der Ostküste empor und gelangte durch die gegenüber Palembang qualifiziertere Nachfrage seines Hinterlandes zu der vielseitigeren Industrie. In Belawan, das nach Medan eingemeindet ist, sind die Gewerbebetriebe hafenorientiert.

Noch vier weitere Städte – alle wieder auf Java gelegen – besaßen Ende der siebziger Jahre mehr als 10.000 Industriebeschäftigte und sind deshalb in Tabelle 6–5 nach dem Umfang ihrer Industrie mit I gekennzeichnet: Yogyakarta, Kediri, Kudus und Pekalongan. Im Gegensatz zu den größeren bisher genannten Industriestädten sind Kediri, Kudus und Pekalongan aber hoch spezialisiert. Kediri verarbeitet die Tabakernten der Brantas-Ebene zu Vorprodukten, Kudus wird von der Zigarettenindustrie beherrscht, Pekalongans Industrie ist weit überwiegend kleinbetriebliche Batikfärberei. Auch in Yogyakarta steht dieser Gewerbezweig an erster Stelle unter mehreren anderen Verbrauchsgütern. In allen vier Städten spielt die Industrie eine hervorragende Rolle, in Pekalongan herrscht sie im Funktionsmuster der Siedlung relativ vor, in Kudus absolut.

Am Umfang der Industrie gemessen klafft nach dieser Spitzengruppe von zwölf Industriestädten eine große Lücke. Nur eine Großstadt, nämlich Tegal, hat 5.000 bis 10.000 Beschäftigte im produzierenden Gewerbe und vermittelt einen Übergang zu den mäßig bis schwach industrialisierten Groß- und Mittelstädten. Neben Tegal gehören aber in die Gruppe II noch zwei kleine Städte, ausgesprochene Industrieorte, in denen mehr als 5.000 Weber oder Batikfärber(innen) beschäftigt sind. Diese Gewerbeorte sind Majalaya bei Bandung und Buaran bei Pekalongan, letzteres ist neben Pekalongan der größte unter einigen weiteren benachbarten Herstellungsorten für Batikerzeugnisse, die in Pekalongan verhandelt werden.

Zwei einander sehr unähnliche Großstädte, in denen Industrie und Gewerbe deutlich in Erscheinung treten, setzen die Reihe fort: Tasikmalaya in Priangan als bedeutender Textilstandort und Balikpapan, die „Ölstadt" an der Ostküste Borneos. Danach folgt eine große Gruppe von mäßig industrialisierten Großstädten (lfd. Nr. 18–35), darunter einige auf Java gelegen, mehr aber auf den Außeninseln. Trotz erheblicher Ballung des produzierenden Gewerbes in Bogor, Cimahi, Cirebon, Magelang, Madiun und Jember herrscht dieses nicht vor. Das gilt ebenso für die letzte der großen Regionalmetropolen, Ujung Pandang sowie für viele der großen Provinzhauptstädte und einige weitere Großstädte außerhalb Javas, etwa für Pematang Siantar, dessen Wirtschaft auf die Verarbeitung der Plantagenerzeugnisse von Simalungun eingestellt ist. Wenn die Großstädte dieser Gruppe keine beschäftigungsaufblähende Provinzverwaltung besitzen, tritt das produzierende Gewerbe aber deutlich in Erscheinung.

---

[647] Als Quelle dienten:
   a) Industrie- und Bergbau-Beschäftigte in städtischen Desa nach Kabupaten und Kota Madya 1971 (Sensus Penduduk 1971, Seri D, No. 11, Tabel 41), Statistisches Hauptamt Jakarta 1974
   b) Industriebeschäftigte nach Kecamatan (handschriftliche Auszüge aus Industrie-Erhebung 1976 des Statistischen Hauptamtes Jakarta; vgl. Quelle Nr. 3, S. 5)
   c) Erwerbspersonen in Gewerbebetrieben mit mehr als 5 Beschäftigten 1974 (nach Zusammenstellung von Namen und Anschriften der Industrie-Unternehmen, Bände I bis IV, Sondererhebung Industrie 1974/75, Statist. Hauptamt Jakarta; vgl. Quelle Nr. 3, S. 5).
   Quelle a) ist lückenhaft und unzuverlässig.
   Quelle b) wurde mit Hilfe von Quelle c) so weit wie möglich ergänzt, um ortsbezogene Daten zu erhalten; auch diese sind nicht überall zuverlässig. Die Zuordnung der Orte nach dem Umfang der Industrie in die bezeichneten 5 Gruppen der Tab. 6–5, Sp. (1) konnte aber – von sehr wenigen Ausnahmen abgesehen – zweifelsfrei vorgenommen werden.

[648] Hilfswerte zu dieser Beurteilung waren:
   Industrie- und Bergbau-Beschäftigte je 1.000 Einwohner; Anteil der Industrie- und Bergbaubeschäftigten an allen Beschäftigten; Verhältnis der Zahl der Beschäftigten im Handel zu der der Beschäftigten in Industrie und Bergbau. Zur Quellenkritik vgl. Fußn. 647; im übrigen half auch die Landeskenntnis des Verfassers in einigen Fällen. Daß diese nicht für alle Orte vorhanden sein konnte, für die es wünschenswert gewesen wäre, und damit auch Fehlzuordnungen unvermeidbar blieben, muß hingenommen werden.

[649] Es wurden auch hier drei Bedeutungsstufen (I, II, III) unterschieden. Diese sind auf Karte 4 durch Dreiviertel- (I), Halb- (II) und Viertelkreise (III) in roter Flächenfärbung gekennzeichnet.

Tabelle 6-5. Industrie- und Bergbauorte

Lfd. Nr.	Stadt	Regentschaft oder Region	(1) Umfang der Industrie[a] (absolut)	(2) Bedeutung der Industrie für den Ort[b] (relativ)	(3) Art der Industrie/des Bergbaues
1	Jakarta	–	I	–	Stark diversifizierte Industrie mit großen Werken in allen Branchen
2	Surabaya	–	I	–	Stark diversifizierte Industrie mit Schwerpunkten im Maschinen-, Fahrzeug- und Schiffsbau, Weberei, Verbrauchsgüter-, Nahrungsmittel- und Tabakwaren-Industrie sowie mit speziellen Werken für Glas-, Asphalt-, Streichholzerzeugung und Mineralölverarbeitung
3	Bandung	–	I	–	Diversifiz. Industrie mit Schwerpunkten in der Textil-, Elektro-, Verbrauchsgüter- und Nahrungsmittelindustrie sowie mit speziellen Werken für Pharmaka, Waffen und Munition, Flugzeugbau und Eisenbahnwaggonausbesserung
4	Semarang	–	I	–	Diversifizierte Industrie mit Schwerpunkten in der Tabakwaren-, Textil-, Nahrungsmittel- und Verbrauchsgüterindustrie sowie mit Werften und speziellen Werken der Schuh-, Waschmittel- und Batterieherstellung
5	Surakarta	–	I	III	Batikfärbereien, Webereien und diversifizierte Verbrauchsgüter und Nahrungsmittelindustrie mit Schwerpunkten in der Süßwaren- und Tabakwarenherstellung
6	Malang	–	I	III	Diversifizierte Verbrauchsgüter- und Nahrungsmittelindustrie mit Schwerpunkten in Tabakwarenherstellung und Metallverarbeitung
7	Palembang[c]	–	I	III	Mineralölverarbeitung, Petrochemische Werke (u. a. Stickstoffdüngererzeugung), Asphaltwerk, Rohgummiverarbeitung, Webereien, diversifizierte Verbrauchsgüter- und Nahrungsmittelherstellung
8	Medan	–	I	–	Stark diversifizierte Verbrauchsgüter- und Nahrungsmittelindustrie mit großen Werken im Maschinen- und Fahrzeugbau, Bekleidungs- und Textilindustrie
9	Yogyakarta	–	I	III	Batikfärbereien, Lederverarbeitung, Weberei, Landmaschinenbau sowie diversifizierte Verbrauchs- und Nahrungsmittelherstellung mit speziellen Werken der Konserven- und Zuckerindustrie
10	Kediri	–	I	III	Tabakverarbeitung (> 75%), Zuckerfabriken, Webereien, Holzbearbeitung, Glasfabrik, Verbrauchsgüter- und Nahrungsmittelherstellung
11	Kudus	–	I	I	Tabakwarenherstellung (> 90%), Zuckerfabrik, einfache Verbrauchsgüter- und Nahrungsmittelherstellung
12	Pekalongan	–	I	II	Batikfärberei, Webereien, einfache Verbrauchsgüterherstellung

a Nach Beschäftigten in Industrie und Bergbau 1976 (Betriebe mit > 5 Beschäftigten)
   I über 10 000
   II rd. 5 000 bis rd. 10 000
   III rd. 2 000 bis rd. 5 000
   IV rd. 1 000 bis rd. 2 000
   V weniger als 1 000

Orte der Gruppen IV und V sind nur angeführt, wenn die Industrie im Funktionsmuster der Siedlung deutlich in Erscheinung tritt. Die Gruppenziffer ist durch ein hochgestelltes „B" ergänzt, wenn die Zahl der Beschäftigten im Bergbau (einschl. Steinbrüchen) die der Industrie-Beschäftigten übertrifft.

b Nach Beurteilung des Verfassers:
   I Industrie und/oder Bergbau herrschen im Funktionsmuster der Siedlung absolut vor
   II Industrie und/oder Bergbau herrschen im Funktionsmuster der Siedlung relativ vor
   III Industrie und /oder Bergbau treten im Funktionsmuster der Siedlung deutlich in Erscheinung
   – Industrie und/oder Bergbau prägen das Funktionsmuster der Gesamtsiedlung nicht

c einschließlich Sungai Gerong mit Mineralölverarbeitung und Petrochemie

Tabelle 6-5.   Industrie- und Bergbauorte, 1. Fortsetzung

Lfd. Nr.	Stadt	Regent- schaft oder Region	(1) Umfang der Industrie[a] (absolut)	(2) Bedeutung der Industrie für den Ort[b] (relativ)	(3) Art der Industrie/des Bergbaues
13	Tegal	–	II	II	Textilindustrie, (Textil)-Maschinenbau, Nahrungsmittelindustrie, Schiffbau, einfache Verbrauchsgüterherstellung
14	Majalaya[IV] bei Bandung	–	II	I	Webereien
15	Buaran[V] bei Pekalongan	–	II	I	Batikfärberei, Webereien
16	Tasikmalaya	–	III	III	Webereien, Batikfärberei, Schirmherstellung. Flechterei, Sprengstofffabrik, einfache Nahrungsmittel- und Verbrauchsgüterherstellung
17	Balikpapan	–	III	II	Rohölverarbeitung, Chemische Industrie. Sägewerke, einfache Nahrungsmittel- und Verbrauchsgüterherstellung
18	Bogor	–	III	III	Autoreifenwerk, Gummiwarenherstellung, Verbrauchsgüter- und Nahrungsmittelerzeugung
19	Cirebon	–	III	III	Verbrauchsgüterindustrie mit Schwerpunkten von Tabakwarenherstellung, Gummiverarbeitung, Weberei und Schiffsbau sowie Nahrungsmittelherstellung
20	Cimahi	–	III	III	Webereien, Verbrauchsgüterherstellung mit Schwerpunkt Elektrogerätebau, einfache Nahrungsmittelherstellung
21	Magelang	–	III	III	Tabakverarbeitung und Tabakwarenherstellung, Glasfabrik, einfache Verbrauchsgüter- und Nahrungsmittelherstellung, darunter Leder- und Süßwaren
22	Madiun	–	III	III	Zuckerfabriken, Tabakverarbeitung, Kapokverarbeitung, Eisenbahnausbesserungswerk, einfache Verbrauchsgüter- und Nahrungsmittelherstellung
23	Jember	–	III	III	Tabak- und Rohgummiverarbeitung, Nahrungsmittelindustrie, einfache Verbrauchsgüterherstellung
24	Ujung Pandang	–	III	–	Diversifizierte Verbrauchsgüterindustrie, einfache Nahrungsmittelherstellung
25	Manado	–	III	–	Kopra-, Palmöl- und Muskatverarbeitung, einfache Nahrungsmittel- und Verbrauchsgüterherstellung
26	Padang	–	III	–	Rohgummiaufbereitung, Textilwerk, Verbrauchsgüter- und Nahrungsmittelherstellung
27	Banjarmasin	–	III	–	Diversifizierte Verbrauchsgüterindustrie, Sägewerke, Bootsbau, einfache Nahrungsmittelherstellung
28	Pontianak	–	III	–	Diversifizierte Verbrauchsgüterindustrie, Sägewerke, Rohgummierzeugung, einfache Nahrungsmittelherstellung
29	Samarinda	–	III	–	Sägewerke, Holz- und Rotanverarbeitung, einfache Verbrauchsgüter- und Nahrungsmittelherstellung

Fußnoten a und b siehe erste Tabellenseite
Orte, die auf Karte 4 in einer Signatur zusammengefaßt werden, sind wie folgt gekennzeichnet:
   I Ujung Berung, Cipadung und Cisaranten   V Sragi, Buaran, Tirto, Wiradesa-Kepatihan und Pekajangan
  II Dayeuh Kolot, Pesawahan und Bojong Loa   VI Kaliwungu, Jati, Gebog, Gribig und Ngambalrejo
 III Sukasari, Andir und Bojong Mangga   VII Ceper, Pedan-Beji und Juwiring
 IV Majalaya und Padasuka   VIII Waru, Janti und Gedangan

Tabelle 6-5. Industrie- und Bergbauorte, 2. Fortsetzung

Lfd. Nr.	Stadt	Regent- schaft oder Region	(1) Umfang der Industrie[a] (absolut)	(2) Bedeutung der Industrie für den Ort[b] (relativ)	(3) Art der Industrie/des Bergbaues
30	Denpasar	–	III	–	Spinnereien, Webereien, Nahrungsmittel- und Verbrauchs- güterindustrie mit Schwerpunkten Tabakwarenherstellung, Fleischkonservierung, Holzschnitzerei
31	Mataram	–	III	–	Nahrungsmittel- und Verbrauchsgüterherstellung mit Schwerpunkten Tabakverarbeitung und Flechterei
32	Tanjung Karang-Teluk Betung	–	III	–	Kaffee- u. Pfefferverarbeitung, Sägewerke, Verbrauchsgüter- und Nahrungsmittelherstellung
33	Jambi	–	III	–	Rohgummiaufbereitung, Sägewerke, Verbrauchsgüter- und Nahrungsmittelherstellung
34	Pekan Baru	–	III	–	Rohgummiaufbereitung, Erdölgewinnung, Petrochemie- werke, Holzverarbeitung, einfache Verbrauchsgüter- und Nahrungsmittelherstellung
35	Pematang Siantar	–	III	III	Tabakverarbeitung, einfache Verbrauchsgüter- und Nahrungsmittelherstellung
36	Gresik	–	III	II	Zementfabrik, Webereien, Chemische Industrie, Düngemittelwerk, Holz- und Lederverarbeitung, Stahlverarbeitung, Nahrungsmittel- und einfache Verbrauchsgüterherstellung
37	Sidoarjo	–	II	II	Webereien, Nahrungsmittelherstellung, Zigarettenfabrik, einfache Verbrauchsgütererzeugung
38	Tanjung Pandan	–	III	III	Zinnerzbergbau, Keramikindustrie, einfache Verbrauchs- güter- und Nahrungsmittelherstellung
39	Tanggerang	–	III	III	Vielseitige Verbrauchsgüter- und Nahrungsmittelindustrie sowie mehrere Textilwerke
40	Garut	–	III	III	Verbrauchsgüter- und Nahrungsmittelindustrie mit Schwerpunkten Weberei, Bekleidung, Reisverarbeitung
41	Cilacap	–	III	III	Baumwollspinnerei, Düngemittelfabrik, Futtermittelwerke, Zementfabrik, Sackfabrik, Asphaltwerk, Pflanzenschutz- mittelherstellung, Erdölraffinerie, Eisensandabbau, Nahrungsmittel- und Verbrauchsgüterherstellung
42	Batang	–	III	III	Textilwerke, Web- und Wirkwarenherstellung, Nahrungs- mittelherstellung
43	Tulungagung	–	III	III	Tabakverarbeitung, Keramikfabrik, einfache Verbrauchs- güter- und Nahrungsmittelherstellung
44	Blitar	–	III	III	Tabakverarbeitung, Erdnußverarbeitung und andere Nahrungsmittelherstellung, einfache Verbrauchsgüter- erzeugung
45	Jombang	–	III	III	Tabakverarbeitung, Zuckerfabrik, einfache Verbrauchs- güter- und Nahrungsmittelherstellung
46	Mojokerto	–	III	III	Alkoholerzeugung, Farbenfabrik, Tabakverarbeitung, Nahrungsmittel- und Verbrauchsgüterherstellung

Fußnoten a und b siehe erste Tabellenseite
Erklärung der römischen Hinweisziffern an verschiedenen Ortsnamen siehe zweite Tabellenseite

Tabelle 6-5. Industrie- und Bergbauorte, 3. Fortsetzung

Lfd. Nr.	Stadt	Regentschaft oder Region	(1) Umfang der Industrie[a] (absolut)	(2) Bedeutung der Industrie für den Ort[b] (relativ)	(3) Art der Industrie/des Bergbaues
47	Pasuruan	–	III	III	Maschinenbau, Gießerei, Verbrauchsgüter- und Nahrungsmittelindustrie mit Schwerpunkten Bekleidungs-, Möbel- und Süßwarenherstellung
48	Pangkal Pinang	–	III	III	Zinnerzbergbau, Verbrauchsgüter- und Nahrungsmittelherstellung
49	Wonocolo-Sepanjang bei Surabaya	–	III	II	Eisenverarbeitung, Motorenbau, Emaillierwerk, Verbrauchsgüterherstellung
50	Cimanggis bei Bogor	–	III	II	Textilwerke, Plastikherstellung, Verbrauchsgüterherstellung, einfache Nahrungsmittelherstellung
51	Kedung Halang bei Bogor	–	III	II	Fahrzeugbau, Nahrungsmittelindustrie, Verbrauchsgüterherstellung
52	Pesawahan[II] bei Bandung	–	III	I	Textilindustrie (Mittelbetriebe)
53	Padasuka[IV] bei Majalaya	–	III	I	Textilindustrie (Mittelbetriebe)
54	Pedan-Beji[VII] bei Klaten	–	III	I	Webereien
55	Delanggu bei Klaten	–	III	I	Webereien
56	Kaliwungu-Prambatan[VI] bei Kudus	–	III	II	Tabakwarenherstellung
57	Jati[VI] bei Kudus	–	III	II	Tabakwarenherstellung, Textilindustrie
58	Gebog[VI] bei Kudus	–	III	I	Tabakwarenherstellung
59	Pasinan-Baureno bei Bojonegoro	–	III	I	Tabakverarbeitung
60	Tempeh bei Lumajang	–	III	II	Tabakverarbeitung
61	Arjasan bei Jember	–	III	II	Tabakverarbeitung
62	Sukowono bei Jember	–	III	I	Tabakverarbeitung
63	Sleman (Mataram)	–	III	III	Baumwollfeinwebereien
64	Taman bei Pemalang	–	III	II	Großes Textilwerk, Webereien
65	Dampyak bei Tegal	–	III	I	Großweberei
66	Klampisan bei Kediri	–	III	I	Jutesackfabrik
67	Tanjung Enim (Lematang)	–	III[B]	I	Steinkohlenbergbau
68	Batu Ampar-Telok Air (P. Padang Tikar)	–	III	II	Groß-Sägewerke

Fußnoten a und b siehe erste Tabellenseite
Erklärung der römischen Hinweisziffern an verschiedenen Ortsnamen siehe zweite Tabellenseite

Tabelle 6-5. Industrie- und Bergbauorte, 4. Fortsetzung

Lfd. Nr.	Stadt	Regent-schaft oder Region	(1) Umfang der Industrie[a] (absolut)	(2) Bedeutung der Industrie für den Ort[b] (relativ)	(3) Art der Industrie/des Bergbaues
69	Ambon	Molukken	IV	–	Fischkonservenfabriken, Sägewerke, einfache Verbrauchsgüter- und Nahrungsmittelherstellung
70	Bukittinggi	Minangkabau-Hochl.	IV	–	Bekleidungsindustrie, Verbrauchsgüterindustrie, einfache Nahrungsmittelherstellung
71	Salatiga	Mittel-Java	IV	–	Textilindustrie, Nahrungsmittelindustrie, Verbrauchsgüterherstellung
72	Purwokerto	Mittel-Java	IV	III	Gießerei, Nahrungsmittel- und Verbrauchsgüterherstellung
73	Bekasi	West-Java	IV	III	Kraftfahrzeugmontage, Verbrauchsgüterindustrie, Nahrungsmittelherstellung
74	Purbalingga	Mittel-Java	IV	III	Tabakverarbeitung, Süßwarenfabrik, einfache Nahrungsmittel- und Verbrauchsgüterherstellung
75	Purworejo	Mittel-Java	IV	III	Großweberei, Batikfärberei, Tabakverarbeitung, einfache Nahrungsmittel- und Verbrauchsgüterherstellung
76	Jepara	Mittel-Java	IV	III	Verbrauchsgüter- und Nahrungsmittelherstellung, zahlreiche kleine Möbelwerkstätten, Schiffsbau
77	Rembang	Mittel-Java	IV	III	Verbrauchsgüter- und Nahrungsmittelherstellung, speziell Feuerwerkskörperherstellung und Salzbrikettierung, Schiffsbau
78	Ponorogo	Ost-Java	IV	III	Webereien, einfache Verbrauchsgüter- und Nahrungsmittelherstellung
79	Bojonegoro	Ost-Java	IV	III	Holzverarbeitung, Tabaktrocknung, einfache Verbrauchsgüter- und Nahrungsmittelherstellung
80	Tuban	Ost-Java	IV	III	Erdnußschälereien, Tabakverarbeitung, Holzverarbeitung, einfache Verbrauchsgüter- und Nahrungsmittelherstellung
81	Probolinggo	Ost-Java	IV	III	Verbrauchsgüter- und Nahrungsmittelherstellung, darunter Futtermittel, Webwaren-, Leder- und Papiererzeugung
82	Lumajang	Ost-Java	IV	III	Tabakverarbeitung, Nahrungsmittelindustrie, einfache Verbrauchsgüterherstellung
83	Bondowoso	Ost-Java	IV	III	Tabakverarbeitung, einfache Nahrungsmittel- und Verbrauchsgüterherstellung
84	Banyuwangi	Ost-Java	IV	III	Papierfabrik, Nahrungsmittelindustrie, Verbrauchsgüterherstellung
85	Gianyar	Bali	IV	III	Webereien, einfache Nahrungsmittel- und Verbrauchsgüterherstellung
86	Banyar	Priangan-Galuh	IV	III	Rohgummiaufbereitung, Nahrungsmittel- und Verbrauchsgüterherstellung

Fußnoten a und b siehe erste Tabellenseite
Erklärung der römischen Hinweisziffern an verschiedenen Ortsnamen siehe zweite Tabellenseite

Tabelle 6-5. Industrie- und Bergbauorte, 5. Fortsetzung

Lfd. Nr.	Stadt	Regentschaft oder Region	(1) Umfang der Industrie[a] (absolut)	(2) Bedeutung der Industrie für den Ort[b] (relativ)	(3) Art der Industrie/des Bergbaues
87	Gombong-Wonokriyo	Kebumen	IV	III	Räucherstäbchenfabriken, Kalkverarbeitung, Nahrungsmittel- und Verbrauchsgüterherstellung
88	Juwana	Pati	IV	III	Messingguß und -bearbeitung, Schiffsbau, Holzverarbeitung, Nahrungsmittelherstellung
89	Cepu	Blora	IV	III	Mineralölverarbeitung, (Teak-) Holzverarbeitung, Schreibkreidegewinnung und -verarbeitung, Verbrauchsgüterindustrie
90	Gempol	Pasuruan	IV	III	Streichholzfabrik, Nahrungsmittelherstellung
91	Lawang	Malang	IV	III	Webereien, Plastikwarenherstellung, einfache Verbrauchsgüter- und Nahrungsmittelherstellung
92	Gedangan[VIII]	Sidoarjo	IV	II	Gewürzzubereitung, Plastik- und Lederwaren sowie andere Verbrauchsgüter- und Nahrungsmittelherstellung
93	Waru[VIII]	Sidoarjo	IV	I	Metallverarbeitung, Motorenbau, Chemische Industrie, Verbrauchsgüterherstellung
94	Sawahlunto	Minangkabau-Hochland	IV[B]	I	Steinkohlenbergbau
95	Dumai	Riau Daratan	IV	II	Erdölverarbeitung, Petrochemiewerke
96	Tarakan	Ost-Borneo	IV	II	Erdölgewinnung- und -verarbeitung, Sägewerke, Holzverarbeitung
97	Lhok Seumawe (einschl. Arun)	Nord-Aceh	IV	III	Erdgasgewinnung, Gasverflüssigung, Petrochemie, Zementfabrik (seit 1981)
98	Kenali Asem-Palsepuluh	Jambi	IV	II	Erdölgewinnung, Sägewerke
99	Padalarang	Bandung	IV	III	Textilindustrie (Mittelbetriebe), Papierherstellung, einfache Verbrauchsgüter- und Nahrungsmittelherstellung
100	Citeureup-Dayeuh Kolot[II]	Bandung	IV	III	Textilindustrie (Mittelbetriebe), einfache Verbrauchsgüter- und Nahrungsmittelherstellung
101	Ujungbrung[I]	Bandung	IV	III	Textilindustrie, einfache Verbrauchsgüter- und Nahrungsmittelherstellung
102	Cipadung[I]	Bandung	IV	II	Spinnereien (Großbetriebe)
103	Cisaranten[I]	Bandung	IV	II	Webereien (Großbetriebe)
104	Cipaku-Paseh	Bandung	IV	II	Textilindustrie (Mittel- und Kleinbetriebe), einfache Nahrungsmittelherstellung
105	Bojong Mangga[III]	Bandung	IV	I	Spinnerei, Weberei (Großbetriebe)
106	Pekajangan[V]	Pekalongan	IV	II	Webereien (Klein- und Mittelbetriebe)

Fußnoten a und b siehe erste Tabellenseite
Erklärung der römischen Hinweisziffern an verschiedenen Ortsnamen siehe zweite Tabellenseite

Tabelle 6-5. Industrie- und Bergbauorte, 6. Fortsetzung

Lfd. Nr.	Stadt	Regentschaft oder Region	(1) Umfang der Industrie[a] (absolut)	(2) Bedeutung der Industrie für den Ort[b] (relativ)	(3) Art der Industrie/des Bergbaues
107	Tirto[V]	Pekalongan	IV	II	Batikfärbereien
107 a	Wiradesa[V]	Pekalongan	IV	II	Webereien, Batikfärbereien
108	Sukorejo	Pasuruan	IV	II	Textilgroßbetrieb und Kleingewerbe
109	Pohjentrek	Pasuruan	IV	II	Großweberei und Kleingewerbe
110	Cibinong	Bogor	IV	II	Zementwerke, einfache Verbrauchsgüter- und Nahrungsmittelherstellung
111	Indarung	West-Sumatra	IV	I	Zementwerk
112	Cikarang	Bekasi	IV	II	Ziegeleien
113	Cikampek	Krawang	IV	III	Ziegeleien, einfache Verbrauchsgüter- und Nahrungsmittelherstellung
114	Citeko	Purwakarta	IV	I	Dachziegelbrennereien
115	Purwosari	Kediri	IV	II	Tabakverarbeitung
116	Jetis	Mojokerto	IV	II	Tabakverarbeitung
117	Talun-Sumberrejo	Bojonegoro	IV	III	Tabaktrocknung
118	Ngambalrejo[VI]	Kudus	IV	I	Tabakwarenherstellung
119	Gribig[VI]	Kudus	IV	I	Tabakwarenherstellung
120	Kadipaten	Majalengka	IV	III	Zuckerfabrik, einfache Nahrungsmittelherstellung
121	Jatiwangi	Majalengka	IV	III	Zuckerfabrik, Ziegeleien, Nahrungsmittelherstellung
122	Sragi[V]	Pekalongan	IV	III	Zuckerfabrik
123	Kasihan-Tirtonirmolo[d]	Mataram	IV	II	Zuckerfabrik, Möbeltischlereien
124	Baturetno[d]	Mataram	IV	II	Zuckerfabrik, Verbrauchsgüterherstellung
125	Sidorejo-Kalangbret	Tulung Agung	IV	II	Zuckerfabrik, Batikfärbereien
126	Patianrowo-Ngrombot[d]	Nganyuk	IV	II	Zuckerfabrik
127	Cukir[d]	Jombang	IV	II	Zuckerfabrik
128	Gempolkerep-Gedek[d]	Mojokerto	IV	II	Zuckerfabrik
129	Candi[d]	Sidoarjo	IV	II	Zuckerfabrik
130	Krembung[d]	Sidoarjo	IV	II	Zuckerfabrik
131	Krebet[d]	Malang	IV	II	Zuckerfabrik

Fußnoten a und b siehe erste Tabellenseite
Erklärung der römischen Hinweisziffern an verschiedenen Ortsnamen siehe zweite Tabellenseite
d In Karte 4 nicht wiedergegeben

Tabelle 6-5. Industrie- und Bergbauorte, 7. Fortsetzung

Lfd. Nr.	Stadt	Regent-schaft oder Region	(1) Umfang der Industrie[a] (absolut)	(2) Bedeutung der Industrie für den Ort[b] (relativ)	(3) Art der Industrie/des Bergbaues
132	Kaliboto-Jatiroto	Lumajang	IV	III	Zuckerfabrik, Nahrungsmittelherstellung
133	Kedung Dalem-Dringu[d]	Probolinggo	IV	II	Zuckerfabrik
134	Besuki	Situbondo	IV	III	Zuckerfabrik
135	Panarukan	Situbondo	IV	III	Zuckerfabrik
136	Prajekan	Bondowoso	IV	II	Zuckerfabrik, Tabakverarbeitung
137	Gunung Madu	Lampung	IV	III	Zuckerfabrik
138	Cot Girek	Aceh Utara	IV	II	Zuckerfabrik
139	Cilegon (Kota Baja)	Banten	IVe	II	Eisenhüttenwerk, Walzwerk, Metallverarbeitung (Schiffsbau geplant)
140	Parengan	Lamongan	IV	II	Webereien (Mittelbetriebe)
141	Ciputat	Tanggerang	IV	III	Großes Textilwerk, Nahrungsmittelherstellung
142	Jatiluhur	Purwakarta	IV	III	Großes Textilwerk, Kunstfaserwerk
143	Negara	Hulu Sungai/Banjar	IV	II	Eisenbearbeitung, Waffenherstellung, Messinggießereien, Gerbereien, Schiffsbau, Sägewerke
144	Ceper	Klaten	V	II	Webereien, Schmiedewerkstätten, Zuckerfabrik
145	Janti	Sidoarjo	V	III	Kondensmilchwerk, Verbrauchsgüterherstellung
146	Sukasari[III] (Pameungpeuk)	Priangan	V	III	Großes Textilwerk
147	Andir[III]	Priangan	V	III	Großes Textilwerk
148	Pecangaan	Jepara	V	III	Jutesackfabrik
149	Secang	Magelang	V	III	Großspinnerei
150	Juwiring	Klaten	V	III	Webereien (Kleinbetriebe), Schirmherstellung
151	Cerme	Gresik	V	III	Webereien (Mittel- und Kleinbetriebe)
152	Cibaduyut-Bojong Loa[II]	Priangan	V	II	Schuhherstellung (Kleinstbetriebe)
153	Silungkang	Minangkabau-Hochland	V	I	Webereien (Kleinbetriebe)
154	Cokro-Daleman	Klaten	V	II	Stärkemehlherstellung

Fußnoten a und b siehe erste Tabellenseite
Erklärung der römischen Hinweisziffern an verschiedenen Ortsnamen siehe zweite Tabellenseite
d In Karte 4 nicht wiedergegeben
e Nach Ausbauabschluß III (> 2000 Beschäftigte)

Tabelle 6-5. Industrie- und Bergbauorte, 8. Fortsetzung

Lfd. Nr.	Stadt	Regent-schaft oder Region	(1) Umfang der Industrie[a] (absolut)	(2) Bedeutung der Industrie für den Ort[b] (relativ)	(3) Art der Industrie/des Bergbaues
155	Gedongombo	Tuban	V	III	Erdnußschälereien
156	Lemahabang-Cipeujeuh	Cirebon	V	III	Zuckerfabrik, einfache Nahrungsmittelherstellung
157	Kalibagor[d]	Banyumas	V	III	Zuckerfabrik
158	Banjar Atma[d]	Brebes	V	III	Zuckerfabrik
159	Pangkah[d]	Tegal	V	III	Zuckerfabrik
160	Cepiring[d]	Kendal	V	III	Zuckerfabrik
161	Pakis	Pati	V	III	Zuckerfabrik
162	Tasikmadu	Karanganyar	V	III	Zuckerfabrik, Reisschälereien
163	Colomadu[d]	Karanganyar	V	III	Zuckerfabrik
164	Jagonalan[d]	Klaten	V	III	Zuckerfabrik
165	Prambon[d] (Desa Watutulis)	Sidoarjo	V	II	Zuckerfabrik
166	Krian	Sidoarjo	V	III	Zuckerfabrik, einfache Nahrungsmittelherstellung
167	Kebon Agung	Malang	V	III	Zuckerfabrik
168	Gending	Probolinggo	V	III	Zuckerfabrik, Gewürzmühle (Großbetrieb)
169	Sukokerto Pajarakan[d]	Probolinggo	V	III	Zuckerfabrik
170	Asembagus-Trigonco	Situbondo	V	III	Zuckerfabrik
171	Mimbaan[d]	Situbondo	V	III	Zuckerfabrik
172	Araso	Bone (Selebes)	V	II	Zuckerfabrik, Ziegeleien
173	Kapas	Bojonegoro	V	III	Tabakverarbeitung (Großbetrieb, Mittelbetriebe)
174	Kemlagi	Mojokerto	V	III	Tabakverarbeitung (Mittelbetriebe)
175	Wonorejo	Pasuruan	V	II	Tabakverarbeitung, Erdnußschälereien, einfache Nahrungsmittelherstellung
176	Wonosari	Bondowoso	V	III	Tabaktrocknung (Großbetrieb, Mittelbetriebe)
177	Tamanan	Bondowoso	V	III	Tabakverarbeitung
178	Simpang Tiga Lumpur	Komering Ilir	V	II	Sägewerke (Kleinbetriebe)
179	Sungai Raya bei Pontianak	West-Borneo	V	III	Sägewerke

Fußnoten a und b siehe erste Tabellenseite
Erklärung der römischen Hinweisziffern an verschiedenen Ortsnamen siehe zweite Tabellenseite
d In Karte 4 nicht wiedergegeben

Tabelle 6-5. Industrie- und Bergbauorte, 9. Fortsetzung

Lfd. Nr.	Stadt	Regentschaft oder Region	(1) Umfang der Industrie[a] (absolut)	(2) Bedeutung der Industrie für den Ort[b] (relativ)	(3) Art der Industrie/des Bergbaues
180	Perajen-Sungai Rengas	Musi-Banyuasin	V	II	Triplex-Kistenfabrik
181	Mungkid	Magelang	V	III	Papierfabrik
182	Leces	Probolinggo	V	III	Papierfabrik
183	Borong Lowe	Gowa (Selebes)	V	III	Papierfabrik
184	Talang Betutu	Busi-Banyuasin	V	III	Ziegeleien
185	Tugo Mulio	Musi Rawas	V	II	Ziegeleien
186	Citatah	Priangan	V	II	Kalk- und Mörtelwerke
187	Bohorok	Langkat	V	III	Zementwerk, einfache Nahrungsmittelherstellung
188	Baturaja	Süd-Sumatra	V	III	Zementwerk, einfache Verbrauchsgüter- und Nahrungsmittelherstellung
189	Tonasa	Süd-Selebes	V	II	Zementfabriken
190	Pasir Panjang Karimun	Riau-Archipel	V^B	III	Granitsteinbruchbetriebe
191	Batu Ampar-Nongsa (Batam)	Riau-Archipel	V^B	III	Schwerspatgrube
192	Cikotok	Lebak	V^B	I	Golderzbergbau
193	Bangkinang	Kampar	V^B	III	Zinnbergbau
194	Dabo (Singkeb)	Lingga-Archipel	V^B	III	Zinnbergbau
195	Manggar	Belitung	V^B	III	Zinnbergbau
196	Belinyu	Bangka	V^B	III	Zinnbergbau
197	Koba	Bangka	V^B	III	Zinnbergbau
198	Mentok	Bangka	V	III	Zinnhüttenwerk
199	Kijang	Riau-Archipel	V^B	III	Bauxitabbau, Rohgummiaufbereitung, Steinbrüche
200	Tanjung Kuala	Asahan-Batubara	V^f	I	Aluminiumhüttenwerk (1982 im Bau)
201	Soroako	Luwu (Selebes)	V^B	I	Nickelerzbergbau, Nickelverhüttung
202	Pomalaa	Südwest-Selebes	V^B	II	Nickelerzbergbau, Anreicherungswerk
203	Pulau Gag	Halmahera-See (Neu-Guinea)	V^B	I	Nickelerzabbau
204	Tembagapura	Neuguinea	V^B	I	Kupfererzabbau, Anreicherungswerk

Fußnoten a und b siehe erste Tabellenseite
Erklärung der römischen Hinweisziffern an verschiedenen Ortsnamen siehe zweite Tabellenseite

f Nach Ausbauabschluß IV (> 1000 Beschäftigte)

Tabelle 6-5. Industrie- und Bergbauorte, 10. Fortsetzung

Lfd. Nr.	Stadt	Regentschaft oder Region	(1) Umfang der Industrie[a] (absolut)	(2) Bedeutung der Industrie für den Ort[b] (relativ)	(3) Art der Industrie/des Bergbaues
205	Banabungi	Buton	V[B]	III	Asphaltgewinnung
206	Pangkalan Brandan	Langkat	V[B]	III	Erdölgewinnung
207	Pangkalan Susu	Langkat	V	III	Erdölverarbeitung
208	Minas	Siak	V[B]	I	Erdölgewinnung
209	Air Jambah-Duri	Siak	V[B]	II	Erdölgewinnung
210	Buatan	Siak	V[B]	II	Erdölgewinnung
211	Sungai Pakning	Siak	V[B]	III	Erdölgewinnung
212	Lirik	Indragiri	V[B]	II	Erdölgewinnung
213	Talang Akar-Pendopo	Ogan Tengah	V[B]	II	Erdölgewinnung
214	Sambu (Batam)	Riau-Archipel	V	III	Erdölverarbeitung
215	Tanjung-Belimbing	Hulu-Sungai/Süd-Borneo	V[B]	III	Erdölgewinnung
216	Samboja	Kutei	V[B]	III	Erdölgewinnung
217	Sanga-Sanga	Kutei	V[B]	III	Erdölgewinnung
218	Tanjung Santan	Kutei	V[B]	II	Erdölgewinnung
219	Bontang	Kutei	V	II	Gasverflüssigung, Petrochemiewerke
220	Sengata	Kutei	V[B]	II	Erdölgewinnung
221	Bunyu	Bulungan	V[B]	II	Erdölgewinnung, Petrochemiewerke
222	Bula	Seram	V[B]	III	Erdölgewinnung
223	Kasim Sele	Westspitze Neuguineas	V[B]	I	Erdölgewinnung

Fußnoten a und b siehe erste Tabellenseite
Erklärung der römischen Hinweisziffern an verschiedenen Ortsnamen siehe zweite Tabellenseite

Noch deutlicher wird dieses vom produzierenden Gewerbe geprägte Funktionsmuster in mittelgroßen Städten; dort kann es sogar vorherrschen, wie etwa in Gresik und Sidoarjo am Rande des gewerblichen Ballungsgebietes um Surabaya oder in Tanjung Pandan auf Belitung, das durch Bergbau und Steine-Erden-Industrie geprägt wird. Die meisten der weiteren mittelgroßen Industriestädte liegen auf Java; Tanggerang am Rande des Industriegürtels um Jakarta gehört dazu, die wiederbelebte Hafenstadt Cilacap an der Südküste und die traditionsreiche Gewerbe- und Hafenstadt Pasuruan als östlichste in dieser Städtegruppe. Schließlich verursacht der Zinnerzbergbau auf Bangka eine große Konzentration gewerblicher Arbeitsplätze in Pangkal Pinang; Bergbauverwaltungen und Ausrüstungslager sind hier konzentriert.

Knapp 20 weniger bedeutende Städte, die zum Teil allerdings sehr volkreich sind, gehören ebenfalls in die mit III klassifizierte Gruppe der Industrieorte; sie haben in Tabelle 6-5 die Nr. 49ff. In ihrer Erwerbsstruktur kann das produzierende Gewerbe absolut vorherrschen, zumindest tritt es deutlich in Erscheinung. Meist sind diese Industrieorte auf einen einzigen Erwerbszweig ausgerichtet; Wonocolo-Sepanjang bei Surabaya und zwei Orte an der Industriegasse Jakarta–Bogor bilden hier die Ausnahme; sie gehören zu den vielseitig orientierten

Wirtschaftsräumen der benachbarten Großstädte. Die in Tabelle 6–5 folgenden Industrieorte sind hochspezialisiert (lfd. Nr. 52–66); dazu gehören zwei Textilindustriedörfer im Becken von Bandung, zwei Weberei-Kleinstädte bei Klaten; drei Trabantenorte der Zigarettenindustrie um Kudus, einige auf Tabaktrocknung und -weiterverarbeitung spezialisierte Kleinstädte in Ost-Java sowie schließlich einige Sonderstandorte von Großwebereien wie Sleman (Mataram), Taman bei Pemalang, Dampyak bei Tegal und Klampisan bei Kediri. Die beiden zuletzt genannten Orte haben keine städtischen Eigenschaften, es sind Dörfer mit je einem industriellen Großbetrieb. In diesen Fällen kommen die Beschäftigten aus vielen umliegenden Orten[650].

Eine in sich geschlossene Bergbaustadt ist dagegen der 67. Ort der Tabelle 6–5, Tanjung Enim. Die seit Beginn der achtziger Jahre stark erweiterte Steinkohlenmine Bukit Asam beherrscht das Erwerbsleben der Siedlung. Als letzter Ort der Gruppe III ist Batu Ampar mit dem Tiefwasserhafen Telok Air zu nennen. In beiden Ortsteilen befinden sich große Sägewerke, die vorwiegend für die Ausfuhr arbeiten.

Die bisher genannte Zahl von 68 Industriestädten verdoppelt sich durch die nächste große Gruppe von Industrieorten, die in der Tabelle 6–5 mit IV gekennzeichnet sind und – grob orientiert – Ende der siebziger Jahre zwischen 1.000 und 2.000 Beschäftigte im produzierenden Gewerbe oder Bergbau besaßen. Verhältnismäßig klein ist die Zahl von multifunktionalen Mittelstädten, die eine solche Beschäftigtenzahl erreichen, ohne daß diese Beschäftigten auch in der Erwerbsstruktur deutlich hervortreten. Die vier hier zu nennenden Städte: Ambon und Bukittinggi außerhalb Javas sowie Purwokerto und Salatiga in Mittel-Java haben jede für sich weitere spezielle Funktionsbereiche. Im produzierenden Gewerbe herrscht die einfache Verbrauchsgüterherstellung vor.

Es folgt eine große Gruppe von javanischen Mittelstädten mit Regentensitz (lfd. Nr. 73–84), in denen das produzierende Gewerbe stärker in Erscheinung tritt. Dazu gehört Bekasi östlich von Jakarta sowie ein knappes Dutzend mittel- und ostjavanischer Städte. Unter diesen sind Purbalingga, Jepara, Rembang und Tuban relativ am stärksten industrialisiert; gleiches gilt für Gianyar auf Bali. Noch etwas deutlicher wird die industrielle Funktion bei ähnlich großen Städten ohne Regentensitz, wie Banyar, Gombong, Juwana, Cepu, Gempol und Lawang. Überall herrschen Kleinbetriebe vor, aber auch einzelne größere Werke stellen Verbrauchsgüter her. Zu den mehrseitig orientierten Gewerbeorten gehören auch noch einige, die am Rande der industriellen Ballungsräume liegen, etwa Waru und Gedangan im nördlichen Brantas-Delta.

Völlig anders ist die gewerbliche Funktion einiger Bergbaustädte auf den Außeninseln. Sawahlunto, die Ombilin-Kohlenstadt im Minangkabau-Hochland, wird völlig vom Steinkohlenbergbau beherrscht. Dumai und Tarakan haben neben ihren Erdölverarbeitungsanlagen auch bedeutende allgemeine Hafenfunktionen (vgl. S. 155), während Lhok Seumawe zusätzlich Verwaltungsort für Nord-Aceh ist. Kenali Asem ist als Gewerbeort vom Erdöl geprägt.

Eine große Anzahl von Industrieorten dieser Größenordnung – teils kleine Städte, teils Industriedörfer – gibt es in den verschiedenen javanischen Textilrevieren von Bandung, Pekalongan und Pasuruan (lfd. Nr. 99 bis 109). Je nach dem Verhältnis von Industriebeschäftigten, Ortseinwohnern und Einpendlern ergibt sich eine mehr oder minder starke Vorherrschaft der Textilindustrie im Funktionsmuster dieser Siedlungen. Am stärksten werden die Siedlungen dann geprägt, wenn es sich um Kleinindustrie handelt.

Neben den Webereien und Bekleidungsfabriken prägt als einzelner Gewerbezweig auch die Industrie der Steine und Erden, also Ziegeleien, Kalk- und Zementwerke, ihre Standorte sehr stark. So gibt es auch in dieser Größenordnung von über 1.000 Beschäftigten einige Orte auf Java, die teils mehr, teils weniger von diesen Industrien beherrscht werden. Cibinong bei Bogor beliefert den Großraum Jakarta mit Zement. Die Großbetriebe dort haben etwa die gleiche Arbeiterzahl wie die über 50 kleinen Dachziegelbrennereien, von denen das Dorf Citeko am Rande des Priangan-Hochlandes bei Purwakarta lebt. Auch das alte aber immer wieder modernisierte Zementwerk Indarung bei Padang auf Sumatra überprägt die kleine Siedlung vollständig.

Zu großen Anteilen gewerblicher Beschäftigung kommt es auch in den Tabakanbaugebieten Mittel- und Ost-Javas. Etwa ein halbes Dutzend kleinerer Orte sind mit der Verarbeitung beschäftigt und erreichen Beschäftigtenzahlen von über 1.000; fünf Orte dieser Gruppe sind in Tab. 6–5 genannt (lfd. Nr. 115–119[651]); auch große Zuckerfabriken haben mehr als 1.000 Stammarbeiter, so daß deren Standorte meist Ansätze einer

---

[650] Die in vielen Fällen vorhandenen Einpendler können auch die Bewertung der relativen Bedeutung der Industrie im Funktionsmuster der Orte an anderen Stellen verfälschen. Sofern es aus der Quellenlage für andere Ortsfunktionen hervorgeht oder örtliche Kenntnisse des Verfassers vorliegen, wurden die Einpendler als bedeutungsmindernd bei der Bewertung in Sp. 2 der Tab. 6–5 berücksichtigt.

[651] Wenn derartige Anlagen nicht in Städten oder wenigstens in kleinen zentralen Orten arbeiten, dann sind sie Teil des ländlichen Wirtschaftsraumes und bleiben hier unberücksichtigt. Das gilt in vollem Umfang für die Standorte industrieller Verarbeitungsanlagen von Kautschuk-, Tee-, Kaffee- oder Palmöl-Plantagen. Nur wenn Rohgummi in größeren Städten weiter verarbeitet wird, wurde dieser Gewerbezweig berücksichtigt. Anders wurde mit den Zuckerfabriken verfahren; diese stehen überwiegend in kleinen zentralen Orten und werden im folgenden alle angeführt.

städtischen Entwicklung zeigen, auch wenn keine Verwaltungsfunktion (Camat-Sitz) am Ort vorhanden ist. Die relative Bedeutung für den Ort ist aber geringer, als es die Beschäftigtenzahl vermuten ließe, denn der Einzugsbereich umfaßt meist mehrere Nachbarorte. Bis auf zwei neuere Anlagen auf Sumatra – Cot Girek und Gunung Madu – liegen alle anderen Zuckerfabriken auf Java (lfd. Nr. 120–136).

Damit sind die Gewerbeorte dieser Größenordnung bis auf einige besondere Ortsentwicklungen erfaßt; die Tabelle 6–5 enthält noch Cilegon, den lange geplanten, nunmehr (1982) in Betrieb genommenen Eisenhüttenstandort „Kota Baja", die Textilstandorte Parengan bei Lamongan in Ost-Java, Ciputat am Rande Jakartas und Jatiluhur, das als Standort der Wasserkraftgewinnung bekannt ist, aber auch Kunstfasern und Textilien produziert. Einen Sonderfall bildet auch das Dorf Klampis, in dem mehr als 1.000 Menschen mit der Fischverarbeitung beschäftigt sind (vgl. Tab. 6–4). Außerhalb Javas sind so viele Arbeitsplätze nur noch an wenigen Stellen konzentriert. Eine Singularität ist das Messinggießer- und Waffenschmiede-Städtchen Negara am Hulu Sungai (Süd-Borneo).

Mit den bisher genannten 143 Industrieorten sind zwar alle großen Industriestädte und alle arbeitsintensiven Standorte erfaßt worden, doch gibt es noch eine große Zahl kleinerer Orte, auch kleiner Städte, die vorwiegend vom produzierenden Gewerbe oder vom Bergbau geprägt sind. Für die weitere Betrachtung kommt daher als Auswahlgrundsatz die relative Bedeutung zum Tragen, das heißt: nur wenn Industrie- oder Bergbaubetriebe mit zusammen weniger als 1.000 Beschäftigten die Siedlung tatsächlich beeinflussen, wird sie im folgenden als Industrieort berücksichtigt. Soweit nicht persönliche Kenntnisse oder besondere Quellen vorliegen, wurden als Grenze 50 Industriebeschäftigte je 1.000 Einwohner gewählt. Demnach gelten Städte mit mehr als 20.000 Einwohnern und weniger als 1.000 Industrie- oder Bergbau-Beschäftigten nicht mehr als hier berücksichtigte Industrieorte. In der Nähe dieser Grenze liegen mit nur knapp 1.000 Beschäftigten Sukabumi, Klaten, Kebumen, Wonogiri und einige weitere Mittelstädte auf Java sowie u. a. auch Martapura (Süd-Borneo), wo Mitte der siebziger Jahre um die 900, 1981 eher weniger Edelsteinschleifer tätig waren.

Auch eine absolute Untergrenze mußte bestimmt werden. Diese wurde flexibel bei 300 bis 500 Beschäftigten gewählt, je nach dem Grad der Vorherrschaft des betreffenden Gewerbes im Ort. Dadurch wurde neben den kleinen Gewerbestädten, die auch einige zentrale Dienste aufweisen, eine größere Zahl rein ländlicher Gewerbeorte mit erfaßt; der Übergang zwischen beiden Ortstypen ist ohnehin fließend. Für die weitere Darstellung wurden die ländlichen Gewerbeorte nur dann berücksichtigt, wenn sie zugleich auch andere nicht-landwirtschaftliche Funktionen besitzen. So wurden auch die meisten Dörfer mit gewerblichen Spezialisierungen, sofern es sich um Kleinbetriebe handelt und die Orte keine anderen Dienstleistungen anbieten, weggelassen. Dörfer mit ländlichen Webereien, Reisschälereien, Salzsiedereien, Ziegeleien, Schmiedewerkstätten und ähnlichem Kleingewerbe bleiben also außerhalb der Betrachtung. Das gilt z. B. auch für die Kleineisen-Gewerbeorte Cisaat bei Sukabumi und Ciwidey im Becken von Bandung (vgl. Aten 1952/53). Auch gewerbliche Standortverdichtungen im Umland von Industriestädten, etwa das im Schrifttum diskutierte Beispiel des ehemaligen Kawedanan Adiwerna bei Tegal (vgl. Horstmann & Rutz 1980, S. 77), erscheinen im folgenden nicht, weil die Gewerbestandorte auf viele Dörfer verteilt sind. Es geht nicht um die Erfassung der gewerblichen Wirtschaft schlechthin, sondern um die Kennzeichnung von städtischen Siedlungen.

Die im folgenden berücksichtigten Industrieorte der mit V gekennzeichneten kleinsten Größenordnung sind in ihrer überwiegenden Mehrheit auf einen einzelnen Gewerbezweig ausgerichtet; es sind überwiegend dieselben Branchen, auf die auch viele der schon genannten größeren Industrieorte spezialisiert sind. Eine etwas stärker diversifizierte Branchenstruktur besitzen nur Janti südlich von Surabaya und Ceper bei Klaten. Die monostrukturierten Orte unterscheiden sich stark in Abhängigkeit von Betriebsstruktur und Branche. Kleingewerbliche Erzeugung prägt den Standort stärker als ein Großbetrieb, dessen Arbeitskräfte auch von Nachbardörfern einpendeln können. In Tabelle 6–5 sind die Orte nach der allein vorhandenen oder vorherrschenden Branche in folgender Reihenfolge genannt: Textilindustrie, Nahrungsmittelerzeugung generell, Zuckerherstellung, Tabakverarbeitung, Holzverarbeitung, Papierherstellung, Steine und Erden, Bergbau und Hüttenwesen.

Unter den Textilorten sind die zwei Typen Großbetriebsstandorte (lfd. Nr. 146–149) und Kleingewerbe-Hausindustrieorte (lfd. Nr. 150–153) sehr deutlich unterscheidbar. Ein auf Schuhherstellung spezialisierter Ort mit vielen Kleinbetrieben bei Bandung ist angefügt. Mit Ausnahme des Weberstädtchens Silungkang im Minangkabau-Hochland liegen alle Orte auf Java.

Gewerbliche Spezialisierungen in der Nahrungsmittelherstellung, die im Funktionsmuster der Orte deutlich hervortreten, sind selten, wenn die Zuckerindustrie ausgenommen wird. Wenige Fälle kommen auf Java vor (lfd. Nr. 154, 155). Häufig sind dagegen Orte, in deren Erwerbsstruktur eine Zuckerfabrik alleiniger oder größter gewerblicher Arbeitgeber ist (lfd. Nr. 156 bis 172); auch diese liegen bis auf eine – Araso – auf Java. Die kleineren Gewerbeorte, in denen die Tabaktrocknung oder -verarbeitung vorherrschend ist (lfd. Nr. 173 bis 177), besitzen meist mittlere Betriebsgrößen.

Die auf den Außeninseln weit verbreitete Holzverarbeitung, sowohl in Form von Klein- und Kleinstbetrieben, wie beispielsweise am Lumpur und Mesuji in Süd-Sumatra, als auch in Form von Großsägewerken erreicht nur an wenigen Stellen eine solche Größenordnung, daß sie für kleine zentrale Siedlungen bestimmend wird. Beide Ortstypen sind in Tabelle 6–5 vertreten, Simpang Tiga Lumpur in Süd-Sumatra einerseits sowie Sungai Raya in West-Borneo andererseits. Alle anderen Standorte erreichen nur geringere absolute oder relative Werte.

Die Weiterverarbeitung des Holzes schafft dagegen neue Gewerbestandorte, wenn Papier- oder Kistenfabriken in kleineren Orten errichtet werden. Vier Fälle erreichen die hier zu Grunde gelegte Größenordnung (lfd. Nr. 180–183).

Von einer großen Zahl ländlicher Orte, die sich auf Ziegelherstellung spezialisiert haben, sind in Tabelle 6–5 nur Talang Betutu und Tugo Mulio in Süd-Sumatra genannt, wo sich dieses Gewerbe besonders stark verdichtet hat. Es folgt der bekannte Ort Citatah zwischen Bandung und Cianjur mit seinen Kalk-, Mörtel- und Schotterwerken. Drei Orte mit großen Zementfabriken auf Sumatra und Selebes sowie zwei Steinbruchstandorte im Riau-Archipel (lfd. Nr. 187–191) bilden den Übergang zu den folgenden Standorten der Schwerindustrie.

Mit einer Ausnahme – Cikotok, eine kleine Goldbergbaustadt im Süden von Banten – liegen die restlichen genannten Bergbau- und Hüttenstandorte außerhalb Javas. Die Schwerindustrieorte der Außeninseln sind durch Metallgewinnung und Erdöl- oder Erdgasförderung entstanden. Zinn-, Aluminium-, Nickel- und Kupfererz werden abgebaut, angereichert und – bis auf Kupfer – auch verhüttet. In der Nähe von Bergwerken und Aufbereitungsanlagen sind teils neue Siedlungen entstanden, teils ältere Siedlungen erweitert worden (vgl. S. 128); soweit die neuen Orte in das Siedlungssystem integriert sind, wurden sie erfaßt. In Tabelle 6–5 sind sie nach Erzförderung und -verhüttung einerseits (lfd. Nr. 192–205) sowie nach der Ausbeutung der Kohlenwasserstofflager andererseits (lfd. Nr. 206–223) geordnet. Unberücksichtigt blieben dagegen die ephemeren „Camps" der Mineralölgesellschaften zur Versorgung der Explorationstrupps und zur Vorhaltung von Ausrüstungen und Ersatzteilen.

Die in vorstehender Beschreibung enthaltene Typisierung ist im folgenden noch einmal zusammengefaßt:

Typ		Bezeichnung	Nr.
Typ	I a	Industrielle Großzentren	(1, 2)[652]
Typ	I b	Große multifunktionale Industrie-Großstädte	(3–9)
Typ	I c	Große monostrukturierte Industrie-Großstädte	(10–12)
Typ	II a	Kleinere (multifunktionale) Industrie-Großstädte	(13)
Typ	II b	Höchstindustrialisierte monostrukturierte Kleinstädte	(14, 15)
Typ	III a	Kleinere monofunktionale Industrie-Großstädte	(16, 17)
Typ	III b	Mäßig bis schwach industrialisierte Großstädte	(18–35)
Typ	III c	Stark industrialisierte Mittelstädte	(36–48)
Typ	III d	Hochindustrialisierte diversifizierte Kleinstädte	(49–51)
Typ	III e	Hochindustrialisierte monostrukturierte Kleinstädte	(52–68)
Typ	IV a	Mehrseitig industrialisierte Mittel- und Kleinstädte	(69–93)
Typ	IV b	Bergbau- und Ölstädte der Außeninseln	(94–98)
Typ	IV c	Industrialisierte monostrukturierte Kleinstädte mit mehr als 1.000 Industrie-Arbeitsplätzen	(99–143)
		1. Textil	(99–109)
		2. Steine und Erden	(110–114)
		3. Tabakverarbeitung	(115–119)
		4. Zuckerfabriken	(120–138)
		5. Sonderfälle (Einzelstandorte, besondere Branchen)	(139–143)
Typ	V a	Industrialisierte monostrukturierte Kleinstädte mit weniger als 1.000 Industrie-Arbeitsplätzen	(144–191)
Typ	V b	Kleinere Bergbau- und Hüttenorte	(192–205)
Typ	V c	Kleinere Ölgewinnungs- und verarbeitungsorte	(206–223)

---

[652] Die Ziffern in Klammern geben die laufende Nummer der betreffenden Orte in Tab. 6–5 an.

6.5. Fremdenverkehr

Im Siedlungsgefüge des Archipels gibt es eine weitere Gruppe von nicht-agrarischen Orten, die als städtisch beeinflußte Siedlungen aufzufassen sind, deren Erwerbsgrundlage aber weder durch zentrale Dienste noch durch das produzierende Gewerbe gebildet wird: es sind das diejenigen Siedlungen, die vorwiegend durch das Angebot von Dienstleistungen des Fremdenverkehrs geprägt sind. Die Ausgangsbedingungen für eine solche Sonderentwicklung sind verschieden; vier Arten von Antriebskräften kommen in Frage:
1. die Nachfrage nach klimatisch kühlen Ferien- und Ruhestandsorten einer im tropischen Tiefland arbeitenden Oberschicht,
2. die Anziehungskraft von Kunst- und Kultstätten auf Menschen, die diese Orte und ihre Bauwerke oder Heiligtümer gesehen haben, bewundern oder verehren möchten,
3. die Anziehungskraft landschaftlicher Harmonie und warmen Badewassers an tropischen Küsten auf Binnenlandbewohner und Tropenfremde,
4. die Anziehungskraft der Fremdartigkeit von Menschen und Kulturen auf andere bildungs- und/oder unterhaltungshungrige Menschen.

Daraus leiten sich vier verschiedene Typen von Fremdenverkehrssiedlungen ab; die genannte Reihenfolge entspricht in etwa auch der zeitlichen Aufeinanderfolge in der Ausprägung der Siedlungstypen und zugleich auch einer abnehmenden Häufigkeit ihres Vorkommens.

Der unter 1. genannte Antrieb wurde im ehemaligen Niederländisch Indien bereits in den letzten Jahrzehnten des 19. Jahrhunderts siedlungsprägend. Nachdem 1870 die Wirtschaft liberalisiert worden war und danach eine verstärkte Zuwanderung europäischer Bevölkerung einsetzte, entstand eine Nachfrage nach kühlen Höhenwohnplätzen. Um der dauernden Wärme in den tief liegenden Verwaltungs- und Wirtschaftszentren zeitweilig zu entfliehen, wurden im jeweils nächst gelegenen Bergland Hotels und Landhäuser gebaut, entweder in Anlehnung an eine bereits vorhandene autochthone Siedlung, in einigen Fällen aber auch unabhängig davon, wenn ein landschaftlich besonders reizvoller und durch reiche Quellen ausgezeichneter Platz zur Ansiedlung lockte. Diese Orte übernahmen dann die Doppelfunktion als Fremdenverkehrs- und Ruhestandssiedlungen zunächst für die Europäer und die überwiegend aristokratische autochthone Oberschicht, später auch als Ausflugsziele für eine breiter werdende Mittelschicht. Heute sind es oft lebhafte Kraftfahrer-Touristenzentren[653].

Die zweite der oben genannten Komponenten zur Ausbildung von Fremdenverkehrsorten beruht auf der Anziehungskraft von Kunst- und Kultstätten. Mit der Erforschung der javanischen Geschichte durch die Europäer im 19. und frühen 20. Jahrhundert erlebten auch die baulichen Überreste der hinduistisch-buddhistischen Vergangenheit Javas eine Zuwendung, die sich nach der Verkehrserschließung des Landes in touristisches Geschehen umsetzte. Einige in Vergessenheit geratene Großbauwerke der Hindu-Zeit wurden erst durch die Ausgrabungen der Europäer wiederentdeckt. Indem diese Bauwerke Weltberühmtheit erlangten und Fernreisende anlockten aber auch ins Bewußtsein der autochthonen Ober- und Mittelschicht zurückgeführt wurden, bildeten sie Anziehungspunkte für den innerjavanischen wie für den überseeischen Fremdenverkehr. Die benachbarten Siedlungen stellten sich durch Dienstleistungen für die Versorgung und Unterbringung der Besucher auf diesen Wirtschaftszweig ein. Die Tatsache, daß es sich in vielen Fällen bis heute um Heiligtümer handelt, spielt im Verhältnis zum Bildungs- und Unterhaltungstourismus nur eine untergeordnete Rolle für den Siedlungsausbau. Diese Wallfahrtsort-Komponente ist am ehesten bei den wenig von Nicht-Javanern besuchten islamischen Pilgerstätten in den Nordküstenregentschaften Javas, bei den durch die Natur mystifizierten Heiligtümern des Dieng-Plateaus sowie beim balinesischen Haupttempeldorf Besakih wirksam.

Trotz der weiten Ausdehnung schöner Küstenstriche in allen Teilen des Archipels ist die dritte, den Fremdenverkehr anreizende Vorbedingung selten allein ausschlaggebend für die Siedlungsentwicklung. Nur dort, wo eine starke großstädtische Nachfrage nach Erholungsmöglichkeiten in räumlicher Nähe ist, bewirkt dieser Antrieb allein eine wenigstens teilweise Ausrichtung der Küstensiedlungen auf Fremdendienstleistungen. Eine weitere Vorbedingung ist eine gute Erreichbarkeit für die Flugtouristen aus Übersee. In der Regel muß aber diese dritte Komponente, die Küstenständigkeit mit den unter 2. oder 4. genannten Anziehungskräften zusammenwirken, um einen Massentourismus und damit stärkere Wandlungen der Siedlungen zu Fremdenverkehrsorten hin zu Stande zu bringen. Auf Bali treffen alle drei Komponenten zusammen und beeinflussen hier das Siedlungssystem am stärksten bis hin zur Prägung der Großstadt Denpasar.

---

[653] Zu diesem Typ von Fremdenverkehrsorten vgl. die Studie von Spencer & Thomas 1948, deren Fortschreibung von Withington 1961 und die Vertiefung von Reed 1976 (b).

Auch der oben unter 4. genannte Antrieb, die Anziehungskraft der Fremdartigkeit, bewirkt allein nur selten eine stärkere Ausrichtung von Siedlungen auf Fremdendienstleistungen[654]. Auf Bali überschneidet sich diese Voraussetzung mit der Anziehungskraft der Badestrände von Badung[655]; Folklore- und Badetourismus treffen hier zusammen. Im übrigen Archipel ist die Kulturausprägung am eigentümlichsten in den Siedlungsräumen der Alt-Malaien, doch wohnen diese überwiegend in verkehrlich bis in die jüngste Zeit noch schlecht erschlossenen Teilräumen und verloren und verlieren die Originalität ihrer Kultur rasch unter dem Einfluß von Mission, Verwaltung und wirtschaftlicher Entwicklung. So ist diese Entwicklungskomponente des Fremdenverkehrs in Indonesien nur auf Bali und im Toraja-Land auf Selebes wirksam geworden. In den Siedlungsräumen anderer alt-malaiischer Kulturträger auf Borneo, Sumatra, Nias und Mentawai ist die Fremdenverkehrsentwicklung nicht zu stärkerer Siedlungsumprägung fortgeschritten.

Außerhalb des indonesischen Kulturkreises ist im Hochland Neuguineas beiderseits der Teilungsgrenze am 141. Längengrad eine Siedlungsbeeinflussung durch den Fremdenverkehr feststellbar. Im indonesisch besetzten Westteil des Papua-Siedlungsraumes beschränken sich diese Ansätze auf den zentralen Ort des Balim-Beckens, auf Wamena. Diese Entwicklung ist dort aber seit 1975 gestoppt, weil seitdem Wamena und alle anderen Inlandsbezirke West-Neuguineas für Fremde gesperrt worden sind[656].

In folgender Tabelle 6-6 sind alle Orte des indonesischen Hoheitsgebietes zusammengestellt, deren Fremdenverkehr entweder absolut große Ausmaße besitzt oder die anderen Erwerbsquellen überragt. Die absolute Größenordnung des Fremdenverkehrsgewerbes ist in Spalte (1) durch eine Meßzahl angedeutet. Als Meßzahl dient die Anzahl der Betten in Hotels und Pensionen um 1980[657]. Orte mit weniger als 500 Fremdenbetten sind nur angeführt, wenn das Fremdenverkehrsgewerbe für die betreffende Siedlung eine hervorragende Bedeutung besitzt[658]. Es sind in Spalte (2) – wie bereits bei den früher erläuterten Städtefunktionen – drei Bedeutungsstufen unterschieden worden[659]: Wenn das Fremdenverkehrsgewerbe trotz seiner absoluten Größe in der betreffenden Siedlung nicht prägend in Erscheinung tritt, dann ist keine Bedeutungsstufe angegeben worden.

Es erscheint selbstverständlich, daß Staatshauptstadt und multifunktionale Regionalmetropolen an der Spitze der Fremdenverkehrsorte liegen, wenn diese Funktion in absoluten Zahlen gemessen wird. Der Fremdenverkehr entsteht hier überwiegend aus Geschäftsreisen, daneben spielen in Jakarta Touristendurchreisen eine bedeutende Rolle[660]. Kurzaufenthalte von Touristen bestimmen auch den Fremdenverkehr in Yogyakarta und – etwas eingeschränkt – auch in Surakarta (Solo). Ähnliches gilt für Denpasar auf Bali.

Nach den Großstädten weist der balinesische Badeort Sanur den stärksten Fremdenverkehr auf. Der Bali-Tourismus begann schon um die Jahrhundertwende und ging damals von Singaraja aus; dieses war damals Residentensitz für Bali und Lombok sowie Anlaufpunkt für die Schiffe aus Surabaya. Der heutige Massentourismus überschwemmt den Süden der Insel, besonders die Regentschaft Badung. Sanur und Kuta sind die Hauptstützpunkte. Hier ist die Überprägung durch Fremdendienstleistungen schon sehr stark[661].

---

[654] Sowohl die überwiegend auf Neugier beruhenden Motive dieses Tourismus als auch seine Auswirkungen auf die autochthonen Kulturen werden hier nicht beurteilt.

[655] Das ehemalige Fürstentum, die heutige Regentschaft Badung, umschließt sowohl Denpasar mit den Vororten Sanur und Kuta als auch die Bukit Batu-Halbinsel, an deren Ostküste die Fremdenverkehrs-Entwicklungszone Nusa Dua (erste Gäste i. J. 1980) liegt; siehe auch Fußn. 664.

[656] Die indonesische Militärverwaltung sah sich zu dieser Maßnahme veranlaßt, weil die Kriegslust der Balim-Stämme gelegentlich zu kleineren Gefechten mit den indonesischen Sicherheitskräften führt.

[657] Quelle: Erhebungen des Statistischen Hauptamtes zwischen 1977 und 1982. Die Zahl der Fremdenbetten ist nur eine von mehreren möglichen Kenndaten zum Umfang des Fremdenverkehrs; überdies sind die Zahlen nicht sehr zuverlässig. Die Bettenzahl dient hier ausschließlich als Mittel zur Rangstufung der Fremdenverkehrsorte und nicht als absolute Größe. Andere Meßzahlen zum Fremdenverkehr standen nicht zur Verfügung. Die Beschäftigungsstatistik konnte aus zeitlichen Gründen nicht ausgewertet werden. Eine solche Auswertung wäre nur zum Vergleich mit den Bettenzahlen erwünscht gewesen; für sich genommen ist die Erhebung über die Zahl der Beschäftigten in Wirtschaftszweigen wegen des unübersichtlichen Arbeitsmarktes noch sehr viel unsicherer als die Bettenzählung. Als Ergänzung konnten aber eigene Erhebungen (vgl. S. 6, Pkte. 8c und 8d) über das Vorhandensein klimatisierter Hotels und Restaurants herangezogen werden.

[658] Hierfür steht als Meßzahl die Zahl der Fremdenbetten je 1.000 Einwohner zur Verfügung. Damit können infolge der Unsicherheit der Ausgangsdaten nur grobe Bedeutungsgruppen gebildet werden. Mehr wird dem Datensatz hier aber auch nicht abgefordert. Die Zuweisung der Orte zu den drei Bedeutungsgruppen erfolgte außerdem unter Bezug auf die Gesamtheit der städtischen Siedlungsfunktionen, wie sie einzeln in den Abschn. 6.1. bis 6.5. beschrieben und in Tab. 6-7 zusammengestellt sind.

[659] Auf der Karte 4 sind diese Bedeutungsstufen durch Dreiviertel- (I), Halb- (II) und Viertelkreise (III) in grüner Flächenfüllung dargestellt.

[660] Zum Gebiet von Jakarta gehören auch die „Tausend Inseln" (Kepulauan Seribu) in der Java-See. Zu diesen Atollen besteht ein lebhafter Fremdenverkehr, hauptsächlich Wochenendtourismus. Auf Pulau Putri ist eine Ferienhaussiedlung entstanden.

[661] Einige generelle Folgewirkungen des gegenwärtigen Bali-Tourismus beschreiben Noronha 1979, Dress 1979 und McTaggart 1980.

Ähnlich große Auswirkungen hat der Fremdenverkehr nur noch im Gebiet des Puncak-Passes in West-Java und am Toba-See in Nord-Sumatra. Orte dieser beiden Regionen stehen in Tabelle 6–6 weit oben; das sind Pacet – mit den Teilsiedlungen Sindanglaya und Cipanas – sowie Cisarua und Prapat. Auch hier ist der Fremdenverkehr im Erwerbsleben der Siedlungen vorherrschend. In den Seebädern Sanur und Kuta handelt es sich vorwiegend um Urlaubsverkehr – überwiegend aus dem Ausland –, in den Höhenorten am Puncak-Paß tragen auch Kurzaufenthalte und Tagesausflüge von den benachbarten Ballungsräumen her stark zum Gästeaufkommen bei.

Tabelle 6-6. Städte und Siedlungen mit bedeutendem Fremdenverkehr

Ort	Region	(1) Größenordng. des Fremdenverkehrs (Bettenzahl)[a]	(2) Bedeutung des Frdvk. für die Siedlung[b]	(3) Art des Fremdenverkehrsortes[c]
Jakarta	—	rd. 20.000	–	G
Bandung	West-Java	> 4.000	–	G/H
Surabaya	Ost-Java	> 4.000	–	G
Sanur[d]	Badung/Süd-Bali	> 3.000	I	S/F
Denpasar[e]	Badung/Süd-Bali	> 3.000	III	F/G
Medan	Nord-Sumatra	rd. 3.000	–	G
Semarang	Mittel-Java	> 2.000	–	G
Ujung Pandang	Süd-Selebes	> 2.000	–	G
Yogyakarta	Mittel-Java	rd. 2.000	III	G/K
Surakarta	Mittel-Java	rd. 2.000	III	G/K
Pacet-Cipanas-Sindanglaya	Puncak-Region/West-Java	> 1.000	II	H
Cisarua	Puncak-Region/West-Java	> 1.000	I	H
Malang	Ost-Java	> 1.000	–	G
Cirebon	West-Java	> 1.000	–	G
Prapat	Toba-See/Nord-Sumatra	rd. 1.000	I	H
Palembang	Süd-Sumatra	rd. 1.000	–	G
Kuta	Badung/Süd-Bali	rd. 1.000	I	S/F
Madiun	Ost-Java	< 1.000	–	G
Tg. Karang-Teluk Betung	Lampung/Süd-Sumatra	< 1.000	–	G
Balikpapan	Ost-Borneo	< 1.000	–	G
Samarinda	Ost-Borneo	rd. 800	–	G
Banjarmasin	Süd-Borneo	rd. 800	–	G
Jambi	Mittel-Sumatra	rd. 800	–	G
Banyuwangi	Ost-Java	rd. 800	III	G
Depok	Mataram/Mittel-Java	rd. 800	III	K
Batu-Songgoriti	Penangungan/Ost-Java	rd. 700	II	H
Cianjur	Priangan/West-Java	rd. 700	–	G
Pekan-Baru	Siak/Mittel-Sumatra	rd. 700	–	G
Pangandaran	Südküste/West-Java	rd. 600	II	S
Bukittinggi	Agam/West-Sumatra	> 500	III	G/H
Banda Aceh	Aceh/Nord-Sumatra	> 500	–	G
Tasikmalaya	Priangan/West-Java	> 500	–	G
Purwokerto	Banyumas/Mittel-Java	> 500	–	G
Cilacap	Südküste/Mittel-Java	rd. 500	–	G
Tegal	Nordküste/Mitteljava	rd. 500	–	G
Sukabumi	Priangan/West-Java	rd. 500	III	G/H

a Ausgedrückt durch die Zahl der Fremdenbetten je Ort (nur Größenordnung); nach Unterlagen des Statist. Hauptamtes, Jakarta (vgl. Fußn. 657).
b nach Beurteilung des Verfassers:
   I Fremdenverkehr herrscht im Funktionsmuster der Siedlung absolut vor
   II Fremdenverkehr herrscht im Funktionsmuster der Siedlung relativ vor
   III Fremdenverkehr tritt im Funktionsmuster der Siedlung deutlich in Erscheinung
   – Fremdenverkehr prägt das Funktionsmuster der Gesamtsiedlung nicht
c H = Höhensiedlung, Bergort
   K = Kunstort, Kultplatz, Wallfahrtsort
   S = Seebad, Küstenort
   F = Folkloreort
   G = Geschäftsreise- oder Durchgangsort

d einschließlich aller Desa des ehem. Kecamatan Kesiman
e ehem. Kecamatan Denpasar Barat dan Timur, ohne Eingemeindungen von 1977 (Kec. Kesiman mit Sanur)

Tabelle 6-6. 1. Fortsetzung

Ort	Region	(1) Größenordng. des Fremdenverkehrs (Bettenzahl)[a]	(2) Bedeutung des Frdvk. für die Siedlung[b]	(3) Art des Fremdenverkehrsortes[c]
Sibolangit	Deli/Nord-Sumatra	< 500	II	H
Prigen-Tretes	Gng.Welirang/Ost-Java	< 500	II	H
Sajen-Pacet	Mojokerto/Ost-Java	< 500	III	H
Sarangan	Gng.Lawu/Ost-Java	< 500	II	H
Tawangmangu	Gng.Lawu/Mittel-Java	< 500	II	H
Pelabuhan Ratu	Südküste/West-Java	< 500	II	S
Jatiluhur	Purwakarta/West-Java	< 500	III	H
Singaraja	Buleleng/Nord-Bali	< 500	III	F/S/G
Berastagi	Karo-Bergld./Nord-Sumatra	> 300	II	H
Bandungan	Gng.Ungaran/Mittel-Java	> 300	II	H/K
Diëng	Dieng-Plateau/Mittel-Java	> 300	II	K/H
Punten-Tulungreja	Penangungan/Ost-Java	> 200	II	H
Kaliurang	Gng.Merapi/Mittel-Java	> 200	II	H
Pakem	Gng.Merapi/Mittel-Java	> 200	III	H
Ambarawa	Ambarawa/Mittel-Java	> 200	III	G/H
Cipanas-Torogong	Priangan/West-Java	> 200	III	H
Rantepao	Toraja-Bergld./Selebes	> 200	III	F/H
Gianyar	Gianyar/Süd-Bali	rd. 200	III	F/G
Bangli	Bangli/Süd-Bali	< 200	III	K/F
Ubud	Gianyar/Süd-Bali	< 200	II	K/F
Pasir Putih	Besuki/Ost-Java	< 200	II	S
Lawang	Pasuruan-Hinterl./Ost-Java	< 200	III	G/H
Pujun	Ngantang/Ost-Java	< 200	III	H
Kopeng	Getasan-Hochld./Mittel-Java	< 200	II	H
Baturaden	Gng.Slamet/Mittel-Java	< 200	II	H
Linggarjati-Sankanurip	Gng.Ciremai/West-Java	> 100	II	H
Lembang	Priangan/West-Java	> 100	III	H
Carita	Banten/West-Java	> 100	III	S
Anyar	Banten/West-Java	< 100	III	S
Balige	Toba-See/Nord-Sumatra	< 100	III	H/G
Ambarita	Toba-See/Nord-Sumatra	< 100	III	H
Kintamani	Bangli/Bali	< 100	II	H/K/F
Wamena	Balim-Becken/Zentral-Neuguinea	< 100	III	F
Borobudur	Magelang/Mittel-Java	–	III	K
Prambanan	Mataram/Mittel-Java	–	III	K

Erläuterung der Fußnoten a, b und c siehe erste Tabellenseite

Auf den weiteren Rängen der Tabelle 6–6 folgen neben den großen Handelsstädten auch kleine Orte, die zwar lebhaften Fremdenverkehr besitzen, daneben aber auch zentralörtliche Dienstleistungen anbieten oder einen zweiten gewerblichen Schwerpunkt haben, wie etwa Pelabuhan Ratu und Pangandaran in der Fischerei. Batu und Prigen-Tretes in Ost-Java sind Höhenorte, die zugleich voll ausgestattete Unterzentren für ein landwirtschaftliches Hinterland bilden. Depok liegt auf halbem Wege zwischen der viel besuchten Fürstenstadt Yogyakarta und den weltberühmten Bauwerken des Lara Jonggrang in Prambanan nahe an einem Flughafen; dadurch wurde Depok zum Fremdenverkehrsort. In den verzeichneten größeren Städten trifft der Fremdenverkehr im Verhältnis zu den weiteren Stadtfunktionen in Banyuwangi, Bukittinggi und Sukabumi etwas stärker hervor; in Banyuwangi infolge der Verkehrslage als Fährort[662], in Bukittinggi und Sukabumi infolge ihrer Höhenlage.

Die weiteren in Tabelle 6–6 genannten Orte besitzen vorherrschende oder noch deutlich hervortretende Fremdenverkehrsfunktionen, denn nur noch solche Orte sind ja bei weniger als rd. 500 Fremdenbetten in Tabelle 6–6 genannt. Es befinden sich darunter einige Orte, die neben ihrer Landwirtschaft weitgehend vom Fremdenverkehr leben, so Pasir Putih, wo der Name auf den weißen Strand hindeutet, und die Höhenorte Sibolangit, Sarangan, Bandungan, Diëng, Kaliurang, Kopeng, Baturaden, Pujun und Linggarjati (Bedeutungs-

---

[662] Die Bali-Fähren legen im Vorort Ketapang, 5 km nördlich von Banyuwangi an und ab.

stufe II). Von diesen Orten unterscheiden sich weitere Höhenorte nur wenig, auch wenn sie neben dem Fremdenverkehr einige andere Dienste mehr, etwa aus Handel und Verkehr, Versorgung und Verwaltung besitzen; dazu gehören Berastagi, Cipanas-Torogong, Lembang, Pakem und Tawangmangu. Für Rantepao im Toraja-Land kommt neben der Höhenlage das folkloristische Motiv hinzu. Ähnliches gilt für Kintamani-Penelokan mit seinem vulkanischen Höhenpanorama und dem Zugang zum proto-balinesischen Dorf Trunyan. Das folkloristische Motiv allein ist für den Fremdenverkehr im balinesischen Künstlerdorf Ubud ausschlaggebend.

Schwächer als in den vorgenannten Höhenorten aber noch deutlich hervortretend ist der Fremdenverkehr in einigen weiteren hoch gelegenen Klein- und Mittelstädten am Erwerbsleben beteiligt. Hierzu gehören Jatiluhur bei Purwakarta, Ambarawa bei Semarang und Lawang bei Surabaya. Diese den Küstenmetropolen benachbarten Bergland-Kleinstädte erhalten aus der Nähe zu den Bevölkerungs-Agglomerationen des Tieflandes die Nebenfunktion als Erholungsort.

Ursprünglich war auch Buitenzorg/Bogor ein solcher Ort, der im 18. Jahrhundert als Sitz der „Gouverneur-Generaale" sogar die Funktion einer Landsitz-Residenz übernahm (vgl. S. 54). In Anlehnung daran entwickelte sich Buitenzorg auch zum Ausflugsort für die Tieflandsbewohner von Batavia. Im heutigen Bogor ist die Funktion als Fremdenverkehrsort längst von anderen Funktionskreisen überflügelt worden, obwohl sich der Umfang des Ausflugsverkehrs von Jakarta her infolge der Motorisierung vervielfacht hat[663]. Auch für die Städte Bandung, Garut, Kuningan, Wonosobo, Salatiga und Malang auf Java sowie für Tondano im Hochland der Minahasa gilt, daß sie früher Bedeutung als Gebirgserholungsorte hatten. Es waren frequentierte Ausflugsziele, z. T. auch Ruhestandswohnsitze der Oberschicht. Diese Funktionen bestehen zwar – teils abgeschwächt, teils verstärkt – bis heute, sie sind aber durch den Ausbau anderer städtischer Funktionsbereiche überall stark in den Hintergrund gedrängt worden.

Im Gegensatz zum relativen Zurückbleiben des Fremdenverkehrs im Funktionsmuster dieser Höhensiedlungen stand dessen kräftige Zunahme auf Bali, nicht nur in den schon erwähnten Strandsiedlungen sondern auch in den Städten. Bangli und die anderen Regentensitze wurden zunehmend Ziele von Tagestouristen. Diese kamen auch – nun von Süden – wieder nach Singaraja, dort zum Teil auch als Übernachtungsgäste. In Gianyar und Singaraja gibt es auch Geschäftsreiseverkehr. Vorherrschend ist aber auf der ganzen Insel der Nachfragedruck des sich ausweitenden Massentourismus von Badung (Sanur, Kuta, Denpasar)[664].

Von dieser Entwicklung auf Bali sind alle javanischen Badeplätze noch weit entfernt. Pasir Putih in Ost-Java sowie Pelabuhan Ratu und Pangandaran an der westjavanischen Südküste wurden schon genannt. Es fehlen in dieser Reihe noch drei Badeorte an Javas Westküste. In dem kleinen Ort Carita tritt ein großes Bungalow-Hotel deutlich in Erscheinung. Ein weiteres Hotel gibt es in Anyar; zu den Dauergästen kommen hier viele Wochenendtouristen. Das gilt auch für Merak, doch ist die Handels- und Verkehrsfunktion dieser Fährhafensiedlung so dominant, daß der Strandtourismus nicht stark ins Gewicht fällt.

Schließlich bleibt noch Ambarita zu nennen, ein kleiner Ort mit Fremdenverkehr auf Samosir im Toba-See, etwa gegenüber von Prapat gelegen. Wamena (vgl. S. 185) und zwei Touristenorte besonderer Art bilden den Abschluß der Städtereihe in Tabelle 6-6. Die zwei letztgenannten Orte Borobudur und Prambanan weisen infolge ihrer weltberühmten Baudenkmäler einen lebhaften Tagestourismus auf und werden von diesem geprägt. Gleich lebhaft ist der Tagestourismus an der sogenannten Künstlerstraße auf Bali zwischen Denpasar und Gianyar und an vielen anderen Plätzen in Indonesien. Meistens werden aber damit nicht mehr städtische Siedlungen geprägt sondern dörfliche. Diese können im hier gewählten Gesamtzusammenhang nicht mitbehandelt werden[665].

---

[663] Vgl. zu dieser Entwicklung besonders Reed 1976 (b).

[664] Um dieser Nachfrage gerecht zu werden, zugleich aber auch die Schäden für die autochthone Kultur Balis zu verringern, wird seit den späten siebziger Jahren ein neuer Fremdenverkehrsort auf der dünn besiedelten Bukit-Badung-Halbinsel angelegt. Es handelt sich um das Projekt „Nusa Dua" in der Gemarkung des Desa Bualu.

[665] Der Übergang zwischen „dörflichen" und „städtischen" Fremdenverkehrsorten ist fließend. Für den großen Rest der hier nicht mitberücksichtigten kleinen Orte ist folgende Kategorisierung möglich (jeweils mit einem Beispiel):
Orte mit Quellteichen und Badeplätzen in den Berg- und Hügelländern (Ciater/West-Java),
Orte mit Naturdenkmälern, z. B. Höhlen (Bedulu/Bali),
Orte an malerischen Küstenpartien (Karang Bolong/West Java),
Orte als Ausgangspunkte zu Bergbesteigungen (Tosari/Ost-Java),
Orte mit Baudenkmälern und Altertümern verschiedenster Art (Trowulan/Ost-Java),
Orte mit religiösen Verehrungsobjekten (Imogiri/Yogyakarta),
Orte mit speziellem Kunstgewerbe, dessen Erzeugnisse an Gäste verkauft werden (Mas/Bali).
Manchmal sind auch eine oder mehrere Unterkunftsmöglichkeiten am Ort.

Im vorstehenden wurden bereits sehr viele sehr kleine Orte mitberücksichtigt, denn der Fremdenverkehr prägt einen Ort – wie jede andere spezielle Funktion – umso stärker, je kleiner er geblieben ist; die Prägung ist verhältnismäßig schwach, wenn es sich wie bei Denpasar, Yogyakarta, Sukabumi und Bukittinggi um große Städte handelt. Sieht man von diesen Großstädten einmal ab, dann weisen die kleinen, stark vom Fremdenverkehr geprägten Orte eine einseitige Orientierung auf die Höhengebiete Javas auf. Dafür ist maßgebend erstens der allgemeine Entwicklungsvorsprung Javas gegenüber den Außeninseln und zweitens der deutliche Vorrang, den die Höhenlage als Ausgangsbedingung gegenüber anderen Antriebskräften hat (vgl. S. 184).

Von den 49 erfaßten Fremdenverkehrsorten[666] liegen 33, also rd. zwei Drittel, auf Java. Dieser Anteil entspricht zwar annähernd der Verteilung der städtischen Bevölkerung, aber keinesfalls dem der städtischen Siedlungen (vgl. Tab. 4–1, Sp. 2, S. 85). Auf Java sind also im Vergleich zu den Außeninseln verhältnismäßig viele Siedlungen durch den Fremdenverkehr beeinflußt. Wenn Java auch die weitaus größte Anzahl von fremdenverkehrsbeeinflußten Orten besitzt, so häufen sich diese im Verhältnis zur Gesamtzahl der städtisch geprägten Siedlungen am stärksten auf Bali. Hier sind 8 von 70 städtischen Siedlungen Fremdenverkehrsorte im Sinne der verwendeten Auswahlkriterien; auf Java trifft das nur für jede 50. Siedlung zu.

Etwa die Hälfte aller Fremdenverkehrsorte liegt in Seehöhen von mehr als 500 m, ein reichliches Viertel sogar mehr als 1.000 m hoch. Damit besitzen diese Höhenstufen deutlich höhere Anteile an den Fremdenverkehrsorten als an der Gesamtheit der städtischen Siedlungen Indonesiens; deren Anteil in den zwei Höhenstufen über 500 m beträgt nur 13%, in Gesamt-Indonesien sowohl als auch auf Java (vgl. Tab. 4–3, S. 89). Das Verteilungsmuster der Fremdenverkehrsorte weicht also deutlich von dem aller städtischen Siedlungen zu Gunsten des Gebirges ab. Da die Fremdenverkehrsorte im Vergleich zur Gesamtheit der Siedlungen mit städtischen Funktionen wenig zahlreich sind, wirkt sich dieses abweichende Verteilungsmuster auf die Verteilung der Gesamtheit kaum aus[667].

6.6. Zusammenfassung – funktionale Stadttypen

In den vorstehenden Abschnitten sind rund 750 Orte nach ihren herausragenden Funktionen gekennzeichnet worden. Dabei rückten diejenigen Städte ins Blickfeld, die von einem der unterschiedenen Erwerbsbereiche besonders stark geprägt sind. Das Verhältnis dieser Erwerbsbereiche – Verwaltung, Handel, Transportwesen, Fischerei, Industrie und Bergbau sowie Fremdenverkehr – zueinander erlaubt es, funktionale Stadttypen oder – allgemeiner ausgedrückt – nicht-agrarische funktionale Ortstypen abzugrenzen. Damit werden einige bereits vorhandene Ansätze zur Kennzeichnung funktionaler Stadttypen in Südost-Asien inhaltlich gefüllt sowie für Indonesien ergänzt und im einzelnen belegt[668].

Sofern im Funktionsmuster der Siedlung nur einer der genannten Erwerbsbereiche relativ oder absolut vorherrscht, ergeben sich monofunktionale Stadttypen. Sie sind verhältnismäßig selten; auf der folgenden Seite sind sie – nach Haupt- und Untertypen gegliedert – noch einmal zusammengefaßt[669]. Die Ortsnamen wurden in den Einzelabschnitten bereits genannt.

Neben diesen von nur einer städtebildenden Funktion gekennzeichneten Ortstypen sind in Indonesien auch einige häufig vorkommende Kombinationen städtischer Erwerbszweige typenbildend. Einer dieser Mischtypen, der Verwaltungs-Handelsort wurde schon näher gekennzeichnet (vgl. S. 147), weil hier zentrale Dienste miteinander kombiniert sind. Andere Mischtypen ergeben sich aus zentralen Dienstleistungen einerseits und Transportwesen, Fischerei, Industrie, Bergbau und Fremdenverkehr andererseits. Die häufigsten dieser aus zwei Erwerbszweigen gebildeten funktionalen Stadttypen sind in Indonesien folgende:
Zentraler Dienstleistungs- und Transportort (Seehafen/Straßenknoten/Binnenhafen), rund 165mal vertreten,
Zentraler Dienstleistungs- und Industrieort, rund 30mal vertreten.

---

[666] Orte mit Bedeutungsstufen I bis III in Tab. 6–6.

[667] Ohne die Fremdenverkehrsorte, die nicht zugleich Camat-Sitze sind, ginge der Anteil der Orte in den zwei Höhenstufen > 500 m auf Java von 12,75% auf 12,26% zurück (vgl. Tab. 4–3, Sp. 4, S. 89).

[668] Vgl. die Ortstypen, die McGee 1967 (S. 53) im Zusammenhang mit der kolonialen Durchdringung nennt. Vorher schon (1963) unterschied Hildred Geertz „metropoles" und „provincial towns" und machte dabei auch auf funktionale Unterschiede aufmerksam.

[669] Für die Häufigkeitsangaben wurde hier verlangt, daß der typenbildende Erwerbsbereich mindestens relativ vorherrscht (Bedeutungsstufen II und I). Ferner sind hier nur diejenigen Orte berücksichtigt, die allein die angegebene und keine andere Funktion zusätzlich ausüben. Dadurch erscheinen hier weniger Orte, als in den entsprechenden Tabellen der Abschn. 6.1. bis 6.5. mit Bedeutungsstufen I und II angeführt sind; dort sind die folgenden, noch zu behandelnden Mischtypen mit aufgelistet.

Monofunktionale Ortstypen (zu S. 189)

Haupttyp	Untertyp
Verwaltungsort (vgl. Abschn. 6.1.1.) etwa dreimal vertreten	Verwaltungsort der allgemeinen Verwaltung nur einmal vertreten (Sonderfall Argamakmur, vgl. S. 139)
	Verwaltungsort durch Sonderverwaltungen zweimal vertreten (Jayapura, Banjar Baru)
Bildungsdienstleistungsort (vgl. Abschn. 6.1.2.) einmal vertreten (Abepura)	
Handelsort (vgl. Abschn. 6.1.3.) etwa siebenmal vertreten	Groß- und Einzelhandelsort (kommt ohne weitere Funktionen nicht vor)
	Einzelhandelsort etwa siebenmal vertreten (Abgrenzung nach unten unsicher)
Transportdienstleistungsort (vgl. Abschn. 6.2.) rund 30mal vertreten	Hafenort rund 15mal vertreten (Abgrenzung nach unten unsicher)
	Straßenverkehrsknotenort etwa 15mal vertreten (Abgrenzung nach unten unsicher)
Fischereiort (vgl. Abschn. 6.3.) rund 30mal vertreten (Abgrenzung nach unten unsicher)	
Industrie- und Bergbauort (vgl. Abschn. 6.4.) rund 60mal vertreten (Abgrenzung bei mindestens rund 1.000 Industrie- und/oder Bergbaubeschäftigten)	Leichtindustrieort rund 50mal vertreten
	Schwerindustrieort (einschl.: Zementindustrie) etwa dreimal vertreten
	Erzbergbauort dreimal vertreten
	Mineralölgewinnungs- und -verarbeitungsort etwa fünfmal vertreten (Abgrenzung nach unten unsicher)
Fremdenverkehrsort (vgl. Abschn. 6.5.) rund 15mal vertreten (Abgrenzung nach unten unsicher)	

Alle anderen Kombinationen kommen weniger als 20mal vor. Naturgemäß sind die Fischereiorte verhältnismäßig häufig zugleich auch kleine Seeumschlagplätze, während einige der Fremdenverkehrssiedlungen zugleich auch als zentrale Dienstleistungsorte hervortreten. Schließlich kommt auch der Transport-Industrieort (mit nur wenigen zentralen Diensten) wie die vorgenannten Typen etwa 15mal vor. Der Rest der denkbaren Typen ist nur mit jeweils ein bis zwei Orten vertreten.

Auch wenn drei oder in seltenen Fällen sogar vier der genannten Erwerbszweige im Funktionsmuster der Siedlungen deutlich in Erscheinung treten, sind diese Siedlungen noch nicht als „multifunktional" klassifiziert worden. Verhältnismäßig häufig sind die Verbindungen von zentralen Diensten, Transportwesen und Industrie oder von zentralen Diensten, Transportwesen und Fischerei. Viererkombinationen treten auf, wenn zu den zentralen Diensten und dem Transportwesen sowohl die Industrie als auch die Fischerei das Erwerbsleben deutlich mitbestimmen.

Erst wenn keiner der genannten Erwerbszweige hervortritt oder mehr als vier das Funktionsmuster erkennbar mitbestimmen, müssen die Siedlungen als „multifunktional" bezeichnet werden. Entweder handelt es sich um Siedlungen, die nach den absoluten Auswahlkriterien der Abschnitte 6.1. bis 6.5. überall hohe Werte erreicht haben – das gilt für mehrere der sehr großen Städte – oder es erscheinen kleinere Orte als multifunktional, die allein nach ihren zentralörtlichen Dienstleistungen aus der Masse der normal ausgestatteten Unterzentren (vgl. S. 211f.) herausragen, dabei aber in keinem anderen Funktionsbereich Spezialisierungen aufweisen. Derartige Orte liegen meistens ins gewerblich stärker durchsetzten Regionen. Dort sind Verwaltung, Ausbildung, Handel, Transportwesen, Gewerbe und Industrie, Fremdenverkehr sowie bei Küstenorten auch die Fischerei gleichermaßen vertreten. Nach den benützten Auswahlkriterien sind nur Jakarta, Medan und die vier javanischen Regionalmetropolen (vgl. S. 209) multifunktional sowie 18 kleinere Orte, die mit Ausnahme von Tanjung Pura in Langkat alle auf Java liegen.

Neben den genannten städtischen Funktionen nimmt in der Erwerbsstruktur der meisten indonesischen Städte auch die Landwirtschaft einen wichtigen Platz ein. Je kleiner die Städte oder zentralen Orte sind, um so stärker ist in der Regel der Anteil der Landwirtschaft am Erwerbsleben. Die vorgenannten funktionalen Stadttypen lassen sich danach noch einmal in zwei Kategorien gliedern: Vollstädte und Minderstädte; der

Tabelle 6-7. Indonesische Städte nach ihren Hauptfunktionen

Lfd. Nr.	Ortsname	Ausstattungskennwert	Vorherrschende städtische Funktionen I bedeutet: Funktion herrscht absolut vor II bedeutet: Funktion herrscht relativ vor III bedeutet: Funktion tritt deutl. in Ersch.					Auch viel Landwirtschaft
			Zentrale Dienste	Transp. dienste	Fischerei	Produz. Gewerbe	Fremden verkehr	A
1	Jakarta	37000	multifunktional					-
2	Surabaya	6101	multifunktional					-
3	Medan	6101	multifunktional					-
4	Ujung Pandang	6101	III	III	---	---	---	-
5	Semarang	5986	multifunktional					-
6	Bandung	5861	multifunktional					-
7	Palembang	5768	III	III	---	III	---	-
8	Padang	4943	III	III	---	---	---	-
9	Manado	4243	III	---	---	---	---	-
10	Banjarmasin	4075	III	III	---	---	---	-
11	Denpasar	4048	III	---	---	---	III	-
12	Yogyakarta	3958	III	---	---	III	III	-
13	Pontianak	3482	III	III	---	---	---	-
14	Tanjung Karang-Teluk Betung	3425	III	---	---	---	---	-
15	Banda Aceh	3005	III	---	---	---	---	-
16	Pekan Baru	2655	III	III	---	---	---	-
17	Ambon	2655	III	III	III	---	---	-
18	Malang	2588	III	---	---	III	---	-
19	Cirebon	2446	III	III	III	III	---	-
20	Surakarta	2340	---	---	---	III	III	-
21	Jambi	2242	III	III	---	---	---	-
22	Samarinda	2225	III	III	---	---	---	-
23	Mataram	1737	II	III	---	---	---	-
24	Jember	1727	III	---	---	III	---	-
25	Kupang	1664	III	III	III	---	---	-
26	Bogor	1545	III	---	---	III	---	-
27	Pematang Siantar	1510	III	---	---	III	---	-
28	Palu	1492	II	---	---	---	---	-
29	Purwokerto	1350	II	---	---	---	---	-
30	Kendari	1334	II	III	III	---	---	-
31	Bengkulu	1294	II	III	---	---	---	-
32	Palangka Raya	1223	II	III	---	---	---	-
33	Madiun	1210	III	III	---	III	---	-
34	Sibolga	1059	III	III	---	---	---	-
35	Balikpapan	1024	---	III	---	II	---	-
36	Kediri	1010	III	---	---	III	---	-
37	Bukittinggi	1006	III	III	---	---	III	-
38	Pangkal Pinang	964	III	III	---	III	---	-
39	Magelang	960	III	---	III	---	---	-
40	Sukabumi	955	III	---	---	---	III	-
41	Tegal	951	---	III	III	II	---	-
42	Tanjung Pinang	947	III	III	III	---	---	-
43	Ternate	880	III	III	III	---	---	-
44	Singkawang	873	III	III	---	---	---	-
45	Singaraja-Buleleng	835	III	---	---	---	III	-
46	Karawang	821	III	---	---	---	---	-
47	Pekalongan	806	III	---	---	II	---	-
48	Serang	803	III	---	---	---	---	-
49	Cilacap	786	III	III	III	III	---	-
50	Kudus	779	III	---	---	I	---	-
51	Lhok Seumawe	653	III	III	III	III	---	-
52	Pati	642	III	---	---	---	---	-
53	Banyuwangi	625	III	III	---	III	III	-
54	Salatiga	620	III	---	---	---	---	-
55	Tasikmalaya	614	III	---	---	III	---	-
56	Probolinggo	593	III	III	III	III	---	-
57	Dumai (Bengkalis)	581	III	III[a]	---	II	---	-
58	Gorontalo	580	III	III	III	---	---	-
59	Bojonegoro	577	III	---	---	III	---	-
60	Tarakan (Borneo)	556	---	III[a]	III	II	---	-

[a] Es wäre auch II vertretbar, aber nach der für Karte 4 gewählten Signaturenbildung läßt sich nur III darstellen.

Tabelle 6-7. 1. Fortsetzung

Lfd. Nr.	Ortsname	Aus- stattungs- kenn- wert	Vorherrschende städtische Funktionen I bedeutet: Funktion herrscht absolut vor II bedeutet: Funktion herrscht relativ vor III bedeutet: Funktion tritt deutl.in Ersch.					Auch viel Land- wirt- schaft
			Zentrale Dienste	Transp. dienste	Fische- rei	Produz. Gewerbe	Fremden verkehr	A
61	Padang Sidempuan	552	III	---	---	---	---	-
62	Poso	527	II	III	III	---	---	-
63	Klaten	525	III	---	---	---	---	-
64	Pamekasan	493	III	---	---	---	---	-
65	Pare-Pare	491	III	III	III	---	---	-
66	Curup	489	II	---	---	---	---	-
67	Purworejo	477	III	---	---	III	---	-
68	Luwuk	471	II	III	III	---	---	-
69	Mojokerto	463	III	---	---	III	---	-
70	Padang Panjang	457	III	III	---	---	---	-
71	Binjai	455	III	---	---	---	---	-
72	Tanggerang	453	---	---	---	III	---	-
73	Ponorogo	452	III	---	---	---	---	-
74	Garut	440	III	---	---	III	---	-
75	Wonosobo	436	III	---	---	---	---	-
76	Tulungagung	435	III	---	---	III	---	-
77	Jombang	430	III	---	---	III	---	-
78	Purwakarta	427	III	---	---	---	---	-
79	Rantau Prapat	423	III	III	---	---	---	-
80	Bondowoso	420	III	---	---	---	---	-
81	Tebingtinggi (Deli-Serdang)	419	III	---	---	---	---	-
82	Bengkalis	402	III	III	III	---	---	-
83	Subang	402	III	---	---	---	---	-
84	Temanggung	400	III	---	---	---	---	-
85	Cilegon (Banten)	398	III	---	---	II	---	-
86	Tanjung Pandan	393	III	III	III	III	---	-
87	Metro	381	III	---	---	---	---	-
88	Magetan	379	III	---	---	---	---	-
89	Pemalang	373	III	---	III	---	---	-
90	Sidoarjo	371	III	---	---	II	---	-
91	Kisaran	366	III	III	---	---	---	-
92	Martapura (Banjar)	360	III	---	---	---	---	-
93	Cianjur	357	III	---	---	---	---	-
94	Ngadiluwuh (Kediri)	355	II	---	---	---	---	-
95	Sragi (Pekalongan)	350	III	---	---	I	---	-
96	Blitar	348	III	---	---	III	---	-
97	Rantau Pauh (Tamiang)	347	I	---	---	---	---	-
98	Sumedang	341	III	---	---	---	---	-
99	Rengat	337	III	III	---	---	---	-
100	Pasuruan	333	III	III	III	III	---	-
101	Ciamis	332	III	---	---	---	---	-
102	Blora	330	III	---	---	---	---	-
103	Situbondo	329	III	---	---	---	---	-
104	Sragen	326	III	---	---	---	---	-
105	Lubuk Linggau	324	III	III	---	---	---	-
106	Tanjung Balai (Asahan)	322	III	III	III	---	---	-
107	Sumbawa Besar	321	III	III	---	---	---	-
108	Langsa	320	III	III	III	III	---	-
109	Kebumen	316	III	---	---	---	---	-
110	Cimahi (Bandung)	314	---	---	---	III	---	-
111	Donggala	311	II	III	---	---	---	-
112	Payahkumbuh	308	III	---	---	---	---	-
113	Rangkasbitung	302	III	---	---	---	---	-
114	Pangkalan Buun	302	III	III	---	---	---	A
115	Sungai Penuh	298	III	---	---	---	---	A
116	Pagar Alam (Lahat)	297	II	---	---	---	---	-
117	Sumenep	295	III	---	---	---	---	-
118	Lahat	290	III	III	---	---	---	-
119	Bitung (Minahasa)	287	---	II	III	---	---	-
120	Batu (Malang)	286	III	---	---	---	III	-
121	Berastagi (Karo)	284	III	---	---	---	II	-
122	Rembang	282	III	---	III	III	---	-
123	Kabanjahe	279	III	---	---	---	---	-
124	Sigli	277	III	---	III	---	---	-
125	Cepu (Blora)	277	III	III	---	III	---	-
126	Raba-Bima	277	III	III	III	---	---	-
127	Palopo	275	III	III	III	---	---	-
128	Waikabubak	274	II	---	---	---	---	-
129	Enrekang	273	III	---	---	---	---	A
130	Bireun (Aceh)	271	III	III	---	---	---	-

Tabelle 6-7. 2. Fortsetzung

Lfd. Nr.	Ortsname	Ausstattungskennwert	Vorherrschende städtische Funktionen I bedeutet: Funktion herrscht absolut vor / II bedeutet: Funktion herrscht relativ vor / III bedeutet: Funktion tritt deutl. in Ersch.					Auch viel Landwirtschaft
			Zentrale Dienste	Transp. dienste	Fischerei	Produz. Gewerbe	Fremdenverkehr	A
131	Tuban	270	III	III	III	III	---	-
132	Gresik	270	III	III	---	II	---	-
133	Tembilahan	265	III	III	---	---	---	-
134	Waingapu	265	III	III	---	---	---	-
135	Karanganyar (Surakarta)	263	III	---	---	---	---	-
136	Trenggalek	263	III	---	---	---	---	-
137	Watampone	263	III	III	III	---	---	-
138	Tual	263	II	III	---	---	---	-
139	Gunung Sitoli	260	II	III	---	---	---	-
140	Watan Soppeng	260	III	---	---	---	---	-
141	Kefamenanu	259	III	---	---	---	---	-
142	Kandangan	259	III	---	---	---	---	-
143	Nganjuk	256	III	---	---	---	---	-
144	Tanjung Balai (Karimun)	255	III	III	III	---	---	-
145	Bekasi	255	III	III	---	III	---	-
146	Pariaman	252	III	---	III	---	---	-
147	Maumere	252	III	III	III	---	---	-
148	Kota Baru (Laut)	251	III	III	III	---	---	-
149	Lumajang	250	III	---	---	III	---	-
150	Meulaboh	249	III	III	III	---	---	-
151	Baturaja	247	III	III	---	III	---	-
152	Batang	246	III	---	III	III	---	-
153	Kuningan	245	III	---	---	---	---	-
154	Kutoarjo (Purworejo)	245	III	III	---	---	---	-
155	Barabai	242	III	---	---	---	---	-
156	Bau-Bau	241	III	II	III	---	---	-
157	Bangli	238	III	---	---	---	---	A
158	Majenang (Cilacap)	236	III	---	---	---	---	-
159	Tabanan	236	III	---	---	---	---	-
160	Raha	236	III	III	III	---	---	-
161	Ende	234	III	III	---	---	---	-
162	Wonogiri	233	III	---	---	---	---	-
163	Bangkalan	233	III	---	---	---	---	-
164	Indramayu	232	III	---	---	---	---	-
165	Pangkajene-Kepulauan	230	III	III	III	---	---	-
166	Takengon	228	III	---	---	---	---	A
167	Tahuna	226	III	III	---	---	---	-
168	Sinjai-Balangnipa	225	III	---	III	---	---	A
169	Tarutung	223	III	---	---	---	---	-
170	Boyolali	223	III	---	---	---	---	-
171	Polewali	223	III	---	---	---	---	-
172	Asembagus-Trigonco (Situbondo)	222	III	---	---	---	---	A
173	Kota Bumi	220	III	---	---	---	---	-
174	Ngawi	220	III	---	---	---	---	-
175	Kuala Kapuas	220	III	III	---	---	---	-
176	Rantau (Tapin)	219	III	---	---	---	---	A
177	Purbalingga	218	III	---	---	III	---	-
178	Negara (Bali)	218	III	---	---	---	---	A
179	Kota Mobagu	218	III	---	---	---	---	A
180	Sengkang-Tempe	217	III	---	---	---	---	A
181	Solok	215	III	---	---	---	---	-
182	Tapaktuan	214	II	III	---	---	---	-
183	Sampit	214	III	III	---	---	---	-
184	Tomohon (Minahasa)	214	II	III	---	---	---	-
185	Sabang	212	---	III	III	---	---	-
186	Banjar Baru (Borneo)	212	II	---	---	---	---	-
187	Brebes	211	III	---	III	---	---	-
188	Kendal	210	III	---	---	---	---	-
189	Ungaran (Semarang)	209	III	---	---	---	---	-
190	Wates	207	III	---	---	---	---	-
191	Bangkinang	204	III	III	---	III	---	A
192	Majalengka	204	III	---	---	---	---	-
193	Toli-Toli	204	III	III	---	---	---	A
194	Pangkajene-Rappang	203	III	---	---	---	---	A
195	Ambarawa (Semarang)	202	III	III	---	---	III	-
196	Pacitan	202	III	---	---	---	---	-
197	Prigen (Pasuruan)	202	III	---	---	---	II	-
198	Batu Sangkar	201	III	---	---	---	---	-
199	Bantul	200	III	---	---	---	---	-
200	Amuntai	200	III	III	---	---	---	-

Tabelle 6-7. 3. Fortsetzung

Lfd. Nr.	Ortsname	Aus-stattungs-kennwert	Vorherrschende städtische Funktionen I bedeutet: Funktion herrscht absolut vor II bedeutet: Funktion herrscht relativ vor III bedeutet: Funktion tritt deutl. in Ersch.					Auch viel Landwirtschaft
			Zentrale Dienste	Transp. dienste	Fischerei	Produz. Gewerbe	Fremdenverkehr	A
201	Banjarnegara	199	III	---	---	---	---	-
202	Wonosari	199	III	---	---	---	---	-
203	Sukoharjo	197	III	---	---	---	---	-
204	Demak	197	III	---	---	---	---	-
205	Bulukumba	197	III	III	---	---	---	A
206	Sintang	196	III	III	---	---	---	-
207	Wiradesa-Kepatihan[b] (Pekalongan)	194	II	---	---	---	---	-
208	Pandeglan	193	III	---	---	---	---	-
209	Purwodadi	193	III	---	---	---	---	-
210	Lembang (Bandung)	191	III	---	---	---	III	A
211	Panjang (Lampung)	190	---	II	---	---	---	-
212	Ketapang (Matan)	190	III	III	---	---	---	-
213	Sawah Lunto	189	III	---	---	I	---	-
214	Kartosuro (Surakarta)	189	III	III	---	---	---	-
215	Banjar (Ciamis)	188	III	III	---	III	---	-
216	Jepara	188	III	III	III	III	---	-
217	Pamanukan (Subang)	186	m u l t i f u n k t i o n a l					-
218	Banta Eng	185	III	III	---	---	---	-
219	Pinrang	185	III	---	---	---	---	-
220	Lamongan	183	III	---	---	---	---	-
221	Kayu Agung	181	III	III	---	---	---	-
222	Sungai Liat	181	III	---	III	---	---	-
223	Selong	181	III	---	---	---	---	A
224	Kuala Simpang (Tamiang)	179	III	III	---	---	---	-
225	Sidikalang	179	III	---	---	---	---	-
226	Kuta (Badung)	178	---	---	---	---	I	A
227	Merak (Serang)	177	III	I	---	---	---	-
228	Gombong-Wonokriyo (Kebumen)	177	III	---	---	III	---	-
229	Kuala Tungkal	176	III	III	III	---	---	A
230	Cupak (Solok)	175	I	---	---	---	---	A
231	Pringsewu (Lampung)	171	III	---	---	---	---	A
232	Cicurug (Sukabumi)	171	III	---	---	---	---	-
233	Majene	170	III	III	III	---	---	-
234	Kalabahi	169	III	III	III	---	---	-
235	Muara Bungo	168	III	III	---	---	---	A
236	Pandaan (Pasuruan)	168	III	III	---	---	---	-
237	Gianyar	168	III	---	---	III	III	-
238	Klungkung	168	III	---	III	---	---	-
239	Anyar (Banten)	167	III	---	---	---	III	-
240	Praya	166	III	---	---	---	---	-
241	Jatiluhur (Purwakarta)	164	---	---	---	III	III	-
242	Tanjung-Belimbing	164	III	---	---	III	---	-
243	Pelabuhan Ratu (Sukabumi)	163	---	---	II	---	III	-
244	Ruteng	163	III	---	---	---	---	A
245	Cimanggis (Bogor)	162	---	---	---	II	---	-
246	Cikampek (Karawang)	162	III	III	---	III	---	-
247	Muntilan (Magelang)	162	III	III	---	---	---	-
248	Parakan (Temanggung)	162	III	III	---	---	---	-
249	Amahai-Masohi	160	III	III	---	---	---	-
250	Muara Enim	159	III	III	---	---	---	-
251	Sumpang BinangaE	159	III	---	---	---	---	A
252	Tulehu (Seram)	158	II	II	---	---	---	-
253	Sampang	156	III	---	---	---	---	-
254	Balige (Toba)	155	III	III	---	---	---	-
255	Depok-Caturtunggal (Mataram)	154	III	---	---	---	III	-
256	Manggar (Belitung)	151	III	III	III	III	---	-
257	Makale	150	III	---	---	---	---	-
258	Plered-Weru (Cirebon)	149	II	---	---	---	---	-
259	Tanjung Pura (Langkat)	147	m u l t i f u n k t i o n a l					-
260	Painan	147	III	---	III	---	---	A
261	Jepara (Lampung)	146	III	---	---	---	---	A
262	Karangasem-Amlapura	146	III	---	---	---	---	A
263	Larantuka	146	III	III	III	---	---	-
264	Muara Teweh	146	III	III	---	---	---	A
265	Kolaka	146	III	III	III	---	---	-
266	Belakang Padang (Batam)	145	III	II	---	III	---	-
267	Kota Cane	144	III	---	---	---	---	A
268	Bagan Siapi-Api (Rokan)	144	---	III	I	---	---	-
269	Pangkalan Berandan (Langkat)	141	---	III	---	III	---	-
270	Lubuk Sikaping	141	III	---	---	---	---	A

[b] Auf Karte 4 mit einigen weiteren hochindustrialisierten Nachbarorten zusammengefaßt (vergl. Tabelle 6-5, Fußnoten I bis VIII)

Tabelle 6-7. 4. Fortsetzung

Lfd. Nr.	Ortsname	Aus- stat- tungs- kenn- wert	Vorherrschende städtische Funktionen I bedeutet: Funktion herrscht absolut vor II bedeutet: Funktion herrscht relativ vor III bedeutet: Funktion tritt deutl.in Ersch.					Auch viel Land- wirt- schaft
			Zentrale Dienste	Transp. dienste	Fische- rei	Produz. Gewerbe	Fremden verkehr	A
271	Jati [b] (Kudus)	141	---	---	---	I	---	-
272	Tondano	141	III	---	---	---	---	-
273	Pakem (Mataram)	139	III	---	---	---	III	-
274	Selat Panjang (Bengkalis)	137	III	III	III	---	---	-
275	Prabumulih (Lematang)	137	III	III	---	---	---	-
276	Manna	137	III	---	---	---	---	-
277	Tebingtinggi (Lahat)	136	III	II	---	---	---	A
278	Atambua	136	III	---	---	---	---	-
279	Tanjung Selor	136	---	III	---	---	---	-
280	Cilimus (Kuningan)	134	III	---	---	---	---	-
281	Kota Agung (Lampung)	133	---	---	III	---	---	A
282	Tanah Grogot	133	III	III	---	---	---	-
283	Sungguminasa	133	III	---	---	---	---	-
284	Ambarita (Samosir)	132	---	---	---	---	II	A
285	Sekayu	132	III	III	---	---	---	A
286	Buntok	132	III	III	---	---	---	-
287	Ulu (Siau)	132	III	III	---	---	---	A
288	Lawang (Malang)	130	III	---	---	III	III	-
289	Labuhan Lombok (Lombok)	129	III	III	III	---	---	-
290	Kedawung (Cirebon)	128	III	---	---	---	---	-
291	Pare (Kediri)	128	multifunktional					-
292	Cibinong-Pabuaran (Bogor)	127	---	---	---	II	---	-
293	Sidareja (Cilacap)	127	multifunktional					A
294	Soe	126	III	---	---	---	---	-
295	Sanggau	126	III	III	---	---	---	-
296	Blang Pidie (Aceh)	125	III	---	---	---	---	-
297	Muntok (Bangka)	125	III	III	---	III	---	-
298	Sleman	125	III	---	---	III	---	-
299	Lomanis (Cilacap)	123	III	---	---	---	---	-
300	Ambulu (Jember)	123	multifunktional					-
301	Benteng Selayar	123	III	II	---	---	---	-
302	Leles (Garut)	122	III	---	---	---	---	A
303	Dompu	122	III	---	---	---	---	A
304	Talang Akar-Pendopo (Lematang)	120	II	---	---	II	---	-
305	Tanjung Redeb	119	III	III	---	---	---	-
306	Bumiayu (Brebes)	117	multifunktional					-
307	Pemangkat (Sambas)	116	III	III	III	---	---	A
308	Rantepao (Makale)	115	III	---	---	---	III	A
309	Tenggarong	114	III	III	---	---	---	-
310	Lubuk Alung (Pariaman)	113	III	---	---	---	---	A
311	Tarempa (Anambas)	113	---	III	III	---	---	-
312	Bangko	113	III	III	---	---	---	A
313	Delanggu (Klaten)	113	III	---	---	I	---	-
314	Mempawah	112	III	---	---	---	---	-
315	Putus Sibau	112	III	III	---	---	---	-
316	Stabat (Langkat)	111	III	III	---	---	---	A
317	Slawi (Tegal)	110	III	III	---	---	---	-
318	Soa Siu (Tidore)	110	III	III	---	---	---	A
319	Sijunjung	109	III	---	---	---	---	A
320	Kasongan	109	II	III	---	---	---	A
321	Kepanjen (Malang)	107	multifunktional					-
322	Sungai Gerong (Musi) [c]	105	---	---	---	I	---	-
323	Caruban-Krayan (Madiun)	105	II	III	---	---	---	-
324	Maros	105	III	---	---	---	---	A
325	Cibadak (Sukabumi)	104	III	III	---	---	---	-
326	Sambas (Sambas)	104	III	III	---	---	---	-
327	Mamuju	104	III	III	---	---	---	A
328	Weleri (Kendal)	102	III	III	---	---	---	-
329	Ps.Pengarayan-Rambahtengah (Ro- kan)	100	---	III	---	---	---	A
330	Singaparna (Tasikmalaya)	100	III	---	---	---	---	-
331	Pleihari	100	III	---	---	---	---	A
332	Kedung Halang (Bogor)	99	III	---	---	II	---	-
333	Kadipaten (Majalengka)	99	III	III	---	III	---	-
334	Tanjung Enim (Lematang)	98	III	---	---	I	---	-
335	Karangsembung (Cirebon)	98	multifunktional					-
336	Beureunun (Aceh)	97	III	III	---	---	---	A
337	Ciwidey (Bandung)	97	multifunktional					A
338	Ketandan (Klaten)	97	multifunktional					-
339	Banaran-Kertosono (Nganjuk)	97	III	III	---	---	---	-
340	Bajawa	97	III	---	---	---	---	-

[b] Siehe Fußnote zu Lfd.Nr. 207   [c] Auf Karte 4 in die Signatur von Palembang einbezogen.

Tabelle 6-7. 5. Fortsetzung

Lfd. Nr.	Ortsname	Aus-stat-tungs-kenn-wert	Vorherrschende städtische Funktionen I bedeutet: Funktion herrscht absolut vor II bedeutet: Funktion herrscht relativ vor III bedeutet: Funktion tritt deutl. in Ersch.					Auch viel Land-wirt-schaft
			Zentrale Dienste	Transp. dienste	Fische-rei	Produz. Gewerbe	Fremden verkehr	A
341	Kuala Kurun	97	II	III	---	---	---	A
342	Pattalassang	97	III	---	---	---	---	A
343	Limboto	96	III	---	---	---	---	A
344	Belinyu (Bangka)	95	III	III	---	III	---	-
345	Temon (Kulon Progo)	95	III	---	---	---	---	-
346	Bangil (Pasuruan)	95	III	III	---	---	---	-
347	Perdagangan (Simalungun)	93	III	III	---	---	---	-
348	Sunggal (Deli)[d]	92	III	III	---	---	---	-
349	Bandar Jaya (Lampung)	92	III	---	---	---	---	A
350	Padaherang (Ciamis)	92	multifunktional					A
351	Jatibarang (Indramayu)	92	III	III	---	---	---	-
352	Leuwiliang (Bogor)	91	III	---	---	---	---	A
353	Sindanglaya (Cianjur)	91	III	---	---	---	II	-
354	Bonto Sunggu	91	III	---	---	---	---	A
355	Durenan (Trenggalek)	90	multifunktional					A
356	Banyumas (Purwokerto)	89	III	---	---	---	---	-
357	Marabahan	89	III	III	---	---	---	A
358	Patokan-Kraksaan (Probolinggo)	88	III	---	III	---	---	-
359	Gunung Tua (Tapanuli)	87	III	III	---	---	---	A
360	Talu (Pasaman)	87	III	---	---	---	---	A
361	Labuhan (Pandeglang)	85	III	---	III	---	---	A
362	Banjaran (Bandung)	85	multifunktional					A
363	Sidomulyo (Ngawi)[d]	84	II	---	---	---	---	-
364	Simpang Sender (Ranai)	83	II	---	---	---	---	A
365	Depok-Beji (Bogor)	83	multifunktional					-
366	Prembun (Kebumen)	83	III	---	---	---	---	-
367	Singosari-Pagetan (Malang)	83	multifunktional					-
368	Pegatan Mendawai (Borneo)	82	III	III	III	---	---	A
369	Lubuk Pakam (Serdang)	80	---	III	---	---	---	-
370	Babat (Lamongan)	80	III	III	---	---	---	-
371	Ujungberung (Bandung)	79	---	---	---	II	---	-
372	Krian (Sidoarjo)	77	III	III	---	III	---	-
373	Rogojampi (Banyuwangi)	76	III	III	---	---	---	-
374	Tamiang Layang	76	III	III	---	---	---	A
375	Puruk Cahu	76	III	III	---	---	---	A
376	Dobo (Aru)	76	III	III	---	---	---	A
377	Tobelo (Halmahera)	75	III	III	---	---	---	A
378	Idi (Aceh)	74	III	III	---	---	---	-
379	Lhok Sukon (Aceh)	74	III	III	---	---	---	-
380	Majalaya (Bandung)	74	---	---	---	I	---	-
381	Ciledug (Cirebon)	74	multifunktional					-
382	Banyudono (Boyolali)	74	multifunktional					-
383	Huta Nopan (Tapanuli)	73	III	III	---	---	---	A
384	Pangkalan (Langkat)	73	---	III	III	III	---	-
385	Jasinga (Bogor)	73	III	---	---	---	---	A
386	Purworejo-Klampok (Banjarnegara)	73	III	III	---	---	---	-
387	Perbaungan d) (Serdang)	72	III	---	---	---	---	-
388	Panyabungan (Tapanuli)	71	III	III	---	---	---	A
389	Padalarang (Bandung)	71	---	III	---	III	---	-
390	Kroya-Bajing (Cilacap)	71	III	III	---	---	---	-
391	Tanggul (Jember)	71	multifunktional					A
392	Pegatan (Selat Laut)	71	III	III	II	---	---	-
393	Toboali (Bangka)	70	III	III	III	---	---	A

Anhang : West - Neuguinea

Lfd. Nr.	Ortsname	Aus-stat-tungs-kennwert	Zentrale Dienste	Transp. dienste	Fische-rei	Produz. Gewerbe	Fremden verkehr	A
1	Jayapura	2315	I	---	---	---	---	-
2	Sorong	551	III	III	III	---	---	-
3	Biak	528	III	III	---	---	---	-
4	Merauke	420	III	III	---	---	---	A
5	Manokwari	389	III	III	---	---	---	-
6	Fak-Fak	326	III	III	---	---	---	-
7	Abepura	304	I	---	---	---	---	-
8	Nabire	176	III	III	---	---	---	-
9	Serui	157	III	III	---	---	---	A
10	Wamena	154	III	III	---	---	III	A
11	Sentani	102	III	II	---	---	---	-

[d] Ist auf Karte 4 nicht dargestellt

Übergang zwischen beiden wie auch der Übergang zur ländlichen Gemeinde ist fließend[670]. Es sind nicht nur die kleinen Städte, die diesen hohen Anteil der Landwirtschaft an ihrem Erwerbsleben aufweisen, auch in vielen mittelgroßen Städten bleibt die Landwirtschaft ein bedeutender Wirtschaftsfaktor (vgl. Fußn. 618).

Den Überblick über die Kennzeichnung der indonesischen Städte nach ihrem Funktionsmuster bietet die vorstehende Tabelle 6–7 und – noch vollständiger – Karte 4. In der Tabelle sind diejenigen rd. 280 Orte wiedergegeben, die nach ihren Ausstattungskennwerten[671] als „Mittelzentren" anzusprechen sind und darüber hinaus noch rd. 120 „gehobene Unterzentren", die mehrheitlich noch Teilfunktionen von Mittelzentren ausüben (vgl. S. 211)[672]. Karte 4 enthält zusätzlich auch diejenigen städtischen Siedlungen, die bei geringer zentralörtlicher Bedeutung einen besonderen Funktionstyp verkörpern und deshalb in den vorstehenden Abschnitten 6.1. bis 6.5. erwähnt worden sind[673].

---

[670] Auf diese Tatsache wurde schon in jedem der Abschn. 6.1. bis 6.5. hingewiesen, da alle dort genannten „städtischen Funktionen" auch in sehr kleinen ländlichen Orten vorkommen und das Abgrenzungsmerkmal jeweils sehr niedrig angesetzt wurde.

[671] Es wurde hier die Begrenzung nach dem zentralörtlichen Ausstattungskennwert derjenigen nach der Einwohnerzahl vorgezogen, weil der Ausstattungskennwert das spezifisch „Städtische" der Siedlungen besser widerspiegelt als die Einwohnerzahl.

[672] Ausstattungskennwert > 70; damit sind alle Orte aus dem Übergangsfeld zwischen Mittelzentren und Unterzentren angeführt; gerade in diesem Bereich zentralörtlicher Hierarchie gibt es noch viele funktionale Spezialisierungen der Orte, die in Tab. 6–7 mit dargestellt werden sollten.

[673] Diese Siedlungen (mit Ausstattungskennwerten < 70) sind in den Tab. 6–1 bis 6–6 angeführt.

7. Stellung in der zentralörtlichen Hierarchie

7.1. Die Städterangfolge nach zentralörtlicher Ausstattung

Als Grundlage zur Bestimmung der gegenwärtigen Städterangfolge dienen die errechneten Ausstattungskennwerte der Siedlungen[701]. Die ranghöchsten 400 Städte sind in Tabelle 6–7 nach abnehmenden Ausstattungskennwerten aufgelistet. Welche Dimensionen haben diese Werte und wie verteilen sich die Dimensionen über die erfaßten 3.760 Orte[702], die das gegenwärtige System der zentralen Orte Indonesiens repräsentieren?

    Das angewendete Verfahren zur Bestimmung der Ausstattungskennwerte belegt die Orte am unteren Ende der Rangfolge mit dem Wert 1. Es sind diejenigen Orte, die als einzigen zentralen Dienst eine Postaußenstelle besitzen, also dabei nicht einmal ein unteres Einzelhandelsangebot haben; sie kommen in der Gesamtheit der 3.760 erfaßten Orte dreiundfünfzigmal vor. Alle anderen Orte, die nur einen Dienst aus der niedrigstrangigen Dienstegruppe 6 besitzen, erhalten den Ausstattungskennwert 2 oder 3[703]. Mit dem Ausstattungskennwert 2 sind zunächst diejenigen 128 Orte belegt, die als Zentrum eines kleineren Einflußbereiches ein beschränktes Warenangebot besitzen, sonst aber keine andere zentralörtliche Einrichtung. Den gleichen Ausstattungskennwert 2 erhalten auch solche Orte, die als einzige zentralörtliche Einrichtung eine Bankaußenstelle – 10 Orte – oder eine Krankenversorgungsstelle mit Arzt – 8 Orte – besitzen. Knapp 150 Orte erhalten also diesen zweitniedrigsten Ausstattungskennwert. In der Erfassung des „unteren Warenangebots" und damit auch bei der Auswahl der Orte, die als einzigen zentralen Dienst den Einzelhandel besitzen, wurden verhältnismäßig strenge Maßstäbe angelegt[704]. Bei weniger strenger Quellenauslegung wäre die Anzahl der Orte dieses Typs mit nur unterem Warenangebot etwa viermal größer, läge also bei über 600. Die Gesamtzahl der „zentralen Orte" im indonesischen Staatsgebiet erhöhte sich dann von 3.760 auf deutlich über 4.000.

    Das zur Bestimmung der Ausstattungskennwerte gewählte Verfahren führt am oberen Ende der Städterangfolge durch die Addition aller Diensterangwerte zu einem Ausstattungsmaximalwert von 6.101. 58 von allen 74 Diensten, das sind alle Dienste, die nicht durch Zugehörigkeit zum gleichen Dienstleistungszweig (vgl. S. 11) einander ausschließen, sind nur in drei Städten vertreten, wenn die im Verfahren nicht berücksichtigte Staatshauptstadt Jakarta ausgenommen bleibt. Die drei Städte sind: Medan, Surabaja und Ujung Pandang[705]. Eine Differenzierung der zentralörtlichen Ausstattung dieser drei höchstrangigen Städte ist nach den verwendeten Quellen nicht möglich. Wäre das Dienstleistungsangebot in stärkerer Aufschlüsselung erfaßt worden, so reihten sich die Ausstattungskennwerte der drei Städte mit großer Wahrscheinlichkeit parallel zur Einwohnerzahl, also in der Rangfolge Surabaya, Medan, Ujung Pandang[706].

    Das Verfahren zur Bestimmung von Ausstattungskennwerten schloß die Staatshauptstadt Jakarta aus. Auch ihre Stellung an der Spitze der Hierarchie muß aber bestimmt werden. Dem methodischen Vorgehen zur

---

[701] Über das Schrifttum zum gleichen Thema vgl. die Anmerkungen im Abschn. 0.2., S. 7 f.; zur Art der Berechnung der Ausstattungskennwerte vgl. Abschn. 0.3., S. 12 f.

[702] Für die zentralen Orte der Provinz Ost-Timor konnten keine Werte berechnet werden, da von dorther keine Angaben erhältlich waren.

[703] Nach dem im Abschnitt 0.3., S. 12 f. geschilderten Verfahren; dort ist begründet, warum der nach der Häufigkeit berechnete Diensterangwert des „Einzelhandels mit unterem Warenangebot" als „privater Dienst" von 1 auf 2 verdoppelt, und der des „Camat-Sitzes" als Dienst der allgemeinen Gebietskörperschaftsverwaltung von 1 auf 3 verdreifacht wurde. Vgl. auch die Diensteliste in Tab. 0–2.

[704] Es wurden nur solche Orte berücksichtigt, die in mehr als einer der verschiedenen Quellen (vgl. Zusammenstellung S. 5 f., Pkte. 5 u. 8) als Orte mit „unterem Warenangebot" genannt worden waren.

[705] Die höchst- und hochrangigen Dienste, die in diesen drei Städten vertreten sind, können aus Tab. 7–3 in Verbindung mit Tab. 0–2 abgelesen werden.

[706] Die gleiche Reihung in Versuchen anderer Autoren zur Städterangbestimmung in Indonesien (vgl. dazu Abschn. 0.2., S. 7 f.) kann nicht als Bestätigung für diese Aussage herangezogen werden, weil diese immer die Einwohnerzahl selbst in die Rangbestimmung einbezogen hatten. Nur eine eingehende Analyse weiterer höchstrangiger privater Dienstleistungen könnte hier Klarheit schaffen.

Feststellung der übrigen Ausstattungskennwerte entsprechend werden für Jakarta die nur einmal im Staat vorhandenen zentralen Dienste gewichtet und mit den erläuterten Korrekturen versehen[707]. Die daraus abgeleitete Summe wird dem Ausstattungskennwert der empirisch erfaßten 58 Dienste, die ja auch alle in Jakarta vorhanden sind, hinzugezogen. Daraus leitet sich für Jakarta ein Ausstattungskennwert von rd. 37.000 ab[708], der somit die Ausstattungswerte der nächstgrößten Städte um rd. das Sechsfache übersteigt.

Das gewählte Verfahren zur Bestimmung der Ausstattungskennwerte liefert auf dem 1. Rang und vom 5. Rang ab eindeutige Ergebnisse. Die Reihung der Städte nach ihren Ausstattungskennwerten bleibt eindeutig bis etwa zum 100. Rang mit einem Wert von 348 und noch einige Rangziffern darüber hinaus. Hier handelt es sich bereits um Städte, die als Mittelzentren bezeichnet werden können (vgl. S. 211). Etwa vom 130. Rang ab sind dann viele Kennwerte mit mehreren Städten besetzt, so daß deren Rangstellung nur noch innerhalb einer Pentade bestimmbar ist. Diese Unsicherheit erhöht sich bis etwa zum 200. Rang auf eine Dekade und verdoppelt sich etwa bei jeweils einer Verdoppelung der Rangziffer.

Um die eingangs gestellte zweite Frage nach der Verteilung der verschiedenen Ausstattungskennwerte zu beantworten, wird im folgenden ihre Rang-Größen-Verteilung untersucht; die gleiche Methode wurde schon für die Kennzeichnung der Ränge nach Einwohnermengen angewendet[709]. Die folgende Graphik 7–1 zeigt auf einem Verteilungsdiagramm mit doppelt-logarithmischer Skalierung alle erfaßten 3.760 Orte in absteigender Reihung. Die Kurve, die sich aus der Position der 3.760 Orte ergibt, gestattet einige wichtige Aussagen zur Verteilung der Zentralität im indonesischen Städtesystem.

Nach der Rang-Größen-Regel (vgl. S. 100f.) sollte sich der Wert auf der Ordinate – hier also der Ausstattungskennwert – als Quotient aus dem Kennwert des führenden Platzes im Siedlungssystem (Jakarta: 37.000) und dem Rangplatz darstellen. In vorliegendem Falle sollte also das Produkt aus Ausstattungskennwert und Rangplatz immer annähernd 37.000 ergeben. Träfe das zu, dann verliefe die Rang-Größen-Kurve im doppelt-logarithmischen Koordinatensystem an der Ordinate bei 37.000 ansetzend als 45° abwärts geneigte Gerade; die Gerade besäße die Neigung −1. Diese sogenannte „Regelverteilungsgerade"[710] ist in Graphik 7–1 als gerissene Linie eingetragen. Zwischen dem 7. und dem 300. Rangplatz verlaufen die Regelverteilungsgerade und die wahre Rang-Größen-Kurve der Ausstattungskennwerte dicht beieinander. Die tatsächliche Rang-Größen-Verteilung im indonesischen Siedlungssystem entspricht hier weitgehend der theoretischen Forderung. Größere Abweichungen bestehen dagegen auf dem 2. bis 6. Rangplatz und bei den Siedlungen jenseits des 300. Rangplatzes. In diesen Bereichen liegen auch die wesentlichen Unterschiede zur Rang-Größen-Kurve der Einwohner (vgl. Graphik 7–3).

Die Rangplätze 2 (Surabaya) bis 7 (Palembang) weisen gemeinsam fast gleich hohe Werte um 6.000 auf; der Rang-Größen-Regel wird damit widersprochen, die Kurve verläuft in diesem Abschnitt fast waagerecht. Palembang auf dem 7. Platz besitzt jedoch wieder annähernd den theoretisch geforderten Ausstattungskennwert. Da auch die Werte der weiteren Städte vom 7. Rang abwärts den Werten der Regelverteilungsgeraden weitgehend entsprechen, erscheint im Ausstattungsniveau des gesamten Städtesystems der Wert von 37.000 für Jakarta nicht als zu hoch sondern diejenigen der Städte des 2. bis 6. Ranges erscheinen als zu niedrig. Gegenüber diesen 5 Städten – nicht gegenüber dem gesamten Städtesystem – besitzt Jakarta eine überproportional herausragende Stellung. Bezogen auf das Gesamtsystem liegt keine Primatverteilung vor, genauso wenig wie in der Rang-Größen-Verteilung nach Einwohnern (vgl. S. 100). Die zwischen dem 1. und 2. Rang unstetige (diskrete) Verteilung der Ausstattungskennwerte und ihre besonders geringe Abnahme bis zum 7. Rang deuten aber eine Hierarchiestufe an, zu der neben Surabaya und Palembang auch Medan, Ujung Pandang, Bandung und Semarang gehören[711]. Nur bezogen auf diese 6 Städte nimmt Jakarta die Position einer „Primate City" ein.

Der folgende, mit dem 7. Rang beginnende Abschnitt der empirischen Rang-Größen-Kurve liegt nahe bei der Regelverteilungsgeraden, dennoch ist eine leichte Abweichung nach oben bis etwa zum 40. Rangplatz mit

---

[707] Als derarte Dienste wurden in Anlehnung an das Erfassungsschema der übrigen, niedriger eingestuften zentralen Dienste folgende in Jakarta ansässige Institutionen berücksichtigt:
a) Staatsregierung, b) Volkskongreß („Parlament"), c) Oberster Gerichtshof, d) Zentrale Notenbank, e) Sitz von privaten Außenhandelsgesellschaften, f) Sitz privater Großhandelsgesellschaften, g) höchstrangiges Einzelhandelsangebot.
Jeder dieser sieben zentralen Dienste erhält den Rangwert 3.107; das ist der Quotient aus dem häufigsten Dienst (3.107 Camat-Sitze) und der Häufigkeit des zu bewertenden Dienstes (je 1) (vgl. S. 12). Es sollen aber auch hier die in Abschn. 0.3. erläuterten Korrekturen angebracht werden (private Dienste verdoppeln; Sonderverwaltungen dritteln; allgemeine Verwaltung verdreifachen).

[708] Genau 37.171, gebildet aus dem maximalen Ausstattungswert der erfaßten 74 Dienste (6.101) und dem Zehnfachen des Grundwertes von 3.107 (31.070). Die Verzehnfachung ergibt sich aus den sieben Korrekturfaktoren des Grundwertes (für Dienste a bis g in Fußn. 707).

[709] Vgl. Abschn. 5.1., S. 100.

[710] Vgl. Erläuterung zu Formel (2) in Fußn. 510.

[711] Vgl. dazu den folgenden Abschn. 7.2., S. 209.

Graphik 7-1: Rang-Größen-Kurve indonesischer Städte nach zentralörtlichen Ausstattungskennwerten

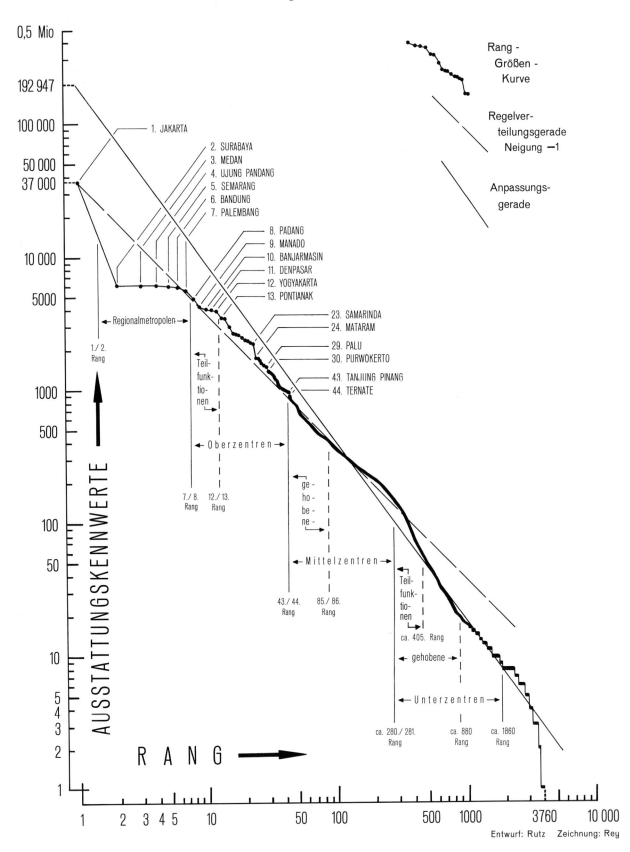

dem Wert 1.000 erkennbar. In diesem über der Regelverteilungsgeraden liegenden flachen konvexen Bogen der Rang-Größen-Kurve deutet sich eine leichte Überausstattung oder eine Häufung von Städten dieser Ausstattungsränge an. Es muß zunächst offen bleiben, ob die eine oder die andere Erklärung in Frage kommt oder auch beide zutreffen (vgl. S. 214 u. 216). Vom 40. bis zum 300. Rangplatz stimmt die Rang-Größen-Kurve mit der Regelverteilungsgeraden weitgehend überein.

Beginnend mit dem 300. bis 350. Rangplatz, bei Ausstattungskennwerten unter 125 bis 100, verläuft die Rang-Größen-Kurve der Ausstattungskennwerte im indonesischen Siedlungssystem steiler nach unten, als es der Rang-Größen-Regel entspricht. Zwei hypothetische Erklärungen sind dafür möglich: Entweder ist die Anzahl zentraler Orte niedrigen Ranges regelgerecht, aber ihre Ausstattung ist zu dürftig, oder ihre Ausstattung entspricht der Norm, aber ihre Anzahl ist zu gering. Beide Erklärungsansätze sind aber auch miteinander zu vereinbaren. In der Tat führt eine genauere Analyse zur Bestätigung beider Annahmen: Nach der Art der Dienstezusammensetzung und deren Häufigkeit ist mit einer weit verbreiteteten Minderausstattung in den Orten mit Ausstattungswerten unter 10 zu rechnen. Andererseits wurden – wie oben ausgeführt – potentielle Unterzentren nicht erfaßt, wenn sie als einzigen Dienst das untere Warenangebot aufwiesen. Beide Tatsachen wirken zusammen darauf hin, daß die Rang-Größen-Kurve im unteren Ast steiler verläuft als die Regelverteilungsgerade. Es gibt also gegenüber der Regel im indonesischen Siedlungssystem zu wenige zentrale Orte niedrigen Ranges und ein großer Teil von ihnen ist zudem noch schlecht ausgestattet. Dieses hier aus der Rang-Größen-Verteilung abgelesene Ergebnis entspricht der Erfahrung, daß auf den Außeninseln das Netz der mittel- und höherrangigen Zentren trotz geringer Bevölkerungsdichten einigermaßen vollständig ausgebildet ist, die Anzahl der Unterzentren aber in Regionen weitgehender Selbstversorgung sehr viel geringer ist als im dicht besiedelten und entwickelten Java. Auf Java aber und erst recht auf den Außeninseln entbehren viele Unterzentren mehrerer der fünf erfaßten Standarddienste der niedrigsten Dienstegruppe (vgl. Tab. 0–2, S. 15)[712, 713].

Wie schon im Falle der Städterangfolge nach Einwohnerzahlen kann auch hier für die empirische Rang-Größen-Kurve der Ausstattungskennwerte eine Anpassungsgerade definiert[714] und diese mit der Geraden verglichen werden, die sich aus der Rang-Größen-Regel ergibt[715]. Deren Parameter und diejenigen der Anpassungsgeraden für die Rang-Größen-Kurven verschiedener Ortegesamtheiten sind in der folgenden Tabelle 7–1 eingetragen. Dort sind ferner die Residuen (mittlere Abweichungen) der beiden Geraden von der wahren Rang-Größen-Kurve angegeben sowie der mittlere Abstand zwischen beiden Geraden. Dieser mittlere Abstand gilt als Ausdruck für die Abweichung der Anpassungsgeraden von der Regelverteilungsgeraden.

Die schon im einzelnen beschriebene Abweichung der Regelverteilungsgeraden von der realen Rang-Größen-Kurve besitzt den rechnerischen Wert von 22. Mit diesem außerordentlich niedrigen mittleren Residuum wird noch einmal unterstrichen, daß die reale Rang-Größen-Verteilung der zentralen Orte Indonesiens weitgehend der theoretischen Forderung entspricht. Die Lage der Anpassungsgeraden, die als Regressionsgerade über alle Orte definiert ist, wird vornehmlich durch die große Zahl der niedrig bewerteten Orte bestimmt; dort ist sie gut angepaßt. Da diese Orte nach der Rang-Größen-Regel zu schlecht ausgestattet und nicht genügend zahlreich vertreten sind (vgl. oben), verläuft die Anpassungsgerade mit der Neigung −1,342 steiler als die Regelverteilungsgerade. Im Bereich der großen Orte liegt die Anpassungsgerade hoch über der realen Rang-Größen-Kurve und der Regelverteilungsgeraden (vgl. Graphik 7–1). Dadurch erhält die Anpassungsgerade ein mittleres Residuum von 106, das weit über dem der Regelverteilungsgeraden liegt[716]. Der mittlere Abstand der beiden Geraden voneinander, ihre gegenseitige mittlere Abweichung beträgt 113.

Welches Verhältnis haben die beiden Geraden zueinander, wenn die Gesamtheit der zentralen Orte des indonesischen Siedlungssystems verändert wird? Was geschieht, wenn die rd. 500 nicht berücksichtigten Orte mit unsicherem unteren Warenangebot (vgl. S. 198) hinzugerechnet werden? Wird diesen Orten der Ausstattungskennwert 2 zugeschrieben, so ändert sich am Verhältnis zur Regelverteilungsgeraden fast nichts; die Ausgleichsgerade wird jedoch steiler und entfernt sich von der empirischen Verteilung, denn das mittlere Residuum wächst auf 122; Tabelle 7–1 und die folgende Graphik 7–2 weisen das aus. Hätten die zusätzlichen

---

[712] Diese Gesichtspunkte werden im Abschn. 7.3. aufgegriffen; siehe dort bes. Graphik 7–5 und deren Erläuterung (S. 213f.).

[713] Seit Mitte der siebziger Jahre laufen verschiedene Programme zur Verbesserung der Infrastruktur im ländlichen Raum; u.a. wurden jährlich mehrere Dutzend neuer Krankenversorgungsstellen errichtet oder vorhandene mit einem Arzt besetzt. Dadurch verbesserte sich die Ausstattung vieler zentraler Orte im Jahrzehnt 1975/1985.

[714] Zur Definition dieser Anpassungsgeraden vgl. Abschn. 5.1. S. 104 und Fußn. 520.

[715] Nochmals sei betont: Nur bei den doppelt-logarithmischen Skalierungen der Graphiken 7–1 und 7–2 erscheinen die Verteilung nach der Rang-Größen-Regel und die Pareto-Verteilung als Geraden.

[716] Diese Verhältnisse werden in Graphik 7–1 nur dann erkennbar, wenn der doppelt-logarithmische Aufbau der Skalen bei der Betrachtung berücksichtigt wird. So ist der größte Einzelabstand – die Differenz aus 192.947 und 37.000 – auf dem Rangplatz 1 zu finden.

Tabelle 7-1. Eigenschaften der Rang-Größen-Kurven der zentralörtlichen Ausstattungskennwerte (Z) im indonesischen Städtesystem

	Umfang der untersuchten Ortegesamtheit	(1) Anzahl der Orte	(2) (3) (4) Parameter der Regelverteilungsgeraden[a]			(5) (6) (7) Parameter der Geraden in angepaßter Paretoverteilung[a]			(8) Mittlerer Abstand zwischen beiden Geraden[a]
			Maximal- wert	Neigung	Mittleres Residuum	Maximal- wert	Neigung	Mittleres Residuum	
(1)	Alle Orte plus 500 Orte mit Z = 10	4.260	37.000	-1,000	20	117.560	-1,254	53	58
(2)	Alle Orte plus 500 Orte mit Z = 2	4.260	37.000	-1,000	21	247.414	-1,381	122	129
(3)	Alle Orte im indon. Staatsgebiet	3.761	37.000	-1,000	22	192.947	-1,342	106[b]	113[c]
(4)	Orte Z > 20 Metropole bis gehobenes Unterzentrum	893	37.000	-1,000	59	106.186	-1,237	219	212
(5)	Orte Z > 70 Metropole bis Orte m. Teilf. von von Mittelzentren	404	37.000	-1,000	100	38.421	-1,007	105	11
(6)	Orte Z > 140 Metropole bis Mittelzentrum	282	37.000	-1,000	139	31.834	-0,960	147	56
(7)	Orte Z > 900 Metropole bis Oberzentrum	43	37.000	-1,000	804	24.673	-0,836	856	678
(8)	Alle Orte in Indonesien (ohne West-Neuguinea)	3.641	37.000	-1,000	23	180.168	-1,336	101	108

[a] Die mathematischen Erklärungen und Begründungen für die Regelverteilungsgerade und für die Gerade in angepaßter Pareto-Verteilung (Anpassungsgerade) sowie für deren Parameter und Residuen entsprechen denen der Tabelle 5-1.; siehe Fußn. 510. u. 520.

[b] Das mittlere Residuum erhöht sich wie folgt, wenn die Residuen zwischen der Ausgleichsgeraden für alle Orte und gekürzten Rang-Größen-Kurven zu Grunde gelegt werden:
bis zum 893. Ort: = 444; bis zum 404. Ort: = 979; bis zum 282. Ort: = 1392; bis zum 43. Ort: = 8759.

[c] Der mittlere Abstand erhöht sich wie folgt, wenn beide Geraden am unteren Ende gekürzt werden:
bis zum 893. Ort: = 439; bis zum 404. Ort: = 940; bis zum 282. Ort: = 1334; bis zum 43. Ort: = 8470.

500 Orte aber Ausstattungskennwerte um 10 – das wäre die Größenordnung der im Siedlungssystem zu gering vertretenen voll ausgestatteten Unterzentren –, dann näherten sich die empirische Rang-Größen-Kurve und die dazugehörende Anpassungsgerade der Regelverteilungsgeraden. Die Neigung der Anpassungsgeraden würde flacher werden, ihr mittleres Residuum halbierte sich; auch das ist aus Tabelle 7-1 und Graphik 7-2 ablesbar.

Wenn eine zu geringe Anzahl von niedrigrangigen zentralen Orten und zu niedrige Ausstattungswerte bei den vorhandenen Orten ausschlaggebend für eine Regelwidrigkeit der Rang-Größen-Kurve sind, dann müßte diese Regelwidrigkeit um so geringer werden, je höher die Untergrenze der zu berücksichtigenden Ortegesamtheit gesetzt, – mit anderen Worten – je früher die Rang-Größen-Kurve am unteren Ende abgebrochen wird. Wird so vorgegangen, dann nähern sich die Anpassungsgeraden der Regelverteilungsgerade; Tabelle 7-1 und Graphik 7-2 weisen das für die Fälle eines Abbruchs der Städtefolge bei verschiedenen Ausstattungswerten nach[717]. Dabei entspricht Z ≥ 20 der Städtefolge bis einschließlich gehobene Unterzentren, Z ≥ 140 der Städtefolge bis einschließlich Mittelzentren und Z ≥ 900 der Städtefolge bis einschließlich der Oberzentren[718].

---

[717] Der rechnerische Nachweis scheint dabei nur für Z > 70 (mittl. Abstand 11) und Z > 140 (mittl. Abstand 56) erbracht zu sein, wenn als Vergleichsgrundlage die Ausgleichsgerade für alle 3.760 Orte (mittl. Abstand 113) beibehalten wird (siehe Sp. 8, Tab. 7-1). Werden aber nur die den verkürzten Rang-Größen-Kurven entsprechenden Teilabschnitte der Ausgleichsgeraden für die 3.760 Orte in den Vergleich einbezogen, dann ergeben sich für diese Teilabschnitte mittlere Abstände von der Regelverteilungsgeraden, die weit über 113 anwachsen; siehe dazu Fußn. c in Tab. 7-1. Die dort genannten mittleren Abstände sind bedeutend höher als die mittleren Abstände der neu berechneten Ausgleichsgeraden der gekürzten Rang-Größen-Kurven. Entsprechendes gilt auch für die Residuen zwischen der für alle Orte geltenden Ausgleichsgeraden und den realen Rang-Größen-Kurven eingeschränkter Ortemengen; diese Werte sind in Fußn. b in Tab. 7-1 genannt.

[718] Die hier verwendeten hierarchischen Kategorien werden in Abschn. 7.2. erläutert.

Graphik 7 - 2 : Rang - Größen - Kurven unterschiedlicher Ortegesamtheiten des indonesichen Städtesystems nach zentralörtlichen Ausstattungskennwerten

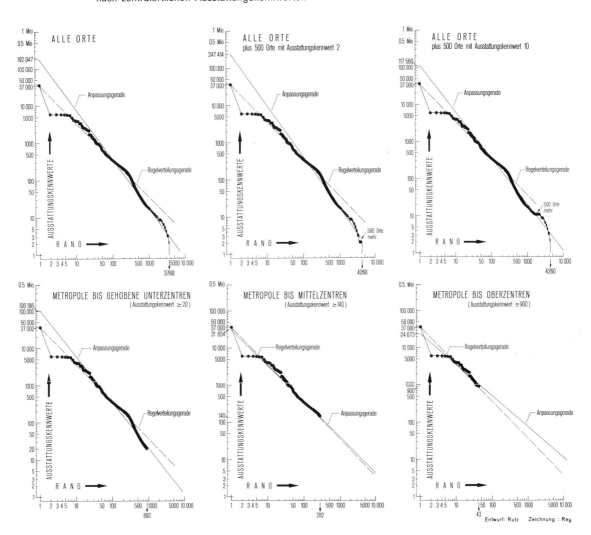

Zwischen der Rang-Größen-Kurve bis Z ≥ 20 und derjenigen bis Z ≥ 140 durchläuft die Ausgleichsgerade Werte zwischen −1,237 und −0,960, das heißt, dazwischen liegt die Rang-Größen-Kurve einer Städtefolge, deren Ausgleichsgerade den Wert −1, also den der Regelverteilungsgeraden hat. Diese Städtefolge ist diejenige, die bis zu Ausstattungswerten Z von ≥ 70 reicht. Das ist aber genau auch diejenige Städtemenge, die im Abschnitt 4.1. (S. 84) als „sichere Städte" bezeichnet wurde. Für diese Städtemenge fallen Anpassungsgerade und Regelverteilungsgerade fast genau zusammen; in Tabelle 7–1 ist ein Differenzwert von 11 Punkten ausgewiesen; die mittleren Residuen beider Geraden weichen nur um 5 Punkte voneinander ab.

Zusammenfassend wird nach vorstehendem deutlich: Indonesiens Siedlungssystem ist in seiner zentralörtlichen Ausstattung im hohen und mittleren Bereich regelhaft entwickelt. Im Bereich sehr hoher Ausstattungswerte weist die Rang-Größen-Kurve einen fast horizontal verlaufenden Abschnitt auf, der eine reale Hierarchiestufe andeutet. Gemessen an der Rang-Größen-Regel besitzen die Städte dieser Hierachiestufe etwas zu niedrige Ausstattungskennwerte. Im anschließenden Bereich der Ausstattungswerte bis etwa 1.000 liegen diese leicht über der Regelverteilungsgeraden. Hier ist die Erklärung weiterhin offen (vgl. S. 214 u. 216). Nach regelhaftem Verlauf bis etwa zum Ausstattungswert 100 weist das Siedlungssystem im unteren Bereich zu wenige Städte auf. Die dadurch bedingte Versteilung der Rang-Größen-Kurve wird durch keine überproportionale Vermehrung der Orte mit niedrigeren Ausstattungswerten ausgeglichen. Dieser Ausgleich käme erst zu Stande, gäbe es 2.000 bis 3.000 Orte mehr, die Ausstattungswerte um 10 haben müßten. Damit deutet die Rang-Größen-Kurve an, daß im indonesischen Siedlungssystem voll ausgestattete Unterzentren fehlen; anders ausgedrückt: weite

Landesteile Indonesiens, insbesondere auf den Außeninseln, sind nicht durch marktorientierte Siedlungen erschlossen (vgl. S. 201).

Die hier betrachtete Rang-Größen-Kurve schließt die zentralen Siedlungen auf Neuguinea mit ein, soweit dieses von Indonesien verwaltet wird. Dort sind zwar 11 Städte vorhanden und insgesamt 120 zentrale Orte erfaßt (vgl. Tab. 4–1, S. 85), an den vorstehenden Aussagen ändert sich aber nichts, wenn diese melanesische Provinz nicht mitberücksichtigt wird, also der Untersuchungsraum auf das eigentliche Indonesien eingeschränkt wird. Die Rang-Größen-Kurven sind für beide Territorien fast identisch[719]. Auch im Territorium ohne West-Neuguinea fehlen rd. 2.000 bis 3.000 Siedlungen mit zentralen Diensten niedrigen Ranges.

Von besonderem Interesse ist es nun auch, die Städterangfolge nach der zentralörtlichen Ausstattung mit derjenigen zu vergleichen, die auf Grund der Einwohnerzahlen zu Stande kommt (vgl. S. 99 ff.). Um diesen Vergleich zu ermöglichen, sind in Graphik 7–3 beide Rang-Größen-Kurven dargestellt sowie in Graphik 7–4 ein Streudiagramm nach beiden Wertereihen.

Daß beide Rang-Größen-Kurven nicht allzu stark von der Regelverteilungsgeraden abweichen, ist aus der Einzelbetrachtung bekannt. Die kennzeichnenden Merkmale beider Rang-Größen-Kurven werden durch den

---

[719] Vgl. hierzu die dritte und die letzte Zeile in Tab. 7–1, S. 202 miteinander. Die dort angegebenen Parameter der Kurve für Indonesien (ohne West-Neuguinea) sind durch Weglassen der Ausstattungswerte für die Orte auf Neuguinea zu Stande gekommen. Die Ausstattungswerte der restlichen 3.641 indonesischen Orte wurden dabei unverändert belassen. Dieses Verfahren liefert wegen der nur unbedeutenden Verminderung der Ortegesamtheit ausreichend genaue Werte; streng genommen müßten für die verbleibenden 3.641 Orte die Ausstattungswerte auf der Grundlage dieser neuen Ortegesamtheit neu berechnet werden (vgl. S. 213, bes. Fußn. 740).

Graphik 7-3: Rang-Größen-Kurven indonesischer Städte nach Einwohnern und zentralörtlichen Ausstattungskennwerten im Vergleich zueinander

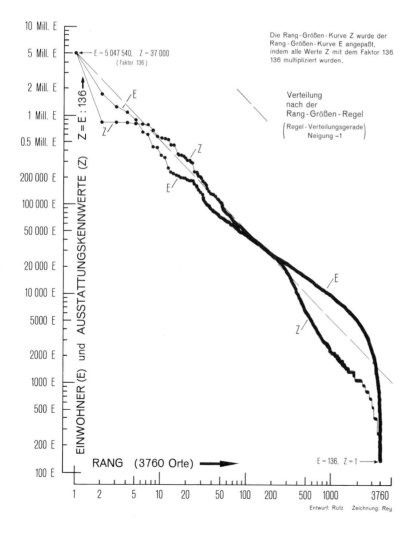

gleichmaßstäblichen Auftrag in Graphik 7-3 hervorgehoben. Zunächst fällt die Ausstattungskurve sehr viel steiler zum 2. Rangplatz ab als die Bevölkerungskurve. Der horizontale Verlauf der Ausstattungskurve auf der Stufe der Regionalmetropolen führt aber zwischen dem 5. und 6. Rangplatz zur Kreuzung der Kurven, so daß von da ab im Bereich der Ober- und Mittelzentren die Ausstattungskurve über der Einwohnerkurve liegt. Hier führen entgegengesetzte Tendenzen zum Abweichen der Ausstattungskurve nach oben (vgl. S. 199 ff.) und der Bevölkerungskurve nach unten (vgl. S. 102). Beide Rang-Größen-Kurven nähern sich einander im spitzen Winkel und laufen etwa vom 100. bis zum 200. Rangplatz miteinander und mit der Regelverteilungsgeraden fast deckungsgleich. Im unteren Teil beider Kurven führen erneut einander entgegengesetzt wirkende Kräfte zum deutlichen Auseinanderklaffen. Die Ausstattungskurve liegt sehr viel niedriger als die Bevölkerungskurve, weil die Unterzentren an Zahl zu wenig und zudem noch mangelhaft ausgestattet sind (vgl. S. 201), die Einwohnerzahlen aber den hohen Anteil agrarischer Bevölkerung in den Mittel- und Kleinstädten widerspiegeln, unabhängig davon, daß die Einwohnerzahlen im mittleren und besonders unteren Bereich für geschlossene Siedlungskomplexe angegeben sind und daher volkreiche Teilsiedlungen rein agrarischer Beschäftigung mit umfassen (vgl. S. 104).

Die Verhältnisse beider Kenngrößen – Einwohner und zentralörtliche Ausstattung – lassen sich für eine beschränkte Ortezahl auch in dem oben erwähnten Streudiagramm (Graphik 7-4 auf der Vorseite) deutlich machen. Es enthält alle Regionalmetropolen und Oberzentren sowie alle Städte mit mehr als 100.000 Einwohnern (1976/77)[720].

Graphik 7-4: Großstädte und Oberzentren nach Einwohnern und zentralörtlichen Ausstattungskennwerten im Streudiagramm

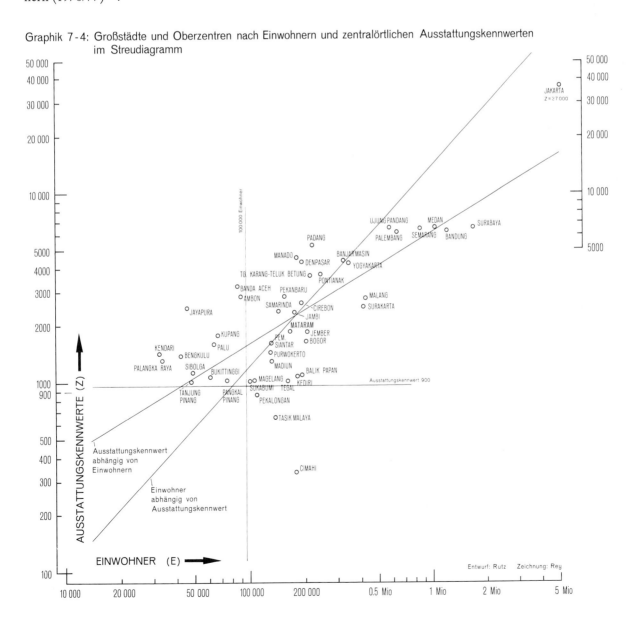

Die genannten Auswahlkriterien wurden von 46 Orten erfüllt; 34 davon waren (1976/77) Großstädte, 43 Oberzentren oder Regionalmetropolen, 31 Orte gehörten in beide Kategorien. Auch darüber hinaus wird der Zusammenhang zwischen Einwohnern und Ausstattungskennwert deutlich: die größten Städte nehmen auch die obersten Ränge in der Hierarchie der zentralen Orte ein. Daß dieser Zusammenhang aber durchaus nicht sehr eng ist, zeigt die erhebliche Streuung der Punkteschar beiderseits der eingezeichneten zwei Regressionsgeraden[721]. Die nur mäßig starke Abhängigkeit der beiden Kenngrößen zeigt sich auch im Korrelationskoeffizienten zwischen beiden Wertereihen[722] oder in seinem Quadrat; das ist das sogenannte Bestimmtheitsmaß[723]. Der Korrelationskoeffizient beträgt nur +0,743, das Bestimmtheitsmaß 0,552; letzteres sagt aus, daß etwa die Hälfte der Streuung der einen Kenngröße durch die jeweils andere erklärbar ist. Beide Wertereihen – Einwohner und zentralörtliche Ausstattung – sind einander ähnlich, es liegt aber keine strikte Abhängigkeit vor.

Die Ursache für die mäßige Korrelation von Einwohnerzahl und Ausstattungskennwert liegt in Indonesien in der Heterogenität das Gesamtstädtesystems, in dem Gegensatz zwischen dem Städtesystem auf Java einerseits und dem der Außeninseln andererseits (vgl. S. 213ff.). Das wird schon in der Graphik 7-4 deutlich, denn alle Oberzentren, die die Großstadteinwohnerschwelle von 100.000 nicht erreichen, liegen auf den Außeninseln und alle Großstädte, deren zentralörtliche Ausstattung keine Zuordnung zu den Oberzentren erlaubt (vgl. S. 211), liegen auf Java. Auch in der Streuung des Gesamtfeldes sind die Städte beider Landesteile deutlich räumlich getrennt: Die Städte der Außeninseln liegen weit überwiegend oberhalb der Regressionsgeraden, diejenigen Javas fast alle unterhalb derselben. Werden die Einwohnerzahlen und Ausstattungskennwerte der Großstädte und Oberzentren in den beiden Landesteilen – Java und Außeninseln – je für sich zueinander in Beziehung gesetzt, dann ergeben sich in beiden Teilsystemen weitaus bessere Übereinstimmungen zwischen den Wertereihen. Die Tabelle 7-2 enthält die Ähnlichkeitsmaße der Wertereihen für Gesamt-Indonesien sowie für die Außeninseln und Java je für sich.

Aus Tabelle 7-2 geht hervor: Sowohl im Städtesystem Javas als auch im Städtesystem der Außeninseln korrelieren Einwohner und zentralörtlicher Ausstattungskennwert jeweils besser zueinander als im gesamtindonesischen System. Jedes der beiden Teilsysteme ist also in sich einheitlicher als das Gesamtsystem. Bei gleichem zentralörtlichen Rang sind die Städte Javas wesentlich volkreicher als die der Außeninseln; das erscheint in Anbetracht der mehrfach höheren Bevölkerungsdichte auf Java fast selbstverständlich. Einschränkend muß aber vermerkt werden, daß dieser Unterschied geringer wäre, wenn der Ausstattungskennwert nicht ausschließlich nach der Qualität des Dienstleistungsangebotes bestimmt, sondern auch quantitative Merkmale herangezogen worden wären (vgl. S. 13). Hätte die Häufung gleicher Dienste in ein und derselben Stadt berücksichtigt werden können, würden die Städte auf Java in ihrer zentralörtlichen Stellung aufgewertet werden. Diese sind mit privaten und halbamtlichen Diensten sehr viel häufiger mehrfach besetzt als die nach der verwendeten Methode gleichrangigen Städte der Außeninseln.

---

[720] Es hätten hier auch die Einwohnerzahlen von 1980 eingesetzt werden können. Die Einwohnerzahlen von 1976/77 wurden gewählt, weil die zentralörtlichen Ausstattungskennwerte auch die Rangordnung von 1976/77 wiedergeben.

[721] Diese dienen dazu, einen funktionalen Zusammenhang der zweidimensionalen Wertemenge für eine beliebige Anzahl von Orten darzustellen. Wird ein einfacher funktionaler Zusammenhang wie folgt unterstellt:

$$(1) \qquad Z = k \cdot E^b,$$

dann wird aus Gleichung (1) in doppelt-logarithmischer Darstellung eine Geradengleichung:

$$(2) \qquad \lg(Z) = b \cdot \lg(E) + \lg(k).$$

Dabei ist k eine Konstante und b die Neigung. Durch lineare Regression nach der Methode der kleinsten Quadrate können die Werte für k und b bestimmt werden. Je nachdem, welcher der beiden Logarithmen von (Z) oder von (E) als unabhängige Variable eingesetzt wird, ergibt sich für die zweite Variable eine bestimmte Streuung. Aus den zwei möglichen Annahmen ergeben sich zwei Regressionsgeraden (vgl. dazu: L. Breiman: Statistics – with a View toward Applications, Chapter 10, Boston 1973 oder J. Pfanzagl: Allgemeine Methodenlehre der Statistik, Teil II, Kap. 10, Samml. Göschen Bd. 747/747a, Berlin ^{4}1974).

[722] Der Korrelationskoeffizient r dient als Maß der Abweichung der beiden Wertereihen von dem angenommenen funktionalen Zusammenhang:

$$(3) \qquad r = \sqrt{b_E \cdot \frac{1}{b_Z}}$$

Sind die Wertereihen statistisch voneinander unabhängig, so ist r = 0, sind sie strikt voneinander abhängig, so ist r = +1 oder −1.

[723] Das Bestimmtheitsmaß r^2 dient, wie der Korrelationskoeffizient r, ebenfalls als Maß der Abweichung der Wertereihen von dem angenommenen funktionalen Zusammenhang:

$$(4) \qquad r^2 = b_E \cdot \frac{1}{b_Z}$$

Dieses Maß gibt an, welcher Anteil der Streuung der abhängigen Variablen durch die Regression erklärt wird.

Tabelle 7-2. Beziehungen zwischen Einwohnern (E) und Ausstattungekennwerten (Z) der Großstädte und Regionalmetropolen/Oberzentren

	Anzahl der Orte	Korrelations-koeffizient[a]	Bestimmt-heitsmaß[b]	Neigung der Regressions-geraden[c] E f (Z)	Z f (E)
Gesamt-Indonesien					
(1) Großstädte **und** Regionalmetrop./Oberzentren	46	+ 0,743	0,552	+ 1,064	+ 0,587
(2) Regionalmetropolen /Oberzentren	43	+ 0,813	0,661	+ 0,868	+ 0,573
(3) Großstädte	34	+ 0,812	0,659	+ 1,261	+ 0,830
(4) Großstädte **sofern** Regionalmetrop./Oberzentren	31	+ 0,853	0,728	+ 1,043	+ 0,759
Jakarta u. Außeninseln					
(5) Großstädte **und** Regionalmetrop./Oberzentren	28	+ 0,881	0,776	+ 0,809	+ 0,627
(6) Regionalmetropolen /Oberzentren	identisch zu Zeile (5)				
(7) Großstädte	16	+ 0,885	0,783	+ 0,965	+ 0,756
(8) Großstädte **sofern** Regionalmetrop./Oberzentren	identisch zu Zeile (7)				
Java					
(9) Großstädte **und** Regionalmetrop./Oberzentren	19	+ 0,908	0,824	+ 1,112	+ 0,917
(10) Regionalmetropolen /Oberzentren	16	+ 0,956	0,913	+ 0,930	+ 0,850
(11) Großstädte	identisch zu Zeile (9)				
(12) Großstädte **sofern** Regionalmetrop./Oberzentren	identisch zu Zeile (10)				

[a] Erläuterung und mathematische Ableitung siehe Fußn. 721.
[b] Erläuterung und mathematische Ableitung siehe Fußn. 722.
[c] Erläuterung und mathematische Ableitung siehe Fußn. 720.

Entsprechend den genannten Abhängigkeiten erscheinen die Städte Javas in Graphik 7–4 fast ausschließlich unterhalb der beiden Regressionsgeraden; auf der anderen Seite halten die außerjavanischen Provinzhauptstädte, die hohe Ausstattungskennwerte bei verhältnismäßig geringerer Einwohnerzahl besitzen, durchweg die Positionen am oberen Rand des Streuungsfeldes. Da es mehrere einander ähnliche Orte dieses Typs gibt, ist die Streuung oberhalb der Regressionsgeraden schwächer als die im unteren Teil des Feldes. Nach unten ragen einzelne Orte verhältnismäßig weit aus dem Feld heraus, generell handelt es sich aber um einwohnerstarke Industriestädte wie Surakarta, Kediri, Tegal, Pekalongan, Tasikmalaya und Cimahi[724]. Bezeichnenderweise gehört als einzige nicht auf Java gelegene Stadt Balikpapan in diese Gruppe, also eine früh entwickelte Ölindustriestadt (vgl. S. 63), die keine überregionalen Verwaltungsaufgaben besitzt.

Der Zahl von zwölf außerjavanischen Oberzentren mit weniger als 100.000 Einwohnern stehen nur drei Großstädte gegenüber, die den Rang von Oberzentren nicht erreichen – Pekalongan verfehlt ihn nur knapp. Dieses Verhältnis ist kennzeichnend für Städtesysteme im Aufbau, wo zuerst die zentralörtlichen Funktionen durch wachsenden Handel oder durch administrative Setzung gestärkt werden und erst später ein entsprechendes Einwohnerwachstum erreicht wird. Daß die einwohnerschwachen Oberzentren durchweg auf den Außeninseln liegen und die in der zentralörtlichen Ausstattung unterentwickelten oder zurückgebliebenen Großstädte durchweg auf Java, ist schon gesagt worden. Das bedeutet: Die Außeninseln stellen sich auch nach diesem Kriterium als die Aufbauregion heraus, während Java, dessen Oberzentren durchweg mehr als 100.000 Einwohner besitzen, den Typ einer schon weiter entwickelten Städteregion vertritt (vgl. S. 216).

---

[724] Alle sechs Städte sind in Tab. 6–5 (S. 170f.) unter den zwanzig industriereichsten Orten Indonesiens genannt. Die von Cimahi belegte Extremposition ist durch administrative Überbegrenzung mitverursacht (vgl. S. 120).

7.2. Hierarchiestufen und Zuordnungen der Städte

Die ermittelte Reihe der Ausstattungskennwerte weist zwischen den Werten des ersten und zweiten Ranges sowie denen des siebten und achten Ranges diskrete Absätze, Sprünge auf. Vom achten Rang abwärts nimmt sie jedoch sehr gleichmäßig ab; sie ist von hier ab kontinuierlich strukturiert, das zeigte schon Graphik 7–1.

Nach weithin verbreiteter, auf Walter Christaller 1933 basierender Theorie müßten dem Hierarchieprinzip der zentralörtlichen Raumorganisation folgend diskrete Hierarchiestufen in der Rangfolge der Städte auftreten, sofern es sich um ein integriertes Städtesystem handelt. Andere theoretische Ansätze – so schon bei August Lösch 1940 – verneinen diskrete Hierarchiestufen von vornherein[725]. Diese sind keinesfalls zu erwarten, wenn das Gesamtsystem aus mehreren, untereinander nur schwach verbundenen, unterschiedlichen Teilsystemen besteht oder wenn zwischen den Städten viele nicht-hierarchische, funktionale Beziehungen bestehen. Wie oben gesagt, sind diskrete Hierarchiestufen in der Reihung der indonesischen Städte nach Ausstattungskennwerten unterhalb des achten Rangplatzes nicht vorhanden. Andererseits zeigt die Spannweite der Werte zwischen dem achten Rangplatz (Wert 4.943) und dem Ende der Skala (Wert 1), daß die Ausstattung der Siedlungen mit zentralörtlichen Diensten extreme Unterschiede aufweist. Die Siedlungen besitzen also sehr unterschiedliche zentralörtliche Funktionen und müssen dementsprechend klassifiziert werden. Die Abgrenzungen dieser Klassen durch Intervalle auf der kontinuierlichen Skala der Ausstattungskennwerte zu bestimmen, ist die Aufgabe.

Ausgangspunkt einer solchen zentralörtlichen Klassenbildung ist im vorliegenden Falle die Landeskenntnis des Verfassers, also die Empirie[726]. Die Reihung der Städte nach ihren Ausstattungskennwerten ist zwar bis etwa zum 100. Rang eindeutig (vgl. S. 199), doch führen mathematische Distanzgruppierungen zur Auffindung bestimmter Intervalle im vorliegenden Falle aus mehreren Gründen zu recht unsicheren Ergebnissen[727]; Distanzgruppierungen auf der Skala der Ausstattungskennwerte sollen deshalb nur hilfsweise, das heißt zur Bekräftigung oder Relativierung empirisch ermittelter Gruppengrenzen herangezogen werden. Dem gleichen Zweck dient eine zweite rechnerische Operationalisierung der Ausstattungskennwerte: Da diese aus Teilwerten verschiedener Diensteränge zusammengesetzt sind, können die Anteile berechnet werden, die jeder Ort in seiner jeweils höchsten Diensteranggruppe erreicht. Aus diesen Anteilen kann abgelesen werden, ob er ein dieser Diensteranggruppe entsprechendes Zentrum bildet oder nicht[728]. Auch dieses Verfahren kann das Auffinden von zweckmäßigen Intervallen auf der Skala der Ausstattungskennwerte unterstützen, indem es dazu dient, die in einer bestimmten Zentralitätsstufe erreichte Ausstattung der Orte zu prüfen.

An der Spitze des indonesischen Städtesystems steht die Staatshauptstadt Jakarta; das gilt unabhängig von der Höhe ihres Ausstattungskennwertes (vgl. S. 198 f.). In Jakarta sind die Funktionen – insbesondere im Bereich der zentralen Dienste – soweit gebündelt, daß ihre zentralörtliche Stellung innerhalb des staatsbezogen abgegrenzten Siedlungssystems alle anderen Städte deutlich überragt und zwar zumindest der Rang-Größen-Regel entsprechend. Bezogen auf den Staat Indonesien bildet Jakarta eine eigene Klasse zentralörtlicher Ausstattung; Jakarta allein vertritt eine oberste Hierarchieebene. In dieser räumlichen Beschränkung auf das

---

[725] Zur Diskussion um den realtypischen Niederschlag des theoretisch geforderten hierarchischen Aufbaues eines Städtesystems siehe beispielhaft Köck 1975 (S. 33 ff.) und zusammenfassend Beavon 1977 (S. 43 ff.).

[726] Einen ersten Versuch hatte der Verfasser 1976 (Rutz 1976 b) unternommen. Das Instrument der Ausstattungskennwerte erlaubt nun eine neue, verbesserte Hierarchisierung. Trotz aller Aufwendungen zur Beschaffung einer für Indonesien maximalen Datengrundlage (vgl. S. 4 ff.) muß auch dieses Instrument noch als „grob" gelten. Es ist jedoch geeignet, die dem Verfasser bekannten Städte in ihrem Ausstattungsgrad zu quantifizieren und kann als Meßinstrument innerhalb kleinerer Intervalle dienen, die zwischen solchen Städten liegen, deren Stellung in der zentralörtlichen Hierarchie von vornherein eindeutig ist.

[727] Es wurden Verfahren der Minimierung des Gruppendistanzzuwachses angewendet (vgl. Köck 1975, S. 103 f.). Da Aussagen nur über den kontinuierlichen Teil der Skala gesucht waren, wurden die Verfahren auf die Folge vom 8. Rang abwärts beschränkt; eine weitere Einschränkung erfolgte, indem die Skala am anderen Ende beim 400. Rangplatz abgeschnitten wurde. Alle Gruppierungsalgorithmen ergaben eine sehr starke Häufung der Gruppengrenzen innerhalb des obersten, steil abfallenden Astes der Skala. Nur die letzten Gruppierungsabschnitte deuteten auch Diskontinuitäten im oberen Mittelteil der Skala an.

[728] Auch bei diesem Verfahren muß empirisch festgelegt werden, welche „Füllung" der jeweils höchsten Diensteranggruppe erreicht werden soll, um die Orte der entsprechenden Zentrenkategorie oder beim Unterschreiten des festzusetzenden Anteilwertes der nächst niedrigeren Zentrenkategorie zuzuordnen. In Folge der sehr unterschiedlichen Zusammensetzung der Diensteranggruppen aus Einzeldiensten (vgl. Tab. 0–2, S. 14 f.) kann keine einheitliche, für alle Diensteranggruppen gleichermaßen gültige „Mindestfüllung" festgesetzt werden. Für jede der Diensteranggruppen muß getrennt festgesetzt werden, ob die Zuordnung der Orte erfolgt, wenn 80%, 75%, 66%, 50% oder gar noch geringere Anteile erreicht sind. Es mußte ferner berücksichtigt werden, daß die Ausstattungskennwerte nicht allein auf dem bloßen Vorhandensein oder der Abwesenheit von Diensten beruhen, sondern entsprechend empirischer Beobachtungen gewichtet und korrigiert worden waren (vgl. S. 12 f.). Es wurden deshalb zusätzlich die „Füllungen" der Diensteranggruppen auf der Basis der 74 erfaßten Dienste, also ohne deren Gewichtung und Korrektur errechnet. Diese Datengrundlage reichte aber nicht aus, um dieses Verfahren allein zur Grundlage einer hierarchischen Einteilung der zentralen Orte zu machen (vgl. Bobek & Fesl 1978, S. 16 ff. mit einer besseren Ausgangsdatenlage).

Staatsgebiet der Republik Indonesien ist Jakarta die Metropole[729]; der Status einer eigenen Hierarchieklasse ist auch in der folgenden Tabelle 7–3 ausgedrückt.

Diese eindeutige Spitzenstellung Jakartas ist zu relativieren, wenn unterschiedliche Dienstleistungszweige analysiert und staatsgrenzenüberschreitende höchstrangige Dienste einbezogen werden. Dann zeigt es sich, daß im Bereich der privaten Dienstleistungen – etwa in höchstklassiger Krankenversorgung, privater Hochschulausbildung, besonders aber im internationalen Handel und im höchstwertigen Einzelhandel – Jakarta durch Singapur deutlich übertroffen wird[730].

Unterhalb der Staatshauptstadt ergibt sich durch die schon genannten diskreten Stufen der Rang-Größen-Kurve zwischen dem ersten und zweiten sowie zwischen dem siebten und achten Rang eine Gruppe von sechs Städten, die eindeutig einer zweiten realtypisch vorhandenen Hierarchieebene zugehören. Drei Städte dieser Gruppe – Surabaya, Medan und Ujung Pandang – erreichen den Ausstattungsmaximalwert[731] von 6.101. Mit nur geringen Abständen ihrer Ausstattungskennwerte folgen auf dem fünften bis siebten Rang Semarang, Bandung und Palembang. Weist der maximale Ausstattungskennwert für Surabaya, Medan und Ujung Pandang schon darauf hin, daß in diesen Städten alle Dienste der höchsten Diensteranggruppe vorhanden sind, so besitzen auch die übrigen drei Städte noch 16 von 18 möglichen Diensten der Diensteranggruppe 1; das ist in der Tabelle 7–3 dargestellt. Alle sechs Städte üben die höchsten regionalen Verwaltungs-[732] und Versorgungsfunktionen für Bereiche aus, die auf Java in etwa den drei großen Provinzen entsprechen und auf den dünn besiedelten Außeninseln weit provinzübergreifend sind (vgl. S. 231f.). Es sind die großen regionalen Metropolen des Archipelstaates und zugleich auch dessen – nach Jakarta – einwohnerreichste Städte. Die sechs Städte dieser sicher belegten Hierarchiestufe sind also mit Fug und Recht als „Regionalmetropolen" zu bezeichnen und bilden die zweite, deutlich ausgeprägte zentralörtliche Städteklasse Indonesiens.

Unterhalb der Sechsergruppe der Regionalmetropolen fällt die Rang-Größen-Kurve der Ausstattungskennwerte steil ab. Zur achten Stadt Padang ergibt sich mit 825 Punkten der absolut größte Sprung der Gesamtreihe. Von Padang noch einmal mit 700 Punkten deutlich abgesetzt, folgt auf dem 9. Rang Manado; danach aber an 10., 11. und 12. Stelle eine weitere Dreiergruppe aus Banjarmasin, Denpasar und Yogyakarta. Die in Diensteranggruppe 2 zusammengefaßten hochrangigen Dienste werden von allen fünf Städten fast vollständig erfüllt; die herausragenden Ausstattungskennwerte erhalten diese fünf Städte aber durch eine große Anzahl von Streudiensten aus Diensteranggruppe 1[733]. Damit wird die bezeichnende Eigenart dieser Städtegruppe deutlich: Es sind voll ausgestattete Oberzentren[734] mit starken Teilfunktionen aus den für Regionalmetropolen spezifischen Diensten.

Auch die zwei folgenden Städte auf den Rängen 13 und 14 – Pontianak und Tanjung Karang-Teluk Betung – besitzen noch Teilfunktionen der Regionalmetropolen, aber bereits in sehr eingeschränktem Umfang. Ihre Ausstattungskennwerte sind nach oben wie nach unten deutlich gegen die Rangnachbarn abgesetzt. Es folgt auf dem 15. Rang Banda Aceh und danach, noch einmal deutlich schwächer ausgestattet, eine Gruppe von acht Städten – Ambon, Pekan Baru, Malang, Cirebon, Surakarta, Jayapura, Jambi und Samarinda – deren Ausstattungskennwerte dicht beieinander liegen. Diese acht Städte bieten – Jayapura ausgenommen – nur noch einzelne oder gar keine Dienste aus der höchsten Diensteranggruppe 1 an, dafür aber die der Diensteranggruppe 2 verhältnismäßig vollständig. Bei der Reihe von Pontianak bis Samarinda handelt es sich um Oberzentren, deren überdurchschnittliche Ausstattungskennwerte bei voll vorhandenen hochrangigen Diensten durch eine abneh-

---

[729] Für die folgende Beschreibung der Hierarchieebenen wird eine Nomenklatur verwendet, die den hier vorrangig nötigen Unterscheidungen im Bereich höherer Zentralität gerecht wird. Ähnlich Blotevogel (1982), der ebenfalls den Bereich höherer Zentralität kategorial beschreiben wollte, wird im folgenden verwendet: Metropole, Regionalmetropole, Oberzentrum mit Teilfunktionen einer Regionalmetropole, Oberzentrum, gehobenes Mittelzentrum, Mittelzentrum, gehobenes Unterzentrum und Unterzentrum; vgl. hierzu auch Fußn. 734.

[730] Das Verhältnis von Jakarta zu Singapur wird im folgenden nicht näher analysiert. Die Aussagen beruhen auf Feldbeobachtungen in beiden Städten, jedoch wurden hierzu keine systematischen Datenerhebungen angestellt. Vgl. auch Rutz 1976 (b) (S. 164f.).

[731] Im gewählten Verfahren, das Jakarta ausschloß; vgl. S. 198.

[732] Insbesondere höchste regionale Dienststellen der Sonderverwaltungen.

[733] Dienste eines zentralen Ortes, die höher eingestuft sind als die für die Zentralitätsstufe des betreffenden Ortes „stufenspezifischen" Dienste (vgl. Bobek & Fesl 1978, S. 16ff.). Die Streudienste dieser Städtegruppe können aus der Tab. 7–3 abgelesen werden.

[734] Anders als beim Begriff der „Regionalmetropolen", der sich aus dem Sachverhalt ableiten ließ, muß der Begriff „Oberzentrum" – müssen auch alle weiteren Begriffe der zentralörtlichen Hierarchie – in Anlehnung an das europäische Raummuster verwendet werden. Das erscheint dem Autor gerechtfertigt, weil es sich auch in Indonesien um eine Klassifizierung handelt, die sich an Gütern und Diensten orientiert, die nach europäischem Vorbild angeboten und nachgefragt werden. Da es nicht die gleichen Güter und Dienste sind, die die Hierarchiestufen bestimmen, können die Begriffsinhalte zwar nicht für beide Weltregionen gleichgesetzt werden, doch sind die Inhalte zumindest ähnlich und die Unterschiede sind durch die in Tab. 0–2 (S. 14f.) wiedergegebene Dienstleiste genau belegt.

Tabelle 7-3. Besetzung der Regionalmetropolen und Oberzentren mit stufenspezifischen zentralen Diensten

Rang-folge der Städte	Zentral-örtlicher Ausstattungs-kennwert	Diensteranggruppe 1 18 höchstrangige Dienste[a] 1 2 3 4 5 6 7 8 9 10 11 12 13 14 15 16 17 18	Diensteranggruppe 2 22 hochrangige Dienste[a] 19 20 21 22 23 24 25 26 27 28 29 30 31 32 33 34 35 36 37 38 39 40	Beitrag zum Ausstattungskennwert Gruppe 1 (Dienste 1-18)	Gruppe 2 (Dienste 19-40)	Gruppe 3 (Dienste 41-74)
Metropole						
1 Jakarta	37000	alle hier berücksichtigten Dienste sowie diejenigen einer noch höheren Hierarchiestufe		. . .	. . .	. . .
Regionalmetropolen						
2 Surabaya	6101	A A H A H A H A A A A A P H A A H P	- H A H - A - - A A H - - A P -	4210	1381	510
3 Medan	6101	A A H A H A H A A A A A P H A A H P	- H A H - A - - A A H - - A P -	4210	1381	510
4 Ujung Pandang	6101	A A H A H A H A A A A A P H A A H P	- H A H - A - - A A H - - A P -	4210	1381	510
5 Semarang	5986	A A H A H - H A A A A A P H A A H P	- H A H - A - - A A H - - A P -	4095	1381	510
6 Bandung	5861	A A H - H A H A A A A A P H A A H P	- H A H - A - - A A H - - A P -	3947	1404	510
7 Palembang	5768	- A - A H A H A A A A A P H A A H P	A H A H - A - - A A H - - A P -	3830	1436	502
Oberzentren mit Teilfunktionen von Regionalmetropolen						
8 Padang	4943	- - - - H - H A A - A P H A A A H P	A - A H - H A - - A A H - - A P -	2955	1478	510
9 Manado	4243	- - - - A - - - A - - P H - A A A H P	A H A H - A - - A A H - - A P -	1914	1811	518
10 Banjarmasin	4075	- - A - A - - - A - A - H - A A A H P	A H A H - - - - A A H - - A P -	1803	1770	502
11 Denpasar	4048	- - H - A - - - A A A - - - A A A H P	- H A H - H H - - A A H - - A P -	1832	1714	502
12 Yogyakarta	3958	- A - A H A H A - A A - - - A A A H P	- H A H - A - - - A H - - A P -	1931	1525	502
gut ausgestattet						
13 Pontianak	3482	- - - - - H - - - - A - - - - A A H P	- A H - - - - - A A H - - A P -	1395	1577	510
14 Tg.Karang-Tel.Betung	3425	- - - - - - - - - - - - - - A A A H P	A - A H - P - - A A H - - A P -	1165	1746	514
15 Banda Aceh	3005	- - - - - - - - - - - - - - - A A H -	A - A - - - - - A A H A H A P H	832	1663	510
16 Ambon	2655	- - - - - - - - - - A - - - - A A - -	A - A A - - - - A A - - - A P H	517	1625	513
17 Pekanbaru	2655	- - - - - - - - - - - - - - - A A H P	- - A A - H - - - A A - - A P H	482	1663	510
18 Malang	2588	- - - - A - - - - - - - - - A A A H P	- A A - H - - - A A H - - A P -	1051	1026	511
19 Cirebon	2446	- - - - - - - - - - - - - - - - - H P	- A A - - - - - A A H - - - P -	906	1037	503
20 Surakarta (Solo)	2340	- - - - A - - - - - A - - - - A A A -	A A A A - - A - - A A H - - A P H	1051	786	503
21 Jayapura	2315	- - - - - - - - - - - A - - A A A H -	- - A - - A - - - A A H A H A P -	715	1165	435
22 Jambi	2242	- - - - - - - - - - - - - - - - - - -	A A A A - - - - A A H - - A P -	0	1732	510
23 Samarinda	2225	- - - - - - - - - - - - - - - - - - -	A A A - - - - - A A H A H A P H	0	1715	510
normal ausgestattet						
24 Mataram	1737	- - - - - - - - - - - - - - - - - - -	H - A A - - - - A A - - - A P H	0	1235	502
25 Jember	1727	- - - - - - - - - - - - - - - - - - -	- - A A - H - - - A A - - - - A P H	0	1219	508
26 Kupang	1664	- - - - - - - - - - - - - - - - - - -	A - A - - - - - A A - - A P H	0	1216	448
27 Bogor	1545	- - - - - - - - - - - - - - - - - - -	- - A - - - - - A A H - - A P H	0	1058	487
28 Pematang Siantar	1510	- - - - - - - - - - - - - - - - - - -	- - A - - - - - A A - - - A P H	0	1011	499
29 Palu	1492	- - - - - - - - - - - - - - - - - - -	- - A - - - - - A A - - - P -	0	1000	492
schwach ausgestattet						
30 Purwokerto	1350	- - - - - - - - - - - - - - - - - - -	- - H - - - - - - A - - - A P -	0	834	516
31 Kendari	1334	- - - - - - - - - - - - - - - - - - -	- - H - - - - - - A - - - - P -	0	999	335
32 Bengkulu	1294	- - - - - - - - - - - - - - - - - - -	- - H - - - - - - A - - - A - -	0	810	484
33 Palangka Raya	1223	- - - - - - - - - - - - - - - - - - -	- - H - - - - - - A - - - A P -	0	804	419
34 Madiun	1210	- - - - - - - - - - - - - - - - - - -	- - - - - - - - - A - - - A P -	0	752	458
35 Sibolga	1059	- - - - - - - - - - - - - - - - - - -	- H H - - - - - - A - - - - P -	0	514	545
36 Balikpapan	1024	- - - - - - - - A - - - - - - - - - -	- - A - - - - - A A - - - A P -	94	448	482
37 Kediri	1010	- - - - - - - - - - - - - - - - - - -	- H H - - - - - - A - - - A P -	0	550	460
38 Bukittinggi	1006	- - - - - - - - - - - - - - - - - - -	- H H - - - - - - A - - A H A P H	0	516	490
39 Pangkal Pinang	964	- - - - - - - - - - - - - - - - - - -	- - - - - - - - - A - - - A P H	0	494	470
40 Magelang	960	- - - - - - - - - - - - - - - - - - -	- H - - - - - - - A - - - H A P H	0	444	516
41 Sukabumi	955	- - - - - - - - - - - - - - - - - - -	- - - - - - P - - A - - - A - H	0	526	429
42 Tegal	951	- - - - - - - - - - - - - - - - - - -	- - - - - - P - A - A A - - H A - -	0	452	499
43 Tanjung Pinang	947	- - - - - - - - - - - - - - - - - - -	- - H - - - - - - - - - - - -	0	586	361

[a] Schlüssel für die in der Kopfzeile durch Ziffern gekennzeichneten Dienste siehe Tab. 0-2, Sp. (1).
Die Buchstaben im Feld der Matrix weisen auf die Dienstleistungsart hin:
A = amtlicher Dienst, H = halbamtlicher Dienst, P = privater Dienst (vergl. Abschn. 0.3.).

mende Zahl von Streudiensten aus Diensteranggruppe 1 gekennzeichnet ist. Diese Streudienste geben Pontianak und Jayapura[735] eine Zwischenstellung; in allen anderen Oberzentren, beginnend mit Tanjung Karang-Teluk Betung, bilden diese höchstrangigen Dienste nur noch Beiwerk. Die Tabelle 7–3 zeigt die Art und den Rang der Dienste im einzelnen.

Nach einem Sprung von 488 Punkten zwischen dem 23. und 24. Rangplatz liegt, beginnend mit Mataram, die weitere, durch abnehmende Ausstattungskennwerte bestimmte Folge der Städte nun im Bereich normal ausgestatteter Oberzentren. Zwischen dem 29. und 30. Rang sowie dem 34. und 35. Rang liegen Wertesprünge, die auch durch die Algorithmen der Distanzgruppierungen nachgewiesen werden, ohne daß sich an diesen Stellen prinzipielle Unterschiede der zentralörtlichen Eigenschaften erkennen lassen. Vom 30. Rang an, beginnend mit Purwokerto, kann von schwach ausgestatteten Oberzentren gesprochen werden. Erst mit dem 45. Rangplatz beginnend (Singkawang) mischen sich in die Städterangfolge auch solche Orte, die nur noch hochrangige Streudienste leisten, also als Mittelzentren mit Teilfunktionen von Oberzentren anzusprechen wären. Auf dem 39. bis 43. Rangplatz liegen Städte mit sehr ähnlichen Ausstattungskennwerten, die gegen den 44. Rang (Ternate) durch 67 Punkte deutlich abgesetzt sind. Hier etwa findet die zentralörtliche Städteklasse der Oberzentren eine untere Begrenzung. Die stufenspezifischen Dienste der Ranggruppe 2 werden von den schwächsten dieser noch als Oberzentren eingestuften Städte noch zu einem Drittel angeboten[736].

Für die vorstehende Erörterung über die in den Regionalmetropolen und Oberzentren vertretenen Dienste bietet die Tabelle 7–3 eine Zusammenfassung.

Nach der Gruppe der Oberzentren folgt auf dem 44. Rang – wie schon gesagt – Ternate. Auch Ternate besitzt noch 7 von 22 hochrangigen Diensten, die die Ranggruppe 2 zusammensetzen. Das sind oberzentrale Streudienste, die auch die meisten der folgenden Städte leisten. Ternate und die folgenden Städte erfüllen aber auch die gehobenen mittelrangigen Dienste (Diensteranggruppe 3) sehr vollständig. So kann vom 44. Rang (Ternate) mit dem Ausstattungswert 880 bis zum 85. Rang (Tebingtinggi/Süd-Sumatra) mit dem Ausstattungswert 410 eine Gruppe von 43 gehobenen Mittelzentren unterschieden werden, die gegen die folgenden Städte durch einen Sprung von 17 Punkten abgesetzt sind, der auch durch Distanzgruppenbestimmungen bestätigt ist. Die schwächsten Städte dieser Gruppe leisten noch rund 50% der gehobenen Dienste (Diensteranggruppe 3).

Beginnend mit Bengkalis auf dem 86. Rangplatz folgt ein sehr großes Feld der Skala, das von den Mittelzentren eingenommen wird. Der Schwerpunkt der Dienstleistungen dieser Städte liegt durchweg in der Gruppe 4, doch werden auch noch sehr viele gehobene Dienste, ganz vereinzelt auch noch höhere Dienste angeboten. Die Skala der Ausstattungskennwerte zeigt nur noch sehr geringe Distanzsprünge. Diese sind nicht mehr geeignet, das Vorhandensein oder Fehlen rangspezifischer Dienstleistungen anzuzeigen. Dadurch lassen sich keine Untergruppierungen vornehmen und es läßt sich nur schwer eine untere Grenze für das Feld der Mittelzentren finden. Die Rangplätze werden ja auch etwa vom 130. Rang ab unsicher (vgl. S. 199). Um zu entscheiden, ob ein Ort entweder als Mittelzentrum oder als gehobenes Unterzentrum ansprechbar ist, kann jetzt nur noch die stufenspezifische mittelrangige Dienstleistung innerhalb der Diensteranggruppe 4 maßgebend sein. Diese mittelrangigen Dienste sollten von Mittelzentren noch zu rd. zwei Dritteln geleistet werden. Nach diesem Kriterium reichen die Mittelzentren etwa bis zum 280. Rangplatz; das heißt, es gibt etwa 195 Mittelzentren ohne oder 237 einschließlich der 42 gehobenen Mittelzentren[737].

Muß für die Untergrenze der Mittelzentren schon eine gewisse Schwankungsbreite in Kauf genommen werden, so wird diese für die Kennzeichnung der Unterzentren noch größer. Gehobene Unterzentren, die mehr als Dreiviertel der niedrigrangigen – nicht der niedrigstrangigen – Dienste (Diensteranggruppe 5) anbieten, gibt es rd. 600. Auch diese Gruppe der gehobenen Unterzentren schließt wieder einige Städte ein, die eine größere Anzahl mittelrangiger Streudienste leisten, also noch mittelzentrale Teilfunktionen ausüben; ihre Zahl liegt bei 120 bis 125. Zwar bildet diese Ortegruppe keine eigene Hierarchiestufe, sie ist aber hier zu nennen, weil sie zusammen mit den höherrangigen zentralen Orten zur Gesamtheit der voll entwickelten Städte gerechnet worden ist (vgl. S. 83f.). Unterhalb der gehobenen Unterzentren sind noch zwei Teilgruppen unterscheidbar: voll ausgestattete Unterzentren und solche, denen wesentliche niedrigrangige Dienste der Diensteranggruppe

---

[735] Jayapura muß in diese Zwischenstellung erst noch hineinwachsen. Es besitzt zwar 6 Streudienste aus der Dienstegruppe 1, ist aber insgesamt so schwach ausgestattet, daß es erst den 21. Rangplatz einnimmt.

[736] Diese verhältnismäßig niedrig angesetzte Schwelle wird auch gerade noch von Ternate erreicht; dennoch soll dieser Hauptort der nördlichen Molukken mit einem Ausstattungskennwert von 880 (61 Punkte hinter Tanjung Pinang) schon als gehobenes Mittelzentrum (mit oberzentralen Teilfunktionen) bewertet werden.

[737] Zu Grunde gelegt sind hierbei „gewichtete Dienstefüllungen" (vgl. Fußn. 728). Auf der Grundlage des bloßen Vorhandenseins der Dienste in Gruppe 4 erreichen nur rd. 160 Orte statt 195 den Status eines Mittelzentrums. Würde dagegen das Abgrenzungskriterium auf ein Diensteangebot aus Gruppe 4 auf 50% herabgesetzt werden, erhöhte sich die Zahl der Mittelzentren um rd. 40 Orte.

6 fehlen. Da diese nur aus fünf Diensten besteht, sollen als voll ausgestattet nur solche Orte gelten, die mindestens 4 Dienste aufweisen. Davon gibt es rund 980 Orte oder einschließlich der gehobenen Unterzentren etwa 1.580 Orte.

Die weiteren erfaßten 1.900 Orte sind Unterzentren ohne volles Mindestdiensteangebot; hier fehlen zwei oder mehr niedrigstrangige Dienste. Diese Orte können als unvollständige Unterzentren angesprochen werden[738]; zum kleinen Teil handelt es sich auch um Plätze, die bei fehlendem niedrig- und niedrigstrangigen Diensteangebot nur einen mittelrangigen zentralen Dienst, also einen Streudienst besitzen.

Das indonesische Städtesystem weist nach vorstehendem die in Tabelle 7–4 bezeichneten Hierarchiestufen seiner zentralörtlichen Ausstattung auf.

Tabelle 7-4. Zentralörtliche Hierarchiestufen im indonesischen Städtesystem

Hierarchiestufen		Anzahl der Orte in der Realität[a]		Schwankungsbreite	Faktor[b] k = 7	Niveau der Hierarchiestufen[c]
Metropole		(1) 1 (1)		±0	1	37000
Regionalmetropolen		(6) 6 (6)		±0	6	6000
Oberzentren	mit Teilfunkt. v. Regionalmetrop.	(5) 5 (5)	(36) 36 (35)	±2	42	2100 { 4250 / 2670 / 1610 / 1090
	gut ausgestattet	(11) 11 (10)				
	normal ausgestattet	(6) 6 (6)				
	schwach ausgestattet	(14) 14 (14)				
Mittelzentren	gehobene Mittelzentren	(43) 42 (39)	(243) 237 (229)	±10	294	290 { 570 / 230
	Mittelzentren	(200) 195 (190)				
Unterzentren	gehobene Unterzentren[d]	(610) 600 (595)	(1610) 1580 (1555)	±75	2058	25 { 48 / 13
	Unterz., voll ausgestattet	(1000) 980 (960)				
unvollständige Unterzentren		1900 bis 2400		±500	...	5

[a] Vorangestellte Werte in Klammern: einschließlich Ost-Timor (bei Mittel- und Unterzentren geschätzt) Nachgestellte Werte in Klammern: ausschließlich West-Neuguinea

[b] Anzahl der Orte, wenn ein Hierarchiestufenfaktor von k = 7 zu Grunde liegt.

[c] Dargestellt durch das arithmetische Mittel der Ausstattungskennwerte aller zu der betreffenden Hierarchiestufe gehörenden Orte.

[d] In dieser Stufe sind rd. 120 Unterzentren mit Teilfunktionen von Mittelzentren enthalten, die zusammen mit den höherrangigen Orten im Abschnitt 4.1. als "Sichere Städte" bezeichnet wurden.

Das für die hierarchische Gruppierung genutzte Datenmaterial läßt eine sichere Bestimmung der Regionalmetropolen und eine fast sichere Bestimmung der Oberzentren zu. Bezüglich der Untergrenze der Mittelzentren muß mit einer Unsicherheitszone von rd. 20 Orten gerechnet werden. Diese vergrößert sich an der Untergrenze der voll ausgestatteten Unterzentren auf rd. 150 Orte. Unabhängig von diesen Schwankungsbreiten läßt die Tabelle erkennen: Indonesien besitzt ein System zentraler Orte, dessen Hierarchiestufenfaktor dem von k = 7 sehr nahe kommt. Das gilt – abweichend vom Untersuchungsraum[739] – auch für das Hoheitsgebiet der heutigen Republik – einschließlich Ost-Timor – und ebenso für den indonesischen Anteil allein, also ohne die in ihrem Städtesystem weit später entwickelte melanesische Provinz auf Neuguinea. Der Vergleich zwischen der vorhandenen und der gemäß k = 7 theoretisch geforderten Anzahl von Siedlungen in den einzelnen Hierarchiestufen zeigt die größte Abweichung bei den Unterzentren. Indonesien hat weniger Unterzentren als nach dem Hierarchiestufenfaktor k = 7 zu fordern wäre. Damit wird die bereits bekannte Aussage erneut bestätigt: Gegenüber der Regel gibt es im indonesischen Siedlungssystem zu wenige zentrale Orte niedrigen Ranges. Eine Erklärung dafür wurde schon in Abschnitt 7.1. gegeben (vgl. S. 201).

---

[738] Wird nicht die Zahl der erfaßten Orte von 3.760 zu Grunde gelegt, sondern werden die weiteren rd. 500 ländlichen Marktorte mit meist lückenhaftem unterem Einzelhandelsangebot, die nicht erfaßt wurden (vgl. S. 198), hinzugerechnet, so erhöht sich die Zahl der unvollständigen Unterzentren auf rd. 2.400.

[739] Republik Indonesien ohne Provinz Ost-Timor.

7.3. Regionale Strukturen der zentralörtlichen Ausstattung und Hierarchiebildung

Die räumliche Verteilung der Städte im indonesischen Staatsgebiet ist sehr ungleich (vgl. S. 84). Dementsprechend muß davon ausgegangen werden, daß auch das System der zentralen Orte räumlich uneinheitlich ist, daß regionale Strukturen vorliegen; mit anderen Worten: es ist von vornherein zu erwarten, daß sich das Gesamtsystem aus einander unähnlichen regionalen Teilsystemen zusammensetzt.

Um derartige unähnliche Teilsysteme zentraler Orte zu finden, müßten für die großen Teilräume des Archipels Rang-Größen-Kurven der Ausstattungskennwerte zentraler Orte gebildet und diese miteinander verglichen werden. Die hierfür benötigten Ausstattungskennwerte sind aber nicht vorhanden, denn die auf Gesamt-Indonesien bezogenen Werte können für Teilräume nicht verwendet werden[740]. Der bereits im Abschnitt 4.1. erläuterte Gegensatz zwischen der Städtedichte Javas einerseits und der der Außeninseln andererseits weist zumindest für Java auf ein solches Teilsystem hin, das von dem aller anderen Teilräume verschieden ist. Um dieses javanische Teilsystem mit dem Gesamt-Indonesiens vergleichen zu können, wurden für das Städtesystem auf Java die erforderlichen Rechenoperationen durchgeführt[741]. Dadurch gibt es für die javanischen Städte neben den auf Gesamt-Indonesien bezogenen Ausstattungswerten auch solche, die spezifisch auf das Siedlungssystem Javas bezogen sind; die daraus abgeleitete Rang-Größen-Kurve bietet die gesuchten Aufschlüsse.

Für alle anderen dem indonesischen Gesamtsystem ähnlichen oder unähnlichen Teilsysteme zentraler Orte stehen keine Rang-Größen-Kurven zur Verfügung[742]. Für solche Teilsysteme können aber die Niveaus im Ausstattungsgrad der einzelnen Hierarchiestufen bestimmt werden[743]. Wenn auch nicht so aufschlußreich wie Rang-Größen-Kurven, so bieten mittlere Ausstattungskennwerte für Ober-, Mittel- und Unterzentren doch Anhaltspunkte für Ähnlichkeit oder Unähnlichkeit der Teilsysteme. Ferner ist es möglich, die Anzahl der Orte je Hierarchiestufe und Teilsystem in Bezug zur Gesamtzahl der Orte je Teilsystem zu setzen und diese Anteile, die bei gleichartigen Städtesystemen gleich sein müßten, untereinander zu vergleichen.

Für den Vergleich zwischen dem Städtesystem Javas und dem Gesamt-Indonesiens liegen – wie bereits erwähnt – beide Rang-Größen-Kurven der Ausstattungskennwerte vor. Sie sind in der folgenden Graphik 7–5 dargestellt; die Parameter sind dort eingetragen.

Im Vergleich zur Rang-Größen-Kurve des Städtesystems im Gesamtstaat zeigt der Kurvenverlauf des Städtesystems auf Java folgende Besonderheiten auf: Die Metropole Jakarta hat von der auch hier im Kurvenverlauf deutlich ausgeprägten Hierarchiestufe der Regionalmetropolen (Surabaya, Semarang, Bandung) einen geringeren Abstand als im gesamtindonesischen Bewertungssystem. Jakarta erhält infolge der geringeren Ortegesamtheit im javanischen System einen niedrigeren Ausstattungskennwert, die Regionalmetropolen dagegen sind höher bewertet, weil ihre Dienstleistungen – besonders die amtlichen und halbamtlichen – bezogen auf die Ortegesamtheit Javas seltener sind als die entsprechenden Dienstleistungen aller 6 Regionalmetropolen im gesamtindonesischen System. Da die mittlere der Regionalmetropolen, Semarang, den regelgerechten Ausstattungswert besitzt, Bandung also etwas über der Regelverteilungsgeraden liegt, entspricht das Gesamtausstattungsniveau der drei Regionalmetropolen der Rang-Größen-Regel; im gesamtindonesischen System lag diese zweite Hierarchieebene etwas zu tief (vgl. S. 199).

Unterhalb der bereits durch die Rang-Größen-Kurve ausgewiesenen Hierarchiestufe der Regionalmetropolen lassen sich auch für Java weitere Ränge zentraler Orte ableiten. Wie im Falle des gesamtindonesischen Städtesystems werden dazu Distanzgruppierungen auf der Werteskala, besonders aber das mehr oder minder vollständige Angebot stufenspezifischer Dienste herangezogen (vgl. S. 211).

---

[740] Die Ausstattungskennwerte sind aus Rangwerten einzelner Dienste zusammengesetzt (vgl. S. 12). Deren Höhe ist abhängig von der Häufigkeit der Dienste. Diese Häufigkeiten nehmen aber in den Teilräumen nicht proportional zur Verringerung der Orteanzahl ab. Allein dadurch verändern sich die Rangwerte der Dienste beträchtlich und dementsprechend auch die Ausstattungskennwerte der Siedlungen.

[741] Es wurden gesonderte Rangwerte der 74 Dienste nach dem in Abschn. 0.3., S. 12 beschriebenen Verfahren berechnet. Diese auf Java bezogenen Diensterangwerte sind in Tab. 0–2, S. 14 f. in Klammern gesetzt. Die daraus gebildeten Ausstattungskennwerte der Orte sind in Tabelle 0–1 (Anhang) angeführt. Das gilt auch für den Wert von Jakarta, der analog zu den bereits in Fußn. 707 beschriebenen Verfahren berechnet wurde: 10 mal 1.407 (1.407 = Anzahl der Camat-Sitze auf Java) plus 8.260 (Ausstattungskennwert der höchstrangigen Regionalmetropole).

[742] Die dafür notwendigen Operationen – Bestimmung der Diensterangwerte, Errechnung der Ausstattungskennwerte, gesonderte Rang-Größen-Analysen – konnten bei der für diese Studie gegebenen Arbeitsorganisation nicht durchgeführt werden.

[743] Da diese von Teilsystem zu Teilsystem vergleichbar sein müssen, können hierfür die auf Gesamt-Indonesien bezogenen zentralörtlichen Ausstattungskennwerte verwendet werden.

Graphik 7-5: Rang-Größen-Kurven der Städte nach zentralörtlichen Ausstattungskennwerten in Gesamtindonesien und auf Java im Vergleich zueinander

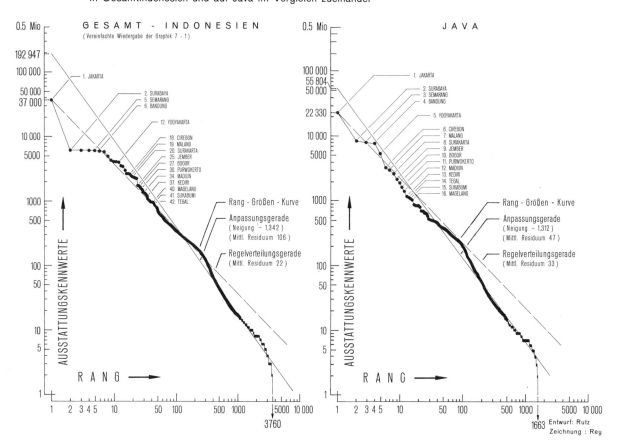

Nach dem 4. Rang (Bandung) verläuft die Rang-Größen-Kurve kontinuierlich, fällt aber bis zum 6. Rang besonders steil ab. Alle Distanzgruppierungsalgorithmen weisen die auf dem 5. Rang liegende Stadt Yogyakarta als eigene Gruppe aus. Sie vertritt den Typ eines sehr starken Oberzentrums mit vielen Teilfunktionen der Regionalmetropolen: Yogyakarta erfüllt noch 11 von 22 Diensten der höchsten Diensteranggruppe 1, die die für Regionalmetropolen typischen Dienste enthält. Yogyakarta ist dennoch auch im javanischen Städtesystem nicht mehr zu den Regionalmetropolen zu rechnen, denn diese sind in Gesamt-Indonesien wie auch auf Java durch ein besonders vollständiges Angebot der erfaßten höchstrangigen Dienste ausgewiesen und bilden dadurch eine geschlossene Hierarchiestufe; gerade das beweisen die Rang-Größen-Kurven der Ausstattungskennwerte.

Auch einige der weiteren Oberzentren besitzen noch Streudienste der höchsten Diensteranggruppe; Cirebon, Malang und Surakarta auf den Rangplätzen 6 bis 8 bilden diese Städtegruppe. Den weiteren Oberzentren fehlen diese höchstrangigen Streudienste; sie sind durch ein mehr oder weniger vollständiges Angebot der 20 für Java ausgewiesenen hochrangigen (nicht höchstrangigen) Dienste der Ranggruppe 2 gekennzeichnet. Von diesen 20 Diensten müssen 8 vorhanden sein, um eine Stadt noch als Oberzentrum einstufen zu können. Solche schwachen Oberzentren sind Sukabumi und Magelang auf dem 15. und 16. Rangplatz.

Im Bereich der Oberzentren zeigt die Rang-Größen-Kurve für Gesamt-Indonesien einen leichten konvexen Bogen über der Regelverteilungsgeraden (vgl. S. 201). Diese schwache Regelwidrigkeit gilt für das Städtesystem Javas nicht. Hier verbleibt vom 6. Rangplatz ab die Rang-Größen-Kurve durchweg unterhalb der Regelverteilungsgeraden. Bezogen auf das jeweilige Städtesystem gibt es demnach auf Java weniger Oberzentren als auf den Außeninseln, denn die zweite Erläuterungsmöglichkeit, eine schlechtere Ausstattung proportional gleich vieler Oberzentren, kann ausgeschlossen werden. Der weitere Verlauf der Rang-Größen-Kurve des javanischen Städtesystems im Bereich der Mittel- und Unterzentren ist der des gesamtindonesischen Systems sehr ähnlich.

Die in der Ausstattungsrangskala auf die Oberzentren folgenden Städte leisten noch oberzentrale Streudienste der Diensteranggruppe 2; alle weiteren Städte bis etwa zum 25. Rang erfüllen die gehobenen (mittelrangigen) Dienste der Ranggruppe 3 sehr vollständig und sind damit gehobene Mittelzentren. Auch wenn die gehobenen

Dienste nur noch zur Hälfte erfüllt sind, gehören die Städte noch zu derselben Klasse zentraler Orte. Insgesamt befinden sich auf Java etwa 23 solcher gehobener Mittelzentren.

Etwa 60 Mittelzentren, die mindestens die Hälfte der 14 für Java erfaßten mittelrangigen Dienste (Dienstegruppe 4) erfüllen, etwa 270 gehobene Unterzentren, die die drei erfaßten niedrigrangigen Dienste (Dienstegruppe 5), und weitere rd. 730 voll ausgestattete Unterzentren, die vier von fünf niedrigstrangigen Diensten (Dienstegruppe 6) erfüllen, bilden die weiteren Klassen zentraler Orte auf Java. Es verbleiben dann noch 540 erfaßte Orte, die als unvollständig ausgestattete Unterzentren angesprochen werden können.

Die Rang-Größen-Kurve der Ausstattungskennwerte des javanischen Städtesystems entfernt sich mit etwa dem 100. Rang beginnend, also im Bereich der gehobenen Unterzentren, allmählich von der Normalverteilungsgeraden nach unten (vgl. Graphik 7–5). Wären alle Orte bis zum letzten 1.645. Rang voll ausgestattete Unterzentren, entspräche das der Rang-Größen-Regel. Daher deutet der steilere Verlauf am unteren Ende der Rang-Größen-Kurve für Java einen klaren Mangel bei der Ausstattung der Unterzentren an. Es fehlen keine Unterzentren (vgl. S. 201); viele dieser Orte sind aber noch unzureichend mit stufenspezifischen zentralen Diensten ausgestattet[744].

Einen Überblick über die zentralörtlichen Hierarchiestufen im Städtesystem auf Java bietet die Tabelle 7–5.

Tabelle 7-5. Zentralörtliche Hierarchiestufen im Städtesystem auf Java

Hierarchiestufen	(1) Anzahl der Orte	(2) Schwankungsbreite der Anzahl	(3) Anteil am gesamtindon. Städtesystem (im Mittel 44%)	(4) Anzahl der Hauptorte ehemaliger Verwaltungsgebietskörperschaften
Metropole	1	± 0	100%	1 Generalgouverneurssitz
Regionalmetropolen (Rang 2-4)	3	± 0	50%	1+2 Gouverneurssitze
Oberzentren (Rang 5-15/16)	12 [a]	± 1	33%	3+14 Residentensitze
Gehobene Mittelzentren (Rang 16/17-43/45)	23 ⎫ 89	± 2	55% ⎫ 38%	17+62 Regentensitze
Mittelzentren (Rang 44/46-104/106)	66 ⎭	± 4	34% ⎭	
Gehobene Unterzentren (Rang 105/107-368/377)	270	± 12	45%	79+312 Wedanasitze
Unterzentren voll ausgestattet (etwa Rang 370/375 bis-1105)	730	± 30	77%	391+995 Assistenwedanasitze
Unvollständig ausgestattete Unterzentren (etwa Rang 1105 bis 1645 oder 1810)	540	± 120	28%	
Summe:	1645			Summe: 1386

[a] davon 4 mit Teilfunktionen der Regionalmetropolen.

Anders als im gesamtindonesischen Städtesystem ist im System der zentralen Orte auf Java die Zunahme der Orteanzahl mit fallendem Rang nicht gleichartig; es gibt keinen konstanten Hierarchiestufenfaktor. Die Städtehäufigkeit in den obersten drei Klassen nach der Reihe 1–3–12 entspricht nur zufällig dem Hierarchiestufenfaktor k = 4. Wie immer auch die häufigeren Hierarchiestufen zusammengefaßt werden, eine Fortsetzung der k = 4-Reihe –48–192–768–kommt nicht zu Stande.

Die Zahl der zentralen Orte in den einzelnen Hierarchiestufen auf Java zeigt aber eine deutliche Anlehnung an die Verwaltungshierarchie der Kolonialzeit (vgl. S. 25). In Spalte 4 der Tabelle 7–5 sind die Zahlen der bis 1942 vorhandenen Verwaltungssitze angegeben. Abweichungen ergeben sich aus der Tatsache, daß Bandung kein Gouverneurssitz war, sich unter den 14 Residentensitzen nur 8 heutige Oberzentren befinden und etwa zwei Dutzend Orte mit Wedana-Sitz bereits Mittelzentren waren oder zu solchen emporgewachsen sind.

---

[744] Vgl. hierzu die Anmerkung in Fußn. 713.

Die gegenüber dem gesamtindonesischen System unterschiedliche Struktur des javanischen Städtesystems wird u. a. auch durch unterschiedliche Anteile der javanischen Städte in den einzelnen Hierarchieklassen an der jeweiligen indonesischen Gesamtzahl deutlich; diese sind in Spalte 3 der Tabelle 7–5 dargestellt. Der Anteil der auf Java erfaßten Orte an allen erfaßten Orten des gesamtindonesischen Städtesystems liegt bei 44%. Daß die Metropole auf Java liegt und ebenso 3 von 6 Regionalmetropolen, ist systemkonform. Demgegenüber liegen aber nur ein Drittel aller Oberzentren auf Java. Damit wird der aus der Rang-Größen-Kurve abgeleitete Schluß bestätigt, daß es auf Java verhältnismäßig weniger Oberzentren gibt als auf den Außeninseln (vgl. oben). Die Ursache hierfür ist in der Verwaltungsgliederung des Staates zu suchen; die Provinzhauptorte erreichen dank ihrer vielen amtlichen und halbamtlichen Dienste alle den Rang von Oberzentren. Von 25 Provinzhauptorten liegen aber 21 außerhalb Javas[745]; diese reichern die Anzahl der Oberzentren absolut an und verursachen das Übergewicht der Außeninseln in dieser Klasse zentraler Orte.

Bei den Mittelzentren besitzt Java in der höherrangigen Klasse der gehobenen Mittelzentren ein starkes Übergewicht gegenüber den Außeninseln. Es handelt sich um die stärkeren der Regentensitze – eine Städteklasse, die auf den Außeninseln selten ist. Infolge der insgesamt fortgeschritteneren Landesentwicklung sind auf Java auch sehr viel mehr Unterzentren voll ausgestattet als auf den übrigen Inseln. Entsprechend häufen sich die schwachen Mittelzentren und die unvollständig ausgestatteten Unterzentren auf den Außeninseln.

Die sich aus dem Anteil Javas an der Gesamtzahl der Orte je Hierarchiestufe ergebenden Rückschlüsse werden bestätigt, wenn die verschiedenen Anteile der Hierarchiestufen in allen regionalen Teilsystemen betrachtet werden[746]. Diese Anteile der Hierarchiestufen sind in Tabelle 7–6 für größere und kleinere Regionen zusammengestellt.

---

[745] Ohne die provinzunabhängige Hauptstadt Jakarta und ohne Dili, für das die Daten über seine zentralen Dienste Ende der 70er Jahre nur unvollständig vorlagen.

Tabelle 7-6. Anzahl der Orte und Ausstattungsgrad der zentralörtlichen Hierarchiestufen in regionalen Teilsystemen

Hierarchiestufen	(1) Republik Indonesien	(2) Java, gesamt	(3) Westl. Java	(4) Mittl. Java	(5) Östl. Java	(6) Sumatra, gesamt	(7) Nördl. Sumatra	(8) Südl. Sumatra
(1) Regionalmetropolen								
Anzahl	6	3	1	1	1	2	1	1
Anteil in %	0,16	0,18	0,23	0,17	0,17	0,22	0,16	0,35
Mittl. Ausstattungsw.	5986	5983	5861	5986	6101	5935	6101	5768
(2) Oberzentren								
Anzahl	36	12	3	5	4	11	7	4
Anteil in %	0,96	0,73	0,68	0,83	0,67	1,22	1,13	1,40
Mittl. Ausstattungsw.	2100	1753	1649	1912	1634	2095	2161	1981
(3) Gehobene Mittelzentren								
Anzahl	42	23	6	8	9	8	7	1
Anteil in %	1,12	1,40	1,35	1,32	1,51	0,88	1,13	0,35
Mittl. Ausstattungsw.	568	570	593	634	499	504	506	489
(4) Mittelzentren								
Anzahl	197	78	23	34	21	52	35	17
Anteil in %	5,24	4,75	5,19	5,61	3,52	5,75	5,65	5,96
Mittl. Ausstattungsw.	233	243	237	233	266	234	234	234
(5) Gehobene Unterzentren								
Anzahl	611	264	96	85	83	174	112	62
Anteil in %	16,25	16,05	21,67	14,03	13,93	19,25	18,09	21,75
Mittl. Ausstattungsw.	48	47	49	47	44	49	47	52
(6) Voll ausgestatt. Unterzentren								
Anzahl	967	497	131	188	178	221	163	58
Anteil in %	25,72	30,21	29,57	31,02	29,87	24,45	26,33	20,35
Mittl. Ausstattungsw.	13	12	12	12	12	13	13	13
(7) Unvollständige Unterzentren								
Anzahl	1901	768	183	285	300	436	294	142
Anteil in %	50,56	46,69	41,31	47,03	50,34	48,23	47,50	49,82
Mittl. Ausstattungsw.	5	6	6	6	6	5	4	5
(8) Alle Orte								
Anzahl	3760	1645	443	606	596	904	619	285
Anteil in %	100	100	100	100	100	100	100	100
Mittl. Ausstattungsw.	62	57	61	61	51	71	67	80

Die Regionalmetropolen sind verhältnismäßig gleichmäßig im gesamten Städtesystem verteilt. Nur Palembang im südlichen Sumatra versorgt ein verhältnismäßig kleines Teilsystem; auf Borneo hat infolge der naturgeographischen Dreiteilung in weiträumige Abdachungen[747] keine der drei Seiten eine Regionalmetropole hervorbringen können.

Die Häufigkeit der Oberzentren bezogen auf die regionalen Teilsysteme ist – wie schon bekannt – auf Java geringer als auf allen anderen Inseln. Nur im südlichen Selebes, das neben der Regionalmetropole Ujung Pandang nur noch Kendari als Oberzentrum besitzt – Pare-Pare ist als gehobenes Mittelzentrum eingestuft –, sind die Oberzentren noch seltener als auf Java.

Die gehobenen Mittelzentren sind überall außerhalb Javas weniger häufig vertreten als die Oberzentren. Damit deutet sich ein weiterer grundsätzlicher Unterschied zwischen dem javanischen Städtesystem und dem aller anderen Inseln an. Nur auf Java sind die gehobenen Mittelzentren eine realtypische Klasse zentraler Orte (vgl. S. 224). Auf den anderen Inseln sind es nur einzelne Orte, die im Übergangsfeld zwischen Mittel- und Oberzentren stehen. Besonders selten sind die gehobenen Mittelzentren auf Borneo, im südlichen Sumatra, in Süd-Selebes und auf den Kleinen Sunda-Inseln; nur auf Borneo sind zugleich die Mittelzentren insgesamt besonders selten. Da das gleiche auch für die gehobenen und voll ausgestatteten Unterzentren gilt, erweist sich Borneo als diejenige Teilregion, die das am schwächsten ausgebildete zentralörtliche System besitzt.

---

[746] Auch für diese Betrachtung müßten die Ausstattungskennwerte für jedes Teilsystem getrennt berechnet werden (vgl. Fußn. 740). Die auf das Teilsystem bezogenen Aussagen wären dann exakter. Für den hier beabsichtigten Vergleich über Gesamt-Indonesien erscheint jedoch die Verwendung der einheitlich berechneten, auf Gesamt-Indonesien bezogenen Ausstattungskennwerte vertretbar.

[747] Bezogen auf das Hoheitsgebiet der Republik Indonesien; die vierte, nördliche Abdachung gehört zu Malaysia und Brunei.

Tabelle 7-6. Fortsetzung

Hierarchiestufen	Wiederholung (1) Republik Indonesien	(9) Borneo	(10) Ost-Indonesien	(11) Nördl. Selebes	(12) Südl. Selebes	(13) Kl.Sunda-Inseln	(14) Molukken	(15) Neuguinea
(1) Regionalmetropolen								
Anzahl	6	0	1	0	1	0	0	0
Anteil in %	0,16	0,00	0,14	0,00	0,42	0,00	0,00	0,00
Mittl. Ausstattungsw.	5986	x	6101	x	6101	x	x	x
(2) Oberzentren								
Anzahl	36	5	7	2	1	3	1	1
Anteil in %	0,96	1,32	0,98	1,23	0,42	1,21	1,56	0,83
Mittl. Ausstattungsw.	2100	2405	2453	2868	1334	2483	2655	2315
(3) Gehobene Mittelzentren								
Anzahl	42	2	6	3	1	1	1	3
Anteil in %	1,12	0,53	0,84	1,84	0,42	0,40	1,56	2,50
Mittl. Ausstattungsw.	568	715	631	526	491	835	880	500
(4) Mittelzentren								
Anzahl	197	14	47	7	18	19	3	6
Anteil in %	5,24	3,70	6,59	4,29	7,53	7,69	4,69	5,00
Mittl. Ausstattungsw.	233	227	214	229	213	214	194	251
(5) Gehobene Unterzentren								
Anzahl	611	56	109	34	25	31	19	8
Anteil in %	16,25	14,81	15,29	20,86	10,46	12,55	29,69	6,66
Mittl. Ausstattungsw.	48	56	47	44	56	45	47	38
(6) Voll ausgestatt. Unterzentren								
Anzahl	967	87	147	32	40	58	17	15
Anteil in %	25,72	23,02	20,62	19,63	16,74	23,48	26,56	12,50
Mittl. Ausstattungsw.	13	13	12	14	11	12	13	13
(7) Unvollständige Unterzentren								
Anzahl	1901	214	396	85	153	135	23	87
Anteil in %	50,56	56,61	55,54	52,15	64,02	54,66	35,94	72,50
Mittl. Ausstattungsw.	5	5	4	4	5	4	5	4
(8) Alle Orte								
Anzahl	3760	378	713	163	239	247	64	120
Anteil in %	100	100	100	100	100	100	100	100
Mittl. Ausstattungsw.	62	58	64	69	60	61	83	51

Die räumliche Verteilung der Unterzentren weist einige weitere Besonderheiten auf. Gehobene Unterzentren sind in West-Java und im südlichen Sumatra weiter verarbeitet als anderswo, doch weitaus am häufigsten sind sie auf den Molukken; dort vertreten sie als Zentren kleiner Teilarchipele die Stelle der dort besonders seltenen Mittelzentren. Voll ausgestattete Unterzentren sind auf Java, im nördlichen Sumatra und wieder auf den Molukken besonders gut vertreten. Dadurch sinkt dort die Quote der unvollständig ausgestatteten Unterzentren ab, für Java und Sumatra leicht unter den Durchschnitt, besonders stark aber für die Molukken, die mit 36% den niedrigsten Wert aufweisen.

Unter den regionalen Teilsystemen sind diejenigen Ost-Indonesiens und Sumatras – in Varianten auch diejenigen der zwei auf Sumatra unterschiedenen Teilsysteme – dem Gesamtsystem am ähnlichsten. Innerhalb Ost-Indonesiens sind aber die vier Teilsysteme sehr unterschiedlich; darunter weicht dasjenige des südlichen Selebes am stärksten von den Verhältnissen der Hierarchiestufen in Gesamt-Indonesien ab.

Die Ähnlichkeit einiger Teilsysteme hinsichtlich der Aufteilung in Hierarchiestufen bedeutet nicht, daß diese Ähnlichkeit auch zu einem dem Gesamtsystem entsprechenden Hierarchiestufenfaktor $k = 7$ führt. Nur die Teilsysteme des mittleren Java und des nördlichen Sumatra besitzen den gleichen Hierarchiestufenfaktor, wenn gehobene Mittelzentren und Mittelzentren einerseits sowie gehobene Unterzentren und voll ausgestattete Unterzentren andererseits jeweils als einer Stufe zugehörig aufgefaßt werden.

Werden die Teilsysteme weiter aufgespalten, etwa bis zur Größe der durch je ein Oberzentrum angeführten Städtesysteme der außerjavanischen Provinzen[748], dann lassen sich noch zwei weitere regelhafte Systeme mit dem gleichen Hierarchiestufenfaktor 7 erkennen: Lampung mit 1:5:42 und Nord-Selebes mit 1:6:37. Städtesysteme mit dem Hierarchiestufenfaktor $k = 4$ sind entwickelt in Jambi mit 1:3:12:34, auf Bangka und Belitung mit 1:3:13 und in der Minahasa mit 1:3:11. Schließlich kommen auch Städtesysteme vor, deren Hierarchiestufenfaktor angenähert $k = 3$ ist; dazu gehören die Provinz Nord-Sumatra mit 1:2:4:10:52 und der Riau- und Lingga-Archipel mit 1:2:6:12. Alle anderen regionalen Teilsysteme haben weniger konstante Hierarchiestufenfaktoren. Eine Verursachung dieser unterschiedlichen Strukturen in den Teilsystemen, etwa nach dem Vorherrschen von Verwaltung, Verkehrslinien oder privatwirtschaftlicher Versorgung, ist nicht erkennbar. Deutlich wird aber ein anderer Zusammenhang: Je dichter die Teilräume besiedelt sind und je weiter die allgemeine Landesentwicklung fortgeschritten ist, umso kleiner werden die Hierarchiestufenfaktoren in den regionalen Städtesystemen, unabhängig davon, ob die Faktoren über die verschiedenen Hierarchiestufen konstant bleiben oder nicht.

Die Unähnlichkeit der regionalen Teilsysteme zeigt sich auch an den unterschiedlichen mittleren Ausstattungskennwerten der regionalen Teilsysteme, die in Tabelle 7–6 ausgewiesen sind; hier werden unterschiedliche Ausstattungsniveaus innerhalb der gleichen Hierarchiestufe erkennbar. Daß Java für die Oberzentren einen verhältnismäßig niedrigen Wert besitzt, wird durch die fehlenden Provinzverwaltungen in den javanischen Oberzentren verursacht. Die gehobenen Mittelzentren erreichen auf Java ein Niveau, das dem gesamtindonesischen Mittel entspricht, während die gleiche Hierarchiestufe auf Sumatra und Selebes etwas weniger gut, auf Borneo und in den Inselfluren des Ostens etwas besser ausgestattet ist. Die Mittelzentren haben auf Java eine überdurchschnittliche, auf Borneo und in Ost-Indonesien eine unterdurchschnittliche Ausstattung; Sumatras Mittelzentren erreichen das Durchschnittsniveau. Die mittleren Ausstattungswerte der gehobenen Unterzentren liegen in allen Teilsystemen nahe beieinander; nur die wenigen Orte dieser Stufe, die auf Borneo und in der Südhälfte von Selebes vorhanden sind, haben ein verhältnismäßig hohes Ausstattungsniveau. Die zwei verbleibenden niedrigeren Hierarchiestufen zeigen nur noch wenig Besonderheiten. Auffallend ist lediglich, daß die voll ausgestatteten Unterzentren im nördlichen Selebes besonders kräftig ausgebildet sind, im südlichen Selebes besonders schwach.

Über alle Hierarchiestufen gemittelt verbleiben deutliche Unterschiede im Ausstattungsniveau der zentralen Orte. Eine Analyse zeigt, daß für die Mittelwerte meistens die Häufigkeit der Oberzentren ausschlaggebend ist. Nur auf Borneo wird der Anteil der fünf Oberzentren im Ausstattungsmittelwert durch besonders wenige gehobene und normal ausgestattete Mittelzentren so stark eingeschränkt, daß sich ein sehr niedriges Mittel ergibt.

Zusammenfassend kann festgestellt werden: Die regionalen Strukturen der zentralörtlichen Ausstattungs- und Hierarchiebildung werden in Gesamt-Indonesien keinesfalls durch das javanische Städtesystem beherrscht. Zwischen diesem und demjenigen Gesamt-Indonesiens gibt es zwar einige Gemeinsamkeiten – Hierarchiestufe der Regionalmetropolen, schwache Stellung der Unterzentren – jedoch sind auch deutliche Unterschiede gegeben. Dazu gehören die verwaltungsbedingte Stellung der außerjavanischen Oberzentren, die Herausbil-

---

[748] Hierzu sind die Werte errechnet worden; eine weitere regionale Untergliederung der Tab. 7–6 mußte jedoch aus Platzgründen unterbleiben.

dung der gehobenen Mittelzentren als eigene Hierarchiestufe auf Java und die insgesamt bessere Ausstattung der Unterzentren auf Java. Die im gesamtindonesischen System näherungsweise konstante Zunahme der Orte nach dem Hierarchiestufenfaktor k = 7 entfällt auf Java. Die Besetzung der oberen Hierarchiestufen entspricht dem Hierarchiestufenfaktor k = 4, jedoch setzt sich die daraus abzuleitende Ortezahl in den mittleren und unteren Hierarchiestufen nicht fort. Die Teilsysteme außerhalb Javas sind untereinander sehr verschieden. Wo sich die Belegung der Hierarchiestufen nach konstanten Faktoren erwiesen hat, ergeben sich keine systembezogenen Begründungen, sondern meistens solche aus der physiogeographischen Lagevorgabe. Die Erkenntnis, daß sich mit intensiverer Besiedlung und Landerschließung die Hierarchiestufenfaktoren verringern, entspricht lediglich der theoretischen Forderung nach Vermehrung der „zentralen Orte" bei zunehmender Differenzierung des Güter- und Dienstleistungsangebots. Die Ausstattungsniveaus der Hierarchiestufen in verschiedenen Teilsystemen zeigen diese Abhängigkeit vom Grad der Besiedlung und Landerschließung nicht. Erhöhte Ausstattungsniveaus bestimmter Hierarchiestufen deuten allerdings darauf hin, daß die nächsthöhere Hierarchiestufe in der betreffenden Region besonders schwach besetzt ist.

7.4. Zeitlicher Wandel der zentralörtlichen Ausstattung und Hierarchiebildung

7.4.1. Vergleich mit dem Zustand um 1930

Die Stellung der Städte in der zentralörtlichen Hierarchie ist einem zeitlichen Wandel unterworfen. Rückblickend ist dieser Wandel erkennbar, wenn die Organisation in Verwaltung und Wirtschaft im ehemaligen Niederländisch Indien mit der des heutigen Staates verglichen wird. Bestimmte gegenwärtige Entwicklungen lassen aber auch erkennen, welche zukünftigen Veränderungen des indonesischen Städtesystems zu erwarten sind.

Durch eine Analyse des Städtesystems im ehemaligen Niederländisch Indien könnten zentralörtliche Ausstattungskennwerte und eine damals gültige Rangfolge der Städte sowie gegebenenfalls auch Hierarchiestufen ermittelt werden. Diese Ergebnisse müßten dann mit den gegenwärtigen Verhältnissen verglichen werden. Ein solcher vollständiger Systemvergleich zwischen Gegenwart und Vorkriegszeit ist aber nicht möglich, weil Daten über die Ausstattung der niederländisch-indischen Städte mit einer ausreichenden Anzahl zentraler Dienste nicht vorliegen[749]. Die Datengrundlage erlaubt es also nicht, die Einzelpositionen aller größeren Orte Niederländisch Indiens auf einer Ausstattungsskala zu bestimmen[750].

Wenn auch kein vollständiger, bis zu den unteren Hierarchiestufen reichender Vergleich mit einem Zustand des Städtesystems am Ende der Kolonialzeit möglich ist, so sind doch die Standorte der Institutionen einiger Dienstleistungszweige während der Vorkriegszeit bekannt[751]. Durch Vergleiche mit den entsprechenden Dienstleistungszweigen der Gegenwart wird es möglich, Bedeutungsgewinn oder -verlust einzelner Städte zu erkennen. Diese Datengrundlage reichte aus, um diese Städte einzelnen Hierarchiestufen zuzuordnen; das gilt für alle Ober- und Mittelzentren der Vorkriegszeit.

An der Spitze der niederländisch-indischen Städtehierarchie stand Batavia, das heutige Jakarta. Um 1930 – und auch noch bis zum Ende der niederländischen Herrschaft – war dieser erste Rang aber weniger deutlich von den nachfolgenden Regionalmetropolen abgesetzt als in der Gegenwart. Dafür gibt es vier Gründe: erstens war Batavia als Sitz des General-Gouverneurs der Königin der Niederlande nicht Hauptstadt eines souveränen Staates wie Jakarta heute. Daher teilte sich Batavia die staatlichen Zentralfunktionen mit Den Haag. Zweitens waren die nach innen wirkenden Staatsaufgaben in Niederländisch Indien weitaus weniger stark entwickelt und

---

[749] Diesen vollständigen Systemvergleich hat für den britischen Einflußbereich, insbes. für die Malakka-Halbinsel, Lim 1978 erarbeitet; im folgenden bleibt die Betrachtung auf Niederländisch Indien/Republik Indonesien beschränkt.

[750] Grundsätzlich erscheint es möglich, diese Datengrundlage zu schaffen. Der Verfasser hält es für wahrscheinlich, daß ein mehrwöchiges Archivstudium in den Niederlanden die benötigten Daten zu Tage brächte; ein 1980 auf zwei Tage beschränkter Versuch in dieser Richtung reichte nicht aus. Auch die Daten, die Witton 1969 aus der „Joint Army Navy Intelligence Service Study of Java and Madura 1945" (zit. nach Witton 1969, S. 74) entnahm, sind unzureichend; die daraus von Witton abgeleiteten Skalen zur Rangbestimmung javanischer Städte ergeben daher unzutreffende Reihungen. Wittons Reihungen zielten auch nicht auf die zentralörtliche Rangordnung, sondern auf die Vielseitigkeit der Siedlungsausstattung. Die bei Wawaroentoe et al. 1972 (S. 17/18) abgedruckte Städtereihung des Jahres 1930, die laut Quellenangabe nach „Urban Services" gewichtet sein soll, ist in Wirklichkeit die Reihung der Kota Madya 1971 nach Einwohnern von 1930.

[751] Fußnote auf S. 220.

institutionalisiert als diejenigen im zentralistisch verwalteten Indonesien. Es gab dementsprechend sehr viel weniger Zentralbehörden. Drittens war die Wirtschaftsverfassung Niederländisch Indiens liberaler als die der neuen Republik. Verstärkte Reglementierung erfordert engere Kontakte zu den zentralen Staatsorganen und fördert die Entwicklung der Hauptstadt. Viertens übte im privatwirtschaftlichen Dienstleistungssektor, insbesondere im Handel, Singapur die Funktionen eines übergeordneten Großzentrums für den gesamten Archipel aus. Die Verlagerung der Territorialhoheit auf den indonesischen Staat verstärkte die trennende Funktion der Staatsgrenzen auch im wirtschaftlichen Bereich. Jakarta erhielt wirtschaftliche Handels- und Dienstleistungsfunktionen, die Singapur im heutigen indonesischen Hoheitsbereich nicht mehr ausüben kann und darf.

Die frühere Stellung Batavias an der Spitze der niederländisch-indischen Städtehierarchie beruhte also vornehmlich auf seinen Funktionen als Regierungszentrum. Im Bereich privater Dienstleistungen, im Einzel-, Groß- und Außenhandel, also im wirtschaftsbestimmten Teil der Gesamtzentralität, wurde Batavia von Surabaya sogar leicht überragt[752]. Aber auch als Regierungssitz war Batavias Stellung nicht so uneingeschränkt vorherrschend wie diejenige Jakartas heute. Wichtige Regierungsbehörden saßen bis 1942 in Buitenzorg – heute Bogor –, etwa das „Algemeene Secretarie" (Amt des Gouverneur-Generaal) sowie das „Departement van Landbouw, Nijverheid en Handel", andere in Bandung, so das Departement der Burgerlijke openbare Werken" sowie die Oberbehörden für Bergbau-, Post-, Telegrafen- und Eisenbahnwesen. Nur wenige Abteilungen dieser Oberbehörden befinden sich heute noch in Bogor oder Bandung.

Auf einer zweiten Hierarchiestufe, die der der heutigen Regionalmetropolen entspricht, befanden sich um 1930 nur zwei Städte: Surabaya und Semarang. Beide waren Sitze von Gouverneuren der neu eingerichteten großen Provinzen auf Java (vgl. S. 25). Surabaya war nach Singapur der größte Handelsplatz des Archipels und Semarang folgte nach Batavia an vierter Stelle. Die beiden javanischen Regionalmetropolen versorgten zusammen mit Batavia das weit entwickelte Java mit zentralen Gütern der höchsten Ranggruppen. So waren nur in diesen drei Städten die für Niederländisch Indien höchstwertigen Einrichtungen zur Krankenversorgung, die sogenannten „Centralen Ziekeninrichtingen", angesiedelt.

Außerhalb Javas hatte um 1930 noch keine der Hafenhauptstädte eine Ausstattung, die derjenigen Surabayas oder Semarangs ebenbürtig gewesen wäre. Infolge besonderer Wachstumsanstöße ragten jedoch aus der Vielzahl regionaler Zentren einige heraus, die damit begannen, bezüglich vieler höchstwertiger Dienstleistungen von den javanischen Metropolen unabhängig zu werden und ihrerseits größere Teilbereiche des äußeren Archipels mit zentralen Gütern zu versorgen. Auf Sumatra gab es drei derartige „Oberzentren mit Teilfunktionen von Regionalmetropolen": Medan, Padang und Palembang. Bei unterschiedlichen Lageeigenarten und historischen Bezügen ist den drei Städten gemeinsam, daß sie durch die europäische Kapitalwirtschaft die entscheidenden Anstöße zu überdurchschnittlichem Wachstum erhielten. Als überregionales Zentrum mit hoher Lagekonstanz gehörte um 1930 auch Makasar – das heutige Ujung Pandang – an der Südwestecke von Selebes in diese Hierarchiestufe. Auch auf Java selbst erwuchsen den Regionalmetropolen der Nordküste neue Wettbewerber: Bandung, das sogar Teilfunktionen der Staatshauptstadt ausübte, und Cirebon, der viertwichtigste Hafenplatz der Nordküste waren so hervorragend ausgestattet, daß sie die übrigen Oberzentren deutlich überragten. Von diesen sechs Oberzentren mit Teilfunktionen von Regionalmetropolen sind bis heute Bandung, Medan, Palembang und Makasar in die höhere Hierarchiestufe gleichrangig zu Surabaya und Semarang hinein-

---

[751] Gebietskörperschaftsverwaltung, einige Sonderverwaltungen, Justiz, Krankenversorgungseinrichtungen, Postwesen, Bankwesen, Beherbergungsgewerbe. Als Stichjahr wurde 1929/30 gewählt, weil für 1930 die Ergebnisse der letzten Vorkriegsvolkszählung vorliegen und dadurch eine Parallele zu der Einwohnerentwicklung (vgl. Abschn. 5.3.1., S. 117 ff.) gezogen werden kann. Für diese Zeit stehen einige aperiodische Quellen zur Verfügung:
- Regeeringsalmanak voor Nederlandsch-Indië 1933. – 2 Dln. (o. Ort) 1933, S. 220–249, 741–767.
- Post-, Telegraaf- en Telefoongids voor Nederlandsch-Indië 1931. – 34. jg., Weltevreden 1930, Bijlage A, S. 1–9.
- Verslag van het Volkscredietwezen over 1930. – Batavia 1931.
- Vissering. G. & van Putten, H. J.: Muntwezen – Handel – Bankwezen. – In: Neerlands Indië, Land en Volk, Geschiedenis en Bestuur, Bedrijf en Samenleving, hrsg. v. D. G. Stibbe, Tweede Deel, Amsterdam 1929, S. 183–237.
- Handboek voor Cultuur- en Handelsondernemingen in Nederlandsch-Indië 1931. 43e, Amsterdam 1930.
- Geneeskundig Jaarboekje voor Nederlandsch-Indië. – 1e jg., Batavia 1930, Deel II, S. 105–119.
- Handbook of the Netherlands East-Indies 1930. Division of Commerce of the Department of Agriculture, Industry and Commerce, Buitenzorg, Java.
- List of the Principal Hotels in the Netherlands Indies (issued by the Travellers Official Information Bureau of the Netherlands Indies). – Batavia-C., Oct. 1937, 16 S.
- Pasanggrahans in Nederlandsch-Indië (samengesteld en uitgegeven door de Officieele Vereeniging voor Toeristenverkeer in Nederlandsch-Indië). – Uitgave 1929–1930, Weltevreden-Noordwijk, 112 S.

[752] Surabaya besaß 1930 13 Bankzweigstellen, Batavia nur 11; zur danach abgeleiteten Rangordnung siehe Rutz 1980. Vgl. auch Murphey 1957, S. 239 und Milone 1966, S. 88 f., die auf die verhältnismäßig schwache Stellung Batavias als wirtschaftliches Zentrum für Niederländisch Indien aufmerksam machen.

gewachsen. Padangs Aufstieg wurde gestoppt, indem im mittleren Sumatra Pekan Baru als neues, staatlich gefördertes Zentrum wuchs (vgl. S. 61), Padangs Einfluß nach Osten dadurch begrenzt wurde und die Bedeutung der über Padang verschifften Kohle zurückging. Cirebon – damals Cheribon –, das um 1930 stagnierte, mußte in der Nachkriegszeit sogar einen Bedeutungsverlust hinnehmen, denn die Konzentration der wirtschaftlichen und politischen Macht in Jakarta sowie das überproportionale Wachstum Bandungs, dessen Einflußbereich sich in Ost-Priangan (Regentschaft Ciamis) mit dem von Cirebon überschneidet (vgl. S. 233), waren für das verhältnismäßig nahe gelegene Cirebon nachteilig.

Um 1930 gab es in Niederländisch Indien 17 weitere Städte, die durch Oberbehörden und Bankausstattung sowie durch das Vorhandensein anderer hochrangiger zentraler Einrichtungen als Oberzentren einzustufen waren; unterscheidbar sind drei Ausstattungsstufen[753]. In die obere Gruppe gehörten die beiden 1930 noch vorhandenen javanischen Fürstenresidenzen Yogyakarta und Surakarta, die beiden niederländischen Residentensitze auf Borneo, Banjarmasin und Pontianak, Manado auf Selebes und als dritte javanische Stadt das seit der Jahrhundertwende rasch emporgewachsene Malang. Auch die Gruppen der weniger gut ausgestatteten Oberzentren bestanden fast durchweg aus größeren Residentensitzen auf Java oder auf den Außeninseln. Nur Tegal, das schon 1901 seinen Residentensitz verloren hatte, gehörte wegen seiner wirtschaftlichen Bedeutung auch ohne diese höchste Verwaltungsinstanz in die Gruppe der Oberzentren.

Wie in der Gegenwart so gab es auch um 1930 eine größere Gruppe von Städten – etwa zwei Dutzend –, die als gehobene Mittelzentren Teilfunktionen von Oberzentren ausübten. Hierzu gehörten die kleineren Residentensitze auf Java und auf den Außeninseln; deren Handelsbedeutung und Diensteausstattung lag deutlich niedriger als die der Oberzentren. Auf der anderen Seite gab es auch Handelsmittelpunkte, die über eine Regentschaft oder Abteilung hinausragten, so daß diese Städte ebenfalls als gehobene Mittelzentren anzusprechen waren; zum Teil handelte es sich um Residentensitze, die durch frühere Verwaltungsgebietsreformen eingespart worden waren (vgl. S. 60).

Die nächste Stufe der Städtehierarchie wird von den Mittelzentren eingenommen. Es handelt sich hierbei um diejenigen Städte, die Sitze eines Regenten – auf Java – oder Assistent-Residenten – auf den Außeninseln – und zugleich kleine regionale Handelszentren waren, deren Bedeutung durch das Vorhandensein eines selbständigen Postamtes sowie eines Volkskreditinstituts zum Ausdruck kam; rd. 80 solcher Städte gab es um 1930 in Niederländisch Indien.

Auch unterhalb der Mittelzentren ist um 1930 noch eine Städteschicht deutlich erkennbar, die als „gehobene Unterzentren" bezeichnet werden kann. Diese Hierarchiestufe war damals sogar deutlicher ausgeprägt als heute, denn sie umfaßte diejenigen Standorte der Wedana auf Java und der Controlleure auf den Außeninseln – Verwaltungsebenen, die es in der Gegenwart nicht mehr gibt (vgl. S. 29) –, die zugleich ein Hilfspostamt besaßen. Hinzu kamen ganz wenige Orte, die infolge besonderer wirtschaftlicher Aktivitäten ein Postamt oder eine Volkskrediteinrichtung oder ein mittleres Krankenhaus besaßen, ohne Sitz der genannten Verwaltungsbehörden gewesen zu sein; die Zahl dieser Orte betrug etwa 300.

Mit deutlich geringerer Zuverlässigkeit ist die Anzahl der um 1930 vorhanden gewesenen einfachen Unterzentren – ohne gehobene Dienste – abschätzbar. Von Orten, die einen wichtigen niedrigrangigen Dienst besaßen, ist anzunehmen, daß dort auch einige wenige weitere einfache Dienste angeboten worden waren. So erscheint es gerechtfertigt, alle Orte auf Java, die Sitz eines Wedana waren, alle Orte der „Buitengewesten", in denen ein Controlleur saß, ferner alle Hauptorte der großen selbstverwalteten Fürstentümer sowie schließlich alle Orte mit einem Hilfspostamt als Unterzentren einzustufen. Davon auszunehmen sind diejenigen Orte, die schon einer höheren Hierarchiestufe zugeordnet worden waren, weil sie mehrere der genannten Eigenschaften besaßen. Dieser Voraussetzung gemäß gab es um 1930 etwa 450 Orte in Niederländisch Indien, die als Unterzentren wirksam waren. Eine Übersicht über die für die Zeit um 1930 erkennbaren Hierarchiestufen der Städte in Niederländisch Indien gibt die folgende Tabelle 7-7. Für die höheren Stufen sind die dazugehörigen Orte eingetragen, für die unteren Stufen nur die „Auf- oder Absteiger".

Wie der Überblick zeigt, gab es um 1980 etwa doppelt so viele zentrale Orte wie um 1930. Aufs Ganze gesehen ist es also „normal", daß etwa jeder zweite Ort in seiner zentralörtlichen Stellung aufgestiegen ist. Die Karte 5 vermittelt dazu den räumlichen Überblick.

Die Gründe zum Wachstum des Städtesystems und damit zur Verdichtung des Netzes der zentralen Orte sind vielfältig. Die generelle Zunahme der städtischen Bevölkerung, das Wachstum der städtischen Einwohner-

---

[753] Bei gegebenem Stand der Quellenauswertung war das nur auf Grund der Anzahl der Bankfilialen möglich; vgl. die nach der gleichen Quelle erfolgte Auswertung bei Rutz 1980.

Tabelle 7–7. Zentralörtliche Hierarchiestufen im Städtesystem Niederländisch Indiens um 1930 im Vergleich zur Gegenwart

Hierarchiestufen	1930		Anzahl 1930 zu Anzahl 1980	1980	
	Anzahl der Orte (Ränge)	Ortsnamen[a] Aufstieg[c] ↑ ↑↑ ↑↑↑ ↑↑↑↑; Abstieg[c] ↓ ↓↓		Anzahl der Orte (Ränge)	Ortsnamen[b] ↑ ↑↑ ↑↑↑ ↑↑↑↑ Aufstieg[c]; ↓ ↓↓ Abstieg[c]
(1) Staatshauptstadt	1	Batavia	1:1	1	Jakarta (vorm. Batavia)
(2) Regionalmetropolen	2 (2/3)	Surabaya, Semarang	1:1,4	6 (2–7)	Surabaya, Semarang, ↑ Bandung, ↑ Medan, ↑ Palembang, ↑ Ujung Pandang (vorm. Makasar)
(3a) Oberzentren mit Teilfunktionen von Regionalmetropolen	6 (4–9) Zeilen (2) u. (3a) zus. 8, davon 50% auf Java	Cheribon ↓, Bandung ↑, Medan ↑, Padang, Palembang ↑, Makasar ↑		5 (8–12) Zeilen (2) u. (3a) zus. 11, davon 36% auf Java	Padang, ↑ Yogyakarta, ↑↑↑ Denpasar, ↑ Banjarmasin, ↑ Manado
(3b) Oberzentren ohne oder sehr geringe Teilfunktionen von Regionalmetropolen	6 (10–15)	Yogyakarta ↑, Banjarmasin ↑, Pontianak, Manado ↑, Surakarta, Malang	1:1,8	10 (13–22)	Pontianak, Tg. Karang-Tel. Betung, Banda Aceh (vorm. Kuta Raja), ↑ Ambon (vorm. Amboina), ↑↑↑ Pekan Baru, Malang, ↓ Cirebon (vorm. Cheribon), Surakarta, ↑ Jambi, ↑↑ Samarinda
	5 (16–20)	Teluk Betung, Sibolga, Kuta Raja, Tegal, Pekalongan ↓		6 (23–28)	↑ Mataram (vorm. Ampenan), ↑ Jember, ↑ Kupang, Bogor (vorm. Buitenzorg), ↑ Pematang Siantar, ↑↑↑ Palu
	6 (21–26) (3b) zus. 17, davon 59% auf Java	Bengkulen, Magelang, Kediri, Madiun, Pasuruan ↓↓, Probolinggo ↓		14 (29–42) (3b) zus. 30, davon 37% auf Java	↑ Purwokerto, ↑↑↑ Kendari, Bengkulu (vorm. Bengkulen), ↑↑↑↑ Palangka Raya (vorm. Pahandut), Madiun, Sibolga, ↑↑↑ Balikpapan, Kediri, ↑ Bukittinggi (vorm. Fort de Kock), ↑ Pangkal Pinang, Magelang, ↑ Sukabumi, Tegal, ↑ Tanjung Pinang
(4a) Mittelzentren mit gehobener Ausstattung oder Teilfunktionen von Oberzentren	25 (27–51) davon 48% auf Java	Pematang Siantar ↑, Tanjung Balai Asahan ↓, Fort de Kock ↑, Bengkalis ↓, Tanjung Pinang ↑, Jambi ↑, Pangkal Pinang ↑, Serang, Buitenzorg ↑, Sukabumi ↑, Cilacap, Banyumas ↓↓, Purwokerto ↑, Pati, Rembang ↓, Bojonegoro, Pamekasan, Jember ↑, Bondowoso, Singaraja (Buleleng), Ampenan ↑, Kupang ↑, Gorontalo, Ternate, Amboina ↑	1:1,6	39 (43–81) davon 60% auf Java	↑ Lhok Seumawe, ↑↑ Binjai, ↑↑ Tebingtinggi (Serdang), ↑↑ Rantau Prapat, ↑ Padang Sidempuan, ↑ Padang Panjang, ↑↑↑ Dumai, ↑↑ Curup, Serang, ↑↑ Tanggerang, ↑ Karawang, ↑ Purwakarta, ↑ Garut, ↑ Tasikmalaya, ↓ Pekalongan, Cilacap, ↑ Klaten, ↑ Purworejo, ↑ Wonosobo, ↑ Salatiga, ↑ Kudus, Pati, Bojonegoro, Pamekasan, ↑ Ponorogo, ↑ Tulungagung, ↑ Jombang, ↑ Mojokerto, ↑ Probolinggo, Bondowoso, Banyuwangi, Singaraja, ↑ Singkawang, ↑↑ Tarakan, Gorontalo, ↑↑ Poso, ↑↑ Luwuk, ↑↑ Pare-Pare, Ternate

Hierarchiestufen	1930		Anzahl 1930 zu Anzahl 1980	1980	
	Anzahl der Orte (Ränge)	Ortsnamen[a] Aufstieg[c] ↑ ↑↑ ↑↑↑ ↑↑↑↑; Abstieg[c] ↓ ↓↓		Anzahl der Orte (Ränge)	Ortsnamen[b] ↑ ↑↑ ↑↑↑ ↑↑↑↑ Aufstieg[c]; ↓ ↓↓ Abstieg[c]
(4b) Mittelzentren (Namen nur genannt, wenn Auf- oder Abstieg (1930) oder Abstieg (1980))	etwa 80 (ca. 52–130) davon ca. 78% auf Java	Lhokseumawe ↑, Padang Sidempuan ↑, Padang Panjang ↑, Karawang ↑, Purwakarta ↑, Garut ↑, Tasikmalaya ↑, Klaten ↑, Karanganyar ↓, Purworejo ↑, Kutoarjo ↓, Wonosobo ↑, Salatiga ↑, Kudus ↑, Ponorogo ↑, Tulungagung ↑, Jombang ↑, Mojokerto ↑, Bangil ↓, Kraksaan ↓, Banjuwangi ↑, Denpasar ↑↑↑, Singkawang ↑, Samarinda ↑↑	1:2,4	etwa 190 (82–270) davon ca. 35% auf Java	↓ Tanjung Balai Asahan, ↓ Bengkalis, ↓ Rembang, ↓↓ Pasuruan Neugründungen: Argamakmur, Metro, Banjar Baru, Bitung
(5a) Gehobene Unterzentren (Namen nur genannt, wenn Aufstieg (1930) oder Abstieg (1980))	etwa 300 (ca. 130–430) davon ca. 43% auf Java	Binjai ↑↑, Tebingtinggi (Serdang) ↑↑, Rantau Prapat ↑↑, Pekan Baru ↑↑↑, Curup ↑↑, Tanggerang ↑↑, Balikpapan ↑↑↑, Tarakan ↑↑, Palu ↑↑↑, Poso ↑↑, Luwuk ↑↑, Pare-Pare ↑↑, Kendari ↑↑↑ (weitere rd. 90 Orte waren bis 1980 zu Mittelzentren (4b) aufgerückt)	ca. 1:2	knapp 600 (ca. 270–870) davon ca. 45% auf Java	↓↓ Banyumas, ↓ Karanganyar, ↓ Kutoarjo, ↓ Bangil, ↓ Kraksaan
(5b) Unterzentren (Namen nur genannt, wenn Aufstieg (1930))	über 450 (ca. 430–900) davon 65–70% auf Java	Dumai ↑↑↑, Pahandut ↑↑↑↑	ca. 1:2	ca. 960 (ca. 870–1830) davon 50–55% auf Java	

[a] Grundlagen der Zuordnungen für 1930:
  (1) Sitz des General-Gouverneurs und der Mehrzahl der Zentralbehörden, Hauptverwaltungen halbamtlicher und privater Dienstleistungsinstitutionen.
  (2) Provinzregierungen und Großkrankenhäuser und mindestens 10 Bankzweigstellen.
  (3a) Resident und gewestübergreifende Sonderverwaltungen und Mittleres Krankenhaus und 4–7 Bankzweigstellen
  (3b) Resident und Mittleres Krankenhaus und 2–3 Bankzweigstellen (einschl. Tegal).
  (4a) Resident *oder* 1–2 Bankzweigstellen und Postamt und Mittleres Krankenhaus.
  (4b) Regent/Assistent-Resident *und* Postamt und Kleines Krankenhaus und meist Volkskreditinstitut.
  (5a) Regentensitze soweit nicht unter (4b); Orte mit Postamt soweit nicht unter (4b); Orte mit Wedana/Controlleur und Hilfspostamt.
  (5b) Orte mit Wedana/Controlleur *oder* Hilfspostamt, soweit nicht unter (5a).
  (5c) Nicht in der Tabelle: Orte mit Assisten-Wedana auf Java, Orte mit Distriktvorstehern auf den Außeninseln soweit nicht unter (5b).

[b] Grundlage der Zuordnungen für 1980 ist Tabelle 7-4 unter Auslassung der Orte auf Neuguinea.

[c] Die Anzahl der Pfeile verweist auf die Anzahl der gewonnenen oder verlorenen Hierarchiestufen.

zahlen ist ein erster Grund[754]. Ausweitung des monetären Wirtschaftsanteils, Zunahme der privaten Einkommen, Steigerung der individuellen Mobilität, Intensivierung der städtischen Verwaltung, Ausbau des Schulsystems, Ausweitung der Krankenversorgung, Motorisierung und Verkehrswegebau, alle diese und einige

---

[754] Zu extrem wachsenden Städten siehe Abschn. 5.3.1. S. 117 ff. Da hier der Zentralitätsbestimmung absolute Methoden zu Grunde liegen (vgl. S. 13), muß mit steigender Einwohnerzahl auch das Ausstattungsniveau wachsen. Der Vermehrung unterer Dienstleistungen am Ort folgt die Ansiedlung höherer Dienste in dem Maße, wie es durch die Hierarchiestufen der speziellen Dienstleistungszweige vorgegeben ist.

weitere Faktoren vermehren die Aktivitäten im tertiären Wirtschaftssektor und bewirken Steigerungen der Diensteausstattung auf allen Hierarchiestufen im System der zentralen Orte. Diese generellen Ursachen sind auch ausschlaggebend dafür, daß die Zunahme der Orte über die verschiedenen Hierarchiestufen nur verhältnismäßig geringe Unterschiede aufweist.

Tabelle 7–7 und Karte 5 vermitteln eine zweite wichtige Erkenntnis: Auf den Außeninseln haben die zentralen Orte sehr viel stärker zugenommen als auf Java. Verallgemeinernd gesagt war der Ausbau der Siedlungen mit zentralen Funktionen um 1930 auf Java bereits sehr viel weiter fortgeschritten als in den übrigen Landesteilen. Auch die Tatsache, daß die Mittelzentren mit gehobener Ausstattung (4a) einen anderen Entwicklungsschwerpunkt, nämlich eine besonders starke Zunahme auf Java aufweisen, widerspricht der allgemeinen Entwicklungslinie nicht. Mit den „gehobenen Mittelzentren" entstand auf Java eine neue Hierarchiestufe; die dazu gehörigen Städte bilden realtypisch eine neue Klasse zentraler Orte (vgl. S. 214f.). Wenn es auch nicht ausschließlich Industriestädte sind, die diese Hierarchiestufe füllen, so gehören doch alle hochindustrialisierten Mittelstädte (vgl. S. 181) dazu. Daß sich diese neue Klasse zentraler Orte herausgebildet hat, ist die Folge der auf Java sehr viel stärkeren gewerblichen Durchsetzung und Verdichtung des gesamten Siedlungssystems[755].

Die große Entwicklungslinie – Ausbau des Systems der zentralen Orte auf den Außeninseln – wird besonders durch die Zunahme der Oberzentren (3b) und Mittelzentren (4b) bestimmt, denn in diesen Hierarchieklassen nimmt die Zahl der Orte fast nur noch außerhalb Javas zu. Etwa ein Dutzend außerjavanischer Städte, die um 1930 noch als Mittel- oder Unterzentren einzustufen waren, hatten sich bis etwa 1975 zu hochrangigen Dienstleistungszentren entwickelt; meistens war der Aufbau neuer Provinzverwaltungen (vgl. S. 27f.) ausschlaggebend für den Aufstieg, so für Ambon, Pekan Baru, Samarinda, Mataram, Kupang, Kendari und Palangka Raya. In einigen weiteren Fällen hatten auch andere Anstöße wirtschaftlich positive Auswirkungen. Das ausgedehnte, bedeutsame Kulturgebiet in Nord-Sumatra entwickelte neben Medan ein zweites Oberzentrum: in Pematang Siantar siedelten sich besonders viele halbamtliche oberzentrale Dienste an. Balikpapan an der Ostküste Borneos wuchs als Ölindustrieort in den Rang eines sich selbst versorgenden Oberzentrums hinein; sogar auf Bangka und im Riau-Archipel reichte die allgemeine Landesentwicklung aus, um Pangkal Pinang und Tanjung Pinang den Rang von Oberzentren zu geben (vgl. Tab. 7–3).

Auch auf Java wuchsen die stärksten der industriellen Mittelzentren in die Klasse der Oberzentren hinein; hier stehen aber vier „Aufsteigern" – Bogor, Sukabumi, Purwokerto und Jember – drei „Absteiger" – Pekalongan, Pasuruan und Probolinggo – gegenüber. Alle drei zuletzt genannten Orte hatten im gleichen Zeitraum auch Einbußen in der Rangfolge nach Einwohnern erfahren (vgl. Tab. 5–10, S. 134f.).

Diejenige Orteklasse, die zwischen 1930 und 1980 am stärksten zugenommen hat, die Mittelzentren (4b), haben fast ausschließlich außerhalb Javas neue Standorte gefunden. Die 1930 und 1980 sehr unterschiedlichen Anteile der auf Java gelegenen Mittelzentren weisen das aus. Das Netz der zentralen Orte dieser mittleren Hierarchiestufe war also um 1930 auf Java bereits voll entwickelt[756], auf den Außeninseln dagegen nicht. Um 1930 waren die „Buitengewesten" in rd. 60 Abteilungen gegliedert; dementsprechend gab es verhältnismäßig wenig zentrale Orte mittlerer Stufe. Die vorherrschende Erschließung über eine Vielzahl kleinerer Küstenorte stärkte diese als Unterzentren[757]; wirtschaftlich herausragende Mittelzentren waren verhältnismäßig selten. In den späten fünfziger und sechziger Jahren bildeten sich aber neue Mittelzentren heraus, weil das javanische Gebietskörperschaftssystem der Regentschaften auf die Außeninseln übertragen wurde (vgl. S. 28). Die Zahl der Verwaltungsorte der Mittelinstanz vermehrte sich dadurch von 61 ehemaligen Assistent-Residenten-Sitzen auf 164 Bupati-Sitze außerhalb Javas. Damit wurden rd. 100 frühere Unterzentren soweit gestärkt, daß sie heute mehr oder weniger gut ausgestattete Mittelzentren geworden sind.

Von den um 1930 vorhandenen rd. 300 gehobenen Unterzentren (5a) ist etwa jeder dritte Ort bis 1980 in eine höhere Hierarchiestufe hineingewachsen. Für diese rd. 100 Aufsteiger sind aber 400 Orte nachgerückt, die um 1930 noch zu den Unterzentren (5b) zählten oder noch nicht einmal diese Ausstattungsstufe erreicht hatten. Die Verteilung der Orte zwischen Java und den Außeninseln blieb bei diesem Vorgang fast unverändert.

Je niedriger die Hierarchiestufe ist, um so unsicherer wird die Zuordnung der Siedlungen; das gilt heute (vgl. S. 211) und noch mehr für die Zeit um 1930. Werden die für die Unterzentren (5b) in der Übersicht angeführten Zuordnungsmerkmale gewählt, dann ergibt sich eine Mindestzahl von 410 Unterzentren um 1930;

---

[755] Das für 1930 ausgewertete Datenmaterial zur Zuweisung der Orte in die Hierarchiestufe der gehobenen Mittelzentren (4a) ist in diesem Punkte aber nicht ganz ausreichend. Es muß offen bleiben, ob nicht einige der javanischen Mittelzentren (4b) von 1930 nicht doch auch schon 1930 in die nächsthöhere Hierarchiestufe (4a) gehörten. Die erkannte Entwicklungslinie begänne in diesem Falle schon etwa ein Jahrzehnt früher.

[756] Auf Karte 5 dadurch erkennbar, daß sich auf Java die Mittelzentren ohne Wechsel ihrer Hierarchiestufe stark häufen.

[757] Ein Beleg dafür ist bei Rutz 1976 (a), besonders Abschn. 2.4.5. und Karte A 8 zu finden.

real darf diese Zahl etwas höher eingeschätzt werden[758], etwa auf 450 bis 470 Orte. Die Zunahme bis 1980 war auf den Außeninseln etwa doppelt so groß (1:3) wie auf Java (1:1,5). Auch auf Java war aber die Zentrenbildung in dieser Hierarchiestufe um 1930 noch nicht ganz abgeschlossen; die schon genannten generellen Ursachen waren dafür ausschlaggebend. Heute entstehen auf Java neue Unterzentren nur noch ausnahmsweise. Ganz anders ist die Tendenz dagegen auf den Außeninseln. Hier ist trotz einer Verdreifachung der Unterzentren seit 1930 das Regelverhältnis von hoch- zu niedrigrangigen Orten noch nicht erreicht (vgl. S. 201). So wird die Zahl der Unterzentren außerhalb Javas während der nächsten Jahrzehnte absolut und relativ weiter zunehmen.

Die im vorstehenden als Bezugsrahmen gewählte Zeit um 1930 markiert das Ende eines wirtschaftlichen Aufschwungs, dem die Weltwirtschaftskrise in den frühen dreißiger Jahren folgte und bald danach – mit der japanischen Besetzung – auch das Ende der niederländischen Herrschaft im Jahre 1942. Der Vergleich des indonesischen Städtesystems mit dem Niederländisch Indiens um das Jahr 1930 zeigt den Wandel innerhalb der zweiten Hälfte jener großen industriewirtschaftlichen Entwicklungsphase, die schon 1870 begann (vgl. S. 60). Bedeutender noch als der wirtschaftliche Wandel von 1930 bis zur Gegenwart war aber der politische Umbruch, der in diesen Zeitabschnitt fällt; stärker als neue wirtschaftliche Gegebenheiten hatten staatliche Einflußnahmen das Städtesystem verändert.

Wäre West-Neuguinea in die vorstehende Übersicht einbezogen worden, hätte sich wegen der wenigen zentralen Orte auf der 1930 noch fast unerschlossenen melanesischen Großinsel das Gesamtbild kaum verändert. Große Teile der Insel kannten keine überörtliche Kommunikation. Um 1930 lagen alle Verwaltungs- und Handelsposten an der Küste. Hollandia (interimistisch Sukarnapura, jetzt Jayapura), Sorong, Merauke, Manokwari, Fak-Fak und Bosnik (jetzt dazu benachbart Mokmer mit heutigem Namen Biak) waren allenfalls gehobene Unterzentren und sind heute mit Ausnahme von Jayapura Mittelzentren. Bis heute blieb die überörtliche Kommunikation in weiten Landesteilen mangelhaft. So sind zwar dem Oberzentrum Jayapura fünf Mittelzentren nachgeordnet, diesen aber nur wenige Unterzentren, denn die heutigen Verwaltungsposten, die Camat-Sitze sind vielerorts noch ohne jede weitere zentrale Dienstleistung.

7.4.2. Vergleich mit dem Zustand in früheren Jahrhunderten

Gemessen am Alter vieler Städte beschreibt die vorstehend dargelegte Veränderung während der letzten 50 Jahre eine letzte, sehr kurze Entwicklungsphase. Welche Auswirkungen hatten aber Wirtschaftsumbrüche oder der Wechsel politischer Machtstrukturen im frühen 19. Jahrhundert und in noch älterer Zeit? Quantifizierende Aussagen über das Städtesystem in Niederländisch Indien sind für frühere Jahrhunderte schwierig. Zunächst wäre zu fragen, welche Auswirkungen der wirtschaftliche Wandel seit Beginn der liberalen Entwicklungsphase (vgl. S. 63), also zwischen 1870 und 1930 hatte. In dieser Zeit waren durch Telegraph und Linienschiffahrt alle Glieder des Archipels mit dem Kernland Java – im britischen Einflußbereich mit Singapur[759] – zusammengeschlossen worden. Die gleichen Verkehrsmittel gestatteten sichere und schnelle Verbindungen zu den Machtzentren und Absatzmärkten in Europa. Der Anschluß an die von Europa gesteuerte Weltwirtschaft erlaubte die Vermarktung großer Mengen tropischer Erzeugnisse, die das vom Zwangsanbau befreite Java und große, neu erschlossene Produktionsräume auf den Außeninseln lieferten. Bis 1909 waren auch die letzten widerstrebenden autochthonen Herrschaften dem Kolonialreich eingegliedert worden (vgl. S. 26). Die Öffnung der Grenzen, insbesondere für den Handel mit Singapur, führte zu engen Verflechtungen dieses Städtesystems mit der benachbarten britischen Einflußsphäre.

Eine Datengrundlage für die Darstellung zentralörtlicher Rangabstufungen der Städte in Niederländisch Indien um 1870 gibt es bisher nicht[760]. Allein die hierarchisch aufgebaute Verwaltung der Kolonie sowie einzelne Hinweise auf Handelsabläufe und Hafenfunktionen erlauben Rückschlüsse auf die zentralörtliche Stellung der Städte.

Schon um 1870 waren Semarang und Surabaya neben Batavia herausragende überregionale Metropolen, damals allein wegen ihrer archipelweiten Handelsstellung; die Hierarchieklasse der späteren Regionalmetropolen[761] zeichnete sich also schon um 1870 ab. Unter den übrigen javanischen Residentenstädten folgten nach

---

[758] Die genannten Merkmale: Wedana/Controlleur oder Hilfspostamt bedürfen der Ergänzung, weil erstens in einigen Bahnorten auf Java und Sumatra der Postdienst durch die Bahnverwaltung mit ausgeführt wurde und zweitens einige Distrikthauptorte auf den Außeninseln ebenfalls als Unterzentren anzusprechen waren.

[759] Für die Malakka-Halbinsel sind auch die älteren Entwicklungszustände des Städtesystems von Lim 1978 dargestellt worden (vgl. Fußn. 749).

[760] Im Rahmen der vorliegenden Studie konnte auch nicht der Versuch unternommen werden, durch Archiv-Studien in den Niederlanden diese Datengrundlage zu schaffen. Ob ein solcher Versuch erfolgreich sein könnte, erscheint ungewiß.

Tabelle 7-8. Hierarchiestufen im Städtesystem des Archipels während früherer Jahrhunderte

Hierarchische Städtekategorien / Städteranggruppen		um 1650 Anzahl	um 1650 Städtenamen	um 1750 Anzahl	um 1750 Städtenamen
(1)	Batavia sowie unabhängige Fürstensitze als Hauptstädte großer Territorien	9	→ Banten ↓ → Kuta Raja (Aceh) ↓ ⊥ Johore (Lama) → ⊥ Batavia (ab 1619) → ⊥ Mataram (1578-1681) ↓ → Banjarmasin → → Bandar Brunei → ↑ Makasar (ab 1605) ↓ → Ternate ↓	5	⊥ Riau (ab 1709 statt Johore) ↓ → Batavia → ⊥ Surakarta (ab 1744 statt Mataram) ↓ → Banjarmasin → → Bandar Brunei ↓ ↓ Kuta Raja (Aceh) →
(2)	Kleinere unabhängige oder größere abhängige Fürstensitze sowie Haupthafenstädte der großen Territorien	6	↑ Jambi ↓ ↑ Palembang → → Cheribon → → Jepara ↓ ↑ Sukadana → ⊥ Amboina (ab 1605) →	11	⊥ Padang (ab 1666) → → Palembang → ⊥ Bengkulen (ab 1714) ↓ ↓ Banten (bis 1757) ↓ → Cheribon → ↑ Semarang (ab 1678/1708) → → Sukadana (bis 1786) ↓ ↓ Makasar → → Amboina → ↓ Ternate →
(3)	Andere wichtige Fürstensitze und Handelsplätze, 1850 auch hohe Verwaltungsposten	21	→ Patani → ↓ Malakka → → Deli → ⊥ Tg.Balai As.(ab 1619) → → Siak (Sri Indrapura) → ↑ Sambas ↓ ↑ Kota Waringin ↓ ↑ Kutei (Lama) ⊥ → Demak → ↓ Tuban ↓ → Kediri → → Gresik → → Surabaya ↓ → Malang ↓ ↑ Sampang (Madura) → ↑ Buleleng → → Gelgel (bis 1690) ⊥ ↑ Bima → → Bone ↓ → Buton → ↓ Tidore →	22	→ Patani ↓ → Malakka → → Deli → → Tanjung Balai Asahan → → Siak (Sri Indrapura) ↑ ↓ Jambi → ⊥ Tenggarong (statt Kutei) ↓ ↑ Tegal (ab 1677) → → Demak ↓ → Jepara ↓ ↑ Rembang (ab 1671) ↓ → Kediri → → Gresik ↑ → Surabaya ↑ ↑ Pasuruan (ab 1685) ↑ → Sampang (Madura) ↑ ↑ Buleleng → ↑ Karang Asem (ab 1692) ↓ ↑ Bima ↓ ⊥ Kupang (ab 1653) → ⊥ Manado (ab 1657) ↓ → Tidore ↓
			Gesamtzahl etwa 36, davon auf Java etwa 12 (33 %)		Gesamtzahl etwa 38, davon auf Java etwa 14 (37 %)

Zeichenerklärung: ↑ Aufstieg   → Verbleib in ein- und derselben Städteranggruppe   ⊥ Vor dem Namen: rasche Siedlungsentstehung, Stadtneugründung
                    ↓ Abstieg

Tabelle 7-8. Fortsetzung

		um 1850		1870		Hinweis auf Stellung um 1930*
	Anzahl	Städtenamen	Anzahl	Städtenamen		
(1)	2 in N.I. 1	⊥ Singapur (ab 1819) → → Batavia	2 in N.I. 1	→ Singapur → Batavia		→ →
(2)	17 in N.I. 15	⊥ Penang (ab 1786) ↓ Bandar Brunei ↓ (bis 1888) → Kuta Raja (Aceh) ↑ Siak (Sri Indrapura) ↓ (bis 1858) → Padang → Palembang → Cheribon → Semarang ↑ Surakarta ⊥ Yogyakarta (ab 1755) ↑ Surabaya ↑ Pasuruan ⊥ Pontianak (ab 1786) ↓ Banjarmasin → Makasar → Amboina → Ternate	3 in N.I. 2 4 15 davon 60% auf Java	→ Georgetown (Penang) ⎫ → Semarang ⎬ Regionalmetropolen → Surabaya ⎭ → Palembang ⎫ Oberzentren → Cheribon ⎬ mit Teilf. → Pasuruan ⎬ v. Regional- → Makasar ⎭ metropolen → Kuta Raja (Aceh) → Padang ↑ Tegal ↑ Pekalongan ↑ Magelang ↑ Rembang ↑ Surakarta ↑ Yogyakarta ↑ Madiun ↑ Kediri ↑ Probolinggo → Pontianak → Banjarmasin → Amboina → Ternate	Oberzentren ohne oder sehr geringe Teilfunktionen von Regionalmetropolen	→ → → ↓ → → ↑ ↑ ↑ ↑ → → → → → ↓ →
(3)	28	→ Malakka ↓ → Deli → → Tanjung Balai Asahan → ↓ Riau → → Jambi ⊥ Fort de Kock (ab 1825) → ⊥ Bengkulen →→ ⊥ Muntok (ab 1821) → ⊥ Serang (ab 1813) → ⊥ Buitenzorg (ab 1780/1815) → ↑ Karawang (ab 1810) → ↑ Cianjur (ab 1810) → → Tegal ↑ ↑ Pekalongan (ab 1808) ↑ ↑ Banyumas (ab 1830) → ↑ Purworejo (ab 1830) → ↑ Magelang (ab 1812) ↑ ↑ Pati (ab 1810) ↑ → Rembang ↑ ↑ Madiun (ab 1830) ↑ → Kediri ↑ ↑ Probolinggo (ab 1812) ↑ ⊥ Besuki (ab 1816) → ⊥ Banyuwangi (ab 1816) → → Buleleng ↓ → Kupang → ⊥ Dili (ab 1769) →→ → Manado →	28 in N.I. 25, davon 48% auf Java	↑ Bandar Brunei ⊥ Kuching → Deli → Tanjung Balai Asahan ↑ Siak (Sri Indrapura) ⊥ Bengkalis (ab 1858) → Tg. Pinang (vorm. Riau) → Jambi ⊥ Sibolga (ab 1842) → Fort de Kock → Bengkulen → Muntok ⊥ Teluk Betung (ab 1851) → Serang → Buitenzorg → Karawang ↑ Purwakarta (ab 1867) → Cianjur ⊥ Bandung (ab 1864) → Banyumas → Purworejo → Pati → Besuki → Banyuwangi ↑ Pamekasan (ab 1858) → Kupang → Dili → Manado		→ → ↓ → → → → ↑ ↑ ↑ ↑ ↑ ↑ → ↑ ↑ ↑ ↑ ↑↑ → ↓ → ↓ ↓ → → ↑ ↑
		Gesamtzahl etwa 47, davon auf Java etwa 23 (knapp 50%)		Gesamtzahl etwa 52, davon in Ned.Ind. 47, davon auf Java 26 (50%)		

nach dem Namen ↓ : Vernichtung, Verlust der Stadtfunktion   N.I. = Niederländisch Indien   * vergl. Tabelle 7-7

Einwohnern Pasuruan an vierter und Cheribon (heute Cirebon) an fünfter Stelle. Diese beiden Hafenstädte sowie die alten Metropolen Palembang im südlichen Sumatra und Makasar für den Ostteil des Archipels bildeten eine zweite Gruppe von vier Städten, die aus der größeren Zahl von Oberzentren wegen ihrer überregionalen Handelsbedeutung herausragte.

Als Oberzentren waren um 1870 alle diejenigen Residentensitze anzusprechen, die nicht nur bezüglich der Verwaltung sondern auch als Handelszentrum ihre Regentschaft mit Dienstleistungen versorgten, also keine wesentlichen Mitbewerber in ihrer Stellung als zentraler Ort besaßen. Dazu gehörten auf Java Tegal, Pekalongan, Magelang, Rembang, Madiun, Kediri und Probolinggo sowie die Fürstensitze Surakarta und Yogyakarta. Für die „Buitengewesten" hatten eine ähnlich herausragende Stellung das noch nicht fest in den niederländischen Staatsverband eingebundene Kuta Raja Acehs und Padang an der Westküste Sumatras. An der Ostküste war Tanjung Pinang, das vormalige Riau schon rückläufig, Bengkalis vermochte die ihm zugedachte Stellung als Oberzentrum nicht auszufüllen und Medan war gerade erst als noch sehr kleiner zentraler Ort des jungen Kulturgebietes gegründet worden. Auf Borneo hatten das jüngere Pontianak und das ältere Banjarmasin klare zentrale Stellungen in politischer und wirtschaftlicher Beherrschung ihrer Residentschaften. Im Osten waren um 1870 neben Makasar auch Amboina und Ternate noch verhältnismäßig starke Zentren, so daß sie – anders als um 1930 – noch in diese höherrangige Städtegruppe gehörten.

Auch die weitere Hierarchiestufe, die als Mittelzentrum mit oberzentralen Teilfunktionen bezeichnet werden kann, läßt sich für 1870 noch fast vollständig belegen. Sie war – wie um 1930 – mit rd. zwei Dutzend Städten besetzt. Auf Java waren es die restlichen Residentensitze einschließlich Karawang und Cianjur, die einige Jahre zuvor die Oberbehörde an Purwakarta beziehungsweise Bandung abgegeben hatten. Außerhalb Javas gehörten zu dieser Städtegruppe die bedeutenderen Fürstensitze auf Sumatra, soweit sie noch nicht durch jüngere, verkehrsgünstiger gelegene Siedlungen weiter abgesunken waren, sowie alle niederländischen Residentensitze, soweit sie nicht höher eingestuft worden waren.

Einen zusammengefaßten Überblick über das Städtesystem um 1870 bietet die auf den Vorseiten abgedruckte Tabelle 7–8 in der letzten Spalte.

Für das Jahr 1870 wurden für Niederländisch Indien 47 Städte erfaßt, darunter 2 Regionalmetropolen, 4 herausragende Oberzentren, 15 weitere oberzentrale Orte und 25 Mittelzentren mit höherrangigen Teilfunktionen. Damit wird sehr deutlich: Das hochrangige Städtesystem in Niederländisch Indien um 1870 ist demjenigen von 1930 sehr ähnlich. Der erwähnte wirtschaftliche Umbruch hatte also keine grundsätzlichen Folgen für den Umbau des Städtesystems in Niederländisch Indien gehabt. Die Anzahl der Auf- und Absteiger ist im Zeitabschnitt zwischen 1870 und 1930 deutlich geringer als im Zeitabschnitt zwischen 1930 und 1980 (vgl. Tab. 7–7 S. 222f.). Das Verhältnis zwischen javanischen und außerjavanischen Städten ist in allen Hierarchiestufen exakt das gleiche geblieben.

Soll nun diese für 1870 noch einigermaßen gesicherte Städtehierarchie weiter zurückverfolgt werden, so scheitert das, weil auch der durch die Stellung in der Verwaltungshierarchie gegebene Anhaltspunkt wegfällt. Das zwischen 1808 und 1830 gebildete Verwaltungssystem (vgl. S. 53f.) war bis 1870 prägend wirksam, ob aber schon für seine Entstehungszeit Verwaltungsstellung und zentralörtliche Bedeutung annähernd übereinstimmten, ist nicht belegbar. Vom Stand um 1870 können nur die Entwicklungslinien einzelner Städte weiter zurückverfolgt werden. Aus ihrem Auf- oder Abstieg läßt sich dann auf höhere oder geringere Stellung im Gesamtsystem schließen. Je weiter die Entwicklung zurückverfolgt wird, um so stärker löst sich das Gesamtsystem in unabhängige Teilsysteme auf, gegenläufig zur territorialen Festigung der niederländischen Herrschaft im Archipel (vgl. S. 50f.). Für das 18. und 17. Jahrhundert ist dann nur noch die politische Macht belegbar, die von den Hauptstädten ausging. Dabei können noch Abstufungen dieser Macht, etwa – unabhängig, selbständig-abhängig, unselbständig – oder – archipelüberspannend, überregional, regional – Hinweise auf höheren oder niedrigeren Rang geben.

Der Versuch einer Zuordnung der Städte in je drei Bedeutungsstufen ist in Tabelle 7–8 unternommen worden[761, 762, 763]. Im Überblick fällt zunächst auf, daß die Gesamtzahl der führenden Städte über die Jahrhunderte

---

[761] Um Vergleiche mit 1930 und mit der Gegenwart zu ermöglichen, werden im folgenden die bisher verwendeten Bezeichnungen für die hierarchischen Orteklassen überwiegend beibehalten. Die Verwendung dieser Bezeichnungen soll nicht ausdrücken, daß 1871 und früher gleiche Dienstezweige vorhanden waren. Gemeint ist vielmehr, daß die Regionalmetropolen Dienste aus den höchsten Ranggruppen leisten und die übrigen Hierarchieklassen solche aus jeweils niedrigeren Dienste(rang)gruppen, ohne daß diese Ranggruppen durch erfaßte Dienstleistungen ausgefüllt werden können.

[762] Als Grundlage dafür dienten die Abschn. 2.2.2. und 2.2.3. sowie die dort genannten Quellen.

[763] Die Schwierigkeit, daß um 1850 die Übereinstimmung zwischen Verwaltungsauftrag und zentralörtlicher Stellung noch unsicher ist, wurde schon erwähnt. Für die früheren Jahrhunderte ist die Zuordnung in einigen Fällen unsicher, weil die Quellen für die Beurteilung der tatsächlichen Machtausübung und des wirklichen Handelsumfangs nicht ausreichen. Das gilt insbesondere für mittelgroße Herrschaften, deren Hauptorte zum Teil erwähnt worden sind (Sambas, Bone, Buton), zum Teil aber auch weggelassen wurden (z. B. Indragiri, Berau, Sumbawa).

nur wenig zunahm, nähmlich von etwa 37 um 1650 bis etwa 52 um 1870. Dabei kam die Zunahme per Saldo fast ausschließlich Java zugute. Mit der Ausdehnung und Absicherung der niederländischen Macht im Archipel wurde die Stellung Javas gestärkt; besonders die Reformen von 1808 (vgl. S. 53f.) vermehrten die führenden Städtepositionen auf Java. In der obersten Rangstufe dagegen nahm die Zahl der Städte ab, weil die ehemals unabhängigen Teilsysteme in die niederländische Herrschaft integriert wurden; nur Singapur als Zentrum der britischen Einflußsphäre blieb in der führenden Hierarchiestufe neben Batavia übrig.

Der Rückblick zur Rangordnung der Städte im Malaiischen Archipel reicht bis in die Zeit der großen islamischen Herrschaften des 17. Jahrhunderts. Das war zugleich die Zeit erster territorialer Besitzfestigungen der europäischen Mächte; die Gründung Batavias und die Folgen der niederländischen Machtausbreitung für das Städtesystem des Archipels sind dadurch ablesbar. Auf eine tabellarische Übersicht für die noch früheren Städteschichten wurde wegen der noch größer werdenden Unsicherheiten verzichtet; die Entwicklungslinien insgesamt und diejenigen der bis etwa 1600 führenden Städte können aber in den Abschnitten über die Städtegründungszeitalter (S. 43ff.) nachgelesen werden.

8. Einflußbereiche und Hinterländer

8.1. Größenordnungen der Einflußbereiche

Die Funktion der indonesischen Städte als zentrale Dienstleistungsorte setzt voraus, daß wirtschaftliche und/ oder politische Verknüpfungen mit den umgebenden Räumen vorhanden sind, daß ein Austausch von Gütern, Dienstleistungen und Kapital zwischen den Städten und ihren Umländern stattfindet. Die von der Stadt erzeugten zentralen Güter und Dienstleistungen werden in einem bestimmten Umland, einem Hinterland oder Einflußbereich verteilt; mit diesen Gütern und Dienstleistungen wird die im Umland ansässige Bevölkerung versorgt. Je nach Art der Güter und Dienste ist dieses Umland entweder fest umrissen – so im Falle der amtlichen Dienste (vgl. S. 11) – oder weniger scharf abgegrenzt, so besonders bezüglich der privaten Dienste. Dabei können unterschiedliche Dienste auch unterschiedlich begrenzte Einflußbereiche besitzen; die Hinterländer der Städte durchdringen sich dann gegenseitig.

Die zentralen Güter und Dienste besitzen unterschiedliche Reichweiten in Abhängigkeit von ihrer Ranggruppe (vgl. S. 12). Daraus ergibt sich: Städte mit hohen Anteilen höchst- und hochrangiger Dienste haben große, weiträumige Einflußbereiche oder Hinterländer, Orte mit nur niedrig- oder niedrigstrangigen Diensten haben kleine Einflußbereiche oder Hinterländer[801]. Den Hierachiestufen zentralörtlicher Ausstattung (vgl. Tab. 7-4) entsprechen unterschiedliche, hierarchisch gestufte Größenordnungen von Einflußbereichen. Diese Einflußbereiche der zentralörtlichen Städteklassen sind im gleichen Raum ineinander geschachtelt. Daraus ergibt sich die räumliche Zuordnung der niedrigrangigen Städte zu höherrangigen Zentren[802].

Je vollständiger die jeweils stufenspezifischen Dienste in den Städten vorhanden sind, um so klarer sind deren Einflußbereiche ausgeprägt. Da sich private Dienstleister und noch stärker halbamtliche Dienstleistungsinstitutionen häufig der staatlichen Gebietskörperschaftsgliederung anpassen, sind die indonesischen Gebietskörperschaften – Provinzen, Regentschaften und Unterbezirke (vgl. S. 30) – rahmenbildend für die Reichweiten vieler anderer zentraler Dienste. Deren Einflußbereiche passen sich häufig den Gebietskörperschaften an, so daß diese zu „Leitbereichen" werden.

Die oberste Hierarchiestufe vertritt in Indonesien der Einflußbereich der Staatshauptstadt; er umfaßt das gesamte Staatsgebiet über Indonesien hinaus bis an den 141. Längengrad, an dem die melanesische Großinsel Neuguinea geteilt ist. Bezüglich einiger höchstrangiger privater Dienste muß Jakarta sein Hinterland mit Singapur teilen (vgl. S. 209). Da diese höchstrangigen privaten Dienste vorwiegend in Jakarta selbst sowie in den Regionalmetropolen und in den Oberzentren nachgefragt werden, ist der Einfluß Singapurs im gesamten Archipel spürbar und zwar weitgehend in Abhängigkeit von der Verbreitung der chinastämmigen indonesischen Staatsbürger[803].

Die Einflußbereiche der sechs Regionalmetropolen bilden die zweite Hierarchieebene. Da aber auch von einigen weiteren Städten höchstrangige Dienste (Dienstegruppe 1) als Streudienste angeboten werden, ergeben sich sechs- bis zehngliedrige Unterteilungen des Staatsgebietes. Auf Java werden dabei die drei großen Provinzen West-, Mittel- und Ost-Java als Leitbereiche wirksam.

---

[801] Zur Rangeinteilung der Dienste vgl. Tab. 0-2, S. 14f.

[802] Indem die Städte nach ihrem Ausstattungskennwert in bestimmte zentralörtliche Städteklassen (vgl. für Gesamt-Indonesien Absch. 7.2., für Java Abschn. 7.3.) eingeordnet wurden, erfolgte noch keine Zuordnung zu bestimmten räumlichen Teilsystemen. Die räumliche Zuordnung zu einem bestimmten höherrangigen Zentrum wird erst durch die Erforschung der zentralörtlichen Einflußbereiche möglich.

[803] Das gilt besonders für „Totok-" aber auch für „Peranakan-" Chinesen. Ihre räumliche Verbreitung ist für die Gegenwart nicht exakt beschrieben; zuletzt zusammenfassend dargestellt von Liem 1980, im Abschn. „Geographische Daten – Geographische Streuung" (S. 254ff.). Als Indikator für die Verkehrserschließung wurden die Chinesen von Helbig 1942/43 und Rutz 1976 (a) (S. 26) gewertet. Ähnlich können sie als Indikator für die Nachfrage höchstwertiger privater Güter und Dienstleistungen gelten.

Die dritte Ebene ist die der hochrangigen Dienste; sie werden stufenspezifisch von den Oberzentren angeboten. Deren Einflußbereiche werden auf den Außeninseln deutlich durch die Vorgabe der Provinzen geprägt. Auf Java wirken in dieser Ebene die aufgelösten Residentschaften (vgl. S. 27) nach, nicht nur bezüglich privater und halbamtlicher Dienste, sondern auch in den Amtsbereichen verschiedener Sonderverwaltungen. Die gehobenen Dienste, die ohnehin nur auf Java eine eigene Klasse zentraler Orte hervorbringen (vgl. S. 217), sind nur vereinzelt bereichsbildend. Geschlossene Einflußbereiche sind in dieser Hierarchiestufe selten; es gibt hier auch keine gebietskörperschaftlichen Leitbereiche. Gerade diese sind aber wieder für die Einflußbereiche der Mittelzentren stark prägend. Es handelt sich um die Regentschaften, die sowohl auf Java als auch auf den Außeninseln den Zuschnitt der meisten mittelstädtischen Einflußbereiche bestimmen.

Die Reichweiten der niedrigrangigen Dienste bestimmen die Einflußbereiche der gehobenen Unterzentren. Wenn diese Unterzentren mittelrangige Streudienste leisten, ergeben sich vereinzelt Einflußbereiche, die die Regentschaften füllen. Ohne mittelrangige Streudienste sind die Einflußbereiche der gehobenen Unterzentren wegen der geringen Zahl niedrigrangiger Dienste nur schwer von den Einflußbereichen der Unterzentren zu unterscheiden. Deren Einflußbereiche beruhen auf den Reichweiten der niedrigrangigen Dienste; dabei hat der Amtsbereich des Camats, also der Unterbezirk, eine ganz ausgeprägte Leitfunktion.

Das System der zentralörtlichen Einflußbereiche im indonesischen Staatsgebiet ist also – das Staatsgebiet selbst nicht mitgerechnet – vierstufig. Für die vier hierarchischen Kategorien der Einflußbereiche werden folgende Bezeichnungen verwendet:

Großbereiche = Einflußbereiche der Regionalmetropolen,
Oberbereiche = Einflußbereiche der Oberzentren,
Mittelbereiche = Einflußbereiche der Mittelzentren,
Unterbereiche = Einflußbereiche der Unterzentren.

Im folgenden werden die zwei ersten Kategorien untersucht; sie sind auf Karte 6 dargestellt. Da für die Großbereiche auf Java und für sehr viele Oberbereiche auf den Außeninseln die 26 Provinzen der allgemeinen Verwaltung Leitbereiche darstellen, bilden diese Gebietskörperschaften das regionale Grundgerüst für die weitere Darstellung[804].

8.2. Einflußbereiche der Regionalmetropolen

In der Hierarchie der zentralen Orte ist die Klasse der Regionalmetropolen deutlich ausgebildet (vgl. S. 209). Die Einflußbereiche der zu dieser Klasse gehörenden sechs Städte – Surabaya, Semarang, Bandung, Medan, Palembang und Ujung Pandang – sowie derjenige von Jakarta bilden eine höchste Gliederungskategorie. Diese Einflußbereiche der Regionalmetropolen sind aber bei weitem nicht so klar und eindeutig ausgeprägt wie die Regionalmetropolen selbst. Das hat mehrere Ursachen: Die räumliche Nähe von Jakarta und Bandung führt im Bereich des westlichen Java zu vielfachen Überschneidungen. Von außen wirkt auch in dieser Hierarchieebene Singapur in das indonesische Staatsgebiet hinein. Viele „starke Oberzentren" leisten Streudienste aus der höchstrangigen Dienstegruppe, so daß die Einflußbereiche dieser Oberzentren die Aufteilung des Archipels nach zentralörtlichen Großregionen mehrdeutig werden lassen. Die Häufigkeit des Vorkommens der höchstrangigen Dienste (Dienstegruppe 1) ist aus Tabelle 0–2, S. 14 f. ablesbar. Entsprechend dieser Häufigkeit[805] ergeben sich für die verschiedenen höchstrangigen Dienste 6 bis 13 Einflußbereiche von Regionalmetropolen.

Nicht für jeden Dienst kann die Aufgliederung des Archipels nachgezeichnet werden[806]. Aber auch die Addition mehrerer Aufgliederungen nach höchstrangigen Dienstleistungsbereichen ergibt keine eindeutigen Großbereiche. Eine siebenteilige Gliederung, wodurch die Einflußbereiche der sechs Regionalmetropolen und Jakartas berücksichtigt werden würden, führt zu sehr ungleichgewichtigen zentralörtlichen Großbereichen mit folgenden Mittelpunkten[807]: Medan für das nördliche Sumatra (einschl. Riau), Palembang für das südliche Sumatra (einschl. Jambi), Jakarta für Banten, West-Javas Nordküste und West-Borneo, Bandung für Priangan, Semarang für Mittel-Java (einschl. Yogyakarta), Surabaya für Ost-Java, Mittel-, Süd- und Ost-Borneo sowie für

---

[804] Das ursprüngliche Konzept für dieses Buch sah in einem zweiten, regionalen Teil auch die Darstellung der Einflußbereiche der Mittel- und Unterzentren vor. Diese umfassendere Konzeption mußte aber aufgegeben werden; vgl. Vorwort.

[805] Die Anzahl der aus Tab. 0–2 (Spalte „Häufigkeit"), auf S. 14 f. ableitbaren Regionen ist um eine weitere für Jakarta zu vermehren, denn die Dienste Jakartas sind in der genannten Tabelle nicht mitgezählt worden.

[806] Die Unterlagen dazu liegen dem Verfasser zwar vor, es muß aber aus Platzgründen die Darlegung der Einzelheiten unterbleiben. Für See- und Luftaufsichtsregionen siehe auch eine andere einschlägige Studie des Verfassers: Rutz 1976 (b) (dort Übersicht 1 und Karte 1).

[807] Vgl. hierzu und zum folgenden Karte 6.

die Kleinen Sunda-Inseln und schließlich Ujung Pandang für Selebes und die Molukken sowie für den von Indonesien verwalteten Westteil Neuguineas. Dieses an den Regionalmetropolen orientierte Grundschema ist von vielen Varianten überlagert, weil die Reichweiten und Begrenzungen der verschiedenen Dienstleistungen sehr unterschiedlich sind. Vereinzelt fallen sogar Regionalmetropolen als Anbieter aus, etwa Palembang, Bandung und Semarang[808]. Ihr Einflußgebiet wird dann meist unmittelbar von Jakarta aus versorgt. In Lampung und auf Bangka und Belitung herrscht der Einfluß Jakartas gegenüber Palembang ohnehin in allen privaten Dienstleistungen vor. Eine weitere Variante ergibt sich, weil im privaten Sektor Kota Waringin – ein Landstrich im südwestlichen Borneo – die höchstrangigen Dienste von Semarang in Anspruch nimmt.

Sehr viel stärker noch werden die zentralörtlichen Großbereiche variiert, weil eine Reihe weiterer Städte viele höchstrangige Streudienste besitzt. Dementsprechend bilden auch Padang, Manado, Banjarmasin, Denpasar und Yogyakarta eigene, über die Oberbereiche hinausgreifende Regionen aus. Padang versorgt dann West-Sumatra, Riau und Jambi. Manado besitzt als Regionalmetropole einen Einflußbereich, der das nördliche Selebes (einschl. Mittel-Selebes) und die nördlichen Molukken umfaßt. Banjarmasin übernimmt die Funktion einer Regionalmetropole für Mittel-, Süd- und Ost-Borneo. Denpasar wächst in die Funktion einer Regionalmetropole für die Kleinen Sunda-Inseln – in Zukunft einschließlich Ost-Timors – hinein. Schließlich erlaubt es das dicht bevölkerte Mittel-Java, daß sich Semarang und Yogyakarta bezüglich einiger Dienste die Aufgaben als Regionalmetropolen teilen.

Zwei weitere Städte mit nennenswerten höchstrangigen Streudiensten (vgl. S. 211) – Pontianak und Jayapura – besitzen keine entsprechenden Einflußbereiche, denn die höchstrangigen Dienste, die diese Orte anbieten, reichen nicht über die Oberbereiche, die mit den jeweiligen Provinzen identisch sind, hinaus.

Der Einfluß von Medan, Padang oder Palembang auf die Provinzen Riau und Jambi ist auf die amtlichen und halbamtlichen Dienste beschränkt. Die private Nachfrage nach höchstrangigen Gütern und Dienstleistungen wird in diesen Gegenden von Singapur versorgt. Dieser durch die staatliche Trennung auf den privaten Sektor beschränkte Einfluß Singapurs reicht auch nach West-Borneo sowie nach Bangka und Belitung.

Insgesamt sind die zentralörtlichen Großbereiche des Archipels – definiert als Einflußbereiche der Regionalmetropolen – uneinheitlich und recht unscharf ausgeprägt. Nur verhältnismäßig kleine Teilräume des Gesamtarchipels besitzen in dieser Ebene eindeutige Zuordnungen[809]; das gilt für das nördliche Sumatra – einschließlich Aceh –, das eindeutig von Medan versorgt wird, für das südliche Sumatra – ohne Bangka, Belitung und Lampung aber einschließlich Bengkulu –, das deutlich nach Palembang tendiert, für die Nordküste Mittel-Javas, die vom Einfluß Semarangs beherrscht wird, für Ost-Java, in dem Surabaya keine Wettbewerberin hat und für das südliche Selebes – die Südost-Halbinsel eingeschlossen –, das eindeutig auf Ujung Pandang ausgerichtet ist. In allen anderen Teilräumen sind Überschneidungen der Großregionen zu verzeichnen, entweder von Einflußbereichen der Regionalmetropolen untereinander oder durch Einflußbereiche starker Oberzentren, die infolge ihrer zahlreichen Streudienste die Einflußbereiche der Regionalmetropolen durchdringen.

8.3. Einflußbereiche der Oberzentren

Es gibt im gegenwärtigen indonesischen Staatsgebiet neben der Staatshauptstadt und den sechs Regionalmetropolen rd. drei Dutzend Städte, die auf Grund ihrer hochrangigen zentralen Dienste als Oberzentren einzustufen sind (vgl. S. 209ff.). Ihre Einflußbereiche, die zentralörtlichen Oberbereiche, haben in Abhängigkeit von Ausstattungseigenarten der Zentren, Verkehrserschließung der Hinterländer und vom Wettbewerb der Oberzentren untereinander sehr unterschiedliche Größen und Zuschnitte (vgl. Karte 6). Insgesamt sind die Einflußbereiche der Oberzentren deutlicher ausgebildet als die der Regionalmetropolen, doch sind auch hier gegenseitige Durchdringungen nicht selten. Neben den 36 Oberzentren gibt es etwa 20 Städte, die durch zahlreiche hochrangige Streudienste Teilfunktionen von Oberzentren ausüben und dadurch die Oberbereiche weiter abwandeln.

Die Einflußbereiche der Oberzentren folgen auf Java anderen Leitfunktionen als auf den Außeninseln. Außerhalb Javas werden die Oberbereiche sehr deutlich vom Zuschnitt der Gebietskörperschaftsverwaltung geprägt, indem Provinzen und Oberbereiche weitgehend übereinstimmen. Die Provinzhauptstadt ist das Oberzentrum und nur in wenigen Provinzen treten daneben weitere Oberzentren als Wettbewerber auf. In den

---

[808] Diese Fälle sind aus Tab. 7–3, S. 210 ablesbar; andere Fälle, die z. B. auch Ujung Pandang betreffen, können nicht belegt werden, weil entsprechende höchstrangige private Dienste nicht erfaßt worden sind; vgl. Fußn. 706.

[809] Auf Karte 6 durch ausgezogene Linien angedeutet.

drei großen Provinzen Javas dagegen besitzen die Oberbereiche eine Größenordnung, die den ehemaligen Residentschaften oder Keresidenan (vgl. S. 27 u. Karte 1) entspricht. Die meisten der ehemaligen Residentensitze sind Oberzentren, zumindest aber starke Mittelzentren mit vielen hochrangigen, für die Oberzentren stufenspezifischen Streudiensten.

Auf *Java* gibt es 16 Oberbereiche – diejenigen Jakartas und der drei Regionalmetropolen eingeschlossen. Überschneidungen sind dabei häufig, insbesondere wenn die Einflußbereiche der auf Java zahlreichen gehobenen Mittelzentren (vgl. S. 214 f.) mitberücksichtigt werden; viele dieser gehobenen Mittelzentren besitzen hochrangige Streudienste, durch die sich schwache Oberbereiche andeuten. Karte 6 zeigt diese Verhältnisse.

Jakartas Einflußbereich als Oberzentrum greift sehr weit aus und umschließt in abgeschwächter Form den gesamten Einflußbereich Bogors. Außerdem bilden Serang im Westen und Karawang im Osten mit hochrangigen Streudiensten schwache Oberbereiche aus. Ähnlich ist die Struktur der Oberbereiche in Priangan. Hier ist Bandung das beherrschende Zentrum, dessen Einflußbereich den nur schwach ausgebildeten Oberbereich von Sukabumi voll umschließt. Im Osten deutet sich durch die oberzentralen Streudienste von Tasikmalaya ein kleiner eigener Oberbereich an. Der dritte uneingeschränkte Oberbereich West-Javas ist derjenige von Cirebon. Dieser besitzt wenig Überschneidungen; nur die Regentschaft Ciamis, die stärker nach Bandung tendiert, nimmt auch hochrangige private Dienste in Cirebon in Anspruch.

Wenig Überschneidungen gibt es auch gegen die angrenzenden Einflußbereiche der Oberzentren in Mittel-Java; das sind Tegal im Norden sowie Purwokerto und – bezüglich einiger Streudienste – auch Cilacap im Süden. Unter den gehobenen Mittelzentren bildet Pekalongan einen kleinen, eigenen Oberbereich aus, tendiert aber selbst schon nach Semarang. Die hervorragenden Dienste der Regionalmetropole bilden einen großen Oberbereich. Dieser überlagert auch die schwach ausgebildeten Bereiche weiterer gehobener Mittelzentren mit oberzentralen Teilfunktionen: Salatiga, Kudus und Pati. Im südlich angrenzenden Oberbereich von Magelang ist im Norden der Einfluß Semarangs, im Süden derjenige Yogyakartas spürbar. Uneingeschränkter Kernbereich Yogyakartas ist das ehemalige Fürstentum, die heutige autonome Region. Darüber hinaus reicht der Einfluß Yogyakartas im Westen bis Gombong und im Osten bis Klaten. Dieses starke Mittelzentrum liegt aber bereits im Oberbereich von Surakarta. Dieser ist verhältnismäßig scharf durch das ehemalige Fürstentum umrissen; darüber hinaus reicht der Einfluß Surakartas im Süden bis Pacitan. Andererseits ist im nördlichen Teil der Regentschaft Boyolali der Einfluß von Salatiga und Semarang spürbar.

Gegen Osten trennt die Grenze der Großregionen von Semarang und Surabaya auch die verschiedenen oberzentralen Einflußbereiche. Während der Regentensitz Blora noch eindeutig zum Oberbereich von Semarang gehört, ist die Brückenstadt Cepu schon nach Osten und Süden orientiert. Hier durchkreuzen sich die Ausläufer zentralörtlicher Anziehungskraft von Madiun, Surabaya und Bojonegoro. Letzteres hat zwar das schwächste Diensteangebot, liegt aber Cepu am nächsten. Ähnlich schwach sind die hochrangigen Dienste von Pamekasan auf Madura ausgebildet; sie sind auf die Insel beschränkt, die im übrigen unter dem vorherrschenden oberzentralen Einfluß von Surabaya steht. Die ostjavanische Regionalmetropole besitzt dagegen auch bezüglich ihrer hochrangigen Dienste einen weit ausgedehnten Einflußbereich. Dieser umschließt nicht nur die ehemaligen Residentschaften Bojenegoro und Pamekasan, also die Nordküste, das Solo-Tal und Madura; zum oberzentralen Kernbereich gehören auch die untere Brantas-Ebene und das Brantas-Delta, also die Regentschaften Sidoarjo, Mojokerto und Jombang. Surabayas Einfluß als Oberzentrum reicht darüber hinaus bis Kertosono, Lumajang und Situbondo. Daraus ergeben sich Überschneidungen mit den Einflußbereichen der südlichen Oberzentren Kediri, Malang und Jember. Im übrigen sind diese südlichen Oberbereiche – ebenso wie derjenige Madiuns – verhältnismäßig klar abgegrenzt; gegenseitige Durchdringungen sind geringfügig. Nur die Bereiche oberzentraler Streudienste von Probolinggo – weniger deutlich auch von Banyuwangi – sind in die größeren Oberbereiche eingeschaltet.

Anders als auf Java sind – wie oben erwähnt – auf den Außeninseln die Oberbereiche deutlich an den Provinzen ausgerichtet. Auf *Sumatra* gibt es 13 Oberbereiche; soweit diese zu Oberzentren gehören, die gleichzeitig Provinzhauptstädte sind, decken sich Oberbereiche und Provinzen weitgehend. Zwei Oberbereiche, nämlich diejenigen, die die beiden Regionalmetropolen Medan und Palembang entwickelt haben, sind provinzübergreifend; eingeschränkt gilt das auch für den Einflußbereich von Padang, dessen Dienste auch in Kerinci, das zur Provinz Jambi gehört, sowie in den westlichen Teilen von Riau Daratan nachgefragt werden. Von den übrigen Provinzhauptstädten herrscht nur Tanjung Karang-Teluk Betung als Oberzentrum ziemlich uneingeschränkt in seiner Provinz Lampung.

Alle anderen Provinzhauptstädte müssen als Oberzentren Einschränkungen ihres Einflusses innerhalb der eigenen Provinz hinnehmen. Das gilt auch für verhältnismäßig gut ausgestattete Oberzentren wie Banda Aceh,

---

[810] Die Lage und Ausdehnung dieser Oberbereiche ist auf Karte 6 dargestellt.

Pekan Baru und Jambi. Banda Acehs exzentrische Lage im äußersten Norden der Provinz behindert die Inanspruchnahme als Oberzentrum in Idi, Langsa und Tamiang (Ost-Aceh) und in den Alas-Landschaften, denn von dort aus werden die halbamtlichen und privaten höheren Dienste in dem leichter erreichbaren und als Regionalmetropole auch besser ausgestatteten Medan nachgefragt; in Singkil an der südlichen Aceh-Westküste ist Sibolgas Einfluß spürbar. Pekan Barus Oberbereich wird von vier Seiten beschnitten: im Norden von der rasch emporwachsenden Hafenstadt Dumai, im Westen von Padang, an der Malakka-Straße von Singapur und im Indragiri-Gebiet sowie auf dem Riau-Archipel von Tanjung Pinang. Dieses alte Territorialzentrum (vgl. S. 56) ist eines derjenigen fünf Oberzentren auf Sumatra, das diese Stellung auf Grund seiner hochrangigen Dienste besitzt, ohne daß eine Provinz vom gleichen Ort aus verwaltet wird. Auch der Einflußbereich der Stadt Jambi deckt sich nicht ganz mit der Provinz Jambi; die Gebirgslandschaft Kerinci tendiert – wie schon erwähnt – nach Padang und in der Küstenregentschaft Tanjung Jabung ist Singapurs Einfluß spürbar. Schließlich versorgt zwar die Stadt Bengkulu als Oberzentrum die gleichrangige kleine Küstenprovinz, doch sind das vorwiegend amtliche Dienste; viele höhere Dienste, insbesondere die privatwirtschaftlichen, sind in der Provinzhauptstadt nur lückenhaft vertreten, sie werden von Palembang aus angeboten.

Nicht nur in der Provinz Riau, wo neben Pekan Baru auch Tanjung Pinang wegen der von der Provinzhauptstadt weit entfernten Lage des Riau-Archipels oberzentrale Funktionen ausüben kann, auch in anderen Provinzen Sumatras gibt es neben der Verwaltungshauptstadt noch weitere Oberzentren; deren Einflußbereiche sind aber wegen der fehlenden Verwaltungsfunktionen nirgends uneingeschränkt. Im halbamtlichen und privaten Sektor herrschen die Dienste dieser Städte in kleineren Einflußbereichen gegenüber denen der Provinzhauptstädte vor. Das gilt für Simalungun mit dem Oberzentrum Pematang Siantar, für Tapanuli mit dem Oberzentrum Sibolga, für die Tiga Luhak – das innere Hochland der Minangkabau – mit dem Oberzentrum Bukittinggi und für die Zinninseln Bangka und Belitung mit dem Oberzentrum Pangkal Pinang[810].

Auf **Borneo** gibt es acht Oberbereiche, davon liegen allerdings nur fünf im Hoheitsgebiet der Republik Indonesien. Die beiden zur Malaysischen Föderation gehörenden Bundesstaaten Sarawak und Sabah sind zugleich die oberzentralen Einflußbereiche ihrer Hauptstädte Kuching und Kota Kinabalu[811]. Das Sultanat Brunei in seinem gegenwärtigen Zuschnitt ist der Oberbereich seiner Hauptstadt Bandar Seri Begawan[812]. Die fünf Oberbereiche im Hoheitsgebiet der Republik Indonesien sind sehr unterschiedlich gestaltet. In der Westabdachung liegen die Verhältnisse klar. Hier ist Pontianak als einziges starkes Oberzentrum fast uneingeschränkt vorherrschend; sein Einflußbereich deckt sich ziemlich genau mit der Provinz West-Borneo. Nur im Norden, im Stromgebiet des Sambas sind die regionalen Kräfte stark genug, um Ansätze eines eigenen Oberbereiches hervorzubringen; die hochrangigen Streudienste besitzt Singkawang als Handels-, Hafen- und Verwaltungsstadt und nicht die ehemalige Sultansresidenz Sambas.

Die Südabdachung Borneos besitzt mit Banjarmasin ein vorherrschendes, leistungsfähiges Oberzentrum. Die gebietskörperschaftliche Zweiteilung des Gesamtbereichs im Jahre 1957 (vgl. S. 27) bewirkt jedoch, daß einige amtliche und halbamtliche Dienste nicht in Banjarmasin sondern in Palangka Raya nachgefragt werden müssen. Die neue Hauptstadt der Provinz Mittel-Borneo bietet aber noch kaum höhere private Dienstleistungen an und ist für viele Landesteile sehr umständlich erreichbar[813]; ihr von den Provinzgrenzen umrissener Oberbereich ist daher wenig wirksam. Andere überlagerte Oberbereiche gibt es in diesem Teil Borneos nicht, denn trotz ihrer eigenständigen Verkehrsbereiche leisten Pangkalan Buun, Sampit und Kota Baru keine oberzentralen, hochrangigen Streudienste. Das Umgekehrte trifft für Banjar Baru zu; dort gibt es hochrangige Streudienste, aber infolge der Nähe von Banjarmasin keinen eigenen Einflußbereich.

Die Ostabdachung Borneos besitzt gegenwärtig zwei deutliche, jedoch einander überschneidende Oberbereiche; der überlagernde oberzentrale Einflußbereich ist der der Provinzhauptstadt Samarinda, der zweite, wesentlich kleinere Oberbereich gehört zur „Ölstadt" Balikpapan. Die im Norden liegenden Regentschaften Berau und Bulungan sind aber von Samarinda aus schlecht mit zentralen Gütern und Diensten versorgt. Für diese Bereiche wächst die ebenfalls vom Öl geprägte Inselstadt Tarakan – heute ein starkes Mittelzentrum mit mehreren hochrangigen Streudiensten – in die Funktion eines Oberzentrums hinein.

In **Ost-Indonesien** sind es durchweg die Provinzen, nach denen sich die Oberbereiche ausrichten, denn alle acht Oberzentren sind zugleich auch die Hauptstädte der acht ost-indonesischen Provinzen. Die neunte Provinz, Ost-Timor, bildet sehr eindeutig den Einflußbereich ihrer Hauptstadt Dili, doch haben die Wirren des

---

[811] Zur Stellung dieser und weiterer Städte innerhalb der malaysischen Territorien Nord-Borneos siehe Osborn 1974 u. Kühne 1976.
[812] Vgl. hierzu Franz (1981) Fig. 2; einer abweichenden Darstellung in Fig. 3 folge ich nicht; dort setzt Franz die beiden Städte Bandar Seri Begawan und Kuala Belait aus der Sicht des inner-bruneiischen zentralörtlichen Systems in den gleichen Rang.
[813] Das Erschließungssystem der gesamten Südabdachung ist auf Banjarmasin hin ausgerichtet; vgl. dazu die Beschreibung bei Rutz 1976 (a), S. 98ff.

staatlichen Übergangs von Portugal nach Indonesien die Entwicklung stark gehemmt, so daß Dili noch nicht die Ausstattung eines Oberzentrums besitzt[814]. Die drei anderen Provinzhauptstädte der Kleinen Sunda-Inseln versorgen als Oberzentren ihre Provinzen mit zentralen Diensten und Gütern uneingeschränkt[815].

Auch auf Selebes hat jede der vier Provinzen in ihrer Hauptstadt ein eigenes Oberzentrum; die Einflußbereiche überlagern sich aber zum Teil. Kendari ist nur schwach ausgestattet, so daß Ujung Pandangs Einflußbereich bezüglich privater Dienstleistungen Südost-Selebes umschließt; Nord-Selebes besitzt neben der Provinzhauptstadt Manado mit Gorontalo ein starkes Mittelzentrum, das oberzentrale Teilfunktionen ausübt und zwar nicht nur in der eigenen Regentschaft, sondern auch an allen Küstenstrecken des Tomini-Golfes.

Die Molukken sind der Oberbereich der Provinzhauptstadt Ambon; das gilt im Norden nur für die staatlichen Dienste, denn dort ist der Einfluß Ambons stark abgeschwächt, weil private und einige halbamtliche Dienste auch von Ternate und Manado angeboten werden. Wegen dieser hochrangigen Streudienste steht ja Ternate schon an der Schwelle zur Einstufung als Oberzentrum (vgl. S. 211).

Die Einflußbereiche der Oberzentren bilden zugleich die wichtigsten wirtschaftsräumlichen Einheiten. Es sind funktionale Wirtschaftsräume; das Oberzentrum ist in der Regel auch Hauptverkehrsknoten, auf Java meistens binnenländischer Straßenverkehrsknoten, auf den Außeninseln mehrheitlich Hafenstadt und Fluglinienknoten. Daß mit den zentralörtlichen Oberbereichen in vielen außerjavanischen Landesteilen auch die planerischen Entwicklungsräume annähernd übereinstimmen, wird im folgenden Abschnitt 8.4. dargelegt werden.

Wie die Niederländer zuletzt, so verwalten auch die Indonesier gegenwärtig den Westteil **Neuguineas** von Jayapura aus; so kann bezüglich der amtlichen und einiger halbamtlicher Dienste die Provinz „Irian Jaya" als oberzentraler Einflußbereich von Jayapura gelten; die dabei zu überwindenden großen Entfernungen überbrückt der Flugverkehr. Hochrangige Güter und Dienste privater Art werden vornehmlich von den in Zivil- und Militärverwaltung tätigen Javanern nachgefragt. Dadurch wird vieles anläßlich des Heimaturlaubs von Java mitgebracht. Im übrigen ist – trotz der großen Entfernung – noch immer der Einfluß von Ujung Pandang spürbar. Von Sorong und Fak-Fak aus werden am Ort nicht erhältliche Güter und Dienste auch in Ambon nachgefragt. Sorong ist aber auf dem Wege, selbst oberzentrale Funktionen zu entwickeln, zum Teil auf Kosten von Jayapura, denn Sorongs Lage ist in den auf Indonesien ausgerichteten See- und Luftverkehrslinien ideal, während Jayapura allein durch staatliche Funktionen gestützter Endpunkt ist[816]. Sorongs Einflußbereich wird sich ostwärts bis Nabire und Tembagapura ausdehnen.

8.4. Vergleich mit Aufbau- und Entwicklungsregionen

Die vorstehend umrissenen zentralörtlichen Groß- und Oberbereiche haben Parallelen in Regionalisierungsansätzen, die von indonesischen Raumplanungsbehörden entwickelt wurden. In zeitlicher Folge gab es zunächst planerische Ansätze, die den Großbereichen entsprachen, später wurde die regionale Entwicklung in kleineren Einheiten konzipiert, die annähernd mit den Oberbereichen übereinstimmen.

Das erste indonesische Raumplanungskonzept wurde 1974 von der staatlichen Planungsbehörde (BAPPENAS) vorgelegt. Damals waren für den zweiten Fünfjahres-Entwicklungsplan 1974/75 bis 1978/79 (REPELITA II) regionalpolitische Ziele aufgestellt worden. Um dafür einen Leitrahmen zu schaffen, wurde das Staatsgebiet in 4 Aufbauregionen erster Ordnung und 10 Aufbauregionen zweiter Ordnung gegliedert[817]. Als Grundlage konkreter Planungen war dieses provinzübergreifende Konzept aber unwirksam[818], denn es gab keine Mittel, es durchzusetzen. Es handelte sich nur um die räumliche Fixierung des generellen Ziels, regionale Ungleichgewichte der wirtschaftlichen Entwicklung abzuschwächen.

---

[814] Über die Verhältnisse in Dili und in der Provinz Ost-Timor konnten 1977 bis 1982 in Jakarta keine Daten beschafft werden. Ost-Timor ist auch die kleinste der außerjavanischen Provinzen, so daß es bei Beibehalt der gegenwärtigen Verwaltungsgliederung fraglich ist, ob sich Dili jemals zu einem vollen Oberzentrum entwickeln wird.

[815] Damit ist die klare räumliche Trennung der drei Oberbereiche gemeint (vgl. Karte 6); eingeschränkt war die Wirksamkeit der Oberzentren – besonders Kupangs – dadurch, daß bis in die endsiebziger Jahre Teile der Provinzen noch wenig erschlossen waren, so daß hochrangige Güter nicht nachgefragt wurden. Die in Nusa Tenggara Timur etwa ab 1975 wirksamen Verkehrserschließungsmaßnahmen des „Pionier-Programmes" (vgl. Rutz 1976 (a), S. 118 ff.) haben auch die Stellung Kupangs als Oberzentrum gestärkt.

[816] Vgl. dazu Rutz 1976 (a), S. 129 ff.

[817] Hinter dieser Gliederung stand ein Wachstums-Konzept; allerdings kein solches im engeren Sinne. Die 10 ausgewählten Städte sollten nicht nur industrielle Investitionspole mit Ausbreitungseffekten sein, sondern vor allem integrierende, multifunktionale Zentren ihrer Aufbauregionen. Vgl. dazu Hariri Hady 1974, Dürr 1975, Berry et al. 1976, Mochtar Naim 1977 oder Majid & Fisher 1979 – alle Artikel mit Kartenskizze – sowie Sugijanto 1976. Unter Betonung ihrer Zentren sind die Aufbauregionen auch in Karte 6 dargestellt.

Wenn die Aufbauregionen dieser Größenordnung auch für die Planungspraxis ohne Folgen blieben, so stellt diese erste Regionalisierung des Staatsgebietes doch den Versuch dar, eine „Idealanordnung" zentralörtlicher Großregionen zu finden[819]. Die 4 bzw. 10 Aufbauregionen können daher mit den hier definierten zentralörtlichen Großbereichen verglichen werden[820].

Die Zentren der 4 Aufbauregionen erster Ordnung – Medan, Jakarta, Surabaya und Ujung Pandang – sind durchweg voll wirksame Regionalmetropolen. Deren zentralörtliche Großbereiche sind zwar nicht sehr eindeutig (vgl. S. 231 f.), sie stimmen aber mit entsprechender Einschränkung in weiten Bereichen mit den planerisch ausgewiesenen Aufbauregionen überein. Die räumlich größte Abweichung besteht in der unterschiedlichen Zuordnung der Kleinen Sunda-Inseln. Während diese planerisch der Aufbauregion von Ujung Pandang zugewiesen wurden, um dieses östlichste Großzentrum zu stärken, sind die tatsächlichen zentralörtlichen Beziehungen auf Surabaya oder auf das wachsende Oberzentrum Denpasar hin ausgerichtet[821].

Sowohl für die 4 Aufbauregionen erster Ordnung als auch für die 10 Aufbauregionen zweiter Ordnung bleiben die gegenwärtigen Regionalmetropolen Bandung und Semarang als Zentren unberücksichtigt. In diesem Punkte war das Konzept zwar wirklichkeitsfremd, aber das nicht ohne Absicht, denn es ging ja darum, einen regionalen Ausgleich zwischen dem weit entwickelten Java einerseits und den zurückhängenden Außeninseln andererseits planerisch vorzubereiten.

Die 10 Aufbauregionen zweiter Ordnung wichen auch in einigen anderen Punkten von den gegenwärtigen zentralörtlichen Großbereichen ab, wenn diese als Einflußbereiche der Regionalmetropolen und der Oberzentren mit starken Teilfunktionen von Regionalmetropolen (vgl. S. 232) verstanden werden. Verhältnismäßig gute Übereinstimmungen ergeben sich für die Zentren Palembang, Pontianak, Banjarmasin und Manado. Wirklichkeitsfremd ist dabei nur die Zuordnung der nördlichen Molukken, die im Einflußbereich Manados liegen, im 1976 geänderten Planungskonzept aber der östlichsten Aufbauregion mit dem Zentrum Sorong zugewiesen worden waren[822]. Ambon oder Sorong im Osten wie Pekan Baru im Westen werden die ihnen zugedachte Stellung als Zentrum einer großen Aufbauregion nicht einnehmen. Pekan Baru wird sich auch langfristig höchstens neben Padang behaupten, aber nie eine Regionalmetropole für das gesamte mittlere Sumatra werden; auch Singapurs Einfluß wirkt dagegen. Schließlich müßte zuerst West-Neuguinea von Indonesien vollständig erschlossen und besiedelt sein, ehe Ambon oder Sorong zu einer Metropole der östlichsten Aufbauregion emporwachsen könnte; allerdings wird Sorong bald einen eigenen Oberbereich entwickeln (vgl. S. 235).

Das theoretische Konzept der 4 bzw. 10 archipelumspannenden Aufbauregionen war als planerisches Instrument zu weitmaschig. Deshalb wurden schon um 1976 84 kleinere und größere Städte innerhalb der 10 Regionen zu Entwicklungszentren erklärt[823], doch waren auch damit keine praktischen planerischen Maßnahmen verbunden. In der Praxis war das staatsgebietfüllende Generalschema der großen Aufbauregion unbrauchbar. Für die Vorarbeiten zum 3. Fünfjahres-Entwicklungsplan (REPELITA III) 1979/80 bis 1983/84 stand aber schon ein anderes Regionalisierungskonzept zur Verfügung. Dieses beruhte auf theoretischen Vorarbeiten von Poernomosidi Hadjisarosa[824] und war unter dessen Einflußnahme im Direktorat für Stadt- und

---

[818] Gerade vorher waren Planungsinstanzen bei den 26 Provinzbehörden (BAPPEDAS) eingerichtet worden. Diese Institutionalisierung der Raumplanung auf Provinzebene stand großräumigen Konzepten von vornherein entgegen. Die von Dürr 1975 (S. 172) geäußerte Skepsis gegen das inter-provinziale Planungskonzept war berechtigt.

[819] Einen Vergleich zwischen den 4 bzw. 10 Aufbauregionen und dem zentralörtlichen System höherer Stufe stellte der Verfasser schon 1976 an; vgl. Rutz 1976 (b), S. 166ff. Zu beachten ist hier wieder, daß 1976 der Begriff „Oberzentrum" enger gefaßt worden war als jetzt.

[820] Einen Versuch zur Regionalisierung des indonesischen Staatsgebietes unternehmen auch Nas et al. 1979 (Map 2 u. 3). Das Ergebnis ist wirklichkeitsfremd, weil die Datengrundlage unzuverlässig und die verwendete Methode (Faktoranalyse von Regentschaftskennwerten) ungeeignet war.

[821] Die Aufbauregion beschreibt damit Verhältnisse, die in der Vorkriegszeit und während der Existenz des „Negara Indonesia Timur" (vgl. S. 18) bestanden hatten und damals in der Tat eine bessere räumliche Funktionsteilung zwischen Surabaya und Makasar/Ujung Pandang boten.

[822] Zunächst gehörten die nördlichen Molukken zur Region I (Manado), wurden aber nach einer Überarbeitung des Konzeptes 1976 der Region X (Sorong) zugeschlagen. Im gleichen Zeitpunkt war Sorong an Stelle von Ambon als Zentrum der östlichsten Region X eingesetzt worden.

[823] Kartenskizzen und Listen dieser (einschl. Dili) 84 Zentren bei Mochtar Naim 1977, S. 87 und Majid & Fisher 1979, S. 116/117; auch als Planungsrahmen abgebildet in: East Indonesia Regional Development Study, Vol. 1 (1976) und East Kalimantan TAD-Report No. 14 (1978).

[824] Poernomosidi Hadjisarosa war zwischen 1970 und 1983 nacheinander Direktor für Straßenbau, Generaldirektor für Bauwesen und Minister für Öffentliche Arbeiten. Seine Überlegungen zur Regionalentwicklung hat Poernomosidi in mehreren amtsinternen Schriften seit Beginn der siebziger Jahre niedergelegt. Das ausgereifte Konzept „Konsepsi Dasar Pengembangan Wilayah di Indonesia" ist in Indonesien zuerst 1980 und in einer zweiten überarbeiteten Fassung 1981 veröffentlicht worden. Seit 1981 existiert auch die englischsprachige Fassung: „The Basic Concept of Regional Development in Indonesia," Jakarta.

Landesplanung ausgearbeitet worden. Als Grundlage diente eine Analyse der Güterverkehrsströme[825]; die neue Regionalisierung setzte also im Nahbereich an, so daß die gesuchten räumlichen Einheiten „von unten her" aufgebaut wurden. Ziel des Direktorats für Stadt- und Landesplanung war es, Planungsräume zu definieren, die als Rahmen für Entwicklungsmaßnahmen, insbesondere für die Transmigrationsprogramme dienen konnten. Der neue Begriff dafür war „Satuan Wilayah Pengembangan", kurz SWP genannt, also sogenannte „Entwicklungsraumeinheiten"[826].

Der Regionalisierungsprozeß, der die SWP zum Ziel hatte, führte zunächst zu sogenannten „Satuan Wilayah Ekonomi" (SWE) oder Wirtschaftsraumeinheiten. Um diese zu finden, wurde jeder Knoten des Gütertransportnetzes daraufhin untersucht, welches Verhältnis zwischen dem interregionalen Seeumschlag und einzelnen Landtransportrichtungen sowie zwischen diesen untereinander vorlag. Danach wurde entschieden, ob es sich um einen selbständigen Knoten erster Ordnung handelte, oder, wenn das nicht der Fall war, zu welchem derartigen Knoten der Warenstrom vornehmlich gerichtet war. Auf diese Weise ergaben sich für das Staatsgebiet mehr als 70 Knoten 1. Ordnung mit dazugehörigen Einzugsgebieten, den gesuchten SWE. Diese rd. 70 Knoten 1. Ordnung sind fast durchweg Hafenstädte, denn dort werden die Gütertransportströme gebündelt und der gesamte interregionale Seeumschlag ist fast immer umfangreicher als die Gütermenge auf jeder der einzelnen Landtransportrichtungen. So ergibt sich aus dieser wirtschaftsräumlichen Gliederung Indonesiens zugleich eine Gliederung nach Seehafenhinterländern.

Bei der gegenwärtigen unausgewogenen Raumstruktur des Staatsgebietes sind die gefundenen Wirtschaftsraumeinheiten „SWE" ungleich groß und ungleich leistungsfähig; die Transportmengen und das Preisniveau der Güter sind sehr unterschiedlich in Abhängigkeit von Angebot und Nachfrage, Entfernungen und technischem Zustand der Verkehrsinfrastruktur. Das entwicklungspolitische Konzept zielt darauf hin, die gegenwärtig noch vorhandenen kleineren und wirtschaftlich isolierten Einheiten in größere Wirtschaftsräume zu integrieren und deren Leistungskraft dem gesamtstaatlichen Niveau anzupassen. So dienen die SWE in einem zweiten Arbeitsschritt als Planungsvariablen; sie werden unter den Prämissen der gesamtstaatlichen Planungsziele zu den oben erwähnten Entwicklungsraumeinheiten „SWP" zusammengefaßt. Diese SWP sind keine institutionalisierten Planungsverbände, doch werden bereits seit ca. 1979 nach diesem Regionalkonzept die Transmigranten-Ansiedlungsräume festgelegt und öffentliche Infrastruktur-Investitionen gelenkt. Die Anzahl der SWP lag zunächst bei rd. 50; für den 1984 beginnenden 4. Fünfjahres-Entwicklungsplan sind etwa 36 SWP vorgesehen[827]. Für alle SWP befindet sich eine „Grundgerüst-Planung" (Rencana Kerangka) in Arbeit.

Die Zusammenfassung von SWE zunächst zu kleineren, später zu größeren SWP berücksichtigt die gegenwärtige und die planerisch gewünschte zentralörtliche Ausstattung der Knoten 1. Ordnung. Dadurch erhalten die SWP überall dort große Ähnlichkeit mit den vorhandenen Einflußbereichen der Oberzentren, wo diese Oberzentren Hafenstädte sind; zentralörtliche Bezüge und Warenströme laufen dann nämlich auf den gleichen Linien. Auf den Außeninseln ist das fast durchweg der Fall, auf Java gilt das nicht. Dort ist der interinsulare Güterumschlag infolge des entwickelten Bahn- und Straßennetzes auf wenige Häfen konzentriert, so daß nur fünf bis sechs SWE und dementsprechend SWP vorhanden sind. Andererseits hat die Erschließung des Binnenlandes dazu geführt, daß viele Oberzentren fernab der Küste liegen (vgl. S. 88). Hier weichen also SWP und zentralörtliche Oberbereiche stark voneinander ab. Auch in West-Neuguinea ist das der Fall – dort allerdings aus anderen Gründen (vgl. S. 235). Übereinstimmungen und Abweichungen werden durch die folgende Übersicht (S. 238) verdeutlicht[828].

Von den (ohne Tegal) fünf Entwicklungsraumeinheiten SWP auf Java stimmen nur diejenigen von Cirebon und Cilacap einigermaßen gut mit den vergleichbaren Oberbereichen (Cirebon und Purwokerto/Cilacap) überein. Die SWP, die von Jakarta, Semarang und Surabaya versorgt werden, haben nicht die Größenordnung von Oberbereichen, sondern sind fast mit den javanischen Anteilen der zentralörtlichen Großregionen (vgl. S. 231) identisch. Der Entwicklungsvorsprung Javas hat hier bereits zu Größenordnungen geführt, wie sie für die übrigen Landesteile durch das Konzept der Entwicklungsraumeinheiten erst angestrebt werden[829].

---

[825] Zählungen der Güterverkehrsströme führten das Ministerium für Öffentliche Arbeiten und das Ministerium für Verkehr 1972 und 1977 durch: „Penelitian Asal Tujuan Nasional".

[826] Ähnlich dem indischen Konzept des „Integrated area development" (vgl. Bronger 1983, S. 17f.) wird hier ländliche und städtische Entwicklung als eine einheitliche Aufgabe gesehen; vgl. dazu Moochtar 1978 sowie den Sammelband „Widya-Karya Nasional dan Pembangunan Regional", Jakarta 1980 (Hrsg.: Suharso et al.).

[827] Poernomosidi (1981, Pkte. 61/62 u. Graphik 10) erwartet für einen Zeitraum von 20 bis 30 Jahren eine Verringerung der Zahl der SWP durch Zusammenwachsen der Wirtschaftsräume. Am Jahrhundertende sollen etwa 18 bis 20 SWP vorhanden sein.

[828] Oberzentren nach Abschn. 8.3., Entwicklungspole nach verschiedenen Unterlagen des „Direktorats für Stadt- und Landesplanung" (Direktorat Tata Kota dan Daerah) u. a. auch nach Risman 1982.

[829] Vgl. Fußn. 827.

Oberbereiche von
- OZ Oberzentren
       (oder Regionalmetropolen)
- MZO Mittelzentren mit Teilfunktionen von Oberzentren

Entwicklungsraumeinheiten SWP mit
- EZ   sicher bestimmten Entwicklungszentren I. Ordnung
- EZA alternativ bestimmten Entwicklungszentren I. Ordnung
- EZI Ende der 70er Jahre geplanten, aber inzwischen schon in größere SWP integrierte Entwicklungszentren I. Ordnung

auf Sumatra

OZ	Banda Aceh	EZ	Banda Aceh
MZO	Lhok Seumawe	EZ	Lhok Seumawe
	––– (zu Banda Aceh)	EZI	Sigli (zu Banda Aceh)
OZ	Medan	EZ	Medan
OZ	Pematang Siantar		––– (zu Medan)
OZ	Sibolga	EZ	Sibolga
OZ	Padang	EZ	Padang
OZ	Bukittinggi		––– (zu Padang)
MZO	Dumai	EZA	Dumai
OZ	Pekan Baru	EZ	Pekan Baru
	––– (zu mehreren anderen OZ)	EZI	Tembilahan (zu Pekan Baru)
OZ	Tanjung Pinang	EZI	Tanjung Pinang (zu Pekan Baru)
OZ	Jambi	EZI	Jambi (zu Palembang)
OZ	Palembang	EZ	Palembang
OZ	Pangkal Pinang	EZI	Pangkal Pinang (zu Palembang)
OZ	Bengkulu	EZ	Bengkulu
OZ	Teluk Betung-Tg. Karang	EZ	Teluk Betung-Tg. Karang

auf Java

MZO	Serang		––– (zu Jakarta)
OZ	Jakarta	EZ	Jakarta
MZO	Karawang		––– (zu Jakarta)
OZ	Bogor		––– (zu Jakarta)
OZ	Sukabumi		––– (zu Jakarta)
OZ	Bandung		––– (zu Jakarta)
MZO	Tasikmalaya		––– (zu Cirebon)
OZ	Cirebon	EZ	Cirebon
OZ	Purwokerto		––– (zu Cilacap)
MZO	Cilacap	EZI	Cilacap (zu Cirebon)
OZ	Tegal	EZI	Tegal (zu Cirebon)
MZO	Pekalongan		––– (zu Semarang)
OZ	Semarang	EZ	Semarang
MZO	Salatiga		––– (zu Semarang)
OZ	Magelang		––– (zu Semarang)
OZ	Yogyakarta		––– (zu Semarang)
OZ	Surakarta		––– (zu Semarang)
MZO	Pati		––– (zu Semarang)
MZO	Kudus		––– (zu Semarang)
MZO	Bojonegoro		––– (zu Surabaya)
OZ	Madiun		––– (zu Surabaya)
OZ	Kediri		––– (zu Surabaya)
OZ	Malang		––– (zu Surabaya)
OZ	Surabaya	EZ	Surabaya
MZO	Pamekasan		––– (zu Surabaya)
MZO	Probolinggo		––– (zu Surabaya)
OZ	Jember		––– (zu Surabaya)
MZO	Banyuwangi		––– (zu Surabaya)

auf Borneo

MZO	Singkawang		––– (zu Pontianak)
OZ	Pontianak	EZ	Pontianak
	––– (zu mehreren anderen OZ)	EZ	Pangkalan Buun
	––– (zu Plk. Raya / Banjarmasin)	EZI	Sampit (zu Pkl. Buun)
OZ	Palangka Raya		––– (zu Banjarmasin)
OZ	Banjarmasin	EZ	Banjarmasin
		EZI	Kota Baru (zu Banjarmasin)
OZ	Balikpapan	EZI	Balikpapan (zu Samarinda)
OZ	Samarinda	EZ	Samarinda
	––– (zu Samarinda)	EZ	Sangkulirang (neu ab 1984)
	––– (zu Samarinda/Tarakan)	EZI	Tanjung Redeb (zu Tarakan)
MZO	Tarakan	EZ	Tarakan

in Ostindonesien

OZ	Manado	EZ	Manado
MZO	Gorontalo	EZI	Gorontalo (zu Manado)
OZ	Palu	EZ	Palu
	– – – (zu mehreren anderen OZ)	EZI	Poso (zu Palu)
	– – – (zu mehreren anderen OZ)	EZI	Luwuk (zu Palu)
OZ	Kendari	EZ	Kendari
OZ	Ujung Pandang	EZ	Ujung Pandang
OZ	Denpasar	EZ	Denpasar
OZ	Mataram	EZ	Mataram
	– – – (zu Mataram)	EZI	Bima (zu Mataram)
	– – – (zu Kupang/Denpasar)	EZ	Ende
OZ	Kupang	EZ	Kupang
MZO	Dili	EZ	Dili
OZ	Ambon	EZ	Ambon
MZO	Ternate	EZ	Ternate

In den außerjavanischen Landesteilen kommt es nur dreimal vor, daß gegenwärtige Oberzentren nicht zugleich auch Zentren von SWP sind; diese Ausnahmestellung besitzen Pematang Siantar, Bukittinggi und Palangka Raya. Alle drei Städte liegen im Binnenland. Insgesamt ist auf den Außeninseln die Anzahl der SWP eher größer denn geringer als die Zahl der zentralörtlichen Oberbereiche. Diejenigen SWP, deren Zentrum in der Gegenwart noch keine oberzentrale Bedeutung besitzt, liegen in den weniger gut erschlossenen Landesteilen; sie verkörpern den Typ der Entwicklungsregion am deutlichsten. Nicht alle auf Borneo oder in Ost-Indonesien ausgewiesenen Zentren werden beibehalten werden können, aber Pangkalan Buun oder Sampit, Sangkulirang oder Tanjung Redeb, Poso oder Luwuk, Bima oder Ende haben eine Chance, zu Oberzentren heranzuwachsen. Durch den ab 1984 laufenden 4. Fünfjahres-Entwicklungsplan sind die Weichen zu Gunsten von Pangkalan Buun, Sangkulirang und Ende gestellt worden.

Noch weitaus weniger erschlossen als Ost-Indonesien ist West-Neuguinea. Seinem gegenwärtigen Entwicklungsstand entsprechend ist der Verwaltungshauptort Jayapura zugleich einziges Oberzentrum der dünn besiedelten Provinz. In dem weiten Raum der melanesischen Großinsel sind aber sechs bis sieben Entwicklungsraumeinheiten geplant[830], die ihre Zentren in Sorong, in Fak-Fak, in Manokwari oder Bintuni, in Biak oder Nabire sowie in Jayapura und Merauke haben sollen. Neben Jayapura sind alle diese Orte heute noch Mittelzentren, darunter Sorong am weitesten entwickelt; Bintuni ist bis heute sogar nur Unterzentrum. Die weiträumigen Hinterländer sind dünn besiedelt und bisher wenig erschlossen.

Im Grundsatz läßt sich die Hierarchie der zentralörtlichen Einflußbereiche mit der der Planungsräume weiter parallelisieren. Im Entwicklungskonzept von Poernomosidi ist jede Entwicklungsraumeinheit SWP in Entwicklungsteilregionen „Wilayah Pengembangan Partial" (WPP) zu untergliedern. Nach der Güterstromanalyse ergeben sich Knoten 2. und solche 3. Ordnung; beide Kategorien können als Entwicklungszentren von WPP, also von Teilregionen bestimmt werden.

Wenn schon die Entwicklungsraumeinheiten der ersten Stufe, die SWP noch nicht flächendeckend für das gesamte Staatsgebiet festgelegt worden sind, so gilt das erst recht für die Teilregionen. Diese werden nur dort planerisch exakt definiert, wo konkrete Entwicklungsmaßnahmen, insbesondere Transmigrationsprojekte, durchgeführt werden[831]. Die Auslegung dieser Entwicklungsteilregionen WPP entspricht dann fast immer den zentralörtlichen Mittelbereichen; die Entwicklungszentren sind entweder heute bereits wirksame Mittelzentren oder gegenwärtige Unterzentren, die nach ihrer Lage im zentralörtlichen Gefüge eine der auf den Außeninseln festgestellten Lücken im Netz der gehobenen Mittelzentren (vgl. S. 216) schließen könnten.

Auch auf Java sind die Entwicklungsteilregionen noch nicht fest umrissen, jedoch sind dort die nach der Güteranalyse gefundenen Knoten 2. und 3. Ordnung als Zentren wirtschaftsräumlicher und damit potentiell auch planerischer Teilregionen bekannt[832]. Es handelt sich um 85 Städte[833]. Dazu gehören die 15 javanischen Regionalmetropolen und Oberzentren sowie 70 der rd. 90 auf Java vorhandenen Mittelzentren (vgl. Tab. 7–5). Diese in etwa gleich große Anzahl der Zentren deutet darauf hin, daß auch die Verteilungsbereiche der 85 Knotenpunkte des Güterverkehrs mit den zentralörtlichen Mittelbereichen der Größenordnung nach übereinstimmen und beide Raumkategorien vielerorts gleiche oder ähnliche Zuschnitte besitzen. In dieser zweiten Regionalisierungsebene wird also die vorher festgestellte Diskrepanz zwischen den rd. 15 Oberbereichen auf Java und den nur 6 Entwicklungsraumeinheiten erster Ordnung SWP (vgl. S. 237) annähernd ausgeglichen.

---

[830] Nach Unterlagen im Direktorat für Stadt- und Landesplanung (Direktorat Tata Kota dan Daerah).
[831] Vgl. Risman 1982.
[832] Es handelt sich um 5 Knoten 1. Ordnung, 52 Knoten 2. Ordnung und 28 Knoten 3. Ordnung.
[833] Die Namen sind bei Poernomosidi 1980/81 genannt.

9. Zusammenfassung

Inselindien oder der Malaiische Archipel gehört in der Gegenwart zu denjenigen Weltregionen, deren räumliche Entwicklung – ursprünglich von außen, von Europa her in Gang gebracht – nunmehr durch eine Gruppe unabhängiger Staaten vorwärtsgetrieben wird. Indonesien, das fast Dreiviertel des Archipels beherrscht und zugleich volk- und ressourcenreichster Staat Südostasiens ist, hatte aus der Zeit der kolonialen Herrschaft ein Städtesystem übernommen, das sich in den letzten 50 Jahren den sich verändernden politischen und wirtschaftlichen Rahmenbedingungen laufend angepaßt hat. Die vorliegende Studie konnte an vielen Stellen diesen Wandel dokumentieren, aber auch Beharrung nachweisen. Unter diesem Gegensatzpaar werden im folgenden einige Ergebnisse zusammengefaßt.

Historisch-genetische Schichtung (S. 42 ff.; Karte 2)

Die Anfänge des Städtesystems im Archipel gehen auf frühe vorderindisch-hinduistische Einflußnahme zurück; sichere Kunde gibt es darüber erst aus dem 8. bis 14. Jahrhundert, als auf Java und Sumatra große Reiche entstanden waren. Ob es auch vorhinduistisch-autochthone Ansätze zur Städtebildung im Archipel gab, ist ungewiß. Viele städtische oder stadtähnliche Siedlungen des ersten Städtegründungszeitalters hatten später ihre städtischen Funktionen verloren oder wurden völlig aufgegeben; zwei Drittel dieser frühen Hauptorte haben aber die Jahrhunderte überdauert und existieren noch als Glieder des heutigen Siedlungssystems, darunter sogar noch 16 Städte im engeren Sinne; das sind 4% der heutigen Anzahl. Aus der Zeit der islamischen Fürstenherrschaft, die nach etwa 1400 begann, und aus der Zeit der frühen europäischen Handelsmonopole, die um 1700 endete, haben schon vier Fünftel der damaligen Gründungen die Zeiten überdauert. Diese zweite Städteschicht im Archipel ist besonders zahlreich in den gegenwärtig noch führenden Städten vertreten. Mit der kolonialen Durchdringung und Aufteilung wuchs dann im 18. und 19. Jahrhundert eine neue, dritte Städteschicht heran. Häufig entwickelten sich im Gefolge europäischer Verwaltungsposten kleine Handelsorte oder neue Verkehrswege gaben an Verzweigungs- oder Umschlagstellen Anlaß zu neuen Handelsaktivitäten. Auch die Städte einer vierten und letzten industriewirtschaftlich orientierten Schicht sind mehrheitlich aus kleineren Verkehrs- und Handelsorten entstanden, zum Teil aber auch aus geplanten Neugründungen im Zusammenhang mit Plantagenerschließung, Rohstoffgewinnung, Industrieaufbau und Hafenneuanlagen. Einen Überblick über die Zugehörigkeit der gegenwärtigen Städte zu den vier genannten Gründungszeitaltern gibt Tabelle 2–1 auf S. 66. Danach weisen die Städte des heutigen Indonesien eine verhältnismäßig hohe Konstanz auf und ein verhältnismäßig hoher Anteil reicht bis in die vor- und frühkoloniale Vergangenheit zurück, ist also mehr als 300 Jahre alt; unter den gegenwärtig führenden Städten gilt das sogar für mehr als die Hälfte.

Kultureller Habitus (S. 68 ff.)

Die Städte Indonesiens sind ein Agglomerat aus unterschiedlichen Stadtteilen, deren Aufriß und Grundriß aus verschiedenen Zeitaltern stammen und starke Einflüsse der verschiedenen, im Archipel wirkenden Kulturströmungen erkennen lassen. Funktional verschiedene Stadtteile sind von ethnisch unterschiedlichen Stadtbewohnern sehr verschieden geprägt worden.

Auf vorderindisch-hinduistische Traditionen geht die Anlage der Stadtkerne zurück. Noch immer ist hier häufig der zentrale viereckige Platz mit dem angrenzenden ehemaligen Herrschersitz und anderen öffentlichen Gebäuden mit großzügigem Grundstückszuschnitt anzutreffen. Auch in jungen Neugründungen wird dieses altjavanische Schema wieder angewendet.

Die flächenhafte Ausdehnung der Städte wird dagegen von den sogenannten Kampungs bestimmt. Das sind die fast durchweg eingeschossigen Siedlungen der autochthonen Mittel- und Unterschichten. Vorbild ist die im malaiischen Raum übliche unregelmäßige Form der Dörfer, mit einzeln stehenden Häusern oder Hütten. In Abhängigkeit von Behausungsdichte, Baumaterial und öffentlicher Infrastruktur gibt es alle Übergänge von einer durchgrünten weitständigen Siedlung mit Nebenerwerbsland- oder Gartenwirtschaft bis hin zu fast kompakten Baumassen aus Mauerwerk, Blech oder Beton.

Entsprechend den unterschiedlichen Hausgrößen und Bauausführungen sind die Kampungs von sehr verschiedenen Einkommensschichten bewohnt. Je näher die Kampungs den Stadtzentren oder den Entwicklungsachsen der Ausfallstraßen liegen, um so stärker werden sie von modernen Geschäftshäusern durchsetzt. Hier ufern die Geschäftsviertel der Städte aus. Ursprünglich wurden diese aus geschlossenen, von Chinesen bewohnten, meist zweigeschossigen Häuserzeilen gebildet; diese lagen in der Regel verkehrsorientiert neben dem alten Stadtkern in Flußufer- oder Küstennähe oder ordneten sich entlang der Hauptausfallstraße an. In größeren Städten und einzelnen von Europäern bevorzugten mittelgroßen Städten entstanden im 20. Jahrhundert auch mehrgeschossige Geschäftshäuser, die vielerorts erst in der Gegenwart zu geschlossenen neuen Stadtkernen zusammenwachsen.

Die Europäer lieferten auch das Vorbild für die Wohnviertel der gegenwärtigen Mittel- und Oberschichten. In älteren Stadtteilen stehen noch die Häuser der kolonialen Oberschicht. Sie werden bis heute kopiert, jedoch entartet diese Siedlungsform durch Stilbrüche, hohe Verdichtung und Ummauerung; dennoch bleiben alte und neue Oberschichtenwohnviertel ein unverwechselbares Strukturelement der indonesischen Großstädte.

Alter Kern, umgebende Kampungs, ehemals chinesisches Geschäftsviertel und Wohnviertel der Oberschicht sind Strukturelemente, die fast in allen indonesischen Städten vorhanden sind. Die Ausprägung im einzelnen ist von der Lage und der Entstehungszeit abhängig. Generell kennzeichnend ist das ungeregelte Neben- und Durcheinander der vier genannten städtischen Strukturelemente. Sie sind nicht mehr klar einander zugeordnet, wie in der idealisierten Bildkarte von H. Ph. Th. Witkamp (vgl. Vorsatzblatt und S. 70), sondern nach Lage und Form abgewandelt und vervielfacht. So unterliegt die heterogene Ausgangsform in der Gegenwart einem besonders raschen und intensiven Wandel; die Linien der Beharrung sind höchstens noch in Einzelelementen wiederzuerkennen.

Räumliche Verteilung der Städte (S. 83 ff.; Karten 3 und 5)

Die Frage nach der Lage, also der räumlichen Verteilung der Städte konnte erst beantwortet werden, nachdem ihre Anzahl bestimmt worden war, das heißt nachdem eine Grenze festgelegt worden war, die die „sicheren Städte" oder „Städte im engeren Sinne" von den sogenannten „Minderstädten" trennt. Hierfür eignete sich eine untere Abgrenzung nach Einwohnern, insbesondere deshalb nicht, weil die Teilsysteme auf Java und den Außeninseln ganz unterschiedliche Einwohnermengen aufweisen. Für Java wäre allenfalls eine Einwohnerschwelle von 25.000 zu verzeichnen, oberhalb derer von „sicheren Städten" gesprochen werden kann. Für den Gesamtstaat wurden funktionale Auswahlkriterien angelegt; gemessen an der zentralörtlichen Ausstattung wurden solche Siedlungen als Städte bezeichnet, die neben einem vollen Angebot niedrigrangiger Dienste auch einige mittelrangige „Streudienste" besitzen, nach der zentralörtlichen Kategorisierung demnach als „Unterzentren mit Teilfunktionen von Mittelzentren" einzustufen sind. So definiert, gibt es rd. 400 Städte in Indonesien. 169 dieser „Städte" liegen auf Java, das sind 1,3 je 1.000 qkm; auf Sumatra und in Ost-Indonesien ist diese „Städtedichte" etwa fünfmal, auf Borneo achtzehnmal geringer. Dagegen besitzt Java zwei- bis dreimal weniger Städte als die Außeninseln, wenn ihre Anzahl in Bezug zur Gesamtbevölkerungszahl gesetzt wird. Allein aus der sehr unterschiedlichen Anzahl der Städte läßt sich der Gegensatz in der Struktur des Städtesystems auf Java und auf den Außeninseln erkennen.

Eine Analyse der Lageeigenarten der Städte bezogen auf die Entfernung zur Küste zeigt eine überproportional dichte Belegung des Küstenstreifens mit städtischen Siedlungen. Dementsprechend ist auch die Höhenverteilung der städtischen Siedlungen zu Gunsten des Tieflandes verschoben; die regelhafte Häufung von Siedlungen in innertropischen Höhengebieten ist infolge der Archipelnatur im Gesamtstädtesystem nicht gegeben.

Die Lageanordnung der Städte des Archipels – darüber hinaus auch kulturräumliche Eigenarten – gestatten es, „Städteregionen" abzugrenzen. Erstes Gliederungsprinzip sind vier Großregionen des Archipels, soweit dieser zum indonesischen Staatsgebiet gehört: Sumatra, Java, Borneo und Ost-Indonesien. Innerhalb dieser Großregionen heben sich engere Räume gleichartiger Städteentwicklung teils mehr, teils weniger deutlich voneinander ab. Für Sumatra ergeben sich zwölf derartige Städteregionen, für Java vierzehn, für Borneo (ohne den Norden) drei und für Ost-Indonesien fünf.

Größenordnungen der Städte (S. 98 ff.; Karte 3)

Die Größenordnungen der indonesischen Städte wurden nach Einwohnern bestimmt. Die gegenwärtige Rang-Größen-Verteilung lehnt sich weitgehend an die sogenannte „Rang-Größen-Regel" an, nach der das Produkt aus Rangplatz und Einwohnerzahl jeder Stadt die Einwohnerzahl der führenden, größten Stadt des Systems ergeben soll, im Falle Indonesiens also diejenige Jakartas (1980: 6,5 Mio.).

Verschiedene weitere Überlegungen zur gegenwärtigen Rang-Größen-Verteilung des indonesischen Städtesystems lassen erkennen: Jakarta ist gemessen an den Einwohnern des gesamt-indonesischen Städtesystems – und erst recht gemessen am Städtesystem Javas – zu groß. Ohne daß bisher von einer Primatverteilung gesprochen werden kann, ist doch eine Tendenz zu deren Herausbildung erkennbar, denn Jakarta wächst überproportional.

In den Teilsystemen der Großregionen gibt es teils regelhafte Rang-Größen-Verhältnisse des Städtesystems – das trifft für Sumatra und Ost-Indonesien zu – teils sind die Abweichungen groß. Für Java bewirkt die auf Gesamt-Indonesien eingestellte Hauptstadt Jakarta die erwarteten Regelwidrigkeiten. Ganz andere Ursachen liegen auf Borneo vor; die Isoliertheit der vier Abdachungen dieser Großinsel ließen hier noch kein die Gesamtinsel umspannendes, ganzheitliches Städtesystem zu Stande kommen.

Aus dem Vergleich mit den Volkszählungen von 1930, 1961 und 1971 kann innerhalb des halben Jahrhunderts von 1930 bis 1980 auch das Städtewachstum in Indonesien errechnet werden. Die Städte wachsen schneller als die Gesamtbevölkerung. Von 1930 bis 1961 wuchsen die Städte einschließlich ihrer Stadterweiterungen um 3,9%, die Rate sank im Jahrzehnt 1961/1971 auf rd. 3% und stieg nach 1971 wieder auf 3,4% an. Große Städte wachsen rascher als kleine Städte. Die Städte auf Java wachsen deutlich langsamer als die der Außeninseln.

Aus der Masse der städtischen Siedlungen ragen solche heraus, die besonders rasch wuchsen, andere, die stagnierten. Für den Gesamtzeitraum von 1930 bis 1980 kommen durchschnittliche jährliche Wachstumsraten von über 5% vor; Beispiele für schnell wachsende Städte sind: Pekan Baru, Samarinda, Medan, Denpasar, Batavia/Jakarta. Andererseits gibt es stagnierende Orte wie Menggala in Lampung oder Sawahlunto in West-Sumatra. In den kürzeren und jüngeren Zeitabschnitten sind extreme Wachstumsraten einzelner Städte noch sehr viel häufiger. Wichtigste Ursachen sind: Verwaltungsausbau und Verkehrswegeanlagen sowie Neuansiedlung und Bergbauerschließung auf den Außeninseln und Industrialisierung in der Umgebung der Millionenstädte auf Java.

Aus unterschiedlichen Zuwachsraten ergeben sich im Laufe der Jahre große Wechsel in der Rangstellung einzelner Städte. Dabei ist folgende Regel deutlich erkennbar: Orte der Außeninseln – meist die heutigen Provinzhauptstädte – stiegen in der Rangfolge am weitesten auf, volkreiche Städte auf Java mußten dafür Rangeinbußen hinnehmen. Weiteste Aufsteiger seit 1930 sind Pekan Baru, Samarinda, Mataram (Lombok), Banda Aceh und Denpasar, am weitesten fielen seit 1930 Batang, Tulungagung, Gresik und Pemalang zurück.

Städtefunktionen (S. 139 ff.; Karte 4)

Unter den städtebildenden Funktionen sind die zentralen Dienste die wichtigsten. Die Dienste der allgemeinen Gebietskörperschaftsverwaltung bilden eine „Leitgruppe"; daraus ergibt sich der Typ der Provinzhauptstadt, der Regentschaftshauptstadt und des Camat-Sitzes. Darüber hinaus sind die Funktionen vieler Orte durch Sonderverwaltungen und Justiz bestimmt. Unter den halbamtlichen Diensten sind die Bildungsinstitutionen in einigen Fällen städteprägend. Private Dienste, das heißt speziell der Handel, prägen eine große Zahl von Orten; meist sind es kleine Orte, unter den größeren Städten gehören Cepu und Cirebon hierher.

Unter den übrigen städtischen Funktionen sind die Transportdienstleistungen am weitesten verbreitet. Sie herrschen im Funktionsmuster der Siedlungen vor, wenn es sich um spezielle Seehafensiedlungen handelt – unter diesen sind Panjang in Lampung und Bitung auf Selebes die größten –, wenn zweitens Personen- und Warenumschlag vom Fluß auf festes Land nötig oder möglich wird, oder wenn sich drittens an Straßenknotenpunkten Transportdienstleistungen konzentrieren.

Einige der Küstenorte sind hoch auf Seefischerei spezialisiert; diese bilden einen eigenen Typ städtischer Siedlungen. In Bagan Siapi-api, Sungsang und Muncar herrscht diese Funktion am stärksten vor.

Es gibt auch etwa 200 Orte, deren städtische Funktionen durch das produzierende Gewerbe mitbestimmt werden. Hier reicht die Vielfalt der Ausprägungen von den Industriegroßstädten Surakarta und Malang über hochspezialisierte Klein- und Mittelstädte bis hin zu kleinen Bergbausiedlungen.

Schließlich tritt auch der Fremdenverkehr als städtische Funktion bei rd. 50 Orten zumindest deutlich in Erscheinung; meist handelt es sich um kleinere Orte. Hier, wie auch in vielen kleinen und mittleren Verwaltungs-, Handels- oder Gewerbeorten nimmt neben den städtischen Funktionen auch die Landwirtschaft einen wichtigen Platz im Erwerbsleben der Siedlung ein.

Stellung in der zentralörtlichen Hierarchie (S. 198 ff.; Karte 5)

Aus der unterschiedlichen Ausstattung der Städte mit zentralörtlichen Diensten ergibt sich eine hierarchische Struktur des Städtesystems. Die Skala der „Ausstattungskennwerte" reicht von 37.000 (Staatshauptstadt) bis 1 (Orte mit einer Postaußenstelle). Auch bezüglich dieser Ausstattungskennwerte ergibt sich eine Verteilung, die der "Rang-Größen-Regel" ähnlich ist. Größere Abweichungen ergeben sich aus einer realtypisch vorhandenen Hierarchiestufe von sechs Regionalmetropolen (Surabaya, Medan, Ujung Pandang, Bandung, Semarang, Palembang) mit annähernd gleichen Ausstattungskennwerten und zweitens aus einer Versteilung der empirischen Rang-Größen-Kurve jenseits des 300. bis 350. Rangplatzes; letztere Eigenart zeigt eine verbreitete Minderausstattung der Unterzentren auf Java sowie eine zu geringe Anzahl der Unterzentren in dünn besiedelten Landesteilen der Außeninseln an.

Mit Ausnahme der erwähnten realtypischen Hierarchiestufe der Regionalmetropolen und der Hauptstadt Jakarta, die eine eigene Klasse zentralörtlicher Ausstattung darstellt, gibt es keine Unstetigkeitsstufen in der Rang-Größen-Kurve nach Ausstattungswerten. Um weitere Hierarchiestufen zentraler Orte zu bilden, wird vom Vorhandensein jeweils stufenspezifischer Dienste ausgegangen. Danach sind im Gesamtsystem (einschl. West-Neuguinea) 36 Oberzentren, 237 Mittelzentren, 1.580 Unterzentren und über 2.000 weitere, unvollständig ausgestattete Unterzentren vorhanden.

Das Teilsystem auf Java unterscheidet sich vom Gesamtsystem durch einen leicht verringerten Anteil der Oberzentren – diese sind in Folge des Gebietskörperschaftssystems auf den Außeninseln besonders zahlreich –, zweitens durch die Herausbildung „gehobener Mittelzentren" als eigene Hierarchiestufe auf Java und drittens durch ein vollständiges System von Unterzentren, das auf den Außeninseln noch nicht durchweg entwickelt ist. Ein Vergleich der Rang-Größen-Beziehungen nach dem Ausstattungskennwert mit denen nach Einwohnern zeigt, daß auf Java von 19 Großstädten (> 100.000 Einwohner) nur 16 auch Oberzentren oder Regionalmetropolen sind, daß dagegen auf den Außeninseln von 27 Oberzentren nur 15 auch Großstädte sind.

Wird die gegenwärtige Städtehierarchie mit derjenigen um 1930 in Niederländisch Indien verglichen, so zeigt sich eine Verdoppelung der Gesamtzahl „zentraler Orte" seit 1930. Daher ist es „normal", daß jeder zweite Ort in der Hierarchie aufgestiegen ist. Vermehrung und Aufstieg über alle Hierarchiestufen fand aber überwiegend auf den Außeninseln statt; allerdings bildete sich in dieser Zeit auf Java die neue Klasse der „gehobenen Mittelzentren" heraus.

Ein Vergleich mit noch weiter zurückliegenden Städtehierarchien zeigt einige grundsätzliche Entwicklungslinien: Seit dem 17. Jahrhundert stieg die Zahl der hervorragenden Städte im Archipel nicht einmal auf das Eineinhalbfache. Diese bescheidene Zunahme kam bis 1870 ausschließlich Java zugute. In der höchsten Hierarchiestufe nahm die Zahl der führenden Städte in dem Maße ab, wie der Archipel unter niederländischer und britischer Herrschaft politisch und wirtschaftlich zusammenwuchs; nur Singapur und Batavia/Jakarta blieben übrig.

Einflußbereiche und Hinterländer (S. 230 ff.; Karte 6)

Den zentralörtlichen Hierarchiestufen entsprechen hierarchisch gestufte Größenordnungen von Einflußbereichen. Je nach der Vollständigkeit des Vorhandenseins stufenspezifischer Dienste sind die Einflußbereiche mehr oder minder deutlich ausgeprägt. Jakartas Hinterland bildet eine oberste Hierarchieebene; es reicht über Indonesien hinaus bis an den 141. Längengrad, wird aber gleichzeitig auch vom Einflußbereich Singapurs durchdrungen. Eine zweite Ebene bilden die sogenannten Großbereiche, das sind die Einflußbereiche der Regionalmetropolen. Diese sind nur unscharf ausgeprägt, weil sie sich in vielen Teilräumen gegenseitig durchdringen oder überschneiden und außerdem Einschränkungen durch die Einflußbereiche starker Oberzentren zu Stande kommen. Die dritte Ebene wird von Einflußbereichen der für Oberzentren stufenspezifischen hochrangigen Dienste gebildet. Diese sogenannten Oberbereiche – es sind insgesamt 46 (einschl. West-Neuguinea) – sind klar entwickelt und lehnen sich außerhalb Javas an die gegenwärtige Provinz-Gliederung des Staatsgebietes an; auf Java selbst wirken die Residentschaften der niederländischen Zeit nach.

Eine den zentralörtlichen Großbereichen sehr ähnliche Gliederung des Staatsgebietes enthielt auch ein 1974 veröffentlichtes staatliches Raumplanungskonzept. Die darin ausgewiesenen 4 Aufbauregionen erster Ordnung und 10 Aufbauregionen zweiter Ordnung stellten den Versuch dar, eine „Idealordnung" zentralörtlicher Großregionen zu finden; gegenüber den tatsächlichen Großbereichen wiesen die Aufbauregionen daher einige stark wirklichkeitsfremde Zuordnungen auf. In der Praxis erwies sich das Konzept der 4 bzw. 10 Aufbauregionen als planerisches Instrument zu weitmaschig. Seit 1979 wurde daher ein neues Regionalisierungskonzept verfolgt, das auf der Grundlage der vorhandenen Transportströme kleine ökonomische Einheiten abgrenzte und diese – gewissermaßen „von unten her" – zu 36 größeren „Satuan Wilayah Pengembangan" (SWP), also „Entwicklungsraumeinheiten" zusammenschloß. Weil dabei die gegenwärtige und die planerisch gewünschte zentralörtliche Ausstattung der Entwicklungszentren berücksichtigt wurde, haben die SWP ähnliche Zuschnitte wie die gegenwärtigen 46 Oberbereiche. Die Abweichungen zeigen deutlich die besonderen regionalen Entwicklungsabsichten an.

10. Ausblick

Ich hoffe, das vorliegende Werk wird eine Grundlage für die weitere Erforschung des indonesischen Städtesystems sein. In dem Jahrzehnt von 1973 bis 1982, in dem ich meine Landeskenntnis erwarb, und in den weiteren Jahren bis zur Herausgabe des Buches haben auch junge indonesische Geographen Fortschritte gemacht, insbesondere im Arbeitsstab des gleichermaßen aktiven wie umsichtigen Dr. I Made Sandy, der sowohl bei der amtlichen Aufnahme des Landnutzungszustandes als auch in der Lehre indonesischer Landeskunde zum konkreten Beobachten, Prüfen, Messen und exaktem Wiedergeben anregt. Ähnliches soll auch in Yogyakarta geschehen, wo es auch ein „Jurusan Geografi" gibt. Die rechnerisch-operationalen Möglichkeiten der Verarbeitung großer regionaler Datenmengen haben in der gleichen Zeit die planologischen Arbeitsgruppen am „Institut Teknologi Bandung" geschaffen. So sind in Indonesien selbst gute Voraussetzungen vorhanden, geographische Städtesystemforschung zu betreiben. Diese wird dann über die idiographische Beschreibung und Kartierung hinausführen und andererseits auch die „blinde" Übernahme von inhomogenen Datensätzen unterlassen, mit denen kaum der Lage nach bekannten Städten imaginäre Eigenschaften zugerechnet wurden. Statt dessen wird gediegene Landeskenntnis vorhanden sein und kritischer Umgang mit statistischen Datenmengen einsetzen. Das waren auch die Grundvoraussetzungen zu vorliegender Studie. Ich bin sicher, daß indonesische Geographen diesem Ansatz folgen werden, sei es in einzelnen oder sogar in allen der aufgedeckten Bezugsfelder. Internationaler Forschung bleibt es vorbehalten, die Indonesien betreffenden Ergebnisse vergleichend mit denen aus anderen Staaten und Kulturerdteilen aufzuarbeiten und in den Zusammenhang allgemeiner Regelhaftigkeiten der Stadtentwicklung zu stellen. Bisher geschah und geschieht das sehr vorschnell mit bei weitem zu oberflächlichen regionalen Kenntnissen. Wenn in Bezug auf Indonesien durch die vorliegende Studie das Grundwissen zum Städtesystem vermehrt und damit auch Propädeutik zu stadttheoretischen Ansätzen geschaffen wurde, dann soll auch dieses zusätzliche Ergebnis meiner Bemühungen willkommen sein.

Summary

The East Indies, or the Malayan Archipelago, is one of the world's regions whose spatial development – originally initiated by foreign, European influence – is now being pushed forward by a group of independent states. Indonesia, which extends over almost three quarters of the Archipelago and which has the largest population and the greatest number of resources among South East Asian countries, inherited a city system left over from the period of colonial rule. During the last 50 years, this system has continuously adapted to meet changing political and economic conditions. This study has been able to reveal various changes in many aspects, but has also found examples of inertia. The following is a summary of the results of this study in terms of change vs. inertia.

Introduction (pp. 1–16)

The term "Indonesia", a cultural-geographic synonym for the East Indies, refers to the sovereign territory of the "Republic of Indonesia". The cities and towns of this state in their totality are the object of this study; they are regarded as elements of a city system. On the methodological basis of empirical data compilation, observation and analysis, "interrelations" and "interactions", as defined by Dietrich Barthels (1979), are examined. In 1965 Ginsburg emphasized that a comprehensive empirical study of South East Asian city systems was needed. This study has been prepared without normative objectives; it will, however, serve as a basis for future planning as well as for the definition of future strategies for the development of the settlement system.

"A priori" there is no clearly defined number of cities and towns in Indonesia; for only 99 cities have the legal status of a regional governing body, and the statisticians' conception of a statistical ordering of the urban population did not result in a clearly defined number of cities and towns. Thus, this study first included all administrative centers of the subdistricts *(Kecamatan)*; these approximately 3800 places were then analysed according to different criteria, depending on the specific context.

To achieve the aim of this study, it was necessary to analyse a considerable number of sources in Indonesia – especially in the Central Bureau of Statistics, Jakarta –, as well as to compile further primary data. Among the publications analysed which deal with many different aspects, one of the most outstanding is the study of "Urban areas in Indonesia" by Pauline D. Milone (1966) from Berkeley, California. The Germans are represented in the literature by an early study by Herbert Lehmann (1936), "Das Antlitz der Stadt in Niederländisch Indien". The most important Dutch contribution is the official "Toelichting op de Stadsvormingsordonnantie Stadsgemeenten Java" (1938). Almost all the literature, which is predominantly English or Dutch, is historically, sociologically, politically or economically oriented. The Indonesians themselves are represented by the empirical studies of I Made Sandy's team, Jakarta; the classifications of cities carried out by the Planning Research Group at Institut Teknologi Bandung are not satisfactory because the basic data and the methodology were inadequate for the objectives set by this study.

The classification and ranking also proved very difficult methodologically for this study. Even in order to check the number of inhabitants, new methods had to be devised; the compilation of the "central services" was the most difficult problem. New ways of calculation and presentation had to be chosen, carefully considering existing approaches to the field. This was also true for the categorization of functional types of cities and the attempt to record their change throughout history, i. e. the growth or decline of cities as well as their hierarchical positions in earlier times.

Political-geographic framework of the city system (pp. 17–41)
(as an introductory study)

The state of Indonesia has existed since 1945; it is part of the South East Asian group of islands which, since 1850, has also been referred to as "Indonesia". The first 20 years of Indonesia's road to independence under its charismatic first President Sukarno were bizarre and full of suffering. Since 1965 Indonesia has been under the rule of General Suharto's "Government of New Order", which has brought about political stability and an economic upswing.

With its 1,919,443 km², today's Republic of Indonesia is larger than the former Netherlands Indies, since in 1976 the eastern half of Timor (formerly Portuguese) became part of its territory. The state consists of almost 14,000 islands and extends over an area five times as great. The Archipelago's cultural and economic organization corresponds to the division into four main regions, Sumatra, Java, Borneo (without its northern declivity) and East Indonesia (which consists of Celebes, the six Lesser Sunda Islands and the Moluccan Islands). Since West New Guinea was annexed in 1963, this part of the Melanesian island has belonged to the territory of the Indonesian state.

Indonesia's system of territorial administration has four levels. The state territory is divided into 27 provinces *(Propinsi)*, 300 regencies, or self-governed municipalities *(Kabupaten atau Kota Madya)*, 3340 subdistricts *(Kecamatan)* and about 60,000 communities *(Desa)*.

In 1980 the Republic of Indonesia had 147.5 million inhabitants, whose distribution in the Archipelago has always been very uneven. 62% of the inhabitants live on Java, which constitutes 7% of the state territory, resulting in an mean density of 690 inhabitants per km². Large parts of the Outer Islands are, on the other hand, very sparsely populated. Apart from Java and Bali, there are only eleven other areas of population concentration, with population densities of more than 100 per km².

The proportion of urban population is not very high in Indonesia. Although the official ratio of urbanization was 22.4% in 1980, in reality it is higher, approximately 24.5%. The degree of urbanization is another factor which varies quite considerably from one region to another; the figures range from approximately 40% in East Borneo to approximately 10% in Flores, Sumba and Timor.

While each of the following seven chapters will deal with one particular aspect of the Indonesian city, the totality of cities will be dealt with in the general context of the overall state territory, so that the city system is always regarded as a unified whole.

Historical-genetic stratification (pp. 42–67; map 2)

The origin of the Archipelago's city system goes back to early Indian-Hindu influence; first evidence dates only from the 8th to the 14th centuries when the great empires emerged in Java and Sumatra. It is uncertain whether there was a pre-Hindu autochthonous stage of city formation. Some of the urban and urban-like settlements of the first period of city foundation lost their urban functions later on or were abandoned completely; two thirds of the early major settlements, however, have continued to exist and now form part of the present system of settlements. Among these there are 16 cities in the narrow sense, i.e. 4% of the total at present. Of the settlements dating from the periods of Islamic rule (which began after 1400) and early European trade monopolies (which ended around 1700) four-fifths have survived. This second stratum of urban settlements is highly represented among today's leading cities. As a result of colonial penetration and partition in the 18th and 19th centuries, a third stratum of cities came into being. Small trading centers arose in the wake of European administration posts; at road junctions and in transshipment places new transportation routes gave rise to new trade activities. The majority of the cities in the fourth and last stratum, which is industrially and commercially oriented, also originated from smaller transportation and trading places; others emerged from new foundations planned in connection with estate development, the extraction of raw materials, the building up of industries and the construction of ports. A survey of the classification of present cities according to the four periods of foundation mentioned above is given in table 2–1, p. 66. It illustrates that present-day Indonesian cities are characterized by a relatively high degree of continuity: a considerable proportion dates back to the beginnings of the colonial period and even earlier; they are, accordingly, more than 300 years old. This is true of over half of today's leading cities.

Cultural characteristics (pp. 68–82)

Indonesian cities are agglomerations of different districts; their ground plans and elevation date from various periods and reflect the influence of the Archipelago's different cultural trends. Districts with varied functions received different shaping according to the ethnic composition of their inhabitants.

The layout of the city nuclei is based on Indian-Hindu traditions. Common features are the central square, with the adjoining former ruler's residence and other public buildings in spacious grounds. This ancient Javanese pattern has also been applied to recently founded cities.

The city's extension in terms of surface area, on the other hand, is determined by the so-called *Kampungs*, which are the primarily single-storey settlements of the autochthonous middle and lower classes. They resemble irregularly shaped villages composed of single houses or huts, a pattern which is common throughout the Malayan area. Depending on the housing density, the construction materials used and the public infrastructure, there are various transitional stages – from spacious settlements interspersed with green and with part-time farming or gardening to rather compact building complexes composed of brick, sheet metal or concrete.

A *Kampung* is inhabited by different income groups, depending on the sizes of houses and their manner of construction. The shorter the distance from the Kampung to the nuclei or to the axes of development along arterial roads, the higher the proportion of modern business premises (with living quarters above). It is here that the cities' business districts are spreading. Originally, the commercial districts consisted primarily of two-storey rows of houses which were inhabited by Chinese; their location was traffic-oriented, either next to the old nucleus, close to a river or to a sea shore, or along the main arterial road. In larger cities and in the medium-sized cities preferred by Europeans, multi-storey business buildings emerged in the 20th century; it is only recently that these have merged to form new nuclei.

The present pattern of middle and upper class residential areas is also European in origin. The houses of the colonial upper class are still present in the older parts of towns. They are still being imitated today, but this type of settlement is degenerating due to incongruities in style, high building density and the construction of walls. Nevertheless, the old and new residential areas of the upper classes remain a characteristic structural element of Indonesian cities.

The ancient nucleus, surrounded by *Kampungs*, business districts that were formerly Chinese and upper class residential quarters are all structural elements common to almost every Indonesian city. The distinctive pattern formed by these four elements is determined by their location and the date of their construction; their haphazard juxtaposition and random mixture is a predominant characteristic of Indonesian cities. The clear-cut order, as displayed in the idealized pictorial map of H. Ph. Th. Witkamp (cf. frontispiece and p. 70), no longer exists. Individual elements have multiplied and been modified in terms of location and appearance. Thus, the heterogeneous initial structure is prone to rapid and intensive change; inertia can only be found in a few isolated elements.

Spatial distribution of cities (pp. 83–97; maps 3 and 5)

In order to deal with the problem of location, i. e. the spatial distribution of cities, it was first necessary to determine their numbers. This implied a differentiation between "real cities" (i. e. cities in the narrow sense) and so-called "minor cities". This distinction could not be based on the number of inhabitants because the subsystems on Java and the Outer Islands are characterized by quite different population figures. It is only in the case of Java that it would have been possible to apply a threshold of 25,000 inhabitants to define the class of "real cities". For the state as a whole, however, the classification had to be based on functional criteria. On the basis of their central services those settlements were classified as cities which have a full range of "lower order" services as well as some "middle order" – "scattered" (BOBEK) – services; according to the standards of central place classifications, these places are to be considered as "lower order centers with partial functions of middle order centers". According to this definition, Indonesia has about 400 cities. 169 of these are situated on Java, which amounts to 1.3 cities per 1000 km². On Sumatra and in East Indonesia, the density of cities is five times less than that, and on Borneo it is eighteen times less. If, however, the number of cities is correlated with the total population, Java has between two and three times fewer cities than the Outer Islands. Merely from the differences in the numbers of cities between Java and the Outer Islands one can see the discrepancy between the structures of their city systems.

Analysing the cities' location characteristics in terms of distance to the coast reveals a disproportionately high density of urban settlements in the coastal area. Accordingly, the distribution by altitude clearly favours the lowlands. Due to the nature of the Archipelago, one does not find the usual accumulation of settlements in the inner-tropical highlands.

The location of the Archipelago's cities and towns, as well as its cultural features, make it possible to delineate "city regions". The primary division of the Archipelago (insofar as it is Indonesian territory) is into four main regions: Sumatra, Java, Borneo and East Indonesia. Within these main regions there are smaller regions of similar city development, which vary from one another; Sumatra has twelve of these, Java fourteen, Borneo (without the North) three and East Indonesia five.

Sizes of cities (pp. 98–138; map 3)

The size categories of Indonesian cities were defined by the number of their inhabitants. Their present "rank-size-distribution" follows by and large the "rank-size-rule", according to which the product of the rank and the number of inhabitants of each city gives the number of inhabitants of the system's largest city; in the case of Indonesia, this is Jakarta (1980: 6.5 million inhabitants). Further analysis of the present "rank-size-distribution" within the Indonesian city system reveals that in relation to the population of the overall Indonesian city system, and especially in relation to the Javan city system, Jakarta is too large. The distributional pattern is not yet characterized by an obvious primacy, but such a tendency is becoming evident; for Jakarta is growing disproportionately fast.

In some subsystems of the main regions (e.g. Sumatra and East Indonesia) there are regular "rank-size-relations", in others there are considerable deviations. As expected, on Java such a deviation is caused by its capital Jakarta, which is also the leading city of Indonesia as a whole. On Borneo the causes are completely different: the four declivities on this major island have prevented the development of an integrated city system covering the whole island.

By comparing the censuses of 1930, 1961 and 1971 with the present population (1980) one can calculate the growth of Indonesian cities over half a century, between 1930 and 1980. The cities' population is growing more rapidly than the total population. From 1930 to 1961 the growth rate of cities, including their territorial extensions, was 3.9%; from 1961 to 1971 it decreased to 3%, and after 1971 it increased again to 3.4%. The larger cities are growing more rapidly than the smaller ones. The cities on Java are growing more slowly than the cities on the Outer Islands.

Among the mass of urban settlements there are prominent examples both of rapid growth and of stagnation. For the period between 1930 and 1980, the average annual growth rates of the rapidly growing cities reached 5% and over; examples of these are Pekan Baru, Samarinda, Medan, Denpasar and Batavia/Jakarta. Examples of stagnating cities are Menggala in Lampung and Sawahlunto in West Sumatra. For the shorter and more recent periods under study, one finds more examples of extreme growth rates for individual cities. The main reasons for this are the expansion of administrative facilities and the development of transport facilities as well as "transmigration" settlements and the promotion of mining on the Outer Islands, together with industrialization in and around the million cities on Java.

Due to the variations in growth rates, a city's rank position may vary considerably over the years. The following principle can be derived: cities on the Outer Islands, most of which are capitals of provinces, today gained most in rank, whereas populous cities on Java lost most. Those which have grown most since 1930 are Pekan Baru, Samarinda, Mataram (Lombok), Banda Aceh and Denpasar; those which have lost most since 1930 are Batang, Tulungagung, Gresik and Pemalang.

Functions of cities (pp. 139–197; map 4)

Among those functions which contribute to the formation of cities, central services are the most important. Of these, the general territorial administration's services constitute the leading group: they predetermine the types of city from the provincial capital to the regency capital and camat seat. The functions of numerous cities are further determined by special administrative institutions and courts. Of the semi-official services, educational institutions in some cases determine the type of city. Private services, i.e. especially trade, also characterize numerous, mostly small, towns; among the larger cities, Cepu and Cirebon fall into this category.

Of the remaining urban functions, transport services are the most widespread. They predominate in the functional pattern of settlements (1) if these are special seaport settlements (among which the largest are Panjang in Lampung and Bitung on Celebes); (2) where the transfer of passengers and goods from inland rivers to firm ground becomes necessary or possible; and (3) where transport services are concentrated at road junctions. Some coastal places specialize in sea fishery; they constitute a separate type of urban settlement. This function predominates most in Bagan Siapi-api, Sungsang and Muncar.

In addition, there are approximately 200 places whose urban functions are partially determined by the presence of manufacturing industries. The variety of their urban patterns ranges from large industrial cities such as Surakarta and Malang to highly specialized small and medium-sized towns to small mining settlements.

Finally, tourism becomes evident as an urban function, clearly appearing in at least 50, mostly smaller, places. Here, as well as in many small and medium-sized places involved in administration, trade or manufacturing, agriculture is another important economic activity of the settlement.

Positions of cities in the central place hierarchy (pp. 198–229; map 5)

The hierarchical structure of the city system is a result of the varying extent to which central services are available in each city. The scale of "central place facility indices" ranges from 37,000 (national capital) to 1 (places with one branch post office). The distribution figure derived from these "facility indices" also shows some resemblance to the "rank-size-rule"; deviations are caused by a hierarchical class of six regional metropolises actually existing (Surabaya, Medan, Ujung Pandang, Bandung, Semarang, Palembang), which have similar "facility indices", and by the rise of the empirical "rank-size-curve's" gradient beyond the 300th to 350th rank position. The latter feature is due to the under-equipment common in the "lower order centers" of Java as well as a low number of "lower order centers" in the sparsely populated parts of the Outer Islands.

With the exception of the hierarchical class of "regional metropolises" so evident in the "rank-size-distribution" and the capital Jakarta, which constitutes a central place class of its own, there are no discrete steps in the "rank-size-curve" of "facility indices". In order to define further hierarchical classes of central places, the presence of class-specific services is analysed. Accordingly, there are 36 "higher order centers" and more than 2000 "incompletely equipped lower order centers" in the overall system (including West New Guinea).

The subsystem of Java differs from the overall system in three aspects: (1) it has a slightly lower proportion of "higher order centers" (because of the territorial administrative system these "higher order centers" are particularly numerous on the Outer Islands); (2) its "improved middle order centers" constitute a separate hierarchical class; and (3) it has a complete system of "lower order centers", in contrast to the Outer Islands where this is not yet fully developed. Comparing the "rank-size-relations" according to "facility indices" and according to the number of inhabitants, one finds that Java has 19 "large cities" (> 100,000 inhabitants), of which only 16 are "higher order centers" or "regional metropolises"; and the Outer Islands have 27 "higher order centers", of which only 15 are "large cities".

A comparison of the cities' present hierarchy with the 1930's hierarchy in the Netherlands Indies shows a doubling of the total number of central places since 1930. Therefore, it follows that every second place rose in the hierarchy. Multiplication and rise of cities through all hierarchical classes took place predominantly on the Outer Islands. During the same period, the new class of "improved middle order centers" grew up on Java.

Comparing the present cities' hierarchy with even earlier hierarchies, several basic lines of development become clear: since the 17th century, the number of prominent cities in the Archipelago increased by less than half. Until 1870 this small increase affected only Java. In the highest hierarchical class, the number of leading cities decreased as the Archipelago was united politically and economically under Dutch and British rule; only Singapore and Batavia/Jakarta retained their ranks.

Spheres of influence and hinterlands (pp. 230–238; map 6)

The hierarchy of spheres of influence corresponds to the hierarchy of central places. Depending on the completeness of existing "class-specific services", each sphere of influence is more or less distinct. Jakarta's hinterland is at the highest hierarchical level: it extends beyond Indonesia to the 141st meridian; it is, at the same time, overlapped by Singapore's spheres of influence. The second level is formed by the "major spheres", i. e. the spheres of influence of the "regional metropolises". They are not particularly distinct because they overlap and encroach upon one another in many areas, and because they are restricted by the strong "higher order centers'" spheres of influence. The third level is formed by those spheres of influence which feature high-ranking services that typify "higher order centers". These "higher order spheres", of which there are 46 (including West New Guinea), are fully developed. Apart from Java they follow the present provincial division of the state territory; on Java the after-effects of the Dutch residencies still continue to influence the pattern.

Similar to the division into "major spheres" of central places, there is a new division of the state territory which was contained in a national plan for regional development published in 1974. This plan divided the state territory into four development regions of the first order and ten of the second order; it was an attempt to delineate an ideal distribution of central place "major regions". As a consequence, the delineation of the development regions proved to be quite unrealistic in some cases when compared with the actual "major spheres". In practice, this concept of four and ten development regions proved unworkable. Therefore, since 1979 a new concept of regionalization has been implemented; on the basis of existing cargo flows this new plan defined small economic units which form the basis of, and are included in, 36 larger Satuan Wilayah Pengembangan (SWP), i. e. "regional developing units". Since for the determination of developing centers the present "central place facilities" were taken into account, the SWP represent a pattern similar to the present 46 "higher order spheres". Deviations from this pattern distinctly reflect the special developmental intentions of some regions.

Schrifttum*

Den folgend genannten Einzelschriften und Beiträgen seien vorangestellt:
Encyclopaedie van Nederlandsch-Indië, 1917–1939, Tweede Druk, 1. bis 4. Deel, 's-Gravenhage u. Leiden 1917–1921, 5. bis 8. Deel (Suppl.), 's-Gravenhage u. Leiden 1927–1939, sowie Aflev. 61 (Dez. 1939) und Aflev. 62 (April 1940).
Atlas von Tropisch Nederland 1938, uitgegeven door het Koninkl. Nederlandsch. Aardrijkskundig Genootschap in Samenwerking met den Topografischen Dienst in Nederlandsch-Indië. Batavia u. Amsterdam.
Atlas indonesia, buku pertama Umum (Cetakan ke 5) 1982, hrsg. von I Made Sandy, (P. T. Dhasawarna, Jkt. dan Jurusan Geografi-Fipia Univ. Indonesia), 64 + 27 S., Jakarta.

Amin, Muhammad Ali Basyah (1981): Interregional and Interurban Disparities: Indonesia. – Phil. Diss., Univ. of Pennsylvania, 295 S., Philadelphia.
Anderson, A. Grant (1980): The rural Market in West Java. – Econ. Dev. and Cultural Change, **28** (4): 753–777, Chicago.
Aten, A. (1952/1953): Eenige aantekeningen over de nijverheid in Indonesie / Some remarks on rural Industry in Indonesia. – Indonesië, **6**, S. 19–27, 193–216, 330–345, 411–422 u. 536–564, 's-Gravenhage.
Atman, Rudolf E. (1974): De Indonesische kampong als stedelijk randverschijnsel, een noodzakelijk kwaad? – Stedebouw en Volkshuisvesting, **55** (1): 2–12, Amsterdam.
– (1975): Kampung improvements in Indonesia. – Ekistics, **40** (238): 216–220, Athens.
Atmodirono, Abukasan & Osborn, James (1974): Services and development in five Indonesian middle cities. (mimeogr.). – Center for Regional and Urban Studies, Inst. of Technology Bandung, 7 + 285 S., Bandung.
Auerbach, Felix (1913): Das Gesetz der Bevölkerungskonzentration. – Petermanns Geogr. Mitt., **59** (1): 74–76 u. Tafel 14, Gotha.

Bambang, B., Soedjito (1977): Pengolahan Data Proyek Penelitian Struktur Organisasi Pemerintahan Kota. Analisa dan Kesimpulan. (mimeogr.) – Lembaga Penelitian Planologi, Inst. Teknologi Bandung, 40 S., Bandung.
Bareiss, Jörg (1982): Kampungs und Kampungverbesserung auf Java = Abschn. 3.2 in: Indonesien-Feldstudienbericht 1980–82: Wohnungsbau auf Sumatra, Kampungverbesserung auf Java, S. 127–140, Inst. f. Baustofflehre d. Univ. Stuttgart, Stuttgart.
Bartels, Dietrich (1979): Theorien nationaler Siedlungssysteme und Raumordnungspolitik – Geogr. Z., **67** (2): 110–146, Wiesbaden.
Bastian, Adolf (1884–1894): Indonesien oder die Inseln des Malayischen Archipel. – I. bis V. Lfg., zus. 854 S. u. 28 Taf., Berlin.
Beavon, Keith S. O. (1977): Central place theory: A reinterpretation. – 11 + 157 S., London u. New York.
Benda, Harry J. (1966): The Pattern of Administrative Reforms in the Closing Years of Dutch Rule in Indonesia. – The Journ. of Asian Stud., **25** (4): 589–605, Ann Arbor, Mich.
Berg, C. C. (1938): Geschiedenis van Nederlandsch Indië, Javaansche geschiedschrijving. – In: Stapel, F. W. (Hrsg.): Geschiedenis van Nederlandsch Indië, Deel II, Stuk A: 5–148, Amsterdam.
– (1957a): De weg van oud- naar nieuw-mataram. – Indonesië, **10**: 405–432, 's-Gravenhage.
– (1957b): Kratonbouw in de wildernis. – Indonesië, **10**: 506–532, 's-Gravenhage.
Berry, Brian J. L. (1961): City-Size Distributions and Economic Development. – Econ. Dev. and Cult. Change, **9** (II): 573–588, Chicago.
– (1971): City-Size and Economic Development: Conceptual Synthesis and Policy Problems, with Special References to South and Southeast Asia = Chpt. 5 in: Jakobson, Leo & Prakash, Ved (Hrsg.): Urbanization and National Development. – South and Southeast Asia Urban Affairs Annuals, **1**: 111–155, Beverly Hills.
Berry, Brian J. L. et al. (1976): Indonesia: The Challenge of Size and Diversity = Chpt. 22 in: Berry, B. J. L. et al. (Hrsg.): The Geography of Economic Systems, S. 400–419. – Englewood, Cliffs, N. J.
Bhatta, J. N. (1970): A brief Note on the Growth of Urban Population of Indonesia (with 27 maps and carts). – Lembaga Geografi, Direktorat Topografi Angkatan Darat, Publ. **20**: 31 S., Djakarta.
Bintarto, R. (1977): A Preliminary Settlement Study in the Province of Yogyakarta Based on the Hexagonal Hierarchy Theory. – The Indones. Journ. of Geogr., **7** (33): 29–38.
Blankhart, Susan (1978): Urbanization in Indonesia. A quantitative review. (mimeogr.). – Free Univ. Amsterdam, 32 S., Amsterdam.
Blotevogel, Hans H. (1982): Zur Entwicklung und Struktur des Systems der höchstrangigen Zentren in der Bundesrepublik Deutschland. – In: Entwicklungsprobleme der Agglomerationsräume, Bundesanst. f. Landeskde u. Raumordnung, Seminare-Symposien-Arbeitspap., **5**: 3–34, Bonn.
Bobek, Hans (1927): Grundfragen der Stadtgeographie. – Geogr. Anz. **28**: 213–224, Gotha (auch in: Wege d. Forschung, **181**: 195–219, Darmstadt 1969).
Bobek, Hans & Fesl, Maria (1978): Das System der zentralen Orte Österreichs. Eine empirische Untersuchung. – 310 S., Wien u. Köln.

* Die fett gedruckten Ziffern geben Band, Jahrgang, Volume, Deel, Tome oder Tahun an; Heft- oder Ausgaben-Nr. sind in Klammern gesetzt; danach folgen die Seitenzahlen.

BODENSTEDT, ADOLF ANDREAS (1967): Sprache und Politik in Indonesien. Entwicklung und Funktion einer neuen Nationalsprache. – Diss., Philos. Fak. Münster, veröff.: Diss.-Reihe d. Südasien-Inst. d. Univ. Heidelberg, No. 3, Heidelberg.
BOECHARI (1979): Some Considerations on the Problem of Shift of Mataram's Centre of Government from Central to East Java in the 10th Century. – In: SMITH, R. B. & WATSON, W. (Hrsg.): Early South East Asia, Essays in Archaeology, History and Historical Geography, S. 473–491. – New York u. Kuala Lumpur.
BÖHTLINGK, F. R. (1950/51): De nieuwe eenheidsstaat. – Indonesië, **4**: 106–118, 's-Gravenhage.
BOOTH, ANNE & MCCAWLEY, PETER (1981): The Indonesian Economy since the Mid-Sixties = Chpt. 1 in: BOOTH, A. & MCCAWLEY, P. (Hrsg.): The Indonesian Economy during the Soeharto Era, S. 1–22. – Petaling Jaya, Malaysia.
BOSE, ASHISH (1971): The urbanization process in South and Southeast Asia = Chpt. 4 in: JAKOBSON, L. & PRAKASH, V. (Hrsg.): Urbanization and National Development. – South and Southeast Asia Urban Affairs Annuals, **1**: 81–109, Beverly Hills.
TER BRAKE, AXEL L. (1944): Mining in the Netherlands East Indies. – Bull. Netherlands and Netherlands Indies Council, Inst. of Pacific Relations, **4**: 110 S., New York
BROERSMA, R. (1931): Gorontalo, een handelscentrum van Noord-Selebes. – Tijdschr. v. h. Koninkl. Nederl. Aardrijksk. Genootschap Amsterdam, **1931**: 221–238, Leiden.
BRONGER, DIRK (1983): Regionalentwicklungsstrategien in Süd-, Südost- und Ostasien. Probleme ihrer Relevanz und Anwendbarkeit. Eine Zwischenbilanz. – Asien, Dt. Z. f. Politik, Wirtschaft u. Kultur, **6**: 5–31, Hamburg.
BRONSON, BENNET (1979): The Archaeology of Sumatra and the Problem of Srivijaya. – In: SMITH, R. B. & WATSON, W. (Hrsg.): Early South East Asia, S. 395–405. – New York u. Kuala Lumpur.
BRONSON, BENNET & WISSEMAN, JAN (1978): Palembang as Srivijaya: the lateness of early cities in Southern Southeast Asia. – Asian Perspectives, **19** (2): 220–239, Hongkong.
BURGER, D. H. (1975): Sociologisch-economische geschiedenis van Indonesia (mit einer „historiografische introductie" von J. S. WIGBOLDUS). – Deel I, 72 + 167 S., Deel II, 16 + 276 S., Amsterdam.

CARROLL, GLEN R. (1982): National city-size distributions: what do we know after 67 years of research? – Progress in Human Geogr., **6** (1): 1–43, London.
CHATTERJEE, LATA (1979): Housing in Indonesia, (mimeogr.). – Bijdr. tot de Sociale Geogr. **14**, Vrije Univ. Amsterdam, 203 S., Amsterdam.
CHRISTALLER, WALTER (1933): Die zentralen Orte in Süddeutschland. Eine ökonomisch-geographische Untersuchung über die Gesetzmäßigkeit der Verbreitung und Entwicklung der Siedlungen mit städtischen Funktionen. – 331 S., Jena.
CLARK, PHILIP J. & EVANS, FRANCIS C. (1954): Distance to nearest neighbour as a measure of spatial relationships in populations. – Ecology, **35** (4): 445–453, Durham, N. C.
COBBAN, JAMES L. (1971): The city on Java: An Essay in Historical Geography. – Phil. Diss., Univ. of California, Berkeley 1970, 3 + 7 + 247 S., Univ. Microfilms 71–9783, Ann Arbor, Mich.
COEDES, GEORGE (1964): Les états hindouisés d'Indochine et d'Indonésie. – 494 S., Paris. ([1]1948)
COLENBRANDER, H. T. (1925/1926): Koloniale Geschiedenis,
  Eerste Deel: Algemeene Koloniale Geschiedenis. – 413 S., 1925.
  Tweede Deel: Nederland. De West – De Oost tot 1816. – 333 S., 1925.
  Derde Deel: Nederland, De Oost sinds 1816. – 289 S., 1926.
  's-Gravenhage.

DAHM, BERNHARD (1971): History of Indonesia in the twentieth Century. – 321 S., London, New York u. Washington.
DAVIS, KINGSLEY et al. (1959): The World's Metropolitan Areas. – International Urban Research. – 7 + 115 S., Berkeley u. Los Angeles.
– (1969/1972): World Urbanization 1950–1970. – Vol. I u. II, Population Monogr. Ser., **4** u. **9**, zus. 637 S., Berkeley, Cal.
DEQUIN, H. F. E. (1978): Indonesien – zehn Jahre danach. Agrarwirtschaft und Industrie in der Regionalentwicklung einer tropischen Inselwelt. – 17 + 16 + 344 S., Riyadh.
DICKINSON, ROBERT E. (1966): City and Region. A Geographical Interpretation. – 588 S., London.
VAN DIJK, CEES (1979): De strijd om erkenning. Het bestuur in Indonesië na 1942 (Artikel-Ser.: Indonesië toen en nu 6). – intermediair, **15**. (28): S. 39, 41, 43, 45, 47 u. 49, 's-Hertogenbosch.
DOEPPERS, DANIEL F. (1972): The Development of Philippine Cities Before 1900. – The Journ. of Asian Stud. **31** (4): 769–792, Ann Arbor, Mich.
DRESS, GÜNTHER (1979): Wirtschafts- und sozialgeographische Aspekte des Tourismus in Entwicklungsländern dargestellt am Beispiel der Insel Bali in Indonesien. – Schriftenr. Wirtschaftswiss. Forschung u. Entwicklung, **36**: 7 + 204 + 18 S., München.
DÜRR, HEINER (1975): Regionalentwicklung in Indonesien 1974–1979. – Geogr. Rdsch. **27** (4): 169–172, 174, 176 u. 178, Braunschweig.

EARL, G. WINDSOR (1850): On the leading characteristics of Papuan, Australian and Malayu-Polynesian Nations. Chpt. III: The Malayu-Polynesians. – The Journ. of the Indian Archipelago and Eastern Asia, **4**: 66–74, Singapore.
ELDRIDGE, PHILIP (1972): Tjilatjap development prospects: an early report. – Ekon. dan Keungan Indonesia, **20** (1): 28–37, Jakarta.
EVANS, JEREMY (1984): The Growth of Urban Centers in Java since 1961. – Bull. Indones. Econ. Stud. **20** (1): 44–57, Canberra.
EVERS, HANS-DIETER (1972): Urban Involution: The Social Structure of Southeast Asian Towns. – Working Pap. **2**, Dept. of Sociol., Univ. of Singapore, Singapore (indonesische Fassung: Involusi Kota: Structur Sosial Kota Kota Asia Tenggara – Satua Kasus Kota Padang. – Prisma, **2**: 73–80 (LP3ES), Jakarta 1974).
– (1975): Urbanization and Urban Conflict in Southeast Asia. – Asian Surv. **15** (9): 775–785, Berkeley, Cal. (gekürzt wiederabgedr. in EVERS, H.-D. (Hrsg.): Sociol. of South-East Asia **12**: 121–124, OUP, Kuala Lumpur 1980).
– (1977): The Culture of Malaysian Urbanization: Malay and Chinese Conceptions of Space. – Urban Anthropology, **6** (3): 205–216, Brockport, Mass.
– (1982a): Politische Ökologie der südasiatischen Stadt. Neuere theoretische Ansätze zur Urbanisierungsproblematik. – In: KULKE, HANS et al. (Hrsg.): Städte in Südasien, Geschichte – Gesellschaft – Gestalt. – Beitr. z. Südasienforsch., Heidelberg **60**: 159–176, Wiesbaden.
– (1982b): Cities as a „Field of Anthropoligical Studies (FAS)" in Southeast Asia. – Forschungsschwerpunkt Entwicklungssoziol. Bielefeld, Working Pap. **30**, Bielefeld.

von Faber, G. H. (1931): Oud Soerabaia. De Geschiedenis van Indië's eerste koopstaad van den oudste tijden tot de instelling van de gemeenterad (1906). – 8 + 424 S., Soerabaia.
- (1953): Er weerd een stad geboren ... De wordingsgeschiedenis van het oudste Soerabaia. – 11 + 198 S., Soerabaia.
Feith, Herbert (1963): Indonesia. Dynamics of Guided Democracy = Chpt. 8 in: McVey, Ruth T. (Hrsg.): Indonesia, Southeast Asia Studies Yale Univ., S. 309–409 u. 538–547. – New Haven, Conn.
- (1964): Indonesia = Part Three of Kahin, G. Mc T. (Hrsg.): Governments and Politics of Southeast Asia, S. 181–278. – Ithaca, N.Y. (^{1}1959, ^{2}1964).
Firman, Tommy (1980): A Factor Analysis Application to city Classification in Java (mimeogr.). – Inst. of Technology Bandung. (Übersetz. einer indonesischen Fassung: Aplikasi Analisa Faktor untuk Pengelompokan Kota-kota; Kasus studi Jawa). – 24 S., Bandung.
Fisher, Charles A. (1966): South-east Asia, a Social, Economic and Political Geography, Part II: The Equatorial Archipelago: Indonesia, S. 203–404. – London ^{2}1966 (^{1}1964).
- (1967): Economic myth and geographical reality in Indonesia. – Modern Asian Stud. **1** (2): 155–189, London.
Franz, Johannes C. (1981): Urban Hierarchy and Spheres of Influence – The Central Place System of Borneo. Pacific Sci. Assoc., Mimeogr. Pap. 4th Pacific Sci. Inter-Congress, 11 S. – Singapore.
Fruin-Mees, W. (1919/1920): Geschiedenis van Java.
  Deel I: Het Hindoetijdperk. – 118 S., Weltevreden 1919.
  Deel II: De mohammedaansche rijken tot de bevestiging van de macht der Compagnie. – 129 S., Weltevreden 1920.
Fryer, Donald W. (1957): Economic Aspects of Indonesian Disunity. – Pacific Affairs, **30** (3): 195–208, New York.
Fryer, Donald W. & Jackson, James C. (1977): Indonesia. – 20 + 313 S., London.
Furnival, John Sydenham (1939): Netherlands India. A study of plural economy. – (^{2}1944, Neudruck 1967), 502 S., Cambridge (UK).

Gälli, Anton (1982): Länderanalyse Indonesien. – In: Halbach, A. J. et al. (Hrsg.): Wirtschaftsordnung, sozio-ökonomische Entwicklung und weltwirtschaftliche Integration in den Entwicklungsländern. – Studien-Reihe d. Bundesministeriums f. Wirtschaft, **36**: 236–329, Bonn.
Geertz, Clifford (1965): The Social History of an Indonesian Town. – 217 S., Cambridge, Mass. (Reprint: Westport, Conn. 1975).
Geertz, Hildred (1963): Indonesian Cultures and Communities = Chpt. 2 in: McVey, Ruth T. (Hrsg.): Indonesia, Southeast Asia Studies Yale Univ., S. 24–96 u. 479–491, New Haven, Conn.
Giebels, L. & Hendropranoto Suselo (1976): Kasus Pengembangan Wilayah Metropolitan Jabotabek. – Widyapura, **2** (4): 22–39, Jakarta.
Gilbert, Alan & Gugler, Josef (1982): Cities, Poverty and Development. Urbanization in the Third World. – 246 S., New York.
Ginsburg, Norton (1961): Atlas of Economic Development, Map XII: Urban Population II: A Measure of Primacy. – S. 36–37, Chicago.
- (1965): Urban Geography and „Non-Western" Areas = Chpt. 9 in: Hauser, Ph. M. & Schnore, L. P. (Hrsg.): The Study in Urbanization, S. 311–346. – New York. (Nachdruck in: Breese, G. (Hrsg.): The City in Newly Developing Countries. – Readings on Urbanism and Urbanization, **31**: 409–435, Englewood Cliffs, N.J. 1969)
Glassburner, Bruce (1971): Indonesian Economic Policy after Sukarno = Chpt. 13 in: Glassburner, B. (Hrsg.): The Economy of Indonesia, Selected Readings, S. 426–443, Ithaka, N.Y. u. London.
Godée Molsbergen, E. C. (1938): De Compagnie in den Archipel na 1684 tot 1791, Geschiedskundige Atlas van Nederland, Kaart 19, Blad 32–33, Text S. 1–17, 's-Gravenhage.
- (1939): Geschiedenis van Nederlandsch Indië. De Nederlandsch Oostindische Compagnie in de Achttiende Eeuw. – In: Stapel, F. W. (Hrsg.): Geschiedenis van Nederlandsch Indië. – Deel IV, 406 S., Amsterdam.
de Graaf, H. J. (1949): Geschiedenis van Indonesië. – 516 S., The Hague u. Bandung.

de Haan, Frederik (1922/1923): Oud Batavia. Eerste Deel, 559 S. (1922), Tweede Deel, 408 S. (1922), Platen-Album, 297 Tafeln u. 36 S. (1923). – Batavia.
Hardjono, J. M. (1977): Transmigration in Indonesia. – 116 S., Kuala Lumpur etc.
Hariri Hadji (1974): Pemgembangan Daerah dalam REPELITA II. – Prisma, **2**: 63–70, Jakarta.
van der Harst, Simon (1945): Overzicht van de Bestuurshervorming in de Buitengewesten van Nederlandsch-Indië, in het bijzonder op Sumatra. – Proefschr. v. Doctor i. d. Letteren en Wijsbegeerte te Utrecht, 122 S. Utrecht.
Hecker, Hellmuth (1963): Verfassungsregister, Teil IV: Afrika–Asien–Australien. – Dokumente, **24 B**: 388 S., Frankfurt a. M. u. Berlin.
Heeren, H. J. (1955): The urbanization of Djakarta. – Ekonomi dan Keungan Indonesia, **8** (11): 696–736, Djakarta.
Helbig, Karl (1931): Batavia. Eine tropische Stadtlandschaftskunde im Rahmen der Insel Java. – Math.-Naturwiss. Diss., Hamburg, 193 S. u. 11 Tafeln, Hamburg.
- (1942/1943): Das chinesische Element in Bevölkerung und Siedlung Inselindiens. – Ostasiat. Rdsch. **23**, 1942 (12): 246–255; **24**, 1943 (1): 10–18, Hamburg (Zweitabdruck in: Am Rande des Pazifik, Beitr. Nr. 7, S. 198–235, Stuttgart 1949).
- (1943): Hinter- und Insel-Indien (Bibliographie 1926–1939/40). – Geogr. Jahrb. **57**, 1942, 1. Halbbd.: 138–343, 2. Halbbd.: 547–769, Gotha.
- (1949): Die Unterwanderung Südostasiens durch die Chinesen. Eine bevölkerungspolitische, kultur- und wirtschaftsgeographische Zusammenstellung. – In: Am Rande des Pazifik, Beitr. Nr. 6, S. 144–197, Stuttgart.
- (1952): Die indonesische Industrie. Grundlagen, Umfang und Planungen. – Übersee-Rdsch. **18**: 511–512; **19**: 529–530, Hamburg.
van Hinte, J. (1925): De industrieele ontwikkeling van Nederlandsch Oost-Indië. – Tijdschr. v. h. Koninkl. Nederl. Aardrijksk. Genootsch., **42**: 349–385, Leiden.
Hobart, Mark (1978): The Path of the Soul: The Legitimacy of Nature in Balinese Conceptions of Space. – In: Milner, E. (Hrsg.): Natural Symbols in South East Asia = Collected Papers in Oriental and African Studies, S. 5–28, London.
Horstmann, Kurt (1958): Die Industrialisierung Indonesiens. – Verh. d. Deutschen Geographentages, 31 (Dt. Geographentag Würzburg 1957): 304–305, Wiesbaden.
- (1964): Die Bevölkerungsverteilung in Indonesien. Geographische Betrachtungen zu einem Grundproblem der Entwicklungsplanung. – Die Erde, **1964**: 167–180, Berlin.
- (1979): Indonesien, Bevölkerung. – In: Kötter, H. et al. (Hrsg.): Indonesien. – Ländermonogr. d. Inst. f. Auslandsbezieh., Stuttgart, **11**: 249–259, Tübingen u. Basel.

– (1982): Stadtregionen auf Java? – Erste Annäherung. – Erdkundl. Wissen, **89**, Forschungsbeitr. z. Landeskde. Süd- und Südostasiens, **1** (Uhlig-Festschr.): 146–156, Wiesbaden.
HORSTMANN, KURT & RUTZ, WERNER (1980): The Population Distribution on Java 1971. A Map of Population Density by Sub-districts and its Analysis. – Statist. Data Ser. **28**: 117 S., Inst. of Dev. Economies, Tokyo.
HOSELITZ, BERT F. (1953): The Role of Cities in the Economic Growth of Underdeveloped Countries. – Journ. of Polit. Econ. **61**: 195–208, Chicago (Nachdruck in: BREESE, G. (Hrsg.): The City in Newly Developing Countries. – Readings on Urbanism and Urbanization, **20**: 232–245, Englewood Cliffs, N.J. 1969).
HUGENHOLTZ, WOUTER (1979): Het binnenlands bestuur in Indonesië tot 1942. Een dualistisch system (Artikelserie: Indonesië toen en nu 5). – intermediair, **15** (26): 17–27, 's-Hertogenbosch.
HUGO, GRAEME J. (1980): Population movements in Indonesia during the Colonial Period. – In: Fox, J. J. et al. (Hrsg.): Indonesia: Australian Perspectives, S. 95–136. – Res. School for Pacific Studies, Australian National Univ. Press, Canberra.
HUGO, GRAEME J. & MANTRA, IDA BAGOES (1981): The Role of Small and Medium Towns and Cities in the Migration System in Indonesia. Pacific Science Association, (Mimeogr.) Pap. of the 4th Pacific Science Inter-Congress, 112 S., Singapore (überarb. u. gekürzte Fass.: Population Movement To and From Small and Medium sized Towns and Cities in Indonesia, 50 S., o.O., o.J.; Zweitabdruck angekündigt in: The Malayan Journ. of Tropical Geogr., **59**, 1984).
HUGO, GRAEME J. et al. (1981): Migration, Urbanization and Development in Indonesia. Comparative study on migration, urbanization and development in the ESCAP region, **3**. 202 S., UNFPA-RAS/79/P13, New York (darin Chpt. II, S. 32–56: Population distribution and redistribution = überarb. Fass. eines Artikels aus „Demografi Indonesia" **13**: 70–102, Jakarta).
HULL, TERENCE H. (1981): Indonesian Population Growth 1971–1980. – Bull. Indones. Econ. Stud., **17** (1): 114–120, Canberra.
HULL, TERENCE H. & MANTRA, IDA BAGUS (1981): Indonesia's Changing Population. – In: BOOTH, ANNE & MCCAWLEY, PETER (Hrsg.): The Indonesian Economy during the Soeharto Era, S. 262–288. – Petaling Jaya, Malaysia.

IBRAHIM, MOH. ANWAR (1977): The Growth of Indonesian Industry: A Sectoral View. – Prisma, Indones. Journ. for Social and Econ. Affairs, **6**: 28–36, Jakarta (Nachdruck in: KÖTTER, H. et al. (Hrsg.): Indonesien. – Ländermonogr. d. Inst. f. Auslandsbezieh. Stuttgart, **11**: 448–460, Tübingen u. Basel).

JACOBS, HUBERT (1975): Wanneer werd de stad Ambon gesticht? Bij een vierde eeuwfeest. – Bijdr. tot de Taal-, Land- en Volkenkde., **131**: 427–460, 's-Gravenhage.
JÄCKEL, WOLFRAM (1984): Trade and State as Transforming Powers: The Emergence of a New Economic Rationale in Tanah Toraja (South Sulawesi) (mimeogr.). – Forschungsschwerpunkt Entwicklungssoziol. Bielefeld, Pap. 5th Bielefeld Colloquium on Southeast Asia, 19 S., Bielefeld.
JEFFERSON, MARK (1939): The Law of the Primate City. – Geogr. Rev., **29** (2): 226–232, New York.
JONES, GAVIN W. (1975): Implication of Prospective Urbanization for Development Planning in Southeast Asia. – In: KANTNER, J. F. & MCCAFFREY, L. (Hrsg.): Population and Development in Southeast Asia, S. 99–117. – Lexington/Mass., Toronto u. London.
DE JOSSELIN DE JONG, P. E. (1956): Malayan and Sumatran Place-names in Classical Malay Literature. – The Malayan Journ. of Tropical Geogr., **9**: 61–70, Singapore.

KAHIN, GEORGE MCTURNAN (1952): Nationalism and Revolution in Indonesia. – 490 S., Ithaca, N.Y.
– (1958): Major Governments of Asia: Indonesia = Part Five in: KAHIN, G. McT. (Hrsg.): Major Governments of Asia, S. 469–607. – Ithaca, N.Y. (2nd Edition 1963).
KANSIL, C. S. T. (1979): Pokok-pokok Pemerintahan di Daerah. – 265 S., (Aksara Baru), Jakarta.
KARSCH, CHRISTIAN (1977): Zur Theorie der Siedlungsgrößenverteilung. – Schriftenr. d. Österr. Ges. f. Raumforschung u. Raumplanung **23**: 98 S., Wien.
KARSTEN, THOMAS (1920): Indiese stedebouw. – Locale Belangen, **7**. Jg., Meded. No. 40, Bijl. v. aflev. 19/20: 146–251, o.O. Aussprache darüber in: Locale Belangen, **8**. Jg., Meded. No. 42, Bijl. v. aflev. 21: 25–43, o.O., 1921.
– (1937): Het Stadsbeeld voorheen en thans. – Techn. Meded. No. 10 d. Vereeniging voor Locale Belangen, S. 21–28 (= Uitgave d. Stichting „Technisch Tijdschr."), Bandung.
VAN KEMPEN, TH. W. (1940): Inleiding tot het Nederlandsch-Indisch Stadsgemeenterecht. – 164 + 74 S., Batavia.
KEYFITZ, NATHAN (1961): The Ecology of Indonesian Cities. – The Amer. Journ. of Sociol. **66** (4): 348–354; Chicago (Nachdruck in: Changing South-East Asian Cities, S. 125–130. – Oxford in Asia Univ. Readings, **12**: Kuala Lumpur 1976).
KIELSTRA, E. B. (1920): De vestiging van het Nederlandsche Gezag in den Indischen Archipel. – 246 S., Haarlem.
KING, DWIGHT Y. (1973/1974): Social Development in Indonesia: A Macro Analysis. – Asian Surv. **14** (10): 918–935, Berkeley, Cal., 1974; mimeogr. in advance by Biro Pusat Statistik, 19 + 20 S., Jakarta 1973.
DE KLERCK, E. S. (1938): History of the Netherlands East Indies. – Vol. I, 448 S.; Vol. II, 661 S., Rotterdam.
KLÖPPER, RUDOLF (1956): Der geographische Stadtbegriff. – Geogr. Taschenbuch **1956/1957**: 453–461, Wiesbaden.
KÖCK, HELMUT (1975): Das zentralörtliche System von Rheinland-Pfalz. Ein Vergleich analytischer Methoden der Zentalitätsbestimmung. – Forsch. z. Raumentwicklung, **2**: 204 S., Bonn-Bad Godesberg.
KÖTTER, HERBERT et al. (Hrsg.) (1980): Indonesien. – Ländermonogr. d. Inst. f. Auslandsbezieh. Stuttgart, **11**: 592 S., Tübingen u. Basel.
KRAUSSE, GERALD H. (1978): Intra-urban variation in kampung settlements of Jakarta: a structural analysis. – The Journ. of Tropical Geogr. **46**: 11–26, Singapore.
VAN DER KROEF, JUSTUS M. (1953): The Indonesian City: Its Culture and Evolution. – Asia, Asian Quart. of Culture and Synthese, **2** (8): 563–579, Saigon (in wenig erweiterter Form: The City: Its Culture and Evolution. – In: KROEF, J. M. VAN DER: Indonesia in the Modern World, Part I, S. 133–188. – Bandung 1954).
KROM, NICOLAAS JOHANNES (1926): Hindoe-Javaansche Geschiedenis. – 494 S., 2 Karten, 's-Gravenhage (2. Aufl. 1931).
– (1938): Geschiedenis van Nederlandsch Indië. De Hindoejavaansche Tijd. – In: STAPEL, F. E. (Hrsg.): Geschiedenis van Nederlandsch Indië, Deel I, Stuk B, S. 113–298. – Amsterdam.
KÜHNE, DIETRICH (1976): Urbanisation in Malaysia – Analyse eines Prozesses. – Schr. d. Inst. f. Asienkde. Hamburg, **42**: 400 S., Wiesbaden.

LEEMANN, ALBERT (1976): Auswirkungen des balinesischen Weltbildes auf verschiedene Aspekte der Kulturlandschaft und auf die Wertung des Jahresablaufs. – Ethnol. Z., **2**: 27–65, Zürich.
LEGGE, JOHN DAVID (1961): Central Authority and Regional Autonomy in Indonesia. A Study in Local Administration 1950–1960. – 8 + 291 S., Ithaca, N.Y.
LEHMANN, HERBERT (1936): Das Antlitz der Stadt in Niederländisch-Indien. – Länderkundl. Forsch., Festschr. Norbert Krebs, S. 109–139, Stuttgart.
– (1938): Die Bevölkerung der Insel Sumatra. – Petermanns Geogr. Mitt., **84** (1): 3–15, Gotha.
LEINBACH, THOMAS R. & ULACK, RICHARD (1983): Cities of Southeast Asia = Chpt. 10 in: BRUNN, ST. D. & WILLIAMS, J. F.: Cities of the World, S. 370–407. – New York.
LEKKERKERKER, CORNELIS (1928): De nieuwe administratieve indeeling van Java en Madura (Toelichting op een kaart 1:1.500.000 angevende de ...), 14 S., 4 Tab., 1 Karte, Amsterdam.
– (1929): De nieuwe Bestuursindeeling van Java en Madura. – Tijdschr. v. h. Koninkl. Nederl. Aardrijksk. Genootsch., **46**: 97–111, Leiden.
LIEM, YOE-SIOE (1980): Die ethnische Minderheit der Überseechinesen im Entwicklungsprozeß Indonesiens. – Sozialwiss. Stud. z. internat. Problemen, **52**: 626 S., Saarbrücken u. Fort Lauderdale.
LIM, HENG KOW (1978): The Evolution of the Urban System in Malaya. – Penerbit Univ. Malaya, 229 S., Kuala Lumpur.
LINDER, WILLY (1966): Der Zusammenbruch der „gelenkten Wirtschaft" Indonesiens. Die Folgen der Mißwirtschaft und die Versuche einer „Neuen Ordnung". – Europa-Arch., Z. f. Internat. Politik, **23**: 839–848, Bonn.
LÖSCH, AUGUST (1943): Die räumliche Ordnung der Wirtschaft. – 380 S., Jena (¹1940, ²1943).
LOGAN, J. R. (1850): The ethnology of the Indian Archipelago: Embracing enquiries into the continental relations of the Indo-Pacific islanders. – The Journ. of the Indian Archipelago and Eastern Asia, **4**: 252–347, Singapore.
LOGEMANN, J. H. A. (1953): The Characteristics of Urban Centres in the East. – In: HOFSTRA, S. (Hrsg.): Eastern and Western World, S. 85–104. – The Hague u. Bandung.

MAI, ULRICH (1983): Small Town Markets and the Urban Economy in Kabupaten Minahasa (North Sulawesi, Indonesia). – Forschungsschwerpunkt Entwicklungssoziol. Bielefeld, Working Pap. **36**: 18 S., Bielefeld (Korr. Fassung in: Indonesia, **37**: 49–58, Ithaka, N.Y. 1984).
– (1984): Urbanisierungsprozesse in Kleinstädten der Peripherie: Zur Rolle der Wochenmärkte in der Provinz Nord-Sulawesi, Indonesien. – Forschungsschwerpunkt Entwicklungssoziol. Bielefeld, Working Pap. **47**: 37 S., Bielefeld.
MAJID, IBRAHIM A. & FISHER, BENJAMIN H. (1979): Regional Development studies and Planning in Indonesia. – Bull. Indones. Econ. Stud., **15** (2): 113–127, Canberra.
MARYANOV, GERALD S. (1958): Decentralization in Indonesia as a Political Problem. – Interim Rep. Ser., Dept. of Far Eastern Stud., Cornell Univ., 118 S., Ithaca, N.Y.
MAY, BRIAN (1978): The Indonesian Tragedy. – 17 + 438 S., London u. Boston 1978.
MCCAWLEY, PETER (1981): The Growth of the Industrial Sector = Chpt. 3 in: BOOTH, ANNE & MCCAWLEY, PETER: The Indonesian Economy during the Soeharto Era, S. 62–101. – Petaling Jaya, Malaysia.
MCGEE, TERRY G. (1967): The Southeast Asian City. – 204 S., London.
– (1971/76): Têtes-de-ponte et enclaves, les problèmes urbain et le processus d'urbanisation dans l'Asie du Sud-Est depuis 1945. – Tiers-Monde, **12** (45): 115–144, Paris 1971. Engl. Übersetz.: Beach heads and Enclaves: The Urban Debate and the Urbanization process in South-East Asia since 1945. – In: YEUNG, Y. M. & LO, C. P. (Hrsg.): Changing South-East Cities. – Readings on Urbanization, **6**: 60–75, Kuala Lumpur 1976.
– (1979): South-East Asia: The Changing Cities = Chpt. 9 in: HILL, R. D. (Hrsg.): South-East Asia: A systematic Geography, S. 180–191. – Kuala Lumpur.
MCNICOLL, GEOFFREY & MAMAS, SI GDE MADE (1973): The demographic Situation in Indonesia. – Pap. of East-West Population Inst., **28**, 7 + 60 S., Honolulu.
MCTAGGART, W. DONALD (1980): Tourism and Tradition in Bali. – World Development, **8** (5/6): 457–466, Oxford.
MEILINK-ROELOFSZ, M. A. P. (1962): Asian Trade and European Influence in the Indonesian Archipelago between 1500 and about 1630. – 9 + 471 S., The Hague.
MEINSMA, J. J. (1872/1873/1875): Geschiedenis van de Nederlandsche Oost-Indische Bezittingen,
  Deel I, 's Hage 1872.
  Deel II, 1e Stuk: 258 + 14 S., 's Hage 1873.
  Deel II, 2e Stuk: 169 S., 's Hage 1875.
MERTENS, WALTER & ALATAS, SECHA (1976): Rural urban definition and urban agriculture in Indonesia. (mimeogr.). – Lembaga Demografi Univ. Indonesia, 19 S. + 9 Tab., Jakarta 1976.
MESSMER, MARGIT (1979): Kampung-Improvement in Indonesien. – Marginalsiedlungen in Ländern der Dritten Welt = Reihe Planen und Bauen in Entwicklungsländern, **7** (Kolloquium 79): 44–55, Inst. f. Baustofflehre ... Univ. Stuttgart, Stuttgart.
METZNER, JOACHIM (1975): Mensch und Umwelt im östlichen Timor. – Geogr. Rdsch., **27** (6): 244–250, Braunschweig.
– (1976): Malaria, Bevölkerungsdruck und Landschaftszerstörung im östlichen Timor. – Methoden und Modelle der Geomedizinischen Forschung. – Erdkundl. Wissen, **43** (Beih. z. Geogr. Z.): 122–137, Wiesbaden.
MICHAEL, RICHARD (1977): Raumordnungsmodelle für südostasiatische Metropolen am Beispiel der Städte Bangkok, Jakarta und Singapur. – Bauwelt, **68** (38): 1318–1327, Berlin.
MILONE, PAULINE D. (1964): Contemporary Urbanization in Indonesia. – Asian Survey, **4** (8): 1000–1012, Berkeley, Cal. (Nachdruck in: YEUNG, Y. M. & LO, C. P. (Hrsg.): Changing South-East Asian Cities. – Readings on Urbanization, **9**: 91–99, Kuala Lumpur 1976).
– (1966): Urban Areas in Indonesia: Administrative and Census Concepts. – Inst. of Internat. Studies, Univ. of California, 225 S., Berkeley, Cal.
MISSEN, G. H. (1972): Viewpoint on Indonesia. A geographical Study. – 359 S., Melbourne.
MOCHTAR, NAIM (1977): Pola Perwilayahan, Perkotaan dan Pedesaan. – Widyapura **1** (9/10): 71–89, Jakarta.
MOOCHTAR, RADINAL (1978): Integrasi Perencanaan Kota dan Wilayah. – Kotapraja, **8** (1): 57–63, Jakarta.
MURPHEY, RHOADS (1957): New Capitals of Asia. – Econ. Dev. and Cult. Change, **5** (3): 216–243, New York.
MURPHY, RAYMOND E. (1966): The American City. An urban geography. – 464 S., New York etc. (2. Aufl. 556 S., New York etc. 1974).

NAS, PETER J. M. (1976): Stedenverdelingen, Nationale Ontwikkeling en Afhankelijkheid. Een komparatief-kwantitatieve benadering. – Doctor Proefschr. Fac. d. Lett., Rijksuniv. Leiden, 177 S., Leiden.
– (1980): De Vroeg-indonesische Stad; een Beschrijving van de Stadstaat en zijn Hoofdplaats. – In: HAGESTEIJN, R. (Hrsg.): Stoeien met Staten. Bundel artikelen ... „de vroege staat", Inst. voor Cultur. Antropologie ..., Publ. 37: 127–159, Leiden.
NAS, PETER J. M. et al. (1979): A Classification of Kabupatens in Indonesia for Regional Development Planning. – Bijdr. tot de Taal-, Land- en Volkenkunde, **135** (1): 128–150, 's-Gravenhage.
– (1981): Indonesian cities: a typology of Kotamadya's. (mimeogr.). – Working Pap. Inst. of Cult. and Soc. Studies, Leiden, 17 S., Leiden. (auch: Paper read at the Fourth Bielefeld Colloquium on Southeast Asia, Jan. 1983).
NIX, THOMAS (1949): Stedebouw in Indonesië en de stedebouwkundige vormgeving. – Proefschr. v. Doctor Ing. Afdel. d. Bouwkunde Delft 1940, 259 S., Bandoeng-Heemstede.
NORONHA, RAYMOND (1979): Paradise Reviewed: Tourism in Bali = Chpt. 12 in: DE KADT, EMANUEL (Hrsg.): Tourism, Passport to Development? S. 177–204. – Washington, D. C.
NUHN, HELMUT (1981): Struktur und Entwicklung des Städtesystems in den Kleinstaaten Zentralamerikas und ihre Bedeutung für den regionalen Entwicklungsprozeß. – Erdkunde, **35** (4): 303–320, Bonn.

VAN ORSCHOT, HENRICUS JOSEPHUS (1956): De ontwikkeling van de nijverheid in Indonesia. – Proefschr. v. Doctor Econom. Wetensch., a. d. Kathol. Econom. Hogeschool te Tilburg, 146 S., 's-Gravenhage u. Bandung.
OSBORN, JAMES (1974): Area, Development Policy, and the Middle City in Malaysia. – The Univ. of Chicago Dep. of Geogr., Res. Pap. **153**: 291 S., Chicago.

PALMIER, LESLIE H. (1962): Indonesia and the Dutch. – 194 S., London.
PALTE, J. G. L. & TEMPELMANN, G. J. (1978): Indonesië. Een sociaal-geografisch Overzicht. – 226 S., Bussum (^{1}1975, ^{2}1978).
PAMUDIJ, S. (1978): Inventarisasi Ketentuan Hukum dalam Pembinaan Kota. – Kotapraja, **8** (1), 16–33, Jakarta.
PELZER, KARL J. (1946): Tanah Sabrang and Java's Population Problem. – The Far Eastern Quart., **5** (2): 132–142, New York.
PIETERS, JULIUS M. (1932): De zoogenaamde ontvoogding van het Inlandsch Bestuur. – Proefschr. v. Doctor d. Rechtsgeleerdheid te Leiden, 156 S., Wageningen.
PIGEAUD, THEODORE (1960/1962/1963): Java in the 14th Century.
  Vol. I: Javanese texts in transcription, 125 S., 1960.
  Vol. II: Notes on the texts and the translations, 153 S., 1960.
  Vol. III: Translations, 177 S., 1960.
  Vol. IV: Commentaries and Recapitulations, 552 S., 1962.
  Vol. V: Glossary, General Index, 451 S., 1963.
  The Hague.
POERNOMOSIDI HADJISAROSA (1980/81): Konsepsi dasar pengembangan wilayah di Indonesia. – Dept. Pekerjaan Umum, 1. Aufl., 17 + 9 S. (1980), 2. Aufl., 34 + 12 S. (1981), Jakarta. Engl. Ausgabe: The Basic Concept of Regional Development in Indonesia. – Ministry of Public Works, 34 + 11 S. (1981), Jakarta.
PRINS, JAN (1955): Les villes Indonésiennes. – In: BODIN, J. (Hrsg.): La Ville, Deuxième Partie, **7**: 195–206. Institutions économiques et sociales, Edit. de la Librairie Encyclopédique, Brussels.
PRONK, LUBBERT (1929): De Bestuursreorganisatie-Mullemeister op Java en Madura en haar beteekenis voor het heden. – Proefschr. v. Doctor d. Rechtsgeleerdheit te Leiden, 144 S., Leiden.

RAFFLES, THOMAS STAMFORD (1817): The History of Java. – Vol. I, 479 S.; Vol. II, 291 + 260 S., London.
REED, ROBERT R. (1976a): Indigenous Urbanism in South-East Asia. – In: Changing South-East Asian Cities. – Oxford in Asia Univ. Readings, **3**: 14–27, Kuala Lumpur 1976 (= Chpt. 1 of unpubl. Ph. D. Diss.: Origins of the Philippine City. – Dept. of Geogr., Univ. of California, Berkeley 1971).
– (1976b): Remarks on the Colonial Genesis of the Hill Station in Southeast Asia with Particular Reference to the Cities of Buitenzorg (Bogor) and Baguio. – Asian Profile, **4** (6): 532, 545–556 u. 558–591, Hong Kong.
REID, ANTHONY (1980): The Structure of Cities in Southeast Asia, Fifteenth to Seventeenth Centuries. – The Journ. of Southeast Asian Stud., **11** (2): 235–250, Singapore.
RICKLEFS, M. C. (1981): A History of Modern Indonesia c. 1300 to the present. – 335 S., London u. Basingstoke.
RISMAN, MARIS (1982): Regional Development and Transmigration in Indonesia. – Directorate of City and Regional Planning (Hrsg.): Suppl. Pap. submitt. to ASEAN Countries Seminar on Regional Developing Planning Sanur (Bali) 1982, 87 S., Jakarta.
ROEDER, R. OTTO G. (1980): Indonesien heute – Von der Einheit im Widerspruch. – In: KÖTTER, H. et al. (Hrsg.): Indonesien, Ländermonographien des Inst. f. Auslandsbezieh. Stuttgart, **11**: 202–245, Tübingen u. Basel.
RÖLL, WERNER (1975): Probleme der Bevölkerungsdynamik und der regionalen Bevölkerungsverteilung in Indonesien. – Geogr. Rdsch. **27** (4): 139–150, Braunschweig.
– (1979): Indonesien, Entwicklungsprobleme einer tropischen Inselwelt. – 206 S., Stuttgart.
ROTHE, CECILE (1938/1939/1940): Industrieën in Nederlandsch Indië. – De Indische Mercuur:
  61. Jg., No. 3, S. 29 ff.; No. 5, S. 55 ff.; No. 22, S. 297 ff.; No. 23, S. 313 ff.; No. 30, S. 427 ff.; No. 31, S. 443 ff.; No. 35, S. 503 ff.; No. 38, S. 545 ff.
  62. Jg., No. 51, S. 681 ff.; No. 52, S. 693 ff.
  63. Jg., No. 26, S. 257 ff.; No. 27, S. 265 ff., Amsterdam;
  zugleich abgedr. in: Berichten v. d. Afdeel. Handelsmuseum v. d. Koninkl. Vereeniging Koloniaal Inst., No. 119, 125, 127, 141 u. 151; 38 + 34 + 35 + 32 + 36 + 25 S. – Amsterdam 1938, 1939 u. 1940.
RUTZ, WERNER (1976a): Indonesien – Verkehrserschließung seiner Außeninseln. – Bochumer Geogr. Arb., **27**: 182 S. + Kartenband, Paderborn.
– (1976b): Indonesiens Gliederung nach Funktions- und Verwaltungsräumen – Übereinstimmungen und Diskrepanzen. – In: LEUPOLD, W. & RUTZ, W. (Hrsg.): Der Staat und sein Territorium (Festschr. f. Martin Schwind), S. 159–173. – Wiesbaden.

– (1980): Vergleich „kolonialer" und „nachkolonialer" Städte-Rangfolgen – ein Beispiel aus Indonesien. – Geogr. in Wissenschaft u. Unterricht (Festschr. f. Helmut Winz), S. 403–418. – Berlin.

SANDHU, KERNIAL SINGH & WHEATLEY, PAUL (1983): Melaka: The Transformation of an Malay Capital c. 1400–1980. The Historical Context = Chpt. 1 in: SANDHU, K. S. & WHEATLEY, P. (Hrsg.): Melaka:..., Vol. 1, S. 3–69, OUP., Kuala Lumpur.

SANDY, I MADE (1976): Pusat-pusat pelayanan di Kabupaten Kuningan. – Berita Geogr. **1**: 3–18, Jakarta.

– (1977): Penggunaan tanah (land use) di Indonesia. – Publ. Direktorat Tata Guna Tanah, **75**: 115 S., Jakarta.

– (1978): Kota di Indonesia (the Indonesian city). – Publ. Direktorat Tata Guna Tanah, **113**: 21 S., Jakarta.

– (1979): Perkotaan. – Publ. Direktorat Tata Guna Tanah, **126**: 23 S., Jakarta.

SCHILLER, A. ARTHUR (1955): The Formation of Federal Indonesia 1945–1949. – 472 S., The Hague u. Bandung.

SCHMIDT, HANS LOTHAR (1976): Indonesien. – Rohstoffwirtsch. Länderber., **10**, Bundesanst. f. Geowiss. u. Rohstoffe, 6 + 118 S., Hannover.

SCHOLZ, FRED (1979): Verstädterung der Dritten Welt. Der Fall Pakistan. – In: KREISEL, SICK & STADELBAUER (Hrsg.): Siedlungsgeographische Studien (Festschr. f. Gabriele Schwarz), S. 341–386, Berlin u. New York.

SCHRIEKE, BERTRAM J. O. (1957): Ruler and Realm in Early Java. – Sel. Studies on Indonesia by Dutch Schoolars, **3**: 491 S., The Hague u. Bandung.

SCHRIEKE, J. J. (1921): De lagere inlandsche rechtsgemeenschappen in Nederlandsch-Indië. – Uitgave van de Commissie voor de Volkslectuur, Ser. **386a**: 10 + 116 S., Weltevreden.

– (1939): The Administrative System of the Netherlands Indies. – Bull. Colonial Inst. of Amsterdam, **2** (1938/39), 165–182 u. 245–266, Amsterdam.

SENDUT, HAMZAH (1965): Statistical Distribution of Cities in Malaysia. – Kajian Ekon. Malaysia, **2** (2): 49–66, Kuala Lumpur.

– (1966): City-size distribution of South-East Asia. – Asian Studies, **4** (2): 268–280, Quezon City (Nachdruck in: Changing South-East Asian Cities. – Oxford in Asia Univ. Readings, **16**: 165–172, Kuala Lumpur 1976).

SETHURAMAN, S. V. (1976): Jakarta. Urban development and employment. – 8 + 154 S., Geneva.

SHAMSHER, ALI (1966): Inter-Island Shipping. – Bull. Indones. Econ. Stud., **2** (3): 27–51, Canberra.

SIEVERS, A. (1974): The mystical world of Indonesia. Culture and economic Development in Conflict. – 425 S., Baltimore u. London.

SIGIT, HANANTO & SUTANTO, AGUS (1983): Desa dan Penduduk Pekotaan menurut Definisi Pekotaan Sensus Penduduk 1971 dan 1980 = Chpt. 4 in: MCDONALD, P. F. (Hrsg.): Pedoman Analisa Data Sensus Indonesia 1971–1980. S. 127–165, AUIDP, Austral. Vice-Chancellor's Committee, Canberra.

SITSEN, PETER H. W. (1942): The Industrial Development of the Netherlands Indies. – Netherlands-Netherlands Indies Pap., **2**: 54 S., Netherlands-Netherlands Indies Council of Inst. of Pacific Relations, New York.

SOEGIARSO, P. (1980): Keadaan Pembangunan di Daerah Perkotaan. – In: SUHARSO et al. (Hrsg.): Widyakarya Nasional Migrasi dan Pembangunan Regional, S. 496–508, LEKNAS-LIPI, Jakarta.

SOEHOED, A. R. (1967): Manufacturing in Indonesia. – Bull. Indones. Econ. Stud. **3** (8): 65–84, Canberra.

SPENCER, J. E. & THOMAS, W. L. (1948): The Hill Stations and Summer Resorts of Orient. – Geogr. Rev., **38**: 637–651; **39**: 671, New York.

STAPEL, F. W. (1928): De Archipel en het Maleische Schiereiland in 1619. – idem in 1650. – Geschiedkundige Atlas van Nederland, Kaart 19, Blad 2 u. 3 Text S. 1–16 u. S. 17–32, 's-Gravenhage.

– (1931): De Archipel en het Maleische Schiereiland in 1684. – Geschiedkundige Atlas van Nederland, Kaart 19, Blad 11/12, 71 S., 's-Gravenhage.

– (1939): Geschiedenis van Nederlandsch Indië. – A. De Oprichting v. d. Vereenigde Oostindische Compagnie. – B. De Nederlandsch Oostindische Compagnie in de Zeventiende Eeuw. – In: STAPEL, F. W. (Hrsg.): Geschiedenis van Nederlandsch Indië, Deel III, 535 S. – Amsterdam.

– (1940): Geschiedenis van Nederlandsch Indië, De Bataafsche Republiek en de Fransche Tijd. – Het Engelsche Tusschenbestuur – Het Koninkrijk der Nederlanden. – In: STAPEL, F. W. (Hrsg.): Geschiedenis van Nederlandsch Indië, Deel V, Stuk A-B-C, S. 5–84, 85–139 u. 141–383. – Amsterdam.

STEVENS, THEO (1979): De ontwikkeling van Semarang als koloniale Uitvoerhaven van Midden-Java sinds 1900 en zijn tegenwoordige Betekenis. – In: Between People and Statistics. Essay on Modern Indonesian History, S. 91–100. – The Hague.

SUGIJANTO SOEGIJOKO (1976): Growth Centred Development within the Framework of Prevailing Development Policies in Indonesia. – In: United Nations Center for Regional Development (UNCRD) (Hrsg.): Growth Pole Strategy and Regional Development Planning in Asia. The Asian Experience. Proc. of the Seminar on Industrialization Strategies and the Growth Pole Approach to Regional Planning and Development. Nagoya, Japan, S. 17–39, Nagoya.

– (1979): Spatial Efficiency of Urban Centers as a Basis for Regional Development: A Case Study of South Sumatra. – Ph. D.-Diss., Massachusetts Inst. of Technology, 287 S., Cambridge, Mass.

– (1980): Daerah Perkotaan di Indonesia: Pembahasan Dalam Konteks Urbanisasi dan Lapangan Kerja. – In: SUHARSO et al. (Hrsg.): Widyakarya Nasional Migrasi dan Pembangunan Regional, S. 509–554. – LEKNAS-LIPI, Jakarta.

SUGIJANTO, SOEGIJOKO & SUGIJANTO BUDHY TJAHYATI (1976): Urban Areas in Indonesia as Development Catalyst. – Prisma, Indones. Journ. of Social and Economic Affairs, **3**: 52–62, Jakarta (in Bahasan Indonesia: Prisma, **5**: 74–82).

SUHARSO & SPEARE, ALDEN JR. (1981): Migration Trends. – In: BOOTH, A. & MCCAWLEY, P. (Hrsg.): The Indonesian Economy during the Soeharto Era, S. 289–322. – Petaling Jaya, Malaysia.

SUJARTO, DJOKO (1978): Perencanaan Pembangunan dan Tipologi Kota di Indonesia. – Kotapraja, **8** (1): 34–43, Jakarta.

SUJARTO, DJOKO & BAMBANG, B. SOEDJITO (1977): Prasaran Dasar-dasar menuju kebijaksanaan nasional pembangunan kota-kota (mimeogr.). – Direktorat Jenderal Pemerintahan Umum dan Otonomi Daerah, Seminar Pengembangan Perkotaan II, Jakarta.

SUKIJAT (1973): General government and regional autonomy. – The Indonesian Quart., **1**, 29–41, Jakarta.

TAN, GOANTIANG (1965): Growth cities in Indonesia. – Tijdschr. Econ. en Sociale Geogr., **56** (3): 103–108, Rotterdam.

TAN, ROGER Y. D. (1966): The domestic Architecture of South Bali. – Bijdr. tot de taal-, land- en volkenkunde van Nederl. Indië, **122**: 442–475, 's-Gravenhage.

TAN, TJIN-KIE (Hrsg.) (1967): Sukarno's Guided Indonesia. – 196 S., (Jacaranda Press), Brisbane.

THE LIANG GIE (1958): Pemerintahan Daerah die Indonesia. – 8 + 275 S., (Djambatan) Djakarta.
THE SIAUW GIAP (1959): Urbanisatieproblemen in Indonesië. – Bijdr. tot de taal-, land- en volkenkunde, Koninkl. Inst. voor Taal-, Land- en Volkenkunde, **115** (3): 249–276, 's-Gravenhage.
THIJSSE, JAC. P. (1953): De groei der Indonesische steden. En enkele hieruit voortvloeiende problemen. – In: G. H. VAN DER KOLFF (Hrsg.): Sticusa jaarboek 1953, S. 90–101, Amsterdam.
THOMAS, K. D. (1967): Political and Economic Instability: the Gestapu and its Aftermath = Chpt. 10 in: TAN, T. K. (Hrsg.): Sukarno's Guided Indonesia, S. 115–128. – Brisbane.
TILLEMA, HENDRIK FREEK (1915–1923): Kromoblanda. – Over't vraagstuk van „het wonen" in Kromo's groote land, Deel I–VI, 's-Gravenhage.
TINKER, J. & WALKER, M. (1973): Planning for Regional Development in Indonesia. – Asian Survey, **13** (12): 1102–1120, Berkeley, Cal.

UEDA, KOZO (1982): The development of demographic surveys and censuses in Indonesia (Orig. jap., English summary). – Tonan Ajia Kenkyu / Southeast Asian Studies, **20** (2): 168–178, Kyoto.
UKA TJANDRASASMITA (1978): The introduction of Islam and the growth of Moslem coastal cities in the Indonesian Archipelago = Chpt. 7 in: SOEDADIO, H. & DU MARCHIE SARVAAS, C. A. (Hrsg.): Dynamics of Indonesian History, S. 141–160. – Amsterdam, New York u. Oxford.

VAN 'T VEER, PAUL (1979): De twee elites van Indonesië. – Intermediair, **15** (19): (Beitr. 2 z. Serie: Indonesië toen en nu), 49, 53, 54, 57 u. 59, 's-Hertogenbosch.
VENEMA, R. (1949/50): Tendenties in het na-oorlogse staatsrecht der lagere rechtsgemeenschappen in Indonesië. – Indonesië, **3**: 289–323, 's-Gravenhage.
VETH, PIETER J. (1875/1878/1882): Java, Geographisch, Ethnologisch, Historisch. – Eerste Deel, 12 + 672 S. (1875); Tweede Deel, 16 + 704 S. (1878); Derde Deel, 14 + 1100 S. (1882), Haarlem.
VILLIERS, JOHN (1965): Südostasien vor der Kolonialzeit. – Fischer Weltgeschichte, **18**: 348 S., Frankfurt a. M.
VLEKKE, BERNHARD H. M. (1959): Nusantara: A history of the East Indian Archipelago. – 439 S., Cambridge, Mass. (^{1}1943).
VAN VOLLENHOVEN, C. (1933): Old Glory. – Koloniaal Tijdschr., **22**: 229–258, 's-Gravenhage.
VOPPEL, GÖTZ (1970): Stadt als geographischer Begriff. – Handwörterb. d. Raumforschung u. Raumordnung, 3 (Re-Z): 3079–3089, 2. Aufl., Hannover.
VREELAND, NENA et al. (1975): Area handbook for Indonesia. – Foreign Area Studies – Da pam 550–39, 14 + 488 S., Washington, D.C.

WATTS, KENNETH (1963/1968): Small Town Development in the Asian Tropics. – Town Planning Rev., **34** (1): 19–26, Liverpool (dazu „A restatement of the case" in: Southeast Asia Dev. Advisory Group Pap. (SEADAG-Pap.), **44**: 4 S., New York 1968).
WAWAROENTOE, W. J. et al. (1972): Perkembangan Kota dan Kehidupan Perkotaan di Indonesia. – Prisma, **7** (Nomor khusus urbanisasi dan perkembangan): 7–22, Jakarta.
WEATHERBEE, DONALD E. (1970): Interpretations of Gestapu, the 1965 Indonesian Coup. – World Affairs, **132** (4): 305–317, Washington, D.C.
WERTHEIM, WILLEM FREDERIK (1951): De stad in Indonesië. – Indonesië, **5** (1): 24–40, 's-Gravenhage. Engl. Übersetz.: Urban Development = Chpt. 7 in: WERTHEIM, W. F. (Hrsg.): Indonesian society in transition. A study of social change, S. 170–194 (Ausg. 1964). – The Hague (^{1}1956, ^{2}1959, $^{2rev.}$1964).
– (1958): Town Development in the Indies – Introduction. – In: WERTHEIM, W. F. (Hrsg.): The Indonesian Town. Studies in Urban Sociology. – Sel. Studies on Indonesia by Dutch Scholars, **4**: 3–4. – The Hague u. Bandung.
– (1964): Urban Characteristics in Indonesia = Beitr. No. 8 in: WERTHEIM, W. F. (Hrsg.): East-West Parallels. Sociological Approaches to Modern Asia, S. 164–181. – The Hague.
– (1978): Indonesië: van vorstenrijk tot neo-kolonie, 276 S. – Amsterdam.
WHEATLEY, PAUL (1961): The Golden Khersonese. Studies in the historical Geography of the Malay Peninsula before A. D. 1500. – 33 + 388 S., Kuala Lumpur (First Greenwood Reprint 1973).
– (1983): Nagara and Commandery. Origins of the Southeast Asian Urban Traditions. – Univ. of Chicago, Dept. of. Geogr., Research Pap. **207–208**: 473 S., Chicago.
WINSTEDT, RICHARD O. (1917): The Advent of Muhammadanism in the Malay Peninsula and Archipelago. – Journ. of Strait Branch of Roy. Asiatic Society, **77**: 171–175, Singapore.
– (1962): A History of Malaya. – 288 S., Singapore.
WITHINGTON, WILLIAM A. (1961): Upland Resorts and Tourism in Indonesia: Some Recent Trends. – Geogr. Rev., **51** (3): 418–423, New York.
– (1962): The Cities of Sumatra. – Tijdschr. Econ. en Sociale Geogr., **53**: 242–246; Rotterdam.
– (1963): The Kotapradja or King Cities of Indonesia. – Pacific Viewpoint, **4** (1): 75–86, Wellington.
– (1975): The Intermediate City of Indonesia. – Assoc. for Asian Studies, Mimeogr. Pap. for 14th Annual Meeting of Southeast Regional Conference at Athens, Georgia 11 S., o. O.
– (1976): Urban Evolution in Natural and Planned Growth Centers and Satellite Cities: Indonesia since 1930. – Assoc. Amer. Geographers, Mimeogr. Pap. for Annual Meeting of the Southeastern Division at Fredericksburg, Virginia, 9. S., o. O.
– (1979): Indonesian Urbanization in the 1970's: Analysis. – Assoc. of Asian Studies, Mimeogr. Pap. for Annual Meeting of Southeast Regional Conference at Lexington, Kentucky, 14 S., o. O.
– (1980): The Cities of Sumatra in 1980. – Assoc. Amer. Geographers, Mimeogr. Pap. for Annual Meeting of Southeastern Division at Blacksburg, Virginia, 10 S., o. O.
– (1983): Fifty Years of Metropolitan Evolution: Indonesia's Kota Madya, 1930–1980 (revised version: Indonesia's Urban Centers, the Kota Madya 1930–1980). – Assoc. for Asian Studies, Mimeogr. Pap. for Annual Meeting of Southeast Regional Conference at Boone, N.C., 13 S., o. O.
WITTON, RONALD A. (1969): The development of cities in Java: A preliminary empirical Analysis. – South-East Asian Journ. of Sociol., **2**: 62–80, Singapore.

YEUNG, YUE-MAN (1976): Southeast Asian Cities: Patterns of Growth and Transformation. – In: BERRY, B. J. L. (Hrsg.): Urbanization and Counterurbanization, Part III/12, S. 287–309. – Beverly Hills u. London.

ZIMMERMANN, ALFRED (1903): Die Kolonialpolitik der Niederländer. – 304 S., Berlin.
ZIMMERMANN, GERD R. (1975): Transmigration in Indonesien. Eine Analyse der interinsularen Umsiedlungsaktionen zwischen 1905 und 1975. – Geogr. Z., **63** (2): 104–122, Wiesbaden.
ZIPF, GEORGE KINGSLEY (1941): National Unity and Disunity. The Nation As a Bio-Social Organism. – 408 S., Bloomington, Ind.

ungenanntes Team LP3ES (1978): Kebijaksanaan, Prioritas Pengembangan, Perkotaan sebagai landasan Penyusuan Program Repelita III di bidang Cipta Karya, Vol. 1, Teks, 122 S., Vol. 2, Lampiran-Lampiran, 7 Tab., 1 Karte, Hrsg.: Direktorat Jendral Cipta Karya, Dep. Pekerjaan Umum bekerjasama dengan LP3ES, Jakarta.
ungenanntes Team LP3ES (1979): Masalah dan Kebijaksanaan Pengembangan Kota Metropolitan. – Widyapura, **2** (4): 3–21, Jakarta.
ungen. Verfasser (1938): Toelichting op de Stadsvormingsordonnantie Stadsgemeenten Java, 204 S., Batavia; auszugsweise auch ins Englische übersetzt unter dem Titel: "Town Development in the Indies". – In: WERTHEIM, W. F. (Hrsg.): The Indonesian Town. Studies in Urban Sociology. Select. Stud. on Indonesia by Dutch Scholars, **4:** 1–77, The Hague u. Bandung 1958.
ungen. Verfasser (1969): Pola Dasar Dan Gerak Operasionil. Pembangunan Masjarakat Desa. – Departemen Dalam Negeri (Hrsg.), 120 S., Jakarta.
ungen. Verfasser (1977): A Search for a better Definition of an Urban Village in Indonesia. – Central Bureau of Statistics (Hrsg.), 104 S., Jakarta.
ungen. Verfasser (1977): Landasan dan Pedoman Induk Penyempurnaan Administrasi Negara Republik Indonesia. – Lembaga Administrasi Negara (Hrsg.), 92 S., (2. Aufl.), Jakarta.

TABELLE O-1. STÄDTE INDONESIENS MIT IHREN WICHTIGEREN KENNDATEN (sogenannte GRUNDTABELLE)

Schlüssel für die Spaltenanordnung:

(1) Ortsname

(2) Schlüsselnummer (es handelt sich um ein für diese Studie benutztes Kode-System, das dem Regional-Kode des Statist. Hauptamtes Jakarta entlehnt ist)

(3) Lage im Grossraum

(4) Einwohner 1980; sofern unterbegrenzt, einschliesslich verstädtertes Randgebiet

(5) Einwohner 1980 im Stadtgebietsstand von 1971 (sofern nicht Kota Madya-Status, Einwohnersumme der 1971 städtischen Desa)

(6) Rang nach Position (4); ohne Orte auf West-Neuguinea

(7) Rang im Feld von 1140 Orten, für die Einwohner 1980 bekannt waren

(8) Durchschnittl. jährliches Wachstum im Jahrzehnt 1961 bis 1971 in gleichumgrenzten Stadtgebieten

(9) Durchschnittl. jährliches Wachstum im Zeitabschnitt 1971 bis 1980 in gleichumgrenzten Stadtgebieten

(10) Zentralörtlicher Ausstattungskennwert bezogen auf Gesamt-Indonesien

(11) Zentralörtlicher Ausstattungskennwert bezogen auf das Städtesystem Javas

(12) Rang nach Position (10); ohne Orte auf West-Neuguinea

(13) Rang nach Position (11)

(14) Zentralörtliche Hierachiestufe

(15) Funktion in der Gebietskörperschaftsverwaltung

(16) Gebietskörperschaftsrechtliche Stellung

(1) (2)	(3)	(4) (5)	(6) (7)	(8) (9)	(10) (11)	(12) (13)	(14)	(15) (16)
JAKARTA 31 00 00	JAVA	6503449 6503449	1 1	4,45 3,94	37000 6738	1 1	METROPOLE	STAATSHAUPTSTADT IM PROVINZRANG
SURABAYA 35 00 00	JAVA	2027913 2027913	2 2	4,48[a] 2,96	6101 8260	3 2	REGIONALMETROPOLE	PROVINZHAUPTSTADT KOTA MADYA
BANDUNG 32 00 00	JAVA	1462637 1462637	3 3	2,16 2,19	5861 7581	6 4	REGIONALMETROPOLE	PROVINZHAUPTSTADT KOTA MADYA
MEDAN 12 00 00	SUMATRA	1378955[b] 733813	4 4	2,89 1,60[c]	6101	2	REGIONALMETROPOLE	PROVINZHAUPTSTADT KOTA MADYA
SEMARANG 33 00 00	JAVA	1026671[d] 889600	5 5	2,56 3,58[e]	5986 7786	5 3	REGIONALMETROPOLE	PROVINZHAUPTSTADT KOTA MADYA
PALEMBANG 16 00 00	SUMATRA	787187 787187	6 6	2,09 3,36	5768	7	REGIONALMETROPOLE	PROVINZHAUPTSTADT KOTA MADYA
UJUNG PANDANG 73 00 00	OST-INDONESIEN	709038[f] 509286	7 7	1,24 1,90[g]	6101	4	REGIONALMETROPOLE	PROVINZHAUPTSTADT KOTA MADYA
MALANG 35 07 00	JAVA	511780 511780	8 8	2,17 2,13	2588 2906	18 7	OBERZENTRUM	REGENTSCHAFTSHPTST. KOTA MADYA
SURAKARTA (SOLO) 33 72 00	JAVA	469888 469888	9 9	1,21 1,40	2340 2573	20 8	OBERZENTRUM	UNTERDISTR.-HAUPTORT KOTA MADYA
YOGYAKARTA 34 00 00	JAVA	398727 398727	10 10	0,92 1,70	3958 5234	12 5	OBERZ.M.TF.V.RM.	PROVINZHAUPTSTADT KOTA MADYA
BANJARMASIN 63 00 00	BORNEO	381286 381286	11 11	2,80 3,39	4075	10	OBERZ.M.TF.V.RM.	PROVINZHAUPTSTADT KOTA MADYA
PONTIANAK 61 00 00	BORNEO	304778 304778	12 12	3,81 3,78	3482	13	OBERZENTRUM	PROVINZHAUPTSTADT KOTA MADYA
TG.KARANG-TELUK BETUNG 18 00 00	SUMATRA	284275 284275	13 13	4,14 4,01	3425	14	OBERZENTRUM	PROVINZHAUPTSTADT KOTA MADYA
DENPASAR 51 00 00	OST-INDONESIEN	261263[h] 124079[h]	14 14	4,52 3,85[i]	4048	11	OBERZ.M.TF.V.RM.	PROVINZHAUPTSTADT KOTA ADMINISTRATIP
PADANG 13 00 00	SUMATRA	259740[j] 259740	15 15	3,20 3,13[k]	4943	8	OBERZ.M.TF.V.RM.	PROVINZHAUPTSTADT KOTA MADYA

a im erweiterten Stadtgebiet
b erweiterte Kota Madya
c mit Stadterweiterung 8,90
d erweiterte Kota Madya
e mit Stadterweiterung 5,22
f erweiterte Kota Madya
g mit Stadterweiterung 5,55
h ehemaliger Kecamatan Denpasar
i mit Stadterweiterung 12,72
j in der erweiterten, stark überbegrenzten Kota Madya 480922 Einwohner
k mit stark überbegrenzender Stadterweiterung 10,35

TABELLE 0-1. 1. FORTSETZUNG

(1)(2)	(3)	(4)(5)	(6)(7)	(8)(9)	(10)(11)	(12)(13)	(14)	(15)(16)
BOGOR 32 03 00	JAVA	247409 247409	16 16	2,45 2,60	1545 1879	26 10	OBERZENTRUM	REGENTSCHAFTSHPTST. KOTA MADYA
CIMAHI 32 06 71	JAVA	246239 105940[a]	17 17	2,49 2,87[b]	314 314	110 60	MITTELZENTRUM	UNTERDISTR.-HAUPTORT KOTA ADMINISTRATIP
BALIKPAPAN 64 71 00	BORNEO	234677[c] 234677	18 18	2,65 7,78[d]	1024	35	OBERZENTRUM	UNTERDISTR.-HAUPTORT KOTA MADYA
JAMBI 15 00 00	SUMATRA	230373 230373	19 19	3,47 4,20	2242	21	OBERZENTRUM	PROVINZHAUPTSTADT KOTA MADYA
JEMBER 35 09 00	JAVA	227113[e] 140105	20 20	1,89 2,37[f]	1727 2105	24 9	OBERZENTRUM	REGENTSCHAFTSHPTST. KOTA ADMINISTRATIP
CIREBON 32 11 00	JAVA	223776 223776	21 21	1,22 2,52	2446 3149	19 6	OBERZENTRUM	REGENTSCHAFTSHPTST. KOTA MADYA
KEDIRI 35 06 00	JAVA	221836 221836	22 22	1,20 2,40	1010 1138	36 13	OBERZENTRUM	REGENTSCHAFTSHPTST. KOTA MADYA
MANADO 71 00 00	OST-INDONESIEN	217159 217159	23 23	2,73 2,75	4243	9	OBERZ.M.TF.V.RM.	PROVINZHAUPTSTADT KOTA MADYA
SAMARINDA 64 00 00	BORNEO	207637[g] 207637	24 24	3,99 8,05[h]	2225	22	OBERZENTRUM	PROVINZHAUPTSTADT KOTA MADYA
MATARAM 52 00 00	OST-INDONESIEN	199365 141387	25 25	7,20[i] 3,78[j]	1737	23	OBERZENTRUM	PROVINZHAUPTSTADT KOTA ADMINISTRATIP
TEGAL 33 28 00	JAVA	194134[k] 131728[l]	26 26	1,75[l] 2,45[k]	951 1090	41 14	OBERZENTRUM	REGENTSCHAFTSHPTST. KOTA MADYA
PEKANBARU 14 00 00	SUMATRA	186262 186262	27 27	7,50[m] 2,79	2655	16	OBERZENTRUM	PROVINZHAUPTSTADT KOTA MADYA
TASIKMALAYA 32 08 00	JAVA	165297 165297	28 28	0,81[n] 2,18	614 643	55 26	MITTELZ.M.TF.V.OZ	REGENTSCHAFTSHPTST. KOTA ADMINISTRATIP
MADIUN 35 19 00	JAVA	150562 150562	29 29	1,00 1,11	1210 1383	33 12	OBERZENTRUM	REGENTSCHAFTSHPTST. KOTA MADYA
PEMATANG SIANTAR 12 07 00	SUMATRA	150376 150376	30 30	1,20 1,68	1510	27	OBERZENTRUM	REGENTSCHAFTSHPTST. KOTA MADYA
PURWOKERTO 33 02 00	JAVA	149521[o] 105395	31 31	1,57 1,26	1350 1556	29 11	OBERZENTRUM	REGENTSCHAFTSHPTST. KOTA ADMINISTRATIP
PEKALONGAN 33 26 00	JAVA	132558 132558	32 32	0,87 1,92	806 835	47 20	MITTELZ.M.TF.V.OZ	REGENTSCHAFTSHPTST. KOTA MADYA
MAGELANG 33 08 00	JAVA	123484 123484	33 33	1,33 1,29	960 1014	39 16	OBERZENTRUM	REGENTSCHAFTSHPTST. KOTA MADYA
CILACAP 33 01 00	JAVA	113893[p] 113893	34 34	3,26 4,54	786 852	49 18	MITTELZ.M.TF.V.OZ	REGENTSCHAFTSHPTST. KOTA ADMINISTRATIP
CIANJUR 32 05 00	JAVA	113109[q] 95416[r]	35 35	1,85 2,69	357 410	93 43	MITTELZENTRUM	REGENTSCHAFTSHPTST.
AMBON 81 00 00	OST-INDONESIEN	111914[s] 111914	36 36	3,61 3,82[t]	2655	17	OBERZENTRUM	PROVINZHAUPTSTADT KOTA MADYA
SUKABUMI 32 04 00	JAVA	109994 109994	37 37	1,82 1,49	955 1068	40 15	OBERZENTRUM	REGENTSCHAFTSHPTST. KOTA MADYA
BANDA ACEH 11 00 00	SUMATRA	107955[u] 72090[v]	38 38	2,99[v] 3,30[u]	3005	15 9	OBERZENTRUM	PROVINZHAUPTSTADT KOTA MADYA

a 4 Desa: Cimahi, Baros, Pasir Kaliki, Cibabat
b mit Stadterweiterung 13,02
c ohne Kecamatan Penajam (Balikpapan Seberang) (vgl. Fußn. p, Tab. 5-10); Kota Madya 280675 E.
d für Kota Madya 8,2 (vgl. Fußn. h, Tab. 5-7)
e Kota Administratip
f mit Stadterweiterung 7,96
g nur Kecamatan S.Ulu, S.Ilir, S.Seberang (vgl. Fußn. l, Tab. 5-10); Kota Madya 264718 E.
h für Kota Madya 7,4 (vgl. Fußn. f, Tab. 5-7)
i ohne Ampenan und Cakranegara
j mit Stadterweiterung 7,78
k einschl. Kecamatan Sumurpanggang (vgl. Fußn. r, Tab. 5-10)
l unterbegrenzte Kota Madya
m im erweiterten Stadtgebiet
n Ausgangswert von 1961 möglicherweise zu hoch (vgl. Fußn. d, Tab. 5-6)
o Kecamatan Purwokerto, Einwohner der späteren Kota Administratip nicht bekannt
p 5 Desa, Desa Cilacap 17774 Einw.; Einwohner der späteren Kota Administratip nicht bekannt
q 11 Desa nach Gebietsstand 1980
r 3 Desa nach Gebietsstand von 1971
s in der erweiterten, überbegrenzten Kota Madya 208898 Einw.
t mit stark überbegrenzender Stadterweiterung 11,2
u Kota Madya u. angrenzende Teile des Kec. Mesjid Raya, insbes. Ule Lhee (vgl. Fußn. t, Tab. 5-10)
v unterbegrenzte Kota Madya

TABELLE 0-1. 2. FORTSETZUNG

(1) (2)	(3)	(4) (5)	(6) (7)	(8) (9)	(10) (11)	(12) (13)	(14)	(15) (16)
PROBOLINGGO 35 13 00	JAVA	100296 100296	39 39	1,78 2,24	593 645	56 25	MITTELZ.M.TF.V.OZ	REGENTSCHAFTSHPTST. KOTA MADYA
GORONTALO 71 71 00	OST-INDONESIEN	97628 97628	40 40	1,45 1,90	580	58	MITTELZ.M.TF.V.OZ	UNTERDISTR.-HAUPTORT KOTA MADYA
PASURUAN 35 14 00	JAVA	95864 95864	41 41	1,74 2,70	333 373	100 50	MITTELZENTRUM	REGENTSCHAFTSHPTST. KOTA MADYA
PALU 72 00 00	OST-INDONESIEN	94940 a 67136	42 42	6,94 8,13 b	1492	28	OBERZENTRUM	PROVINZHAUPTSTADT KOTA ADMINISTRATIP
TANGGERANG 32 19 00	JAVA	93848 c 76343 d	43 43	3,45 4,57	453 474	72 36	MITTELZENTRUM	REGENTSCHAFTSHPTST. KOTA ADMINISTRATIP
GARUT 32 07 00	JAVA	93776 93776	44 44	0,62 1,61	440 492	74 34	MITTELZENTRUM	REGENTSCHAFTSHPTST.
TEBINGTINGGI 12 10 00 (DELI-SERDANG)	SUMATRA	92068 e 32037	45 45	1,47 0,61 f	419	81	MITTELZENTRUM	REGENTSCHAFTSHPTST. KOTA MADYA
KUPANG 53 00 00	OST-INDONESIEN	91633 89843 g	46 46	5,05 7,00 h	1664	25	OBERZENTRUM	PROVINZHAUPTSTADT KOTA ADMINISTRATIP
PURWAKARTA 32 16 00	JAVA	90639 i 61933 j	47 47	0,72 2,62	427 461	78 39	MITTELZENTRUM	REGENTSCHAFTSHPTST.
BANYUWANGI 35 10 00	JAVA	90359 k 90359	48 48	2,08 3,18	625 677	53 24	MITTELZ.M.TF.V.OZ	REGENTSCHAFTSHPTST.
KUDUS 33 19 00	JAVA	90111 90111	49 49	0,56 1,43	779 810	50 21	MITTELZ.M.TF.V.OZ	REGENTSCHAFTSHPTST.
PANGKAL PINANG 16 72 00	SUMATRA	90096 90096	50 50	2,19 2,08	964	38	OBERZENTRUM	UNTERDISTR.-HAUPTORT KOTA MADYA
PARE-PARE 73 72 00	OST-INDONESIEN	86360 l 86360	51 51	0,65 1,95	491	65	MITTELZENTRUM	UNTERDISTR.-HAUPTORT KOTA MADYA
SALATIGA 33 73 00	JAVA	85849 85849	52 52	1,87 2,30	620 693	54 22	MITTELZ.M.TF.V.OZ	UNTERDISTR.-HAUPTORT KOTA MADYA
SERANG 32 20 00	JAVA	84085 m 76878 n	53 53	3,25 3,51	803 844	48 19	MITTELZ.M.TF.V.OZ	REGENTSCHAFTSHPTST.
BEKASI 32 18 00	JAVA	83363 o 90315 p	54 54	3,65 7,79	255 288	145 69	MITTELZENTRUM	REGENTSCHAFTSHPTST. KOTA ADMINISTRATIP
KARAWANG 32 17 00	JAVA	82193 82193	55 55	2,08 3,38	821 868	46 17	MITTELZ.M.TF.V.OZ	REGENTSCHAFTSHPTST.
PAYAHKUMBUH 13 07 00	SUMATRA	78836 78836	56 56	6,84 q 2,79	308	112	MITTELZENTRUM	REGENTSCHAFTSHPTST. KOTA MADYA
BLITAR 35 05 00	JAVA	78503 78503	57 57	0,76 1,62	348 389	96 48	MITTELZENTRUM	REGENTSCHAFTSHPTST. KOTA MADYA
DEPOK-BEJI (BOGOR-JKT.) 32 03 19	JAVA	78177 r ***	58 58	*** 7,90 s	83 87	365 157	UNTERZ.M.TF.V.MZ	UNTERDISTR.-HAUPTORT KOTA ADMINISTRATIP
BINJAI 12 11 00	SUMATRA	76464 76464	59 59	2,87 2,73	455	71	MITTELZENTRUM	REGENTSCHAFTSHPTST. KOTA MADYA
KUNINGAN 32 10 00	JAVA	76227 t 32702 u	60 60	2,10 2,35	245 277	153 72	MITTELZENTRUM	REGENTSCHAFTSHPTST.
PONOROGO 35 02 00	JAVA	73991 73991	61 61	1,23 0,99	452 492	73 33	MITTELZENTRUM	REGENTSCHAFTSHPTST.

a ehem. Kec. Palu, Kota Administratip hat 99530 E.
b mit Stadterweiterung 12,33
c 4 Desa: Gerending, Pasar Baru, Sukasari, Tanahtinggi; in der späteren überbegrenzten Kota Administratip rd. 380000 Einw.
d 3 Desa (ohne Tanahtinggi)
e erweiterte Kota Madya
f mit Stadterweiterung 13,01
g ehemaliger Kecamatan Kota Kupang
h mit Stadterweiterung 7,23
i 10 Desa nach Gebietsstand von 1980
j 4 Desa nach Gebietsstand von 1971
k Kecamatan Banyuwangi
l Ausgangswert von 1961 möglicherweise zu hoch (vgl. Fußn. d, Tab. 5-6)
m 9 Desa nach Gebietsstand von 1980
n 5 Desa nach Gebietsstand von 1971
o Einwohnerzahl hier ohne Desa Harapan Jaya zu klein; im ehem. Kec. Bekasi 189916, in der späteren überbegrenzten Kota Administratip rd. 215000 Einw.
p ehem. Desa Bekasi Barat u. Bekasi Timur
q mit Stadterweiterung 11,8
r 4 Desa: Depok, Depok Jaya, Pancoran, Beji. Im Gebiet der Kota Administratip (17 Desa) 222353 Einw.
s gesamter Kec. Depok (vgl. Fußn. g, Tab. 5-7)
t 16 Desa; hier überbegrenzt
u 2 Desa: Kuningan u. Purwawinangun; 1971 unterbegrenzt

TABELLE 0-1. 3. FORTSETZUNG

(1) (2)	(3)	(4) (5)	(6) (7)	(8) (9)	(10) (11)	(12) (13)	(14)	(15) (16)
PADANG SIDEMPUAN 12 02 00	SUMATRA	72227 [a] 57092 [b]	62 62	0,49 [c] 1,74	552	61	MITTELZENTRUM	REGENTSCHAFTSHPTST.
RANGKASBITUNG 32 02 00	JAVA	71052 [d] 52655	63 63	2,37 3,40	302 324	113 58	MITTELZENTRUM	REGENTSCHAFTSHPTST.
BUKITTINGGI 13 06 00	SUMATRA	70771 70771	64 64	2,08 1,27	1006	37	OBERZENTRUM	REGENTSCHAFTSHPTST. KOTA MADYA
JOMBANG 35 17 00	JAVA	69703 52663	65 65	1,59 2,19	430 460	77 37	MITTELZENTRUM	REGENTSCHAFTSHPTST.
MOJOKERTO 35 16 00	JAVA	68849 68849	66 66	1,51 1,52	463 510	69 30	MITTELZENTRUM	REGENTSCHAFTSHPTST. KOTA MADYA
CIAMIS 32 09 00	JAVA	67965 [e] 45972 [f]	67 67	3,02 1,27	332 381	101 49	MITTELZENTRUM	REGENTSCHAFTSHPTST.
PATI 33 18 00	JAVA	67280 53408	68 68	1,86 1,68	642 683	52 23	MITTELZ.M.TF.V.OZ	REGENTSCHAFTSHPTST.
BOJONEGORO 35 22 00	JAVA	67133 63039	69 69	2,53 2,03	577 631	59 27	MITTELZ.M.TF.V.OZ	REGENTSCHAFTSHPTST.
KLATEN 33 10 00	JAVA	66542 [g] 41773	70 70	1,52 1,36	525 563	63 28	MITTELZENTRUM	REGENTSCHAFTSHPTST. KOTA ADMINISTRATIP
TANJUNG PINANG (RIAU) 14 03 00	SUMATRA	66525 66525	71 71	2,31 3,85	947	42	OBERZENTRUM	REGENTSCHAFTSHPTST.
SINGKAWANG 61 01 00	BORNEO	65895 [h] 82416 [i]	72 72	1,73 [j] 2,03	873	44	MITTELZ.M.TF.V.OZ	REGENTSCHAFTSHPTST. KOTA ADMINISTRATIP
RABA-BIMA 52 06 00	OST-INDONESIEN	64903 [k] 54395 [l]	73 73	3,15 3,26	277	126	MITTELZENTRUM	REGENTSCHAFTSHPTST.
BENGKULU 17 00 00	SUMATRA	64783 64783	74 74	2,34 8,12	1294	31	OBERZENTRUM	PROVINZHAUPTSTADT KOTA MADYA
CIKAMPEK (KARAWANG) 32 17 04	JAVA	64115 [m] 35820 [n]	75 75	*** 3,06	162 159	246 114	MITTELZENTRUM	UNTERDISTR.-HAUPTORT
PEMALANG 33 27 00	JAVA	63813 57310	76 76	1,06 2,15	373 399	89 45	MITTELZENTRUM	REGENTSCHAFTSHPTST.
SINGARAJA-BULELENG 51 08 00	OST-INDONESIEN	63794 55323	77 77	2,44 3,02	835	45	MITTELZ.M.TF.V.OZ	REGENTSCHAFTSHPTST.
GRESIK 35 25 00	JAVA	63173 63173	78 78	2,21 2,96	270 309	132 61	MITTELZENTRUM	REGENTSCHAFTSHPTST.
LUBUK LINGGAU 16 05 00	SUMATRA	62128 [o] 29632	79 79	*** ***	324	105	MITTELZENTRUM	REGENTSCHAFTSHPTST. KOTA ADMINISTRATIP
TULUNGAGUNG 35 04 00	JAVA	61728 [p] 61728	80 80	1,05 1,61	435 491	76 32	MITTELZENTRUM	REGENTSCHAFTSHPTST.
BITUNG (MINAHASA) 71 03 71	OST-INDONESIEN	61728 [q] 24635	81 81	3,01 2,07 [r]	287	119	MITTELZENTRUM	UNTERDISTR.-HAUPTORT KOTA ADMINISTRATIP
DILI (TIMOR) 54 00 00	OST-INDONESIEN	60457 ***	82 82	*** ***	***	***	(MZ.M.TF.V.OZ.)	PROVINZHAUPTSTADT KOTA ADMINISTRATIP
SIBOLGA 12 03 00	SUMATRA	59897 59897	83 83	0,89 [s] 3,92	1059	34	OBERZENTRUM	REGENTSCHAFTSHPTST. KOTA MADYA
KOTA BUMI (LAMPUNG) 18 03 00	SUMATRA	58510 55692	84 84	2,30 1,89	220	173	MITTELZENTRUM	REGENTSCHAFTSHPTST.

a 16 Desa
b 11 Desa
c Ausgangswert von 1961 möglicherweise zu hoch (vgl. Fußn. d, Tab. 5-6)
d hier übergrenzt, richtig sind 66787 Einw. in der Stadtregion
e 10 Desa
f 5 Desa
g Einw. 1980 d. späteren Kota Admin. nicht bekannt
h spätere Kota Administratip ohne Desa Bukit Batu; in Kota Administratip 67430 Einw.
i spätere Kota Admin. plus Desa Sedau (1971 städt.)
j mit Stadterweiterung 6,98
k 18 Desa
l 13 Desa
m einschl. Desa Jomin und Dawuhan
n Desa Cikampek Selatan und Cikampek Utara
o in der späteren Kota Administratip
p Kecamatan Tulungagung ohne städtische Desa im Kecamatan Kedung Waru
q Kecamatan Bitung Tengah innerhalb der stark übergrenzten Kota Administratip mit 82214 Einw.
r mit Stadterweiterung 12,98
s Ausgangswert 1961 möglicherweise zu hoch (vgl. Fußn. d, Tab. 5-6)

TABELLE 0-1. 4. FORTSETZUNG

(1) (2)	(3)	(4) (5)	(6) (7)	(8) (9)	(10) (11)	(12) (13)	(14)	(15) (16)
METRO (LAMPUNG) 18 02 00	SUMATRA	58497[a] 29595[b]	85 85	4,35 4,02	381	87	MITTELZENTRUM	REGENTSCHAFTSHPTST.
LUMAJANG 35 08 00	JAVA	58495 58495	86 86	2,16 2,00	250 284	149 66	MITTELZENTRUM	REGENTSCHAFTSHPTST.
BANJAR BARU 63 03 71	BORNEO	58296 58296	87 87	*** 5,69	212	186	MITTELZENTRUM	UNTERDISTR.-HAUPTORT KOTA ADMINISTRATIP
PANGKALAN BERANDAN 12 11 13 (LANGKAT)	SUMATRA	58198[c] 24711[d]	88 88	*** 1,74	141	269	MITTELZENTRUM	UNTERDISTR.-HAUPTORT
KISARAN (ASAHAN) 12 06 00	SUMATRA	58129[e] 58129	89 89	*** 2,98	366	91	MITTELZENTRUM	REGENTSCHAFTSHPTST. KOTA ADMINISTRATIP
LANGSA (ACEH) 11 03 00	SUMATRA	57991 56596	90 90	1,40 3,29	320	108	MITTELZENTRUM	REGENTSCHAFTSHPTST.
WATAMPONE (SELEBES) 73 08 00	OST-INDONESIEN	57973 57973	91 91	4,30 1,84	263	137	MITTELZENTRUM	REGENTSCHAFTSHPTST.
PINRANG (SELEBES) 73 15 00	OST-INDONESIEN	57900[f] 21263[g]	92 92	*** 0,58	185	219	MITTELZENTRUM	REGENTSCHAFTSHPTST.
BATANG 33 25 00	JAVA	57771 53604	93 93	*** 2,89	246 273	152 71	MITTELZENTRUM	REGENTSCHAFTSHPTST.
PRABUMULIH (LEMATANG) 16 03 04	SUMATRA	56714 ***	94 94	*** ***	137	275	UNTERZ.M.TF.V.MZ.	UNTERDISTR.-HAUPTORT
NGAWI 35 21 00	JAVA	56697 40403	95 95	1,41 2,06	220 254	174 75	MITTELZENTRUM	REGENTSCHAFTSHPTST.
DUKUHTURI-PAGONGAN 33 28 13 (TEGAL)	JAVA	56047[h] ***	96 96	*** ***	11 10	1430 662	VOLL AUSGEST.UZTR.	UNTERDISTR.-HAUPTORT
CIMANGGIS-CISALAK 32 03 18 (BOGOR-JKT.)	JAVA	55595 ***	97 97	*** ***	162 157	245 115	MITTELZENTRUM	UNTERDISTR.-HAUPTORT
BREBES 33 29 00	JAVA	54829 48894	98 98	*** 3,71	211 239	187 84	MITTELZENTRUM	REGENTSCHAFTSHPTST.
SIDOARJO 35 15 00	JAVA	54424 54424	99 99	1,97 3,29	371 403	90 44	MITTELZENTRUM	REGENTSCHAFTSHPTST.
SUNGAI PENUH (KERINCI) 15 01 00	SUMATRA	52939 52939	100 100	1,41 2,52	298	115	MITTELZENTRUM	REGENTSCHAFTSHPTST.
RANTAU PRAPAT 12 05 00 (LABUHAN BATU)	SUMATRA	52233 52233	101 101	4,08 3,50	423	79	MITTELZENTRUM	REGENTSCHAFTSHPTST.
SUBANG 32 15 00	JAVA	52117 52117	102 102	2,21 2,46	402 439	83 41	MITTELZENTRUM	REGENTSCHAFTSHPTST.
PALANGKA RAYA 62 00 00	BORNEO	51686[i] 23201[j]	103 103	13,40[k] 9,74[l]	1223	32	OBERZENTRUM	PROVINZHAUPTSTADT KOTA MADYA
TUBAN 35 23 00	JAVA	50977 50977	104 104	0,76 2,26	270 309	131 62	MITTELZENTRUM	REGENTSCHAFTSHPTST.
PURWOREJO 33 06 00	JAVA	50507 47071	105 105	2,40 1,64	477 511	67 31	MITTELZENTRUM	REGENTSCHAFTSHPTST.
TARAKAN (BULUNGAN) 64 04 07	BORNEO	49688[m] 49688	106 106	*** 7,58[m]	556	60	MITTELZ.M.TF.V.OZ	UNTERDISTR.-HAUPTORT KOTA ADMINISTRATIP
PAMEKASAN (MADURA) 35 28 00	JAVA	49584 42334	107 107	0,08 1,68	493 521	64 29	MITTELZENTRUM	REGENTSCHAFTSHPTST.
AIR JAMBAH-DURI 14 05 07 (RIAU-DARAT.)	SUMATRA	49410 48973	108 108	*** 6,48	62	415	GEH.UNTERZENTRUM	UNTERDISTR.-HAUPTORT
KEDUNG HALANG (BOGOR) 32 03 09	JAVA	49219 ***	109 109	*** ***	99 85	332 158	UNTERZ.M.TF.V.MZ.	UNTERDISTR.-HAUPTORT

a einschl. Yosodadi, Ganjar Agung u. Hadi Mulyo
b Desa Metro
c einschl. Desa Sungei Bilah, Pelawi u. Alur Dua
d Desa Puraka Wil.I sowie Berandan Timur dan Barat
e in später überbegrenzter Kota Administratip rd. 80000 Einw.; in der engeren Stadt (4 Kelurahan) 40164 Einw.
f hier mit 6 Desa im 3 km-Umkreis überbegrenzt
g Desa Sawito
h 15 von 20 Desa des Kecamatan Dukuhturi
i Desa Pahandut, Lankai u. Palangka; im Kec. Pahandut 55572 Einw.; in der stark überbegrenzten Kota Administratip 60447 Einw.
j Desa Pahandut
k im erweiterten Stadtgebiet (vgl. Fußn. b, Tab. 5-6)
l im Kecamatan Pahandut (vgl. Fußn. c, Tab. 5-7)
m 9 Desa; in späterer Kota Administratip mit 12 Desa: 55367 Einw. u. 7,2 % Wachstum

TABELLE 0-1. 5. FORTSETZUNG

(1) (2)	(3)	(4) (5)	(6) (7)	(8) (9)	(10) (11)	(12) (13)	(14)	(15) (16)
PADALARANG (BANDUNG) 32 06 24	JAVA	48744 37859	110 110	*** 2,83	71 69	389 186	UNTERZ.M.TF.V.MZ.	UNTERDISTR.-HAUPTORT
DEPOK-CATURTUNGGAL 34 04 07 (YOGYAKARTA)	JAVA	47068 47068	111 111	*** 8,23	154 147	255 116	MITTELZENTRUM	UNTERDISTR.-HAUPTORT
MUNCAR (BANYUWANGI) 35 10 05	JAVA	47015[a] 26156[b]	112 112	*** 2,03	28 31	675 279	GEH.UNTERZENTRUM	UNTERDISTR.-HAUPTORT
TANJUNG PANDAN 16 08 00 (BELITUNG)	SUMATRA	46987 42187	113 113	2,22 1,58	393	86	MITTELZENTRUM	REGENTSCHAFTSHPTST.
UJUNGBERUNG (BANDUNG) 32 06 19	JAVA	46742[c] 17103[d]	114 114	*** ***	79 81	371 156	UNTERZ.M.TF.V.MZ.	UNTERDISTR.-HAUPTORT
BONDOWOSO 35 11 00	JAVA	46742 46742	115 115	1,03 1,84	420 478	80 35	MITTELZENTRUM	REGENTSCHAFTSHPTST.
TEMBILAHAN (INDRAGIRI) 14 02 00	SUMATRA	46599 46599	116 116	*** 3,60	265	133	MITTELZENTRUM	REGENTSCHAFTSHPTST.
CIBINONG-PABUARAN 32 03 17 (BOGOR-JKT.)	JAVA	46557[e] 22054[f]	117 117	*** 5,95	127 131	292 124	UNTERZ.M.TF.V.MZ.	UNTERDISTR.-HAUPTORT
SELONG (LOMBOK) 52 03 00	OST-INDONESIEN	45985 12165	118 118	*** 3,70	181	223	MITTELZENTRUM	REGENTSCHAFTSHPTST.
TERNATE 81 04 00	OST-INDONESIEN	45920[g] 45920	119 119	3,61 3,20	880	43	MITTELZ.M.TF.V.OZ	REGENTSCHAFTSHPTST. KOTA ADMINISTRATIP
SENGKANG-TEMPE (SELEBES) 73 13 00	OST-INDONESIEN	45705 45705	120 120	1,34 1,51	217	180	MITTELZENTRUM	REGENTSCHAFTSHPTST.
WONOCOLO-SEPANJANG 35 15 13 (SIDOARJO)	JAVA	45476[h] 7764[h]	121 121	*** 3,98[h]	49 47	475 218	GEH.UNTERZENTRUM	UNTERDISTR.-HAUPTORT
LAHAT 16 04 00	SUMATRA	45363 34331	122 122	2,47 2,57	290	118	MITTELZENTRUM	REGENTSCHAFTSHPTST.
BAGAN SIAPI-API 14 05 10	SUMATRA	45322[i] 36268[j]	123 123	*** 0,26	144	268	MITTELZENTRUM	UNTERDISTR.-HAUPTORT
WIRADESA-KEPATIHAN 33 26 16 (PEKALONGAN)	JAVA	44927 3690[k]	124 124	*** 2,38[k]	194 185	207 103	MITTELZENTRUM	UNTERDISTR.-HAUPTORT
CURUP (BENGKULU) 17 02 00	SUMATRA	44780[l] 18321[m]	125 125	0,91 1,62	489	66	MITTELZENTRUM	REGENTSCHAFTSHPTST.
LUBUK BEGALUNG 13 05 01 (PARIAMAN)	SUMATRA	44641[n] ***	126 126	*** ***	31	635	GEH.UNTERZENTRUM	UNTERDISTR.-HAUPTORT
PALOPO (LUWU) 73 17 00	OST-INDONESIEN	44591[o] 36556[p]	127 127	0,21 2,07	275	127	MITTELZENTRUM	REGENTSCHAFTSHPTST.
BANGIL (PASURUAN) 35 14 14	JAVA	44219 40108	128 128	1,62 2,11	95 117	346 132	UNTERZ.M.TF.V.MZ.	UNTERDISTR.-HAUPTORT
SUMBAWA BESAR 52 04 00	OST-INDONESIEN	43988[q] 37781[r]	129 129	2,98 4,39	321	107	MITTELZENTRUM	REGENTSCHAFTSHPTST.
TANGGUL (JEMBER) 35 09 12	JAVA	43934 29693	130 130	*** 1,27	71 76	391 162	UNTERZ.M.TF.V.MZ.	UNTERDISTR.-HAUPTORT
BUARAN (PEKALONGAN) 33 26 14	JAVA	43593[s] 6516[t]	131 131	*** 1,50	51 54	465 204	GEH.UNTERZENTRUM	UNTERDISTR.-HAUPTORT
CEPU 33 16 05	JAVA	43371[u] 18918[v]	132 132	*** 0,73[w]	277 283	125 68	MITTELZENTRUM	UNTERDISTR.-HAUPTORT

a Desa Kedung Rejo u. Tembok Rejo
b nur Desa Kedung Rejo
c Desa Paremitan, Ciporeat u. Jatimekar
d Desa Ciporeat u. Jatimekar
e 5 städt. Desa 1980 ohne Cilangkap
f nur Desa Cibinong, Ciriung u. Cirimekar
g ehem. Kecamatan Kota Ternate, spätere leicht überbegrenzte Kota Administratip hat 59756 Einw.
h nur Desa Wonocolo
i einschl. Bagan Punak u. Bagan Jawa
j Bagan Kota
k nur Wiradesa
l 13 Desa nach Gebietsstand 1980
m ehem. Pasar Curup, 5 Desa nach Gebietsstand 1980
n kurz vor 1980 in überbegrenzte Kota Madya Padang eingemeindet
o 6 städt. Desa nach Zensus 1980
p 5 Desa
q 9 Desa
r 6 Desa
s 12 Desa
t Desa Buaran u. Banyuuripalit
u 5 Desa
v Desa Cepu
w nur Desa Cepu; Gesamtstadt wuchs etwa 1,5 % je Jahr

TABELLE 0-1. 6. FORTSETZUNG

(1)(2)	(3)	(4)(5)	(6)(7)	(8)(9)	(10)(11)	(12)(13)	(14)	(15)(16)
SLAWI (TEGAL) 33 28 10	JAVA	43362[a] 16694[b]	133 133	*** 2,66	110 115	317 134	UNTERZ.M.TF.V.MZ.	UNTERDISTR.-HAUPTORT
PARE (KEDIRI) 35 06 17	JAVA	42603 42603	134 134	*** 1,79	128 137	291 120	UNTERZ.M.TF.V.MZ.	UNTERDISTR.-HAUPTORT
SUMEDANG 32 13 00	JAVA	42573 42573	135 135	2,32 2,17	341 363	98 54	MITTELZENTRUM	REGENTSCHAFTSHPTST.
MARTAPURA (BANJAR) 63 03 00	BORNEO	42305 29939	136 136	2,15 1,58[c]	360	92	MITTELZENTRUM	REGENTSCHAFTSHPTST.
PANJANG (LAMPUNG) 18 01 16	SUMATRA	42277 39056	137 137	*** 7,03	190	211	MITTELZENTRUM	UNTERDISTR.-HAUPTORT
NEGARA (BALI) 51 01 00	OST-INDONESIEN	42079 18119	138 138	3,07 3,11	218	178	MITTELZENTRUM	REGENTSCHAFTSHPTST.
TANJUNG BALAI ASAHAN 12 72 00	SUMATRA	41894 41894	139 139	1,44 2,46	322	106	MITTELZENTRUM	UNTERDISTR.-HAUPTORT KOTA MADYA
JATIWANGI (CIREBON) 32 12 11	JAVA	41538 ***	140 140	*** ***	52 55	460 203	GEH.UNTERZENTRUM	UNTERDISTR.-HAUPTORT
PACET-CIPANAS 32 05 17 (CIANJUR)	JAVA	41299[d] 41299	141 141	*** 2,09	62 69	415 172	GEH.UNTERZENTRUM	UNTERDISTR.-HAUPTORT
BANTUL (YOGYAKARTA) 34 02 00	JAVA	41102 41102	142 142	1,82 1,30	200 227	199 91	MITTELZENTRUM	REGENTSCHAFTSHPTST.
KENDARI 74 00 00	OST-INDONESIEN	41029[e] 25283[f]	143 143	4,06 4,25[g]	1334	30	OBERZENTRUM	PROVINZHAUPTSTADT KOTA ADMINISTRATIP
ENDE (FLORES) 53 10 00	OST-INDONESIEN	40802 37090	144 144	0,16[h] 3,44	234	161	MITTELZENTRUM	REGENTSCHAFTSHPTST. STADT M. KOORDINATOR
BLORA 33 16 00	JAVA	40800 40800	145 145	2,01 1,52	330 367	102 52	MITTELZENTRUM	REGENTSCHAFTSHPTST.
LHOK SEUMAWE (ACEH) 11 08 00	SUMATRA	40551 40551	146 146	2,76 5,98	653	51	MITTELZ.M.TF.V.OZ	REGENTSCHAFTSHPTST.
KOTA MOBAGU (SELEBES) 71 02 00	OST-INDONESIEN	40041[i] 6241[j]	147 147	1,10 2,60	218	179	MITTELZENTRUM	REGENTSCHAFTSHPTST.
BANJARAN (BANDUNG) 32 06 10	JAVA	39742[m] 17877[n]	148 148	*** 4,76	85 78	362 169	UNTERZ.M.TF.V.MZ.	UNTERDISTR.-HAUPTORT
TEMANGGUNG 33 23 00	JAVA	39597[o] 9833[p]	149 149	1,06 1,46	400 430	84 40	MITTELZENTRUM	REGENTSCHAFTSHPTST.
KETAPANG (MATAN) 61 04 00	BORNEO	38724 38724	150 150	*** 5,33	190	212	MITTELZENTRUM	REGENTSCHAFTSHPTST.
SRAGEN (SURAKARTA) 33 14 00	JAVA	38568 38568	151 151	2,42 1,89	326 349	104 56	MITTELZENTRUM	REGENTSCHAFTSHPTST.
LUBUK PAKAM (SERDANG) 12 10 28	SUMATRA	38500[q] 29086[r]	152 152	*** 1,73	80	369	UNTERZ.M.TF.V.MZ.	UNTERDISTR.-HAUPTORT
PACITAN 35 01 00	JAVA	38461[s] 24760[t]	153 153	2,05 1,26	202 245	196 78	MITTELZENTRUM	REGENTSCHAFTSHPTST.
REMBANG 33 17 00	JAVA	37790 37790	154 154	1,50 3,92	282 316	122 59	MITTELZENTRUM	REGENTSCHAFTSHPTST.
BATURAJA 16 01 00	SUMATRA	37764[u] 12280[v]	155 155	1,53 2,15	247	151	MITTELZENTRUM	REGENTSCHAFTSHPTST. KOTA ADMINISTRATIP
NGANJUK 35 18 00	JAVA	37502 37502	156 156	2,87 2,08	256 292	143 63	MITTELZENTRUM	REGENTSCHAFTSHPTST.

a 8 Desa
b Slawi Kulon dan Wetan
c Wert unsicher, Maximal 2,4
d Desa Cipanas, Sindanglaya u. Ciputri (nach neuem Gebietsstand)
e ehem. Kecamatan Kendari = Kota Administratip
f Desa Kendari, Benuanua, Sodohoa u. Kesilampe
g mit Stadterweiterung 9,96
h Ausgangswert von 1961 möglicherweise zu hoch (vgl. Fußn. d, Tab. 5-6)
i Kecamatan Kota Mobagu
j Desa Kota Mobagu
m 5 Desa
n Desa Banjaran (alter Gebietsstand)
o 12 Desa
p Desa Temanggung I dan II
q 8 Desa
r 6 Desa; Lubuk Pakam im engeren Sinne 19168 Einw.
s 15 Desa
t 8 Desa; Desa Pacitan 4413
u 8 Desa; in späterer Kota Administratip 19 Desa mit 58614 Einw.
v Desa Baturaja

TABELLE O-1. 7. FORTSETZUNG

(1) (2)	(3)	(4) (5)	(6) (7)	(8) (9)	(10) (11)	(12) (13)	(14)	(15) (16)
BAU-BAU (BUTON) 74 01 00	OST-INDONESIEN	37225[a] 19675	157 157	*** 2,99	241	156	MITTELZENTRUM	REGENTSCHAFTSHPTST. KOTA ADMINISTRATIP
BUMIAYU (BREBES) 33 29 03	JAVA	36953[b] 9813[c]	158 158	*** 2,42	117 124	306 125	UNTERZ.M.TF.V.MZ.	UNTERDISTR.-HAUPTORT
SELAT PANJANG 14 05 03 (BENGKALIS)	SUMATRA	36904 36904	159 159	*** 3,87	137	274	UNTERZ.M.TF.V.MZ.	UNTERDISTR.-HAUPTORT
KALIWUNGU (KENDAL) 33 24 10	JAVA	36379[d] 17848[e]	160 160	*** 2,32	68 66	395 179	GEH.UNTERZENTRUM	UNTERDISTR.-HAUPTORT
BANJAR (PRIANGAN) 32 09 11	JAVA	36687 36687	161 161	*** 1,89	188 192	215 101	MITTELZENTRUM	UNTERDISTR.-HAUPTORT
TAMAN (PEMALANG) 33 27 09	JAVA	36583 29060	162 162	*** 2,72	16 17	1000 473	VOLL AUSGEST.UZTR.	UNTERDISTR.-HAUPTORT
KENCONG (JEMBER) 35 09 01	JAVA	36529 23511	163 163	*** 1,12	29 32	660 264	GEH.UNTERZENTRUM	UNTERDISTR.-HAUPTORT
DUMAI (BENGKALIS) 14 05 11	SUMATRA	36290[f] 36290	164 164	*** 7,38[g]	581	57	MITTELZ.M.TF.V.OZ	UNTERDISTR.-HAUPTORT KOTA ADMINISTRATIP
PAMANUKAN (SUBANG) 32 15 10	JAVA	36260 36260	165 165	*** 2,96	186 190	217 100	MITTELZENTRUM	UNTERDISTR.-HAUPTORT
KADIPATEN (CIREBON) 32 12 13	JAVA	36201 19827	166 166	*** 1,88	99 103	333 141	UNTERZ.M.TF.V.MZ.	UNTERDISTR.-HAUPTORT
SUMENEP (MADURA) 35 29 00	JAVA	36078 29683	167 167	*** 1,76	295 380	117 47	MITTELZENTRUM	REGENTSCHAFTSHPTST.
JEPARA 33 20 00	JAVA	36076 31009	168 168	2,34 2,96	188 233	216 86	MITTELZENTRUM	REGENTSCHAFTSHPTST.
PETIMUAN (CILACAP) 33 01 63	JAVA	35850 ***	169 169	*** ***	5 4	2700 1471	UNVOLLST.AUSG.UZ.	
WONOSOBO 33 07 00	JAVA	35654 19720	170 170	1,42 0,64	436 461	75 38	MITTELZENTRUM	REGENTSCHAFTSHPTST.
KETANGGUNGAN (BREBES) 33 29 09	JAVA	35344 35344	171 171	*** 1,93	24 27	740 311	GEH.UNTERZENTRUM	UNTERDISTR.-HAUPTORT
CIKARANG (BEKASI-JKT.) 32 18 11	JAVA	34990 ***	172 172	*** ***	32 40	620 235	GEH.UNTERZENTRUM	UNTERDISTR.-HAUPTORT
GENTENG (BANYUWANGI) 35 10 09	JAVA	34945 34945	173 173	*** 2,36	61 72	425 170	GEH.UNTERZENTRUM	UNTERDISTR.-HAUPTORT
KOTA BARU (PULAU LAUT) 63 02 00	BORNEO	34944 25466	174 174	*** 1,10	251	148	MITTELZENTRUM	REGENTSCHAFTSHPTST.
PADANG PANJANG 13 74 00	SUMATRA	34517 34517	175 175	1,88 1,29	457	70	MITTELZENTRUM	UNTERDISTR.-HAUPTORT KOTA MADYA
MASBAGIK (LOMBOK) 52 03 05	OST-INDONESIEN	34286 26737	176 176	*** ***	42	520	GEH.UNTERZENTRUM	UNTERDISTR.-HAUPTORT
BALUNG (JEMBER) 35 09 10	JAVA	33946 33946	177 177	*** 1,37	27 31	690 275	GEH.UNTERZENTRUM	UNTERDISTR.-HAUPTORT
TELUKNAGA (TANGGERANG) 32 19 17	JAVA	33829 ***	178 178	*** ***	18 19	930 417	VOLL AUSGEST.UZTR.	UNTERDISTR.-HAUPTORT
INDRAMAYU 32 14 00	JAVA	33651 33651	179 179	0,53 2,41	232 282	164 70	MITTELZENTRUM	REGENTSCHAFTSHPTST.
KEBUMEN 33 05 00	JAVA	33564 33564	180 180	1,42 1,66	316 361	109 53	MITTELZENTRUM	REGENTSCHAFTSHPTST.
SUNGAI LIAT (BANGKA) 16 07 00	SUMATRA	33408 33408	181 181	*** 2,58	181	222	MITTELZENTRUM	REGENTSCHAFTSHPTST.
BANGKALAN (MADURA) 35 26 00	JAVA	33378 33378	182 182	2,62 1,52	233 266	163 73	MITTELZENTRUM	REGENTSCHAFTSHPTST.
PEMANGKAT (SAMBAS) 61 01 06	BORNEO	33320 33320	183 183	*** 1,20	116	307	UNTERZ.M.TF.V.MZ.	UNTERDISTR.-HAUPTORT

a in der späteren Kota Administratip rd. 43000 E.
b 5 Desa
c Desa Bumiayu
d 6 Desa
e Desa Kutoharjo u. Krajan Kulon
f städt. Desa (nach Zensus 1980) in der stark überbegrenzten Kota Administratip mit 64453 E.
g mit Stadterweiterung 10,52 % je Jahr

TABELLE 0-1. 8. FORTSETZUNG

(1) (2)	(3)	(4) (5)	(6) (7)	(8) (9)	(10) (11)	(12) (13)	(14)	(15) (16)
MIMBAAN-ARDIREJO-PANJI 35 12 08 (SITUBONDO)	JAVA	32814[a] ***	184 184	*** ***	45 52	500 207	GEH.UNTERZENTRUM	UNTERDISTR.-HAUPTORT
PELABUHAN RATU 32 04 09 (SUKABUMI)	JAVA	32655 32655	185 185	*** 3,56	163 167	243 112	MITTELZENTRUM	UNTERDISTR.-HAUPTORT
PAGAR ALAM (LAHAT) 16 04 02	SUMATRA	32636 18797	186 186	*** 3,94	297	116	MITTELZENTRUM	UNTERDISTR.-HAUPTORT
PRINGSEWU (LAMPUNG) 18 01 10	SUMATRA	32617 26115	187 187	*** 3,69	171	231	MITTELZENTRUM	UNTERDISTR.-HAUPTORT
SIDAREJA (CILACAP) 33 01 12	JAVA	32173 17548	188 188	*** 0,32	127 129	293 127	UNTERZ.M.TF.V.MZ.	UNTERDISTR.-HAUPTORT
ADIWERNA (TEGAL) 33 28 11	JAVA	32137 9531	189 189	*** 2,69	26 29	710 300	GEH.UNTERZENTRUM	UNTERDISTR.-HAUPTORT
KARTOSURO (SURAKARTA) 33 11 12	JAVA	32072 12575	190 190	*** 3,08	189 193	214 99	MITTELZENTRUM	UNTERDISTR.-HAUPTORT
SOLOK 13 02 00	SUMATRA	31724 31724	191 191	2,76 2,76	215	181	MITTELZENTRUM	REGENTSCHAFTSHPTST. KOTA MADYA
PURWODADI 33 15 00	JAVA	31601 22155	192 192	1,32 2,31	193 225	209 92	MITTELZENTRUM	REGENTSCHAFTSHPTST.
PANGALENGAN (BANDUNG) 32 06 03	JAVA	31598 ***	193 193	*** ***	59 59	435 195	GEH.UNTERZENTRUM	UNTERDISTR.-HAUPTORT
BOYOLALI 33 09 00	JAVA	31474 20997	194 194	1,49 2,00	223 254	170 76	MITTELZENTRUM	REGENTSCHAFTSHPTST.
ANJATAN (CIREBON) 32 14 17	JAVA	31342 31342	195 195	*** 2,20	18 19	930 419	VOLL AUSGEST.UZTR.	UNTERDISTR.-HAUPTORT
KUALA TUNGKAL 15 04 00	SUMATRA	31008[b] 98395[c]	196 196	*** 2,73	176	229	MITTELZENTRUM	REGENTSCHAFTSHPTST.
MAJENE (SELEBES-MANDAR) 73 20 00	OST-INDONESIEN	30858 30858	197 197	-1,34[d] 4,20	170	233	MITTELZENTRUM	REGENTSCHAFTSHPTST.
CIWIDEY (BANDUNG) 32 06 01	JAVA	30850 30850	198 198	*** 4,50	97 93	337 148	UNTERZ.M.TF.V.MZ.	UNTERDISTR.-HAUPTORT
JATI (KUDUS) 33 19 03	JAVA	30815[e] 9774[f]	199 199	*** ***	141 134	271 122	MITTELZENTRUM	UNTERDISTR.-HAUPTORT
RAMBIPUJI (JEMBER) 35 09 09	JAVA	30782[g] 10776[h]	200 200	*** 2,12	27 30	690 284	GEH.UNTERZENTRUM	UNTERDISTR.-HAUPTORT
KERTOSONO-BANARAN 35 18 08 (NGANJUK)	JAVA	30743[i] 23429[j]	201 201	*** 1,41	97 111	339 131	UNTERZ.M.TF.V.MZ.	UNTERDISTR.-HAUPTORT
MAGETAN 35 20 00	JAVA	30552 30552	202 202	0,42 0,99	379 410	88 42	MITTELZENTRUM	REGENTSCHAFTSHPTST.
BANJARNEGARA 33 04 00	JAVA	30535[k] 19355[l]	203 203	0,28 3,86	199 235	201 88	MITTELZENTRUM	REGENTSCHAFTSHPTST.
WANASARI (BREBES) 33 29 15	JAVA	30466 30466	204 204	*** 3,35	9 9	1770 726	UNVOLLST.AUSG.UZ.	UNTERDISTR.-HAUPTORT
KENDAL 33 24 00	JAVA	30229[m] 19125[n]	205 205	2,40 1,74	210 240	188 79	MITTELZENTRUM	REGENTSCHAFTSHPTST.
MAJENANG (CILACAP) 33 01 15	JAVA	30190 30190	206 206	*** 1,82	236 235	158 89	MITTELZENTRUM	UNTERDISTR.-HAUPTORT
MAROS (SELEBES) 73 09 00	OST-INDONESIEN	29787 24742	207 207	1,60[o] 2,65	105	324	UNTERZ.M.TF.V.MZ.	REGENTSCHAFTSHPTST.
KALIBARU (BANYUWANGI) 35 10 11	JAVA	29600 29600	208 208	*** 0,99	25 26	730 314	GEH.UNTERZENTRUM	UNTERDISTR.-HAUPTORT
AMBARAWA (SEMARANG) 33 22 10	JAVA	29161 21583	209 209	*** 0,43	202 215	195 96	MITTELZENTRUM	UNTERDISTR.-HAUPTORT

a Desa Panji Lor dan Kidul sowie Desa Curahjeru
b Tungkal Kota I bis V sowie Kuala Pangkal Duri u. Marga Tungkal Ilir
c Kecamatan Tungkal Ilir; weitaus größer als Stadt
d Ausgangswert von 1961 möglicherweise zu hoch (vgl. Fußn. d, Tab. 5-6)
e 7 Desa
f Jati Kulon dan Wetan
g Wert zu hoch; Desa Rambipuji u. Pecoro zusammen 15479 Einw.
h Desa Rambipuji
i 8 Desa
j 5 Desa; Desa Banaran 7857 Einw.
k 7 Desa
l 4 Desa; Kota Banjarnegara 9296 Einw.
m 14 Desa
n 9 Desa
o mit Stadterweiterung 6,03

TABELLE 0-1. 9. FORTSETZUNG

(1) (2)	(3)	(4) (5)	(6) (7)	(8) (9)	(10) (11)	(12) (13)	(14)	(15) (16)
POSO (SELEBES) 72 02 00	OST-INDONESIEN	28934 28934	210 210	2,08[a] 3,28	527	62	MITTELZENTRUM	REGENTSCHAFTSHPTST.
CIAWI-SINDANGSARI 32 03 10 (BOGOR)	JAVA	28919 10759	211 211	*** 4,46	56 64	445 182	GEH.UNTERZENTRUM	UNTERDISTR.-HAUPTORT
HAUR GEULIS (CIREBON) 32 14 01	JAVA	28899 28899	212 212	*** 2,05	28 31	675 278	GEH.UNTERZENTRUM	UNTERDISTR.-HAUPTORT
MUNTILAN (MAGELANG) 33 08 08	JAVA	28814 12880	213 213	*** 1,33	162 175	247 108	MITTELZENTRUM	UNTERDISTR.-HAUPTORT
MAJALENGKA (CIREBON) 32 12 00	JAVA	28723 19294	214 214	1,59 1,54	204 238	192 90	MITTELZENTRUM	REGENTSCHAFTSHPTST.
JUWANA (PATI) 33 18 08	JAVA	28540 13857	215 215	*** 1,72	61 66	425 176	GEH.UNTERZENTRUM	UNTERDISTR.-HAUPTORT
TOLI-TOLI (SELEBES) 72 04 00	OST-INDONESIEN	28435[b] 17382[c]	216 216	3,58 4,83	204	193	MITTELZENTRUM	REGENTSCHAFTSHPTST.
KARANGANYAR (SURAKARTA) 33 13 00	JAVA	28326[d] 5199[e]	217 217	1,03 1,74	263 293	135 65	MITTELZENTRUM	REGENTSCHAFTSHPTST.
WIDODAREN (NGAWI) 35 21 12	JAVA	28285 12943	218 218	*** 0,79	21 22	830 355	GEH.UNTERZENTRUM	UNTERDISTR.-HAUPTORT
PURBALINGGA 33 03 00	JAVA	28160 28160	219 219	0,75 1,57	218 252	177 77	MITTELZENTRUM	REGENTSCHAFTSHPTST.
PALIMANAN (CIREBON) 32 11 11	JAVA	27938 11383	220 220	*** 2,42	21 27	830 313	GEH.UNTERZENTRUM	UNTERDISTR.-HAUPTORT
POLEWALI (SELEBES) 73 19 00	OST-INDONESIEN	27916 13630	221 221	0,48 1,85	223	171	MITTELZENTRUM	REGENTSCHAFTSHPTST.
JATIBARANG (BEKASI-JKT.) 32 14 06	JAVA	27864 14714	222 222	*** 2,41	92 101	351 140	UNTERZ.M.TF.V.MZ.	UNTERDISTR.-HAUPTORT
KALIBOTO-JATIROTO 35 08 08 (LUMAJANG)	JAVA	27576 27576	223 223	*** ***	64 68	405 175	GEH.UNTERZENTRUM	UNTERDISTR.-HAUPTORT
WONOGIRI (SURAKARTA) 33 12 00	JAVA	27562 27562	224 224	4,98[f] 3,89	233 264	162 74	MITTELZENTRUM	REGENTSCHAFTSHPTST.
MAJALAYA (BANDUNG) 32 06 08	JAVA	27553 27553	225 225	*** 1,50	74 79	380 170	UNTERZ.M.TF.V.MZ.	UNTERDISTR.-HAUPTORT
BANGSALSARI (JEMBER) 35 09 11	JAVA	27251 21879	226 226	*** 1,40	16 18	1000 443	VOLL AUSGEST.UZTR.	UNTERDISTR.-HAUPTORT
WLINGI-BERU (BLITAR) 35 05 08	JAVA	27250[g] 14608[h]	227 227	*** 1,40	37 44	570 221	GEH.UNTERZENTRUM	UNTERDISTR.-HAUPTORT
SINJAI-BALANGNIPA 73 07 00 (SELEBES)	OST-INDONESIEN	27014 27014	228 228	2,27 1,80	225	168	MITTELZENTRUM	REGENTSCHAFTSHPTST.
KABANJAHE (KARO) 12 09 00	SUMATRA	26942 25918	229 229	*** 2,86	279	123	MITTELZENTRUM	REGENTSCHAFTSHPTST.
CICURUG (SUKABUMI) 32 04 21	JAVA	26757[i] 14922[j]	230 230	*** 3,29	171 177	232 109	MITTELZENTRUM	UNTERDISTR.-HAUPTORT
JEPARA (LAMPUNG) 18 02 11	SUMATRA	26710[k] 8186[l]	231 231	*** 4,90	146	261	MITTELZENTRUM	UNTERDISTR.-HAUPTORT
MAUMERE (FLORES) 53 09 00	OST-INDONESIEN	26700 12953	232 232	*** 7,21	252	147	MITTELZENTRUM	REGENTSCHAFTSHPTST. STADT M. KOORDINATOR
AMUNTAI (ULU SUNGAI) 63 08 00	BORNEO	26578 37648	233 233	*** ***	200	200	MITTELZENTRUM	REGENTSCHAFTSHPTST.
KUALA KAPUAS 62 04 00	BORNEO	26572 20196	234 234	1,90 2,95	220	175	MITTELZENTRUM	REGENTSCHAFTSHPTST.
JENGGAWAH (JEMBER) 35 09 08	JAVA	26450 26450	235 235	*** 0,55	18 19	930 429	VOLL AUSGEST.UZTR.	UNTERDISTR.-HAUPTORT

a mit Stadterweiterung 9,20
b 5 Desa
c Desa Panasakan u. Baru
d 6 Desa im 3 km-Umkreis
e Desa Karanganyar
f im erweiterten Stadtgebiet
g einschl. Desa Tangkil u. Babadan
h Desa Wlingi u. Beru
i Desa Cicurug u. Nyangkoek
j Desa Cicurug
k Desa Jepara, Labuhan Ratu I u. II, Braja Sakti, u. Sumber Rejo
l nur Desa Braja Sakti u. Sumber Rejo

TABELLE O-1. 10. FORTSETZUNG

(1) (2)	(3)	(4) (5)	(6) (7)	(8) (9)	(10) (11)	(12) (13)	(14)	(15) (16)
CILEDUG (CIREBON) 32 11 05	JAVA	26306 26306	236 236	*** 2,17	74 78	381 168	UNTERZ.M.TF.V.MZ.	UNTERDISTR.-HAUPTORT
SOREANG (BANDUNG) 32 06 12	JAVA	26295 17382	237 237	*** 3,36	43 39	510 238	GEH.UNTERZENTRUM	UNTERDISTR.-HAUPTORT
BULUKUMBA (SELEBES) 73 02 00	OST-INDONESIEN	26290 26290	238 238	3,02 3,64	197	205	MITTELZENTRUM	REGENTSCHAFTSHPTST.
SUNGGUMINASA (GOWA) 73 06 00	OST-INDONESIEN	26255 15416	239 239	5,33 2,34	133	283	UNTERZ.M.TF.V.MZ.	REGENTSCHAFTSHPTST.
SITUBONDO 35 12 0Q	JAVA	26241 53823	240 240	1,26 3,60	329 364	103 51	MITTELZENTRUM	REGENTSCHAFTSHPTST.
LAMONGAN 35 24 00	JAVA	26222 26222	241 241	1,47 2,59	183 215	220 93	MITTELZENTRUM	REGENTSCHAFTSHPTST.
RENGASDENGLOK 32 17 11 (KARAWANG)	JAVA	26144 26144	242 242	*** 2,63	46 44	490 224	GEH.UNTERZENTRUM	UNTERDISTR.-HAUPTORT
BATU (MALANG) 35 07 26	JAVA	26074 26074	243 243	*** 3,60	286 288	120 67	MITTELZENTRUM	UNTERDISTR.-HAUPTORT
SINGAPARNA (TASIKMALAYA) 32 08 15	JAVA	26069 14185	244 244	*** 2,10	100 104	330 143	UNTERZ.M.TF.V.MZ.	UNTERDISTR.-HAUPTORT
RUTENG (FLORES) 53 12 00	OST-INDONESIEN	25963 25963	245 245	*** 5,70	163	244	MITTELZENTRUM	REGENTSCHAFTSHPTST.
TONDANO (MINAHASA) 71 03 00	OST-INDONESIEN	25937 25937	246 246	0,40 1,04	141	272	MITTELZENTRUM	REGENTSCHAFTSHPTST.
TAKENGON (ACEH-GAYO) 11 04 00	SUMATRA	25909 25909	247 247	0,50 [a] 3,02	228	166	MITTELZENTRUM	REGENTSCHAFTSHPTST.
CIBADAK (SUKABUMI) 32 04 14	JAVA	25853 25853	248 248	*** 3,57	104 115	325 137	UNTERZ.M.TF.V.MZ.	UNTERDISTR.-HAUPTORT
KOTA CANE (ACEH-ALAS) 11 02 00	SUMATRA	25751 [b] 10309 [c]	249 249	*** 2,84	144	267	MITTELZENTRUM	REGENTSCHAFTSHPTST.
PANGKALANSUSU (LANGKAT) 12 11 15	SUMATRA	25563 24685	250 250	*** 4,81	73	384	UNTERZ.M.TF.V.MZ.	UNTERDISTR.-HAUPTORT
KEPANJEN (MALANG) 35 07 13	JAVA	25440 18121	251 251	*** 1,81	107 114	321 133	UNTERZ.M.TF.V.MZ.	UNTERDISTR.-HAUPTORT
PANDEGLANG (BANTEN) 32 01 00	JAVA	25375 25375	252 252	2,25 4,10	193 240	208 81	MITTELZENTRUM	REGENTSCHAFTSHPTST.
BENGKALIS 14 05 00	SUMATRA	25271 [d] 15644 [e]	253 253	1,78 1,31	402	82	MITTELZENTRUM	REGENTSCHAFTSHPTST.
KOTA AGUNG (LAMPUNG) 18 01 05	SUMATRA	24874 18349	254 254	*** 4,10	133	281	UNTERZ.M.TF.V.MZ.	UNTERDISTR.-HAUPTORT
BELINYU (BANGKA) 16 07 04	SUMATRA	24730 24730	255 256	*** 2,64	95	344	UNTERZ.M.TF.V.MZ.	UNTERDISTR.-HAUPTORT
TRENGGALEK 35 03 00	JAVA	24681 24681	256 257	1,41 1,40	263 299	136 64	MITTELZENTRUM	REGENTSCHAFTSHPTST.
PLERED-WERU (CIREBON) 32 11 53	JAVA	24492 24492	257 259	*** 2,87	149 143	258 117	MITTELZENTRUM	
GIANYAR (BALI) 51 04 00	OST-INDONESIEN	24144 [f] 11067 [g]	258 263	2,30 1,94	168	237	MITTELZENTRUM	REGENTSCHAFTSHPTST.
SUKOHARJO (SURAKARTA) 33 11 00	JAVA	24006 24006	259 264	4,85 [h] 2,54	197 234	203 87	MITTELZENTRUM	REGENTSCHAFTSHPTST.
PANGKALAN BUUN 62 01 00 (KOTAWARINGIN)	BORNEO	23828 [j] 18323 [k]	260 266	3,30 7,37	302	114	MITTELZENTRUM	REGENTSCHAFTSHPTST.
SABANG (ACEH) 11 72 00	SUMATRA	23821 23821	261 267	*** 3,37	212	185	MITTELZENTRUM	UNTERDISTR.-HAUPTORT KOTA MADYA
LABUHAN (BANTEN) 32 01 10	JAVA	23660 20699	262 268	*** 3,92	85 97	361 150	UNTERZ.M.TF.V.MZ.	UNTERDISTR.-HAUPTORT

a mit Stadterweiterung 9,00
b Kecamatan Bubussalam
c 7 Desa, Desa Kota Cane 4334 Einw.
d einschl. Senggoro, Wonosari u. Kelapa Pati
e Kota Bengkalis
f 5 Desa
g Gianyar u. Abianbase; Gianyar allein 7499 Einw.
h im erweiterten Stadtgebiet
j einschl. Seberang u. Baru
k Raja, Mendawai, Sidorejo u. Madorejo

TABELLE O-1. 11. FORTSETZUNG

(1) (2)	(3)	(4) (5)	(6) (7)	(8) (9)	(10) (11)	(12) (13)	(14)	(15) (16)
SAMPANG (MADURA) 35 27 00	JAVA	23474 23474	263 270	1,18 3,19	156 196	253 98	MITTELZENTRUM	REGENTSCHAFTSHPTST.
DEMAK 33 21 00	JAVA	23459[a] 18360	264 271	1,46 2,23	197 235	204 85	MITTELZENTRUM	REGENTSCHAFTSHPTST.
PRIGEN (PASURUAN) 35 14 10	JAVA	23415 ***	265 272	*** ***	202 206	197 97	MITTELZENTRUM	UNTERDISTR.-HAUPTORT
AMBULU (JEMBER) 35 09 06	JAVA	23306 23306	266 273	*** 1,52	123 135	300 118	UNTERZ.M.TF.V.MZ.	UNTERDISTR.-HAUPTORT
MEULABOH (ACEH) 11 05 00	SUMATRA	23249 13379	267 274	3,36 2,63	249	150	MITTELZENTRUM	REGENTSCHAFTSHPTST.
STABAT (LANGKAT) 12 11 07	SUMATRA	23198[b] 23198	268 277	*** 1,89	111	316	UNTERZ.M.TF.V.MZ.	UNTERDISTR.-HAUPTORT
KUTOARJO (BAGELEN) 33 06 09	JAVA	23126 13936[c]	269 278	*** 1,54	245 245	154 80	MITTELZENTRUM	UNTERDISTR.-HAUPTORT
PERDAGANGAN (SIMALUNGUN)	SUMATRA	23075[d] 12425[e]	270 281	*** 1,67	93	347	UNTERZ.M.TF.V.MZ.	UNTERDISTR.-HAUPTORT
TARUTUNG (TAPANULI) 12 04 00	SUMATRA	23024[f] 5522[g]	271 283	*** 1,59	223	169	MITTELZENTRUM	REGENTSCHAFTSHPTST.
LUWUK (SELEBES) 72 01 00	OST-INDONESIEN	22982[h] 12011[i]	272 284	3,28 4,08	471	68	MITTELZENTRUM	REGENTSCHAFTSHPTST.
SUMPANG BINANGAE 73 11 00 (BARRU-SELEBES)	OST-INDONESIEN	22910 22910	273 285	2,76[j] 0,76	159	251	MITTELZENTRUM	REGENTSCHAFTSHPTST.
WAINGAPU (SUMBA) 53 02 00	OST-INDONESIEN	22893 23766	274 286	2,26 4,07	265	134	MITTELZENTRUM	REGENTSCHAFTSHPTST. STADT M. KOORDINATOR
PAINAN (PESISIR SELATAN) 13 01 00	SUMATRA	22844 22844	275 287	2,36 4,59	147	260	MITTELZENTRUM	REGENTSCHAFTSHPTST.
RENGAT (INDRAGIRI) 14 01 00	SUMATRA	22682 15162	276 288	*** 0,96	337	99	MITTELZENTRUM	REGENTSCHAFTSHPTST.
DOMPU (SUMBAWA) 52 05 00	OST-INDONESIEN	22671 10964	277 290	*** ***	122	303	UNTERZ.M.TF.V.MZ.	REGENTSCHAFTSHPTST.
BABAD (LAMONGAN) 35 24 09	JAVA	22592 18866	278 291	*** 1,69	80 95	370 144	UNTERZ.M.TF.V.MZ.	UNTERDISTR.-HAUPTORT
SINGOSARI-PAGENTAN 35 07 24 (MALANG)	JAVA	22150 11746	279 294	*** ***	83 86	367 153	UNTERZ.M.TF.V.MZ.	UNTERDISTR.-HAUPTORT
PRAYA (LOMBOK) 52 02 00	OST-INDONESIEN	22087 22087	280 295	*** 3,18	166	240	MITTELZENTRUM	REGENTSCHAFTSHPTST.
SIDIKALANG (DAIRI) 12 08 00	SUMATRA	21936 11922	281 297	*** 1,28	179	225	MITTELZENTRUM	REGENTSCHAFTSHPTST.
TANJUNG PURA (LANGKAT) 12 11 11	SUMATRA	21875 21875	282 299	*** 0,92	147	259	MITTELZENTRUM	UNTERDISTR.-HAUPTORT
MENTOK (BANGKA) 16 07 01	SUMATRA	21550 21550	283 301	*** 3,30	125	297	UNTERZ.M.TF.V.MZ.	UNTERDISTR.-HAUPTORT
TABANAN (BALI) 51 02 00	OST-INDONESIEN	21513 21513	284 303	2,19 2,91	236	159	MITTELZENTRUM	REGENTSCHAFTSHPTST.
WONOSARI (YOGYAKARTA) 34 03 00	JAVA	21386 21386	285 305	2,43 2,37	199 236	202 82	MITTELZENTRUM	REGENTSCHAFTSHPTST.
KETANDAN (KLATEN) 33 10 12	JAVA	21383 15247	286 306	*** 3,09	97 92	338 147	UNTERZ.M.TF.V.MZ.	UNTERDISTR.-HAUPTORT
CARUBAN-KRAYAN (MADIUN) 35 19 11	JAVA	21345 15567	287 307	*** 1,48	105 111	323 130	UNTERZ.M.TF.V.MZ.	UNTERDISTR.-HAUPTORT
PANGKAJENE-RAPPANG 73 14 00	OST-INDONESIEN	21344 21344	288 308	0,05[k] 2,67	203	194	MITTELZENTRUM	REGENTSCHAFTSHPTST.

a   Desa Bintoro
b   einschl. Stabat Lama
c   Desa Kutoarjo
d   4 Ortschaften im 2 km-Umkreis
e   Perdagangan I
f   20 Ortschaften im 2 km-Umkreis
g   Desa Huta Turuan X
h   6 Desa
i   Luwuk, Soho u. Bungin; Luwuk allein 5658 Einw.
j   mit Stadterweiterung 4,34
k   Ausgangswert von 1961 möglicherweise zu hoch
    (vgl. Fußn. d, Tab. 5-6)

TABELLE O-1. 12. FORTSETZUNG

(1) (2)	(3)	(4) (5)	(6) (7)	(8) (9)	(10) (11)	(12) (13)	(14)	(15) (16)
PASIR PENGARAJAN (ROKAN) 14 04 06 -RAMBAH TENGAH	SUMATRA	21264[a] 21264	289 311	*** ***	100	329	UNTERZ.M.TF.V.MZ.	UNTERDISTR.-HAUPTORT
MANGGAR (BELITUNG) 16 08 03	SUMATRA	21001 21001	290 314	*** 2,57	151	256	MITTELZENTRUM	UNTERDISTR.-HAUPTORT
BANGKINANG (KAMPAR) 14 04 00	SUMATRA	20819 20819	291 315	*** 2,78	204	191	MITTELZENTRUM	REGENTSCHAFTSHPTST.
PERBAUNGAN (SERDANG) 12 10 29	SUMATRA	20804 13847	292 316	*** ***	72	387	UNTERZ.M.TF.V.MZ.	UNTERDISTR.-HAUPTORT
TOMOHON (MINAHASA) 71 03 18	OST-INDONESIEN	20472 20472	293 321	*** 1,85	214	184	MITTELZENTRUM	UNTERDISTR.-HAUPTORT
CILEGON (BANTEN) 32 20 17	JAVA	20210[b] 11455[c]	294 322	*** 4,75	398 396	85 46	MITTELZENTRUM	UNTERDISTR.-HAUPTORT
KAYU AGUNG (KOMERING 16 02 00 ILIR)	SUMATRA	20038 ***	295 325	5,14 ***	181	221	MITTELZENTRUM	REGENTSCHAFTSHPTST.
UNGARAN (SEMARANG) 33 22 15	JAVA	19915 7996[d]	296 328	*** 3,16	209 216	189 95	MITTELZENTRUM	UNTERDISTR.-HAUPTORT
ROGOJAMPI (BANYUWANGI) 35 10 13	JAVA	19816 12868[e]	297 329	*** 0,90	76 85	373 152	UNTERZ.M.TF.V.MZ.	UNTERDISTR.-HAUPTORT
SAMPIT (KOTAWARINGIN) 62 02 00	BORNEO	19532 24162[f]	298 334	*** 1,30	214	183	MITTELZENTRUM	REGENTSCHAFTSHPTST.
MEMPAWAH 61 02 00	BORNEO	19475 13920	299 335	*** 3,42	112	314	UNTERZ.M.TF.V.MZ.	REGENTSCHAFTSHPTST.
LEMBANG (BANDUNG) 32 06 21	JAVA	19431 19431	300 337	*** 5,47	191 193	210 102	MITTELZENTRUM	UNTERDISTR.-HAUPTORT
BARABAI (ULU SUNGAI) 63 07 00	BORNEO	19259 11728	301 339	1,59 0,76	242	155	MITTELZENTRUM	REGENTSCHAFTSHPTST.
SAMBAS 61 01 02	BORNEO	18953 18953	302 343	*** 1,75	104	326	UNTERZ.M.TF.V.MZ.	UNTERDISTR.-HAUPTORT
TOBOALI (BANGKA) 16 07 12	SUMATRA	18925 18925	303 344	*** 2,10	70	393	UNTERZ.M.TF.V.MZ.	UNTERDISTR.-HAUPTORT
KALABAHI (ALOR) 53 07 00	OST-INDONESIEN	18716 15635	304 349	2,80 5,45	169	234	MITTELZENTRUM	REGENTSCHAFTSHPTST. STADT M. KOORDINATOR
SINTANG 61 05 00	BORNEO	18632 18632	305 350	*** 4,20[h]	196	206	MITTELZENTRUM	REGENTSCHAFTSHPTST.
BONTO SUNGGU (SELEBES) 73 04 00	OST-INDONESIEN	18584 18584	306 351	3,93 2,26	91	354	UNTERZ.M.TF.V.MZ.	REGENTSCHAFTSHPTST.
PATOKAN-KRAKSAAN 35 13 14 (PROBOLINGGO)	JAVA	18296[i] 15243[j]	307 354	*** 2,27	88 107	358 138	UNTERZ.M.TF.V.MZ.	UNTERDISTR.-HAUPTORT
LIMBOTO (SELEBES) 71 01 00	OST-INDONESIEN	18185[k] 7122[l]	308 356	*** 2,53	96	343	UNTERZ.M.TF.V.MZ.	REGENTSCHAFTSHPTST.
JATILUHUR (PURWAKARTA) 32 16 07	JAVA	18000 7115	309 361	*** ***	164 161	241 111	MITTELZENTRUM	UNTERDISTR.-HAUPTORT
KROYA-BAJING (CILACAP) 33 01 07	JAVA	17817[m] 6839[n]	310 367	*** 1,62	71 78	390 167	UNTERZ.M.TF.V.MZ.	UNTERDISTR.-HAUPTORT
KARANGASEM-AMLAPURA 51 07 00 (BALI)	OST-INDONESIEN	17806 17806	311 368	*** 1,81	146	262	MITTELZENTRUM	REGENTSCHAFTSHPTST.
TAHUNA (SANGIHE) 71 04 00	OST-INDONESIEN	17336 17336	312 375	3,24 1,11	226	167	MITTELZENTRUM	REGENTSCHAFTSHPTST.
RANTEPAO (T.TORAJA) 73 18 07	OST-INDONESIEN	17316 17316	313 376	*** 3,41	115	308	UNTERZ.M.TF.V.MZ.	UNTERDISTR.-HAUPTORT
PURWOREJO-KLAMPOK 33 04 02 (BANJARNEGARA)	JAVA	17290[o] 13222[p]	314 377	*** 1,88	73 74	386 166	UNTERZ.M.TF.V.MZ.	UNTERDISTR.-HAUPTORT

a amtl. Wert, wahrscheinlich zu hoch
b Desa Jombang Wetan, Ciwaduk u. Mesigit
c Desa Jombang Wetan
d Desa Ungaran
e Desa Rogojampi
f 1961 u. 1971 stark überbegrenzt
h Minimalwert (vgl. Fußn. e, Tab. 5-7)
i 5 Desa einschl. Bulu
j Desa Semampir, Sidomukti, Kraksaan Wetan u. Patokan
k 6 Desa (alle im Zensus 1980 nicht städtisch)
l 3 Desa (im Zensus 1971 städtisch)
m Kroya u. Bajing
n nur Kroya
o einschl. Desa Kecitran
p Desa Purworejo u. Klampok

TABELLE 0-1. 13. FORTSETZUNG

(1) (2)	(3)	(4) (5)	(6) (7)	(8) (9)	(10) (11)	(12) (13)	(14)	(15) (16)
PANDAAN (PASURUAN) 35 14 11	JAVA	17289 17289	315 378	*** 3,58	168 174	236 106	MITTELZENTRUM	UNTERDISTR.-HAUPTORT
GOMBONG-WONOKRIYO 33 05 19 (KEBUMEN)	JAVA	17103ᵃ 14497ᵇ	316 381	*** 0,58	177 185	228 104	MITTELZENTRUM	UNTERDISTR.-HAUPTORT
WATAN SOPPENG (SELEBES) 73 12 00	OST-INDONESIEN	16686 16686	317 387	0,92 0,98	260	140	MITTELZENTRUM	REGENTSCHAFTSHPTST.
KUALA SIMPANG 11 03 07 (ACEH-TAMIANG)	SUMATRA	16420 16420	318 388	*** 2,75	179	224	MITTELZENTRUM	UNTERDISTR.-HAUPTORT
PARAKAN (TEMANGGUNG) 33 23 08	JAVA	16417 16417	319 389	*** 2,42	162 170	248 107	MITTELZENTRUM	UNTERDISTR.-HAUPTORT
WELERI (KENDAL) 33 24 14	JAVA	16362 13533	320 390	*** 1,61	102 111	328 135	UNTERZ.M.TF.V.MZ.	UNTERDISTR.-HAUPTORT
TANJUNG-BELIMBING 63 09 00 (ULU SUNGAI)	BORNEO	15968 ***	321 398	*** ***	164	242	MITTELZENTRUM	REGENTSCHAFTSHPTST.
ASEMBAGUS-TRIGONCO 35 12 13 (SITUBONDO)	JAVA	15750ᶜ 15750	322 400	*** 1,29	222 218	172 94	MITTELZENTRUM	UNTERDISTR.-HAUPTORT
SEKAYU (MUSI) 16 06 00	SUMATRA	15722 15722	323 401	*** 0,79	132	285	UNTERZ.M.TF.V.MZ.	REGENTSCHAFTSHPTST.
PANGKAJENE-KEPULAUAN 73 10 00 (SELEBES)	OST-INDONESIEN	15583 15583	324 406	2,88 0,10	230	165	MITTELZENTRUM	REGENTSCHAFTSHPTST.
KLUNGKUNG (BALI) 51 05 00	OST-INDONESIEN	15430 14945	325 407	1,35 2,49	168	238	MITTELZENTRUM	REGENTSCHAFTSHPTST.
SOË (TIMOR) 53 04 00	OST-INDONESIEN	15342 23257	326 408	*** ***	126	294	UNTERZ.M.TF.V.MZ.	REGENTSCHAFTSHPTST. STADT M. KOORDINATOR
TENGGARONG (KUTAI) 64 02 00	BORNEO	15252 ***	327 411	*** 7,30ᵈ	114	309	UNTERZ.M.TF.V.MZ.	REGENTSCHAFTSHPTST.
GUNUNG SITOLI (NIAS) 12 01 00	SUMATRA	15157 12017	328 414	-1,20ᵉ 4,67	260	139	MITTELZENTRUM	REGENTSCHAFTSHPTST.
KEDAWUNG (CIREBON) 32 11 14	JAVA	15150 ***	329 415	*** ***	128 124	290 128	UNTERZ.M.TF.V.MZ.	UNTERDISTR.-HAUPTORT
TANJUNG ENIM (LEMATANG) 16 03 52	SUMATRA	15037 ***	330 418	*** ***	98	334	UNTERZ.M.TF.V.MZ.	
BATU SANGKAR 13 04 00 (TANAH DATAR)	SUMATRA	14949 14949	331 419	1,93 1,89	201	198	MITTELZENTRUM	REGENTSCHAFTSHPTST.
LARANTUKA (FLORES) 53 08 00	OST-INDONESIEN	14880ᶠ 1673ᵍ	332 422	*** 0,99	146	263	MITTELZENTRUM	REGENTSCHAFTSHPTST.
SANGGAU (KAPUAS) 61 03 00	BORNEO	14822 16082ʰ	333 424	4,88 4,35	126	295	UNTERZ.M.TF.V.MZ.	REGENTSCHAFTSHPTST.
BALIGE (TOBA) 12 04 18	SUMATRA	14801ⁱ 3540ʲ	334 425	*** 2,58	155	254	MITTELZENTRUM	UNTERDISTR.-HAUPTORT
CUPAK (SOLOK) 13 02 57	SUMATRA	14735 ***	335 428	*** ***	175	230	MITTELZENTRUM (TEILF.V.SOLOK)	
BANTAENG (SELEBES) 73 03 00	OST-INDONESIEN	14429 14429	336 430	2,33 1,57	185	218	MITTELZENTRUM	REGENTSCHAFTSHPTST.
PELEIHARI (TANAH LAUT) 63 01 00	BORNEO	14348 12623	337 433	*** 3,32	100	331	UNTERZ.M.TF.V.MZ.	REGENTSCHAFTSHPTST.
BANDAR JAYA (LAMPUNG) 18 02 15	SUMATRA	14247 ***	338 435	*** ***	92	349	UNTERZ.M.TF.V.MZ.	UNTERDISTR.-HAUPTORT
KOLAKA (SELEBES) 74 04 00	OST-INDONESIEN	14108 11982	339 437	6,24 1,59	146	265	MITTELZENTRUM	REGENTSCHAFTSHPTST.
ENREKANG (SELEBES) 73 16 00	OST-INDONESIEN	13734 8752	340 448	3,67 1,17	273	129	MITTELZENTRUM	REGENTSCHAFTSHPTST.
KRIAN (SIDOARJO) 35 15 11	JAVA	13712 13712	341 451	*** 2,24	77 77	372 160	UNTERZ.M.TF.V.MZ.	UNTERDISTR.-HAUPTORT

a einschl. Desa Kemukus
b Desa Gombong u. Wonokriyo
c Desa Asembagus, Trigonco u. Gudang
d Minimalwert (vgl. Fußn. j, Tab. 5-7)
e Ausgangswert von 1961 möglicherweise zu hoch (vgl. Fußn. d, Tab. 5-6

f 12 Desa
g Desa Larantuka u. Pantai Besar
h 1971 überbegrenzt
i 8 Desa
j Balige I, II u. III

TABELLE 0-1. 14. FORTSETZUNG

(1) (2)	(3)	(4) (5)	(6) (7)	(8) (9)	(10) (11)	(12) (13)	(14)	(15) (16)
KUTA (BADUNG-BALI) 51 03 01	OST-INDONESIEN	13692 ***	342 452	*** ***	178	226	MITTELZENTRUM[a]	UNTERDISTR.-HAUPTORT
BANYUMAS 33 02 11	JAVA	13678 12906	343 453	*** 1,95	89 101	356 139	UNTERZ.M.TF.V.MZ.	UNTERDISTR.-HAUPTORT
KARANG SEMBUNG 32 11 03 (CIREBON)	JAVA	13609 10554	344 456	*** 1,54	98 103	335 142	UNTERZ.M.TF.V.MZ.	UNTERDISTR.-HAUPTORT
LELES (GARUT) 32 07 19	JAVA	13606 13606	345 457	*** 2,31	122 128	302 129	UNTERZ.M.TF.V.MZ.	UNTERDISTR.-HAUPTORT
SAWAH LUNTO 13 73 00	SUMATRA	13561 13561	346 460	0,12 0,97	189	213	MITTELZENTRUM	UNTERDISTR.-HAUPTORT KOTA MADYA
RAHA (PULAU MUNA) 74 02 00	OST-INDONESIEN	13522 13522	347 463	*** 1,40	236	160	MITTELZENTRUM	REGENTSCHAFTSHPTST.
TANJUNG BALAI KARIMUN 14 03 06	SUMATRA	13423 13423	348 464	*** 1,99	255	144	MITTELZENTRUM	UNTERDISTR.-HAUPTORT
PEGATAN (SELAT LAUT) 63 02 07	BORNEO	13388 10593	349 466	*** 1,79	71	392	UNTERZ.M.TF.V.MZ.	UNTERDISTR.-HAUPTORT
KANDANGAN (ULU SUNGAI) 63 06 00	BORNEO	13341 13341	350 467	*** 0,46	259	142	MITTELZENTRUM	REGENTSCHAFTSHPTST.
BERASTAGI (KARO) 12 09 56	SUMATRA	13249 11668	351 471	*** 1,82	284	121	MITTELZENTRUM	
DONGGALA (SELEBES) 72 03 00	OST-INDONESIEN	12981 12981	352 478	*** 1,94	311	111	MITTELZENTRUM	REGENTSCHAFTSHPTST.
KEFAMENANU (TIMOR) 53 05 00	OST-INDONESIEN	12976 12976	353 479	*** 5,22	259	141	MITTELZENTRUM	REGENTSCHAFTSHPTST. STADT M. KOORDINATOR
LAWANG (MALANG) 35 07 25	JAVA	12919 12919	354 480	*** 2,48	130 132	288 119	UNTERZ.M.TF.V.MZ.	UNTERDISTR.-HAUPTORT
WATES (YOGYAKARTA) 34 01 00	JAVA	12650 12650	355 486	1,43 1,25	207 235	190 83	MITTELZENTRUM	REGENTSCHAFTSHPTST.
BUNTOK (BARITO) 62 05 00	BORNEO	12587 ***	356 488	7,41 ***	132	286	UNTERZ.M.TF.V.MZ.	REGENTSCHAFTSHPTST.
SRAGI (PEKALONGAN) 33 26 10	JAVA	12511 8444	357 490	*** 1,83	350 338	95 57	MITTELZENTRUM	UNTERDISTR.-HAUPTORT
SUNGAI GERONG (MUSI) 16 06 05	SUMATRA	12450 ***	358 494	*** ***	105	322	UNTERZ.M.TF.V.MZ.	UNTERDISTR.-HAUPTORT
DELANGGU (KLATEN) 33 10 18	JAVA	12419 5895	359 496	*** 1,41	113 122	313 126	UNTERZ.M.TF.V.MZ.	UNTERDISTR.-HAUPTORT
PARIAMAN 13 05 00	SUMATRA	12406 12406	360 497	0,36 -0,27	252	146	MITTELZENTRUM	REGENTSCHAFTSHPTST.
MERAK (BANTEN) 32 20 19	JAVA	12302 12302	361 500	*** 5,95	177 186	227 105	MITTELZENTRUM	UNTERDISTR.-HAUPTORT
IDI (ACEH) 11 03 04	SUMATRA	12258 ***	362 501	*** ***	74	378	UNTERZ.M.TF.V.MZ.	UNTERDISTR.-HAUPTORT
BANGLI (BALI) 51 06 00	OST-INDONESIEN	11996 11996	363 509	1,92 1,09	238	157	MITTELZENTRUM	REGENTSCHAFTSHPTST.
SIGLI (ACEH-PIDIE) 11 07 00	SUMATRA	11947 11947	364 513	3,12[b] 1,30	277	124	MITTELZENTRUM	REGENTSCHAFTSHPTST.
TEBINGTINGGI (LAHAT) 16 04 06	SUMATRA	11915 19867	365 515	*** 0,88	136	277	UNTERZ.M.TF.V.MZ.	UNTERDISTR.-HAUPTORT
SLEMAN (YOGYAKARTA) 34 04 00	JAVA	11883 11883	366 516	*** 1,54	125 154	298 113	UNTERZ.M.TF.V.MZ.	REGENTSCHAFTSHPTST.
BENTENG (SELAYAR 73 01 00 -SELEBES)	OST-INDONESIEN	11410 11410	367 535	1,95 3,27	123	301	UNTERZ.M.TF.V.MZ.	REGENTSCHAFTSHPTST.
LEUWILIANG (BOGOR) 32 03 03	JAVA	11191 11191	368 544	*** 4,22	91 86	352 159	UNTERZ.M.TF.V.MZ.	UNTERDISTR.-HAUPTORT
PANYABUNGAN (TAPANULI) 12 02 05	SUMATRA	11165 8761	369 546	*** 2,91	71	388	UNTERZ.M.TF.V.MZ.	UNTERDISTR.-HAUPTORT

a besser: Unterzentrum m. Teilf. v. Mittelzentren; hier drückt allein die hochklassige Hotellerie des Badeortes den Ausstattungswert in die Höhe (vgl. Tab. 6-6 u. Text dazu)

b mit Stadterweiterung 9,0

TABELLE 0-1. 15. FORTSETZUNG

(1) (2)	(3)	(4) (5)	(6) (7)	(8) (9)	(10) (11)	(12) (13)	(14)	(15) (16)
BANYUDONO (BOYOLALI) 33 09 09	JAVA	11151 ***	370 548	*** ***	74 73	382 165	UNTERZ.M.TF.V.MZ.	UNTERDISTR.-HAUPTORT
RANTAU PAUH 11 03 56 (ACEH-TAMIANG)	SUMATRA	11008 ***	371 553	*** ***	347	97	MITTELZENTRUM	
MANNA (BENGKULU) 17 01 00	SUMATRA	10988 10988	372 554	*** 4,54	137	276	UNTERZ.M.TF.V.MZ.	REGENTSCHAFTSHPTST.
GUNUNG TUA (TAPANULI) 12 02 15	SUMATRA	10889 5860	373 558	*** 1,88	87	359	UNTERZ.M.TF.V.MZ.	UNTERDISTR.-HAUPTORT
NGADILUWUH (KEDIRI) 35 06 04	JAVA	10881 ***	374 559	*** ***	355 343	94 55	MITTELZENTRUM	UNTERDISTR.-HAUPTORT
AMAHAI-MASOHI (SERAM) 81 02 00	OST-INDONESIEN	10856 10856	375 560	*** 5,71	160	249	MITTELZENTRUM	REGENTSCHAFTSHPTST.
LABUHAN LOMBOK 52 03 58	OST-INDONESIEN	10845 10845	376 562	*** 5,71	129	289	UNTERZ.M.TF.V.MZ.	
TANJUNG SELOR (BULUNGAN) 64 04 00	BORNEO	10750 8009	377 567	4,05 3,94	136	279	UNTERZ.M.TF.V.MZ.	REGENTSCHAFTSHPTST.
RANTAU (TAPIN) 63 05 00	BORNEO	10717 10717	378 569	*** 0,24	219	176	MITTELZENTRUM	REGENTSCHAFTSHPTST.
TANJUNG REDEP (BERAU) 64 03 00	BORNEO	10620[a] 15403[b]	379 571	1,46[b] 7,19[c]	119	305	UNTERZ.M.TF.V.MZ.	REGENTSCHAFTSHPTST.
MUARA TEWEH (BARITO) 62 07 00	BORNEO	10494 10494	380 579	0,95 3,47	146	264	MITTELZENTRUM	REGENTSCHAFTSHPTST.
MARABAHAN (BARITO KUALA) 63 04 00	BORNEO	10000 10000	381 593	1,82 -0,68	89	357	UNTERZ.M.TF.V.MZ.	REGENTSCHAFTSHPTST.
BANGKO (JAMBI) 15 02 00	SUMATRA	9833[d] 15500[e]	382 599	*** 6,14	113	312	UNTERZ.M.TF.V.MZ.	REGENTSCHAFTSHPTST.
JASINGA (BOGOR) 32 03 01	JAVA	9634 6864	383 610	*** 2,59	73 74	385 171	UNTERZ.M.TF.V.MZ.	UNTERDISTR.-HAUPTORT
TAREMPA (ANAMBAS) 14 03 13	SUMATRA	9578 9578	384 612	*** 0,39	113	311	UNTERZ.M.TF.V.MZ.	UNTERDISTR.-HAUPTORT
TAPAKTUAN (ACEH) 11 01 00	SUMATRA	9480 6768	385 617	2,80 1,37	214	182	MITTELZENTRUM	REGENTSCHAFTSHPTST.
PAKEMBINANGUN 34 04 16 (YOGYAKARTA)	JAVA	9330 5168	386 624	*** 0,97	139 137	273 121	UNTERZ.M.TF.V.MZ.	UNTERDISTR.-HAUPTORT
TALU (PASAMAN) 13 08 06	SUMATRA	9209 6467	387 633	*** 0,23	87	360	UNTERZ.M.TF.V.MZ.	UNTERDISTR.-HAUPTORT
MUARA BUNGO (JAMBI) 15 05 00	SUMATRA	9147[f] 26570[g]	388 635	3,57 4,71[h]	168	235	MITTELZENTRUM	REGENTSCHAFTSHPTST.
BIREUN (ACEH) 11 08 04	SUMATRA	9103 6518	389 639	*** 5,41	271	130	MITTELZENTRUM	UNTERDISTR.-HAUPTORT
LUBUK SIKAPING 13 08 00 (PASAMAN)	SUMATRA	9010 9010	390 644	*** 4,85	141	270	UNTERZ.M.TF.V.MZ.	REGENTSCHAFTSHPTST.
MAKALE (T.TORAJA) 73 18 00	OST-INDONESIEN	8959 8959	391 646	1,00 1,92	150	257	MITTELZENTRUM	REGENTSCHAFTSHPTST.
MAMUJU (SELEBES-MANDAR) 73 21 00	OST-INDONESIEN	8642 8642	392 661	-1,44[i] 5,87	104	327	UNTERZ.M.TF.V.MZ.	REGENTSCHAFTSHPTST.
CILIMUS (CIREBON) 32 10 13	JAVA	8606 5987	393 662	*** 2,20	134 136	280 123	UNTERZ.M.TF.V.MZ.	UNTERDISTR.-HAUPTORT
BAJAWA (FLORES) 53 11 00	OST-INDONESIEN	8310 7710	394 675	*** 5,80	97	340	UNTERZ.M.TF.V.MZ.	REGENTSCHAFTSHPTST. STADT M. KOORDINATOR
TANAH GROGOT (PASIR) 64 01 00	BORNEO	8181 8181	395 684	4,19 6,12	133	282	UNTERZ.M.TF.V.MZ.	REGENTSCHAFTSHPTST.

a Desa Tanjung Redep u. Kampung Bugi;
   Tanjung Redep allein 4362 Einw.
b im Kecamatan Tanjung Redep (u.a. einschl.
   Teluk Bayur)
c Desa Tanjung Redep u. Kampung Bugi;
   Tg. Redep allein 3,9, ganzer Kecamatan 5,6
d 9 Desa
e gerundeter Wert für Marga Batin IX di Ulu
   (1971 als städt. gezählt)
f Bungo Barat dan Timur
g Marga Batin III di Ilir (1971 als städt. gezählt)
h maximal 5,4 (vgl. Fußn. n, Tab. 5-7)
i Ausgangswert von 1961 möglicherweise zu hoch
   (vgl. Fußn. d, Tab. 5-6)

TABELLE 0-1. 16. FORTSETZUNG

(1) (2)	(3)	(4) (5)	(6) (7)	(8) (9)	(10) (11)	(12) (13)	(14)	(15) (16)
SIJUNJUNG 13 03 00	SUMATRA	8141 8141	396 687	3,13 2,44	109	319	UNTERZ.M.TF.V.MZ.	REGENTSCHAFTSHPTST.
PUTUS SIBAU 61 06 00 (KAPUAS HULU)	BORNEO	7975 7975	397 696	3,37 4,26	112	315	UNTERZ.M.TF.V.MZ.	REGENTSCHAFTSHPTST.
BELAKANG PADANG (BATAM) 14 03 07	SUMATRA	7920 7920	398 699	*** 2,64	145	266	MITTELZENTRUM	UNTERDISTR.-HAUPTORT
TUAL (KAI) 81 01 00	OST-INDONESIEN	7836 7836	399 703	*** 3,34	263	138	MITTELZENTRUM	REGENTSCHAFTSHPTST.
MUARA ENIM (LEMATANG) 16 03 00	SUMATRA	7673[a] 22519[b]	400 714	6,73[c] 0,78[d]	159	250	MITTELZENTRUM	REGENTSCHAFTSHPTST.
SIMPANG SENDER (RANAI) 16 01 52	SUMATRA	7595 ***	401 722	*** ***	83	364	UNTERZ.M.TF.V.MZ.	
PREMBUN (KEBUMEN) 33 05 09	JAVA	7503 4371	402 728	*** 1,44	83 84	366 154	UNTERZ.M.TF.V.MZ.	UNTERDISTR.-HAUPTORT
PATTALASSANG (SELEBES) 73 05 00	OST-INDONESIEN	7385 ***	403 733	*** ***	97	342	UNTERZ.M.TF.V.MZ.	REGENTSCHAFTSHPTST.
BEUREUNUN (ACEH) 11 07 13	SUMATRA	7281 ***	404 739	*** ***	97	336	UNTERZ.M.TF.V.MZ.	UNTERDISTR.-HAUPTORT
LOMANIS (CILACAP) 33 01 52	JAVA	7271 ***	405 740	*** ***	123 119	299 136	UNTERZ.M.TF.V.MZ.	
WAIKABUBAK (SUMBA) 53 01 00	OST-INDONESIEN	7216 7216	406 745	*** ***	274	128	MITTELZENTRUM	REGENTSCHAFTSHPTST. STADT M. KOORDINATOR
TOBELO (HALMAHERA) 81 04 16	OST-INDONESIEN	6963 6963	407 755	*** 3,48	75	377	UNTERZ.M.TF.V.MZ.	UNTERDISTR.-HAUPTORT
ULU (SIAU) 71 04 02	OST-INDONESIEN	6799 6799	408 769	*** -1,20	132	287	UNTERZ.M.TF.V.MZ.	UNTERDISTR.-HAUPTORT
SOA SIU (TIDORE) 81 03 00	OST-INDONESIEN	6003[e] 33717[f]	409 812	0,92 1,81	110	318	UNTERZ.M.TF.V.MZ.	REGENTSCHAFTSHPTST.
PEGATANMENDAWAI 62 03 01 (KATINGAN KUALA)	BORNEO	5870 5870	410 825	*** 7,55	82	368	UNTERZ.M.TF.V.MZ.	UNTERDISTR.-HAUPTORT
PURUK CAHU (MURUNG RAYA) 62 09 00	BORNEO	5700 5700	411 838	*** 2,01	76	375	UNTERZ.M.TF.V.MZ.	REGENTSCHAFTSHPTST.
SUNGGAL (DELI) 12 10 23	SUMATRA	5685 ***	412 839	*** ***	92	348	UNTERZ.M.TF.V.MZ.	UNTERDISTR.-HAUPTORT
ATAMBUA (TIMOR) 53 06 00	OST-INDONESIEN	5547 5547	413 848	3,45 -0,17	136	278	UNTERZ.M.TF.V.MZ.	REGENTSCHAFTSHPTST. STADT M. KOORDINATOR
DURENAN (TRENGGALEK) 35 03 09	JAVA	5389 5389	414 856	*** 0,74	90 93	355 145	UNTERZ.M.TF.V.MZ.	UNTERDISTR.-HAUPTORT
ANYAR (BANTEN) 32 20 20	JAVA	4873 4873	415 892	*** 4,15	167 167	239 110	MITTELZENTRUM	UNTERDISTR.-HAUPTORT
LHOK SUKON (ACEH) 11 08 08	SUMATRA	4308 4308	416 927	*** 3,79	74	379	UNTERZ.M.TF.V.MZ.	UNTERDISTR.-HAUPTORT
HUTA NOPAN (TAPANULI) 12 02 03	SUMATRA	3829 2840	417 955	*** ***	73	383	UNTERZ.M.TF.V.MZ.	UNTERDISTR.-HAUPTORT
KUALA KURUN (GUNUNG MAS) 62 08 00	BORNEO	3623 3623	418 971	*** 6,52	97	341	UNTERZ.M.TF.V.MZ.	REGENTSCHAFTSHPTST.
TEMON (YOGYAKARTA) 34 01 01	JAVA	3129 3129	419 1007	*** 0,26	95 92	345 146	UNTERZ.M.TF.V.MZ.	UNTERDISTR.-HAUPTORT
KASONGAN (KATINGAN) 62 03 00	BORNEO	3080 3080	420 1012	*** 3,71	109	320	UNTERZ.M.TF.V.MZ.	REGENTSCHAFTSHPTST.
BLANG PIDIE (ACEH) 11 01 02	SUMATRA	2941 ***	421 1019	*** ***	125	296	UNTERZ.M.TF.V.MZ.	UNTERDISTR.-HAUPTORT

a Pasar Muara Enim RK. I, II u. III
b 2 Marga: Tpp. Bubung u. Muara Enim (1971 als städt. gezählt)
c im erweiterten Stadtgebiet
d betr. Pasar u. beide Marga; Pasar allein 2,5
e Desa Soa Siu, Gamtuf Kange u. Indonesiana
f 1971 irrtümlich als städtisch gezählt

TABELLE 0-1. 17. FORTSETZUNG

(1) (2)	(3)	(4) (5)	(6) (7)	(8) (9)	(10) (11)	(12) (13)	(14)	(15) (16)
TAMIANG LAYANG (BARITO) 62 06 00	BORNEO	2751 2751	422 1030	*** 4,59	76	374	UNTERZ.M.TF.V.MZ.	REGENTSCHAFTSHPTST.
TALANG AKAR-PENDOPO 16 03 54 (LEMATANG)	SUMATRA	2643 ***	423 1039	*** ***	120	304	UNTERZ.M.TF.V.MZ.	
SIDOMULYO (NGAWI) 35 21 52	JAVA	2128 2128	424 1080	*** -0,54	84 80	363 151	UNTERZ.M.TF.V.MZ.	
AMBARITA (SAMOSIR) 12 04 27	SUMATRA	2010 ***	425 1087	*** ***	132	284	UNTERZ.M.TF.V.MZ.	UNTERDISTR.-HAUPTORT
LUBUK ALUNG (PARIAMAN) 13 05 04	SUMATRA	*** ***	426 ca.660[a]	*** ***	113	310	UNTERZ.M.TF.V.MZ.	UNTERDISTR.-HAUPTORT
SINDANGLAYA (CIANYUR) 32 05 57	JAVA	*** ***	427<>***	*** ***	91 97	353 149	UNTERZ.M.TF.V.MZ.	
PADAHERANG (CIAMIS) 32 09 06	JAVA	*** ***	428 ca.410[a]	*** ***	92 88	350 155	UNTERZ.M.TF.V.MZ.	UNTERDISTR.-HAUPTORT
DOBO (ARU) 81 01 08	OST-INDONESIEN	*** ***	429 ca.890[b]	*** ***	76	376	UNTERZ.M.TF.V.MZ.	UNTERDISTR.-HAUPTORT
TULEHU (PULAU AMBON) 81 02 55	OST-INDONESIEN	*** ***	430 ca.640[b]	*** ***	158	252	MITTELZENTRUM[c]	

a Schätzung auf Grund der Einwohner 1976
b Schätzung auf Grund der Einwohner 1977
c besser: Unterzentren m. Teilf. v. Mittelzentren; hier drücken allein einige mittelrangige private Dienste den Ausstattungswert in die Höhe (vergl. Tab. 6-1 u. Text dazu)

TABELLE 0-1.   A N H A N G

(1) (2)	(3)	(4) (5)	(6) (7)	(8) (9)	(10) (11)	(12) (13)	(14)	(15) (16)
JAYAPURA 82 00 00	WESTNEUGUINEA	64601 55643[a]	1	*** 5,3	2315	1	OBERZENTRUM	PROVINZHAUPTSTADT KOTA ADMINISTRATIP
SORONG 82 06 00	WESTNEUGUINEA	51707[b] 35583[c]	2	*** 6,2	551	2	MITTELZENTRUM	REGENTSCHAFTSHPTST.
BIAK 82 09 00	WESTNEUGUINEA	35458[d] 35458	3	*** 7,3	528	3	MITTELZENTRUM	REGENTSCHAFTSHPTST.
MANOKWARI 82 07 00	WESTNEUGUINEA	26608[e] 24556[f]	4	*** 7,5	389	5	MITTELZENTRUM	REGENTSCHAFTSHPTST.
MERAUKE 82 01 00	WESTNEUGUINEA	21448[g] 21448	5	*** 6,3[h]	420	4	MITTELZENTRUM	REGENTSCHAFTSHPTST.
NABIRE 82 04 00	WESTNEUGUINEA	*** 14489[i]	6	*** ***	176	8	MITTELZENTRUM	REGENTSCHAFTSHPTST.
ABEPURA 82 03 07	WESTNEUGUINEA	14324[j] 14324	7	*** 8,6	304	7	MITTELZENTRUM[k]	UNTERDISTR.-HAUPTORT
SENTANI 82 03 05	WESTNEUGUINEA	9490 9490	8	*** ***	102	11	UNTERZ.M.TF.V.MZ.	UNTERDISTR.-HAUPTORT
FAK-FAK 82 05 00	WESTNEUGUINEA	9023 9023	9	*** ***	326	6	MITTELZENTRUM	REGENTSCHAFTSHPTST.
SERUI 82 08 00	WESTNEUGUINEA	7384 7384	10	*** 5,5	157	9	MITTELZENTRUM	REGENTSCHAFTSHPTST.
WAMENA 82 02 00	WESTNEUGUINEA	4459 4459	11	*** ***	154	10	MITTELZENTRUM	REGENTSCHAFTSHPTST.

a ehem. Kecamatan Kota Jayapura
b Desa Remu, Klademak u. Kampung Baru
c ohne Kampung Baru
d Kecamatan Kota Biak
e einschl. Pasir Putih
f ohne Pasir Putih
g städt. Desa gemäß Zensus 1980
h Kecamatan Merauke
i Kecamatan Nabire, städt. Desa Oyehe u. Morgo allein 5570 Einw.
j Desa Hedam u. Aseno; einschl. Vim u. Entrop (beide zu Kota Admin. Jayapura) 23282 Einw.
k besser Unterzentrum mit Teilfunktionen von Oberzentren (vgl. Abschn. 6.1.2)

Ortsregister

(Orte auf Neuguinea siehe S. 286)

Die Ziffern verweisen auf Seiten
g   verweist auf eine Graphik
n   verweist auf eine Fußnote
t   verweist auf eine Tabelle
tn verweist auf eine Tabellenfußnote

Adiwerna 182, 267 t
Ailieu 62 n, 64
Aimere 126 t, 127
Ainaro 62 n, 64
Air Bangis 57, 59, 152 t, 164 t
Air Jambah-Duri 64, 126 t, 128, 180 t, 263 t
Air Madidi 141, 146 t
Air Molek 131 t, 158 t
Ajibarang 52
Alahan Panjang 57, 59
Amahai-Masohi 62, 64, 125, 126 t, 155 t, 194 t, 274 t
Ambal 52
Ambarawa 52, 118 t, 121, 131 t, 160 t, 187 t, 188, 193 t, 267 t
Ambarita 103 n, 187 t, 188, 195 t, 276 t
Amboina
  siehe auch Ambon 134 t, 137 t, 222 t, 226/227 t, 228
Ambon 9, 48, 50, 52, 58, 63, 97 n, 107 g, 117, 127 tn, 125 n, 129, 133, 134/135 t, 148 g, 149, 150 t, 166, 174 g, 181, 191 t, 205 g, 209, 210 t, 222 t, 224, 235, 236, 236 n, 239, 260 t
Ambulu 195 t, 270 t
Ambunten 163 t
Amlapura (Karangasem) 52, 58, 122 tn, 194 t, 226 t, 271 t
Ampana 154 t
Ampel 55 n
Ampenan
  siehe auch Mataram (Lombok) 59, 63, 122 tn, 136 tn, 151 t, 155, 156, 166 t, 222 t
Ampibabo 126 t, 127
Amuntai 58, 59, 161 t, 193 t, 268 t
Amurang 50, 52, 131 t, 154 t
Anabanua 131 t
Andir 177 t
Anjatan 267 t
Antosari 131 t
Anyar 51, 52, 126 t, 129, 187 t, 188, 194 t, 275 t

Araso 178 t, 182
Argamakmur 62, 64, 129, 139, 144 t, 147, 223 t
Arjasan 173 t
Arosbaya 52
Arun 153 tn
Asembagus-Trigonco 143, 146 t, 178 t, 193 t, 272 t
Atambua 30 n, 62, 64, 131 t, 195 t, 275 t
Atapupu 48, 52, 154 t, 163 t, 166
Ayah 52
Ayer Hadji 59

Ba'a 62, 64, 154 t
Babat (Solo) 55, 143, 146 t, 159 t, 168, 196 t, 270 t
Babat (Musi) 160 t
Bacan 45, 46, 48
Badas
  siehe auch Sumbawa Besar 151 t
Badia (Bau-Bau) 58
Badung (Bangil) 45, 46
Ba gan Asahan 163 t, 166
Bagan Siapi-Api 63, 64, 131 t, 152 t, 162, 163 t, 163 n, 194 t, 242, 264 t
Bagelen 49, 52, 131 t
Bajawa 30 n, 62, 64, 125, 126 t, 140, 146 t, 195 t, 274 t
BajoE
  siehe auch Watampone 154 t, 165 t
Bakahuni 129
Bakau Pasir Wan Salim 163 t
Bakongan 61, 64, 152 t
Balai Selasa 57, 59
Balambangan 45, 46, 47, 49, 95
Balangnipa (Mandar) 49, 52
Balangnipa (Sinjai-) 39 tn, 58, 59, 165 t, 193 t
Balantak 131 t
Balige 64, 158 t, 187 t, 194 t, 272 t
Balikpapan 34, 38 tn, 63, 64, 65, 67, 88, 96, 107 g, 109, 118 t, 120, 120 n, 126 t, 128, 134/135 t, 137, 137 t, 148 g, 150 t, 166, 169, 171 t, 186 t, 191 t, 205 g, 207, 210 t, 222/223 t, 224, 234, 238, 260 t
Balong 131 t
Balongan 150 t
Balubur Limbangan
  siehe Blubur Limbangan
Balung 266 t
Banabungi 180 t

Banaran-Kertosono 52, 64, 95, 160 t, 195 t, 233, 267 t
Banda Aceh 9, 48, 50, 51, 52, 56, 63, 64 n, 118 t, 133, 133 n, 134/135 t, 137 f., 138 n, 148 g, 151 tn, 156, 166 t, 186 t, 191 t, 205 g, 209, 210 t, 222 t, 226/227 t, 228, 233 f., 238, 242, 260 t
Banda Naira 50, 152 t, 156
Bandar (Pagar Alam) 57, 59
Bandar Brunei
  siehe auch Bandar Seri Begawan 47, 49, 50, 52, 226/227 t
Bandar Jaya 196 t, 272 t
Bandar Khalipah 56, 59
Bandar Seri Begawan 234, 234 n
Banding Agung 57, 59
Bandung 54, 59, 60, 65, 80, 94, 99 g, 100, 101 g, 103 g, 106, 107 g, 108, 118 t, 119 f., 128, 129, 134/135 t, 136, 137 t, 148 g, 157, 168, 169, 170 t, 181, 186 t, 188, 191 t, 199, 200 g, 205 g, 209, 210 t, 213, 214, 214 g, 215, 220 f., 222 t, 227 t, 228, 231 f., 236, 238, 243, 259 t
Bandungan 187, 187 t
Banggai 58, 59, 126 t, 127, 154 t, 164 t
Bangil 45 n, 59, 61, 61 n, 95, 141, 146 t, 160 t, 196 t, 223 t, 264 t
Bangkalan 54 n, 60 n, 153 t, 157, 193 t, 266 t
Bangkinang 38 tn, 62, 64, 158 t, 179 t, 193 t, 271 t
Bangko 62, 64, 125, 126 t, 140, 146 t, 159 t, 195 t, 274 t
Bangli 62, 64, 187 t, 188, 193 t, 273 t
Bangsalsari 268 t
Banjar (Ciamis) 64, 159 t, 174 t, 181, 194 t, 266 t
Banjar Atma 178 t
Banjar Baru 30 n, 126 t, 140, 145 t, 147, 193 t, 223 t, 234, 263 t
Banjarmasin 9, 40 n, 49, 50, 52, 58, 99 g, 100, 103 g, 107 g, 109, 134/135 t, 136, 137 t, 140, 148 g, 150 t, 157, 166 t, 171 t, 186 t, 191 t, 200 g, 205 g, 209, 210 t, 221, 222 t, 226/227 t, 228, 232, 234, 234 n, 238, 259 t
Banjaran 126 t, 196 t, 265 t
Banjarnegara 55, 59, 122 t, 126 t, 194 t, 267 t
Banta Eng 39 tn, 46, 58, 154 t, 194 t, 272 t
Bantayan (Banta Eng) 46
Banten 9, 24, 44, 47, 48, 49, 50, 51, 52, 53, 93, 226 t

Bantul 55 n, 59, 61, 193 t, 265 t
Banyuasin-Kembayan 163
Banyudono 196 t, 274 t
Banyumas 28 n, 49, 52, 54 f., 61, 141, 146 t, 196 t, 222/223 t, 223 t, 227 t, 273 t
Banyuwangi 52, 54 f., 54 n, 95, 120, 130 n, 131 t, 133, 134/135 t, 137 t, 151 t, 174 t, 186 t, 187, 187 n, 191 t, 222/223 t, 227 t, 233, 238, 261 t
Barabai 58, 59, 131 t, 193 t, 271 t
Baremi (Bermi) 45, 46
Barru
    siehe Sumpang BinangaE
Barus 46, 51, 152 t, 164 t
Batahan 51, 52
Batam 126
Batang 28 n, 38 tn, 52, 133, 134/135 t, 137 t, 138, 165 t, 172 t, 193 t, 242, 263 t
Batang Kapas (Pasar Kuok) 50, 52
Batang Toru 57, 59
Batavia
    siehe auch Jakarta 9, 24, 28 n, 50, 51, 52, 54, 60, 80, 114, 118 t, 119 f., 120 n, 133, 134 t, 137 t, 188, 219 f., 220 n, 222 t, 225, 226/227 t, 238, 242 f.
Batu 64, 65, 186 t, 187, 192 t, 269 t
Batu Ampar (Padang Tikar)
    siehe auch Telok Air 62 f., 64, 126 t, 151 t, 156, 173 t, 181
Batu Ampar (Batam) 127 tn, 153 t, 179 t
Batu Ceper 126 t
Batu Nunggul 164 t
Batu Panjang 126 t, 127, 128
Batu Rusa 56, 59
Batu Sangkar 57, 59, 118 t, 193 t, 272 t
Batui 131 t
Batulicin 131 t, 154 t
Baturaden 187, 187 t
Baturaja 30 n, 36 n, 57, 59, 179 t, 193 t, 265 t
Baturetno 176 t
Baturiti 131 t
Bau-Bau 30 n, 52, 58, 118 t, 120, 154 t, 165 t, 193 t, 266 t
Baukau 62 n, 64
Baureno 173 t
Bayang (Pasar Baru) 51, 52
Bayung Lincir 159 t
Bedahulu 46
Bedulu 188 n
Beji
    siehe auch Depok (Bogor) 129, 196 t
Beji-Pedan 173 t
Bekasi 28 n, 30 n, 61, 126 t, 128, 159 t, 174 t, 181, 193 t, 261 t
Belakang Padang 140, 145 t, 153 t, 194 t, 275 t
Belang 164 t
Belawan 63, 150 t, 155, 169
Belimbing
    siehe Tanjung-Belimbing
Belinyu 56, 59, 143, 146 t, 153 t, 179 t, 196 t, 269 t
Bendungan 28 n, 55 n
Bengkalis 56, 59, 93 n, 118 t, 152 t, 192 t, 222/223 t, 227 t, 228, 269 t
Bengkayang 58, 59, 126 t, 127, 160 t
Bengkulen
    siehe auch Bengkulu 57, 222 t, 226/227 t

Bengkulu 48, 51, 56 f., 59, 125, 126 t, 140, 143, 145 t, 148 g, 149, 151 t, 191 t, 200 g, 210 t, 222 t, 234, 238, 262 t
Benoa 151 t, 155, 163 t
Benteng (Selayar) 39 tn, 58, 59, 154 t, 195 t, 273 t
Benua Baru
    siehe Sangkulirang
Beo 126 t, 127, 154 t
Berastagi 64, 65, 145 t, 187 t, 188, 192 t, 273 t
Berau
    siehe auch TG. Redeb 59, 228 n
Berbek 52, 64
Bermi (Baremi) 45, 46
Berondong 163, 163 t
Besakih 184
Besitang 126 t, 127, 158 t
Besuki 52, 54 f., 60, 164 t, 177 t, 227 t
Beureunun 158 t, 195 t, 275 t
Bima
    siehe auch Raba-Bima 49 f., 52, 58, 151 t, 165 t, 226 t, 239, 262 t
Bingin Teluk 159 t
Binjai 62, 64, 118 t, 192 t, 222/223 t, 261 t
Binor 45, 46
Bintara
    siehe auch Demak 45, 46
Bintuhan 57, 59, 153 t
Bireun 61, 64, 126 t, 127, 158 t, 192 t, 274 t
Bitung 30 n, 63, 64, 118 t, 126 t, 127, 150, 150 t, 165 t, 192 t, 223 t, 242, 262 t
Blang Kejeren 61, 64, 141, 145 t
Blang Pidie 143, 145 t, 195 t, 275 t
Blater 52
Blega 52
Blitar 45, 46, 60 n, 122 t, 130 n, 133, 134/135 t, 137 t, 172 t, 192 t, 261 t
Blora 52, 60 n, 192 t, 233, 265 t
Blubur Limbangan 51, 52, 54
Bocor 52
Bogor
    siehe auch Buitenzorg 9, 43 f., 54, 94, 108, 134/135 t, 136, 137 t, 142, 148 g, 169, 171 t, 180, 188, 191 t, 205 g, 210 t, 214 g, 220, 222 t, 224, 233, 238, 260 t
Bohorok 179 t
Bojonegoro 59, 60, 95, 168, 174 t, 191 t, 222 t, 233, 238, 262 t
Bojong Loa-Cibaduyut 177 t
Bojong Mangga 175 t
Bonang-Morodemak 163 t
Bondowoso 55, 59, 60, 60 n, 95, 122 t, 130 n, 174 t, 192 t, 222 t, 264 t
Bone
    siehe auch Watampone 49, 52, 226 t, 228 n
Bonjol 57, 59
Bontang 126 t, 128, 154 t, 180 t
Bonthain
    siehe auch Banta Eng 46
Bonto Sunggu 140, 146 t, 196 t, 271 t
Borobudur 44, 46, 187 t, 188
Boroko-Kaipipang 52
Borong Lowe 179 t
Boyolali 55, 59, 193 t, 267 t
Brebes 52, 122 tn, 165 t, 193 t, 263 t
Brosot 55 n

Bualu (Nusa Dua-) 185 n, 188 n
Buaran 143, 146 t, 168, 169, 171 t, 264 t
Buatan 180 t
Buitenzorg 9, 54, 59, 134 t, 136, 137 t, 188, 220, 222 t, 227 t
Bukit Kemuning 126 t, 127, 159 t
Bukittinggi
    siehe auch Fort de Kock 59, 60, 118 t, 142, 148 g, 174 t, 181, 186 t, 187, 189, 191 t, 205 g, 210 t, 222 t, 234, 238, 239, 262 t
Bula 126 t, 155 t, 180 t
Buleleng
    siehe auch Singaraja-Buleleng 52, 151 tn, 154 t, 156, 226/227 t
Bulu (Tuban) 163 t
Bulukumba 39 tn, 58, 59, 154 t, 194 t, 269 t
Bulungan
    siehe auch Tanjung Selor 58, 59
Bumiayu 118 t, 195 t, 266 t
Bungamas 57
Buntok 62, 64, 122 t, 161 t, 195 t, 273 t
Buo 57, 59, 126 t, 127
Buol 50, 52
Buton
    siehe auch Bau-Bau 52, 226 t, 228 n

CabengE 64, 65, 161 t
Cakranegara
    siehe auch Mataram (Lombok) 58, 59, 63, 122 tn, 136 tn
Calang 61, 64, 65, 152 t
Camba 131 t, 161 t
Camplong-Tambaan 164 t
Campurejo 163 t
Cancong Luar 163 t, 166
Candi 176 t
Canggu (Pelabuhan Lor/-Kidul) 45, 46
Caringin 53, 59, 61 n
Carita 187 t, 188
Caruban-Krayan 52, 143, 145 t, 160 t, 195 t, 270 t
Caturtunggal
    siehe auch Depok (Yogya) 126 tn, 194 t
Celukan Bawang 129, 151 t, 156
Cempaka 159 t
Ceper 177 t, 182
Cepiring 177 t
Cepu 64, 95, 95 n, 131 t, 143, 146 t, 160 t, 175 t, 181, 192 t, 233, 242, 264 t
Cerme 177 t
Cheribon
    siehe auch Cirebon 134 t, 221, 226/227 t, 228
Ciamis 48, 51, 52, 118 t, 121, 192 t, 262 t
Cianjur 54, 59, 133, 186 t, 192 t, 227 t, 228, 260 t
Ciater 188 n
Ciawi (Bogor) 126 t, 159 t, 268 t
Cibadak 159 t, 195 t, 269 t
Cibaduyut-Bojong Loa 177 t
Cibinong-Pabuaran 126 t, 176 t, 181, 195 t, 264 t
Cicurug 194 t, 268 t
Cigading
    siehe auch Merak 152 t, 153 tn, 156
Cijulang 131 t
Cikampek 64, 159 t, 176 t, 194 t, 262 t

Cikao 59
Cikarang 176 t, 266 t
Cikapundung (Bandung) 54
Cikotok 64, 179 t, 182
Cikupa 126 t
Cilacap 55, 59, 60 n, 63, 94, 126 t, 128, 134/135 t, 137, 137 t, 150 t, 155, 166 t, 172 t, 180, 186 t, 191 t, 222 t, 233, 237, 238, 260 t
Ciledug 118 t, 196 t, 269 t
Cilegon 53, 59, 94, 126 t, 129, 156, 177 t, 182, 192, 271 t
Cilimus 195 t, 274 t
Cimahi 30 n, 64, 65, 67, 118 t, 120, 126 t, 133, 134/135 t, 137 t, 138, 138 n, 169, 171 t, 192 t, 205 g, 207, 207 n, 260 t
Cimanggis 173 t, 194 t, 263 t
Cipadung 175 t
Cipaku-Paseh 175 t
Cipanas (Pacet-) 186, 186 t, 265 t
Cipanas-Torogong 187 t, 188
Ciputat 177 t, 182
Cirebon
 siehe auch Cheribon 9, 24, 44 n, 47 f., 51, 52, 54, 134/135 t, 137 t, 143, 146 t, 148 g, 149, 150 t, 157, 166 t, 168 f., 171 t, 186 t, 191 t, 205 g, 209, 210 t, 214, 214 g, 220 f., 222 t, 228, 233, 237, 238, 242, 260 t
Cisaat 182
Cisaranten 175 t
Cisarua 186, 186 t
Citatah 179 t, 183
Citeko 176 t, 181
Citeureup (Bogor) 126 t
Citeureup (Bandung) 51, 52, 54, 175 t
Ciwidey 126 t, 182, 195 t, 267 t
Cokro-Daleman 177 t
Colomadu 178 t
Cot Girek 177 t, 182
Cukir 176 t
Cupak 143, 144 t, 194 t, 272 t
Curug 126 t, 141, 141 n, 146 t
Curup 62, 64, 65, 122 t, 145 t, 192 t, 223 t, 264 t

Dabo 63, 64, 153 t, 179 t
Daha (Kediri) 44, 46
Daik 56, 59, 63, 131 t
Daleman-Cokro 177 t
Dampyak 173 t, 181
Danau Panggang 161 t
Darmaraja 131 t
Daruba 131 t, 141, 146 t, 155 t
Dayeuh Kolot
 siehe Citeureup (Bandung)
Dayeuh Luhur 52
Delanggu 173 t, 195 t, 273 t
Deli (Labuhan Deli) 51, 52, 56, 63, 226/227 t
Demak 44 n, 45, 46, 47, 48, 49, 51, 194 t, 226 t, 270 t
Den Haag 219
Denpasar 30 n, 58, 59, 61, 99 g, 100, 103 g, 107 g, 117, 118 t, 120, 120 n, 122 t, 123, 125, 126 t, 129, 133, 134/135 t, 137 f., 137 t, 138 n, 148 g, 155, 172 t, 184, 185, 185 n, 186 t, 188 f., 191 t, 200 g, 205 g, 209, 210 t, 222/223 t, 232, 236, 239, 242, 259 t
Depok (Bogor) 30 n, 126 t, 129, 196 t, 261 t
Depok (Yogya) 125, 126 t, 129, 186 t, 187, 194 t, 264 t
Diëng 46, 187, 187 t
Dili 30 n 59, 62 n, 84 n, 85 tn, 151 t, 216 n, 227 t, 234 f., 235 n, 239, 262 t
Dobo 62, 64, 155 t, 196 t, 276 t
Dompu 49 f., 52, 58, 196 t, 270 t
Dompyong 131 t
Donggala 39 tn, 58, 59, 145 t, 151 t, 192 t, 273 t
Doplang-Jati 131 t
Dringu 177 t
Duku Seti 164 t
Dukuhturi-Pagongan 263 t
Dumai 30 n, 63, 64, 117, 118 t, 126 t, 128, 128 n, 140, 145 t, 150 t, 155 f., 175 t, 181, 191 t, 222/223 t, 234, 238, 266 t
Durenan 131 t, 196 t, 275 t
Duri 64, 118 t, 126 t, 128, 180 t, 263 t

Elat 131 t
Emmahaven (Teluk Bayur) 63
Ende 30 n, 48, 52, 59, 65, 97, 118 t, 122 t, 124, 152 t, 165 t, 193 t, 239, 265 t
Enrekang 58, 59, 192 t, 272 t
Eretan 118 t, 163 t
Ermera 62 n, 64

Fort van der Capellen
 siehe auch Batu Sangkar 57, 59, 118 t
Fort Henricus (Solor) 50, 52
Fort de Kock
 siehe auch Bukittingi 57, 59, 60, 118 t, 222 t, 227 t
Fort Overberg-Kayeli 50, 52
Fort Petapahan 51 n

Gagatan 55 n
Galela 155 t
Galuh 49, 51 n, 52
Gantung 126 t
Garut 54, 59, 122 t, 133, 134/135 t, 137 t, 172 t, 188, 192 t, 222/223 t, 261 t
Gebang 52
Gebog 173 t
Gedangan 175 t, 181
Gedek (Gempolkerep-)
 siehe Gempolkerep-Gedek
Gedongdalam 159 t
Gedongombo 178 t
Gelgel 48, 52, 226 t
Gempol 45, 55, 59, 175 t, 181
Gempolkerep-Gedek 176 t
Genteng 266 t
Georgetown 56, 59, 227 t
Geser 59, 131 t, 155 t
Gianyar 62, 64, 174 t, 181, 187 t, 188, 194 t, 269 t
Gilimanuk 126 t, 127, 143, 145 t, 154 t
Godong 52
Gombong-Wonokriyo 131 t, 160 t, 175 t, 181, 194 t, 233, 272 t
Gorontalo 40 n, 50, 52, 58, 118 t, 134 t, 137 t, 151 t, 156, 165 t, 191 t, 222 t, 235, 239, 261 t
Grabag 131 t

Gresik 28 n, 45, 46, 47, 48, 49, 54, 55, 60 n, 133, 134/135 t, 137 t, 138, 151 t, 172 t, 180, 193 t, 226 t, 242, 262 t
Gribig 176 t
Grisee
 siehe auch Gresik 134 t, 137 t
Grobogan 52
Gundih 64, 160 t
Gunung Madu 177 t, 182
Gunung Makmur 166 n
Gunung Megang 159 t
Gunung Sahilan 64
Gunung Sitoli 59, 122 t, 125, 126 t, 145 t, 151 t, 193 t, 272 t
Gunung Sugih 159 t
Gunung Tabur 58, 126 t, 127 f.
Gunung Tua 62, 64, 158 t, 196 t, 274 t

Haranggaol 158 tn
Haur Geulis 268 t
Hinako 152 t
Hitu 48, 52
Hujung Medini 46
Huta Nopan 57, 59, 131 t, 158 t, 196 t, 275 t

Idi 56, 59, 141, 145 t, 152 t, 196 t, 273 t
Imogiri 188 n
Indarung 176 t, 181
Indragiri (Pekan Tua-)
 siehe Pekan Tua Indragiri
Indramayu 51, 52, 60 n, 118 t, 121, 122 t, 124, 193 t, 266 t
Indrapura (Asahan) 126 t
Indrapura (Pesisir Sel.) 50 f., 52, 126 t, 127
Inobonto 154 t
Ipuh 164 t

Jabung (Lampung) 126 t, 127
Jagonalan 178 t
Jailolo 45, 46, 48
Jajag 143, 146 t
Jakarta
 siehe auch Batavia, Jakatra u. Sunda Kelapa 2, 7, 9, 19 n, 24, 27, 28, 29 n, 32 t, 36, 38 t, 40, 50, 63, 69, 77 n, 81, 93 f., 99 f., 99 g, 101 g, 102, 103 g, 104 f., 106, 107 g, 108, 114, 118 t, 119 f., 120 n, 122 t, 123 f., 126 t, 128 f., 128 n, 133, 134/135 t, 136, 137 t, 150 t, 155, 157, 166 t, 168, 168 n, 170 t, 180 f., 185, 186 t, 188, 190, 191 t, 198 f., 199 n, 200 g, 205 g, 208 f., 210 t, 213, 213 n, 214 g, 216 n, 219 f, 221, 222 t, 230 t, 231 f., 231 n, 233, 236, 237, 238, 242 f., 259 t
Jakatra
 siehe auch Jakarta 48, 50, 50 n, 52
Jambi 40 n, 43, 46, 50, 51, 56, 57, 93, 118 t, 126 t, 133, 134/135 t, 137 t, 148 g, 151 t, 157, 168 t, 172 t, 191 t, 205 g, 209, 210 t, 222 t, 226/227 t, 234, 238, 261 t
Janti 177 t, 182
Japan
 siehe auch Mojokerto 45, 46
Jasinga 196 t, 274 t
Jati (Kudus) 160 t, 173 t, 195 t, 267 t
Jatibarang 64, 159 t, 196 t, 268 t
Jatiluhur 177 t, 182, 187 t, 188, 194 t, 271 t
Jatiwangi 176 t, 265 t

Jebus 56, 59, 126 t, 128
Jember 30 n, 55, 55 n, 59, 60 n, 95, 116 n, 118 t, 119 f., 126 t, 130 n, 133, 134/135 t, 137 t, 138, 148 g, 169, 171 t, 191 t, 205 g, 210 t, 214 g, 222 t, 224, 233, 238, 260 t
Jeneponto 58, 59
Jenggawah 131 t, 268 t
Jepara (Lampung) 126, 127, 268 t
Jepara (Java) 45, 46, 47, 48 f., 51, 53, 153 t, 165 t, 174 t, 181, 194 t, 226 t, 266 t
Jetis 176 t
Jimbaran 164 t
Jipang 52
Johore (Lama) 47, 48, 49, 50, 51, 52, 226 t
Jombang 45, 46, 118 t, 119, 133, 134/135 t, 137 t, 172 t, 192 t, 222/223 t, 262 t
Jongkong Embau 160 t
Jorogo 52
Jutinyuat 164 t
Juwana 52, 143, 146 t, 153 t, 160 t, 165 t, 175 t, 181, 268 t
Juwiring 177 t

Kabanjahe 61, 64, 192 t, 268 t
Kadipaten 143, 146 t, 159 t, 168, 176 t, 195 t, 266 t
Kaduwang 52
Kahuripan 44, 46
Kaidipan (Boroko) 50, 52
Kalabahi 30 n, 62, 64, 125, 126 t, 152 t, 165 t, 194 t, 271 t
Kalangbret (Sidorejo-) 52, 176 t
Kalasan 28 n, 55 n
Kalianda 57, 59, 126 t, 127, 127 n, 129, 159
Kalianget 131 t, 152 t, 156
Kalibagor 178 t
Kalibaru 131 t, 267 t
Kalibawang 55 n
Kalibeber 52
Kaliboto-Jatiroto 177 t, 268 t
Kalinga 44, 46
Kalisangka 153 t
Kaliurang (Hargobinangun) 187, 187 t
Kaliwungu (Kendal) 52, 118 t, 121, 266 t
Kaliwungu-Prambatan (Kudus) 173 t
Kampar 47
Kampung Bugi 127 tn
Kampung Laut 153 t, 163 t
Kandangan 58, 59, 118 t, 131 t, 193 t, 273 t
Kapas 178 t
Karang Bolong 188 n
Karanganyar (Bagelen) 55, 59, 61, 61 n, 101 g, 223 t
Karanganyar (Surakarta) 61, 122 t, 193 t, 268 t
Karangasem (Amlapura) 52, 58, 122 tn, 194 t, 226 t, 271 t
Karangjati 131 t
Karangsembung 118 t, 195 t, 273 t
Karawang 51, 52, 54, 142, 191 t, 222/223 t, 227 t, 228, 233, 238 t, 261 t
Karimunjawa 153 t, 164 t
Kartiyasa 160 t
Kartosuro (Kertasura) 51, 52, 53, 160 t, 194 t, 267 t
Kasihan (Tirtonirmolo) 176 t

Kasongan 62, 64, 140, 141, 145 t, 160 t, 195 t, 275 t
Kataha
 siehe auch Kedah 43, 44, 46
Kayeli 52
Kayu Agung 57, 59, 122 t, 159 t, 194 t, 271 t
Kayu Tanam 57, 59
Kebon Agung 178 t
Kebonarum (Trunuh) 131 t
Kebumen 55, 59, 94, 182, 192 t, 266 t
Kedah 44, 46, 47, 51
Kedawang-Nguling 163 t
Kedawung 195 t, 272 t
Kedindi
 siehe Reo
Kediri 9, 44, 45, 46, 49, 54, 55, 95, 101 g, 120, 134/135 t, 137 t, 148 g, 169, 170 t, 191 t, 205 g, 207, 210 t, 214 g, 222 t, 226/227 t, 228, 233, 238, 260 t
Kedu 52
Kedung Dalem-Dringu 177 t
Kedung Halang 173 t, 195 t, 263 t
Kedungpluk (Majapahit) 45, 46
Kedungwaru 136 tn
Kefamenanu 30 n, 39 tn, 62, 64, 125, 126 t, 193 t, 273 t
Kelasan (Yogya) 131 t
Kelua 64, 65, 161 t
Kemlagi 178 t
Kempo 164 t
Kenali Asem 64, 175 t, 181
Kencong 266 t
Kendal 52, 118 t, 121, 193 t, 267 t
Kendari 30 n, 61, 62, 64, 118 t, 122 t, 123, 125, 126 t, 140, 143, 145 t, 148 g, 149, 151 t, 163 t, 191 t, 205 g, 210 t, 217, 222/223 t, 224, 235, 239, 265 t
Kepahiang 57, 59, 126 t
Kepanjen 195 t, 269 t
Kepatihan
 siehe Wiradesa-Kepatihan
Kepulungan (Gempol) 45, 46
Kerinci
 siehe auch Sungai Penuh 51 n
Kertasura
 siehe Kartosuro
Kertosono-Banaran 52, 64, 95, 160 t, 195 t, 233, 267 t
Kesamben 131 t
Kesugihan 131 t
Ketah 45, 46
Ketandan 195 t, 270 t
Ketanggungan 266 t
Ketapang (Banyuwangi) 187 n
Ketapang (Madura) 153 t, 163 t
Ketapang (Matan) 58, 59, 118 t, 120, 126 t, 154 t, 160 t, 194 t, 265 t
Ketungan (Condongcatur) 141 n
Kijang 153 t, 179 t
Kiliranjao 158 t
Kintamani (Penelokan) 187 t, 188
Kisaran 30 n, 62, 64, 118 t, 158 t, 192 t, 263 t
Klakah 160 t
Klampis 131 t, 164 t, 182
Klampisan 173 t, 181
Klampok (Purworejo-) 160 t, 196 t, 271 t
Klaten 55, 59, 142, 168, 181, 182, 192 t, 222/223 t, 233, 262 t

Klungkung 62, 64, 194 t, 272 t
Koba 56, 59, 126 t, 128, 153 t, 179 t
Kolaka 36 n, 62, 64, 118 t, 122 t, 154 t, 164 t 194 t, 272 t
Kolonedale 62, 64, 154 t, 164 t
Kopang-Rembiga 131 t
Kopeng 187, 187 t
Kota Agung (Lampung) 57, 59, 126 t, 164 t, 195 t, 269 t
Kota Bangun 161 t
Kota Baru (Tanah Pinoh) 131 t, 160 t
Kota Baru (Pulau Laut) 58, 59, 151 t, 165 t, 193 t, 234, 238 t, 266 t
Kota Bumi 62, 64, 159 t, 193 t, 262 t
Kota Gede 136 tn
Kota Kinabalu 234
Kota Mobagu 58, 59, 193 t, 265 t
Kota Nopan
 siehe Huta Nopan
Kota Pinang 56, 59, 126 t, 127, 158 t
Kota Waringin 49, 50, 52, 58, 160 t, 226 t, 232
Koto Tangah 51, 52
Kotowinangun
 siehe Kutowinangun
Kraas 131 t
Kraksaan 59, 61, 61 n, 118 t, 121, 141, 146 t, 163 t, 196 t, 223 t, 271 t
Kragilan 126 t
Kranji 163, 163 t
Krawang
 siehe Karawang
Krebet 176 t
Krembung 176 t
Krian 160 t, 178 t, 196 t, 272 t
Kronjo 164 t
Kroya 64, 143, 146 t, 196 t, 271 t
Krueng Raja 63, 64, 129, 151 t
Krui 57, 59, 126 t, 153 t
Kuala Belait 234 n
Kuala Enok 143, 145 t, 153 t
Kuala Gaung 153 t
Kuala Jelai 154 t
Kuala Kapuas 58, 59, 122 tn, 152 t, 161 t, 193 t, 268 t
Kuala Kurun 39 tn, 62, 64, 125, 126 t, 140, 141, 145 t, 161 t, 196 t, 275 t
Kuala Langsa 63, 64, 165 t
Kuala Mandah 153 t
Kuala Pembuang 62, 64, 126 t, 127, 152 t, 163 t
Kuala Simpang 61, 64, 158 t, 194 t, 272 t
Kuala Tanjung 126 t, 128, 129
Kuala Tungkal 39 tn, 57, 59, 153 t, 159 t, 165 t, 194 t, 267 t
Kuching 57, 59, 227 t, 234
Kudus 45, 46, 60 n, 122 t, 133, 134/135 t, 137 t, 168, 169, 170 t, 181, 191 t, 222/223 t, 233, 238, 261 t
Kulawi 131 t
Kulur 45, 46
Kumai 62, 64, 152 t, 164 t
Kuningan 55, 59, 188, 193 t, 261 t
Kupang 30 n, 50, 52, 58, 63, 118 t, 120, 122 t, 125, 126 t, 133, 140, 143, 145 t, 148 g, 151 t, 166 t, 191 t, 205 g, 210 t, 222 t, 224, 226/227 t, 235 n, 239, 261 t
Kurau 164 t

Kusamba 164 t
Kuta 126 t, 129, 185, 185 n, 186, 186 t, 188, 194 t, 273 t
Kuta Cane 61, 64, 194 t, 269 t
Kuta Raja
siehe auch Banda Aceh 9, 56, 64 n, 133 n, 134 t, 137 t, 156, 222 t, 226/227 t, 228
Kutai 49, 52, 58, 226 t
Kutoarjo 55, 59, 61, 61 n, 118 t, 121, 160 t, 193 t, 223 t, 270 t
Kutorenon 45, 45 n, 46
Kutowinangun 143, 146 t
Kwandang 62, 64, 154 t, 164 t

Labuha
siehe auch Bacan 141, 146 t, 155 t
Labuhan 61 n, 64, 143, 146 t, 164 t, 196 t, 269 t
Labuhan Alas 154 t
Labuhan Bajo 129, 154 t, 164 t
Labuhan Bilik 56, 59, 129, 152 t, 164 t
Labuhan Deli
siehe Deli
Labuhan Haji (Aceh) 152 t
Labuhan Lombok 126 t, 127, 143, 146 t, 154 t, 164 t, 166, 195 t, 274 t
Labuhan Maringgai 126 t, 127, 153 t, 163 t, 166
Labuhan Ruku 131 t
Lahat 34, 57, 59, 159 t, 192 t, 264 t
Lahewa 152 t
Lais 57, 59
Laiwui (Obi) 126 t, 127
Lambaru 64 n
Lamongan 52, 95, 194 t, 269 t
Langkasuka 43, 46
Langsa 61, 64, 118 t, 152 t, 158 t, 192 t, 263 t
Larantuka 30 n, 39 tn, 48, 52, 59, 97, 131 t, 154 t, 165 t, 194 t, 272 t
Larat 62, 64, 155 t
Lasem 45, 46, 118 t, 121
Lateng
siehe auch Banyuwangi 52
Lawang 175 t, 181, 187 t, 188, 195 t, 273 t
Leces 179 t
Leidong 152 t
Lekok 164 t
Leles 195 t, 273 t
Lemahabang (Cirebon) 118 t, 178 t
Lemahabang (Bekasi) 126 t
Lembang 64, 65, 126 t, 187 t, 188, 194 t, 271 t
Lembar
siehe auch Mataram 63, 64, 151 t, 155 f.
Leok-Buol 50, 52
Leuwiliang 126 t, 196 t, 273 t
Lewo Leba 126 t, 127, 154 t
Lhok Seumawe 56, 59, 118 t, 126 t, 128, 152 t, 158 t, 165 t, 175 t, 181, 191 t, 222/223 t, 238, 265 t
Lhok Sukon 61, 64, 141, 145 t, 158 t, 196 t, 275 t
Lifao 48, 52, 59
Likisia 62 n, 64
Lima Koto Air Pampan 130 n
Limboto 40 n, 50, 52, 140, 146 t, 196 t, 271 t

Linggarjati 187, 187 t
Lipat Kain 158 t
Lipu (-Ereke) 164 t
Lirik 180 t
Lirung 154 t
Loano 131 t
Lokop 61, 64
Lomanis 195 t, 275 t
Long Bawang 62, 64
Long Iram 62, 64, 161 t
Long Kali 126 t, 127, 128
Long Nawang 62, 64, 131 t
Long Pahangai 118 t
Lospalos 62 n, 64
Lubuk Alung 195 t, 276 t
Lubuk Basung 57, 59
Lubuk Begalung 264 t
Lubuk Linggau 30 n, 62, 64, 159 t, 192 t, 262 t
Lubuk Pakam 62, 64, 65, 158 t, 196 t, 265 t
Lubuk Selasih 158 t
Lubuk Sikaping 57, 59, 125, 126 t, 194 t, 274 t
Lumajang 52, 95, 130 n, 174 t, 193 t, 233, 263 t
Luwuk 62, 64, 125, 126 t, 145 t, 154 t, 165 t, 192 t, 222/223 t, 239, 270 t
Lwa Gayah 46

Macanputih 52
Madiun 44, 46, 54, 54 n, 55, 95, 120, 122 t, 130 n, 134/135 t, 137 t, 148 g, 157, 169, 171 t, 186 t, 191 t, 205 g, 210 t, 214 g, 222 t, 227 t, 228, 233, 238, 260 t
Magelang 54, 55, 59, 60, 94, 95, 134/135 t, 137 t, 148 g, 169, 171 t, 191 t, 205 g, 210 t, 214, 214 g, 222 t, 227 t, 228, 233, 238, 260 t
Magetan 52, 122 t, 130 n, 131 t, 192 t, 267 t
Maja 55 n
Majalaya 168, 169, 171 t, 196 t, 268 t
Majalengka 55, 55 n, 59, 193 t, 268 t
Majapahit 44 f., 46
Majenang 143, 146 t, 193 t, 267 t
Majene 58, 59, 122 t, 125, 126 t, 154 t, 165 t, 194 t, 267 t
Makale 62, 64, 122 t, 122 tn, 194 t, 274 t
Makasar
siehe auch Ujung Pandang 9, 49, 50, 51, 52, 58, 61, 63, 118 t, 134 t, 136, 137 t, 150 t, 220, 222 t, 226/227 t, 228, 236 n
Malakka 43, 46, 47 f., 51, 56, 226/227 t
Malang 44, 49, 52, 60, 65, 80, 95, 99 g, 100, 101 g, 103 g, 107 g, 108, 118 t, 119, 120, 134/135 t, 136, 137, 142, 146 t, 148 g, 149, 169, 170 t, 186 t, 188, 191 t, 205 g, 209, 210 t, 214, 214 g, 221, 222 t, 226 t, 233, 238, 243, 259 t
Maliana 62 n, 64
Malili 62, 64, 154 t
Malinau 62, 64, 161 t
Maloko (Ternate) 45, 46
Mamasa 62, 64
Mamuju 62, 64, 122 t, 125, 126 t, 140, 146 t, 154 t, 195 t, 274 t
Manado 9, 40 n, 50, 52, 58, 61, 107 g, 118 t, 134/135 t, 137, 137 t, 148 g, 150,
151 t, 156, 171 t, 191 t, 200 g, 205 g, 209, 210 t, 221, 222 t, 226/227 t, 232, 235, 236, 239, 260 t
Manatuto 62 n, 64
Mandah 131 t
Mandomai 161 t
Manggar 153 t, 165 t, 179 t, 194 t, 271 t
Manila 49 f., 52
Maninjau 57, 59, 141, 145 t
Manna 57, 59, 125, 126 t, 195 t, 274 t
Manonjaya 54, 59
Maos 143, 146 t
Maospati 131 t, 160 t
Marabahan 40 n, 58, 59, 130, 130 n, 131 t, 140, 146 t, 161 t, 196 t, 274 t
Margasari 131 t, 161 t
Maros 58, 59, 122 t, 123, 140, 146 t, 195 t, 267 t
Martapura (Banjar) 49, 52, 58, 122 tn, 182, 192 t, 265 t
Martapura (Sumatra) 62, 64, 126 t, 127, 159 t
Mas 188 n
Masamba 62, 64
Masbagik 266 t
Masohi
siehe Amahai-Masohi
Mataram (Java) 49, 49 n, 50, 51, 52, 53, 226 t
Mataram (Lombok) 30 n, 59, 61, 63, 107 g, 118 t, 122 t, 125, 126 t, 134/135 t, 137 t, 140, 143, 145 t, 148 g, 166, 172 t, 191 t, 200 g, 205 g, 210 t, 211, 222 t, 224, 239, 242, 260 t
Maumere 30 n, 39 tn, 62, 64, 65, 125, 126 t, 152 t, 165 t, 193 t, 268 t
Medan 9, 56, 59, 63, 92, 98, 99 g, 100, 103 g, 107 g, 108, 117, 118 t, 125, 126 t, 134/135 t, 136, 136 n, 137 t, 148 g, 150 t, 155, 157, 166 t, 169, 170 t, 186 t, 190, 191 t, 198, 199, 200 g, 205 g, 209, 210 t, 220, 222 t, 224, 228, 231 f., 233, 236, 238, 242, 243, 259 t
Meester Cornelis 28 n, 119 tn, 120 n, 136 tn
Melak 62, 64, 161 t
Melayu (Jambi) 43, 46
Meliau 131 t
Mempawah 36 n, 58, 59, 140, 146 t, 195 t, 271 t
Menes 61 n, 64
Menggala 57, 59, 118 t, 121, 159 t, 242
Mengwi 62 n
Menjuto 51, 52
Menoreh 55, 59
Mentok
siehe Muntok
Merak 94, 126 t, 127, 152 t, 156, 188, 194 t, 273 t
Mesjid (Kualu) 56, 59
Metro 62, 64, 85, 118 t, 122 t, 123, 125, 126 t 127, 192 t, 223 t, 263 t
Meulaboh 56, 59, 152 t, 165 t, 193 t, 270 t
Meureudu 61, 64, 141, 145 t
Mimbaan 178 t, 267 t
Minas 126 t, 128, 180 t
Mladingan 131 t
Mojokerto 45, 46, 60 n, 133, 172 t, 192 t, 222/223 t, 262 t

Mojokuto
  siehe Pare
Montrado 58, 59
Morodemak-Bonang 163 t
Moro Sulit 153 t, 164 t, 166
Muara (Toba) 158 tn
Muara Badak 126 t, 128
Muara Beliti 57, 59, 159 t
Muara Bulian 129, 159 t
Muara Bungo 36 n, 62, 64, 125, 126 t, 159 t, 194 t, 274 t
Muara Dua 57, 59
Muara Enim 34, 36 n, 39 tn, 57, 59, 64, 122 t, 131 t, 159 t, 194 t, 275 t
Muara Kaman 43, 46, 161 t
Muara Kelingi 159 t
Muara Kumpeh 57, 59
Muara Kunang 159 t
Muara Labuh 57, 59, 141, 145 t
Muara Lakitan 159 t
Muara Lesan 126 t, 127, 128
Muara Muntai 62, 64, 161 t
Muara Pahu-Teluk Tempudau 161 t
Muara Rupit 57, 59, 131 t, 159 t
Muara Sabak 57, 59, 153 t, 159 t, 164 t
Muara Siberut 62, 64
Muara Tebo 62, 64, 126 t, 127, 159 t
Muara Teladang 159 t
Muara Tembesi 159 t
Muara Teweh 36 n, 122 t, 161 t, 194 t, 274 t
Muko-Muko 51, 57, 59, 141, 146 t, 164 t
Muncar 163, 163 t, 242, 264 t
Mungkid 179 t
Muntilan 160 t, 194 t, 268 t
Muntok 56, 59, 60, 79 n, 151 t, 179 t, 195 t, 227 t, 270 t

Nainggolan 158 tn
Namlea 62, 64, 155 t
Nampudadi 52
Nanga Pinoh 62, 64, 126 t, 127, 160 t
Nanga Serawai 160 t
Nanga Tayap 62, 64, 160 t
Nanggalo-Tarusan 51, 52
Nanggulan 55 n
Natal 51, 52, 57, 152 t
Negara (Bali) 62, 64, 193 t, 265 t
Negara (Hulu Sungei) 64, 65, 131 t, 161 t, 177 t, 182
Negeri Lama 56, 59, 126 t, 127
Ngabang 58, 59, 160 t
Ngadiluwuh 143, 145 t, 192 t, 274 t
Ngadirejo 143, 146 t
Ngambalrejo 176 t
Nganjuk 52, 64, 95, 193 t, 265 t
Ngawi 55, 59, 130 n, 193 t, 263 t
Ngofakiaha 118 t
Ngrobot (Patianrowo-) 176 t
Ngrowo
  siehe auch Tulungagung 59
Nguling
  siehe Kedawang-Nguling
Ngunut 118 t, 143, 146 t
Nipah Panjang 153 t, 159 t, 164 t, 166
Nita 141, 141 n, 146 t
Nongsa 127 tn, 128, 129, 179 t
Nunukan 62, 64, 126 t, 127, 128, 152 t, 156

Nusa Dua
  siehe Bualu

Oekussi
  siehe auch Pante Makassar 48, 52, 59, 62 n
Oosthaven
  siehe auch Panjang 63, 64

Pabuaran
  siehe Cibinong-Pabuaran
Pace 52
Pacet (Cianjur) 55, 59, 186, 186 t, 265 t
Pacet (Sajen-) 187 t
Pacitan 52, 54 n, 130 n, 193 t, 233, 265 t
Padaherang 196 t, 276 t
Padalarang 159 t, 175 t, 196 t, 264 t
Padang 9, 33, 50, 52, 57, 59, 60, 63, 92, 99 g, 100, 103 g, 107 g, 125 n, 127 tn, 134/135 t, 136, 137 t, 148 g, 150 t, 166 t, 171 t, 191 t, 200 g, 205 g, 209, 210 t, 220 f., 222 t, 226/227 t, 228, 232, 233 f., 236, 238, 259 t
Padang Baai 152 t, 156
Padang Cermin 126 t, 127
Padang Panjang 57, 59, 140, 158 t, 192 t, 222/223 t, 266 t
Padang Sidempuan 57, 59, 118 t, 122 t, 124, 158 t, 192 t, 222/223 t, 262 t
Padang Ulak Tanding 57, 59
Padasuka 173 t
Pagar Alam 57, 59, 126 t, 145 t, 192 t, 267 t
Pagar Rujung 45, 46, 51 n
Pagetan (Singosari-) 196 t, 270 t
Pahandut
  siehe auch Palangka Raya 61, 64, 122 t, 123, 126 tn, 161 t
Pahang 47
Painan 36 n, 51, 52, 57, 118 t, 125, 126 t, 165 t, 194 t, 270 t
Pajang (Surakarta) 48, 52, 53
Pajarakan (Kutorenon) 45, 45 n, 46
Pajarakan (Probolinggo) 45, 45 n, 46, 178 t
Pakem (Binangun) 131 t, 187 f. 187 t, 195 t, 274 t
Pakis (Pati) 178 t
Pakuan 44, 46, 47, 48, 54
Palah (Panataran) 44
Palangka Raja 38 tn, 61, 64, 99 g, 118 t, 122 t, 123, 125, 126 t, 140, 145 t, 147, 148 g, 149, 161 t, 191 t, 205 g, 210 t, 222 t, 224, 234, 238, 239, 263 t
Palembayan 57, 59
Palembang 9, 34, 43, 46, 50, 51, 56, 57, 63, 93, 99 g, 100, 103 g, 107 g, 108, 118 t, 134/135 t, 137 t, 148 g, 150 t, 155, 157, 169, 170 t, 186 t, 191 t, 199, 200 g, 205 g, 209, 210 t, 217, 220, 222 t, 226/227 t, 228, 231 f., 233, 234, 236, 238, 243, 259 t
Palimanan 268 t
Palingkau 131 t, 161 t
Palopo 39 tn, 58, 59, 118 t, 122 t, 154 t, 165 t, 192 t, 264 t
Palu 30 n, 61, 62, 64, 118 t, 122 t, 125, 126 t, 133, 140, 143, 145 t, 148 g, 154 t, 157, 191 t, 200 g, 205 g, 210 t, 222/223 t, 239, 261 t

Pamanukan 51, 52, 194 t, 266 t
Pamekasan 52, 54, 122 t, 153 t, 157, 192 t, 222 t, 227 t, 233, 238, 263 t
Pamerden 52
Pameungpeuk (Bandung)
  siehe auch Sukasari-Pameungpeuk 126 t
Pampangan 159 t
Pampanua 58, 59, 131 t
Panarukan 47, 52, 55, 140, 146 t, 152 t, 164 t, 177 t
Panataran 44
Pandaan 160 t, 194 t, 272 t
Pandeglang 53, 59, 126 t, 128 f., 129 n, 194 t, 269 t
Pangalengan 267 t
Pangandaran 163 t, 166, 186 t, 187, 188
Pangkah 178 t
Pangkajene-Kepulauan 58, 59, 131 t, 154 t, 165 t, 193 t, 272 t
Pangkajene (Rappang/Sidenreng) 64, 122 t, 193 t, 270 t
Pangkal Pinang 56, 59, 60, 118 t, 148 g, 151 t, 156, 173 t, 180, 191 t, 205 g, 210 t, 222 t, 224, 234, 238, 261 t
Pangkalan Brandan 64, 152 t, 180 t, 194 t, 263 t
Pangkalan Buun 36 n, 58, 59, 122 tn, 125, 126 t, 152 t, 192 t, 234, 238, 239, 269 t
Pangkalan Dodek 163 t
Pangkalan Kota Baru 57, 59, 118 t, 158 t
Pangkalan Susu 63, 64, 126 t, 152 t, 164 t, 180 t, 196 t, 269 t
Panguruan 61, 64, 158 t
Panipahan 143, 145 t, 153 t
Panjalu 55 n, 59
Panjang 63, 63 n, 64, 126 t, 127, 150, 150 t, 150 n, 194 t, 242, 265 t
Pante Makassar 62 n, 64
Panyabungan 57, 59, 158 t, 196 t, 273 t
Parakan 160 t, 194 t, 272 t
Parakan Muncang 51, 52
Pare 76 n, 195 t, 265 t
Pare-Pare 58, 59, 118 t, 122 t, 124, 151 t, 156, 165 t, 192 t, 217, 222/223 t, 261 t
Parengan 177 t, 182
Pariaman 33, 50 f., 52, 57, 118 t, 122 t, 130, 130 n, 131 t, 165 t, 193 t, 273 t
Parigii 62, 64, 154 t
Parit Tiga (Bangka) 142, 144 t
Parung 126 t
Parung Panjang 126 t
Pasar Ambacang-Pauh 51, 52
Pasar Baru-Bayang 51, 52
Pasar Kuok–Batang Kapas 50, 52
Paseh
  siehe Cipaku-Paseh
Pasinan-Baureno 173 t
Pasir 49, 52, 58
Pasir Panjang Karimun 179 t
Pasir Pengarayan 62, 64, 195 t, 271 t
Pasir Putih 126 t, 129, 187, 187 t, 188
Pasong Songan 164 t
Pasuruan 45 n, 49, 51, 52, 54, 55, 60, 95, 133, 134/135 t, 137, 152 t, 166 t, 168, 173 t, 180, 181, 192 t, 222/223 t, 224, 226/227 t, 228, 261 t
Patani 43, 50, 52, 226 t
Pati 52, 53 f., 60, 133, 191 t, 222 t, 227 t, 233, 238, 262 t

Patianrowo-Ngrombot 176 t
Patokan-Kraksaan
  siehe Kraksaan
Pattalassang 140, 146 t, 196 t, 275 t
Patukangan
  siehe auch Situbondo 45, 46
Pauh (Pasar Ambacang) 51, 52
Pauh (Tembesi) 126 t, 127, 159 t
Payah Kumbuh 57, 59, 122 t, 123, 192 t, 261 t
Pecangaan 126 t, 177 t
Pedamaran 39 tn, 159 t
Pedan
  siehe Beji-Pedan
Pedir Pidië 52
Pegatan (Mendawai) 126 t, 154 t, 160 t, 164 t, 196 t, 275 t
Pegatan (Selat Laut) 58, 59, 154 t, 163 t, 166, 196 t, 273 t
Pekajangan 175 t
Pekalongan 44, 44 n, 52, 54, 60, 94, 122 t, 124, 134/135 t, 136, 137 t, 153 t, 157, 166 t, 168, 169, 170 t, 181, 191 t, 205 g, 207, 222 t, 224, 227 t, 228, 233, 260 t
Pekan Baru 61, 63, 64, 67, 92, 99 g, 118 t, 122 t, 133, 134/135 t, 137, 137 t, 148 g, 150 t, 155, 172 t, 186 t, 191 t, 205 g, 209, 210 t, 221, 222/223 t, 224, 234, 236, 238, 242, 260 t
Pekan Tua Indragiri 47, 51, 52, 228 n
Pelabuhan Dagang 159 t
Pelabuhan Kidul 45
Pelabuhan Lor 45
Pelabuhan Ratu 163 t, 166, 187, 187 t, 188, 194 t, 267 t
Pemalang 52, 133, 134/135 t, 137, 138, 165 t, 192 t, 242, 262 t
Pemangkat 58, 59, 118 t, 120, 131 t, 151 t, 160 t, 165 t, 195 t, 266 t
Pematang Cempedak
  siehe Rantau Kopar
Pematang Siantar 61, 64, 67, 118 t, 133, 134/135 t, 137 t, 148 g, 169, 172 t, 191 t, 205 g, 210 t, 222 t, 224, 238, 239, 260 t
Pembuang Hulu 131 t, 160 t
Penang 56, 59, 227 t
Pendopo-Talang Akar 64, 126 t, 128, 142, 145 t, 180 t, 195 t, 276 t
Pengasih 55, 55 n, 59
Penuba 63, 64
Perajen-Sungei Rengas 179 t
Perak 51, 52
Perbaungan 196 t, 271 t
Perdagangan-Bandar 143, 145 t, 158 t, 196 t, 270 t
Perigiraya 153 t
Perlak (Peureulak) 46, 47
Pesaguan 154 t, 160 t
Pesawahan (Bandung) 173 t
Peta 131 t, 154 t
Petimuan 266 t
Peureulak
  siehe Perlak
Pidië (Pedir) 48, 52
Pinrang 58, 59, 131 t, 194 t, 263 t
Piru 62, 64
Playen 131 t
Pleihari 39 tn, 40 n, 58, 59, 140, 146 t, 195 t, 272 t

Plered-Weru 55, 59, 143, 145 t, 194 t, 269 t
Ploso 131 t
Pohjentrek 176 t
Polewali 62, 64, 122 t, 193 t, 268 t
Pomalaa 64, 126 t, 154 t, 179 t
Ponorogo 44, 52, 60 n, 130 n, 131 t, 174 t, 192 t, 222/223 t, 261 t
Pontianak 9, 58, 59, 96, 99 g, 100, 101 g, 103 g, 107 g, 109, 118 t, 129, 134/135 t, 137, 137 t, 148 g, 151 t, 157, 166 t, 171 t, 191 t, 200 g, 205 g, 209 ff., 210 t, 221, 222 t, 227 t, 228, 232, 234, 236, 238, 259 t
Porsea 131 t, 158 tn
Portibi 57, 59
Poso 62, 64, 118 t, 120, 122 t, 123, 145 t, 154 t, 165 t, 192 t, 222/223 t, 239, 268 t
Prabumulih 34, 39 tn, 64, 159 t, 195 t, 263 t
Prajekan 55, 131 t, 177 t
Prambanan 44, 46, 187, 188
Prambatan (Kaliwungu) 173 t
Prambon 178 t
Prapat 126 t, 127, 141, 145 t, 158 t, 186, 186 t
Praya 62, 64, 194 t, 270 t
Prembun 196 t, 275 t
Prigen 187, 187 t, 193 t, 270 t
Prigi 164 t
Pringsewu 194 t, 267 t
Probolinggo 52, 54, 60, 60 n, 95, 133, 134/135 t, 137, 151 t, 156, 166 t, 174 t, 191 t, 222 t, 224, 227 t, 228, 233, 238, 261 t
Prupuh-Campurejo 163 t
Puger 52, 55, 164 t
Pujun 163 t, 187, 187 t
Pulang Pisau 62, 64, 126 t, 127, 154 t, 161 t
Pulau Banyak 152 t
Pulau Bunyu 126 t, 128, 154 t, 180 t
Pulau Gag 179 t
Pulau Halang 143, 145 t, 153 t
Pulau Kijang 131 t, 153 t
Pulau Putri 185 n
Pulau Telo 152 t, 164 t
Pulo Cingko 50, 54
Punten-Tulungreja 187 t
Purbalingga 55, 59, 118 t, 122 t, 174 t, 181, 193 t, 268 t
Puruk Cahu 39 tn, 62, 64, 140, 146 t, 161 t, 196 t, 275 t
Purwakarta 28 n, 54, 59, 60, 94, 122 t, 192 t, 222/223 t, 227 t, 228, 261 t
Purwodadi 55, 59, 194 t, 267 t
Purwoharjo 131 t
Purwokerto 55, 59, 94, 118 t, 134/135 t, 137 t, 148 g, 174 t, 181, 186 t, 200 g, 205 g, 210 t, 211, 214 g, 222 t, 224, 233, 237, 238, 260 t
Purworejo 54, 55, 59, 60, 94, 118 t, 121, 133, 174 t, 192 t, 222/223 t, 227 t, 263 t
Purworejo-Klampok 160 t, 196 t, 271 t
Purwosari (Kediri) 176 t
Putus Sibau 62, 64, 125, 126 t, 140, 146 t, 160 t, 175 t, 275 t

Raba-Bima
  siehe auch Bima 118 t, 192 t, 262 t
Raha 62, 64, 154 t, 165 t, 193 t, 273 t

Raja Galuh 55 n
Rambah Tengah
  siehe Pasir Pengarajan
Rambipuji 160 t, 267 t
Randublatung 131 t
Rangkasbitung 53, 59, 128 f., 129 n, 192 t, 262 t
Rantau (Tapin) 39 tn, 40 n, 58, 59, 131 t, 193 t, 274 t
Rantau Bajur 159 t
Rantau Kopar (Pmt. Cempedak) 158 t
Rantau Panjang Serdang 56, 59
Rantau Panjang Tabir 159 t
Rantau Pauh (Tamiang) 142, 144 t, 192 t, 274 t
Rantau Prapat 62, 64, 118 t, 122 t, 158 t, 192 t, 222/223 t, 263 t
Rantepao 62, 64, 187 t, 188, 195 t, 271 t
Rao 57, 59, 131 t
Rappang (Watan Rappang) 58, 59
Rawa 52
Rema 52
Rembang 52, 54, 126 t, 165 t, 174 t, 181, 192 t, 222/223 t, 226/227 t, 228, 265 t
Rembiga (Kopang-) 131 t
Renes 45, 46
Rengasdenglok 269 t
Rengat 39 tn, 56, 59, 118 t, 120, 131 t, 152 t, 158 t, 192 t, 270 t
Reo 154 t, 164 t
Riau (Lama)
  siehe auch Tanjung Pinang 56, 59, 226/227 t
Rogojampi 131 t, 143, 146 t, 160 t, 196 t, 271 t
Rongkop 131 t
Rumbai
  siehe auch Pekan Baru 151 t
Ruteng 30 n, 62, 64, 125, 126 t, 194 t, 269 t

Sabang 20, 29 n, 63, 64, 152 t, 164 t, 193 t, 269 t
Sadeng 45, 46
Sajen-Pacet 187 t
Salatiga 52, 133, 142, 146 t, 174 t, 181, 188, 191 t, 222/223 t, 233, 238, 261 t
Salido 50, 52, 119 tn
Salimbau 58, 59
Samarinda 34, 38 tn, 58, 59, 61, 65, 107 g, 109, 118 t, 122 t, 123, 125, 126 t, 133, 134/135 t, 137, 137 t, 148 g, 150 t, 157, 166 t, 171 t, 186 t, 191 t, 200 g, 205 g, 209, 210 t, 222/223 t, 224, 234, 238, 242, 260 t
Sambas 49, 52, 58, 96, 152 t, 160 t, 195 t, 226 t, 228 n, 234, 271 t
Samboja 180 t
Sambu 153 t, 180 t
Same 62 n, 64
Sampang 28 n, 49, 52, 118 t, 121, 153 t, 157, 194 t, 226 t, 270 t
Sampit 58, 59, 122 tn, 151 t, 160 t, 193 t, 234, 238, 239, 271 t
Samuda 152 t, 160 t, 164 t
Samudra (Pasé) 46, 47
Sanana 62, 64, 155 t
Sandai 160 t
Sandakan 57, 59
Sanga-Sanga 180 t

Sanggau 58, 59, 116, 122 t, 125, 126 t, 160 t, 195 t, 272 t
Sangkanurip 187 t
Sangkapura 141, 146 t, 153 t
Sangkulirang 62, 64, 96, 126 t, 127, 128, 154 t, 161 t, 163 t, 238, 239
Santubong 43, 46
Sanur 185, 185 n, 186, 186 t, 188
Saparua 62, 64
Sapat 153 t
Sape 129
Sapekan 153 t
Sarang 163, 163 t
Sarangan 187, 187 t
Sarolangun 62, 64, 159 t
Sasak 164 t
Saumlaki 62, 64, 126 t, 127, 155 t
Sawahan 131 t
Sawahlunto 29 n, 63, 64, 118 t, 121, 121 n, 122 t, 124, 131 t, 175 t, 181, 194 t, 242, 273 t
Secang 177 t
Sedanau 126 t, 127
Sedayu (Jawa-Timur) 45, 46, 55
Sekadau 622, 64, 160 t
Sekayu 36 n, 57, 59, 131 t, 159 t, 195 t, 272 t
Sekupang 127 tn, 153 t
Sekura 154 t, 160 t
Sela 52
Selat Panjang 126 t, 129, 151 t, 195 t, 266 t
Selayar
 siehe auch Benteng (Selayar) 59
Selong 62, 64, 194 t, 264 t
Semanido 158 tn
Semarang 9, 24, 44 n, 51, 52, 53 f., 60, 80, 94, 98, 99 g, 100, 101 g, 103 g, 107 g, 108, 121, 126 t, 134/135 t, 136, 136 n, 137, 148 g, 150 t, 155, 157, 169, 170 t, 186 t, 191 t, 199, 200 g, 205 g, 209, 210 t, 213, 214 g, 220, 222 t, 225, 226/227 t, 231 f., 233, 237, 238, 243, 259 t
Sembaliung 58
Semboja 39 tn, 154 t
Semin 131 t
Semitau 62, 64, 160 t
Sengata 180 t
Senggara 52
Seng-Chih (Simhapura) 44, 46
Sengkang-Tempe
 siehe auch Wajo (Sengkang) 52, 118 t, 193 t, 264 t
Sentolo 55 n
Sepanjang
 siehe Wonocolo-Sepanjang
Serang 53, 54, 59, 94, 118 t, 119, 120, 129, 191 t, 222 t, 227 t, 238, 261 t
Seribu Dolok 158 t
Seruway 56, 59
Setana (Wengker) 44, 46
Seulimeun 61, 64, 158 t
Siak Sri Indrapura 47, 51, 52, 56, 153 t, 226/227 t
Sialang Buah 164 t
Sibolangit 187, 187 t
Sibolga 57, 59, 60, 118 t, 122 t, 124, 126 t, 148 g, 149, 151 t, 156, 191 t, 205 g, 210 t, 222 t, 227 t, 234, 238, 262 t
Siborong-Borong 61, 64, 131 t, 158 t

Sidareja 131 t, 195 t, 267 t
Sidikalang 61, 64, 194 t, 270 t
Sidoarjo 59, 172 t, 180, 192 t, 263 t
Sidomulyo 131 t, 196 t, 276 t
Sidorejo-Kalangbret (Tulungagung) 176 t
Sigli 56, 59, 122 t, 123, 165 t, 192 t, 238, 273 t
Sijunjung 57, 59, 140, 145 t, 195 t, 275 t
Sikakap 152 t, 164 t
Silebar 51, 52
Silungkang 118 t, 177 t, 182
Simhapura (Seng-Chih) 44, 46
Simpang Sender 126 t, 127, 143, 145 t, 196 t, 275 t
Simpang Tiga Lumpur 124, 178 t, 183
Sinabang 61, 64, 141, 145 t, 152 t
Sindang Kasih 55 n
Sindanglaya (Pacet) 186, 186 t, 196 t, 276 t
Sineboi 153 t, 164 t
Singaparna 141, 146 t, 195 t, 269 t
Singapur 2, 34, 43, 46, 56, 59, 63, 93, 140, 162, 209, 220, 225, 227 t, 229, 230, 231, 232, 234, 236, 243
Singaraja-Buleleng 58, 61, 157, 185, 187 t, 188, 191 t, 222 t, 262 t
Singkarak 57, 59
Singkawang 30 n, 58, 59, 116, 118 t, 122 t, 123, 152 t, 191 t, 211, 222/223 t, 234, 238, 262 t
Singkil 51, 52, 141, 145 t, 152 t, 234
Singosari 44, 46, 49, 196 t, 270 t
Sinjai-Balangnipa 39 tn, 58, 59, 165 t, 193 t, 268 t
Sintang 58, 59, 126 t, 160 t, 194 t, 271 t
Sipirok 131 t
Situbondo 45, 46, 192 t, 233, 269 t
Situraja 131 t
Slahung 131 t
Slawi 118 t, 160 t, 168, 194 t, 265 t
Sleman 38 tn, 55 n, 59, 61, 173 t, 181, 195 t, 273 t
Soa Siu 122 t, 140, 155 t, 195 t, 275 t
Soak Kandis (Tg. Jabung) 159 t
Soë 30 n, 62, 64, 195 t, 272 t
Sokaraja 118 t
Solo (Sala)
 siehe Surakarta
Solok 57, 59, 193 t, 267 t
Songgoriti 186 t
Soppeng (Watan Soppeng) 49, 52
Soreang 269 t
Soroako 64, 126 t, 128, 179 t,
Sosok 160 t
Sragen 55, 59, 192 t, 265 t
Sragi 143, 145 t, 176 t, 192 t, 273 t
Srivijaya
 siehe auch Palembang 43 ff., 46, 47
Stabat 143, 145 t, 195 t, 270 t
Suai 62, 64
Subang 28 n, 59, 61, 120, 192 t, 263 t
Sukabumi 54, 59, 60 n, 65, 133, 134/135 t, 137 t, 148 g, 149, 182, 186 t, 187, 189, 191 t, 205 g, 210 t, 214, 214 g, 222 t, 224, 233, 238, 260 t
Sukadana (Lampung) 57, 59, 126 t
Sukadana (Borneo) 46, 49, 50, 58, 120, 131 t, 226 t
Sukamara 152 t
Sukapura (Sukaraja) 51, 52, 54

Sukaraja 51, 52
Sukasari-Pameungpeuk 177 t
Sukoharjo 61, 122 t, 123, 194 t, 269 t
Sukokerto-Pajarakan 178 t
Sukorejo (Pasuruan) 176 t
Sukowati 52
Sukowono (Jember) 173 t
Sukun (Penida) 46
Suliki 57, 59
Sulit Air 131 t
Sumanik 118 t
Sumbawa Besar 49, 50, 52, 125, 126 t, 151 t, 192 t, 228 n, 264 t
Sumber Anyar 164 t
Sumber Lawang 131 t
Sumber Pucung 131 t
Sumberrejo (Talun-) 176 t
Sumedang 49, 51, 52, 118 t, 121, 192 t, 265 t
Sumenep 45, 46, 54, 122 tn, 192 t, 266 t
Sumpang BinangaE 58, 59, 122 t, 131 t, 194 t, 270 t
Sumpyuh 131 t
Sumur Panggang 136 tn
Sunda Kelapa
 siehe auch Jakatra 47, 48, 52
Sungai Apit 126 t, 128
Sungai Berombang 164 t
Sungai Buntu 164 t
Sungai Duri 164 t
Sungai Gerong 170 tn, 195 t, 273 t
Sungai Guntung 153 t
Sungai Liat 36 n, 56, 59, 153 t, 157, 165 t, 194 t, 266 t
Sungai Limau 48, 52, 118 t
Sungai Pakning 126 t, 128, 153 t, 180 t
Sungai Penuh 39 tn, 51 n, 62, 64, 192 t, 263 t
Sungai Pinyuh 143, 146 t
Sungai Raya (Pontianak) 160 t, 178 t, 183
Sungai Raya (Sambas) 164 t
Sungai Rengas
 siehe Perajen-Sungai Rengas
Sungai Selan 126 t, 128, 153 t
Sungayang 131 t
Sunggal 196 t, 275 t
Sungguminasa 122 t, 123, 195 t, 269 t
Sungsang 153 t, 159 t, 162, 163 t, 242
Surabaya 9, 24, 28 n, 44 n, 45, 46, 47, 48, 49, 51, 54, 55, 55 n, 60, 63, 80, 95, 99 g, 100, 101 g, 103 g, 106, 107 g, 108, 116 n, 120, 122 t, 123, 128 n, 129, 133, 134/135 t, 137 t, 148 g, 150 t, 155, 157, 168, 170 t, 180, 185, 186 t, 191, 198, 199, 200 g, 205 g, 209, 210 t, 213, 214 g, 220, 222 t, 225, 226/227 t, 231 f., 233, 236, 236 n, 237, 238, 243, 259 t
Surakarta (Solo) 9, 24, 25, 48, 52, 53, 54, 95, 99 g, 100, 103 g, 108, 123, 134/135 t, 136, 137 t, 142, 148 t, 157, 168, 169, 170 t, 185, 186 t, 191 t, 205 g, 207, 209, 210 t, 214, 214 g, 221, 222 t, 226/227 t, 228, 233, 238, 242, 259 t
Suruaso 118 t
Surulangun 57, 59, 62, 65, 159 t
Susoh 61, 64, 152 t

Tabanan 62, 64, 193 t, 270 t
Tabanio 162, 163 t, 166, 166 n

Tacipi 131 t
Tagulandang (Bahoi) 50, 52, 154 t
Tahuna 58, 59, 154 t, 193 t, 271 t
Tais 57, 59
Takalar 58, 59, 122 tn
Takengon 61, 64, 118 t, 122 t, 123, 193 t, 269 t
Takisung 162, 163 t, 166, 166 n
Takkalala 131 t
Talang Akar-Pendopo 64, 126 t, 128, 142, 145 t, 180 t, 195 t, 276 t
Talang Balai 159 t
Talang Betutu 57, 59, 159 t, 179 t, 183
Talang Padang 57, 59, 118 t
Talisayan 103 g
Talu 57, 59, 118 t, 131 t, 196 t, 274 t
Taluk Kuantan 62, 64, 158 t
Talun-Sumberrejo 176 t
Tamako 154 t
Taman 173 t, 181, 266 t
Tamanan 178 t
Tambaan-Camplong 164 t
Tamiang
  siehe auch Kuala Simpang 56
Tamiang Layang 39 tn, 62, 64, 125, 126 t, 140, 146 t, 161 t, 196 t, 276 t
Tanah Grogot 58, 59, 101 g, 122 t, 123, 125, 126 t, 128, 154 t, 161 t, 195 t, 274 t
Tanah Lemo 163 t
Tanete 131 t, 141, 141 n, 146 t
Tanggerang 28 n, 30 n, 61, 94, 126 t, 128 f., 133, 172 t, 180, 192 t, 222/223 t, 261 t
Tanggul (Jember) 196 t, 264 t
Tanjung (Brebes) 160 t
Tanjung (Tabalong) 39 tn, 58, 59, 180 t, 194 t, 272 t
Tanjung Aru 131 t
Tanjung Balai Asahan 51, 52, 56, 118 t, 151 t, 156, 165 t, 166, 192 t, 222/223 t, 226/227 t, 265 t
Tanjung Balai Karimun 57, 59, 140, 145 t, 153 t, 193 t, 273 t
Tanjung Batu (Kundur) 153 t
Tanjung Beringin 56, 59, 131 t, 163 t
Tanjung Enim 63, 64, 143, 146 t, 173 t, 181, 193 t, 272 t
Tanjung Karang-Teluk Betung 63 n, 64, 99 g, 100, 103 g, 107 g, 118 t, 122 t, 123, 126 t, 127 n, 134/135 t, 137, 137 t, 148 g, 150 n, 205 g, 209, 210 t, 211, 222 t, 233, 238, 259 t
Tanjung Kedabu 153 t
Tanjung Kuala 179 t
Tanjung Leidong 164 t
Tanjung Palas
  siehe auch Tanjung Selor 58
Tanjung Pandan 36 n, 57, 59, 152 t, 165 t, 172 t, 180, 192 t, 264 t
Tanjung Perak
  siehe auch Surabaya 150 t
Tanjung Pinang 56, 57, 59, 61, 118 t, 129, 148 g, 151 t, 165 t, 191 t, 200 g, 211 n, 205 g, 210 t, 222 t, 224, 227 t, 228, 234, 238, 262 t
Tanjung Priok
  siehe auch Jakarta 63, 150 t
Tanjung Pura (Karawang) 51
Tanjung Pura (Langkat) 56, 59, 131 t, 190, 194 t, 270 t
Tanjung Puri (Sukadana) 46, 49, 49 n
Tanjung Raya 57, 59
Tanjung Redeb 58, 59, 118 t, 125, 126 t, 128, 140, 146 t, 154 t, 161 t, 195 t, 238, 239, 274 t
Tanjung Santan 154 t, 180 t
Tanjung Selor 58, 59, 65, 122 t, 126 t, 154 t, 161 t, 195 t, 274 t
Tanjung Tiram 163 t
Tanjung Uban 131, 153 t
Tanjung-Belimbing
  siehe auch Tanjung (Tabalong) 39 tn, 180 t, 194 t, 272 t
Tanjung-Soak Kandis 159 t
Tapaktuan 61, 64, 122 tn, 145 t, 152 t, 193 t, 274 t
Tapan 126 t, 127, 158 t
Tapanuli 51, 52, 57
Tarabangi 57, 59
Tarakan 30 n, 64, 65, 126 t, 128, 151 t, 155, 155 n, 165 t, 175 t, 181, 191 t, 222/223 t, 234, 238, 263 t
Taratak Buluh 158 t
Tarempa 131 t, 153 t, 164 t, 195 t, 274 t
Tarusan 51, 52
Tarutung 57, 59, 118 t, 158 t, 193 t, 270 t
Tasikmadu 178 t
Tasikmalaya 30 n, 59, 60 n, 119, 120, 122 t, 124, 134/135 t, 137, 137 t, 169, 171 t, 186 t, 191 t, 205 g, 207, 222/223 t, 233, 238, 260 t
Tawangmangu 187 t, 188
Tayan 160 t
Tebas 160 t
Tebingtinggi (Serdang) 59, 62, 64, 117, 126 t, 131 t, 133, 158 t, 192 t, 222/223 t, 261 t
Tebingtinggi (Lahat) 57, 131 t, 159 t, 195 t, 273 t
Tegal 44 n, 51, 52, 54, 60, 94, 134/135 t, 137 t, 148 g, 151 t, 156, 166 t, 168, 169, 171 t, 186 t, 191 t, 205 g, 207, 210 t, 214 g, 221, 222 t, 226/227 t, 228, 233, 237, 238, 260 t
Tegineneng 159 t
Telaga 55 n
Telok Air
  siehe auch Batu Ampar (Pd. Tikar) 62, 63, 64, 126 t, 151 t, 156, 173 t, 181
Teluk Batang 160 t, 164 t
Teluk Bayur
  siehe auch Padang 63
Teluk Betung
  siehe auch Tg. Karang-Tl. Betung 57, 59, 121, 150, 153 t, 157, 222 t, 227 t
Teluk Dalam 62, 64, 152 t
Teluk Naga 266 t
Teluk Pakedei 160 t
Temanggung 55, 59, 192 t, 265 t
Temau
  siehe auch Kupang 63, 151 t
Tembilahan 38 tn, 62, 64, 151 t, 158 t, 193 t, 238, 264 t
Temon 131 t, 196 t, 275 t
Tempe
  siehe Sengkang-Tempe
Tempeh 131 t, 173 t
Tempino 159 t

Tenggarong 58, 59, 126 t, 128, 140, 146 t, 161 t, 195 t, 226 t, 272 t
Tentena 141, 146 t
Tepa 62, 64, 155 t
Terawas 159 t
Terbanggi Besar 57, 159 t
Ternate 9, 30 n, 45, 46, 48 f., 50, 58, 97, 118 t, 140, 151 t, 155, 165 t, 191 t, 200 g, 211, 211 n, 222 t, 226/227 t, 228, 235, 239, 264 t
Tibore (Muna) 49, 52
Tidore siehe auch Soa Siu 45, 46, 48, 49 f., 58, 97, 226 t
Tiga Lingga 126 t, 127
Tiga Ras 158 tn
Tiku 50, 52, 164 t
Tinambung 164 t
Tinombo 131 t
Tirto (Pekalongan) 176 t
Tobelo 59, 155 t, 196 t, 275 t
Toboali 56, 59, 153 t, 164 t, 196 t, 271 t
Toli-Toli 50, 52, 126 t, 154 t, 193 t, 268 t
Tomohon 64, 65, 141, 145 t, 147, 161 t, 193 t, 271 t
Tonasa 179 t
Tondano 50, 52, 122 t, 131 t, 188, 195 t, 269 t
Tongging 158 tn
Torogong (Cipanas) 187 t, 188
Tosari 188 n
Trenggalek 28 n, 59, 130 n, 193 t, 269 t
Trigonco
  siehe Asembagus-Trigonco
Trowulan (Majapahit) 44, 188 n
Trunyan 188
Tual 62, 64, 145 t, 155 t, 193 t, 275 t
Tuban 45, 46, 47, 55, 95, 122 t, 133, 152 t, 165 t, 174 t, 181, 193 t, 226 t, 263 t
Tugo Mulio 179 t, 183
Tulehu 143, 145 t, 155 t, 194 t, 276 t
Tulung Selapan 159 t
Tulungagung 59, 130 n, 133, 134/135 t, 137 t, 138, 172 t, 192 t, 222/223 t, 242, 262 t
Tumapel 44
Tumasik-Singapura
  siehe auch Singapur 46
Tumbang Jutuh 160 t
Tuppu 131 t

Ubud 187 t, 188
Ujung Brung 175 t, 196 t, 264 t
Ujung Lamuro 131 t, 161 t
Ujung Pandang
  siehe auch Makasar 9, 61, 98, 99 g, 100, 101 g, 103 g, 107 g, 109, 118 t, 123, 136, 137 t, 150 t, 155, 169, 198, 199, 209, 217, 220, 231 f., 232 n, 235, 236, 236 n, 243, 259 t
Ulakan 48, 52
Ule Lhee 136 tn, 151 t
Ulu (Siau) 50, 52, 58, 130, 131 t, 154 t, 195 t, 275 t
Ungaran 52, 118 t, 121, 193 t, 271 t

Vikeke 62 n, 64

Wahai 62, 64

Waikabubak 30 n, 62, 64, 145 t, 192 t, 275 t
Waikelo 126 t, 127, 154 t
Waingapu 30 n, 62, 64, 118 t, 125, 126 t, 152 t, 193 t, 270 t
Waiwerang 154 t
Wajo (Sengkang) 49, 52
Walain 44, 46
Wanasari 267 t
Waru (Sidoarjo) 175 t, 181
Wasuponda-Ledu-Ledu 126 t, 128
Watampone 52, 118 t, 122 t, 154 t, 165 t, 193 t, 263 t
Watan Rappang
  siehe auch Rappang 131 t
Watan Sidenreng 126 t, 127
Watan Soppeng 52, 122 t, 131 t, 193 t, 272 t
Wates (Yogyakarta) 52, 55 n, 61, 118 t, 121, 193 t, 273 t
Wawatan-Mas 44, 46

Weda 62, 64
Weetebula-Waikelo 126 t, 146 t
Welahan 44 n
Weleri 55, 59, 143, 146 t, 160 t, 195 t, 272 t
Weltevreden
  siehe auch Batavia 54
Wengker (Setana) 44, 45, 46
Weru
  siehe Plered Weru
Widodaren 131 t, 268 t
Wiradesa-Kepatihan 52, 143, 146 t, 176, 194 t, 264 t
Wirasaba
  siehe auch Jombang 45, 46
Wirosari 55, 59
Wlingi-Beru 268 t
Woncolo-Sepanjang 126 t, 173 t, 180, 264 t
Wonogiri 55, 59, 122 t, 123, 126 t, 182, 193 t, 268 t

Wonojoyo-Panggul 131 t
Wonokerto
  siehe auch Kartosuro 51, 52
Wonokriyo
  siehe Gombang-Wonokriyo
Wonorejo (Pasuruan) 178 t
Wonosari 55, 59, 61, 178 t, 194 t, 270 t
Wonosobo 55, 59, 60 n, 131 t, 188, 192 t, 222/223 t, 266 t
Wonreli (Kisar) 62, 64, 155 t
Wuluhan 131 t

Yogyakarta 9, 24, 25, 27, 27 n, 28, 48 f., 52, 53, 54, 60, 95, 99 g, 100, 103 g, 108, 122 t, 124, 129, 134/135 t, 136, 137 t, 142, 148 g, 149, 157, 169, 170 t, 185, 186 t, 187, 189, 191 t, 200 g, 205 g, 209, 210 t, 214, 214 g, 221, 222 t, 227 t, 228, 232, 233, 238, 244, 259 t

Orte auf Neuguinea

Abepura 132, 132 t, 141 f., 144 t, 147, 196 t, 276 t
Amamapare 155 t
Biak 64, 65, 132, 132 t, 151 t, 196 t, 225, 239, 276 t
Bintuni 132 t, 239
Bokondini 132, 132 t
Bosnik 62, 64, 225
Enarotali 132 t
Fak-Fak 62, 64, 132 t, 152 t, 196 t, 225, 235, 239, 276 t
Hollandia
  siehe auch Jayapura 62, 64, 132, 225
Inanwatan 132 t
Jayapura 30 n, 62, 64, 65, 132, 132 t, 140, 144 t, 147, 148 g, 149, 150 t, 155, 196 t, 205 g, 209, 210 t, 211 n, 225, 232, 235, 239, 276 t
Kaimana 132 t
Kasim Sele 180 t
Kokonao 132, 133
Manokwari 62, 64, 132 t, 151 t, 196 t, 225, 239, 276 t
Merauke 62, 64, 132 t, 152 t, 196 t, 225, 239, 276 t
Mindiptana 132 t
Mokmer
  siehe auch Biak 225
Nabire 62, 64, 132, 132 t, 155 t, 196 t, 235, 239, 276 t
Ransiki 132 t
Sarmi 132 t, 133

Sentani 132, 132 t, 161 t, 196 t, 276 t
Serui 62, 64, 132 t, 155 t, 196 t, 276 t
Sorong 62, 64, 132, 132 t, 151 t, 155, 165 t, 196 t, 225, 235, 236, 236 n, 239, 276 t
Sukarnapura
  siehe auch Jayapura 132, 225
Tanahmerah-Sokanggo 132 t
Tembagapura 64, 132, 132 t, 179 t, 235
Timika 132
Teminabuhan 132 t, 133
Waghete 132 t
Wamena 62, 64, 132, 132 t, 161 t, 185, 187 t, 188, 196 t, 276 t
Waren 132 t, 133
Wasior 132 t

050886